中国水力发电工程学会抽水蓄能行业分会 组编

抽水蓄能电站工程建设文集 2023

CHOUSHUI XUNENG DIANZHAN GONGCHENG JIANSHE WENJI 2023

中国水利水电出版社
www.waterpub.com.cn
·北京·

图书在版编目（CIP）数据

抽水蓄能电站工程建设文集. 2023 / 中国水力发电工程学会抽水蓄能行业分会组编. -- 北京 : 中国水利水电出版社, 2024.4
ISBN 978-7-5226-2451-8

Ⅰ. ①抽… Ⅱ. ①中… Ⅲ. ①抽水蓄能水电站－水利水电工程－建设－文集 Ⅳ. ①TV743-53

中国国家版本馆CIP数据核字(2024)第090582号

书　　名	**抽水蓄能电站工程建设文集 2023** CHOUSHUI XUNENG DIANZHAN GONGCHENG JIANSHE WENJI 2023
作　　者	中国水力发电工程学会抽水蓄能行业分会　组编
出版发行	中国水利水电出版社 （北京市海淀区玉渊潭南路 1 号 D 座　100038） 网址：www. waterpub. com. cn E－mail：sales@mwr. gov. cn 电话：(010) 68545888（营销中心）
经　　售	北京科水图书销售有限公司 电话：(010) 68545874、63202643 全国各地新华书店和相关出版物销售网点
排　　版	中国水利水电出版社微机排版中心
印　　刷	清淞永业（天津）印刷有限公司
规　　格	210mm×297mm　16 开本　29 印张　919 千字
版　　次	2024 年 4 月第 1 版　2024 年 4 月第 1 次印刷
印　　数	0001—1000 册
定　　价	**230.00** 元

目录

发展规划与建设管理

设 计

机电装备试验与制造

施　工　实　践

运行及维护

发展规划与建设管理

HEC-HMS模型在抽水蓄能电站泥沙设计中的应用

龙 湖
（中国电建集团中南勘测设计研究院有限公司，湖南省长沙市 410000）

【摘 要】本文分析了抽水蓄能电站所在小流域产汇流、产沙机理，以河南省某抽水蓄能电站所在小流域为研究对象，根据2023年实测降雨、流量、含沙量资料，通过HEC-HMS水文模型，模拟了多个场次降雨径流过程，结果表明，HEC-HMS模型在小流域地区降雨径流模拟有较强的适用性，可用于无资料地区径流分析；通过分析多个场次的雨洪过程及水沙变化过程，分析了小流域含沙量涨水、退水过程变化规律；分析了前期干旱天数对场次雨洪含沙量的影响，结果表明，前期干旱天数越长，土壤侵蚀越显著，相应含沙量越大。

【关键词】抽水蓄能电站 小流域 水沙机理 HEC-HMS

1 研究背景

随着我国能源转型和可持续发展的推进，抽水蓄能电站作为一种灵活且可调度的能源储存技术，受到了越来越多的关注和重视。在新能源（风能、太阳能等）大规模接入电网的背景下，抽水蓄能电站的需求和发展潜力进一步凸显。目前，我国已建及在建的抽水蓄能电站规模不断扩大，正在成为可再生能源系统的重要组成部分。

抽水蓄能电站的大多数建设在小流域地区，小流域的地形起伏使得在相对较小的区域内就能够形成较大的高差，从而提供了较高的水头供电站发电。对于抽水蓄能电站而言，过机含沙量是一个重要的考虑因素。过高的含沙量可能会对电站设备和系统产生不利的影响，因此研究抽水蓄能电站所在小流域的水沙机理是很有必要的。

2 小流域产汇流机理

小流域产汇流机理指小流域降雨水通过流域内的产流过程和汇流过程，最终形成径流流入河道的过程和机制。

产流过程：产流是指降雨水在地表产生径流的过程。降雨发生后，一部分降雨水直接发生径流，称为地表径流；另一部分水在土壤表面滞留，并发生下渗，称为地下径流。根据流域下垫面特性一般可分为蓄满产流及超渗产流。

汇流过程：汇流过程跟产流息息相关。地表汇流指径流沿着地面的坡度流动，最终汇集到河道。地下汇流指通过土壤中的孔隙和地下通道，进入地下水体，并最终流入河道。

3 小流域产沙机理

小流域产沙机理指小流域中产生和输移沙粒的过程和机制，小流域的产沙来源于流域下垫面表面侵蚀和冲沟侵蚀。表面侵蚀指降雨冲击力和径流对地表颗粒物质的冲刷和剥蚀。冲沟侵蚀指径流沿着土壤表面形成沟壑，将颗粒物质搬运至河道，流域产沙受多方面因素影响。

（1）地形和土壤影响。小流域的地形起伏和土壤类型是产沙机理的重要因素。陡峭的山地地形和不稳定的土壤会加剧土壤侵蚀的发生。水流在坡地上冲刷土壤和岩石，将悬浮的颗粒物质带入水体。

（2）降雨影响。高强度和长时间的降雨会增加表面侵蚀的可能性，冲刷和剥蚀土壤和颗粒物质，导致产生更多的沙粒。

（3）植被覆盖和土地利用影响。植被覆盖和土地利用对小流域的产沙过程起到一定的调节作用。植被可以减缓降雨的冲击力，增加土壤的抗冲蚀能力。破坏植被覆盖的土地利用活动，如过度的砍伐、农田开垦等，容易导致小流域的产沙增加。

4 研究对象及水文测验情况

4.1 研究对象

本次以河南省某抽水蓄能电站为研究对象，该电站上水库位于淮河水系潢河支流田铺河源头上，坝址以上集水面积 0.994km^2，河长 1.43km，河道平均坡度 95.3‰，坝址处河底高程约 764.00m。下水库位于长江左岸一级支流举水上游支沟九里冲沟上，坝址以上流域均位于河南省境内。下水库坝址以上集水面积 19.7km^2，河长 6.85km，河道平均坡度 51.4‰，坝址处河底高程约 178m。

4.2 水文测验情况

为研究河南省某抽水蓄能电站所在流域水沙机理，于 2023 年 5 月在工程下水库下游布设了九里冲水文试验站（集水面积 28km^2），同时在流域中心布设一处雨量站，以收集流域内降水、水位、流量、泥沙资料。各要素测验方案如下：

（1）降水量：4—10 月采用精度为 0.5mm 翻斗雨量计观测，1—3 月、11—12 月采用标准雨量器观测。

（2）水位：采用气泡式水位计和直立式水尺（校核）观测。气泡式水位计出现故障期间采用直立式水尺观测。

（3）流量：中、低水采用流速仪法，高水采用流速仪或浮标法，以能测得完整的流量变化过程为原则。

（4）含沙量：按照泥沙测验规范布置垂线和测点，采用横式采样器采集水样，水样处理采用过滤法处理。

5 降雨径流模拟

基于九里冲流域实测资料，选择 HEC - HMS 水文模型对流域降雨径流关系进行模拟。该模型根据数字高程模型（DEM）将流域划分成若干网格单元或自然子流域，然后计算每一个单元（子流域）的产流量、坡面汇流和河道汇流，最后演算至流域出口断面。

本次选择 2023 年 5—9 月共四场典型洪水过程进行降雨径流模拟，模拟结果见表 1 和图 1～图 4。分析表 1 可知，各场次洪水洪峰流量、径流深相对误差均小于 10%，相对误差较小。从模拟的降雨径流过程线来看，模型对于短历时的径流过程模拟效果较好。

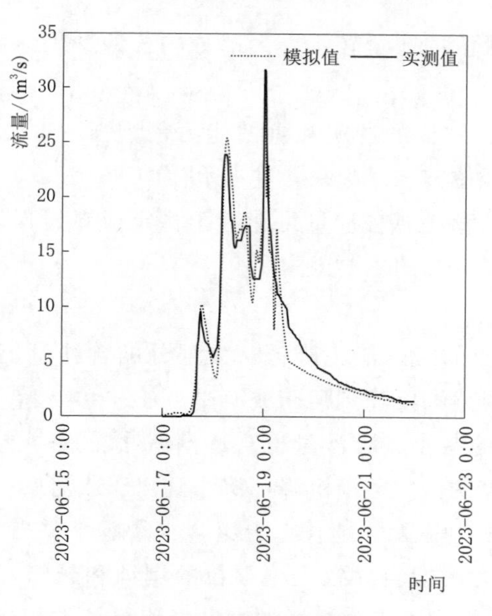

图 1 20230617 模拟结果

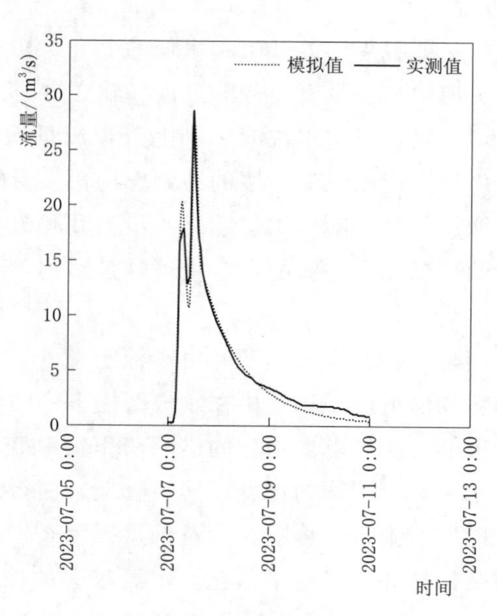

图 2 20230707 模拟结果

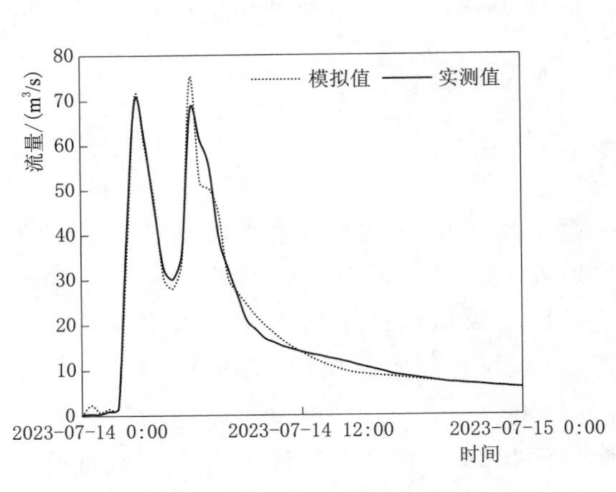

图 3　20230714 模拟结果

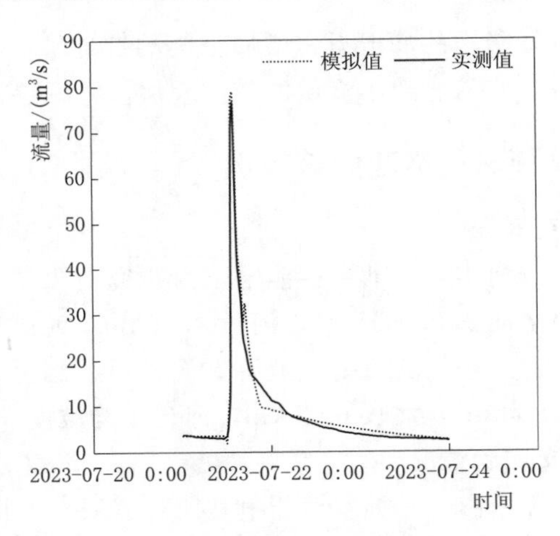

图 4　20230721 模拟结果

表 1　模拟结果统计表

洪水场次	洪峰流量			径流深		
	模拟值/(m^3/s)	实测值/(m^3/s)	相对误差/%	模拟值/mm	实测值/mm	相对误差/%
20230617	29.0	31.7	−8.5	98.4	104.4	−5.8
20230707	27.2	28.6	−4.9	63.7	67.1	−5.0
20230714	75.1	70.0	7.3	59.4	60.0	−1.1
20230721	78.9	76.5	3.1	77.1	71.7	7.5

6　水沙关系分析

为分析九里冲水文实验站水沙关系，在 2023 年汛期采用横式采样器采集水样共分析了 51 组水样的含沙量，实测最大含沙量为 1.40kg/m^3，相应流量 70.0m^3/s。

根据实测流量、含沙量资料，点绘典型场次水沙过程线图如图 5～图 8 所示，分析各图可知含沙量和流量之间存在一定的关系，但同时受多种因素影响。场次雨洪过程中，可根据流量变化过程，分为涨水断、退水段分析其含沙量变化规律。

6.1　涨水过程

初始阶段：随着降雨的开始和水位的上升，初始阶段的流量较小，大部分的含沙量仍停留在流域内，土壤颗粒在水流中往往没有充分的悬浮和输送。

快速激增阶段：随着水位的急剧上升，流量增加，水流的冲刷和剥蚀能力也增强，这时含沙量开始快速上升。由于高速水流对土壤的冲刷作用，大量的沙粒被悬浮起来，进入水体中。

进一步增加阶段：随着水位的进一步上升和流量的稳定，含沙量可能趋于稳定或者缓慢增加。此时，河床沉积物的再悬浮和入流的含沙量可能是影响含沙量变化的主要因素。

6.2　退水过程

退水初期阶段：在退水初期，由于流量减小，水流的搬运能力降低，大部分的含沙量仍然保留在水中。土壤颗粒和河道沉积物开始在水流缓慢下降的同时逐渐沉积到河床或河岸。

中期至末期阶段：随着水位的进一步下降和流量的减小，含沙量也会逐渐减小。这可能是由于水流速度减慢，水流对沉积物的再悬浮能力降低，使得悬浮的沙粒逐渐沉降，沉积到河床或河岸。

此外，前期降雨也是影响含沙量的重要因素，前期干旱天数越长，土壤含水量越小，当降雨发生时，由于缺乏植被保护和土壤的干旱化，水流较大的冲击力可能会导致土壤颗粒的剥蚀和悬浮，从而增加河道中的含沙量，见表 2。具体如 20230714 及 20230721 场次洪水，两场洪水洪峰流量基本相当，但受前期降雨影响，含沙量相差近 1 倍。

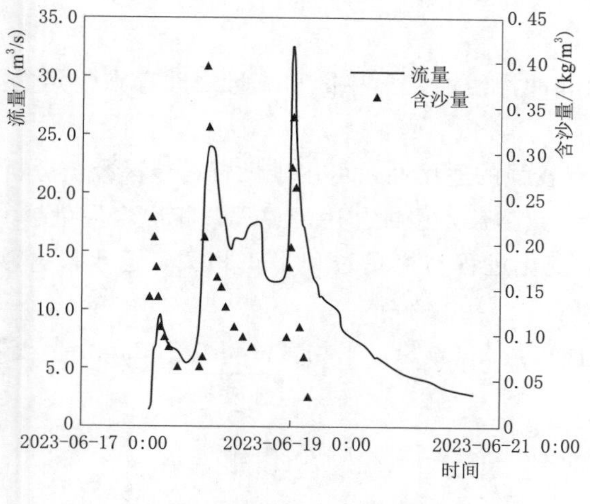

图 5 2023-06-17 水沙过程

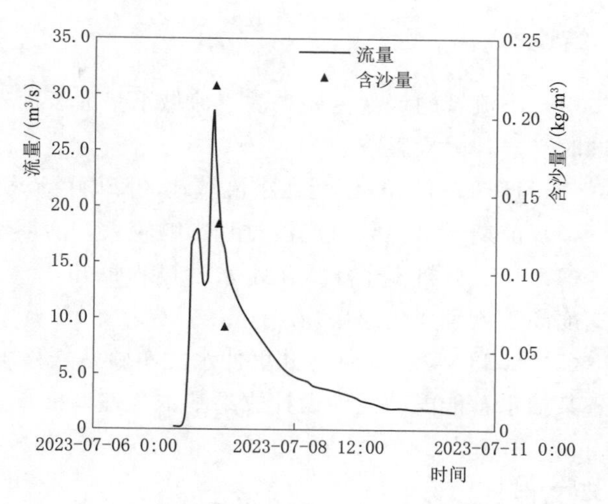

图 6 2023-07-07 水沙过程

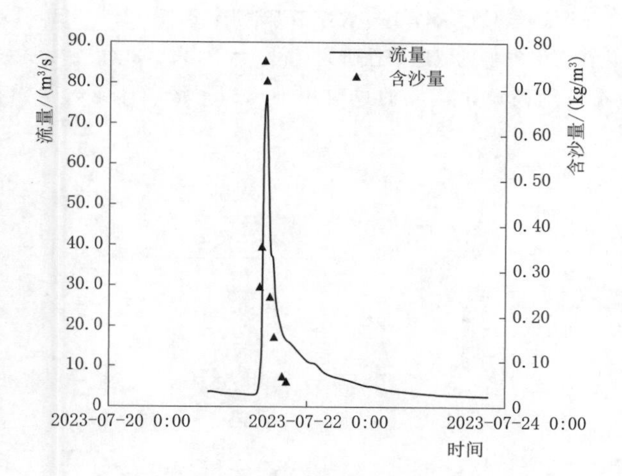

图 7 2023-07-14 水沙过程

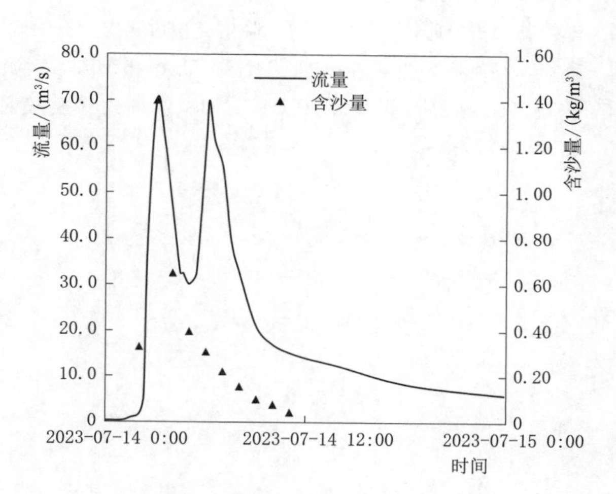

图 8 2023-07-21 水沙过程

表 2 前期干旱天数对含沙量影响分析

时 间	流量/(m³/s)	含沙量/(kg/m³)	前期干旱天数/d
2023-06-18 4：30	22.70	0.397	15
2023-06-19 0：20	32.50	0.341	1
2023-07-7 12：00	25.20	0.220	3
2023-07-14 3：00	70.00	1.40	7
2023-07-21 13：32	72.60	0.760	1

7 成果应用

河南省某抽水蓄能电站泥沙设计成果采用查图法估算，根据《河南省地表水资源》(1984 年) 附图 23 “河南省悬移质多年平均年输沙模数分区图” 工程区多年平均输沙模数 150t/km²，相应多年平均悬移质含沙量为 0.225kg/m³。

根据九里冲实验站实测径流泥沙资料分析，2023 年 5—9 月，该站总降雨量 950mm，总径流量 1465.8 万 m³，径流深 523.5mm，悬移质输沙总量 2667.8t，平均含沙量 0.182kg/m³。据此可初步判断，工程区采用查图法估算的泥沙成果基本合理。

8 结论

(1) 小流域的产沙主要来源于流域下垫面表面侵蚀和冲沟侵蚀，含沙量和流量之间存在一定的关系，但同时受多种因素影响。

(2) HEC-HMS模型在小流域地区降雨径流模拟有较强的适用性，可用于无资料地区径流分析。

(3) 前期干旱天数对产沙过程影响较大，前期干旱天数越长，侵蚀作用越显著，相应含沙量越大。

(4) 通过分析多个场次洪水水沙过程可知，含沙量变化过程与流量过程呈正相关，退水段含沙量消停速度高于流量变化速率。

(5) 2023年5—9月，九里冲水文实验站悬移质输沙总量2667.8t，平均含沙量0.182kg/m^3，说明河南省某抽水蓄能电站泥沙设计成果基本合理。

参考文献

[1] 许强强，张宽地，任涓．不同流量级组合下细沟侵蚀产沙机理研究［J］．节水灌溉，2022（7）：71-78.

[2] 邬铃莉，王云琦，王晨沣，等．降雨类型对北方土石山区坡面土壤侵蚀的影响［J］．农业工程学报，2017（24）：157-164.

[3] 程旭，马细霞，王武森，等．HEC-HMS模型参数区域化在河南省小流域适用性研究［J］．水文，2022（1）：40-46.

[4] 张建军，纳磊，张波．HEC-HMS分布式水文模型在黄土高原小流域的可应用性［J］．北京林业大学学报，2009（3）：52-57.

河西地区抽水蓄能电站建设水源问题探讨

张 璇 王社亮 王 盼 马 轶 张 娉 程 龙
（中国电建集团西北勘测设计研究院有限公司，陕西省西安市 710065）

【摘 要】甘肃河西地区水资源紧缺，具有降水量少、蒸发量大，河流径流年内分配不均、枯期水量少、汛期含沙量大等特点，已成为该地区抽水蓄能电站项目建设实施的主要制约因素之一。本文根据抽水蓄能电站的用水特点，对比分析了利用雨洪资源、利用再生水以及水权转让三种主要的水源获取方式以及其存在的问题，并提出了相应的解决对策。其中水权转让是促进水资源的优化配置、提高用水效率和效益的有效手段，是缺水地区水源获取的最佳途径。抽水蓄能电站施工期、初期蓄水和运行期用耗水具有不同的特性，在确定水源时，也可分阶段考虑其获取途径。

【关键词】抽水蓄能电站 水源 甘肃河西地区 水权转让

1 绪论

河西地区能源资源富集，在中国能源发展总体布局和“西电东送”战略规划中，是重要的能源外送基地，这给河西走廊抢抓国家正在大力推进的以沙漠戈壁荒漠为重点的大型风、光电基地建设带来了千载难逢的历史机遇。近年来，河西地区积极加快电力发展，推进电力送出通道和本区电网的建设，促进能源资源在全国实现更好的优化配置。

河西地区水资源紧缺，具有降水量少、蒸发量大，河流年内分配不均，枯期水量少，汛期含沙量大等特点，抽水蓄能电站的水源及取用水成为影响项目实施的主要困难之一，因此对河西地区抽水蓄能电站建设水源问题进行研究及探讨具有重要的意义。

目前，国内针对抽水蓄能电站的水源问题，大体有利用再生水、利用雨洪资源、增加相应工程措施、水权转让、利用地下水等解决措施。郭强等（2015）提出利用中水作为抽水蓄能电站补给水源的设想，从城市污水处理厂中水排水口附近建设取水泵站，并从污水处理厂至抽水蓄能电站下水库敷设管道，将中水引至抽水蓄能下库作为补水水源。并指出了利用中水作为补水水源需要面临的问题。臧克佳等（2018）对比了采用地下水作为汛期备用水源、设置沉沙池以供汛期时机组及公用设备冷却用水、采用自循环冷却供水系统使用管网内部水三种方案，分析了各方案的优缺点，推荐采用密闭式自循环供水系统（冷却器布置在尾水隧洞内）作为抽水蓄能电站机组及公用设备汛期备用水源设置方案。

在水权转让方面，近年来我国一些地区陆续开展水权转让的实践，取得了良好的效果，国家各级部门都给予了很大重视，并陆续颁布了相关政策、法规提供宏观指导。

2000年义乌市和东阳市的水权交易，标志着中国水权改革实践探索的开始。随着水利改革的深化，党中央、国务院将水权改革作为一项重点任务。2004年，黄河水利委员会（以下简称“黄委”）与内蒙古自治区、宁夏回族自治区相关部门积极推进试点项目，根据协商与自愿的原则，通过“工业投资节水-农业有偿转让”的用水模式，由工业建设项目出资，建设引黄灌区节水改造工程，减少输水过程中的损失，节约的水量用来满足拟建工业项目的用水需求。2014—2018年，先后开展了水权交易试点和农业水价综合改革试点。据中国水权交易所公布的数据显示，水权交易的实践主要集中在黄河、西北内陆河流以及华北、西北等水资源短缺地区。北方缺水地区水权交易的市场需求客观存在，主要为解决工业、农业的用水矛盾，呈现买方需求大、实践起步早、制度建设相对较完备等特点。截至2021年年底，19省（自治区、直辖市）均已开展水权确权工作和制度体系建设，重庆、江西、安徽、江苏、贵州、甘肃、陕西、河南、广东、浙江等10省（直辖市）已出台水权交易的专门立法。

2 河西地区抽水蓄能电站水源情况

河西地区抽水蓄能电站水资源一般均较为匮乏，降雨量小、蒸发量大，年降雨量多为 100～400mm，水面蒸发量（E－601 型蒸发器观测）为 800～2600mm。河流年际、年内分配不均，汛期水量约占全年的 60％以上。除去祁连山脉地区多年平均径流深可达 300mm，河西地区径流深变化为 5～150mm。工程充补水困难：某项目所在地区，水资源严重匮乏，扣除下游灌区用水，$P=75\%$保证率下，5—10 月，除水库下泄生态流量外，基本无水可用。河西地区河流泥沙含量较大，为 0.5～6kg/m^3，多年平均侵蚀模数为 100～500t/km^2。泥沙多来自汛期，5—9 月输沙量占全年的 75％～95％。

2.1 抽水蓄能电站需水量

抽水蓄能电站与常规水电站不同，常规水电站是根据河流的天然径流量和落差选择坝址及其规模，而抽水蓄能电站是水体势能被重复使用，除蒸发、渗漏损失外基本不消耗水量，受天然径流限制较小。

河西地区抽水蓄能电站 A，电站总装机容量 1400MW（4×350MW），工程为一等大（1）型工程。上、下水库均为挖填形成，采用沥青混凝土面板堆石坝。上、下水库调节库容分别为 689 万 m^3 和 685 万 m^3。初步论证施工期总取水量 691.57 万 m^3，用水高峰年需水量 317.12 万 m^3。初期蓄水上、下水库初期蓄水合计为 965.28 万 m^3。电站正常运行期上、下水库年补水量合计为 180.85 万 m^3。

河西地区抽水蓄能电站 B，电站总装机容量 1400MW（4×350MW），工程为一等大（1）型工程。上、下水库均采用沟道筑坝，沟内挖填平衡形成，坝型为沥青混凝土面板堆石坝。上、下水库调节库容分别为 727 万 m^3 和 723 万 m^3。初步论证施工期总取水量 809.88 万 m^3，用水高峰年需水量 306.62 万 m^3。初期蓄水上、下水库初期蓄水合计为 986.94 万 m^3。电站正常运行期上、下水库年补水量合计为 217.02 万 m^3。

由以上两座抽蓄电站可以看出，抽水蓄能电站需水量较小，且因为其不耗水，仅需每年补充蒸发、渗漏的损失即可，补水量很小。

2.2 河西地区抽水蓄能电站取水问题

抽水蓄能电站由上、下水库及输水发电系统组成，对抽水蓄能电站的库盆形式进行分类，可以简单地分为两类：一类是利用地形条件人工开挖成库；另一类为在河道拦河筑坝成库（或利用已建水库）。一般上水库建在山顶较高处，人工开挖形成，由于流域面积较小，无可用水源或水源非常有限；下水库既可人工开挖形成，也可在河道拦河筑坝成库（或利用已建水库）。

针对水源问题，可以分为两个方面来考虑。

首先，从天然的水量方面，若上、下水库建在天然河道上，或利用已建水库作为下水库，一般天然的来水量是充足的。若上、下水库均不在河道上，则上、下水库坝址以上流域面积均较小，无可利用水源或水源非常有限，需从临近河道或渠道（管道）引水以供工程使用。在抽水蓄能电站设计中考虑水源问题时，要特别研究年内枯水和年际枯水的一般规律和异常变化。对于初次蓄水，如果遭遇枯水年，可采用上下库提前蓄水的办法解决，对于运行期补水，当径流量不足时还可以考虑在上水库或下水库预留水损备用库容，利用丰水期多蓄水量来解决。

其次，是水源问题中取水指标的获取。不论是人工开挖的上、下水库还是建在天然河道中的水库，即使坝址以上流域水量足够工程使用，但往往该条河承担着流域的生活、农业、工业、生态等用水。河西地区由于水资源紧缺，绝大部分水权指标已分配完毕，工程依旧无水可用。

3 水源获取途径及可能存在的问题

3.1 水源获取途径

水源获取大体分为利用再生水、利用雨洪资源、水权转让、利用地下水等途径。其中，利用地下水作为抽水蓄能电站水源虽然在水源选取上避免了采用电站上下游及输水系统流道内的水，如果能找到可靠的地下水源，水源的流量和水质要求能满足机组及公用设备用水要求，该方案从技术上是可行的，但是地下水源的打井位置查找、取水申请、环保审查、水源水量是否能满足电站全厂机组用水、取水后是否会对当地地下水资源及地质环境造成破坏等问题都比较难确定和解决。采用地下水不利于当地的地下水资源保护，因此，本次主要从利用雨洪资源、利用再生水、水权转让三种水源获取途径进行分析。

3.1.1 利用雨洪资源

雨洪泛指一个区域内的天然降水及其在本地形成的洪水和流经本区域的过境洪水。一般来讲，山区集雨工程和城市集雨设施等对雨水的收集利用称为雨水资源利用；水库、河系、蓄滞洪区对洪水的拦蓄、调度、分流下渗等称为洪水资源利用。雨洪资源利用包括雨洪资源自然利用和雨洪资源集蓄利用两个方面。

目前水利工程雨洪利用的主要措施包括以下两种：

(1) 地面截留、通过建设大型的蓄水建筑收集雨水。

(2) 运用动态汛限水位。动态汛限水位的应用是对传统固定汛限水位的改进，可以减少水库汛期弃水量，实现洪水资源的利用。我国河流的洪水多由暴雨所致，暴雨特性和量级大小在整个汛期内的不同时段有所不同，可以利用暴雨洪水的季节性变化特征确定汛期分期，利用分期汛限水位调控洪水资源。

3.1.2 利用再生水

在年降雨量较少地区，非汛期地表水缺乏，而利用（废）污水处理后形成的再生水可以用于施工用水，从而大大减少了新鲜水的用量。在天然水资源匮乏地区，如果具备条件，可以考虑利用外部的再生水资源解决抽水蓄水蓄能电站的水源问题。并且该部分水量不占用地表水指标。

目前，利用再生水作为抽水蓄能电站水源的相关研究主要是论证其从技术上和经济上是否可行。再生水中溶解性总固体（Total Dissolved Solids，TDS）的存在主要对钢材、混凝土产生影响，但对土工布无影响。为避免水源中TDS对金属、混凝土长时间的侵蚀，可以采取以下的措施：对钢材、混凝土采取一定的防腐措施，以抵抗水体中盐度的侵蚀；对TDS进行去除，使其达到可耐受的标准。

污水处理厂出水中TDS可通过水质深度处理技术减少其含量。以埃及阿塔卡抽水蓄能电站为例，项目前期设计中对利用苏伊士城污水处理厂的出水作为抽水蓄能电站水源进行了可行性研究。研究发现，经超滤-反渗透工艺深度处理后，脱盐率、出水中TDS、有机物、氨氮、细菌、重金属离子、总磷等指标均能达标，能够确保出水水质达到使用要求。并且考虑TDS在库中逐年的累积后，经预测，抽水蓄能电站水库水体中的TDS至第40年起基本保持稳定，稳定浓度达到约为468.10mg/L，小于控制浓度500mg/L，符合既定目标要求。

在经济指标方面，经测算，水质深度处理厂建设的投资指标为4000元/(m^3/d)，运行费为2.68元/m^3，使电站增加的投资不到0.5%。因此，利用再生水作为抽水蓄能电站水源从技术上和经济上都是可行的。

3.1.3 水权转让

河西地区农业用水量占比较大，经过多年的农业节水改造和高标准农田建设，农业实际用水量在逐年减小，但农业水权量却保持不变，因此农业用水量有余量可用于交易。可通过政府调控，采用水权交易的方式，将部分农业取水权转换为工业取水权，使农业节水支持工业和城市的发展，工业发展积累资金又转而支持农业，促进经济社会协调发展。为实现工业项目建设与农业灌区灌溉渠系节水改造的“双赢”，黄委会与流域内有关省（自治区）积极进行黄河水权转让的探索与实践。2015年，为进一步规范黄河水权转让行为，黄委修订了新的《黄河水权转让管理实施办法》。

针对从农业灌溉转让水权的情况，李宝萍等（2007）指出电站业主应当负责兴建与被占用的农业灌溉水源、灌排工程设施效益相当的替代工程。并提出了集中替代工程的形式：节约挖潜，如采用节约用水、防渗漏措施，增加有效供水量等；扩大改造，在现有供水工程基础上增建或改造，提高供水能力；开辟新水源，异地新建蓄水、调水工程；开发机井灌区，利用地下水灌溉。另外，也可通过合理调整种植结构、耕地轮作休耕等方式节水获取水权。

考虑到节水量的稳定性及易计算、易监测性，目前可转让水量主要是通过灌区输水系统节水、田间工程节水、高新节水（包括喷灌、滴灌等）等工程措施所节约的水量。

以河西地区抽水蓄能电站A为例，项目对比分析了通过干支渠改建工程、新建高标准农田、回购已建高标准农田节水量、开展轮作休耕等水权转让方案。各方案优缺点如下：

（1）渠道改建节水方案。

优点：一是该方案投资建设对象为输水渠道，渠道工程设计工程投资、运维成本低；二是这种节水方式更容易通过水权转让用水核验，便于方案审批。

缺点：输水渠系建设需要在本项目开工前就开始实施，输水渠系改造完成后第二年才能节约出相应水量。

（2）回购节水量方案。

优点：一是已建高标准农田工程已发挥效益，节余的水量可直接进行水权交易，可省去新建工程的前期可研、审批和建设过程；二是可交易水权量稳定，可一次性进行长期限水权交易，免去频繁购买水权。

缺点：需对高标准农田工程进行维修养护，增加投资。

（3）新建高标准农田方案。

优点：一是扩大了当地高标准农田面积，节水设施可提高水资源的利用效率，实现作物的增产增收，促进当地高效节水农业发展；二是可交易水权量稳定，可一次性进行长期限水权交易，免去频繁购买水权。

缺点：一是需新建高标准农田工程投资程序烦琐，且需待工程建成产生效益后才可以交易；二是工程建成后需要对节水工程持续维护，才能获得持续稳定的节水量，技术投资大、维护成本高。

（4）轮作休耕方案。

优点：一是无须新建工程或对工程进行维养，操作简单，交易完成即可获得相应水权，水权获取周期短，能够在短时间内满足企业用水需求，有利于推进工作开展，对企业临时性用水需求保障程度较高；二是对土地实行休耕有利于土地肥力恢复，对周边生态副作用低；三是由于不需要兴建节水设施，也有效降低了灌溉管理单位日常运维负担、集中力量确保已有节水设施正常稳定运行、有利于对参与水权交易的地块进行重点监控，防止边交易边用水的情况发生。

缺点：一是前期与乡镇用水户协调沟通难度大，工作量高，除水权交易外，还涉及土地经营权的流转，协调单位多；二是难以监测和计量其节水量。这种方式适合短期转让，抽水蓄能电站运行时间长，每年都采用该方式难度较大。

考虑到抽水蓄能电站用水的特点：初期蓄水和施工期用水时间短，一般为6～8年，每年需水量不同，需水量较大的时段只有其中的两三年；正常运行期每年需水量一样，这阶段持续时间较长。施工期和初期蓄水用水属于短期临时性用水，对水量获取周期要求较高，适用于轮作休耕此类操作简单、水量获取周期短、对临时性用水需求保障程度较高的水权转让方案；运行期补水是一种长期且需水量较为稳定的用水需求，适用于渠道改建节水、新建高标准农田此类交易时限长、具有长期节水效益的水权转让方案。因此，抽水蓄能电站水权转让方案可结合以上四种方案的一种或多种来综合选取。

3.2 存在的问题

3.2.1 利用雨洪资源

尽管目前雨洪资源利用的途径很多，但在河西地区采取雨洪资源利用方式获取抽水蓄能电站工程水源，目前还存在以下问题：

（1）降水季节分配很不均匀，全年降水的80%集中在夏季的6—8月。降雨的季节性分布不均匀，造成了两方面的问题：枯期工程用水无法保证，而汛期洪水含沙量较大。抽水蓄能电站对过机含沙量的要求很高，水头越高，机组转速越大，标准越高。天然情况下河西地区洪水期入库水流含沙量不满足抽水蓄能电站机组对过机含沙量的要求。

（2）雨洪资源定义不明确，实际运用起来难以界定与管控。目前缺乏雨洪资源利用相关的规范和标准，其定义及划分方法尚未明确，缺乏能够被流域机构、水行政主管部门等相关单位统一接受的划定方法，现阶段对于雨洪管理技术尚不成熟，在实际运用中难以界定和管控。

(3) 工程措施管控难度大。以集雨池为例，后期的管护和工程管控都存在一些问题。集雨池后期清淤和维护需要较为专业的人员进行，存在一定的安全风险，且费用较高。若以现有的水利工程为基础，修建引、蓄、排配套工程，则必须对汛期洪水进行统筹考虑，联合调度水库、洼淀、蓄滞洪区，蓄泄结合，增加集雨和蓄水量，增加地表水，补充地下水，把水库的泄水发电、灌溉、生态补水、沿途引蓄回灌等有机结合起来，才能做到一水多用，发挥洪水的综合作用。这对于流域管理机构及防汛调度部门的调度运行能力要求较高，既要对流域用、耗、排水种类、方式及其过程非常熟悉，与蓄滞洪区等的启用统筹考虑，也要面对调度方案实施过程中可能面对的风险问题。

3.2.2 利用再生水

由于目前国内已建抽水蓄能电站都是采用河道中新鲜水作为水源，采用再生水作为水源的相关研究很少，另外，受制于输水距离等因素，采用再生水作为水源也存在着以下问题：

(1) 输水距离限制。抽水蓄能电站一般建设在山区，附近不一定有水处理厂，倘若距离较远，则输水管道长度过长，建设成本加大。

(2) 水质排放要求。抽水蓄能电站场址可能靠近水源保护区等环境要求级别较高的区域，一级B类或者一级A类的排放水未对重金属等物质进行控制。

(3) 水质恶化。抽水蓄能电站若使用再生水作为补给水，在不断补给、蒸发过程中，可能引起水质出现恶化。

(4) 富营养化。由于再生水是城市污水或生活污水经处理后的水，可能在持续补给过程中产生富营养化的问题，尽管抽水蓄能电站的发电用水在上下水库间循环，在一定程度上能起到改善水质的作用，但也可能因水质的富营养化而滋生藻类。

(5) 酸、碱、盐问题。水中的酸碱盐可能腐蚀机电设备。

(6) 渗漏问题。若采用再生水作为蓄能电站的补给水，可能存在渗漏污染地下水的问题。

3.2.3 水权转让

目前河西地区大部分是农业之间进行水权转让，例如灌区与灌区之间，跨行业水权交易实例较少。

(1) 综合考虑我国现行法律法规、节水主体工程使用年限、受让方主体工程更新改造年限、水市场和水资源配置变化，兼顾供求双方利益，参考《黄河水权转让管理实施办法》，水权转让期限原则上不超过25年。超过期限需重新进行论证和交易。

(2) 农业水权转让代价较大，成本高。此费用包括节水工程设施建设费用、为取水权转让而建设的计量、监测设施的建设和运行维护费用、必要的经济利益补偿费用和风险补偿费用、水资源费、水权交易超期限延续费用及其他因取水权转让产生的费用。现阶段较为成熟的节水改造手段主要为渠系工程措施改造节水。手段单一且又存在工程维护和工程老化等问题，工程老化后节水功能逐步丧失，渠道需要再次进行更新改造，若水权转让期限超过节水工程使用年限，企业还需承担相当数额的更新改造费用，对于企业来说又是一重负担。

(3) 灌区的节水潜力与可转让水权是不对等的。按照《黄河水权转让管理实施办法》由于农业和工业的保证率不同，为了保证供水安全，节水量应按不小于转让量的1.2倍考虑。这也给水权的出让方和受让方都增加了一些顾虑。

(4) 当前的灌溉用水水权在灌区或农户手中，有些地方的企业想要获取这部分水权，需要与灌区或农户进行协商并签署转让协议，程序烦琐，耗时耗力。

4 解决对策

4.1 雨洪资源利用问题解决对策

(1) 针对河西流域降雨及径流的季节性分布不均匀的问题，抽蓄电站可增设水库的水损备用库容，在丰水时段，将水量进行存储，在枯期缺水时利用这部分水量进行补水。而在汛期，洪水含沙量大，为满足机组过机含沙量要求，可采取相应工程措施减少入库含沙量：

1）通常采取的主要措施是建拦沙坝，即在水源库上游再修建一座拦沙坝和绕库泄洪排沙洞，通过泄洪排沙洞将高含沙量（超过过机含沙量要求）水流排至水库下游，并能保证给水库补充清水。

2）可采用初期蓄水、施工期用水永临结合制定取水方案和水处理工艺。目前常规的做法为设置水处理站和沉淀池，用化学方法，使泥沙沉淀后，清水经过2～3级泵站，分别抽至上、下水库及施工区。该方案需避免汛期含沙量突然增加的水进入沉砂池，其场地的选择较为关键。

3）采用自循环冷却供水系统，水源为管网内部水，在管网中设置冷却器，冷却器布置在流道或厂房内，实现机组及公用设备的冷却水供应，通过设置电动阀门实现与主供水系统之间的相互切换。该供水方式已经广泛应用于一些河道水质较差的常规水电站工程中。

（2）出台雨洪资源利用相关的规范和标准，明确其定义及划分方法。建立规范的管理体系。各职能部门密切配合、通力合作，逐步建立风险共担、利益共享的合作机制，坚持科学防控的原则，科学有效地利用雨洪资源。

（3）加大科技投入，构建雨洪资源利用科技保障体系。利用水文自动测报系统和水情信息采集系统，及时采集雨情、水情信息，开展时段面雨量和洪水滚动定量预报。建立以地市防汛指挥部为中心的异地、同时、同步会商系统，做到信息共享，缩短决策时间，提高决策效率。从洪水资源安全利用的角度出发，必须对水库防洪蓄水效益和河道引洪所产生的防洪风险及后果进行综合评价，研究解决调度方案实施过程中可能遇到的风险问题，以期获得最佳的洪水资源安全利用效益。

（4）建立有效的社会保障体系。雨洪资源的利用在一定程度上具有风险性，面对风险，要以法律、法规、经济、行政等手段来加强管理，在完善各项救助政策的同时，积极探索并建立有效的社会保障体系，不断完善投入机制，实现利益共享，风险共担，以有效的社会化保障体系增强抗御洪水灾害的能力。

4.2 再生水利用问题解决对策

（1）针对输水距离问题，可在工程附近建污水处理厂，将城市、农村生活污水处理后提供给项目使用。

（2）针对水质排放要求，应加强对水质重金属的监测，必要时将再生水进行深度处理达到灌溉水标准。

（3）针对水质恶化问题，应在电站运行期应加强监测，定期清淤。必要时采取改变补给水源的措施。

（4）针对富营养化问题，在加强监测水质的同时，有必要考虑使用水生植物抑制剂，抑制各种藻类的生成，作为防止水库富营养化的预案。

（5）针对酸、碱、盐问题，需根据再生水的应用经验，提出预防措施。

（6）针对渗漏问题，需对于水库防渗宜采用复合土工膜或其他工程措施进行全库防渗。

4.3 水权转让问题解决对策

水权转让涉及工业、农业及农民利益等问题，情况较为复杂，不能完全由市场调节，需要各方划分权责、互相协作，为水权转让的有序进行提供支撑。

（1）流域管理机构代表国家行使水资源所有者权利，应当完善管理制度，建立并严格执行水权转让的可行性评价与审批制度等，以保证水权转让有序进行。

（2）地方政府作为水资源管理权代表，从水权转让的代办角色转变为裁判角色，应当充分发挥制定政策、协调引导的作用，加强宏观调控。政府应加快出台相关的水权交易管理办法，对可交易水权的范围和类型、交易主体和期限、交易价格形成机制、交易平台运作规则等进行规范，提供法律层面的支撑。

（3）地方水行政主管部门执行政府决策，应充分打造供需市场，规范市场秩序，监控水量指标，使供需双方在水市场中公平交易。

（4）在水权交易时，必须分析灌区的节水潜力、水资源的供需状况，从节约用水、优化配置水资源和调整产业结构入手，论证水权转让的可行性和必要性。综合考虑工程使用年限等因素确定水权转让的年限，避免出现水权转让年限未到而节水设施已经丧失节水能力的状况。

（5）推进工业水权转让的体系建设。目前河西地区水权转让大多是农业转农业或农业转工业，工业转工业的案例很少。用水企业随着工艺提升、节水设备更新，也会剩余部分水权，这部分水权转让给工业企业，不需要考虑由于保证率不同而引起的供需不平衡，也能促进当地企业提升节水手段，更不会对灌溉保证率产生影响。

5 结论及建议

5.1 结论

（1）河西地区水资源紧缺，具有降水量少、蒸发量大，河流年内分配不均、枯期水量少、汛期含沙量大等特点，并且河西地区地表水水权基本分配完毕，水源问题突出。抽水蓄能电站的水源及取用水已成为影响项目实施的主要困难之一。开展水源方面的研究及相关工作推进对于地方发展具有重要意义。

（2）抽水蓄能电站用耗水具有阶段性，初期蓄水和施工期用水总量较大、时间较短，正常运行期用水量稳定且年耗水量小。总体来说年均耗水量较小，属低耗水企业。在确定水源时，也需要分阶段考虑其获取途径。

（3）目前，我国把水资源作为最大的刚性约束，坚持以水定城、以水定地、以水定人、以水定产，合理规划人口、城市和产业发展。河西地区虽属于缺水地区，还是可以通过其他途径解决抽水蓄能电站及其他产业用水。而其中水权转让是促进水资源的优化配置、提高用水效率和效益的有效手段，是缺水地区水源获取的最佳途径。

5.2 建议

（1）推进开展雨洪资源利用、再生水利用等非常规水资源作为抽水蓄能电站水源来源的研究。目前，非常规水资源能否以及如何作为抽水蓄能电站的水源相关研究还不成熟，对于河西等缺水地区，水资源对于当地发展至关重要。因此，开展非常规水资源利用的研究及工作对于该地区是迫切且必需的。

（2）考虑到抽水蓄能电站用水的特点，抽水蓄能电站若采用水权转让作为水源获取途径，可结合灌区输水系统节水、高新节水（包括喷灌、滴灌等）、轮作休耕等措施的一种或多种来综合选取。

参考文献

[1] 郭强，杨大勇，李鹏，等. 利用中水作为抽水蓄能电站补给水源的设想 [J]. 东北水利水电，2015，33（11）：30，38.

[2] 臧克佳，郑凯，和扁，等. 抽蓄电站汛期冷却水备用水源设置研究与探讨 [J]. 工程建设与设计，2018（24）：97-99.

[3] 陈金木，王俊杰. 我国水权改革进展、成效及展望 [J]. 水利发展研究，2020，20（10）：70-74.

[4] 张荟瑶，张永江. 黄河河套地区水权转让效果评价 [J]. 中国水利，2019（6）：32-34.

[5] 长江水利委员会水资源管理局. 长江流域水权交易机制建设的现实需求及推进策略 [J]. 人民长江，2022，53（4）：37-43.

[6] 闫轲，方国华，黄显峰，等. 雨洪资源利用进展与利用模式探索 [J]. 水利科技与经济，2011，17（3）：58-60.

[7] 高雅玉，田晋华，宋佳奇. 黄土高原半干旱区雨洪资源高效管理利用技术模式研究 [J]. 中国水土保持，2015，（12）：64-67，86.

[8] 李倩倩，金弈. 水质深度处理技术在水电水利工程中的应用 [J]. 电力勘测设计，2019（S2）：79-84.

[9] 张文鸽，殷会娟，何一帆. 黄河水权转让的探索实践与发展方向 [J]. 中国水利，2022（13）：23-26.

[10] 李宝萍，张增安，韩建伟，等. 泰安大河水库水资源补偿方案选择 [J]. 人民黄河，2007（7）：29-30.

[11] 王兵，刘慧博. 北京市集雨池措施在实践中存在问题及建议 [J]. 水利技术监督，2022（6）：102-106.

[12] 崔文秀. 浅谈雨洪资源利用 [J]. 中国水利，2005（3）：46-47.

新政策下抽水蓄能发展市场环境分析

张予燮[1] 张 平[2]
(1. 国网新源控股有限公司抽水蓄能技术经济研究院，北京市 100053；
2. 国网新源控股有限公司，北京市 100052)

【摘 要】 国家发展改革委《关于进一步完善抽水蓄能价格形成机制的意见》，鼓励抽水蓄能运行向先进水平靠近，以竞争方式形成电量电价、以核定方式确定容量电价。随着新能源发展，电力系统对储能提出更高要求，未来抽水蓄能将面临与其他储能同台竞争的形势，同时抽水蓄能参与电力市场面临诸多不确定因素。为应对市场环境的变化，应提高抽水蓄能对市场的报价响应能力，未来一段时间内坚持两部制电价，探索参与电碳耦合市场、绿电交易市场的可能性。

【关键词】 抽水蓄能 储能 电力市场 容量电价 电量电价

1 抽水蓄能投资与运行成本的约束激励机制发生了变化

1.1 容量电价纳入输配电价并进行成本管制与回收

2021年国家发展改革委《关于进一步完善抽水蓄能价格形成机制的意见》（发改价格〔2021〕633号）(以下简称“633号文”）提出，容量电价由国家发展改革委根据《抽水蓄能容量电价核定办法》核定，随输配电价监管周期同步调整，解决了抽水蓄能投资成本传导的问题。根据633号文，通过电量电价回收电站抽发损耗成本，通过容量电价回收抽发运行成本外的其他成本并获得合理收益。未来将进一步推动电量电价将通过市场化方式形成，容量电价向政府核定覆盖电站一定容量比例、剩余容量比例的电价通过市场形成的方向发展。抽水蓄能可以运用核定后的剩余机组容量参与电力市场，逐步实现主要通过参与市场回收成本、获得收益，促进抽水蓄能电站健康有序发展。在容量核定过程中，电站需要配合政府成本核查工作，面临争议资产可能不被纳入核价范围、节约投资可能会被认定为无效资产、可用率若不达标可能核减容量电价等风险，对抽水蓄能投资管控提出更高要求。

1.2 抽水用电与上网发电的电量电价采取竞争方式

633号文提出，抽水蓄能通过竞争性方式形成电量电价，以回收抽水与发电的运行成本。在电力现货市场运行的地区，抽水蓄能抽水电价、上网电价按现货市场价格及规则结算；在电力现货市场尚未运行的地区，鼓励委托电网企业通过竞争性招标方式采购，抽水电价按中标电价执行；不具备竞争条件的地区，抽水电量由电网企业提供、抽水电价按燃煤发电基准价的75%执行；抽水蓄能上网电量由电网企业收购，上网电价按燃煤发电基准价执行。根据抽水蓄能以前的电价政策，抽水蓄能抽发做功形成的现金流基本为零甚至为负，导致电站缺乏挖掘潜力的积极性，633号文发布后，通过市场化手段充分挖掘抽水蓄能为新能源消纳服务和电网削峰填谷等方面的效益。

1.3 容量电价成本核定过程中采取激励机制

为支持抽水蓄能参与电力市场，633号文提出了适时降低容量电价覆盖设计容量比例的调整机制，以鼓励剩余容量进入市场，从而形成抽水蓄能容量从政府定价到市场竞价的有效过渡。抽水蓄能的容量电价与投资额、运维成本、融资利率水平等参数相关，对于抽水蓄能电站投建中实际贷款利率低于同期市场利率部分，按50%比例在用户和抽水蓄能电站之间分享，对电站投资建设阶段节约融资成本形成激励。运行维护费按照从低到高前50%的平均水平核定，对于运维成本先进的抽水蓄能电站有明显的激励作用，有利于促进抽水蓄能电站可持续健康发展。633号文中对标行业先进水平合理确定核价容量电价相关参数的规定，有助于科学合理定价及成本引导。

2 抽水蓄能未来会出现与各类储能同台竞争的态势

2.1 新能源发电随机波动性带来对储能需求的增大

新能源发电装机规模正在逐年扩大，截至2022年年底，全国光伏和风电装机容量已经达到7.6亿kW，发电量比重已经达到了12.2%。到2030年全国风电、光伏装机容量将达18亿kW，风光发电量占比2030年超过20%、2040年达35%左右、2050年达50%。光伏风电等新能源发电占比的大幅提高为储能市场带来了发展空间。风电光伏具有波动性、间歇性与随机性，风电出力日内波动幅度最高可达80%，光伏日内波动幅度100%，因此新能源发电发展需要配备储能。2021年7月23日，国家发展改革委、国家能源局《关于加快推动新型储能发展的指导意见》（发改能源规〔2021〕1051号）（以下简称“1051号文”）提出，到2025年实现新型储能从商业化初期向规模化发展转变，装机规模达3000万kW以上；到2030年，实现新型储能全面市场化发展。

2.2 随着储能规模的扩大各类储能成本的回收走向市场化

随着电化学储能的规模化发展，储能电站综合度电成本从2010年约2.4元降到目前的0.3～0.4元。从储能运行效果来看，2022年国内电化学储能项目平均等效利用系数仅为12.2%，其中新能源配储能利用系数仅为6.1%，新能源配储能存在很大的资源错配和浪费，缺乏合理的调度机制和电价疏导机制，各地推行的储能政策以容量补贴、放电补贴和投资补贴为主。2022年6月国家发展改革委、国家能源局《关于进一步推动新型储能参与电力市场和调度运用的通知》（发改办运行〔2022〕475号）（以下简称“475号文”），提出储能要充分利用峰谷差价，参与现货市场、辅助服务市场、容量市场交易。1051号文提出建立电网侧独立储能电站容量电价机制，逐步推动储能电站参与电力市场；探索将电网替代性储能设施成本收益纳入输配电价回收的途径。633号文明确提出加快确立抽水蓄能电站独立市场主体地位，推动各类储能平等参与电力中长期交易、现货市场交易、辅助服务市场。

2.3 各类储能的应用场景存在交叉与可替代

电源侧对储能需求主要为实现可再生能源并网、电力调峰、系统调频等，电网侧储能需求主要为支撑电力保供、提升系统调节能力、支撑新能源高比例外送、实现替代输配电工程投资等，用户侧储能需求主要为实现自发自用、峰谷价差套利、容量电费管理和保证供电可靠性等。目前以电化学储能为代表的储能方式被应用于电源侧、电网侧及用户侧，因此抽水蓄能发展需要考虑到各类储能的竞争优劣势。633号文规定抽水蓄能明确同时服务于特定电源和电力系统的，容量电费在特定电源和电力系统之间进行分摊，将带来抽水蓄能与新型储能的竞争。国家发展改革委 国家能源局《关于鼓励可再生能源发电企业自建或购买调峰能力增加并网规模的通知》（发改运行〔2021〕1138号）明确，允许发电企业购买储能或调峰能力增加并网规模。从政策上来看，抽水蓄能是可以租赁给新能源企业的，这也会带来抽水蓄能与新型储能的竞争。

3 电力市场环境下抽水蓄能经营回报存在不确定性

3.1 抽水蓄能容量电价核定存在不确定性

抽水蓄能容量电价实行事前核定，随省级电网输配电价监管周期同步调整。容量电价的核定基于弥补成本、合理收益的原则，按照资本金内部收益率对电站经营期内年度净现金进行折现，以实现整个经营期现金流收支平衡。对于贷款利率、运行维护费率的核算按照行业先进水平确定，以促进抽水蓄能行业不断提升自身经营管理能力。随着抽水蓄能规模化的发展、设备可靠性的提高、状态监测水平的提升，设备的运行维护费会逐渐降低，倒逼抽水蓄能企业提升设备的运营管理水平，降低生产运营成本，实现抽水蓄能电站容量电价动态优化调整。同时抽水蓄能成本接受政府核定监管，部分资产将存在不被纳入有效资产的风险，当可用率不达标、参与市场或两个细则发生亏损时，抽水蓄能通过容量电价无法实现投资回收。

3.2 抽水蓄能现货市场回收电量成本存在不确定性

新电价机制增加了抽水电量购买价格的选择空间，抽水蓄能电站在有电力现货市场的区域可以通过现货市场形成抽水用电和放水发电价格，即通过电力市场高抛低吸，形成额外收入。抽水时作为用户，从电力现货市场直接购电，放水发电时为发电企业，在现货市场直接售电，其相应抽水电量不承担输配电价和政府性基金及附加，抽水蓄能选择合理抽发策略会降低抽水成本。但是抽水蓄能参与现货市场具有很多不确定性：①是否有峰谷价差对应的电量套利空间来回收抽水、发电的运行成本；②是否有预期的抽水和发电的中标电量来保证电站的日常运行；③是否高价差的时段持续时间能保证运行成本回收。目前我国各试点省份现货市场处于探索阶段，价格机制和交易模式尚不能灵活反映供需关系，抽水蓄能进入现货市场还需市场机制的完善。

3.3 抽水蓄能辅助服务市场获取收益存在不确定性

抽水蓄能参与辅助服务市场进行调峰、调频、备用交易，获得辅助服务收入。抽水蓄能调峰交易是指储能电站按照电力调度机构的指令，通过在低谷或弃风、弃光、弃水时段吸收电力，在其他时段释放电力，从而提供调峰服务的交易。当调峰抽水价格与放水发电价格差较小时，或者使用频次较低时，抽水蓄能存在达不到预期收益的可能。抽水蓄能参与调频服务市场时，各地调频市场价格尚不完善，未能体现出抽水蓄能速度快、精度高等优势。当抽水蓄能未按照满功率发电或抽水时，可以将剩余容量作为上备用或者下备用参与备用服务市场以获取收益，由于容量市场价格尚不完善，获取该部分收益存在不确定性。另外，各地开展的电力辅助服务市场，参与主体主要是剩余容量较大的煤电机组，煤电机组基于自己的容量边际成本进行报价，形成的结算价格一般会由低报价的煤电机组决定，难以覆盖抽水蓄能的容量成本。抽水蓄能容量成本较高，新电价机制提出容量成本回收逐渐推向市场化，但市场价格无法体现出抽水蓄能的真正价值。

4 关于抽水蓄能应对政策及环境变化的建议

4.1 抽水蓄能不适合于推行完全市场化运营，应坚持两部制电价

633号文提出容量成本回收逐渐推向市场化，实际上存在很大的困难，市场价格无法体现出抽水蓄能的真正价值。欧美国家绝大多数抽水蓄能定价机制属于不同程度的政府定价，仅有约4%进入电力市场；即使电力完全自由竞争市场的英国，抽水蓄能仍需与调度签订专属中长期辅助服务协议。当前来看，在辅助服务分摊政策已积重难返的困境下，再将抽水蓄能的成本回收纳入必然存在加大辅助服务补偿力度、引发争议的问题。从辅助服务与抽水蓄能的匹配性、辅助服务分摊机制现状来看仍存在诸多不合理之处，全部依赖于辅助服务破题并不具备实际的可操作性。因此抽水蓄能不适合于推行完全市场化运营，宜通过电量电价反映抽水蓄能的削峰填谷价值，通过容量电价反映抽水蓄能的调频、备用、调相等价值。

4.2 预测电力市场的价格波动，提高抽水蓄能对市场的报价响应能力

电力市场化不断完善推进，未来抽水蓄能电站作为市场主体会平等参与电力中长期交易、电能现货市场和电力辅助服务市场，参与市场意味着存在竞争的风险。抽水蓄能需要进行精准预测两个市场的价格波动趋势，精准预测抽发电量的时段安排，优化电站电量与容量在电能现货市场与电力辅助服务市场之间的分配，细化两个市场间的联合竞量竞价策略。

4.3 抽水蓄能需要关注未来的电碳耦合市场、绿电交易市场

依据《温室气体自愿减排交易管理暂行办法》规定，经其备案并在国家注册登记系统中登记的温室气体自愿减排量，可以用来抵扣碳配额或直接参与碳市场交易。经过核签的CCER和盈余配额一样进入碳交易市场，高排放企业在配额不够情况下，可以从抽水蓄能处购买配额，再利用购买或是自主开发的CCER项目进行部分抵扣，避免碳超排的罚款。《绿色电力交易试点工作方案》明确绿电现阶段风光发电参与，下阶段扩展到水电，绿电进行中长期交易，绿证为对每兆瓦时非水可再生能源上网颁发的电子凭证，优先结算、调度、安排。绿色证书所有者与承担指定配额义务的市场主体可以进行证书交易，价格则由市场决定，抽水蓄能作为用户获得了绿电继而获得了绿证，可以进入市场进行绿证交易获得收益。

5 结语

为实现双碳目标，我国能源规划加快推进新能源和以抽水蓄能为代表的储能发展。抽水蓄能在面临新政策新形势机遇的同时，也面临与其他储能竞争及参与市场的新挑战。要实现抽水蓄能的长远可持续发展，在坚持两部制基础上积极适应变化，提高市场价格预测力，寻求与其他主体合作。

参考文献

[1] 国家发展改革委. 关于进一步完善抽水蓄能价格形成机制的意见：发改价格〔2021〕633号 [EB/OL]. https://www.ndrc.gov.cn/xxgk/zcfb/tz/202105/t20210507_1279341.html? code=&state=123, 2021-04-30.

[2] 国家发展改革委，国家能源局. 关于加快推动新型储能发展的指导意见：发改能源规〔2021〕1051号 [EB/OL]. https://www.ndrc.gov.cn/xxgk/zcfb/ghxwj/202107/t20210723_1291321_ext.html, 2021-07-23.

[3] 国家发展改革委，国家能源局. 关于进一步推动新型储能参与电力市场和调度运用的通知：发改办运行〔2022〕475号 [EB/OL]. https://www.ndrc.gov.cn/xwdt/tzgg/202206/t20220607_1326855.html, 2022-05-24.

[4] 国家发展改革委，国家能源局. 关于鼓励可再生能源发电企业自建或购买调峰能力增加并网规模的通知：发改运行〔2021〕1138号 [EB/OL]. https://www.ndrc.gov.cn/xxgk/zcfb/tz/202108/t20210810_1293396_ext.html, 2021-07-29.

[5] 王楠. 我国抽水蓄能电站发展现状与前景分析 [J]. 能源技术经济，2008，20（2）：18-20.

[6] 杨若朴，范展滔. 抽水蓄能电站在新型电力系统中的应用与展望 [J]. 中外能源，2023，28（9）：12-17.

[7] 郝军."双碳"目标下抽水蓄能发展思考 [J]. 西北水电，2022（6）：138-143.

[8] 王科，李泽文，别朝红，等. 抽水蓄能电站的电价机制及市场竞价模式研究 [J]. 智慧电力，2019，47（6）：47-55.

[9] 吴皓文，王军，龚迎莉，等. 储能技术发展现状及应用前景分析 [J]. 电力学报，2021，36（5）：434-443.

[10] 许洪华，邵桂萍，鄂春良，等. 我国未来能源系统及能源转型现实路径研究 [J]. 发电技术，2023，44（4）：484-491.

抽水蓄能在新型电力系统中的功能作用分析

程　军　刘启明　王奎钢
（浙江磐安抽水蓄能有限公司，浙江省金华市　321000）

【摘　要】随着能源转型工作的开展，清洁高效的能源体系不断被构建完成。但是，随着新能源建设的开展，电力系统建设同样面临着较大的挑战。如何推动抽水蓄能的发展，对其在电力系统中的应用进行分析，已经成为当下电力建设中的重点问题。相应工作人员要重点明确抽水蓄能的使用定位，为今后发展提供参考。

【关键词】抽水蓄能　新型　电力系统　功能

1　新型电力系统的特征

1.1　清洁低碳

新型电力系统的特征之一是清洁低碳。这种系统通常采用可再生能源，如太阳能、风能和水力发电等，以及高效的能源利用技术，如燃料电池和智能电网。这些技术能够减少对化石燃料的依赖，降低温室气体排放量，并提高能源利用效率。同时，新型电力系统还采用了一些其他措施来促进清洁低碳的发展，例如通过投资和支持清洁能源的研发和技术创新，鼓励企业和个人使用更多的清洁能源，减少对化石燃料的依赖。通过政策引导和市场机制，鼓励企业和个人采取节能减排的措施，降低碳排放量。建立有效的能源监管机制，促进电力的公平竞争和使用效率。积极参与国际气候变化合作，推动全球范围内实现清洁能源转型等。这些方式都是新型电力系统运营的重要方式。总体来说，新型电力系统的特征之一是清洁低碳，它有助于减缓气候变化的影响，并为人类的可持续发展奠定坚实的基础。

1.2　调节灵活

新型电力系统具有灵活性、随机性等特点，这一系统通常采用智能电网和分布式能源技术，能够根据市场需求和天气等条件自动调整发电能力和用电模式。这种调节灵活性有助于应对市场波动和突发事件，提高电力系统的稳定性和可靠性。例如在夏季高温时，智能电网可以根据需求减少化石燃料的消耗，增加太阳能等清洁能源的使用，以保持电力的稳定供应。其次新型电力系统还具备跨区域调峰的能力。由于可再生能源的分布不均，有时会出现某个地区的发电量不足以满足该地区用电需求的情况。通过跨区域调峰，可以在保证本地供电稳定的同时，充分利用其他地区的可再生能源资源。由此可见，调节灵活是新型电力系统的另一个重要特征，它有助于提高电力系统的可持续性和可靠性，并应对市场波动和突发事件。

1.3　数字智能

数字智能是较为重要的新型电力系统的特征，该系统可以利用物联网技术和人工智能等先进技术，实现对发电、传输、配电网等各个环节的实时监测和管理。也可以通过收集和分析大量的数据，及时发现故障和问题，并给出相应的解决方案。这种数字智能技术有助于提高电力系统的可靠性和稳定性，并为用户提供更好的用电体验。新型电力系统还具备大数据分析的能力。通过对大量数据的分析，可以为用户提供更加精准的用电预测，帮助用户更好地规划自己的用电行为。总体来讲，数字智能是新型电力系统的另一个重要特征，它有助于提高电力系统的可靠性和稳定性，并为用户提供更好的用电体验。

2　构建新型电力系统面临的挑战

2.1　系统平衡的挑战

构建新型电力系统时所面临的挑战之一是系统平衡。这种系统通常由多个组成部分组成，包括发电、传输、配电网和用电等环节。这些环节之间存在相互依存的关系，因此需要协调和平衡它们之间的关系，以保证整个系统的稳定性和可靠性。例如在构建智能电网时，需要考虑发电、存储和用电之间的平衡关系。为了实现这个平衡，研究人员正在探索新的储能技术，并研究如何更好地管理电力系统的运行。此外随着可再生能源的比例不断增加，也需要调整原有的电力系统结构，以适应可再生能源的存在。例如在分布式电源存在的地区，可以考虑建立小型分散式发电站，以便更好地利用可再生能源资源。因此构建新型电力系统时所面临的挑战之一是系统平衡的挑战，需要协调和平衡各个环节之间的关系，以保证整个系统的稳定性和可靠性。

2.2 安全风险的挑战

构建新型电力系统时所面临的安全风险的挑战有多种。首先，分布式电源带来的安全风险较为明显，随着分布式电源的广泛接入，它们的位置和稳定性可能会对电力系统的安全造成影响。例如如果分布式电源发生故障，它可能会对配电网造成损害。其次，同样要关注到储能技术带来的安全风险，尽管储能技术可以有效地解决可再生能源在夜间或天气不好时的能源问题，但也可能会带来安全隐患。例如如果储能设备发生故障，它会导致供电不足，从而影响用户的用电需求。再次，随着人工智能和物联网技术的不断发展，同样也带来了新的安全风险。例如黑客攻击、数据泄露等网络安全问题都可能通过这些技术的发生来导致电力系统的崩溃。因此，构建新型电力系统时所面临的安全风险的挑战是非常重要的。为了应对这些挑战，研究人员要探索新的安全措施，以确保新型电力系统的安全性。例如可以进一步研究如何更好地管理分布式电源，以避免它们对配电网造成损害。此外也可以研究如何更好地管理储能技术，以避免储能设备发生故障时对供电造成不足的影响。总体来说，构建新型电力系统时所面临的安全风险的挑战是非常值得关注的。

2.3 经济运行的挑战

由于新型电力系统的建设需要使用大量的技术和设备，因此建设成本可能会比较高。这可能会导致一些用户难以承担这些费用，从而限制了新型电力系统的推广和普及。目前，我国能源市场还不完善，特别是在可再生能源方面。这容易导致一些用户在选择用电方式时遇到困难，例如在支付费用方面。另外，随着科技的发展，新型电力系统中的技术也在不断更新换代。这就要求相关企业不断改进和完善产品，以满足市场需求。但是由于技术更新的速度较快，这些企业可能难以跟上市场的需求。从而导致它们的经济效益下降。再者，我国电力市场竞争非常激烈，这就要求相关企业不断提高自身的竞争力，以赢得更多的市场份额。同时随着环保要求的提高，新型电力系统需要满足更严格的环保标准。这会增加企业的成本，从而对它们的经济运行造成挑战。总体来讲构建新型电力系统时所面临的经济运行挑战是非常复杂的。为了应对这些挑战，研究人员需要探索新的解决方案，并努力推动电力系统的升级换代。

3 抽水蓄能在新型电力系统中的作用分析

3.1 基础性调节作用

抽水蓄能在新型电力系统中的基础性调节作用主要表现在以下方面。首先，抽水蓄能是一种能够在短时间内储存大量电能的储能装置，可以用来平衡电网的供需矛盾。在电网用电高峰期间，可以将多余的电能储存起来，而在用电低谷期间再将这些电能释放回电网中，以补充不足的电能。其次，当突发情况发生时，例如自然灾害、事故等导致电源中断时，抽水蓄能可以提供紧急备用电源。因为它可以在短时间内将储存的电能释放回电网中，为用户提供必要的电力保障。由于非线性负载的存在，传统电力系统容易出现电压波动、频率下降等问题，而抽水蓄能量稳定输出电流和电压，可以有效改善供电质量，提高用户的用电体验。再次，抽水蓄能可以根据市场需求的变化快速地调整电量，从而增加电网的灵活性和可靠性。这有助于提升电网应对突发事件的能力，提高其运营的经济效益。因此抽水蓄能在新型电力系统中的基础性调节作用非常重要。通过合理地利用和管理，它可以为实现可持续发电、促进能源转型、保障电力安全等方面做出重要贡献。

3.2 综合性保障作用

抽水蓄能本身具有抽水、调相等多个机组，不同机组不断转换并持续运行，能够灵活操作，负荷是当下电力系统中最主要的部分之一。在低负荷状态下，电力系统会有直流闭锁的状况发生，这一过程中抽水蓄能机可以做好负荷切换工作，防止电网出现缺额冲击。如今电网建设中已经将抽水蓄能纳入了低频切泵中，也已经完成了各项切机操作，所以可以说抽水蓄能已经成为当下电力系统中的坚强壁垒，能够保证电力系统的稳定安全运行。据统计抽水蓄能中所拥有的转动惯量比之风、火、电机组更强，其运转过程中可以有效促进电站的自启动，也可以有效带动电网系统的恢复，进而成为电力系统中的安全底线。

3.3 公共性服务作用

抽水蓄能电站能够做到大规模储存，可以针对性地对电能进行转换，进而将一些低价值的能源转变为高价值能源。同时抽水蓄能也有着协同优势，能够更好地对源、储等不同环节的运行条件进行转换，进而优化其利用率，提高整体的经济性。对于供给侧来讲，可以通过对抽水蓄能进行合理调节，进而做好新能源消纳，防止弃风等状况的发生。另外也可以降低发电机启停调节，改善机组状况，优化其运行效率。对于电网侧来讲，抽水蓄能可以对电网进行有效调节，保证电网的稳定运行。对于储能侧来讲，其本身具有则会容量大等优势，能够与其他类型的储能技术加以协同，最终实现功能互补。对于用户侧来讲，抽水蓄能可以进一步保证供电系统的稳定性及安全性，进而改善供能质量。同时抽水蓄能本身可以缓解负荷刚性，提高其响应能力。对于系统整体来讲，抽水蓄能为系统提供了较大的机械转动惯量，能够有效提高系统安全性。总体来讲，抽水蓄能已经得到了较为全面的拓展，在后续的发电、配电等基础上，能够做好稳电等作用。实质上抽水蓄能是当下促进能源发展的大规模保障，能够有效提高双碳目标。

4 如何推动抽水蓄能高质量发展

随着抽水蓄能工作的快速发展，电价政策已经得到了逐步优化，为了保证抽水蓄能工作的合理稳定开展，必须做好其推动工作，保证其相应产业能够得到高效开展。

4.1 深化政策研究

为了深化政策研究推动抽水蓄能高质量发展，首先要完善法律法规体系，加强抽水蓄能领域的立法工作，制定和完善相关法律法规，明确政府、企业和民众在抽水蓄能发展中的职责和权益。同时加强对已出台政策的评估和修订，确保政策的科学性和针对性。其次要建立健全的抽水蓄能市场监管机制，规范行业发展秩序。在监管过程中充分考虑公众利益、环境和可持续发展等因素，防止出现不正当竞争和资源浪费等问题。这一过程中同时要通过科技创新提高抽水蓄能技术的水平和可靠性，降低成本，提高发电效率，包括在发电、输电、配电等各个环节中推广新技术，如智能调度系统、储能系统等。并鼓励我国企业与国际企业开展合作，共同推进全球抽水蓄能行业的发展。通过引进国际先进技术和管理经验，提升我国抽水储能行业的竞争力和创新能力。同时积极参与国际能源治理，推动构建公平合理的国际能源秩序。总体来讲深化政策研究、推动抽水蓄能高质量发展需要政府、企业和公众共同努力，通过完善法律法规体系、建立监管机制、加大科技研发力度等措施，共同推进抽水蓄能行业的发展，实现可持续发展的目标。

4.2 完善标准体系

完善标准体系能够有效推动抽水蓄能高质量发展，针对抽水蓄能行业的特点和需求，可以制定一批国家标准，规范行业发展。这些标准可以包括发电、输电、配电、能源管理等方面的技术要求和管理规定。同时鼓励行业协会等社会组织在行业内建立自律组织，制定和完善行业标准和规范，促进行业内部的一致性和良性竞争。同时也可以通过举办培训交流、推广先进技术和管理经验等方式，提升行业内企业的自主意识和创新能力。良好标准体系的建立能够有效带动抽水蓄能的发展，也能够规范电力行业，对于后续工作来讲有着良好优势。

4.3 加强资源整合

通过发展可再生能源和清洁能源，调整能源结构，减少对化石能源的依赖，提高清洁能源在总能源消费中的比重，有助于减少温室气体排放，保护环境。同时也可以提高清洁能源的利用效率，促进可再生能源的发展。在该状况下可以有效做好资源整合工作，为今后工作奠定基础。可以加强节能技术和设备的研发和应用，提高抽水蓄能系统的运行效率和降低维护成本。例如采用高效节电技术，改进电力调度和能量管理策略等。同时还要注重市场应用，积极拓展市场空间，提高行业的经济效益和社会效益。

4.4 优化人才结构

要优化人员结构，推动抽水蓄能行业的高质量发展。首先，要根据行业发展趋势和公司实际情况，合理调整人才结构和分布，确保人才结构的合理性和有效性。同时，也可以通过培训和再教育等方式，提升员工技能水平，提高员工的工作能力和效率。其次，要选拔和培养具有高素质的专业人才，引导人才流向抽水蓄能行业，推动行业发展。也要加大对人才的引进力度，吸引海外优质人才回国发展，为行业发展提供强有力的人才支撑。再次，企业可以建立健全激励机制，激发员工的积极性和创造力，提高员工的工作热情和工作效率。例如可以通过提供合理的薪酬福利、开展丰富的文化活动等方式，营造良好的企业文化和工作氛围。最重要的是要加强团队建设，建立高效的团队管理体系，提高团队的协作能力和凝聚力。同时也可以通过培训和再教育等方式，提升团队成员的技能水平和专业素养，增强团队的核心竞争力。此外要健全完善的人力资源管理制度和流程，确保人力资源的有效管理和利用。包括招聘、培训、考核、晋升等环节，都可以通过优化和改进来提高人力资源管理的质量和效率。

5 结语

综上所述，本文对抽水蓄能的绿色发展进行了一系列分析，在以往研究的基础上分析了政策研究、标准体系建设的完善与优化。同时通过拓展清洁能源市场等方式，促进抽水蓄能行业向绿色可持续发展方向发展。不过本文研究依然存在不足之处，尚未对信息化建设进行深入分析与研究，在今后发展中需要聚焦于信息化建设，提高工作效率。

参考文献

[1] 杨若朴，范展滔．抽水蓄能电站在新型电力系统中的应用与展望［J］．中外能源，2023（9）：12－17.
[2] 周建平，杜效鹄，周兴波．面向新型电力系统的水电发展战略研究［J］．水力发电学报，2022（7）：106－115.
[3] 吴燕．新型电力系统场景下抽水蓄能的应用探讨［J］．电器工业，2022（6）：61－64.
[4] 周建平，李世东，高洁．新型电力系统中“水储能”定位与发展前景［J］．能源，2022（4）：60－65.
[5] 陈越．新型电力系统功率平衡调度体系及方法研究［D］．哈尔滨：哈尔滨工业大学，2022.

抽水蓄能电站汛期避沙运行策略分析

李　欣　赵亚辉　郭贤光
（河南国网宝泉抽水蓄能有限公司，河南省新乡市　453000）

【摘　要】 随着新能源并网容量的增多，新能源出力的不确定性造成电网调节愈发困难，抽蓄机组在电网调节的作用也愈发重要。某抽水蓄能电站所在地区于2016年和2021年汛期遭遇特大暴雨并引发山洪，电站机组技术供水水源含沙量激增，机组技术供水系统多个用户单元的过滤器堵塞，机组被迫停运避沙，造成所在区域电网负荷调整困难。针对上述情况，电站焊接新的引水管道，利用引水隧洞、尾水隧洞中的水分别作为另外两台机组的主轴密封、迷宫环用水和技术供水水源，调整技术供水泵扬程和过滤器滤芯精度。经机组开机运行，该措施能实现在技术供水水源泥沙含量超标时电站仍有2台机组可用，确保2台机组在汛期做到随调随启，保证电网安全。

【关键词】 泥沙　技术供水　过滤器　堵塞

1　引言

某抽水蓄能电站装机容量1200MW，其下水库位于峪河干流上。峪河流域河道弯曲，比降大，水流湍急，水量较为丰富，一遇暴雨，山洪陡涨陡落，洪水过后，河道干涸，为典型的山区河流。下水库在确保抽水蓄能电站正常发电的前期下兼顾灌溉、防洪等。

该抽水蓄能电站为高水头电站，额定水头510m，水泵水轮机对过机含沙量要求严格，按相关规范要求，其平均过机含沙量要求不大于80g/m³。峪河来沙主要集中在主汛期7—8月，经计算机组多年平均过机含沙量6g/m³，主汛期多年平均过机含沙量34g/m³。2016年“7·19”下库最大入库洪峰流量2034m³/s，最大含沙量24.0kg/m³，机组技术供水过滤器发生了堵塞，造成机组停运；2021年“7·20”河南特大暴雨造成下库入库洪水激增，最大入库流量达568m³/s，泥沙含量较高，导致1～4号机主变空载冷却水泵机械密封损坏，空载泵本体大量漏水；主轴密封供水管道多次出现流量降低情况，因此有必要研究电站避沙调度运用方式。

2　技术供水系统情况

2.1　基本情况

电站地下厂房安装有4台立轴单级混流可逆式水泵水轮发电电动机组，机组及其他公用设备冷却水源均取自下水库。其中机组技术供水系统采用单元式供水方式，每单元设有2台并列布置的水泵和2台自动过滤器，通过机组技术供水总管向发电电动机空气冷却器、上导及推力轴承冷却器、下导轴承冷却器、水导轴承冷却器、机组主轴密封、主变冷却器等重要用户提供冷却水源。同时，电站公用系统供水也取自下水库，通过公用供水过滤器向用户供水，包括SFC冷却水、消防供水、主变空载冷却水等。

2.2　要素分析

水轮机工况额定水头510m，属高水头电站。电站未设沉砂池，根据DL/T 5107《水电水利工程沉沙池设计规范》和SL/T 269《水利水电工程沉沙池设计规范》，不设置沉沙池时过机多年平均含沙量和过机多年平均粗粒径含沙量均需处于A区。过机多年平均含沙量和过机多年平均粗粒径含沙量分别如图1和图2所示。

由图1和图2所见，对于某抽水蓄能电站，额定水头510m，多年平均过机含沙量应该不大于80g/m³，过机平均颗粒大于0.1mm及以上的泥沙含量应不大于15g/m³。

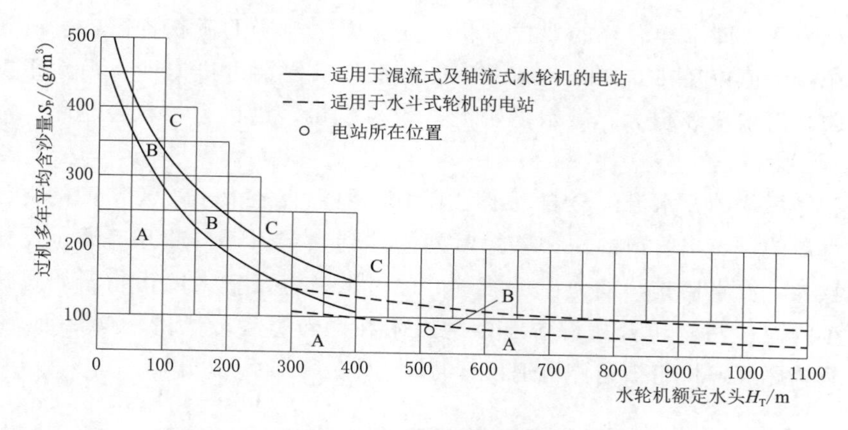

图 1　过机多年平均含沙量

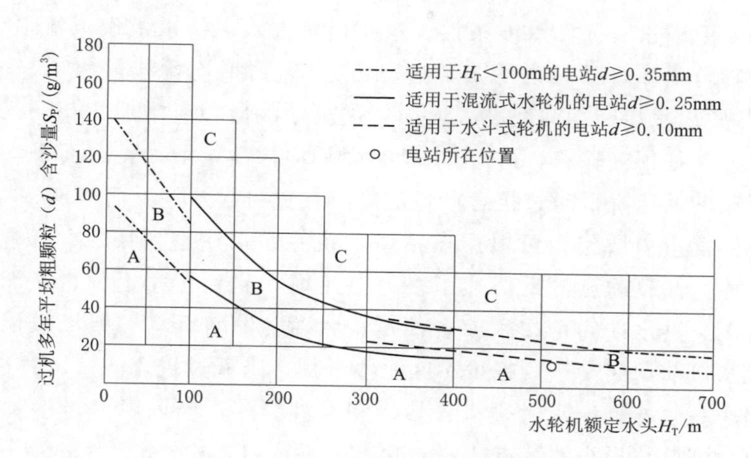

图 2　过机多年平均粗粒径含沙量

技术供水对泥沙含量和颗粒粒径的限制，根据《电站运行规程　第 23 分册：供排水系统》中所列供水过滤器规范参数，电站供水过滤器最小过滤精度为 0.1mm，见表 1。

表 1　　宝泉电站供水过滤器规范参数表

类　别	项目	数　据
机组技术供水过滤器	数量	8 台
	型号	FZLQ－A－400
	公称压力	2.5MPa
	过滤精度	0.5mm
全厂公用供水过滤器	数量	2 台
	型号	FZLQ－A－350
	公称压力	2.5MPa
	过滤精度	0.5mm
主轴密封过滤器	数量	2
	型号	RF3－C－EU2－NM－E－1－1－0/ KS100－C－2403114
	公称压力	25bar
	过滤精度	0.1mm
上下迷宫环过滤器	数量	1
	型号	RF3－0－EU2－NM－N－1－0/ KS500－0－2403376
	公称压力	50bar
	过滤精度	0.5mm

通过对河床淤积物和入库水样泥沙的取样分析，随着库区河床的淤积抬高，过机泥沙粒径呈增加趋势，多年平均过机泥沙中值粒径在0.009～0.016mm变动。洪水期过机泥沙粒径除跟洪水量级有关外还跟河床淤积高度有关。洪水量级越大，洪水携带泥沙粒径越粗，过机泥沙粒径越粗。河床淤积越高，过机泥沙粒径越粗。

当含有大量泥沙等污物的原水流经全自动滤水器时，颗粒直径大于过滤精度的泥沙等污物，将被滤水器滤网拦截，滤水器的进、出管道的压力差短时间内达到整定值，自动开启滤水器排污电动阀进行排污。但由于含沙量较大，滤水器排污能力出现瓶颈，此时颗粒直径较大的污物开始迅速占据滤网大部分表面，颗粒直径较小的泥沙污物也开始源源不断地吸附在颗粒直径较大的污物后面，造成过滤器堵塞，最终导致技术供水系统瘫痪，机组被迫停机退出运行。

3 水工治理措施

影响过机含沙量的主要因素有入库水沙条件、水库运用方式、抽水及发电流量、库区地形、进/出口高程等。相同条件下，随着入库含沙量的增加，进/出水口断面平均含沙量增加，过机含沙量相应增加；随着库区淤积量增加，进/出水口断面河底高程增加，过机含沙量相应增加。相同入库水沙条件，随着主汛期运用水位的降低，泥沙往坝前输移，进/出水口断面平均含沙量增加，断面平均含沙量增加对过机含沙量的影响大于排沙引起的河床降低对过机含沙量的影响，过机含沙量反而增加。

解决汛期下水库泥沙含量激增问题可根据电站地形条件和水沙运动特性，修建沉沙池、拦沙坝、排沙洞等设施。电站下水库上段目前已开发修建了多处溢流堰，起到了一定的拦蓄泥沙作用。下水库大坝设有溢流坝和二级灌溉洞。洪水期间可在入库含沙量较大时，短暂开启二级灌溉洞泄流排沙，降低库区尤其是机组技术供水取水口前河底高程，减少库区泥沙淤积，降低过机含沙量。并在4号渣场处增设水质监测系统，快速、准确、高效检测抽水时过机含沙量和泥沙级配，当入库流量达到450m^3/h或泥沙量激增时，准确发出预警，合理调整机组运行方式。

4 机组治理措施

结合引水隧洞和尾水隧洞布置情况，治理的总体原则为：利用一个水力单元高压引水隧洞、尾水隧洞分别作为另外一个水力单元2台机组的主轴密封、迷宫环用水和技术供水水源，调整技术供水过滤器滤芯精度，实现在出现泥沙含量超标时电站有2台机组可用。

4.1 4号机组治理方案

利用1号水力单元尾水隧洞作为4号机组的技术供水水源，机组技术供水取水通过公用供水总管取水，排水通过增设排水联络总管及阀门，排至1号尾水隧洞。原技术供水泵流量为880m^3/h，扬程为38m，因汛期时技术供水供、排水管路延长较多，管路水力损失增多，需增加技术供水泵扬程并确保流量满足要求，因此每台机组需选型可变扬程技术供水泵及其变频控制系统，确保技术供水系统在汛期、非汛期供排水模式下各冷却用户技术供水流量满足要求。4号机组运行时主轴密封和迷宫环供水取水取自本机组技术供水泵出口，4号机组停机时利用自身主轴密封增压泵供水。

目前，改造选型凯仕比Omega 250-480_220kW-PN25双吸泵，配套无独立冷却ABB变频电机和ABB ACS580-01-430A-4型号变频器，实现5～50Hz无级变速，扬程0～68m可调节。正常运行时变频器工作于44Hz，即可满足正常运行压力、流量要求，汛期变频器工作于50Hz，即可实现68m满扬程运行。

改造后的技术供水、排水联络管如图3所示，将1～4号机组技术供水排水总管联络为一条主管道，4号机组可排水至1号、2号、3号机组任意尾水管中，同时有利于后期其他机组的进一步改造。

4.2 3号机组治理方案

降低技术供水过滤器滤芯精度，减少泥沙淤积，机组技术供水取水及排水均至自身尾水隧洞。机组主轴密封供水从2号机组主轴密封减压后取水，机组迷宫环供水保持现状。3号机组在汛期洪水时只做发

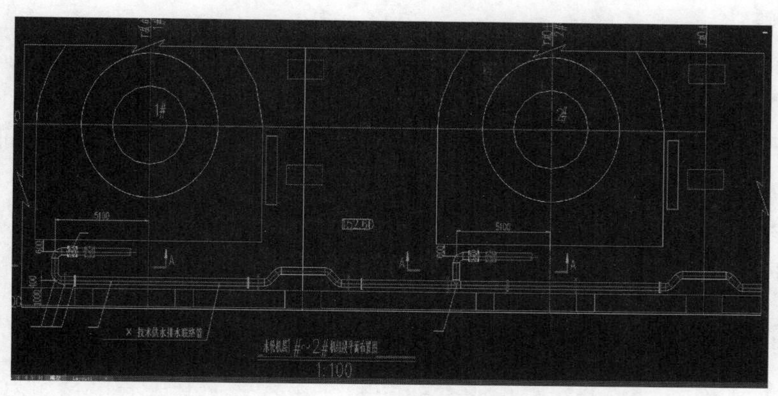

(a) 1号、2号机组

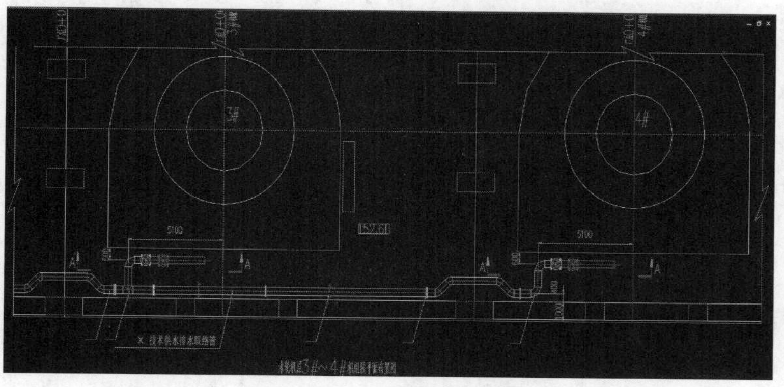

(b) 3号、4号机组

图 3　改造后的技术供水、排水联络管

电运行。同时由于技术供水过滤器为一主一备互为备用，降低过滤器精度后，可通过切换主备用过滤器并对备用过滤器进行冲洗排污的方式。3 号机组主轴密封备用供水管道改造如图 4 所示。

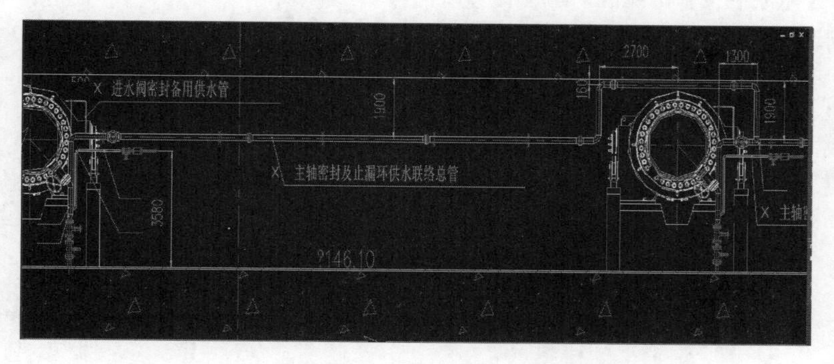

图 4　3 号机组主轴密封备用供水管道改造图

5　汛期运行策略

5.1　4 号机组运行策略

当汛期下水库进水量超出 450m³/h 或下库泥沙含量较大时，向调度汇报启动避沙运行方案，1 号、2 号机组停止运行，落下停运机组对应水力单元上、下库闸门，保证输水隧道水质洁净。将 4 号机组主轴密封及迷宫环供水由本水力单元引水隧洞供水切换至停运水力单元引水隧洞供水，打开对应供水阀。期间做好停运单元引水隧道水位下降记录，做好停运单元球阀工作密封外接水源准备工作，防止出现停运单元球阀工作密封退出情况。调整 4 号机组 2 台技术供水泵运行频率至 50Hz，并做好技术供水冷却水温升记录和各冷却器、导轴承的温升记录工作，发现温度异常升高，及时停止运行。

5.2 3号机组运行策略

加强3号机组运行监视，打开3号机组主轴密封自2号机组主轴密封供水阀，机组运行时将一组技术供水过滤器两侧阀门关闭，仅保持一台技术供水过滤器运行。发现技术供水流量降低不满足机组运行要求时（轴承等温度升高），切换至另一台过滤器运行。期间做好过滤器堵塞间隔时间记录，利用低谷时，拆解技术供水滤水器，对滤水器及滤芯进行检查清扫。

当机组每次运行时间不足1h时或者机组冷却水流量降低至低限时或出现上导、下导、水导、主变油混水及瓦温度高报警时，证明下库泥沙含量过大，向调度申请机组停运，避沙运行。

6 抽水蓄能电站建设设计初期建议

抽水蓄能电站在设计阶段宜考虑技术供水系统的避沙运行，尤其在自然流域建设的抽水蓄能电站，可以从以下几方面考虑：在设备方面，优化设计过滤器的精度，增设泥沙监测系统，在泥沙含量增大期间调整技术供水运行方式；在水工建筑方面，可在该流域设计沉砂池、拦沙坝、排沙洞等设施，减少库区泥沙淤积，降低过机含沙量；水库大坝设计泄洪闸门，汛期开启可以将部分泥沙、漂浮物通过泄洪闸门排至下游，减少技术供水堵塞概率；在水源方面，可以建设技术供水系统专用水源或备用水源，尤其在经年泥沙量比较大的流域。

7 总结

电站避沙是确保电站安全运行和充分发挥工程效益的重要前提条件。但过机泥沙问题复杂，若处理不当带来的后果严重，通过设备的改造和运行策略的调整，跟踪研究电站避沙调度实施效果，及时总结避沙调度管理经验，结合运用实践进一步深入研究和优化电站避沙调度方案，为工程效益发挥提供技术支撑。

参考文献

[1] DL/T 5107—1999 水电水利工程沉沙池设计规范 [S].
[2] SL/T 269—2019 水利水电工程沉沙池设计规范 [S].

豫西南地区嵩县抽水蓄能电站设计暴雨分析研究

朱宏飞　吴艳红
（中国电建集团中南勘测设计研究院有限公司，湖南省长沙市　410000）

【摘　要】 为提高抽水蓄能电站设计暴雨精度，在考虑特大暴雨重现期的基础上，分别采用单站频率适线、分区综合法及查算暴雨等值线图等方法计算设计暴雨，并以嵩县抽水蓄能电站为实例，说明分区综合法的适用性。结果表明：分区综合法进行频率适线时，考虑了各测站特大暴雨的分布情况，定线成果更能反映本地区的实际情况，较单站单一定线时缺少多个特大值控制的情况，分区综合定线精度相对较高，工程设计时可采用该方法进行设计暴雨分析计算。

【关键词】 设计暴雨　特大暴雨重现期　分区综合法

1　引言

抽水蓄能电站的上、下水库一般均为小流域，且大部分位于山区，海拔较高，人烟稀少，工程以上流域基本无实测水文气象资料。抽水蓄能电站设计洪水大多采用无资料地区计算方法，而由设计暴雨推求设计洪水是最常用一种方法。抽水蓄能电站附近测站实测短历时暴雨系列长短不一，往往缺乏特大暴雨，而工程设计与校核洪水标准较高，这就需要在设计暴雨计算时考虑加入特大暴雨数据。

本文以豫西南地区嵩县抽水蓄能电站为例，研究考虑特大暴雨重现期情况下的单站设计暴雨及分区综合法计算设计暴雨，与查算暴雨参数等值线图成果进行对比分析，论证工程区设计暴雨成果合理性。

工程区以上流域无实测暴雨资料，根据工程周边测站分布情况，并考虑暴雨天气成因与地形条件，本次研究选取工程区附近的孙店、两河口、龙王庙及排路等雨量站作为参证站，各雨量站高程为610～895m，分别距下水库坝址直线距离约3.6km、14.6km、13.7km及20km。工程区水系及测站分布如图1所示。

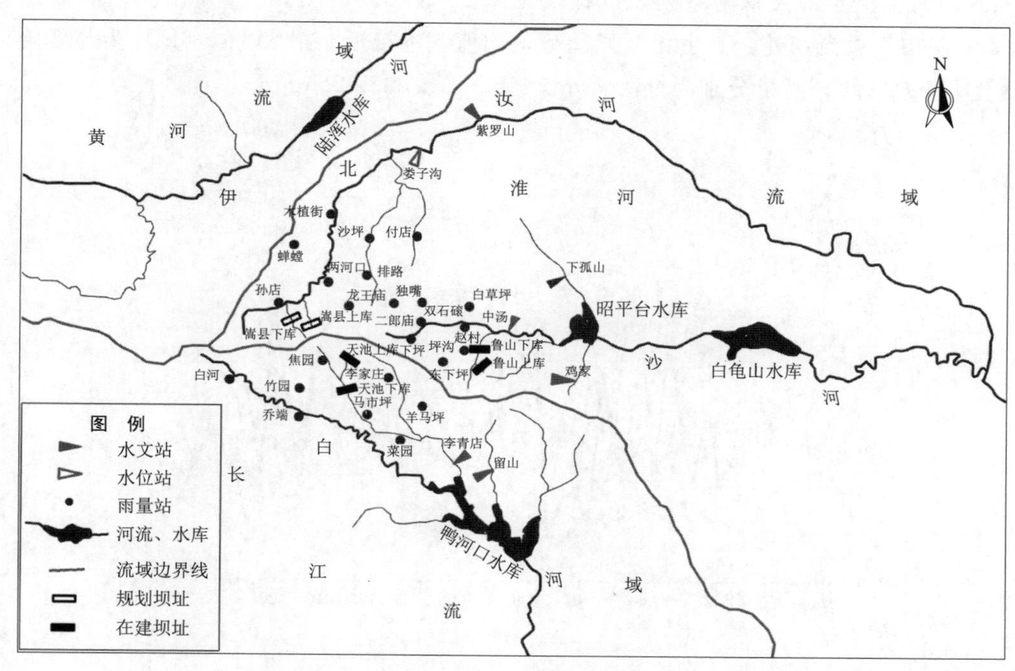

图1　工程区水系及测站分布示意图

2　暴雨特性分析

工程区所在的北汝河上游地区暴雨成因与天气系统和地形有关，形成北汝河流域暴雨的天气系统主要有西南低涡、江淮切变线，以及台风深入内陆等。在地形上，北汝河上游伏牛山脉呈东南—西北方向，山区海拔高程在 800m 以上，由东向西逐渐升高，有利于偏东暖湿气流的进入，气流在行进过程中受西侧山地的阻挡和抬高，容易在山前地带形成暴雨。

分析收集的孙店、龙王庙、两河口及排路等雨量站暴雨资料，不同系列长度均值变化趋势不一，除孙店站 24h 均值逐渐递减以外，其余为随系列增加均值由增递减变化，统计成果见表 1。

表 1　各雨量站短历时暴雨统计成果　　单位：mm

站名	系　列	1h 均值	6h 均值	24h 均值
孙店	1954—1980 年	—	52.0	84.6
	1954—2000 年	31.0（1980—2000 年）	52.5	82.5
	1954—2021 年	31.4（1980—2021 年）	51.7	80.0
	最大值	61.6（2014 年）	120.1（1984 年）	181.7（1961 年）
龙王庙	1955—1980 年	—	66.4	94.1
	1955—2000 年	34.0（1981—2000 年）	65.9	95.9
	1955—2021 年	34.1（1981—2021 年）	62.3	91.5
	最大值	69.9（2010 年）	212.8（1982 年）	348.3（1982 年）
两河口	1955—1980 年	33.6（1973—1980 年）	53.1	80.0
	1955—2000 年	38.7（1973—2000 年）	56.9	81.4
	1955—2021 年	35.0（1973—2021 年）	53.3	75.7
	最大值	79.1（1982 年）	217.3（1982 年）	328.7（1982 年）
排路	1966—1980 年	—	58.2	86.9
	1966—2000 年	33.4（1981—2000 年）	61.7	98.7
	1966—2021 年	32.2（1981—2021 年）	55.5	87.1
	最大值	94.2（1982 年）	356.5（1982 年）	655.3（1982 年）

分析四站各历时实测年最大暴雨系列，过程线见图 2、图 3。由图分析，4 个测站同期短历时暴雨除 1982 年特大暴雨存在明显突变外，其余无明显趋势，均值基本接近。最大 1h、6h 与 24h 暴雨记录均为排路站 1982 年 7 月特大暴雨，雨量分别为 94.2mm、356.5mm 和 392.6mm。

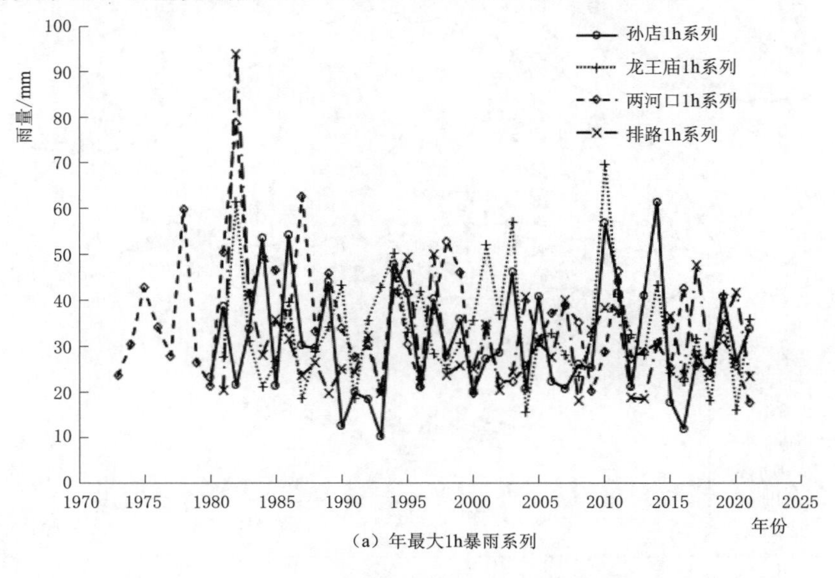

(a) 年最大1h暴雨系列

图 2（一）　各雨量站年最大 1h、6h 暴雨系列

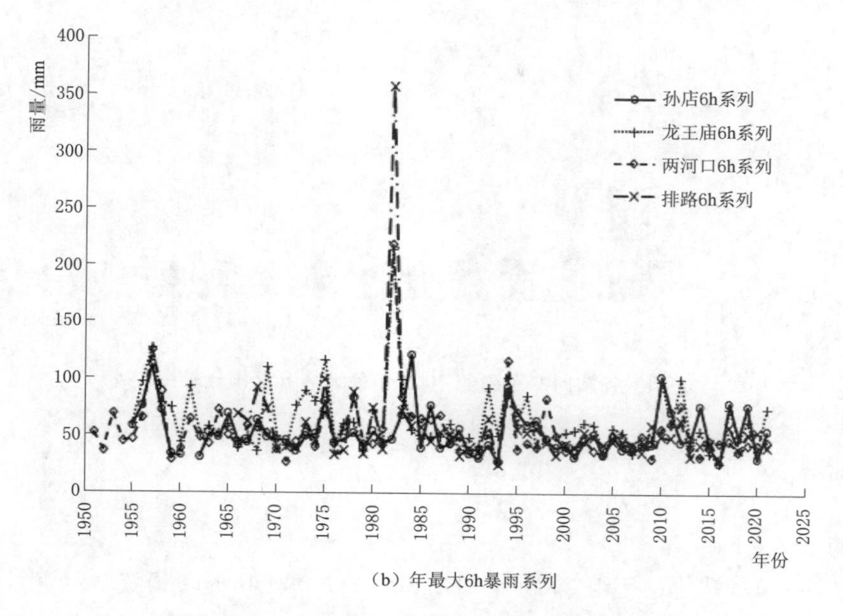

（b）年最大6h暴雨系列

图 2（二） 各雨量站年最大 1h、6h 暴雨系列

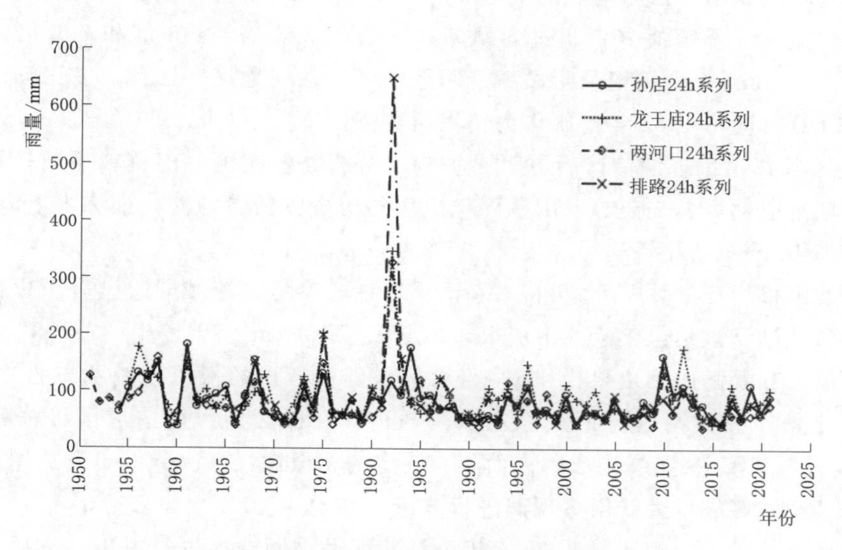

图 3 各雨量站年最大 24h 暴雨系列

由图 2、图 3 的四站年最大 1h、6h、24h 时段暴雨过程，和图 4、图 5 系列中前 10 大暴雨对比分析，除排路站首位为四站最大外，其余位数中龙王庙与两河口站较为突出，但各暴雨量级相差不大。

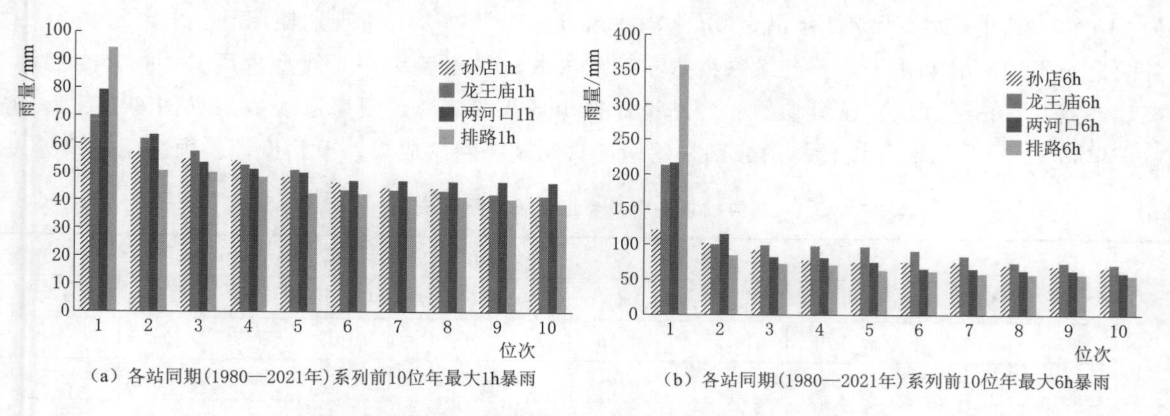

图 4 各站同期系列前 10 位年最大 1h、6h 暴雨比较图

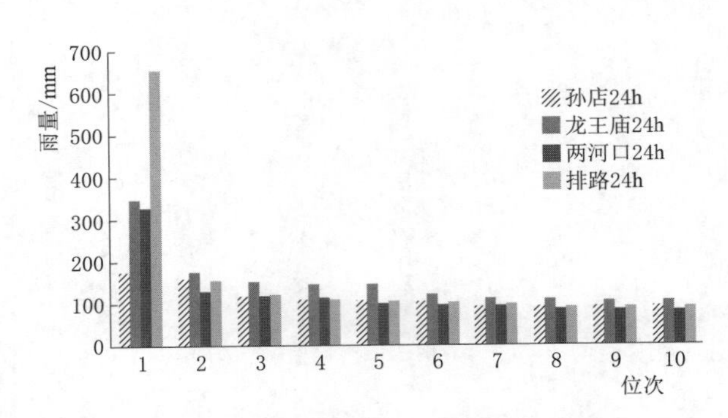

图 5　各站同期系列前 10 位年最大 24h 暴雨比较图

3　设计暴雨分析

3.1　单站设计暴雨

本次研究收集了各雨量站建站年至 2021 年 1h、6h、24h 等短历时暴雨资料，资料系列年限长短不一致，系列长度为 41～71 年，均包含大暴雨系列。其中，龙王庙、两河口及排路等雨量站 1982 年 7 月 29 日发生特大暴雨，该场次暴雨成因为南北向切边线加 9 号台风影响形成，导致三站最大 24h 降水量远大于历史实测值，各站实测 24h 暴雨值分别超过各站系列均值的 3.8 倍、4.3 倍和 7.5 倍，以排路站最为突出，其 24h 暴雨达 655.3mm，雨量记录明显高于邻近沙河、白河地区。因此，龙王庙、两河口、排路雨量站暴雨频率分析计算时应将 1982 年暴雨作为特大值对待。

1982 年特大暴雨须作出重现期估计后方可参加频率分析，但实测暴雨资料系列较短，且无历史大暴雨调查资料，重现期难以估算。金云等采用暴雨移用法与历史灾情考证法，推算出上海地区“77·8”特大暴雨值重现期约为 140～160 年一遇。

本次研究采用暴雨移用法估算 1982 年特大暴雨重现期，参考本流域周边已有历史极端暴雨调查资料的板桥水文站作为参证站，该站位于汝河干流上，流域面积 768km^2，曾发生“75·8”特大暴雨，为其实测最大，超历史极值，其暴雨成因主要受 7503 号台风登陆后变成的低压环流及与北方冷空气交汇影响，加之由于集中的低空偏东和偏南气流形成稳定水汽通道，在山区迎风面造成了极强暴雨过程。考虑到 1982 年特大暴雨成因与“75·8”暴雨成因方面具有一定的相似性，本次分析研究选用雨量参证站的特大暴雨重现期可借用板桥站区域特大暴雨重现期进行分析。

根据《淮河流域洪汝河、沙颍河水系 1975 年 8 月暴雨洪水调查报告》中相关成果，板桥站“75·8”最大 24h 暴雨 842.1mm 可排在 1593 年以来的第一位，估算其重现期约为 428 年。本次通过暴雨移用，龙王庙站 1982 年最大 24h 暴雨 348.3mm 与两河口站 1982 年最大 24h 暴雨 328.7mm 均排 1593 年以来第三位，估算重现期约为 143 年，排路站 1982 年最大 24h 暴雨 655.3mm 排 1593 年以来第二位，估算重现期约为 215 年。其中，各站 1982 年最大 6h 暴雨重现期参考各站 24h 重现期使用。

各雨量站不同历时暴雨采用不连续系列数学期望公式计算经验频率，线型采用 P－Ⅲ频率曲线，矩法初估统计参数，目估适线确定统计参数。各站设计暴雨成果见表 2，频率适线成果见图 6、图 7。经对比分析后，单站 1h、6h 与 24h 设计暴雨分别采用两河口站及排路站成果，单站设计暴雨采用成果见表 3。

表 2　　嵩县抽蓄各雨量参证站设计暴雨成果

站名	时段	参数			各频率设计暴雨/mm						
		均值/mm	C_v	C_s/C_v	0.05%	0.10%	0.20%	0.50%	1%	2%	5%
孙店	1h	31.4	0.45	3.5	115	107	98.5	87.5	79.1	70.6	59.1
	6h	51.7	0.46	3.5	194	180	166	147	132	118	98.4
	24h	80	0.48	3.5	314	290	267	236	212	188	156

续表

站名	时段	参数			各频率设计暴雨/mm						
		均值/mm	C_v	C_s/C_v	0.05%	0.10%	0.20%	0.50%	1%	2%	5%
龙王庙	1h	34.1	0.42	3.5	116	108	100	89.7	81.5	73.2	62
	6h	62.3	0.49	4.5	274	251	228	198	175	153	124
	24h	91.5	0.54	4.5	451	411	371	319	280	241	191
两河口	1h	35	0.42	3.5	119	111	103	92.1	83.7	75.2	63.6
	6h	53.3	0.54	4.5	262	239	216	186	163	141	111
	24h	75.7	0.56	4.5	390	354	319	273	239	205	161
排路	1h	32.2	0.38	4.5	107	99.8	92.2	82.1	74.4	66.7	56.3
	6h	55.5	0.68	4.5	365	328	292	244	209	175	131
	24h	87.1	0.7	4.5	594	534	474	396	337	281	209

表3　嵩县抽蓄雨量站设计暴雨采用成果

站名	时段	参数			各频率设计暴雨/mm						
		均值/mm	C_v	C_s/C_v	0.05%	0.10%	0.20%	0.50%	1%	2%	5%
两河口	1h	35.0	0.42	3.5	119	111	103	92.1	83.7	75.2	63.6
排路	6h	55.5	0.68	4.5	365	328	292	244	209	175	131
	24h	87.1	0.7	4.5	594	534	474	396	337	281	209

3.2　分区综合法

由于特大暴雨出现的随机性很强，一次暴雨过程的暴雨量级随着距离的变化梯度又很大，分析本次选用的雨量站暴雨参数，各站统计参数与设计值受特大暴雨地域分布的影响，表现为高低值相间混杂，规律性不明显。《水利水电工程设计洪水计算手册》提出分区综合法，对工程区各雨量参证站的统计参数进行地区综合，从而达到提高设计暴雨精度的目的，分区综合法主要包括参数平均法与同频率中值法。

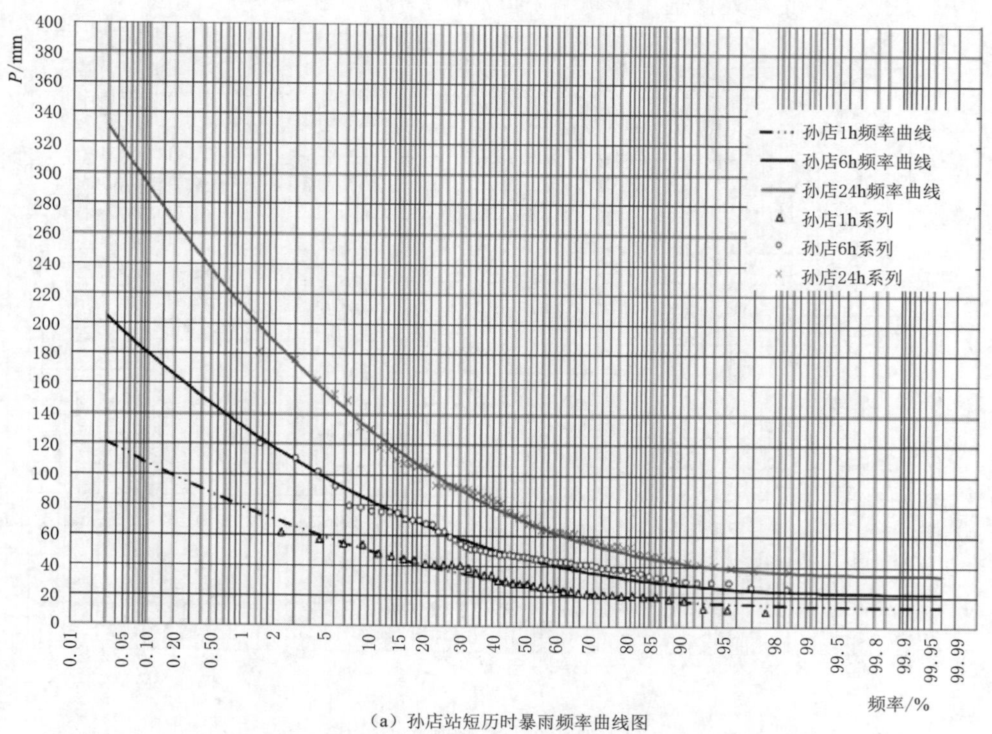

(a) 孙店站短历时暴雨频率曲线图

图6（一）　孙店、龙王庙站短历时暴雨频率曲线

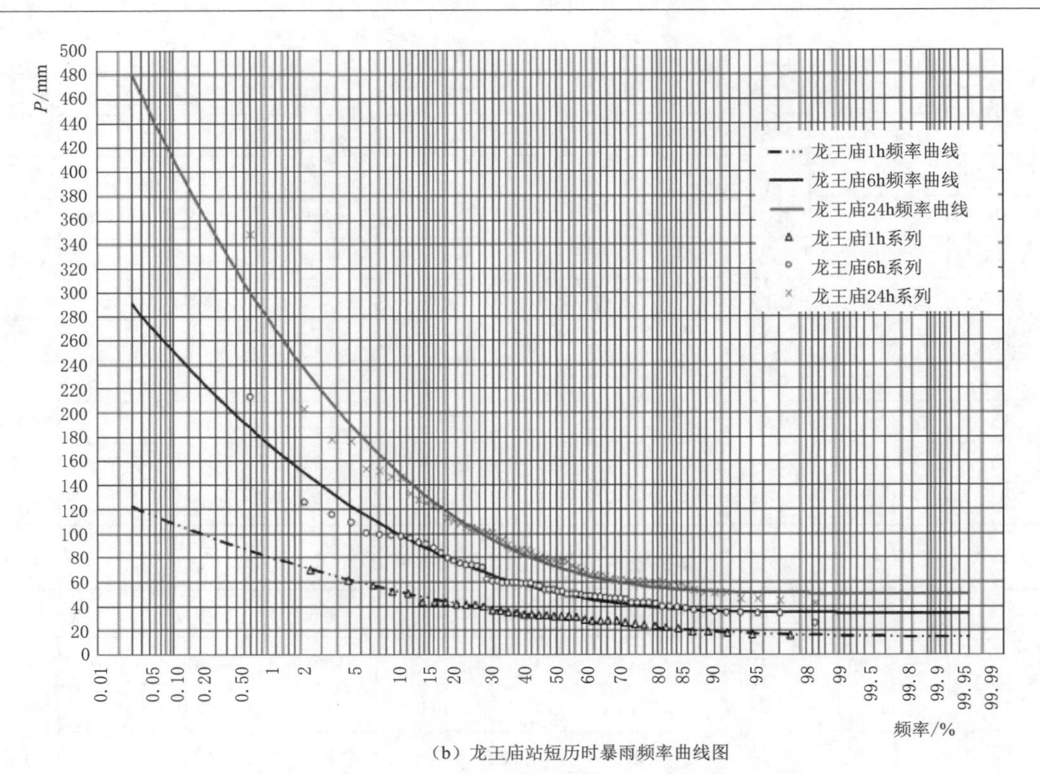

(b) 龙王庙站短历时暴雨频率曲线图

图6（二） 孙店、龙王庙站短历时暴雨频率曲线

其中，参数平均法是根据表2中单站设计暴雨的统计参数，采用算术平均法求出各历时暴雨的综合均值和C_v。根据各站暴雨点群分布情况，除特大暴雨分布较散外，中小量级暴雨均相对集中，本次同频率中值法是通过点绘各站暴雨的经验频率，采用目估适线法，根据适线经验，确定一条通过点群中心的频率曲线作为本工程区各历时暴雨的代表频率曲线。两种方法分析计算各历时暴雨频率适线见图8、图9，设计暴雨成果见表4。根据各历时暴雨频率曲线图分析，参数平均法适线因无法考虑到特大暴雨分布，其成果较同频率中值法小，可见本地区选用同频率中值法较为合适。

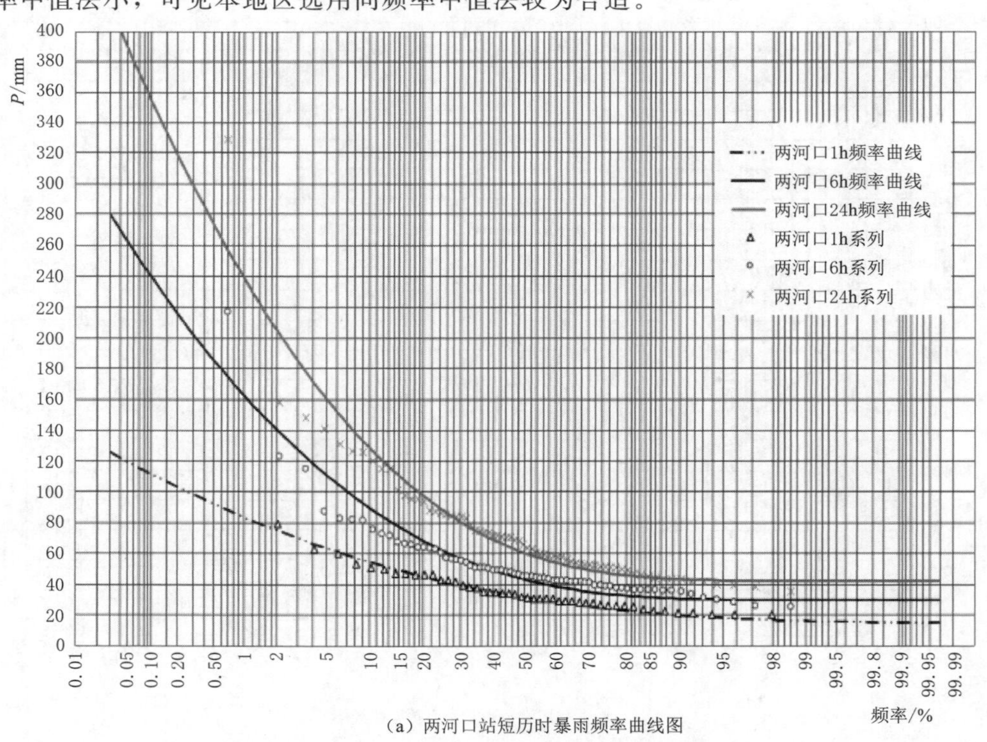

(a) 两河口站短历时暴雨频率曲线图

图7（一） 两河口、排路站短历时暴雨频率曲线

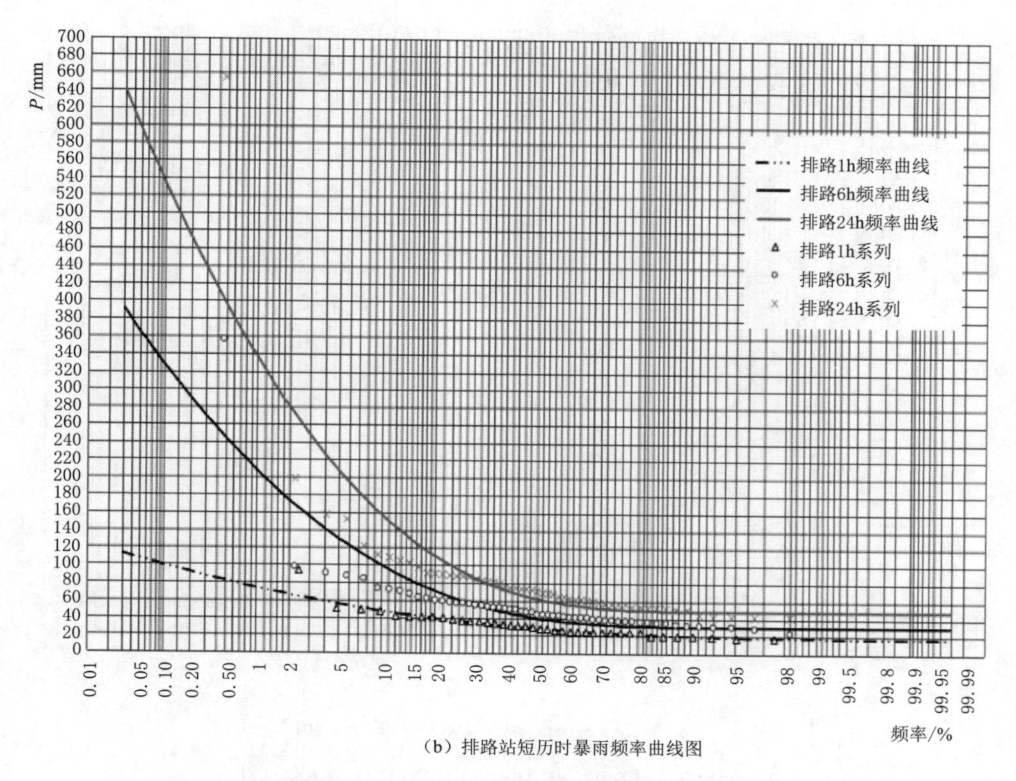

(b) 排路站短历时暴雨频率曲线图

图 7（二） 两河口、排路站短历时暴雨频率曲线

3.3 查算暴雨等值线图

河南省已编制有《河南省中小流域设计暴雨洪水图集》（1984 年版）、《河南省暴雨参数图集》（2005 年版），考虑到近些年极端天气的频繁发生，本次研究分别查算以上两种图集的成果，以确保工程设计的安全性。经查算，工程区的年最大 1h、6h、24h 暴雨量均值、C_v 值及设计值见表 5。

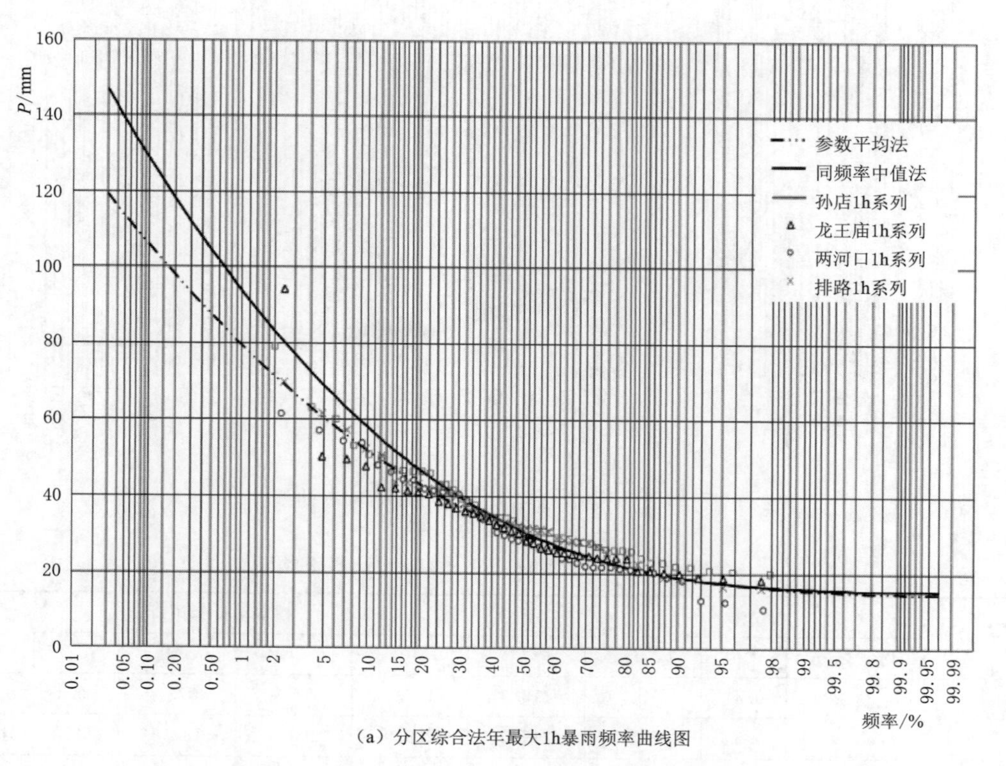

(a) 分区综合法年最大1h暴雨频率曲线图

图 8（一） 分区综合法年最大 1h、6h 暴雨频率曲线

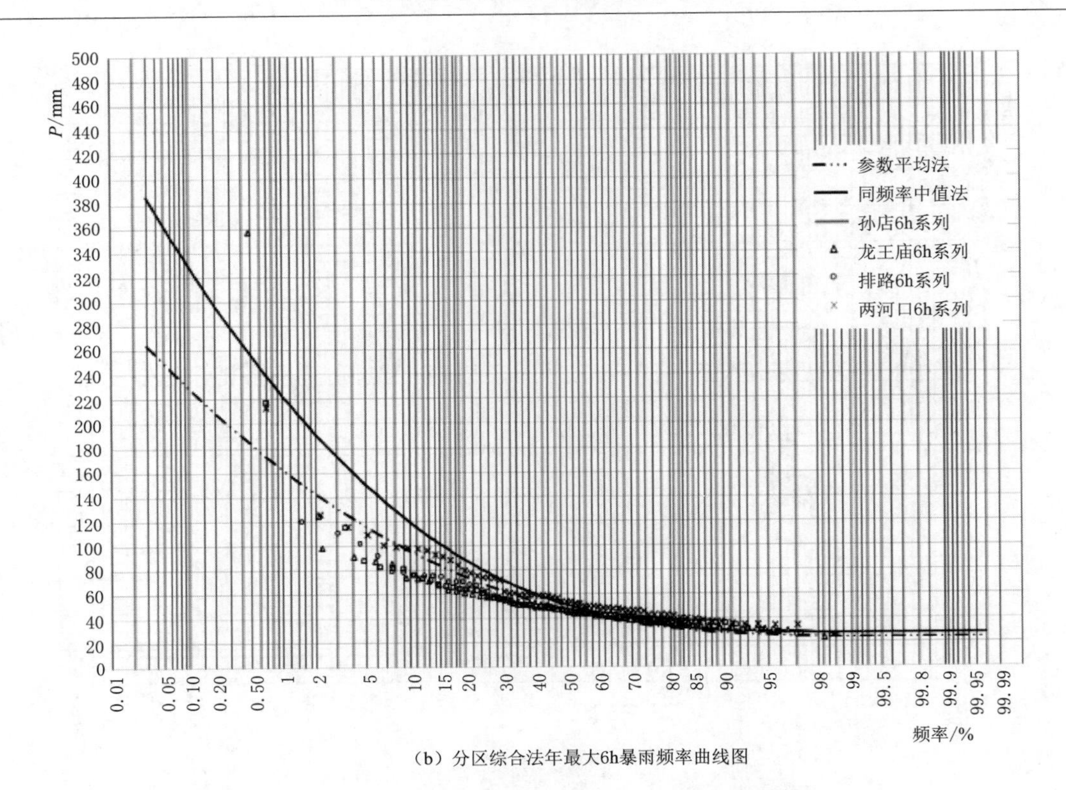

(b) 分区综合法年最大6h暴雨频率曲线图

图 8（二） 分区综合法年最大 1h、6h 暴雨频率曲线

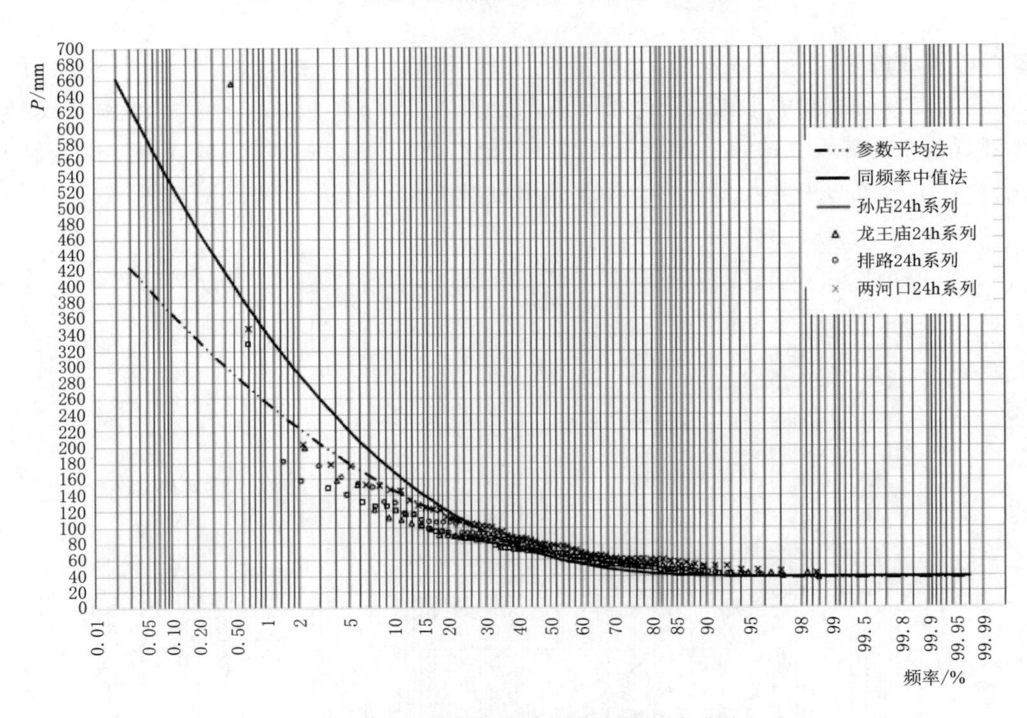

图 9 分区综合法年最大 24h 暴雨频率曲线

表 4　分区综合法年最大 1h、6h、24h 设计暴雨成果

方法	时段	参数			各频率设计暴雨/mm						
		均值/mm	C_v	C_s/C_v	0.05%	0.10%	0.20%	0.50%	1%	2%	5%
参数平均法	1h	33.2	0.42	3.5	113.3	105.6	97.8	87.4	79.4	71.3	60.4
	6h	55.7	0.54	3.5	249.0	229.0	209.0	182.5	162.4	142.3	115.5
	24h	83.6	0.57	3.5	397.8	364.8	331.8	288.3	255.3	222.3	178.7

续表

方法	时段	参数			各频率设计暴雨/mm						
		均值/mm	C_v	C_s/C_v	0.05%	0.10%	0.20%	0.50%	1%	2%	5%
同频率中值法	1h	35.5	0.48	3.5	139.3	128.9	118.4	104.6	94.0	83.3	69.1
	6h	65.0	0.65	3.5	362.0	329.7	297.4	255.0	223.1	191.4	149.9
	24h	88.0	0.75	3.5	587.0	530.4	474.1	400.5	345.4	291.1	220.8

表5　嵩县抽水蓄能电站查图集设计暴雨成果

项目	时段	均值/mm	C_v	C_s/C_v	各频率设计暴雨/mm							备注
					0.05%	0.1%	0.2%	0.5%	1%	2%	5%	
1984图集①	1h	43	0.53	3.5	188.2	173.3	158.3	138.5	123.4	108.3	88.3	采用
	6h	80	0.62	3.5	420.6	384.0	347.5	299.4	263.1	226.9	179.4	
	24h	110	0.6	3.5	556.0	508.6	461.1	398.5	351.3	304.2	242.1	
2005图集②	1h	39	0.5	3.5	160.0	147.7	135.4	119.1	106.7	94.2	77.6	
	6h	64	0.64	3.5	349.7	318.8	287.9	247.2	216.6	186.1	146.2	
	24h	90	0.6	3.5	454.9	416.1	377.3	326.1	287.4	248.9	198.1	
(①-②)/①/%	1h	—	—	—	15.0	14.8	14.5	14.0	13.5	13.0	12.1	
	6h	—	—	—	16.9	17.0	17.2	17.4	17.7	18.0	18.5	
	24h	—	—	—	18.2	18.2	18.2	18.2	18.2	18.2	18.2	

通过对比分析，查算1984年版成果均比2005年版成果大；其中1h、6h和24h各频率设计暴雨，查1984年版成果比查2005年版成果大12%～18.5%。为工程安全考虑，工程区设计暴雨推荐采用查算《河南省中小流域设计暴雨洪水图集》（1984年版）的成果。

3.4 设计暴雨成果合理性分析及推荐

本次分析研究选取的四个雨量参证站，各历时暴雨均值基本相差不大，并且包含了1982年特大暴雨，实测暴雨系列最短为41年，最长则达71年，资料可靠性、代表性较好，满足规范要求。上述站点成果也基本能够反映工程所在流域的短历时暴雨变化趋势，反映的暴雨时空特性更符合本流域实际情况。

在查算暴雨等值线图成果中，本次选用1984年版与2005年版成果，二者之间差异主要受系列均值变化，经分析，1984年版图集选取测站系列至1980年，2005年版系列延长至2000年，暴雨均值有所减小，从多方案的角度进行对比分析选用，选取两个版本图集进行查算基本合适。

在分析1982年特大暴雨重现期时，选择移用邻近流域板桥站历史调查暴雨洪水重现期进行确定，考虑到实测暴雨资料系列相对较短，且无历史大暴雨调查资料，重现期难以直接估算。因"75·8"特大暴雨洪水灾害影响较大，在该场次暴雨洪水调查成果中已有比较全面的分析研究，本次分析选用移用板桥站历史资料进行重新期估算基本合适。

在单站与分区综合设计暴雨成果中，分析单站设计暴雨频率曲线定线时，考虑到特大值的影响，为满足适线合理性，部分时段设计暴雨 C_s/C_v 选用4.5进行适线，其成果与分区综合适线后对比，除1h设计暴雨分区综合法定线成果较大以外，6h与24h设计暴雨成果基本相当。经分析，分区综合法进行频率适线时，考虑了各测站暴雨最大值的分布情况，定线成果更能反映本地区的实际情况，而单站定线时缺少多个特大值控制，分区综合定线精度相对较高，成果较为合理，该方法基本适用于本工程所在地区。

考虑到《河南省中小流域设计暴雨洪水图集》中暴雨洪水参数已经过地区与区域平衡，使得成果与单站及分区综合设计暴雨成果存在一定差别。近些年来，河南等北方地区极端暴雨频发，极端天气现象发生的随机性、局地特大暴雨空间分布的不确定性，从电站将来运行安全考虑，经实测资料分析设计暴雨与查等值线图成果进行对比分析，1h与6h设计暴雨推荐采用根据1984年版查算成果，年最大24h设计暴雨频率0.5%～5%采用1984年版查算成果，频率0.05%～0.2%采用邻近的排路雨量站设计暴雨，其中工程校核频率（0.05%）设计暴雨采用排路站特大值655.3mm进行修正，采用成果见表6。

表6　　嵩县抽蓄设计暴雨采用成果表

时段	参数			各频率设计暴雨/mm						
	均值/mm	C_v	C_s/C_v	0.05%	0.10%	0.20%	0.50%	1%	2%	5%
1h	43	0.53	3.5	188	173	158	138	123	108	88.3
6h	80	0.62	3.5	421	384	348	299	263	227	179
24h	—	—	—	655.3	534	474	399	351	304	242

4　结论

本文基于豫西南地区嵩县抽水蓄能电站的设计，对工程区设计暴雨进行相对深入的分析，对特大暴雨重现期的估算，设计暴雨选用分区综合法在本工程的适用性等方面做了一定的分析研究工作。

分区综合法进行频率适线时，考虑了各测站暴雨最大值的分布情况，定线成果更能反映本地区的实际情况，较单站定线时缺少多个特大值控制的情况，分区综合定线精度相对较高。建议在国内其他地区抽水蓄能电站设计过程中，在暴雨资料条件较好的情况下，可适当采用分区综合法对设计暴雨进行分析计算，提高测站设计暴雨精度，进一步论证工程采用设计暴雨成果的合理性。

由于本次研究对基础资料的收集上有一定欠缺，加之研究时间较短，本文对特大暴雨重现期分析方面的研究较为粗浅，有待后续进一步分析论证。

参考文献

[1]　金云，胡昌新．上海地区暴雨特大值重现期的研究［J］．人民长江，2013（S1）：17-19.
[2]　詹道江，徐向阳，陈元芳．工程水文学［M］．北京：中国水利水电出版社，2010.
[3]　水利部长江水利委员会水文局．水利水电工程设计洪水计算手册［M］．北京：中国水利水电出版社，1995.
[4]　中国电建集团中南勘测设计研究院有限公司．河南嵩县抽水蓄能电站可行性研究报告［R］．2022.

设　计

抽水蓄能电站基准体系及控制网设计要求

周　瑞　朱庆辉　刘东庆
（中国电建集团北京勘测设计研究院有限公司，北京市　100024）

【摘　要】本文简要阐述了测绘基准的概念及其重要作用，以平面基准为例介绍了抽水蓄能电站从测图控制、施工控制直至监测控制各阶段平面坐标系统的建立与基准体系形成过程、相互间的联系等，明确了控制网设计的主要依据和要求，并通过具体工程实例做进一步的补充说明，对抽水蓄能电站工程测量工作的开展具有一定的借鉴意义。

【关键词】测绘基准　测图控制网　施工控制网　监测控制网

1　概述

大地测量学按研究对象可分为：全球大地测量、国家大地控制测量和工程控制测量。全球大地测量是以整个地球形体为研究对象，整体测定地球形状及其外部重力场，解决大地测量的基本科学问题；国家大地控制测量是在选定的参考坐标系中，测定足够数量的地面点坐标，建立国家统一的测量控制网，满足整体国家建设发展对基础测绘控制的需求；工程控制测量则是在局部小范围内所建立的满足工程建设要求的测量控制，确立统一的测绘基准，使地面任一点空间位置信息得到科学、准确表达。

抽水蓄能电站测绘基准体系在工程全生命周期过程中发挥着极其重要的作用。它不仅为电站工程的规划、设计、施工和运营等提供了准确的空间定位和参考，也是工程建设的基础保障。合理使用和建立有效的测量基准，对于确保工程质量、安全和运维等具有十分重要意义。为此在抽水蓄能电站工程建设伊始，就应依据工程所在区域已有测绘资料，工程测量基准建立的环境条件以及控制测量施测的便利性等，开展各工程建设阶段的测绘基准设计，并形成工程完整的、保持相互融合与联系的基准体系，以便更好地服务于工程建设。本文以平面基准为例，阐述抽水蓄能电站基准体系的形成过程以及各阶段测量控制网的设计要求。

2　平面基准体系

伴随抽水蓄能电站规划设计、施工建设、运营管理三大阶段性工作的开展，以保障工程各建设阶段测绘工作对测量控制需要为目的，相继完成工程项目的测图控制网、施工控制网和监测控制网的建立工作，进而逐步形成蓄能电站的测绘基准体系，测设的平面坐标系统既要保障三类控制测量成果应用测绘基准一致性的要求，又要依据不同阶段在施测目的、服务对象具备位置分布、精度指标等方面的适应性。

为满足抽水蓄能电站工程规划设计阶段的用图需要，一是收集国家基础测绘资料，如：国家三角点、水准点资料，1：5000、1：10000等地形图资料，用以国家测绘基准的联测，以便合理规划电站建设的位置分布；二是通过与国家三角点的联测将平面基准引测至工程区，布置并施测能覆盖整个工程区域的测图控制网，依据测图比例尺要求，按测区基本控制、图根控制和测站点控制的布设层次，遵循“分级布设、逐级控制”原则进行控制加密，进而完成工程区各类比例尺地形测绘，准确地将测图范围内地形、地貌、地物及其属性要素等全面反映在地形图图面上，满足各专业工程枢纽设计、场地布置、建设征地、移民工程的用图以及地质勘察、剖面断面测量等对基础测绘成果的需要。

在电站施工建设阶段，由于工程整体枢纽布置、基础开挖、施工布置等设计工作均是以工程规划设计阶段地形成果为基础来完成，而工程设计内容、相互位置关系等又将依靠施工控制网测设、放样到实地，故此抽水蓄能电站工程的测图控制网和施工控制网尽管在控制精度、控制范围、建立目的等方面存在差别，但是两者有着非常紧密的联系，平面坐标系统宜保持一致或协调一致，使工程平面基准体系得以延续，这样工程设计图件上获取数据可通过施工控制直接参与放样。

在平面控制的联测方法上，当电站工程涉及范围较小，建立工程平面施工控制网，可利用原有测图控制的基本控制点或图根点，按四等技术指标要求就近联测施工控制网的两个网点作为起算数据，按一点一方向对工程施工控制网进行自由网平差，其计算的施工控制网坐标成果，既保持了工程平面基准体系的一致性，又使得自身精度不受损失。当工程涉及的范围较大时，工程施工控制网仍采用一点与一方向起算可能会产生的较大偏差，致使原有大比例尺地形图不能直接利用，因此施工控制网起算数据需通过多点定位方式予以确立，即利用测图控制就近联测施工控制网点，且要求联测点的数量不应少于3点，联测位置应能均匀分布于整个测区，通过相似变换使各联测点坐标分量残差的平方和最小，以便对测图和施工两类坐标系统存在的偏差进行有效控制。

蓄能电站工程进入运营管理阶段，为有效监视和掌握电站运行性态，工程安全监测作为电站科学管理手段越来越受到人们的重视。建立工程监测控制网的主要意义在于：一是为工程安全监测系统提供统一的、稳定可靠的监测基准；并通过监测控制网复测对监测网点的稳定性和可靠性做出检验与评价；二是获取准确的基准点、工作基点的坐标、高程，为日常监测工作提供起算数据。以监测控制为基础，通过具体测量方法对工程各部位监测点进行周期性的重复观测，获得监测点平面坐标和高程及精度信息，进而明了监测点的真实变形情况，反馈工程安全监测信息，确保工程运营安全。从监测控制网服务对象及工作性质而言，其平面、高程基准属于固定基准，只要保证网中具有两个或两个以上的稳定可靠网点即可。可以说监测控制网与前期建立的测图控制、施工控制的联系可以是松散的，甚至是不相关联的独立平面基准。但是，电站工程监测通常分为施工期变形监测和运行期变形监测两部分，由于施工期具有总历时短、变形量大等特点，为有效指导工程施工，保障施工质量，在工程监测控制网未建立完成前，多采用施工控制网点作为过渡，进行工程施工期监测；此外工程完工后，服务于工程的测图控制、施工控制等，因疏于维护，标点或标志会逐渐遗失殆尽，只有监测控制网点作为永久性基础设施得到保护。为便于工程施工期监测数据成果的衔接以及测绘图纸及测量成果等存档资料后期的利用，宜按一定等级进行工程前期控制和监测控制之间的联测，建立转换联系，使工程平面基准体系继续得以维护。

3　控制网的设计要求

确立平面基准旨在选定参考椭球，以参考椭球面作为测量计算的基准面，建立平面坐标系统，确定起算点、起算方位及起算数据，施测相应的控制测量工作。目前我国平面坐标系统采用2000国家大地坐标系，即CGCS 2000，这就要求在电站建设过程中所建立的各阶段平面控制系统，既要符合本阶段对测量控制的需要，又要与国家平面坐标系统相联系。

3.1　平面测图控制网

测图控制网的首要任务是完成国家控制的引测或联测，依据抽水蓄能电站工程建设范围，在测区中心及边缘附近，选择基础稳定、视野开阔、对空条件良好，且易于保存位置，设置2座以上固定标志，采用常规或GNSS测量方法将国家平面控制引测至测区，引测点平面坐标的测量精度应不低于0.5m。测图控制网设计执行的主要行业标准为NB/T 35029—2014《水电工程测量规范》，其平面网设计应满足下列要求：

(1) 控制网平面坐标系统的长度投影变形不应大于±50mm/km。

(2) 工程区测图控制网布设层次，宜按基本平面控制、图根控制和测站点控制进行，且要求覆盖整个测区。

(3) 为满足1：500地形图测量需要，基本平面控制的最弱相邻点的点位中允许误差为±50mm。

3.2　平面施工控制网

施工控制网设计执行的主要行业标准为DL/T 5742—2016《水电水利地下工程施工测量规范》，其平面网设计应满足下列要求：

(1) 控制网平面坐标系统在施工区内投影长度变形不应大于±25mm/km。

(2) 平面控制网的布设层次，宜按1～2级控制。当平面控制网一次布网完成时，控制网的最弱点点位中允许误差为±10mm；当平面控制网按同精度原则分2级布设时，其首级和末级最弱点点位中允许误差为±7mm；当平面控制网按忽略不计原则分2级布设时，其首级最弱点点位中允许误差为±5mm，末级最弱点点位中允许误差为±10mm。

(3) 控制网要求每一单项工程附近宜埋设不少于3个相互通视的平面控制点。

为保持施工控制网坐标系统与规划设计阶段测图控制坐标系统一致，通过测图控制与施工控制进行联测，确定工程施工控制网的起算数据，以最小约束方式进行平差计算处理，避免因起算数据的误差对施工控制网测量成果造成的影响。

3.3 平面变形控制网

变形控制网设计执行的主要行业标准有DL/T 5178—2016《混凝土坝安全监测技术规范》和DL/T 5259—2010《土石坝安全监测技术规范》，其平面网设计应满足下列要求：

(1) 在确定变形监测网起算基准的前提下，通常变形控制网的平面坐标系统与施工控制网相一致或为独立坐标系统。

(2) 变形监测网的精度设计主要源于四个方面：一是相关规程、规范所规定的测点监测精度指标；二是监测项目或合同文件中提出的测点监测精度要求；三是依据被监测对象的变形允许值大小；四是依目前测绘技术、仪器装备和现场环境为前提所能实现的测量精度。具体可结合工程项目予以综合确定。

(3) 变形控制网点的分布位置及数量，应能满足工程各监测部位对测量控制和网点稳定性评价的需要。

4 工程实例

丰宁抽水蓄能电站地处河北省承德市丰宁满族自治县境内，距北京市区的直线距离180km，距承德市的直线距离150km。规划装机容量3600MW，电站枢纽工程由上、下水库及拦沙库，水道系统，地下厂房及开关站等组成。电站下水库利用滦河干流已建的丰宁水电站水库，上水库位于滦河左岸灰窑子沟顶部，水道系统和地下厂房布置在上、下水库之间的山体内。电站建成后在京津唐电网系统中承担调峰、调频、调相和事故备用等任务。

在2006年电站规划设计阶段建立的平面测图控制网由35座网点组成，采用GNSS静态测量方式，按四等精度要求施测，其中大青子、韭菜沟山、外场坡山、二十八丈梁和盘道沟北为国家四等三角点，F51为1998年施测完成导线点；根据技术设计的要求选用工程区平均高程面即1300m为投影面，所建立的工程平面控制系统为挂靠1954年北京坐标系的工程坐标系。在此基础上按测量任务要求的测量范围施测1：2000、1：1000、1：500地形图以及开展相关专业的测量配合工作。平面测图控制网见图1。

电站施工控制网初始建网于2012年，施工控制网平面坐标系统仍采用1300m高程面为投影面，与原测图控制系统保持一致；为获得施工控制网的起算数据，采用徕卡TCA2003电子全站仪极坐标或支导线方式，将测图控制网点GF28、GF29、GF25、GF26、GF22、GF01分别对施工控制网点FX01、FX02、FX12、FX13、FX14、FX22按四等精度进行坐标联测，计算得出各联测点四等精度坐标，并以FX01为起算点，FX02为起算方向，对施工控制网观测成果按经典自由网平差解算网点坐标成果。为使得两系统之间实现最佳坐标匹配，通过坐标拟合使得两系统之间坐标差的平方和达到最小，对施工控制网重新定位、定向，由拟合点计算的平面残差可知，残差最大为4.29cm，表明新建控制对1：500比例尺地形图应用不会产生影响，这样既保证了前期地形成果的使用，又使施工控制网自身精度不受损失。图2为工程平面施工控制网图，新建施工控制网由FX01～FX23的23座网点组成，分两级按同精度布设，采用常规加GNSS混合测量方式，按二等专用控制网精度要求施测，平差计算采用三维数据处理模式，实现的平面最弱点点位精度为±6.57mm，满足设计报告提出的精度为±7.0mm的要求。

2018年为满足电站运营管理阶段对上、下水库拦砂坝以及下水库拦河坝安全监测需要，开展了《电

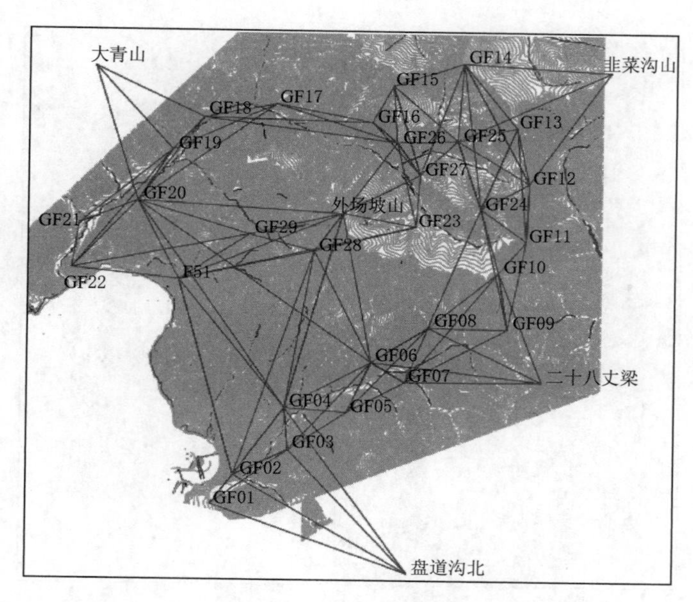

图 1　平面测图控制网

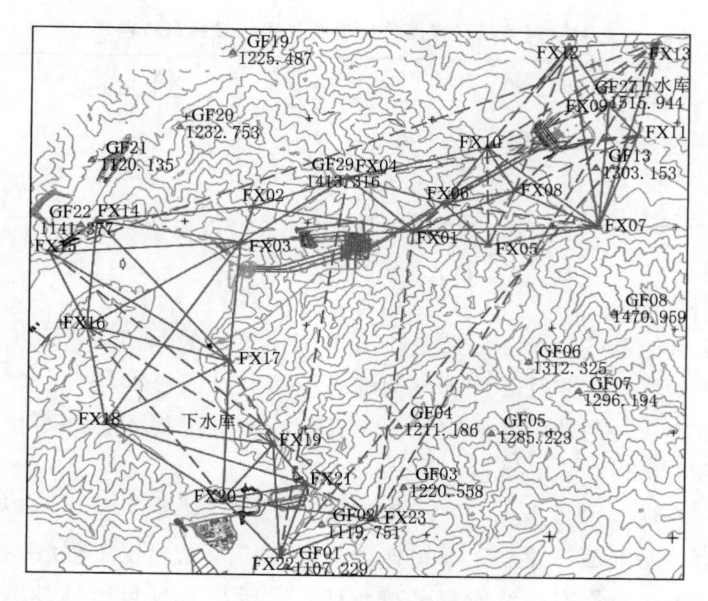

图 2　平面施工控制网

站上、下水库表面变形监测网强度论证及分析研究报告》的编制工作，根据任务书提出的“下水库拦河坝混凝土副坝及溢洪道表面变形测点水平、竖向位移量中允许误差为±2mm；上、下水库拦沙坝以及下水库拦河坝其余表面变形测点水平、垂直位移量中允许误差为±3mm”。监测精度要求，遵循 DL/T 5259—2010《土石坝安全监测技术规范》，并结合实地客观条件及现有仪器设备水平所能实现的测量精度，拟定本项目外观监测设计的监测控制网最弱点平面点位精度指标如下：上水库和下水库拦砂坝 $m_{弱}$ 为±2.0mm，下水库拦河坝 $m_{弱}$ 为±1.5mm。服务于工程各部的监测控制网的平面坐标系统，其投影面高程分别为：上水库投影面高程确定为 1500m；下水库拦沙坝和拦河坝投影面高程确定为 1060m；利用施工控制网点按四等精度要求与各监测控制网点联测取得起算数据，并按最少约束条件各监测控制网的初始观测成果。设计的上水库监测控制网由 5 座基准网点和 2 座工作基点组成；下水库拦砂坝和拦河坝监测控制网分别由 4 座网点和 5 座网点组成。其监测控制网分布及观测图形如图 3 所示。拟采用常规测量方法，按专二级技术指标实施各监测控制网观测，按测角 $m_a=\pm0.7''$，天顶距 $m_b=\pm1.0''$，测边 $m_s=(1\text{mm}+1\times10^{-6})$ 进行三维精度估算，估算后最弱点精度统计见表 1。

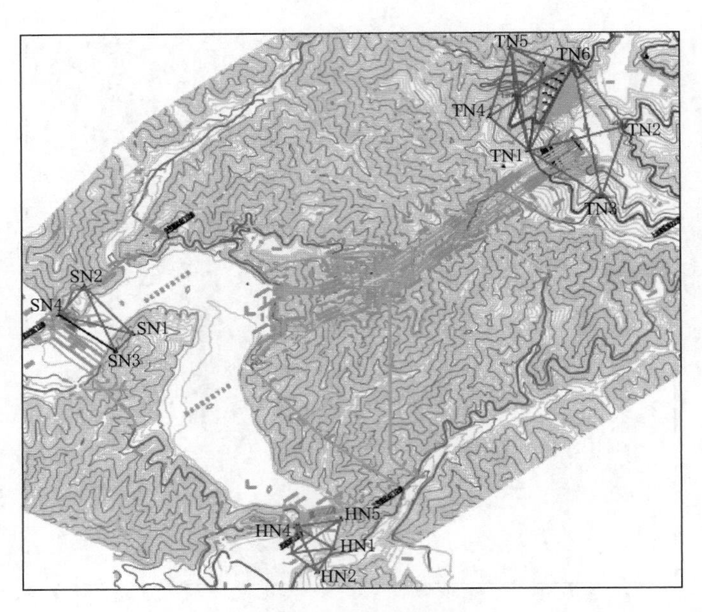

图3 平面监测控制网

表1 监测控制网最弱点点位精度统计表（经典自由网）

监测控制网	测角中误差/(″)	天顶距中误差/(″)	测距中误差/mm	点位中误差/mm
上水库	0.7	1.0	2.00	1.83（TN5）
下水库拦沙坝	0.7	1.0	2.00	1.34（SN4）
下水库拦河坝	0.7	1.0	2.00	1.48（HN4）

5 小结

（1）测量基准在抽水蓄能电站建设工程测量中有着至关重要的作用，通过工程统一的参考基准，不仅能够有效限定测量误差的传播和累计，使确定的地理位置和空间坐标符合相应的精度要求，而且可以将不同时间、地点或测量方法得到的测量数据成果，在统一基准下得到合理衔接与整合，确保了工程建设项目应用基础测绘资料准确性和成果质量。

（2）工程测绘基准属宏观概念，坐标、高程基准确立，一是选定了符合工程要求的参考椭球，并以参考椭球面作为测量计算的基准面，建立工程平面坐标系统；二是确定工程统一的高程起算基准面和起算高程。在实际工作中应通过对原有测绘资料的分析研究，提出合理可行的技术设计方案，既要保证本阶段建立的平面与高程控制，能够与相邻阶段有序衔接，使工程的测绘基准体系得以延续，又要满足本阶段工程测量对测量控制的需求。

参考文献

[1] DL/T 5173—2012 水电水利工程施工测量规范［S］.
[2] NB/T 35029—2014 水电工程测量规范［S］.
[3] 孔祥元，郭际明．控制测量学（下册）［M］．3版．武汉：武汉大学出版社，2006.
[4] 王冲，肖胜昌，等．水电工程测绘新技术［M］．北京：中国水利水电出版社，2020.

黑龙江省南岔浩良河抽水蓄能电站上、下水库库址选择

张　鹏　马　纪
（中水东北勘测设计研究有限责任公司，吉林省长春市　130000）

【摘　要】 抽水蓄能电站工程库址选择是预可行性研究阶段的一个重要课题，如何在选定的区域内选择出更优的库址方案是工程布置的一个难题和挑战。本文依托黑龙江省南岔浩良河抽水蓄能电站工程，结合工程区地形地质条件，重点介绍了上、下水库库址选择的思路和过程，为抽水蓄能电站工程上下水库库址选择提供参考。

【关键词】 抽水蓄能　上水库　下水库　库址　选择

1　工程概况

黑龙江省南岔浩良河抽水蓄能电站地处黑龙江省伊春市南岔县，电站枢纽建筑物主要由上水库、下水库、输水系统、地下厂房系统、地面开关站等组成。装机容量为1800MW，工程等别为Ⅰ等，工程规模为大（1）型。工程场区地震基本烈度为Ⅵ度。

2　工程区地质条件

上水库（坝）区出露基岩主要为华力西晚期白岗质花岗岩，局部为花岗闪长岩，下水库出露岩性主要为燕山早期白岗质花岗岩。输水隧洞穿越岩性主要为华力西晚期白岗质花岗岩、黑云母花岗岩（混染）、花岗岩和燕山早期白岗质花岗岩，局部为流纹斑岩。

3　上、下水库库址选择

3.1　规划选点阶段上、下水库库址

规划选点阶段，上水库位于大箐山县朗乡林业局老平秃一条NE向的宽缓型沟谷的沟首，拦沟筑坝成库，库区范围内总的地势东北高，西南低，区内多为原始森林覆盖，林木茂密，植被发育。下水库位于西北岔河上浩良河林场场部上游约3.6km处，库区两岸山坡坡度较缓，呈对称的U形宽谷。上水库初拟正常蓄水位为858.00m，死水位为824.00m；下水库正常蓄水位为320.00m，死水位为297.00m。电站额定水头518m，距高比10.16。

3.2　上水库库址筛选

预可行性研究阶段，在规划选点初定的站点附近，在可选范围内，沿西北岔河两岸，结合地形、地质与工程布置条件，考虑工程发电水头与库容需求，对可能成立的上、下水库库址方案进行进一步筛选。筛选原则是合理利用上、下水库间自然地形条件，获得必要的落差，在满足机组制造要求的一定水头范围内，尽可能利用地形条件获得较高水头。可供筛选的重点地段有：

（1）有一定的天然库容和合理的水位变幅的山坳：上水库宜选址于较大天然库容区域，且山坡不过陡的沟谷与山坳间，以避免为满足发电库容而进行大规模库内开挖及修建过高过长的大坝，导致工程投资过大。

（2）高山顶部的台坪或缓坡地带：利用山顶平台采用半挖半填方式成库，形成库内开挖四周筑坝的人工库盆。

由于西北岔河右岸大部分涉及生态红线，因此上水库重点排查西北岔河左岸。结合工程区地形条件，初估平均水头不会超过600m，而通常情况下，抽水蓄能电站距高比一般不超过10，因此，可在西北岔河左岸约6.0km范围内进行上水库库址筛选。按上述（1）、（2）筛选原则，结合工程区地形条件，考虑避让生态红线后，选出区域范围内可能的上水库库址共4处，见图1、表1。

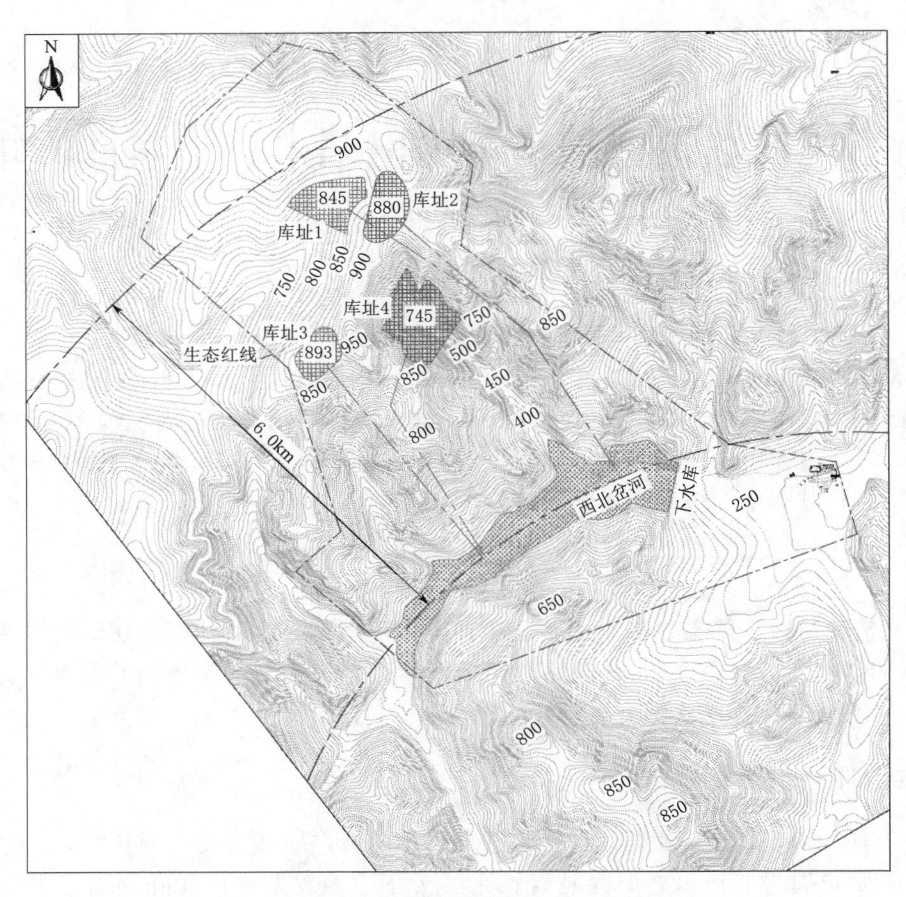

图1 上水库库址位置筛选示意图（单位：m）

表1 上水库库址方案特征参数、筛选说明及结论

库址	正常蓄水位/m	水头差/m	水平距离/m	距高比	优缺点说明	筛选结论
库址1	845	543	5234	9.6	优点：额定水头较大，可利用三面环山的天然地形，单侧筑坝，采用垂直防渗，成库条件好；坝长约900m，坝高约60m，工程投资相对节省。 缺点：距离下水库较远，距高比较大	进行技术经济综合比较
库址2	880	577	4631	8.0	优点：距下水库6km范围内可获得最大的额定水头。 缺点：需采用半挖半填方式形成全库防渗的人工库盆，工程投资大；距离下水库较库址3远，距高比较大	没有库址3优
库址3	893	559	3418	6.1	优点：额定水头大，距离下水库较近，距高比较小。 缺点：需采用半挖半填方式形成全库防渗的人工库盆，工程投资大	进行技术经济综合比较
库址4	745	411	3269	8.0	优点：距离下水库较近，可利用三面环山的天然地形，单侧筑坝，采用垂直防渗，成库条件较好。 缺点：额定水头较低，天然库容小，坝长约850m，坝高约240m，坝体填筑量较大，工程投资大；距高比大	没有库址3优

筛选出的4处上水库库址，库址1和库址4是两处天然山坳库址，成库条件较好；库址2和库址3是两处山顶缓坡库址，需采用半挖半填方式形成全库防渗的人工库盆。通过对不同库址额定水头、引/尾水洞线长度、距高比、筑坝工程量及成库条件的初步分析判断，排除掉不优库址后，将库址1和库址3设定为备选的两个上水库库址，分别为老平秃库址和迎门山库址。

3.3 下水库库址筛选

在初选的上水库老平秃库址和迎门山库址的基础上，对下水库库址进行筛选。下水库位于西北岔河上，库区两岸山坡坡度较缓，呈对称的U形宽谷。考虑避让生态红线后，结合西北岔河两岸地形条件，初步圈定下水库库址筛选范围。在筛选范围下游西北岔河向南转弯，河面变开阔，不具备建坝条件；在筛选范围上游西北岔河分为3条支沟，每一支沟内流域面积都较小，不满足库容要求及初期蓄水和运行期补水的需求。因此，在下水库成库范围内初选下水库库址，并选出可能的下水库库址共3个，分别为下水库上、中、下库址。

将3个下水库库址与初选的2个上水库库址分别组合，初步筛选出6个库址方案，见图2、表2。

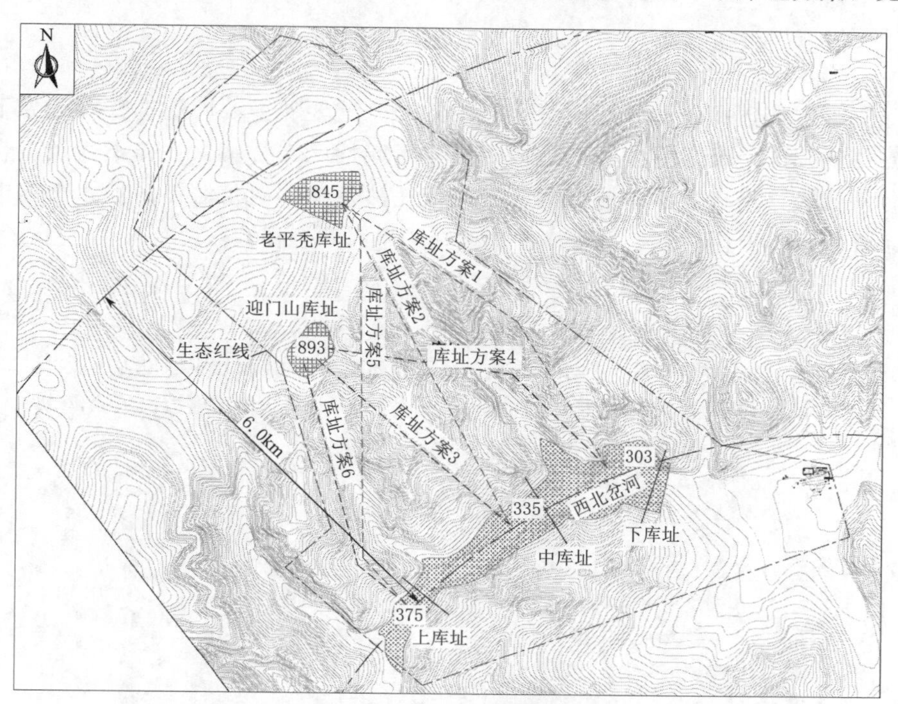

图2 组合库址方案位置示意图（单位：m）

表2 组合库址方案特征参数、筛选说明及结论

组合库址	水头差/m	水平距离/m	距高比	优缺点说明	筛选结论
库址方案1	543	5234	9.6	优点：上水库可利用三面环山的天然地形，单侧筑坝，采用垂直防渗，成库条件好；额定水头较大，工程投资相对节省。 缺点：距离下水库较远，输水洞线较长，距高比较大	进行技术经济综合比较
库址方案2	510	5058	9.9	优点：上水库可利用三面环山的天然地形，单侧筑坝，采用垂直防渗，成库条件好；输水洞线较方案1稍短。 缺点：额定水头相对方案1稍小；距高比较大	进行技术经济综合比较
库址方案3	558	3418	6.1	优点：额定水头较大，输水洞线长度最短，距高比最小。 缺点：上水库布置于山顶缓坡，采用全库盆防渗方案，成库条件较老平秃库址差	进行技术经济综合比较
库址方案4	590	4264	7.2	优点：额定水头最大。 缺点：上水库布置于山顶缓坡，采用全库盆防渗方案，成库条件较老平秃库址差；输水洞线长度较库址方案3长，距高比较方案3大；输水隧洞尾水系统穿越深沟，上覆岩体较薄	没有库址方案3优
库址方案5	470	6294	13.4	优点：上水库可利用三面环山的天然地形，单侧筑坝，采用垂直防渗，成库条件好。 缺点：额定水头较库址方案2小；输水洞线较库址方案2长；距高比较库址方案2大	没有库址方案2优
库址方案6	518	3893	7.5	优点：输水洞线长度较短，距高比较小。 缺点：上水库布置于山顶缓坡，采用全库盆防渗方案，成库条件较老平秃库址差；额定水头较库址方案3低；输水洞线长度较库址方案3长；距高比较库址方案3大	没有库址方案3优

筛选出的 6 个库址组合方案中，库址方案 5 在同样采用老平秃库址作为上水库的前提下，在额定水头、输水洞线长度、距高比等方面均不如库址方案 2 优；库址方案 4 虽然额定水头较大，但是在上水库均采用迎门山库址的前提下，输水洞线长度和距高比同库址方案 3 相比增加较多。库址方案 6 在上水库采用迎门山库址的前提下，额定水头、输水洞线长度、距高比等指标均较库址方案 3 差。在排除掉不优库址后，再根据工程区地形、地质条件及工程枢纽布置，对可选用的库址方案 1、库址方案 2 和库址方案 3 三个库址组合方案进行详细的技术经济的综合比较，再通过优选确定推荐的库址组合方案。

4 结论

抽水蓄能电站工程库址选择是预可行性研究阶段的一个重要课题，库址选择可分如下几个步骤：确定筛选原则，确定筛选范围，确定重点筛选地段，给出可能性筛选方案，去掉不优及不合理方案，对重点方案进行技术经济比较，确定推荐库址方案。本文依托黑龙江省南岔浩良河抽水蓄能电站工程，结合工程区地形地质条件，重点介绍了上、下水库库址选择的思路和过程。

参考文献

［1］ 中国水电顾问集团北京勘测设计研究院．抽水蓄能电站工程技术［M］．北京：中国电力出版社，2008．
［2］ 中国水电顾问集团华东勘测设计研究院．抽水蓄能电站设计［M］．北京：中国电力出版社，2021．

浙江磐安抽水蓄能电站古树移栽及就地保护技术的运用

毛丁文　刘启明　王文辉　姚航政
（浙江磐安抽水蓄能有限公司，浙江省金华市　322304）

【摘　要】 抽水蓄能电站选址区大多自然资源丰富，其工程区通常存在一定数量的古树名木。为确保古树名木生长状况不受电站工程建设的影响，需要对工程区内的古树采取一定的保护措施。了解每一棵古树的生长状况，并采取"一树一策"针对性保护，同时秉承着就地保护为主移栽保护为辅的保护理念，以最大限度地减少古树保护过程当中造成的伤害。

【关键词】 古树名木　就地保护　移栽保护

1　工程区古树基本概况

浙江磐安抽水蓄能电站位于金华市磐安县大盘镇，地处大盘山自然保护区内。电站为日调节纯抽水蓄能电站，装机容量1200MW（4×300MW），工程开发任务为承担浙江电网的调峰、填谷、调频、调相及紧急事故备用等任务，电站建成后，可提高浙江电网的调峰能力，缓解调峰压力，改善供电质量，保障电网安全、稳定、经济运行。

据现场统计，浙江磐安抽水蓄能电站征地红线范围内需要处置的古树共13株，其中永久占地2棵，临时占地11棵，所有古树均已挂牌。结合就地保护为主移栽保护为辅的保护理念和工程区的用地划分，对永久用地的2颗古树采取移栽保护，临时用地的11颗古树采取就地保护。

1.1　永久用地古树现状

永久占地涉及2棵古树：1号苦槠（古树编号：072730400112）、2号柳杉（古树编号：072730400111），位于大盘镇安田村。详情见表1。

表1　浙江磐安抽水蓄能电站永久用地古树名木一览表

编号	挂牌号	乡镇	村	树种名称	海拔	树龄	树高/m	胸径/cm	平均冠幅/m	枝下高	生长态势
1	072730400112	大盘镇	安田村	苦槠	404	115	13	54	10	6	冠幅较好，长势良好
2	072730400111	大盘镇	安田村	柳杉	391	115	15	46	4	12	顶枝枯死，长势衰弱

1.2　临时用地古树现状

临时用地涉及11棵古树，其中4棵单株挂牌古树均位于大盘镇百廿称村，其中白栎和苦槠各1棵、马尾松2棵，其中1号白栎（古树编号：072730400123）、2号苦槠（古树编号：072730400122）均位于村外的竹园内、3号马尾松（古树编号：072730400120）、4号马尾松（古树编号：072730400119）位于百廿称村迴龙庙两旁。7棵群状挂牌古树均位于大盘镇下寮村水口的苦槠古树群（古树群编号：072740400004），群内共有登记挂牌古树53棵，其中有苦槠52棵，南方红豆杉1棵。本项目下水库临时渣土填埋场进场道路涉及古树群古树7棵，树种均为苦槠。其中有2棵苦槠在下水库临时渣土填埋场进场道路边界线上，另5棵苦槠均在用地红线外的施工影响区域内。详情见表2。

2　古树保护前存在的问题

任何树木都要经过生长、发育、衰老、死亡等过程，也就是说树木的衰老、死亡是客观规律。但是

表2 浙江磐安抽水蓄能电站临时用地古树名木一览表

编号	挂牌号	乡镇	村	树种名称	海拔/m	树龄/年	树高/m	胸径/cm	平均冠幅/m	枝下高/m	生长态势
1	072730400123	大盘镇	百廿称村	白栎	475	165	26	115	17.5	18	长势一般
2	072730400122	大盘镇	百廿称村	苦槠	467	165	24	76	13.5	17	偏冠严重，树体倾斜，长势一般
3	072730400120	大盘镇	百廿称村	马尾松	458	85	24	72	5	18	长势一般
4	072730400119	大盘镇	百廿称村	马尾松	451	115	16	66	8	12	长势一般
5	072730400235	大盘镇	下寮村	苦槠	360	165	18	78	14.5	12	长势一般
6	072730400236	大盘镇	下寮村	苦槠	360	165	18	75	15	12	长势一般
7	072730400238	大盘镇	下寮村	苦槠	330	165	14	59	11	9	长势一般
8	072730400241	大盘镇	下寮村	苦槠	360	165	17	67	12.5	11	长势一般
9	072730400251	大盘镇	下寮村	苦槠	360	165	17	89	13.5	10	长势一般
10	072730400261	大盘镇	下寮村	苦槠	350	165	14	59	9	8	长势一般
11	072730400274	大盘镇	下寮村	苦槠	340	165	14	58	8.5	8	长势一般

可以通过人为的措施使衰老以致死亡的阶段延迟到来，使树木最大限度地为人类造福，为此有必要探讨古树衰老原因，以便有效地采取措施。

（1）土壤密实度过高。采取就地保护的11棵古树主要生长环境在山林（竹园）内、农田（小溪）旁，一般来说土壤深厚，土质疏松、排水良好，小气候适宜。但是由于古树树龄都较长，本项目古树基本上都已有165年树龄，随着时间的增长，造成古树所处土壤环境恶劣的变化，致使土壤板结，密实度高，透气性降低，机械阻抗增加，对树木的生长十分不利。

（2）根部的营养不足。古树木在成长过程中，根系很难向坚土中生长，由于根活动范围受到限制，营养缺乏，致使树木衰老，再加上周边其他杂树（毛竹）过多都影响古树的根部营养吸收。如位于百廿称村村外的竹园内1号白栎（古树编号：072730400123）、2号苦槠（古树编号：072730400122）周边竹林过密，竹子跟古树之间距离过近，如图1和图2所示。

图1 临时用地1号白栎

图2 临时用地2号苦槠

（3）人为的损害及自然灾害。雷击雹打，雨涝风折，都会大大削弱树势，台风伴随大雨的危害更为严重，再加上各种人为原因，如在树下乱堆东西（如建筑材料、水泥、石灰、沙子等），特别是石灰，堆放不久后，树就会受害死亡。本项目位于大盘镇下寮村水口的苦槠古树群的7棵苦槠所处位置在公路边，与公路之间间隔一条约4m宽小溪，由于地理位置不佳，古树周边出现建筑垃圾及其他不利于古树成长的杂物（如塑料袋、废旧铝合金条等），如图3所示。

（4）病虫害。根据现场调查显示，永久用地1号古树苦槠长出的嫩梢被毒蛾、尺蠖、卷叶虫等咬吃，使整株树老叶多，新叶少，因而愈加衰弱；古树部分部位受到黑刺粉虱、蓟马、蚧壳虫、蚜虫等吸收式害虫的危害，导致叶片无光泽，诱发的煤烟病既遮挡光照、又吸收养分，也使古树越显衰弱；一些腐朽的树干、树枝因长期无及时清除，使上面长满真菌，或诱发白蚁，对古树生长也非常有害，容易引发严重的安全问题，使长势受到极大影响。其中位于百廿称村迴龙庙两旁的3号和4号马尾松也需要对松瘤锈病进行相应的预防。

（5）形成土球难度大。古树生长均是上百年甚至近千年，由于人为和自然沉积，纵向具有较长根系分布范围。永久用地的1号苦槠和2号柳杉靠近河边其土层为松散的土壤，在不同程度上加大了土球形成难度，见图4和图5。

图3 临时用地7棵苦槠群

图4 永久用地1号苦槠

图5 永久用地2号柳杉

（6）树干腐烂形成树洞。古树上的树干和骨干枝上，往往因病虫害、冻害、日灼及机械操作等造成伤口，这些伤口如不及时保护、治疗、修补，经过长期雨水浸泡和病菌寄生，易使内部腐烂形成树洞。因此，要及时补好树洞，避免被雨水侵蚀，引发木腐菌等真菌危害，日久形成空洞甚至导致整个树干被害。永久用地的2号柳杉其生长状况不容乐观，其表土接壤的上下树干部分遭受到严重的侵蚀，内部腐烂形成树洞。

3 电站古树保护措施

3.1 就地保护

在古树的漫长生长过程中，最重要的工作就是日常养护管理。养护与管理是一项经常性的工作，即一年四季均要进行，同时又是一项无尽无休的长期性工作。在养护过程中，要根据这些古树的生物学特性，了解其生长发育规律，并结合磐安县当地的具体生态条件，制定一套符合实情的科学的养护管理措施，这样能起到事半功倍的效果。

3.1.1 土壤保护与改良

（1）土壤测试。衰弱的古树宜定期对其生长的土壤进行pH值、土壤容重、土壤通气孔隙度、土壤有机质含量等指标的测定。若不符合土壤指标要求，且古树名木长势减弱，则应制定相应的改良方案，经确认后进行土壤改良。

（2）施肥原则。施肥应根据古树名木树种、树龄、生长势和土壤等条件而定。对生长濒危的古树名木施肥应慎重。

（3）施肥方法。一般应在冬季施腐熟有机肥，冬施有机肥可沟施也可穴施。应先探根，再在吸收根附近均匀挖3～4条长宽深为50cm×25cm×30cm的辐射状沟或直径5～10cm、深30～50cm、穴距60～80cm的穴洞；施肥位置应每年轮换。

（4）其他保护技术。当古树名木根部土壤出现空洞时，应及时填充土壤；当根部须根裸露时，应及时覆土，如大盘镇下寮村水口的苦槠古树群的7棵苦槠中的其中两棵，由于所处位置紧靠沟边，在雨水及溪水的长期冲刷下造成大部分根部裸露在外，覆土厚度视现场实际情况而定。填充或覆盖用土应选用富含有机质的疏松土壤，或选用靠近该古树周边的优质土。

3.1.2 浇水与排水

（1）浇水。浇水应与中耕除草、培土、覆盖等土壤管理措施相结合。因为浇水和保墒是一个问题的两个方面，保墒做得好可以减少土壤水分的消耗，满足树木对水分的要求并减少经常浇水的麻烦。

根据以上原则，名木古树一般在春季和夏季要灌水防旱，秋季和冬季浇水防冻。如遇特殊干旱年份，则需根据树木的长势、立地条件和生活习性等具体情况进行抗旱。

（2）排水。本项目古树所处位置均在半山腰（共4棵）及山脚（共7棵），根据现场查勘，在排水方面不会出现堵水或积水情况，但在紧靠沟边的两棵苦槠应在台风暴雨期间提前做好引水工作，防止溪沟在台风暴雨期间引起溪沟堵塞。

3.1.3 有害生物的控制

重点控制的有害生物种类和病变。古树名木因长势衰退，极易发生病虫害，病虫的危害直接影响其观赏价值，同时也影响其正常生长发育。因此要有专人定期检查，做好虫情预测预报，做到治早、治小，把虫口密度控制在允许范围内。主要虫害：松大蚜、鼠妇虫、吉丁虫、黑象甲、天牛等。主要病害：松瘤锈病。

3.1.4 修剪及支撑

古树由于年代久远，主干或有中空，主枝常有死亡，造成树冠失去均衡，树体倾斜，有些枝条感染了病虫害，有些无用枝过多耗费了营养，需进行合理修剪，以有利于古树正常生长和复壮为原则，对体现古树自然风貌的无危险枯枝应涂防腐剂后予以保留。修剪必须注意安全，需有专业人员在旁边地面指挥。

（1）修剪季节。古树修剪分休眠期修剪和生长期修剪。通常换新叶之前（4月为佳）修剪，落叶树在落叶后与新梢萌动之前（3月为佳）修剪。

（2）修剪技术和支撑保护。夏季修剪时应对生长过密的枝条适当进行疏枝；对主干中有大空洞或生长于风口处的古树名木，应适当抽稀树冠。对个别古树结合修剪进行疏枝处理，减少营养的不必要浪费；又因树体衰老，枝条容易下垂，因而需要进行支撑。在复壮时，可修去过密枝条，有利于通风，加强同化作用，且能保持良好树形，对生长势特别衰弱的古树一定要控制树势，减轻重量，在台风过后及时检查，修剪断枝，对已弯斜的或有明显危险的树干要立支撑保护，固定绑扎时要放垫料，以免发生缢束，以后酌情松绑。

3.1.5 防腐与树洞处理

古树的腐烂处应进行清腐处理，一般树洞以开创式引流保护为主，难以引流的朝天洞或侧面洞，应在防腐后应进行修补。

（1）防腐技术。在养护过程中，应及时对古树的腐烂部位进行清除，裸露的木质部应使用消毒剂，如5%硫酸铜或5‰高锰酸钾；待干后涂防腐剂，如桐油。

（2）树洞处理技术。修补前必须挖尽腐木，消毒防腐，保持洞口的圆顺；然后应先用木炭或水泥石块填充，如有必要可用钢筋做支撑加固，再用铁丝网罩住，外面用水泥、胶水、颜料拌匀后（接近树皮颜色）进行修补；封口要求平整、严密，并低于形成层；形成层处轻刮，最后涂伤口愈合剂。修补时间应在新梢萌动之前，不得在冰冻天进行。具体方法有以下三种：

1）填充法。大部分木质部完好的局部空洞用此法。先将空洞杂物扫除，刮除腐烂的木质，铲除虫卵，先涂防水层，可用假漆，煤焦油、木焦油、虫胶、接蜡等，再用1%浓度的甲醛（福尔马林溶液）液消毒，市场售的浓度为35%，需用3～5倍水稀释后使用。也可用1%波尔多液（硫酸铜10g＋生石灰10g＋2kg水混合而成）或用硫酸铜溶液（硫酸铜10g＋水10g搅拌溶解后再加10kg水调和即成）消毒。消毒后再填入木块、砖、混凝土，填满后用水泥将表面封好，洞的宽度较狭时，将其空洞先涂防水层，形成新的组织。填洞这项工作最好在树液停止流动时即秋季落叶后到次年早春前进行。此外要注意两点：一是水泥。涂层要低于树干的周皮层，其边缘要修削平滑，水泥等污染物要冲洗干净，以利生长包裹涂层。二是树洞要修削平滑，并修削成竖直的梭子形。使周皮层下、韧皮部上的形成层细胞，较易按切线方向分裂，较快地将伤口包被。因此伤口边缘要光滑清洁。

2）开放法。树洞不深或树洞过大都可采用此法。如伤孔不深无填充的必要时可按伤口治疗的方法处理：首先应当用锋利的刀刮净削平四周，使皮层边缘呈弧形，然后用药剂（2%～5%硫酸铜，0.1%的升汞溶液，石硫合剂原液）消毒，修剪造成的伤口，应先将伤口削平然后涂以保护剂，选用的保护剂要求容易涂抹，黏着性好，受热不融化，不透雨水，不腐蚀树体组织，同时又有防腐消毒的作用，如铅油、接蜡等均可。

3）封闭法。树洞经处理消毒后，在洞口表面钉上板条，以油灰和麻刀灰封闭（油灰是用生石灰和熟桐油以1∶0.35的比例制成的，也可以直接用安装玻璃的油灰），再涂以白灰乳胶，颜料粉面，以增加美观，还可以在上面压树皮状纹或钉上一层真树皮。

3.2　移栽保护

3.2.1　*在古树移栽前的准备工作*

（1）定植点选择。古树名木移植定植地点的选择要遵循树木近似生境原理，定植点的外界环境与古树原生环境要相似。尽早确定需要移植的古树，提前对古树原有的生存环境进行调查和记录。通过拍照或摄影记录古树周边的环境状况，尤其是光照状况、有无水池、土壤养分含量等均需要进行详细的记录和检测。依据这些最原始的环境信息使古树在移植后有类似的生存环境，提高古树成活率。

（2）移植时间选择。冬末春初，大多数树木处于休眠或半休眠状态，各种代谢活动减弱，落叶树树叶凋落，常绿树的叶片蒸腾作用都减弱或几乎停止。选择这段时间移植，树木移植成活率比较高。移植后不久即为春暖时节，树木的活力逐渐转强，容易成活。再者是秋季的小阳春时节，一般情况下选择在阴天无雨时、晴天无大风时，也可选择在连续阴天或者降雨天前后进行古树的移植工作。移植最好在傍晚进行，减少古树水分散失，提高成活率。

（3）松土和施肥。移植前，还要对土壤进行深度的翻松，便于排水，保持土壤湿润肥沃。在挖土起根前一个星期，一般要对树进行充分的补水和充分的营养补充，保证树木在起根后能得到充分的水分，从而大大提高植物的存活率。

（4）断根前修剪。保证移植过程顺利，提高移植成活率，要对古树进行移植前的修剪。修剪以内膛枝为主，剪除枯死枝、病虫枝、破损枝、重叠枝、下垂枝等。

修剪后伤口必须刮净，消毒，并涂植物伤口专用涂封剂，干后可酌情使用固化剂进行伤口保护，注意修剪不能改变古树树冠形状。

（5）断根处理。在移植前必须对古树进行预先挖掘、断根、预留土球、回填原土养护待移。预留土球直径为胸径的8～12倍，通常在古树确定要移植的半年前为断根时间。

开沟断根时应垂直地表层向下挖，断根时要用手锯人工进行锯断。要求锯口平齐，不开裂。在处理完根系后需要对整个断层面喷灌高锰酸钾600倍液。在断根工作处理完24h后，用钙肥和钾肥的溶液进行灌根，最后用干净的田园土进行回填、夯实。断根完成后，应及时喷洒植物抗蒸腾防护剂，雨后应重喷。

（6）树体保护与伤口处理。清除古树上的所有杂物、捆绑的绳索及铁丝等，在清理过程中，如果发现伤口应及时处理，用2%～5%的硫酸铜或石硫合剂进行伤口处理，并涂植物伤口专用涂封剂，干后用固化剂涂抹。

（7）定向标记（编号方向）。为使施工有计划地顺利进行，把栽植坑及要移栽的大树均编上一一对应的号码，使其移植时可对号入座，以减少现场混乱及事故。

在移植的古树树干上标出阴、阳面，使其在定植时仍保持原方位栽植，满足它对蔽荫与阳光的要求，以尽快适应新环境。

（8）运输路线的设计。在起树前，把树干周围2～3m以内的碎石．瓦砾堆．灌木丛及其他障碍物清除干净，并将地面大致整平，以为顺利移植古树创造条件。准备好必需的机械设施（如挖掘机、吊车、平板运输车等）、人力及辅助材料，并实地勘测行走路线，及时与相关部门协调，安排行车路线。

3.2.2 在古树装卸和运输的保护措施

装卸和运输过程保护好树木，尤其是根系，土球和木箱保证其完好。树冠围拢，树干包装保护，拟用草绳缠干保持水分和避免运输和吊装时发生碰撞，损坏树干。运输过程中用无纺布包住树冠，用以均匀勒紧树冠，避免在运输过程中，树冠与建筑物或路上行驶的汽车行人发生剐蹭，造成树冠损坏和交通事故。

3.2.3 古树种植过程的技术

当古树运至施工现场后要及时种植。挖掘种植穴，按照木箱大小明确种植穴大小，同时挖取适量的腐殖土。因为古树对于土壤的适应力较强，对于土壤肥沃性没有较高的要求，仅需对古树施入复合肥与有机肥。为保证古树观赏面，重视古树扶植与栽正，保证古树树冠的主尖和根部在一条直线上。及时修剪一些较为庞大的侧枝，从而给游人提供较好的视觉效果。

3.2.4 木箱移植的技术

带木箱大树栽植需借助于起重机，先在大树干上包好麻袋片或草袋，然后用两根等长的钢丝绳兜住木箱底部，将钢丝绳的两头扣在吊钩上，即可将树直立吊入种植穴中。将木箱落实放稳以后，即可拆除木箱两边的底板，并慢慢抽出钢丝绳，然后在树干上绑好支柱，将树身支稳。树身支稳后，先拆除木箱的上板，并向种植穴内回填一部分土壤，待将土壤填至种植穴的1/3高度时，再拆去四周的箱板，接着再向种植穴内填土，每填20～30cm厚的土壤时，应踩实一下，直到填满为止。

3.2.5 移栽后的养护工作

大树移植后第一年是关键，围绕以提高树木成活率为中心的全面养护管理工作。设立专人，制定具体养护措施，进行养护管理。根据树种和天气情况进行喷水保湿或树干包裹。对易发生病虫害的树木，有专人经常观察，采取措施及时防治。同时也要防止自然灾害与人为破坏。冬季气温偏低，采用草绳绕干的方法进行防寒。

4 结论

总的来说，古树保护需要注重宣传保护工作，传达国家保护精神，宣扬古树文化，提升保护技术水平。前期保护措施按照“一树一策”的保护理念，古树的就地保护和移栽保护需要结合每一棵树的具体情况，对每一棵树都制定对应的保护措施。后期养护按照“一树一档”的养护方针，建立磐安电站内的图文档案和电子信息库，定期对古树的健康状况进行评估。

参考文献

[1] 黄银秀. 古树衰老的原因及保护措施 [J]. 中国园艺文摘，2012，28（3）：64-65.
[2] 黄璞，李睿，李晓东. 古树名木保护与复壮存在问题及措施探析 [J]. 现代园艺，2020，43（16）：225-227.
[3] 黄宝剑. 古树名木的保护管理与复壮技术 [J]. 国土绿化，2016（8）：46-47.
[4] 杨梦. 古树保护与复壮技术的研究 [D]. 合肥：安徽农业大学，2020.

抽水蓄能电站建设创新融资模式研究

黄卫根　郑悦峰
（中国电力建设集团有限公司，北京市　100048）

【摘　要】随着“双碳”战略的实施和新能源技术的快速进步，抽水蓄能电站建设迎来了发展的黄金期，但由于其投资金额大、投资回收期长等特点，亟需创新融资模式。作为一种新型融资工具，基础设施公募REITs与抽水蓄能电站项目的融资需求相契合。本文深入分析了抽水蓄能电站建设的融资特点，剖析了REITs和Pre-REITs与抽水蓄能电站项目契合的可行性与优势，最后提出了利用REITs和Pre-REITs融资建设抽水蓄能电站的具体建议。

【关键词】抽水蓄能电站　融资模式　REITs　Pre-REITs

党的二十大报告提出“加快规划建设新型能源体系”。要充分发挥水电“基石”及抽水蓄能“稳定器”作用，做大增量的同时用好存量。积极推动流域龙头水库和战略性工程建设，完善大型水电基地，由电量供应为主转变为电量供应与灵活调节并重，推动流域整体效益尽早发挥；推动水电扩机与增容改造，建设混合式抽水蓄能电站，由保障电网安全稳定运行向多领域综合效益发挥转变，积极构建风光储大型基地和流域可再生能源一体化基地，凸显储能价值。

1　抽水蓄能电站建设的融资需求特点

抽水蓄能电站利用电力负荷原理，在电网低负荷期间，通过发电机将水源抽至水库进行储能，于用电高峰期将水库中的水释放至水电站进行发电。抽水蓄能电站能够保持电力系统的稳定，有效应对事故备用场景。抽水蓄能电站建设项目具有如下的融资需求与特点。

1.1　抽水蓄能电站建设投资金额大

2022年是历年来电站核准规模最大的一年，全年新核准抽水蓄能电站48座，总装机规模达到6889.6万kW，超过之前50年的投产总规模。同时，由于抽水蓄能项目的建设周期一般为6～8年，为达“双碳”目标，未来几年国内将迎来抽水蓄能项目开工的爆发期，抽水蓄能电站建设项目的融资需求将持续增大。

电水利规划设计总院和中国水力发电工程学会抽水蓄能行业分会联合发布的《抽水蓄能产业发展报告2022》显示：截至2022年年底，我国已纳入规划的抽水蓄能站点资源总量约8.23亿kW，其中已建抽水蓄能装机容量4579万kW，核准在建装机规模1.21亿kW，抽水蓄能电站平均静态投资为5492元/kW。《抽水蓄能中长期发展规划（2021—2035年）》中明确提出：已纳入《抽水蓄能中长期发展规划（2021—2035年）》的站点总数约660座，资源总量约8.14亿kW，重点实施项目340个，装机约4.21亿kW；到2025年，抽水蓄能投产总规模较“十三五”翻一番，达到6200万kW；到2030年，抽水蓄能投产总规模达到1.2亿kW。据测算，仅截至2022年年底，我国抽水蓄能电站在建项目总融资需求就高达约6600亿元。

1.2　抽水蓄能电站建设投资回收期长

由于不同项目之间存在规模大小、建设难度和属地政策等差异，其项目投资回收期也存在差异。以遵义市余庆县贾壳山抽水蓄能项目为例，该项目投资规模为50亿元，主要建设570万m^3水库，安装总长约3609m、距高比为4.5的输水系统和装机容量为1200MW、年发电量12.06亿kW的发电机组及相关配套设施。该项目投资利润率为8%，投资回收期为12.5年。其他部分抽水蓄能电站投资金额与建设周期情况详见表1，从中可见，抽水蓄能电站项目建设的投资回收期是很长的。较长的投资回收期势必会增加抽水蓄能项目的融资难度。

表1 部分抽水蓄能电站投资金额与建设周期

项目名称	装机容量/MW	项目投资/亿元	开工时间（年）	投产时间（年）
津阳抽水蓄能电站	1500	76.35	2008	2017
梅州抽水蓄能电站一期	1200	70.52	2015	2022
厦门抽水蓄能电站	1400	86.64	2016	2024
宁海抽水蓄能电站	1400	79.5	2017	2024
清原抽水蓄能电站	1800	108.25	2017	2023
桐城抽水蓄能电站	1280	72.60	2019	2027
五岳抽水蓄能电站	1000	65.62	2020	2026
天台抽水蓄能电站	1700	107.4	2022	2027
鲁山抽水蓄能电站	1300	86.67	2022	2028

1.3 抽水蓄能电站融资形式单一，亟须创新

国内抽水蓄能电站建设大多由信用评级高，偿还保证措施完善的大型电网企业负责，伴随着金融市场环境的逐步成熟及相关利好政策的推进，银行贷款成为抽水蓄能电站项目的主要融资方式。

作为债务融资形式的一种，在抽水蓄能电站建设如此庞大的融资需求面前，银行贷款会大幅提高企业的资产负债率和杠杆率，这与中央关于防风险、去杠杆、稳投资的决策部署相悖。同时，在货币政策和银行监督机制的影响下，银行贷款往往难以满足企业的融资需求，导致资金供应不足。

1.4 资金严控政策下，融资生机有待提高

为有效规避资金风险，承建大量抽水蓄能电站建设项目的国网公司大力缩减电站银行账户，规定项目单位只允许开设一个基本账户，两个贷款账户，这大大减少了电站项目的融资渠道，影响其融资活力。

同时，由于抽水蓄能电站电价措施尚不完善、市场化资源获取难度大，社会资本和非电网企业开发抽水蓄能电站的积极性不高。

2 REITs、Pre-REITs模式建设抽水蓄能电站的适用性分析

基础设施公募REITs是指在证券交易所公开发行的，将具有稳定现金流的基础设施项目作为底层资产进行资产证券化的标准化金融产品。Pre-REITs是一种以公募REITs、类REITs作为退出手段，以获得二级市场溢价为投资目标的金融投资产品。作为公募REITs的前端环节，对于处在建设期或未形成稳定现金流的基础设施项目，Pre-REITs是一种全新的可能。

针对抽水蓄能电站建设的以上融资需求，REITs、Pre-REITs天然适用于抽水蓄能电站建设领域，其适用性体现如下。

2.1 政策导向助力抽水蓄能电站REITs项目试点

2021年7月，国家发展改革委发布《关于进一步做好基础设施领域不动产投资信托基金（REITs）试点工作的通知》，将风电、光伏发电、水力发电、天然气发电、生物质发电、核电等清洁能源项目列入不动产投资信托基金（REITs）试点范围。

2022年5月，国家发展改革委联合国家能源局发布《关于促进新时代新能源高质量发展的实施方案》，提出丰富绿色金融产品服务的多项举措，其中包括研究探索将新能源项目纳入基础设施不动产投资信托基金（REITs）试点范围内。

2022年6月，国家发展改革委、国家能源局、财政部等多个部门联合发布《“十四五”可再生能源发展规划》，提出要丰富绿色金融产品和市场体系，进一步加大对水电、风电、太阳能、抽水蓄能电站基础设施不动产投资信托基金（REITs）试点项目的支持力度。

2.2　稳定现金流契合 REITs 底层资产基本要求

水电水利规划设计总院发布的《中国电力发展报告 2023》显示：未来几年，全国电力需求保持刚性增长，预计全社会用电量 2023 年达到 9.2 万亿 kW·h。庞大的用电量需求能够保证抽水蓄能项目的稳定盈利，加上政府部门对可再生能源企业发放的补贴，抽水蓄能电站项目的现金流稳定。同时，抽水蓄能电站建设项目的固定成本占比较高，这些特点均与基础设置公募 REITs 在底层资产方面的相关要求契合。

2.3　运营体系成熟契合 REITs 专业化管理要求

我国抽水蓄能电站建设标准化程度高，现有运营体系已经成熟，运营成本较低。同时，我国大型电网企业资金实力雄厚、管理经验丰富、信息化智能化程度高，契合 REITs 基金管理人委托运营人进行专业化管理的要求。

3　REITs、Pre-REITs 模式建设抽水蓄能电站的优势

3.1　丰富融资方式，保证资金供应，优化资本结构

抽水蓄能电站建设具有投资金额大、投资回收期长的特点。仅靠银行贷款的融资方式不仅难以满足融资需求，还会使用企业面临资产负债率过高、杠杆率过高等风险。基础设施公募 REITs 作为一种新型融资工具，能够丰富电站项目融资渠道，保证资金供应。

REITs 能够有效盘活清洁能源存量资产，引进低成本权益资金，降低资产负债率，使企业财务指标更加健康。通过对部分投资于优质底层资产的资金进行提前回收，企业可以释放举债空间，将资金投入到其他项目的开发建设中，提升资金管理效能，实现资产增值。这对于抽水蓄能电站建设企业来说意义重大，“双碳”目标影响下，绿色、低碳转型成为能源企业的关键任务，将提前回收的资金用于培育新的优质资产，能够有效加快企业转型速度。

3.2　满足投资者的投资需求

近年来，我国经济高速发展，国民收入稳定增加，2022 年，我国居民人均可支配收入为 3.69 万元/人。满足基本生活需求之后，公众仍有较多闲置资金可进行金融产品的投资，底层资产优良、资产价格波动较小的基础设施公募 REITs 基金为大众投资者提供了新的投资渠道，使大众投资者参与到基础设施项目的建设中。

鼓励长线资金及国有企业产业基金投资，2022 年，我国推出个人养老金制度，规定养老金在缴纳期间不可提取，但可以自由选择账户资金投向。这类具有较长封闭期的长线资金，非常适合投资 REITs 基金。

3.3　推动 REITs 市场发展壮大

目前，已有清洁能源领域基础设施公募 REITs 成功上市并运行良好，但尚未有 REITs 基金将水电项目作为底层资产。积极推进抽水蓄能电站领域 REITs 试点项目，有助于培养相关 REITs 人才，为其他领域的 REITs 试点提供参考和启发，促进 REITs 市场的扩张。同时，公募 REITs 产品要求底层资产运作公开透明，市场化属性强，对水电企业的发展和绿色化转型起到推动作用。

4　新能源领域基础设施公募 REITs 应用情况

在《“十四五”能源体系规划》和“双碳”目标的引导下，我国非化石能源比重快速增长。据国家能源局披露，截至 2023 年上半年，全国可再生能源装机达到 13.22 亿 kW，同比增长 18.2%，历史性超过煤电，约占我国总装机的 48.8%，其中，水电装机 4.18 亿 kW、风电装机 3.89 亿 kW、光伏发电装机 4.7 亿 kW、生物质发电装机 0.43 亿 kW。目前，银行信贷是新能源基础设施项目融资的主要方式，但这种方式会使企业面临财务杠杆增大，资产负债率较高等问题。在相关政策的引导下，已有部分 REITs 基金将新能源项目作为底层资产成功上市，并且运行良好。

截至 2023 年 9 月，我国已累计上市 3 支新能源领域基础设施公募 REITs 基金，合计资产规模 145 亿

元。自上市以来，3 支基金的底层资产项目经营状况良好，均能够产生稳定现金流。

其中，中航京能光伏 REIT（508096）持有底层资产两个，分别为榆林光伏项目和晶泰光伏项目。据其披露，2023 年 3—6 月，项目公司合计结算电量 1.70 亿 kW·h（享受国补）。其中榆林光伏项目结算电量 1.35 亿 kW·h，结算电价 0.8062 元/(kW·h)；晶泰光伏项目结算电量 0.35 亿 kW·h，结算电价 0.9932 元/(kW·h)。基于运营数据分析，该基金两个底层资产项目运营情况稳定。

中信建投国家电投新能源 REIT（508028）的底层资产为滨海北部的 H1、H2 风电项目。据其披露，2023 年 1—6 月，该基金的基础设施项目累计实现发电量 69702.16 万 kW·h，上网电量 68042.66 万 kW·h，不含税发电收入 51，182.54 万元，同比增长 10.03%，与历时三年（2020—2022 年）同期平均值基本持平。其中，滨海北 H1 项目和滨海北 H2 项目发电量口径利用小时数分别为 1285h 和 1421h，上网电量口径利用小时数分别为 1257h 和 1387h，均超过全国平均水平。基于其运营数据分析，该基金基础设施项目现金流稳定，经营状况良好。

鹏华深圳能源清洁能源 REIT（180401）的底层资产为深圳市东部电力有限公司水电气热项目，其主要经营模式是以液化天然气为主要燃料，提供电力生产及相关服务并获取电费收入。据其中期报告披露，2023 年 1—6 月，项目公司实现发电收入 878713877.06 元（不含税），上网电量 168176.80 万 kW·h，天然气成本 435797299.54 元（不含税），消耗 LNG 约 23.31 万 t。项目公司和运营管理机构密切沟通、紧密合作，确保项目公司安全稳定运营、电力得到平稳供应。

5 采用 REITs、Pre-REITs 模式建设抽水蓄能电站的相关建议

5.1 构建 Pre-REITs、类 REITs、REITs 全周期资产运作模式

Pre-REITs 对底层资产项目在资产结构、现金流等方面的要求较低，适用于抽水蓄能电站项目的建设期。构建 Pre-REITs 项目融资平台，能够募集到大量存在潜力的抽水蓄能电站项目。将以 Pre-REITs 形式获得的社会资金投入到底层资产项目的建设中，缩短项目建设周期；或将资金用于新项目的建设，通过新旧资产合并的形式扩大底层资产规模。

在 Pre-REITs 对项目底层资产的盘活作用下，项目的资产结构不断优化，现金流逐渐稳定。当项目达到建设的成熟期，便可以考虑通过扩募的方式加入现有 REITs 基金底层资产，或是直接培育成新的类 REITs 项目或 REITs 项目，推动抽水蓄能电站领域 REITs 市场的快速发展和扩张。

5.2 完善相关法律法规

我国大多数基础资产是归为国有，在资产转让环节存在诸多限制，资产重组时需进行基础资产所有权转让和责任主体变更。然而我国目前没有相应的法律或政策对资产转让环节做出明确说明和规定，使得资产转让困难，难以明确估值。因此需要出台明确的法律法规对资产转让环节涉及的交易、定价等问题做出详细说明，同时简化审查程序，提高审批效率。

梳理 REITs 领域现有规范及制度，结合已上市 REITs 产品的实践经验，将行之有效的 REITs 发展政策通过立法的形式形成法律规范。采用专项立法模式，积极构建并完善我国 REITs 法律框架和体系，为 REITs 市场的健康发展保驾护航。同时，可以结合抽水蓄能电站的融资需求及建设特点，针对该领域或清洁能源领域进行单独立法。

5.3 制定合理税收政策

目前，我国基础设施公募 REITs 尚处于起步阶段，较发达国家成熟 REITs 市场相比，还存在着交易层级不明、重复收税等问题。我国公募 REITs 采用公募基金＋ABS 的结构，在产品设立和运营环节均存在很大的税负成本。发达国家成熟 REITs 市场的经验是，在制定 REITs 法规时出台税收中性政策，有效避免产品运营时的重复征税问题。这一经验值得借鉴，同时应结合我国国情，制定适合我国 REITs 发展的相关法律法规，税收优惠政策，以减少 REITs 融资成本，调动各方积极性，推动抽水蓄能电站等新能源领域基础设施 REITs 高质量发展。

参考文献

[1] 水电水利规划设计总院，中国水力发电工程学会抽水蓄能行业分会. 中国可再生能源发展报告 2022 [R]，2023.

[2] 周朗，吴凯盈，朱莉丽，等. 公募基金设立专业子公司打造公募 REITs 一体化综合业务平台的相关问题探讨 [J]. 证券市场导报，2022 (12)：50-56.

[3] 国家发展和改革委员会. 关于进一步做好基础设施领域不动产投资信托基金（REITs）试点工作的通知 [R/OL]. www.ndrc.gov.cn/xwdt/tzgg/202107/t20210702_1285342.html.

[4] 汤卫忠，梁林军，王子悦. Pre-REITs 的难点及政策建议 [J]. 债券，2022 (8)：74-78.

[5] 张宝珠，何召滨. REITs 产品如何助推电力企业高质量发展？——以国家电投 REITs 实践为例 [J]. 管理会计研究，2022 (6)：30-43.

抽水蓄能电站施工控制网平面坐标系统精细化设计方法

顾春丰　刘晓波
（中国电建集团北京勘测设计研究院有限公司，北京市　100024）

【摘　要】抽水蓄能电站各建设阶段控制测量的执行标准与服务对象不同、精度要求存在差异，所建工程测图控制网和施工控制网的平面坐标系统难以完全保持一致。本文以测图控制网平面坐标系统为基础，开展工程施工控制网平面坐标系统的建立方法研究，并针对性地提出精细化技术设计方案，使新建平面坐标系统既满足国家强制性标准要求，又能保障工程平面坐标基准体系的有序衔接，从而为电站施工放样提供可靠的测量控制，通过工程实例对设计方法予以进一步说明，取得的工程实用经验可供类似工程参考。

【关键词】蓄能电站　施工控制网　平面坐标系统

1　概述

抽水蓄能电站勘测设计阶段的测图控制，通常采用电站上、下水库的平均高程作为边长投影面高程，遵照《水电工程测量规范》要求，以测区范围内边长投影变形值±50mm/km为限定指标建立工程平面坐标系统。进入电站施工建设阶段，为满足工程施工放样所建立的施工控制网，应满足《水电水利施工测量规范》边长投影变形值不超出±25mm/km的规定，由于蓄能电站地形环境特殊，工程区范围内上下存在几百米甚至千米高差，施工控制网需设定多个投影面高程方可有效控制边长投影变形，对应生成施工控制网的多套平面坐标系统。因此，电站工程勘测设计阶段测图控制的平面坐标系统与施工控制网的平面坐标系统不能完全保持一致。然而工程设计工作依托规划设计阶段地形图成果完成，工程各类设计图件又倚靠施工控制网正确测设放样至实地，如何保持工程不同阶段平面坐标系统的有序联系、施工控制网多套平面坐标成果的正确衔接，将是电站工程测量工作亟待解决的关键技术问题。本文主要以勘测设计阶段平面坐标系统无法直接满足施工控制网建设需要为例，研究施工控制网平面坐标系统的精细化设计方法，使施工控制网既满足相应规范要求，又实现新建多套坐标系统的无缝衔接以及与前期测图控制平面坐标系统的匹配，从而为工程施工放样提供准确可靠的测量基准。

2　GNSS观测边长的投影变形

一般的，将控制测量外业观测的GNSS静态数据进行一系列标准化、检核流程后，最终生产出高斯平面上的成果数据，这一流程主要可以描述为：

（1）将地面测量观测值归算为参考椭球面上的观测值。

（2）将参考椭球面上的观测值投影到高斯平面上的观测值。

（3）在高斯平面上进行平面控制网的平差计算工作。

下面以地面观测边为例，说明其在计算过程中，造成其长度产生变形的原因及量值大小。

2.1　地面观测边归算到参考椭球面

如图1所示，D_1 为地面观测边 AB 的边长；D_2 为 AB 归算到参考椭球面上的边长；$h_{正}$ 为 A、B 两点的正常高平均值；δ_h 为高程异常平均值；R 为参考椭球的曲率半径平均。则有

$$\frac{D_2}{D_1}=\frac{R}{R+\delta_h+h_{正}} \tag{1}$$

其高精度的改正公式为

$$\frac{D_2}{D_1}=1-\frac{\delta_h+h_{正}}{R}+\frac{(\delta_h+h_{正})^2}{R^2} \tag{2}$$

设 $\Delta_1=D_2-D_1$，则

$$\Delta_1=\left[-\frac{\delta_h+h_{正}}{R}+\frac{(\delta_h+h_{正})^2}{R^2}\right]D_1 \tag{3}$$

式（3）表明，将地面观测边长归算到参考椭球面上后，其长度总是变小，变形值与该点的正常高及高程异常成呈正比。设 $\delta_h=30\text{m}$，$R=6378137\text{m}$，计算不同正常高 $h_{正}$ 下所对应的每千米长度的地面观测边归算至参考椭球面下的变形量，结果列于表 1 中。

表 1　　地面高程的变化与每千米边长对应归算变形改正数

$h_{正}$/m	100	500	1000	2000	3000
Δ_1/cm	−2.0	−8.3	−16.2	−31.8	−47.5

从表 1 可以看出，在高程异常值为 30m 的情况下，将地面 100m 正常高的观测边长归算到参考椭球面引起的长度变形已达−2.0cm/km，且随着地面高程的增大，此值也同步变大，见图 1。

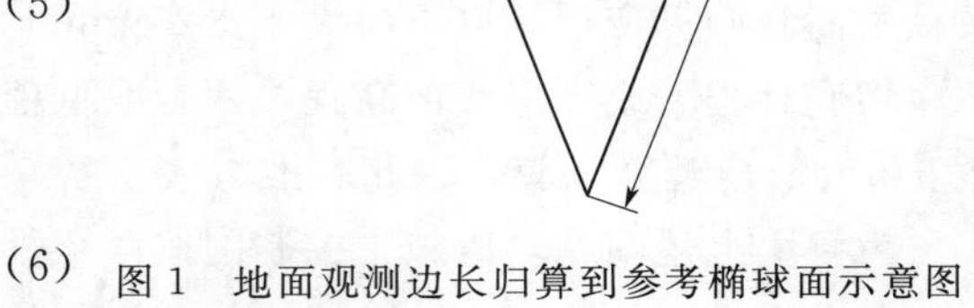

图 1　地面观测边长归算到参考椭球面示意图

2.2　参考椭球面上的边长投影到高斯平面

设椭球面上大地线长度为 S，其在高斯平面上对应的长度为 D，则距离改化公式为

$$\frac{D}{S}=1+\frac{y_m^2}{2R_m^2} \tag{4}$$

其对应的毫米级精度的改化公式为

$$\frac{D}{S}=1+\frac{y_m^2}{2R_m^2}+\frac{\Delta y^2}{24R_m^2}+\frac{y_m^4}{24R_m^4} \tag{5}$$

设 $\Delta_2=D-S$，则

$$\Delta_2=\left(\frac{y_m^2}{2R_m^2}+\frac{\Delta y^2}{24R_m^2}+\frac{y_m^4}{24R_m^4}\right)S \tag{6}$$

式中：y_m 为大地线投影后始末两点横坐标的平均值；Δy 为始末两点横坐标的差值；R_m 为始末两点对应的椭球曲率半径。

式（6）表明，参考椭球面上的边长投影到高斯平面上，其长度总是变长，且随着边长始末点离中央子午线的距离越远，边长变形越大。取 $R_m=6378137\text{m}$，$\Delta y=1000\text{m}$ 计算离中央子午线距离不同对应的每千米边长变形的大小，结果列于表 2 中。

表 2　　距中央子午线的距离变化与每千米边长对应的投影变形改正数

y_m/km	0	10	20	50	100	150
Δ_2/cm	0.0	0.1	0.5	3.1	12.3	27.7

从表 2 可以看出，随着离中央子午线的距离越来越远，每 1km 边长的投影改正数显著增大，按常用的 3°带投影，位于投影带边缘的点距中央子午线约 150km，其边长投影改正数达到 27.7cm/km。

2.3　地面观测边长与对应的高斯平面边长关系

将地面观测边长转换为高斯平面边长后，其变形量为式（3）、式（6）之和，即

$$\Delta=\Delta_1+\Delta_2 \tag{7}$$

式中：Δ_1 恒为负值；Δ_2 恒为正值。在 y_m 确定的情况下，总有一个合适的高程面，使 Δ 为 0，此高程面称为“高程抵偿面”。

3 平面坐标系统建立常用方法

通常，蓄能电站的平面坐标系统采用2000国家大地坐标系，其主要控制网点一般通过联测测区附近的国家连续运行参考站的GNSS数据获取，成果形式一般为标准的高斯3°带投影成果。由前文可知，标准的高斯3°带投影成果与蓄能电站所需的工程坐标系成果，存在高斯投影变形以及高程面投影变形两项主要因素。

为解决这两项产生边长变形的因素，常用的控制网平差方法有“中心投影的椭球膨胀法”“一点一方向（自由网）法”等，各种方法均能达到较好的效果。但在勘测设计阶段，一般选择位于测区中央的经度作为高斯投影的中央子午线，以测区的平均高程面作为投影高程面，建立测区唯一的平面坐标系统，当然这是最合理的情形，有时可能存在中央子午线和投影高程面均不合理的情况。抽水蓄能电站高差一般大于500m，选择平均高程面作为投影面时，最大投影变形将超过±4.0cm/km，显然，在施工控制网设计时，单一投影面无法满足规范对边长投影变形的要求，因此需要设置多个投影面，产生多个平面坐标系统的坐标成果与之对应。

3.1 不同平面坐标系统的衔接问题

蓄能电站的施工控制网在建立多套平面坐标系统时，应考虑系统之间的衔接，以及衔接的重点。对蓄能电站的水工建筑物来说，放样精度要求高且距离长、高差大的工程部位只有输水隧洞，其余均属于占地面积较小的单体建筑。多套平面坐标系统的建立主要是为了解决高差过大导致的边长投影变形超限问题，因此，依据蓄能电站工程特性，输水隧洞工程为不同平面坐标系统的衔接重点，即在两套平面坐标系统衔接分界线与输水隧洞中心线的交点位置。

3.2 施工控制网平面坐标系统建立思路及流程

就抽水蓄能电站工程测量而言，前期规划阶段测图控制的平面坐标系统建立伊始，已将中央子午线调整至工程区中心，因此在施工控制网平面坐标系统设计时不必考虑高斯投影变形对边长影响的问题，只顾及高程归算变形，以不应大于±25mm/km作为限定条件确定的投影面。首先应明确上库坝顶高程，下库坝底高程（或厂房底部高程，两者取低值），两者相差大于320m时，应建立两套平面坐标系统，大于640m时应建立三套，以此类推。

为解决上述问题，以施工控制网按两个投影面设计时其整体流程见图2。

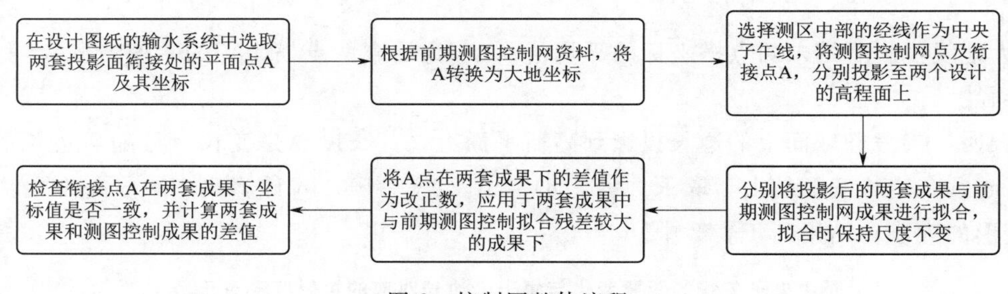

图2 控制网整体流程

依托勘测设计阶段的测图控制网成果，按自由网形式获取施工控制网的平面起算数据，这样既保持了工程施工控制网的自身精度不受损失，又使得新建施工控制与原测图控制保持联系。通过两系统公共点坐标差值的计算，对原地形资料的可利用性做出判断。

4 工程实例

某抽水蓄能电站，中心经度为×××°05′21″（距3°带的中央子午线1°05′21″），高程异常为22.42m，前期平面坐标系统为CGCS2000，高斯3°带投影，投影面高程为1000m。上水库坝顶设计高程为1331.00m，下水库建（构）筑物最低高程772.80m，高差为558.20m。施工控制网设计选定的投影高程面分别为910.00m和1190.00m，两个坐标系统衔接处的高程为1050.00m。

首先，在施工总布置图上选择输水系统在1050.00m高程面附近的点，坐标为：X=×××6507.124，Y=×××089.344，并将其转换为CGCS2000椭球下的大地坐标，两套坐标分别列于表3和表4。

表3　工程坐标系坐标，投影面1000m

点名	纵坐标 X/m	横坐标 Y/m
DG01	×××7606.723	××7947.379
DG02	×××7346.489	××8287.733
⋮	⋮	⋮
DG15	×××4828.569	××2787.253
DG16	×××4383.852	××3093.428
衔接点	×××6507.124	××1089.344

表4　CGCS200大地坐标

点名	纬度/(° ′ ″)	经度/(° ′ ″)
DG01	××.4538067	×××.0326043
DG02	××.4529510	×××.0339160
⋮	⋮	⋮
DG15	××.4406276	×××.0632891
DG16	××.4351740	×××.0644596
衔接点	××.4501327	×××.0527645

然后将表4中的CGCS2000大地坐标按中央子午线×××°05′21″，投影高程面分别为910.00m和1190.00m进行设置，得到两套平面坐标，成果列于表5和表6。

表5　投影面高程为910.00m的坐标成果

点名	纵坐标 X/m	横坐标 Y/m
DG01	×××7624.821	××7041.271
DG02	×××7361.037	××7378.810
⋮	⋮	⋮
DG15	×××4796.018	××1850.888
DG16	×××4348.133	××2152.316
衔接点	×××6492.201	××0171.052

注　椭球半径为6378137+910−22.42=6379024.58（m）。

表6　投影面高程为1190.00m的坐标成果

点名	纵坐标 X/m	横坐标 Y/m
DG01	×××7788.879	××7041.141
DG02	×××7525.084	××7378.695
⋮	⋮	⋮
DG15	×××4959.953	××1850.970
DG16	×××4512.048	××2152.411
衔接点	×××6656.210	××0171.060

注　椭球半径为6378137+1190−22.42=6379304.58（m）。

将两套成果分别与表3对应的勘测设计阶段的测图控制网点进行拟合，拟合时保持自身尺度不变，成果列于表7和表8。

表7　投影面高程为910.00m的坐标拟合成果

点名	纵坐标 X/m	横坐标 Y/m
DG01	×××7606.563	××7947.818
DG02	×××7346.363	××8288.127
⋮	⋮	⋮
DG15	×××4828.778	××2787.080
DG16	×××4384.105	××3093.227
衔接点	×××6507.103	××1089.401

表8　投影面高程为1190.00m的坐标拟合成果

点名	纵坐标 X/m	横坐标 Y/m
DG01	×××7606.621	××7947.665
DG02	×××7346.409	××8287.989
⋮	⋮	⋮
DG15	×××4828.711	××2787.138
DG16	×××4384.019	××3093.298
衔接点	×××6507.111	××1089.385

从表7和表8可以看出，衔接点在两套坐标系下的X方向的差值为8mm，Y方向的差值为16mm。将该差值运用于与表3成果相差更大的表7成果中，表8成果不变，并计算改正后的表7、表8成果与表3成果的差值，结果列于表9。

表9　两个投影面下各点的最终成果与原工程坐标系成果的差值

点名	910.00m高程面		1190.00m高程面	
	ΔX/cm	ΔY/cm	ΔX/cm	ΔY/cm
DG01	−15.2	42.3	−10.2	28.6
DG02	−11.8	37.9	−8.0	25.6
DG03	−6.2	25.4	−4.5	17.7

续表

点名	910.00m高程面		1190.00m高程面	
	ΔX/cm	ΔY/cm	ΔX/cm	ΔY/cm
DG04	−0.6	25.8	−1.1	17.9
DG05	3.0	17.8	1.4	12.7
DG06	10.4	16.5	6.2	11.9
DG07	−2.9	−4.3	−2.5	−1.7
DG08	1.6	−8.7	0.5	−4.6
DG09	−26.8	−24.0	−18.6	−14.6
DG10	−20.7	−23.7	−14.4	−14.4
DG11	3.9	−22.6	1.7	−13.9
DG12	1.0	−23.2	0.3	−14.0
DG13	16.5	−26.9	10.4	−16.5
DG14	14.5	−22.7	9.1	−14.1
DG15	21.7	−18.9	14.2	−11.5
DG16	26.1	−21.7	16.7	−13.0
衔接点	−1.3	4.1	−1.3	4.1
最大/mm	26.1	42.3	16.7	28.6
最小/mm	−26.8	−26.9	−18.6	−16.5

从表9可以看出，在对原测图控制网成果按910.00m高程面和1190.00m高程面分别进行投影和拟合后，其与原成果的平面差值最大分别为49.7cm和33.1cm，根据NB/T 35029—2014《水电工程测量规范》中表3.0.5－3的规定，山地、高山地1：2000地形图地物点平面位置中误差允许值应不超过±1.6m，前述最大差值49.7cm不足规范允许值的1/3，假定电站工程设计采用1：2000比例尺地形图为设计底图，那么可利用施工控制网成果直接进行工程放样，而无须进行任何化算。

5 结语

本文详细阐述了引起边长投影变形的影响因素，结合规范要求和抽水蓄能电站工程特点，给出了施工控制网平面坐标系统设计应关注的重点，以解决工程施工建设阶段与前期勘测设计阶段平面坐标系统不一致对设计产生影响为目的，提出抽水蓄能电站施工控制网技术设计思路，并给出前期地形图资料是否可以直接利用的判断标准，为抽水蓄能电站施工控制网的建立提供参考。

参考文献

[1] 孔祥元，郭际明．控制测量学［M］．4版．武汉：武汉大学出版社，2020．

[2] 李坚．长距离、高落差公路测绘项目投影坐标系建立方法［J］．黑龙江交通科技，2022，45（7）：19－21．

[3] 郭永禧．GNSS测量投影变形处理技术在公路工程中的应用［J］．云南水力发电，2020，36（8）：180－181．

[4] 武江伟，朴盛莲，张延安．引绰济辽工程输水工程区平面施工控制网的建立与成果分析［J］．测绘地理信息，2021，46（4）：140－143．

[5] 周长志，贾夙，李玉芝，等．新疆G335公路超长连续纵坡线路抵偿坐标系的建立与实践［J］．测绘通报，2020（S1）：9－12．

[6] 聂国富，陈星彤，张云傲．GNSS控制网投影变形平差处理研究［J］．中国金属通报，2015（7）：39－41．

[7] 武江伟，高红光，朴盛莲，等．长距离供水工程测量平面坐标系的选择［J］．测绘地理信息，2015，40（3）：74－76．

[8] 李坚，邱金顺．梯级投影在南疆新建38团引水干渠项目中的应用［J］．城市勘测，2011（5）：123－125．

[9] 谭经明．公路测量控制网边长投影变形的坐标计算处理方法［J］．地矿测绘，2004（2）：9－12．

新形势下抽水蓄能工程造价管理模式和定额指导研究

张 平[1] 柴小龙[2] 刘芳欣[2] 朱 琳[2] 王雪纯[2] 张建龙[2]

（1. 国网新源控股有限公司，北京市 100052；
2. 国网新源控股有限公司抽水蓄能技术经济研究院，北京市 100053）

【摘 要】 双碳及新型电力系统下，抽水蓄能的发展迎来了一个春天。抽水蓄能新电价机制的发布，抽水蓄能的造价管理与控制成为抽水蓄能开发、建设中最重要的一环，现有的造价管控模式已不能完全适应抽水蓄能的高速发展，抽水蓄能造价管理的重心需要适时做出调整。同时水电工程定额作为抽水蓄能造价管控最基础的标准、规范，其适用性如何？定额的指导性能否满足工程建设的需要等一系列问题值得深入研究探讨。

【关键词】 新形势 抽水蓄能 造价管理 定额指导

1 引言

近年来，在“双碳”战略、经济稳增长、新型电力系统构建等因素共同驱动下，国内抽水蓄能产业正迎来新一轮建设高峰。同时国家发展改革委、国家能源局连续下发相关文件，对抽水蓄能的投资建设提出了新的要求，“标杆电价”和“谁投资，谁决策，谁受益，谁承担风险”等政策的实施，让抽水蓄能电站的建设、运营更加注重成本效益。在这种新的形势下，抽水蓄能电站的造价管控制显得尤为重要，传统意义上以办理工程结算为手段的造价管理已不能适应当前的发展需求，它忽略了工程开工前投资决策阶段和竣工结算阶段对造价的控制，造成了各阶段造价控制的严重脱节，致使造价管理缺乏一贯性。如何将造价控制有针对性的贯穿于抽水蓄能电站规划、预可行性研究、可行性研究、招标、施工详图及竣工等各个阶段，并对现行的水电工程定额计价原则进行调整成为一个需要深入研究的课题。

2 新形势对抽水蓄能开发建设的影响

构建以新能源为主体的新型电力系统，是我国实现“碳达峰、碳中和”目标的重要支撑。风电、光伏等新能源发电占比的逐步提高，对电力系统调节能力提出了更高的要求，需要配套建设相应的储能项目。相比于电化学等储能技术，抽水蓄能作为当今最成熟的大容量储能解决方案，具有技术成熟、反应快速灵活、单机容量大、经济性较好等优点，是建设现代智能电网新型电力系统的重要支撑。

2.1 抽水蓄能的开发、建设进入了爆发期

2021年8月，国家能源局发布的《抽水蓄能中长期发展规划（2021—2035年）》明确，到2025年，抽水蓄能投产总规模62000MW，到2030年投产总规模12亿MW。截至2020年年底，我国投产的抽水蓄能装机量仅为3149万kW。这意味着“十四五”期间，我国抽水蓄能投产总规模较“十三五”翻一番。同时国家发展改革委发布的《关于进一步完善抽水蓄能价格形成机制的意见》（发改价格〔2021〕633号）文件坚持并优化了两部制电价，明确了抽水蓄能容量电价定价办法，按照资本金内部收益率6.5%的收益核价，这给投资者吃下“定心丸”，实现稳定营收。在这些政策的刺激下，各类企业开始积极布局抽水蓄能产业，抽水蓄能也迎来了爆发性发展期。

2.2 抽水蓄能的建设、运行必须更加注重成本效益

首先，国家在投资体制改革中提出了“谁投资，谁决策，谁受益，谁承担风险”的项目决策机制。这一政策的实施对抽水蓄能企业提出了更高的要求，抽水蓄能企业必须更加注重自身技术平台的建设，注重造价管理，用科学合理的经济评价方式评判项目的优劣，以最大限度地规避投资风险，提高投资收益。其次，从现行的电价政策可以看出，从2023年起抽水蓄能的电价机制发生了根本性的变化，在两部

制电价的情形下，项目的投资成本直接决定了项目的是否上马，项目的建设、运行过程中必须将成本管控作为第一要务，造价管理将成为项目建设管理的最重要任务之一，同时项目投资收益由简单规模化向规模效益化转变。

3　抽水蓄能项目现行造价管理模式研究

3.1　现行造价管理模式

目前抽水蓄能的开发建设完全按照国家关于水电工程的基本建设程序执行，造价管理主要包括工程造价控制和经济评价等，其中经济评价主要用于项目决策阶段，而工程造价控制贯穿于项目开发建设的整个过程，包括规划选点、预可行性研究、可行性研究、招标、施工详图及竣工等各个阶段，在每一阶段都对工程造价进行严格的管理和控制，将工程项目的总投资控制在合理的范围内。各阶段的工程造价控制如图 1 所示。

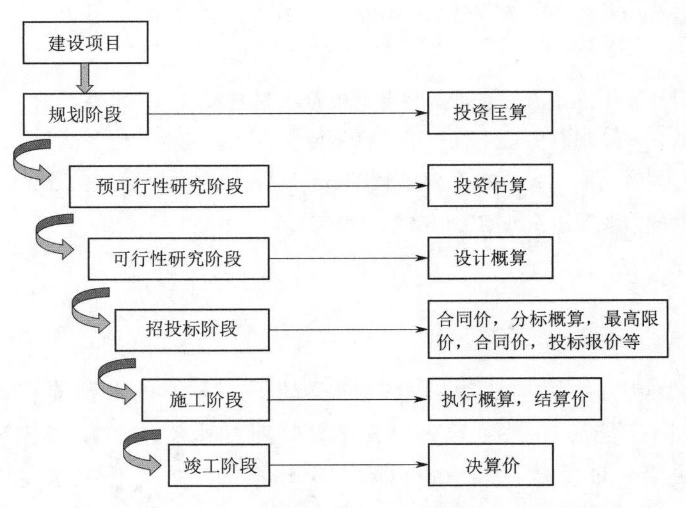

图 1　抽水蓄能工程各阶段投资控制图

其中规划和预可研阶段的投资不作为项目融资及评价的最终成果，设计方案也不是最终的实施方案，工程造价只是估算价，通过经济评价对项目进行决策。可研阶段开始进入工程项目的实施阶段，可研的设计概算也是项目核准、融资及工程管理等的主要经济文件，设计方案也是工程建设的实施方案，造价控制从可研阶段开始重视起来，通过可研概算的审查、招标文件的审查、最高投标限价编制、执行概算编制、过程结算、变更审核、工程完工总结算各种手段将工程造价控制在一个合理范围内，各阶段造价控制管理的具体手段如图 2 所示。

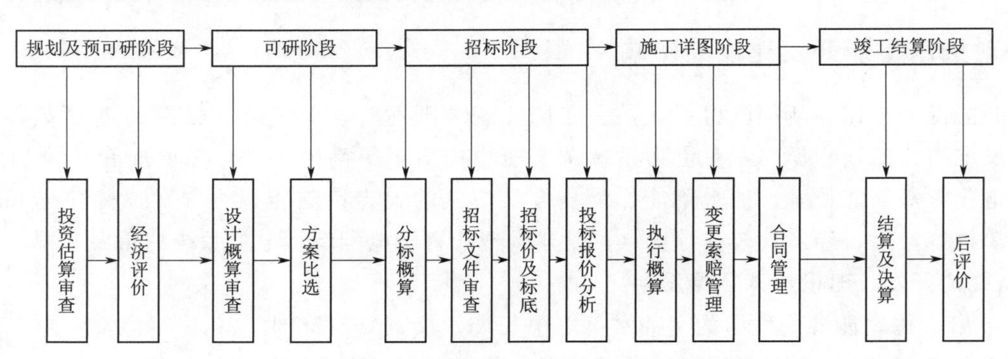

图 2　抽水蓄能工程各阶段造价管控手段

3.2　现行造价管理模式存在的问题

新型电力系统下，抽水蓄能的发展迎来了一个春天。但纵观抽水蓄能的造价管控现状，还存在诸多问题与矛盾，主要如下：

（1）抽水蓄能项目投资方的效益意识多数还未随着政策的改变而转变。由于新政策下发之前，抽水蓄能的电价多数是通过可研设计概算进行申报核准，所以建设管理的思路大都是“概算额越高越好，且建设管理过程中只要不超概算就万事大吉”的原则，概算高对后期建设管理的投资压力减少，且可核得更高的电价。但是随着新政策的出台，很多建设管理者仍沿袭了之前的想法，没有从思想深处来更新。

（2）抽水蓄能造价信息不畅通。现阶段各级政府网站发布的技术经济信息基本都包括政策法规、行业动态、价格信息、造价指标指数及招聘信息等。这些信息分别以网站、杂志的形式进行发布，但是都有一定的权限。国内还没有专门针对抽水蓄能技术经济信息期刊或由抽水蓄能建设单位参与编制的技术经济信息期刊。

（3）抽水蓄能造价管理人员严重不足。随着抽水蓄能电站建设规模的不断扩大和建设节奏的不断加快，对专业人才的需求日益强烈。由于多种原因，按照项目法人责任制组建的项目公司配置人员较少，项目建设单位造价管理专业人员更是欠缺；且由于造价人员的流动性较大，在管理过程中的一些较好的经验不能够及时总结，并通过一定的渠道进行有效的传播和推广；同时项目建设单位横向交流少，信息存在不对称状态。

4 现行抽水蓄能定额的指导性研究

4.1 抽水蓄能工程定额使用情况

在水电定额编制时期，由于抽水蓄能电站的建设还处于初期阶段，因此水电定额编制过程中对抽水蓄能电站的特殊性考虑略显不足，也未编制专项的抽水蓄能定额。目前抽水蓄能电站建设过程中的前期投资估算、设计概算、施工预算及竣工结算均参照使用国内现行的水电定额、标准，这些定额、标准主要由《水电建筑工程预算定额（2004年版）》《水电建筑工程概算定额（2007年版）》《水电设备安装工程概算定额（2003年版）》及其配套的《水电工程设计概算编制规定（2013年版）》《水电工程费用构成及概（估）算费用标准（2013年版）》和《水电建筑工程机械台班费定额（2004年版）》组成等。

4.2 现行水电定额工程定额的发展历程和编制原则

4.2.1 水电定额的发展历程

“一五”计划期间，我国引进了苏联的概预算定额管理制度。20世纪50年代发布了第一套定额；概预算定额制度为当时迅速恢复国民经济，顺利完成第一个五年计划起了积极的作用。这一阶段的概预算定额制度也对我国的水利水电工程造价管理产生了深远的影响。改革开放后，水电工程造价管理根据国家相关政策和市场需要，从制度、规程和定额等基础工作入手，探索水电工程造价市场管理的模式，探索适应市场的运用计价方法和依据，到20世纪80年代基本上形成了一个完整的体系，之后不断修订。在这几十年里，我国水电建筑、安装工程定额对国民经济计划的制定、基建投资的控制、工资水平的确定以及经济成果的核定等方面都起了极为重要的作用，直至今日，依然是水电建设企业进行投资控制的重要工具。

4.2.2 水电定额的编制原则

为保证定额的质量，充分发挥定额的指导作用，实际使用简便，在编制工作中遵循以下原则：

（1）按社会平均水平确定定额的原则。定额是确定和控制建筑安装工程造价的主要依据。因此它遵照价值规律的客观要求，即按生产过程中所消耗的社会必要劳动时间确定定额水平。所以定额的平均水平，是在正常的施工条件下，合理的施工组织和工艺条件、平均劳动熟练程度和劳动强度下，完成单位分项工程基本构造要素所需要的劳动时间。

（2）简明适用的原则。简明适用，一是指在编制定额时，对于那些主要的，常用的、价值量大的项目，分项工程划分宜细；次要的、不常用的、价值量相对较小的项目则可以粗些。二是指定额要项目齐全。要注意补充那些因采用新技术、新结构、新材料而出现的新的定额项目。如果项目不全，缺项多，就会使计价工作缺少充足的可靠的依据。三是要求合理确定定额的计算单位，简化工程量的计算，尽可能地避免同一种材料用不同的计量单位和一量多用，尽量减少定额附注和换算系数。

4.3 抽水蓄能项目使用现行水电定额存在的问题

现行水电定额在编制时对抽水蓄能电站的特殊性考虑略显不足，早在2015年，可再生能源定额站抽水蓄能分站就对此进行了深入、详细的调研，调研结果显示现行水电定额在抽水蓄能电站的建设过程中基本上是适用的，但由于抽水蓄能工程的特性，以及施工工艺水平、设备制造水平等的不断提高，现行定额标准存在一定数量的缺项、漏项及不配套等现象。后由可再生能源定额站组织十多家业内单位召开了抽水蓄能补充定额编制研讨会，最终确定需要补充完善、重新编制35个定额项目共200多项定额子目，初步形成了初步的抽水蓄能补充定额体系。需补充的定额子目如：

(1) 堆石坝碾压。抽水蓄能大坝一般为堆石坝，而水电04定额“3.5.1振动碾压实堆石料、砂砾料”项目中的碾压设备为BW217AD（20t）振动碾。而目前堆石坝施工中碾压设备的型号较多，且远远超过这个吨位，最大达32t，个别项目使用冲击碾。因此该定额项目应根据实际情况做出调整。

(2) 斜井钢板衬砌混凝土。目前抽水蓄能电站设计中，斜井段也常采用钢板衬砌混凝土，04定额中仅有“4.12平洞钢板衬砌混凝土”定额项目，没有斜井钢板衬砌混凝土填筑定额项目，应补充。另在混凝土浇筑过程中由于长距离运输斜井混凝土，溜管磨损严重，检修频繁，应充分考虑其摊销费用。

5 结论

综上所述，在新的形势下抽水蓄能的建设速度加快，项目的建设必须以成本为第一主题开展，抽水蓄能投资方在项目决策阶段应加强话语权，因此现有的造价理模式和定额应用需做出相应的调整，具体如下。

5.1 造价管理的重心前移

以往抽水蓄能电站多数是通过可研设计概算进行申报核准，所以建设管理的思路大都是“概算额越高越好，且建设管理过程中只要不超概算就万事大吉”的原则，概算高对后期建设管理的投资管控压力减小，且可核得更高的电价，因此项目投资方对预可研和可研阶段对投资估算和设计概算的控制不严。造价控制的重心放在招标及施工详图阶段，通过招投标、设计优化等手段控制工程的实施成本，造价管理的重心在项目实施阶段。

在新的电价政策下，特别是未来可能实施的标杆电价的实施，成本将是抽水蓄能是否开发建设的决定性因素，在电价已定的情况下，建设成本越低项目收益将越高，因此投资控制必须从项目前期阶段就重视起来，并贯穿于整个过程，其中预可研投资估算和可研阶段的投资估算尤为重要，它将直接决定项目是否投资建设。

另外，根据抽水蓄能工程管理研究表明，在抽水蓄能工程造价控制方面，预可行性研究设计阶段，影响工程造价的可能性为75%～95%；可行性研究设计阶段，影响工程造价的可能性为35%～75%；在施工图设计阶段，影响工程造价的可能性为20%～30%，详见图3。

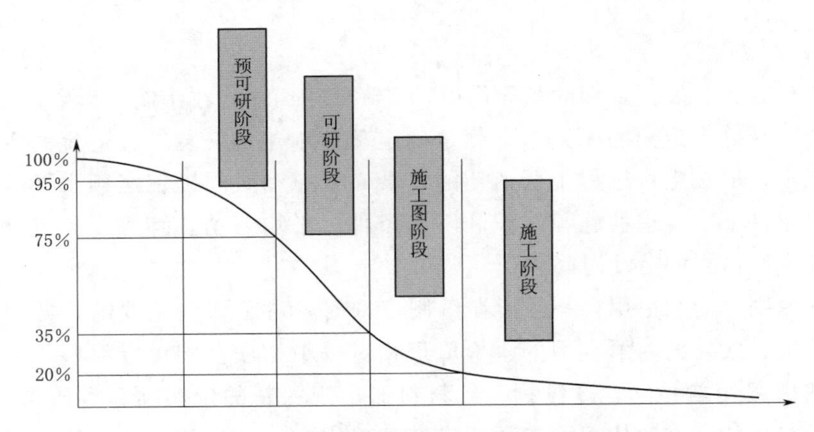

图3 设计在水电工程各阶段对造价的影响示意图

由此可见，抽水蓄能项目预可研及可研阶段最有利于工程造价的控制，因此在标杆电价和成本控制为主要思路下，抽水蓄能工程造价管理的重心必须前移，从预可研阶段开始，通过优化设计方案来降低工程造价，从而使项目在前期阶段就达到更优的设计，更合理的投资。在项目实施阶段，再通过招投标、执行概算等手段对工程造价进行进一步的管理。

5.2 尽快建立抽水蓄能投资计价体系

通过对水电定额的编制原则和编制历程等研究，现行的定额对抽水蓄能的指导性还存在着一定的不足，特别是针对抽水蓄能枢纽布置、结构形式、机组安装等特征方面，定额的适用性相对较差。

在新的形势下，造价控制成了抽水蓄能工程管理的重中之重。因此需要尽快补充完善更加适用于抽水蓄能工程造价的定额子目，建立抽水蓄能投资计价体系，以更加合理的估算和控制抽水蓄能电站的成本，使工程造价更加接近于市场水平，进而节约工程投资，提高投资效益。

参考文献

[1] 周华光. 建筑工程预算定额编制的探讨 [J]. 建筑经济，2016 (9)：97.
[2] 郭子东，王剑波. 水利水电建筑工程概预算定额方法应用探讨 [J]. 人民长江，2011，42 (16)：89-91.
[3] 张仁东，吕海艳.《水电工程招标设计概算编制规定》编制背景及要点 [J]. 水利水电工程造价，2017 (4)：41-44.
[4] 蔡伊昌. 浅谈水利工程造价的控制与管理 [J]. 科协论坛（下半月），2008 (7)：10-12.
[5] 张建龙，胡诚. 新政策形势下抽水蓄能工程造价管理与控制要点 [J]. 水利水电工程造价，2015 (4)：33-36.

浙江磐安抽水蓄能电站实物指标调查研究

王文辉　姚航政　周夷清　郦肖雪
（浙江磐安抽水蓄能有限公司，浙江省金华市　321000）

【摘　要】 实物指标调查是建设征地移民安置规划中的一项基础且非常重要的工作，实物指标调查成果与移民的利益切身相关，对开展移民工作有着深远影响。随着经济水平的提升，人民素质的增强，社会对建设征地实物指标调查这项工作提出了更高的标准和要求。通过从调查的依据、原则、过程、内容、和方法等各个方面分析浙江磐安抽水蓄能电站实物指标调查工作开展情况，总结出浙江磐安抽水蓄能电站实物指标调查工作的经验，可为其他工程建设的实物指标调查工作提供参考。

【关键词】 抽水蓄能电站　实物指标　调查

1　工程征地移民概况

浙江磐安抽水蓄能电站位于浙江省金华市磐安县境内，上水库位于大盘镇园塘林场，下水库位于始丰溪大盘镇安田村与岭下村之间流域。

浙江磐安抽水蓄能电站建设征地影响涉及磐安县大盘镇的安田村、礼济村、安山村、甲坞村、大坑村、岭下村、学田村、小盘村、百廿秤村、下寮村以及国有园塘林场，共计 1 个县 1 个镇 10 个行政村 38 个村民小组以及 1 个国有林场。

建设征地影响搬迁人口 148 户 361 人；影响各类房屋面积 28729.15m^2；征占用各类土地 4352.70 亩（其中永久占地 3198.60 亩，临时用地 1154.10 亩），包括耕地 865.36 亩（其中基本农田 319.44 亩），园地 106.39 亩，林地 3056.62 亩（省级生态公益林 1547.67 亩，商品林 1508.95 亩），住宅用地 43.93 亩，交通运输用地 113.86 亩，水域及水利设施用地 156.73 亩，其他土地 9.81 亩。同时，还影响涉及部分人行步道、人行便桥、机耕道、堰坝、塘坝、0.4kV 电力线路等农村小型专项设施，以及小庙 1 座，国有园塘林场 1 家，个体工商户 4 家。

建设征地影响的专业项目包括 S323 省道 3.60km，汽车便道 10.45km，便桥 4 座；10kV 电力线路 8.33km，变压器 3 台；中国电信通信光缆 11.04km，机房 1 座；中国移动通信光缆 17.79km，基站 1 座；中国联通通信光缆 16.80km，基站 1 座；中国铁塔基站 2 座；广播电视线路 9.76km，光交箱 1 个；小水电 3 座。

2　调查依据

调查按照国家法律、法规、政策，浙江省法律、法规、政策，其他相关规程规范和技术标准编写的实物指标调查工作大纲开展。

3　调查原则

（1）坚持国家和浙江省相关法律、法规及政策，以现行的相关技术标准和规程规范为依据，以对国家、集体和移民群众高度负责的精神，坚持实事求是的科学态度，认真、细致、准确地做好本次调查工作。

（2）实物指标调查工作遵循合法、客观、公正、公开、公平的原则。

（3）以省人民政府发布的“停建通告”为基础，以审定批准的《调查工作大纲》为依据开展建设征地实物指标调查工作。

(4)“停建通告”下达后，违反“停建通告”有关规定，自行入住工程占地与淹没影响范围的人口不予调查和登记；新增建设项目（含扩建、改建及房屋装修等）均不予调查和登记。

4　调查范围

磐安抽水蓄能电站建设征地处理范围根据审定的《正常蓄水位选择专题报告》《施工总布置规划专题报告》及DL/T 5376—2007《水电工程建设征地处理范围界定规范》的有关规定确定，包括水库淹没影响区和枢纽工程建设区。水库淹没区包括水库正常蓄水位以下的区域和水库正常蓄水位以上受水库回水、风浪等临时淹没的区域；枢纽工程建设区范围根据枢纽工程建筑物的布局，结合工程建设需要、按照节约用地的原则合理确定。移民安置迁建、复建项目用地的范围执行国家和浙江省的规定。建设征地影响涉及磐安县大盘镇的安田村、岭下村、安山村、利济村、小盘村、下寮村、大坑村、百廿秤村和国有园塘林场。

5　实物指标调查工作过程

2017年12月初，在开展实物指标调查前，磐安县人民政府抽调了相关部门工作人员成立了浙江磐安抽水蓄能电站工程建设指挥部。磐安县人民政府与项目业主、设计单位组成浙江磐安抽水蓄能电站实物指标调查工作组。2017年12月12日，磐安县人民政府对参加调查的工作人员和村民代表进行了宣传和动员，由设计单位技术人员按照审定的《实物指标调查工作大纲》进行现场培训，对本阶段的调查内容和调查方法进行了详细讲解。

浙江磐安抽水蓄能电站可研阶段实物指标调查工作于2017年12月13日正式启动，至2018年2月1日结束，历时51d，实物指标联合调查工作组完成了对本工程建设征地范围内的实物指标调查和公示复核工作。在整个实物指标调查过程中，磐安县人民政府及相关单位和部门对实物指标调查工作给予了高度重视。调查成果均由权属人或单位签字予以确认，同时参加调查的包括磐安县、项目业主、设计单位、大盘镇和村组配合人员均在调查表格上签字确认。

实物指标调查结束后，设计单位对实物指标调查成果进行了整理汇总。2018年8月23日，磐安县人民政府以《磐安县人民政府关于确认浙江磐安抽水蓄能电站实物指标调查成果的函》（磐政〔2018〕103号）对本阶段建设征地实物指标进行了确认。意见认为：此次建设征地实物指标调查成果基本符合磐安县建设征地区实际情况，调查成果全面、真实、可靠。

6　调查内容和方法

浙江磐安抽水蓄能电站实物指标调查包括建设征地实物指标调查和项目影响涉及区域的社会经济调查两部分。建设征地实物指标调查包括人口、房屋及附属建（构）筑物、土地、农村小型专项设施、农副业设施零星树木等农村部分，企事业单位及个体工商户部分，以及交通设施、电力设施、通信设施、广播电视设施、水利水电设施、矿藏资源、文物古迹等专业项目部分。社会经济调查包括基础资料收集、人口构成调查、剩余土地资源调查、经济收入情况调查、劳动力就业情况调查、生产生活水平调查、种植业结构调查、基础设施和社会服务设施调查等。

建设征地实物指标调查内容复杂，涉及面广，为保证实物指标调查工作的顺利进行，参与调查工作的各方须安排专门人员，组成有关实物指标调查组织。成立的组织包括实物指标调查协调小组和实物指标调查工作组。实物指标调查工作组又分为人房调查组、土地调查组、专业项目调查组。

人房调查组成员组成包括县人民政府或其代表机构、住建局、规划局、乡（镇）、村组、项目业主、华东院等，主要负责农村部分、专业项目部分的人口、房屋、附属建（构）筑物、房前屋后的零星树木、企事业单位及个体工商户等的调查登记工作；此外，人房调查组还需承担社会经济调查工作。

土地调查组成员组成包括县人民政府或其代表机构、国土局、林业局、乡（镇）、村组、项目业主、华东院等，负责农村部分、专业项目部分的土地以及田间地头的地面附着物等的调查，土地调查工作包括地类核对、权属调查、地块归类汇总等内容。

专业项目调查组成员组成包括县人民政府或其代表机构、专项主管部门、项目业主、华东院等，负责专业项目的资料收集、认证和记录等调查工作。

7 公示复核

实物指标张榜公布实行三榜制（最多不超过三榜），每榜均为7d。房屋装修、零星树木、坟墓等只在第一榜一次性公布，不再进行外业复核，对存在疑问的只进行资料核对。第一次公示内容以初始调查成果为准；第二次、第三次只公示复核成果，对上榜无异议的不再进行公示。三次公示后仍有异议者，不再进行复核，由县人民政府或由其指定的代理机构负责做好解释等思想工作。

张榜公示的内容主要为人口、房屋、附属建（构）筑物、土地、零星树木、农村小型专项设施、农副业设施、乡村企业单位及个体工商户、行政事业单位等9大类，按权属以户或集体经济组织或权属单位为单位公示。公示内容如下：

（1）人口：户主、人口数量。

（2）房屋：各类结构的房屋建筑面积。

（3）附属建（构）筑物：项目类型、结构、尺寸或数量等。

（4）土地：土地分类调查成果。

（5）零星树木：各类零星树木数量。

（6）农村小型专项设施：类型、规模、结构等。

（7）农副业设施：类型、规模、结构等。

（8）乡村企业单位及个体工商户：单位性质、职工/从业人数、房屋及附属建（构）筑物面积、主营和兼营项目、可搬迁物资数量等。

（9）行政事业单位：单位名称、单位人数、房屋及附属建（构）筑物面积、可搬迁物资数量等。

移民个人调查成果、集体调查成果在本村民小组范围内张榜公布，村集体调查成果在本村范围内张榜公布。

8 总结

实物指标调查开始前设计单位要对实物指标调查工作大纲进行充分解释说明，也就是说要让调查人员明白自己具体做调查哪些东西，进行实物指标调查时一定要在原则不变的前提下再考虑实际情况，实在解决不了的问题让随行的政府人员出面解决。整个实物指标调查需让政府人员、当地村民等全程参加，当场调查完向权属人或陪同人员解释调查情况，了解权属人或陪同人员的诉求，能当场解决的尽量当场解决，解决不了的先记录下来后续汇报给领导，一定要保证实物指标调查结果真实有效，确保调查结果的公平、公正，为以后水库移民安置工作打下坚实的基础。最后切忌与移民发生冲突，若发生移民大规模上访或者拦路等突发事件，要第一时间向领导反映情况，并且稳定上访移民情绪，待有关部门到来解决。

参考文献

[1] 华东勘测设计研究院．浙江磐安抽水蓄能电站建设征地实物指标调查工作大纲（审定稿）[R]，2017.

巢穴式生态复绿在抽水蓄能电站边坡支护中的应用

邢　磊[1]　贾　伟[2]
（1. 江苏国信溧阳抽水蓄能发电有限公司，江苏省溧阳市　213334；
2. 南京图灵领悟广告有限公司，江苏省南京市　210003）

【摘　要】溧阳抽水蓄能电站地处江苏省溧阳市，工程区域毗邻国家AAAA级旅游区，工程的环保和绿化要求高。巢穴式生态复绿法成功应用于该电站，很好地解决了在工程建设中长期存在的生态环保等问题，为其他工程边坡生态修复施工提供了参考和借鉴。

【关键词】溧阳抽水蓄能电站　巢穴式生态复绿　生态环保　参考和借鉴

1　工程概况

江苏溧阳抽水蓄能电站地处江苏省溧阳市，枢纽建筑物主要由上水库、输水系统、发电厂房及下水库等4部分组成。厂房采用首部式地下厂房，安装6台单机容量250MW的可逆式水泵水轮发电机组，总装机容量1500MW，为一等大（1）型工程。溧阳电站工程区域毗邻国家AAAA级旅游区——天目湖度假区，上水库所在的龙潭林场属省级森林公园，下水库与天目湖湿地公园边缘地带部分区域交汇，因此对工程的环保和绿化要求较高。

电站区域位于北半球亚热带和暖温带的过渡地带，属季风型气候，干湿冷暖四季分明，雨量丰沛，日照充足，气候宜人。据气象观测记录资料显示：全年平均无霜期224d，年平均气温15.7℃，年平均降水量1155.2mm，雨日133d，平均风速3.0m/s。

2　边坡修复方案选择

抽水蓄能电站库岸和道路多为岩质边坡，在建设过程中，综合考虑边坡稳定性、坡度和固土效果等因素，一般采取锚杆加固、挂网、喷射混凝土等快速的联合支护方式，快速封闭岩面，保证施工安全。喷护混凝土护坡能够保持边坡稳定性，但将植物生长环境完全封闭，永久性破坏了原有的生态环境，缺乏生机，植被很难自然恢复，与自然绿色环境极不协调。目前国内传统的岩质边坡修复技术有台阶绿化法、植生槽复绿技术、植被混凝土复绿技术、挂网喷播法、鱼鳞坑复绿技术、混凝土格构护坡复绿技术等，各有特色，同时也存在一定的缺点。例如台阶绿化法和植生槽复绿技术，这两种方法虽然施工简单，但会造成更大面积的石方开挖，然后再进行修复，施工工作量较大，成本较高；挂网喷播法和植被混凝土复绿技术，这两种方法施工工艺较为复杂，成本较高，植被的存活率延长了养护期。巢穴式生态复绿法，其优点是在喷护混凝土合适位置进行造孔打巢穴，不破坏原有边坡的稳定性；同时，只需在巢穴内回填营养土，减少了客土用量；精确配比营养土，提高了植被成活率，降低了工程造价，节省了工程成本；在春、秋季节施工，植物的成活率较高，后期边坡复绿效果也较好。

3　巢穴式生态复绿法

步骤一：选址和设计，首先，选定一个适宜打巢穴的位置。位置的选择应考虑到阳光照射、雨水冲刷等因素；其次，根据山体的情况和预期效果进行设计，包括巢穴的数量、位置、大小、深度等。

步骤二：打巢穴，使用专门的打孔设备在护坡上进行造穴。巢穴的直径和深度应符合设计，同时需要穿透混凝土护坡抵达山体内部，以便植物根系可以深入土壤，从而获取充足的养分和水分。一般洞穴深30～50cm、宽25～30cm，根据洞穴所选位置因地制宜。所打巢穴既要能满足植物扎根山体长期生长，又要能减少水土流失，安全性好。

步骤三：填充营养土，在每个巢穴中填充营养土，以便提供一个良好的生长环境，供植物快速发育生长。

步骤四：种植爬藤类植物，选择适合当地气候、土壤和环境的爬藤类植物进行种植。爬藤类植物可以有效地覆盖护坡，同时根系也可以固定土壤，防止侵蚀。根据试验种植经验，所选植物需抗旱耐高温，耐土壤平瘠，本工程选择了五叶地锦、扶芳藤、灵霄、灌木构树等藤本植物先进行盆育，待根系发达选择优质根苗移栽至山体，确保移栽后能正常生长。

步骤五：护理和管理，根据植物的生长情况进行适当的护理和管理，包括浇水、施肥、修剪等。盆育植物移栽至巢穴后，需对植物进行精心养护，养护人员根据季节天气情况及各种植物的生长情况，采用不同的养护方法精心养护，成活率可达 80％～90％。

4　优势简介

巢穴式生态复绿法，较其他生态修复法安全性高，能预防水土流失，使植物存活率高且生长快，形成良好的复绿效果（见图 1、图 2）。主要优势如下：

（1）环境友好性：传统的混凝土护坡因为裸露的混凝土表面不仅对环境产生影响，同时也会降低边坡的整体美观度。而这种巢穴式植物护坡方式既能有效改善护坡的环境影响，也能为野生动植物提供了更好的生存环境。

（2）抗侵蚀性：植物的根系可以深入护坡和土壤中，可以有效地防止土壤侵蚀，提高护坡的稳定性。

（3）美观性：植物覆盖的护坡比单纯的混凝土护坡更具美观性，有助于改善边坡的整体外观。

（4）经济性：只需在孔内回填营养土，减少了客土用量，精确配比营养土，提高了植被成活率，降低了工程造价；采用天然的植物进行护坡，相比于需要定期维护的混凝土护坡，能在一定程度上减少维护成本和工作量。

（5）生态多样性：种植的爬藤类植物及其吸引而来的昆虫等生物可以增加生态多样性，丰富电站周围的生态环境。

（6）多适应性：此修复方法不仅适用于岩质边坡，也适用于土质边坡；同时对边坡岩体完整性要求较低，同样适合用于高陡边坡治理。

图 1　巢穴式生态复绿边坡 3 年现场效果

图 2　巢穴式生态复绿边坡 5 年现场效果

5　结语

巢穴式生态复绿法成功应用于溧阳抽水蓄能电站，技术相对成熟，植物成活率高，绿化效果佳，很好地解决了在工程建设中长期存在的生态环保等问题，为其他工程边坡生态修复施工提供了参考和借鉴，其技术值得大力推广与应用。

参考文献

［1］ 陈俊，陈昊，潘艺华．我国边坡绿化技术的发展及应用现状［J］．内蒙古科技与经济，2020（10）：71－74．
［2］ 钱继源，张鹏，袁翔．植被混凝土生态修复技术在抽水蓄能电站边坡中的应用［J］．人民黄河，2022（6）：147－150．
［3］ 苏初明．植被混凝土在岩质边坡防护中的应用［J］．工程技术研究，2019，4（18）：113－114．

抽水蓄能电站实景三维模型的构建与工程应用

李丽娟 沈 尤

（中国电建集团北京勘测设计研究院有限公司，北京市 100024）

【摘 要】 无人机倾斜摄影测量技术可高效地对整个抽水蓄能电站工程区域进行三维重建，为后续设计专业提供更直观、更真实、可量测的基础数据。本文在实景三维模型航飞方案设计、空三解算、模型生产及模型修复等关键技术上提出了解决方案，在优化了建模流程的同时提高了模型质量。通过工程应用实例，介绍了实景三维模型在抽水蓄能电站勘察、设计等不同阶段中所发挥的辅助作用，并对该技术未来发展和应用前景做出展望。

【关键词】 抽水蓄能电站 实景三维模型 模型修复 数据融合

1 引言

抽水蓄能电站是依据电力负荷原理，低谷时借助电能将水源抽至水库内，高峰时则放水到水电站起到发电的目的，可解决电力资源高峰期紧张、低谷期浪费的问题。2021年国家能源局发布《抽水蓄能中长期发展规划》，助力中国抽水蓄能电站建设，对电站建设管理水平和投产效率与质量提出了更高要求。因此抽水蓄能电站领域的专家们积极探索其新技术的发展与应用。李斌等研发了数字化灌浆监测系统，提高了灌浆工程信息化管理水平。何铮在仙居抽水蓄能电站项目中探讨泛在电力物联网下抽水蓄能电站的智慧管理模式。周国亮论述了电力大数据全景实时分析面临的挑战及实现技术，并探讨平台的体系架构。叶宏结合新一代信息技术、现代工业互联网技术和工程数字化技术，提出了抽水蓄能数字化智能电站建设理念，研究出抽水蓄能数字化智能电站总体技术方案。目前抽水蓄能电站规划设计、建设施工与运营管理各个阶段的数字化技术应用相对独立，在电站数字化建设、管理以及技术应用等方面尚未形成完整体系，既缺乏贯穿电站建设全生命周期全信息的实景三维模型基础数据成果，也不能全面体现数字化技术成果在抽水蓄能电站建设中的服务优势。本文从抽水蓄能电站实景三维模型构建的关键技术入手，以具体工程应用实例，展示实景三维模型以及结合GIS平台、VR技术等数字化技术应用特点与效果，并提出未来应用前景。

2 实景三维模型建模关键技术

2.1 航飞方案设计

航飞方案设计主要包括航飞人员、设备配置，航摄分区、航线设计、像控点布设等。现阶段，作为倾斜摄影平台的无人机大多为轻小型无人机，最常用的轻小型无人机主要为电力驱动的多旋翼和垂直起降固定翼两种类型，固定翼无人机飞行速度快，续航时间长，像幅覆盖面积广，但飞行速度难以根据需求调节；多旋翼无人机飞行速度可控，可低空飞行，起降灵活，但是其飞行时间短，作业效率对比固定翼无人机较低。考虑到抽水蓄能电站项目工程区多为山区，起降场地受限。通常选择多旋翼无人机搭载5镜头相机进行航摄飞行，设置飞行高度、重叠度、起降场等，形成飞行计划；由于抽水蓄能电站测区范围内高差变化大，为同时满足测区最高点重叠度和最低点分辨率的要求，一般采用地形跟随方式航摄，航飞高度随着地形起伏变化做出适时调整；然后根据测区地形环境，按照摄影分区采用区域网布点法，隔航线布设像控点。某抽水蓄能电站航飞方案设计实例如图1所示，最后将飞行计划上传至飞行控制系统开展航摄作业。

2.2 数据采集

数据采集主要包括倾斜影像采集和像控点采集。倾斜摄影的影像获取，应遵照航拍设计在天气晴朗、

图1　某抽水蓄能电站航飞设计图

能见度较高的环境下进行，要求飞行姿态稳定，获取影像清晰、层次丰富，总体质量良好。对获取的航拍像片及POS数据，依次进行有效像片数确定、POS数据编辑、各镜头影像名更改，确保POS信息与5镜头像片数量及影像信息相互对应，以便于后期三维倾斜模型生产。

像控点采集一般按如下两种方式进行：

(1) 若航飞影像分辨率较高，像控点测量可直接采用在航片上选刺的方式进行。选择交角良好的细小线状地物交点、地物折角顶点、影像小于0.2mm的点状地物中心，且高程变化较小、易于准确定位与量测的明显地物直接进行影像判断。

(2) 如无明显地物点作为像控点时，采用布设地标的方式布置像控点。

像控点坐标采用RTK (Real-time Kinematic) 实时动态载波相位差分技术获取，并按照《低空数字航空摄影测量外业规范》要求做好"点之记"，以方便后续建模内业空中三角测量处理中应用。

2.3　基于Smart 3D空中三角测量计算

空中三角测量（以下简称"空三"）是指解算相机参数、影像位置、姿态以及加密点三维坐标的过程，是倾斜三维建模的关键步骤。无人机倾斜摄影获取的影像数据包括垂直影像与倾斜影像，难点在于多视影像密集匹配过程中，要尽可能避免遮挡情况影像匹配结果。因此传统的算法已经不再适用于多元化的影像数据测算。目前国内常用的建模软件为是Acute 3D公司的Context Capture（简称"CC"）针对对此类数据解算效果较差，易出现空三错乱、分层及大量照片未参与解算的问题。而瞰景科技的Smart 3D软件在多视影像空三解算方面具有独特的优势，如测区划分灵活、二次平差速度极快、空三解算一次性通过率高等优点。因此针对抽水蓄能电站大场景下倾斜数据量大、高差大、植被覆盖率高的特点，选择Smart 3D平台进行空三解算，不仅能够完成每张倾斜影像的相对定向、绝对定向，而且可以导出测区的空三成果文件。

2.4　集群模式下Context Capture三维建模技术

抽水蓄能电站项目建模面积大，为提高建模质量与建模效率，宜选择具有集群建模方式的CC建模平台。CC4.4以上版本是在基于逻辑并行计算的集群下，由主机的Master创建任务并分配建立"先到先行"的工作队列进行任务分配；Setting是一个中间介质，它主要是帮助Engine指向任务的路径；副机的Engine接收分配的子任务并完成并行计算。将Smart 3D导出的XML成果导入CC软件中并依次合并，检查各分区接边处是否出现分层或错层等问题。设置建模参数，依据计算机内存空间设置切块大小。根据数据量大小和工期配置主机和副机组成建模集群，CC软件在高密度点云基础上全自动构建地物不规则三角网（TIN）模型，再根据三角网（TIN）形状及位置从影像里选择最合适的纹理进行贴合，可根据项目需求不同输出不同的三维模型格式如".osgb"".obj"".las"等。

2.5 倾斜模型精细化修复

倾斜摄影过程中可能存在遮挡、反光、运动、影像落水等情况造成在三角网构建过程中引起模型空洞、扭曲、碎片等问题，影响模型的可视化效果，因而需要将存在缺陷的模型分块借助三维模型编辑软件进行缺陷修饰。分析市场主流修模软件的优缺点，结合抽水蓄能电站三维模型存在的主要缺陷问题，本文选择武汉智觉空间的SVS修模软件进行三维模型的精细化修复。利用SVSMesh Editor实景编辑软件对三维模型进行压平、水面修复、道路修饰、色彩调整、模型融合、悬浮物删除等功能操作，对实景三维模型数据进行结构优化和纹理修饰，消除了三维重建后初级模型的各种瑕疵，提升实景三维模型的整体感观效果，图2对水面空洞进行精细化修复的效果。针对实景三维模型中结构破坏较大，纹理严重扭曲的建筑物，利用SVSModeler软件对建筑物进行量测和纹理重建后导出完整的模型，修复更新模型后的效果对比如图3所示。

图2　水面空洞精细化修复前后对比

图3　建筑物单体化修复前后对比

3 实景三维模型在工程勘察中的应用

某抽水蓄能电站项目的规划设计阶段的现场勘察工作正处于全国疫情严重时期，且工程区山势陡峭、地形复杂、通行不便，勘测专业进出现场受到诸多因素的影响。为尽快完成工程勘察任务，技术人员借助电站实景三维模型所具有的真实重塑现场地物地貌、地理信息丰富且可量测等成果特性。在已有工程勘察资料基础上，进行了部分工作内容的辅助分析：

（1）识别基覆界线、岩性分解线。

（2）识别断层出露位置。

（3）识别危岩体、识别滑坡、堆积体，从模型中获取滑坡及堆积体的边界范围。

（4）利用实景三维模型，准确布设钻孔位置。

（5）设定地质剖面。绘制或导入剖面线如图4所示，快速生成剖面成果如图5所示。

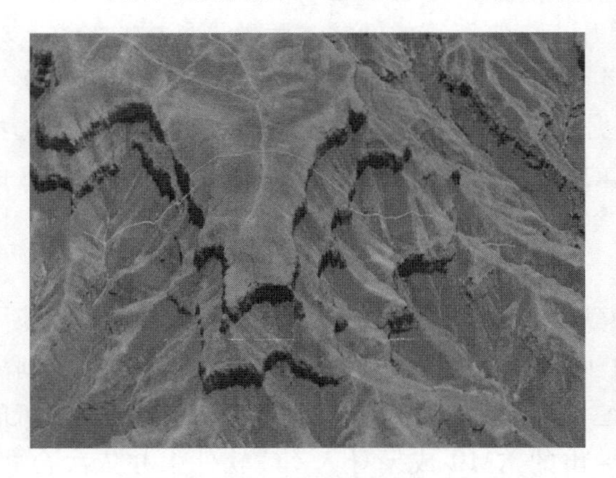

图4　三维模型上绘制剖面线

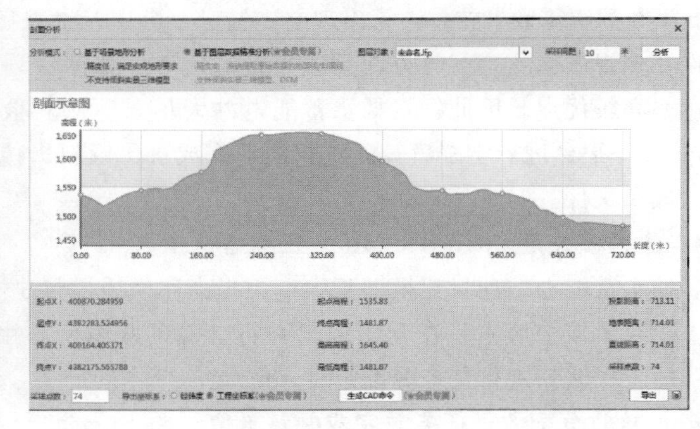

图5　剖面分析

4 实景三维模型在电站设计中的应用

在抽水蓄能电站项目建设中，涉及的专业部门较多，包括水工专业、景观设计专业以及电气专业等部门。在设计方案确定的过程中，各专业之间的关联性较强，传统设计方式的方案不够直观，容易造成设计方案之间的冲突或“牵一发而动全身”的情况。BIM三维协同设计的出现，便于发现各专业设计方案衔接中存在的问题，加强了各专业间的沟通联动，可有效避免了新的矛盾产生，但是传统的二维矢量地形图难以满足BIM对多样化的地理信息数据特别是三维基础数据的需求。无人机倾斜摄影测量技术可对项目区域进行三维重建，为BIM设计提供相应数据保障。虚拟现实（Virtual Realiy，VR）技术能够创建元素丰富的虚拟环境，运用VR技术可让用户在沉浸式的环境中与数字对象进行实时交互，使设计者对电站整体设计方案有着更加全面的认识和理解。Unity 3D是由Unity Technologies开发的多平台集成游戏开发工具，可让用户轻松创建交互式内容。在某抽水蓄能电站项目通过Unity 3D平台实现实景三维模型与BIM模型的融合并辅助施工设计技术方案如下：

（1）采用飞马D2000多旋翼无人机及其配套CAM3000相机进行航摄，工程区航飞分三区进行，共飞行5架次，拍摄航片5382张，利用Smart 3D完成空三处理，CC完成模型构建并导出“.obj”模型，并在SVS中进行数据裁剪、空洞修补、纹理修饰、删除悬浮物等实景三维模型的精细化修复操作，达到作为该抽水蓄能电站地理信息数据基准的要求。

（2）各设计专业利用3Dmax建模软件构建该抽水蓄能电站的主要BIM模型，如图6中从上到下主要模型依次为上水库、引水系统、地下厂房、尾水系统、下水库、拦河坝、拦沙坝等。

（3）最后将BIM和实景三维模型在Unity 3D中进场景中进行位置摆放，创建灯光以实现在不同天气条件下的校园场景，如晴天、阴天、雾天、雨天等场景；调节光线至合适亮度，体现出空间层次感；添加碰撞，用内置的Box Collider或者Mesh Collider碰撞组件，对地面、建筑和树等场景添加该属性，如下图为某抽水蓄能电站BIM设计模型与实景三维模型在Unity 3D中融合后的鸟瞰图如图6所示。

图6　某抽水蓄能电站BIM+实景三维模型鸟瞰图

5　实景三维模型在电站施工中的应用

某抽水蓄能电站以辅助设计为目的，对整个工程项目区域构建了实景三维模型，并随着项目的推进，对工程建设关键节点部位通过补充飞行进行模型更新。结合区域环境特点，本项目选择大疆精灵4RTK无人机进行航飞，搭载FC6310R相机进行拍摄，采用DJI大疆平台的GSP航线规划软件进行地面站的操作。最初实景三维模型由2021年10月进行首次全区域航飞并构建。

为监控工程施工进度，于2022年5月、2022年8月、2023年3月对业主临时营地；2022年6月、2022年10月、2023年4月、2023年6月对改线公路隧道进口；2022年9月、2023年5月对改线公路隧道出口进行多次飞行，并完成不同时期三维模型的构建，如图7所示为“osgb”格式的业主营地在不同时期的实景三维模型供相关专业使用、参考。

土方工程是工程地面开关站施工中的重要内容，其方量计算准确性直接影响着整个工程施工进度及造价预算。马飞等已在张家港市一建设用地项目中验证了通过三维实景模型构建DTM方法计算土方量的

图 7　业主营地施工进度监控

精度验证，且该技术在数据采集效率及内业处理方面均有较大提升。本项目在已构建实景三维模型的基础上可快速输出该区域的 las 点云文件，通过 LiDAR360 点云处理软件自动过滤建筑物、植被等地物提取地面点，将施工前后两次点云文件进行对比或者原始点云文件与设计开挖面进行对比即可计算出工程区实际的填挖方量。本次使用原始地形航飞后生成的点云文件与设计开挖面进行对比如图 8 所示，计算结果如图 9 所示，挖方体积 15491.37m^3，填方体积 21730.22m^3。

图 8　原始点云曲面（蓝）+设计曲面（红）

曲面特性 - Surface3

信息 | 定义 | 分析 | 统计信息

统计信息	值
⊞ 常规	
⊞ 栅格	
⊟ 体积	
基准曲面	DEM 文件中的栅格 asc文件
对照曲面	设计场坪面
松散系数	1.000
压实系数	1.000
挖方体积（改正的）	15491.37 立方米
填方体积（改正的）	21730.22 立方米
体积净值（改正的）	6238.85 立方米<填方>

图 9　地面开关站土方量计算结果

6　结论

实景三维模型在抽水蓄能电站的设计和建设过程中存在诸多应用场景，因篇幅有限不做详述，本文主要从实景三维模型构建的关键技术入手，结合抽水蓄能工程特点，优化建模流程，再结合多种分析工具、数据处理平台实现实景三维模型对抽水蓄能电站建设周期的赋能。

（1）本文针对抽水蓄能电站工程区面积大、水域大、高差大、数据量大、植被茂盛等特点，选择空三和建模各具优点的平台构建实景三维模型，提高建模效率，后期通过 SVS 修模软件对模型进行精细化修复，提高模型质量，以满足实景三维模型作为基础数据的质量要求。

（2）实景三维模型由于建模周期短、承载信息丰富、可实施三维空间分析等特点，已被社会各领域广泛使用。地质专业在工程前期勘察阶段，可联合 GIS 软件强大分析能力，以现有掌握勘查资料为基础，借助电站工程区实景三维模型进行部分勘查工作的辅助性补充。

（3）在设计阶段，通过 Unity 3D 引擎实现各设计专业 BIM 与实景三维模型的融合，让用户在沉浸式的环境中与数字对象进行实时交互，可通过直观的计成果呈现完成各专业之间的联系与对接，使抽水蓄能电站方案设计者能够全方位、立体化感知工程。

（4）在施工阶段，通过不同时期的实景三维模型对比，监控施工进度，将实景三维模型导出点云数据、提取地面点、构建地形曲面等系列技术手段，计算电站工程指定区域的填挖方量，可以大幅度提高工作效率。

7　展望

实景三维模型和BIM的融合实现了信息化和可视化的完美整合。抽水蓄能电站建成后，可采用无人机倾斜摄影和lidar扫描技术分别采集抽水蓄能电站室内外数据，构建抽水蓄能电站的室内外一体化实景三维模型，场地受限的地方再辅以BIM构成完整的电站基础数据库，并在实景的展示和漫游基础上加入虚拟现实技术（Virtual Reality，VR），增强沉浸式体验，达到更好的效果；在电站的运维管理中，通过感兴趣点（Point of Interest，POI）实现实景和属性的信息整合、三维空间信息的查询、分析和交互，还可通过地理连接实现二维平面地图、建筑信息模型（Building Information Modeling，BIM）等与实景三维的空间联动，真实反馈现场情况，从而完成数字水电站的建设，实现工程范围内GIS信息、BIM模型、电站运行动态、现场视频监控、全景照片等进行的全面展示，实现从全局到局部、从外至内、地上地下结合、静态模型与动态信息相呼应的工程全方位三维可视化展现，为抽水蓄能电站在后期运维阶段节约人力物力提供技术支持。

参考文献

[1]　翟娜．抽水蓄能电站融资难点及突破措施［J］．经济师，2023（7）：294－295.

[2]　田继荣，黄成家，杨磊，等．数字化大坝技术在缙云抽水蓄能电站工程中的应用［J］．水利水电快报，2023，44（7）：116－121.

[3]　李斌，陈玉荣，孟宪磊，等．基于智能物联的数字化灌浆监测系统在河北丰宁抽水蓄能电站的应用［J］．水电与抽水蓄能，2019，5（4）：21－24.

[4]　何铮，张林．泛在电力物联网下的抽水蓄能电站智慧管理模式思考［J］．水电与抽水蓄能，2019，5（5）：27－30.

[5]　周国亮，吕凛杰，王桂兰，等．电力大数据全景实时分析关键技术［J］．电力信息化专栏，2016（4）：161－168.

[6]　叶宏，孙勇，韩宏韬，等．抽水蓄能数字化智能电站建设探索与实践［J］．水电与抽水蓄能，2021，7（6）：17－20.

[7]　周晓波，王军，周伟．基于无人机倾斜摄影快速建模方法研究［J］．现代测绘，2017，40（1）：40－42.

[8]　何雁如，徐敬海，秦骏．集群技术下的实景三维建模［J］．测绘通报，2019（4）：119－124.

[9]　康传利，程耀，石灵璠．无人机倾斜摄影建模技术在虚拟现实中的应用［J］．桂林理工大学学报，2020，40（1）：138－142.

[10]　马飞，黄勇，顾东．基于无人机倾斜摄影测量的土方量计算［C］．江苏省测绘地理信息学会，2022：56－58.

浙江磐安抽水蓄能电站输水发电系统大波动水力过渡过程复核及优化设计

洪佳辉　毛思宇　谢寅骋
（浙江磐安抽水蓄能有限公司，浙江省金华市　321000）

【摘　要】磐安抽水蓄能电站转轮模型完成第三方模型验收试验，对提供的初步试验报告和过渡过程计算报告进行审查。根据主机厂家提供的机组曲线以及磐安输水系统结构，三方对磐安输水发电系统大波动水力过渡过程进行了复核，设计院对三方复核后出现的问题提出优化设计。本文介绍了复核中发现的问题和优化方案及结果。

【关键词】输水系统　水力过渡过程　复核　改进　磐安抽水蓄能电站

1　引言

浙江磐安抽水蓄能电站位于金华市磐安县，距金华市、绍兴市和杭州市的直线距离分别为 95km、116km 和 150km。电站为日调节纯抽水蓄能电站，装机容量 1200MW（4×300MW），额定水头 421m，输水系统采用两洞四机布置，地下厂房采用中部布置方式，设置尾水调压室。上、下库进/出水口之间输水系统总长约 2371.6m，其中引水系统长约 1174.4m，尾水系统长约 1197.2m。上库死水位 827.00m，上库进/出水口底板高程 812.00m；下库死水位 403.00m，下库进/出水口底板高程 389.00m。水头及输水系统布置均为常规方案，同比类似工程，输水发电系统大波动水力过渡过程计算均未发生问题。磐安抽蓄可研和招标分别采用深圳抽蓄和周宁抽蓄曲线进行过渡过程计算，各指标均满足控制要求。由于过渡过程计算中存在部分不满足合同以及规范的工况计算值，为此需要按最新曲线对过渡过程进行复核计算，并根据复核计算结果进行相关优化。

2　试验结果对比分析

在中国水科院大兴试验基地进行的磐安抽蓄电站水泵水轮机第三方模型验收试验中，对主机厂家提供的初步试验报告和过渡过程初步计算报告进行了初步审查，对验收试验进行了见证。

验收试验表明：

（1）第三方模型试验结果与初步试验结果吻合，主要性能指标均满足合同要求。

（2）部分压力脉动和空化性能虽未满足要求，但较类似机组处于良好水平。

过渡过程计算报告表明：

（1）蜗壳进口压力、尾水管负压、转速上升等主要指标均满足合同要求。

（2）输水系统洞顶最小压力和闸门井涌浪未满足要求，但与控制值接近。

综上所述，认为过渡过程计算报告基本满足要求，建议按最终四象限曲线进一步进行优化分析和过渡过程计算。

基于上述情况，需要按最新曲线对过渡过程进行复核计算，并根据复核计算结果进行相关优化。

3　技施阶段过渡过程复核

技施阶段，根据主机厂家提供的机组曲线以及最新的输水系统结构，对磐安输水发电系统大波动水力过渡过程进行了复核，主机厂家与设计院的计算结果见表 1。从计算结果可以看出：

（1）上平洞末端最小压力（控制值≥2m）。厂家计算结果为 1.6m，设计院计算结果为 1.7m，均能保证输水系统正压，但不满足《水电站调节保证设计导则》（NB/T 10342—2019）中不小于 2m 的要求。

（2）上库闸门井最高涌浪（控制值≤863.0m）。厂家计算结果为 866.99m，设计院计算结果为 865.05m，均超出上库闸门井平台高程控制值 863.0m。

（3）上库闸门井最低涌浪（控制值≥817.6m）。厂家计算结果为 815.8m，不满足最低涌浪控制值 817.6m，设计院计算结果为 819.07m，满足要求。

由上述结果可以看出磐安抽蓄电站的输水发电系统大波动水力过渡过程中的上平洞末端最小压力和上库闸门井最高涌浪、上库闸门井最低涌浪不满足要求，对此需要对磐安电站的输水系统进行优化来达到所需要求。

表 1　　大波动复核计算值对比表

主要参数		可研阶段（深圳抽蓄曲线）		招标阶段（周宁抽蓄曲线）	厂家计算	设计院按厂家曲线复核	控制值	是否满足要求
		设计院	河海大学					
蜗壳末端最大压力/m		655.67 (JHT5)	649.51 (JHT5)	669.15 (JHT5)	642.3 (SJT7)		≤695，WC（修正后）	是
尾水管进口最小压力/m	设计工况	39.77 (SJT1)	41.31 (SJT1)	38.17 (SJT1)	24.9 (SJT2)		≥0，WC（修正后）	是
	校核工况	16.79 (JHT14)	14.17 (JHT14)	16.64 (JHT14)	15.6 (JHT11)		≥−7，WC（修正后）	是
尾水管出口最大压力/m		120.20 (JHP4)	119.09 (JHP4)	129.96 (JHP4)	132.1 (JHP5)		≤150，WC（修正后）	是
上平洞末端最小压力/m		6.84 (SJP1)	8.26 (JHP4)	7.92 (SJP1)	1.6 (JHP2)	1.70 (JHP6)	≥2，WC	否
机组最高转速上升率/%	正常关闭工况	40.54 (SJT2)	40.21 (SJT2)	38.85 (SJT2)	37.5 (SJT4)		≤45	是
	导叶拒动工况	47.03 (JHT3)	46.24 (JHT3)	43.70 (JHT3)	40.8 (JHT3)		—	是
尾水调压室/m	最高涌波（校核工况）	437.28 (JHP4)	436.89 (JHP4)	438.09 (JHP4)	438.8 (JHP4)	437.27 (JHP4)	≤439.0（最新复核值）	是
	最低涌波（校核工况）	381.1 (JHT10)	381.7 (JHT10)	381.54 (JHT10)	382.2 (JHT9)	388.19 (JHP1)	≥377.0	是
上库闸门井/m	最高涌波（校核工况）	862.46 (JHT5)	863.54 (JHT5)	862.44 (JHT5)	866.99 (JHT7)	865.05 (JHP1)	≤863.0	否
	最低涌波（校核工况）	819.81 (JHT9)	822.34 (JHP2)	819.48 (JHT9)	815.8 (JHP2)	819.07 (JHP2)	≥817.6（最新复核值）	否
下库闸门井/m	最高涌波（校核工况）	430.66 (JHP4)	430.21 (JHP4)	431.12 (JHP4)	431.4 (JHP4)	430.96 (JHP4)	≤431.5（最新复核值）	是
	最低涌波（校核工况）	401.2 (JHT10)	402.0 (JHT10)	401.44 (JHT10)	401.3 (JHT9)	402.07 (JHP1)	≥397.7（最新复核值）	是

4　输水系统优化调整

根据上述计算结果，技施阶段按厂家曲线对输水发电系统大波动水力过渡过程进行复核，主要是上平洞末端最小压力及上库事故闸门井最高、最低涌浪存在问题。经与厂家沟通及试算，拟对上库闸门井布置做出以下调整：

（1）上库闸门井门槽上游侧设置凸出来的 20cm 厚胸墙，即阻抗孔从 16.2m^2 减小到 14.96m^2，如下图 1 所示。设置胸墙和调整阻抗孔是为了满足上平洞末端最小压力不小于 2m 的要求。

（2）上库闸门井顶部增设溢流渠，渠道净宽 5.2m（2.6m×2），中间设置一道 1m 厚中墩，渠道净高

3m，长度约26m，渠底高程与上库正常蓄水位平齐为859.00m，一端与闸门井相邻，另一端与水库相通，当闸门井涌浪上升至渠道高程时，水可通过渠道流至库内。溢流渠布置如图2所示。此处增设溢流渠是为了满足上库闸门井最高涌浪不超出上库闸门井平台高程控制值863.00m。

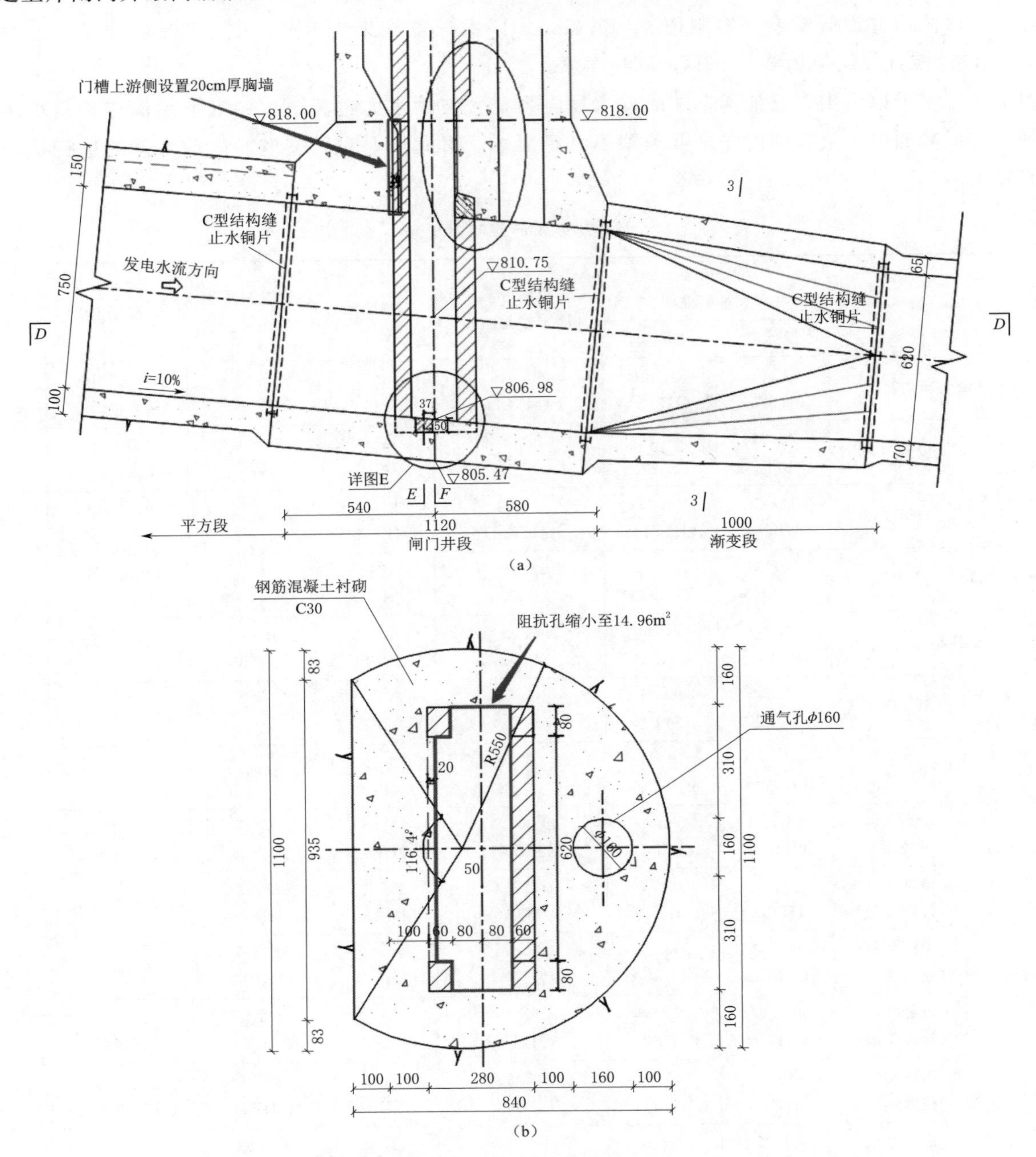

图1 上库闸门井门槽调整布置（高程单位：m，尺寸单位：cm）

上库闸门井按上述布置调整后，对输水发电系统大波动水力过渡过程重新进行计算复核，上平洞末端最小压力及上库事故闸门井最高、最低涌浪等各指标均满足要求，见表2。工程量有少量增加，在工程可变范围内，工程量变化见表3。

表2 **大波动复核计算值对比表**

主要参数		厂家计算	设计院复核	控制值
上平洞末端最小压力/m		3.4（JHP4）	3.28（JHP6）	≥2m，WC
上库闸门井	最高涌波（校核工况）/m	862.3（JHT5）	861.28（JHP1）	≤863.0m
	最低涌波（校核工况）/m	817.6（JHP2）	819.16（JHP2）	≥817.6m

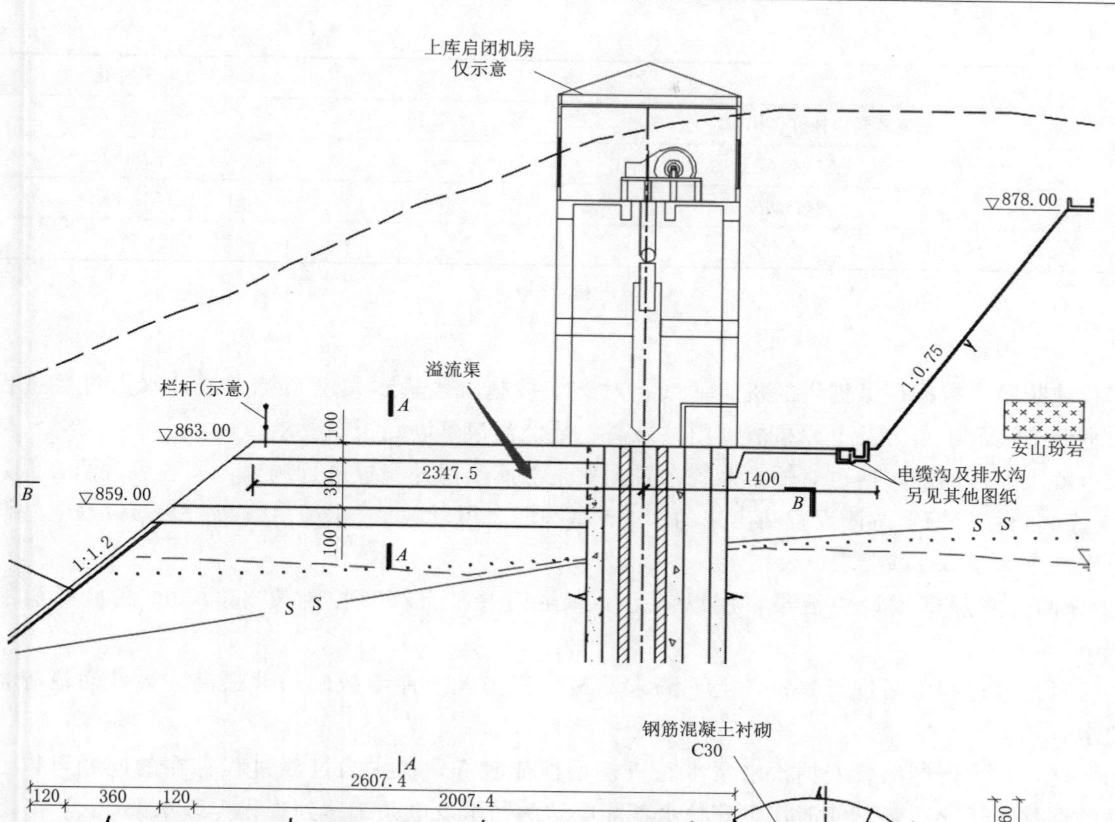

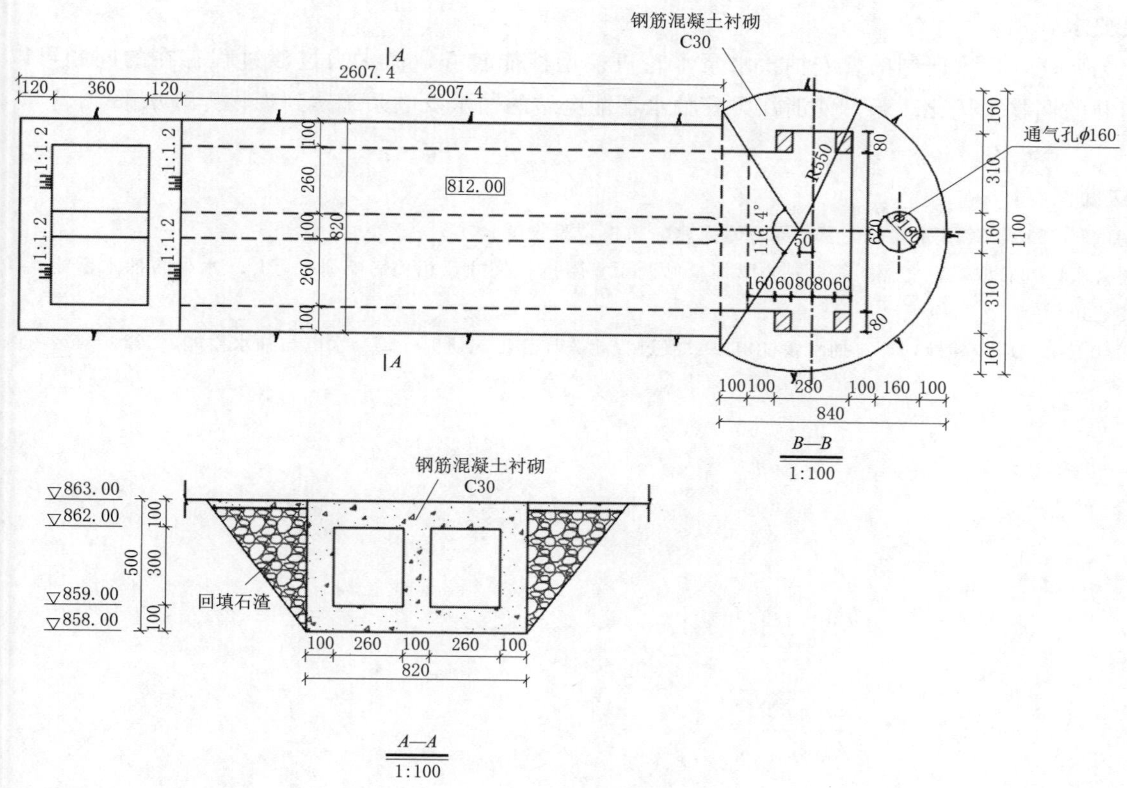

图2　上库闸门井顶部增设溢流渠布置（高程单位：m，尺寸单位：cm）

表3　　　　工程量变化表

编号	项　　目	单位	工程量变化
1	石方槽挖	m^3	2757.343
2	挂网喷混凝土	m^3	115.37
3	普通砂浆锚杆（C25，$L=4.5$m）	根	150

续表

编号	项　　目	单位	工程量变化
4	普通砂浆锚杆（C28，$L=6.0$m）	根	150
5	C30 混凝土	m^3	1172.159
6	钢筋制安	t	117.2159
7	回填石渣	m^3	865.275

5　结论

（1）技施阶段，根据厂家提供的机组曲线，对磐安技施阶段输水发电系统大波动水力过渡过程进行复核，上平洞末端最小压力及上库事故闸门井最高、最低涌浪不满足控制要求。

（2）为解决上述问题，通过对输水系统布置主要是上库闸门井布置进行调整，调整包含两方面：

1）上库闸门井门槽上游侧设置凸出来的20cm厚胸墙，用以满足NB/T 10342—2019《水电站调节保证设计导则》中大于2m的要求。

2）上库闸门井顶部增设溢流渠，用以满足上库闸门井平台高程控制值863.00m和最低涌浪控制值817.6m。

调整后对过渡过程重新进行复核，上平洞末端最小压力及上库事故闸门井最高、最低涌浪等各指标均满足要求。

综上所述，厂家研制的磐安抽蓄水泵水轮机模型性能较好，而水力过渡过程存在的问题可以通过上库闸门井的调整来优化改善，使浙江磐安抽水蓄能电站的输水发电系统达到现代先进水平。

参考文献

[1]　GB/T 15613—2008 水轮机、蓄能泵和水泵水轮机模型验收试验［S］.

[2]　周喜军，刘君成，韩文福，等．抽水蓄能电站调压室阻抗孔尺寸及相关影响研究［J］．水电与抽水蓄能，2020（4）：58-60.

[3]　江献玉，玉珏，韩标，等．抽水蓄能电站过渡过程相关计算工况研究［J］．水电与抽水蓄能，2020（4）：61-65.

抽水蓄能工程领域裸露边坡绿化实践探讨

杨 维
（中国水利水电第八工程局有限公司，湖南省长沙市 410000）

【摘 要】“绿水青山就是金山银山”已经成为引领我国走向绿色发展之路的基本国策。工程行业特别是抽水蓄能行业更是成为实践的主阵地，而喷播植草技术作为一种新型的生态修复和景观营造技术，能广泛应用于开挖裸露的边坡和山体，对防治水土流失、美化生态环境具有有益贡献，其特点是通过将植物种子、肥料、土壤等混合在喷混料中，喷射到裸露的岩面或坡面上，形成一层稳定的植物护坡层。本文将围绕喷播植草技术的起源、工艺原理、施工工艺、优缺点、处置措施及工程实例等方面展开深入探讨。

【关键词】 抽水蓄能电站 边坡 喷播植草 绿化

1 引言

喷播植草技术的起源可以追溯到20世纪60年代的美国，当时为了治理裸露的岩面和坡面，人们开始尝试将植物种子、土壤和肥料等混合在水泥中，喷射到需要绿化的坡面上，形成一层植物护坡层。到了20世纪80年代，这种技术在美国、日本、欧洲等国家和地区得到了广泛应用，并逐渐发展成为一种新型的生态修复和景观营造技术。喷播植草技术的应用范围非常广泛，可以应用于各种类型的裸露坡面，如土坡、风化岩石、沙质边坡面等。

2 工艺原理介绍

喷播技术主要是利用团粒剂，能够有效将土壤转化成团粒结构，有助于加筋纤维，起到串联网络的作用，使得土壤具有良好的透气性，能够有效抵抗风雨的侵蚀。这种结构比自然土壤结构更好，同时借助于多孔结构，实现较强的稳定性，能够实现表面土壤的充分稳固。在生态环境修复方面，喷播植草技术可以有效地防止水土流失、改善生态环境、提高空气湿度、吸收二氧化碳等；在景观绿化营造方面，喷播植草技术可以应用于工民建、机场、公路、铁路、露天矿山修复、水利高边坡深基坑等部位，营造绿色生态墙、植物花坛、绿化带等特色景观。

2.1 喷播植草的施工工艺步骤

（1）对需要绿化的坡面进行清理和平整。

（2）根据设计要求，将植物种子、土壤、肥料等按照一定的比例混合在喷混液中。

（3）使用喷枪或喷射机械将喷混液喷射到坡面上。

（4）在喷射后及时浇水养护，以保证植物的正常生长。

2.2 喷播植草技术特点

（1）长效性：使用土壤改良剂加有机纤维材质组成的植生基层，有利于植物的存活与生长。

（2）适合地质条件比较恶劣的坡面：喷混面形成后，改善了原坡面的土质，使其能够适合植物的生长。

（3）适合植物生长：通过敷设三维网或镀锌铁丝网片，人为制造无数个小型阶梯，增加植物的生长面积，有效地改善了植物的生长环境，使植物能够更加适宜的生长。

（4）改变表面径流：坡面存在的小型阶梯能够有效地降低表面径流的流速，大幅度减小表面径流对坡面的冲刷。

（5）两次喷护，不仅有水土保持功效，还能达到景观植生的作用。

有机质喷混料的配制和坡面养护是该防护绿化方法能否成功的关键。有机质喷混料不同于普通喷混凝土，是由砂性土、土壤改良剂、水泥、纤维、化肥、草籽等的拌和物。良好的配方可使喷混料既有一定的强度起到防护作用，又具有足够的空隙和水分使得草种能够生长，通过分析得出，喷播植草具有应用范围广、综合成本低等优势，在土质、岩石边坡上建造出了一个灌草结合、科学合理的植物生态系统，既起到良好的边坡防护作用，又恢复了自然植被，防止坡面的侵蚀和风化，防止水土流失，在绿化的同时起到美化的作用。

2.3　喷播植草技术不足之处及处理措施

喷播植草技术存在一些缺点。首先，喷混液中的植物种子、土壤、肥料等在喷射时容易飘散，造成环境污染和资源浪费；其次，喷播植草层的厚度和稳定性受多种因素的影响，如气候、土壤、植物种类等，因此需要针对不同的环境条件进行具体的植物选择和配比；最后，喷播植草技术需要定期浇水养护，如果养护不当，会导致植物生长不良或死亡。

为了解决喷播植草技术的缺点，可以采取以下措施：

（1）在喷射前对植物种子、土壤、肥料等进行筛选和配比优化，以提高喷射效果和减少环境污染。

（2）选择适合当地环境条件的植物种类和配比，以提高喷播植草层的稳定性和植物成活率。

（3）加强喷播植草的养护管理，定期浇水、施肥、修剪等，以保证植物的正常生长和景观效果。

3　工程实例

某抽水蓄能电站对工程区内开挖边坡、场内道路边坡、弃渣场边坡、地面开关站、堆渣利用区等裸露边坡空地采取撒播草籽、铺种草皮、喷播植草、马道种植槽覆土后栽植攀缘植物等多种手段进行绿化防护，采用植物栽植整体改善土壤结构、提高土壤肥力、固土防沙、涵养水源、减少扬尘。

3.1　绿化措施

（1）草本生态措施主要采取植草护坡、播撒草籽、喷播植草护坡等方式。

1）草籽选用当地物种，适合于当地气候条件、易于生长的混合灌草种，纯度和萌发率达到90%以上。撒播草籽选用百喜草、狗牙根、白三叶的混合草籽，混合比例1∶1∶1，密度80kg/hm^2；喷播草籽选用狗牙根、高羊茅、白三叶的混合草籽，混合比例1∶1∶1，密度80kg/hm^2。混生植物的健康生长，外观形态与原生植物协调。

2）喷播植草护坡采用喷射机将拌和均匀的厚层基材混合物按设计厚度喷射到岩石坡面上，喷播均匀且控制厚度在10cm以上，喷播后浇水使土壤保持湿润状态，成坪后进入正常养护，施工坡比控制在1∶0.75。

3）草皮选用狗牙根，网格梁内的草皮要铺满，场内其他区域草皮要铺种平整。铺栽草坪用的草块及草卷规格一致，边缘平直，基本无杂草，草块土层厚度为30～50mm，草卷土层厚度宜为10～30mm。

4）草种撒播前，根据气候条件温度，预先1～2d将草籽浸水。根据设计比例将处理好的草种和混合料拌和，均匀地撒播到已备好的表土区内。撒播完成后当天应及时覆盖无纺布，从上到下平整覆盖，坡顶延伸30cm固定，两幅相接叠加10cm，然后用竹筷进行固定，固定间距不小于100cm，待草长到5～6cm或2～3片叶时，揭去无纺布。

5）播后管理：根据土壤肥力、湿度、天气情况，酌情追施化肥并洒水养护，太阳大的时候，要在下午16时以后，才能进行洒水养护，以后转入常规管理阶段，促使早日成坪。

（2）木本生态措施主要采取乔木、灌木以及攀缘植物间隔种植的形式进行防护。

1）乔木树种、灌木树种维持当地生态多样性，养护期间注意修剪、施肥。

2）在上水库进出水口、地面开关站以及下水库进出水口的种植槽内栽植攀援植物，选用木质藤本植物爬山虎，此类植物枝上有卷须，卷须短，多分枝，卷须顶端及尖端有黏性吸盘，遇到物体便吸附在上面，无论是岩石、墙壁或是树木，均能吸附，对二氧化硫和氯化氢等有害气体有较强的抗性，对空气中的灰尘有吸附能力。爬山虎植株选用两年生苗，主蔓长大于1.0m：采用单行种植；株间距0.3m：养护期为2年。

（3）按照验收标准做好种植、养护、补植等工作，发现植物出现异常病态、病菌感染、动物危害老鼠、昆虫等要及时处理，对出现每平方米密度不足的灌木进行补植，确保施工范围达到98%均匀覆盖，林草成活率大于85%，乔木林郁闭度大于0.2，灌木林和草地的覆盖率大于0.4。

（4）植物措施的技术要求。

1）复绿优选当地植物，当地植物的抗逆性和适应性强，有利于尽快建立与周边环境协调一致的生态景观。

2）在物种的选择上采用乔、灌、草、藤相结合，草本植物喷播具有生长快速的特点，作为先锋植物在初期生长能较快地覆盖表土，有良好的水保作用。

3）基材含有有机肥料、复合肥料、粘合剂、杀虫杀菌剂等防止冲刷及促进植物快速生长及发根的材料。

（5）绿化养护管理。绿化养护管理时间一般为2年，养护期内，及时更新复原受损苗木等，并按设计意图、按植物生态特性（喜阳、喜阴、耐旱、耐湿等）分别养热且据植物生长不同阶段及时调整，保持丰富的层次和群落结构。在养护期内负责清杂物、浇水保持土壤湿润、追肥、修剪整形、抹不定芽、防风、防治病虫害（选用无公害农药）、除杂草、排渍除涝等。

3.2　实际成效

喷播植草在施工成本、施工难易程度及外形美观度上都有较大的优势，因地制宜保护了当地环境，喷播成型及养护后，植被茂密、绿草茵茵，与周边环境更和谐、更相适应。通过植物的根系来稳固边坡，防止坡面的水土流失，有效制止了边坡冲刷、垮塌等次生灾害发生（实际应用及成效见图1）。

（a）喷播作业中

（b）喷播作业后成效

图1　实际应用及成效

4　应用前景

喷播植草技术目前在施工高边坡开挖支护、道路边坡支护中开始被广泛应用，其优势可以扩展到更多领域，例如施工中深基坑工程临时边坡支护，现阶段大多采用喷锚支护，喷锚支护工艺较为烦琐，施工成本较高。用喷播植草方式代替喷锚支护，可以降低施工工期和成本，施工简单且美观度高。在起到边坡支护作用的同时，可防止坡面后期因开裂引发的边坡滑落等风险，极大地提升了深基坑边坡支护的安全性。同时喷播植草工艺可以使深基坑在长时间的施工过程中起到持续的绿化作用。喷播植草技术具有快速恢复岩石边坡生态植被、保持水土、美化环境等特点，是当前植被生物工程和边坡防护工程结合的典范，该技术具有边坡防护和绿化的双重功能，一般条件下可以取代传统的边坡喷锚防护、浆砌石防护等施工措施，最近几年在边坡防护工程中，岩质边坡的防护工程中应用越来越多。但因为岩质边坡的生态条件较差，因此配制植物赖以生长的基材和选择能适应岩质边坡贫瘠环境的植物群落是喷播植草护坡技术研究中的两个关键问题。在配制基材时可以充分利用当地资源和废弃物，并且实现产业化生产。

5 结语

喷播植草技术最终应是构建自我组织、自我调节、自我补偿、自我维持的健康植被，在边坡的生态恢复、环境保护、水土保持等方面发挥重要的作用，对恢复生态、治理环境起到了重要作用，还大自然绿色和谐，且具有良好的社会效益和经济效益。随着国家对生态环境的保护及恢复要求越来越高，以及此技术的进一步研究与完善，这项技术将有越来越广泛的应用前景。

参考文献

[1] 赵星宇，等. 公路边坡生态防护设计方法及措施［J]. 工程技术研究，2020（21）：193-194.
[2] 申剑，等. 我国喷混植生护坡绿化技术浅析［J]. 人民长江，2020（3）：65-68，84.
[3] 李明亮，等. 浅析新理念在公路边坡防护设计中的应用［C］//中建交通第三届工程技术创新创效论坛论文与创效案例集. 北京，2022：4-5.
[4] 韦润豪. 喷混植生技术在高速公路岩石边坡防护和绿化中的应用［C］//中建交通第三届工程技术创新创效论坛论文与创效案例集. 北京，2022：1-3.

湖北松滋抽水蓄能电站岩溶发育特征及渗漏分析

杨海洋　王开喜
（中国电建集团中南勘测设计研究院有限公司，湖南省长沙市　410014）

【摘　要】本文通过对湖北松滋抽水蓄能电站库区岩溶发育情况及渗漏问题分析发现：岩性、构造、地貌和高程均会对岩溶发育产生影响。水样测试分析表明，工程区水化学主要类型为 HCO_3-Ca 型水、$HCO_3-Ca+Mg$ 型水。受构造、岩性等影响，工程区上下库均面临不同程度的渗漏问题，需进行相应防渗处理。研究结果可为岩溶区水利水电开发及水库区渗漏问题提供参考。

【关键词】岩溶　地下水　渗漏分析　抽水蓄能

1　引言

中国的岩溶分布面积广、发育类型多，在云南、贵州、广西、重庆、四川、湖南、湖北和广东等8个省份沉积了数千米厚的碳酸盐岩地层，形成全球碳酸盐岩连片分布面积最大的岩溶区。岩溶发育形成了岩溶裂隙、落水洞、溶洞、地下暗河等典型的岩溶地貌。与此同时，在我国的西南地区及中南地区，水利水电资源丰富，为开发利用这些地区的水利水电资源，在该区修建水库十分必要。但碳酸盐岩属可溶岩，岩溶会导致诸多问题，不同类型岩溶地貌或出露于地表或埋藏于地下，其单独或相互作用，存在极大的风险隐患，如岩溶渗漏、边坡稳定、溶蚀地基、基坑涌水等。

岩溶发育形成的地下溶洞和管道等渗漏通道在空间上的高度不均匀性也给岩溶地区水利工程建设带来极大的挑战。这些管道系统往往是水库发生渗漏的主要途径，也是水库选址所要考虑的最主要因素之一。大量的工程实践表明：水库渗漏是在岩溶地区筑坝建库面临的关键问题之一。水库渗漏形式、渗漏发生部位及渗漏量的大小，直接关系到工程的规模、效益，甚至成败。

考虑到岩溶发育及渗漏对水利水电工程的巨大影响，水力资源的开发过程中，对岩溶规律和渗漏问题的研究是十分必要的。本文拟通过对湖北松滋抽水蓄能电站库区岩溶发育情况及渗漏问题进行分析，得到不同岩性、构造、地貌及高程作用下的岩溶发育规律及渗漏特点。研究结果可为岩溶区水利水电开发及水库区渗漏问题提供参考。

2　工程区地质概况

松滋抽水蓄能电站位于湖北省荆州市松滋市境内，上水库位于松滋市卸甲坪乡凤凰垴，下水库位于松滋市卸甲坪乡红岩河中上游。工程区地层岩性较复杂，主要分布寒武系、奥陶系、志留系及第四系地层，地表高程200.00～600.00m，位于区域三峡期五级剥夷面。出露地层主要有寒武系中上统娄山关组，奥陶系下统南津关组、分乡组、红花园组、大湾组，中统牯牛滩组、庙坡组、宝塔组，上统临湘组、五峰组，志留系下统龙马溪组以及第四系地层。

工程区碳酸盐岩广布，主要构造为近东西向的褶皱及断裂。区内岩溶地貌类型可划分为溶丘洼地、岩溶沟谷、岩溶缓丘山地等三种类型。此外，在工作区中部红岩河切割处，局部地区形成峡谷地貌。根据野外调查，工程区及周边地段主要发育岩溶洼地、落水洞、溶沟和石芽、溶洞、岩溶泉、岩溶管道等多种岩溶形态。

3 岩溶发育规律

3.1 不同岩性区岩溶发育规律

工程区内寒武系中-上统娄山关组、奥陶系碳酸盐岩的矿物成分，结构不同，其岩溶发育强度也不同，岩溶发育强度大体按 $O_1 \rightarrow \in_{2-3}l \rightarrow O_{2+3}$ 地层顺序和灰岩→白云岩→泥质灰岩岩性顺序递减。对工作区岩溶泉和地下河等裂隙-溶洞型地下水类型统计得到，O_1 地层中发育岩溶管道 8 处，$\in_{2-3}l$ 地层中发育岩溶管道 2 处，O_{2+3} 地层中未见成规模岩溶管道发育；但是受地形地貌、地质构造以及局部排泄基准面的控制，O_1 地层中岩溶管道规模普遍较小，主管道长度为 180～1100m，泉流量也较小，枯季一般小于 1L/s。

3.2 不同构造部位岩溶发育规律

不同形态、不同性质的构造形迹，往往支配着岩溶的发育强度，背斜轴部及翼部的岩溶发育强度各异。总体而言，背斜轴部岩溶发育强烈，翼部岩溶发育较弱，如图 1 所示。这是由其内部低序次、低等级断裂构造决定的，背斜轴部二次纵张和横张裂隙发育程度远高于翼部，为水体流动溶蚀提供了良好的运移空间。

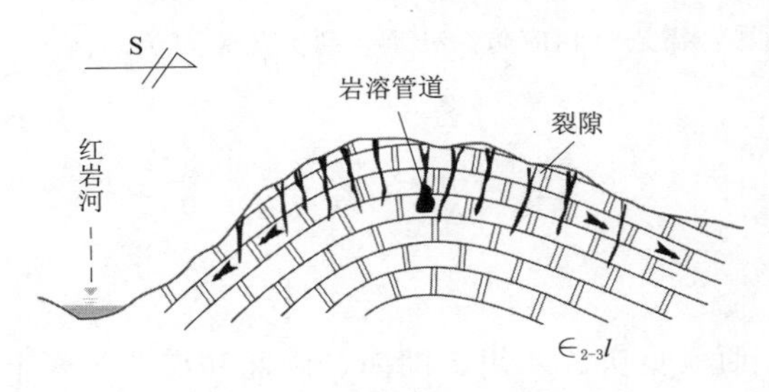

图 1 背斜对岩溶发育的控制

断层不同构造部位岩溶发育强度各异，沿接触带及岩层层面岩溶发育各异曲尺河断裂上盘地下水比较富集，沿断层面岩溶发育，在上盘内发育 SK6 及 SK8 两个洞穴出水口，下盘内仅见裂隙型泉水出露。

3.3 不同地貌类型岩溶发育规律

工程区的地貌类型可划分为溶丘洼地、岩溶沟谷、岩溶缓丘山地等三种类型，由于地貌形态组合特征不同，其岩溶发育强度也不同。溶蚀洼地、落水洞、岩溶管道基本均位于溶丘洼地区内，其他两种地貌类型区内仅零星分布小型落水洞和长度较短的小型岩溶管道。目前钻遇溶洞的钻孔也大都位于溶丘洼地区。

3.4 不同高程岩溶发育规律

岩溶在垂向上的分布和发育多集中在一定的剥夷面上，本区落水洞、洼地分布于高程 200～580m，又可大致分为 200～330m、400～500m、500～580m 三个区间，而主要集中在高程 200～330m 和 500～580m，如图 2 所示。

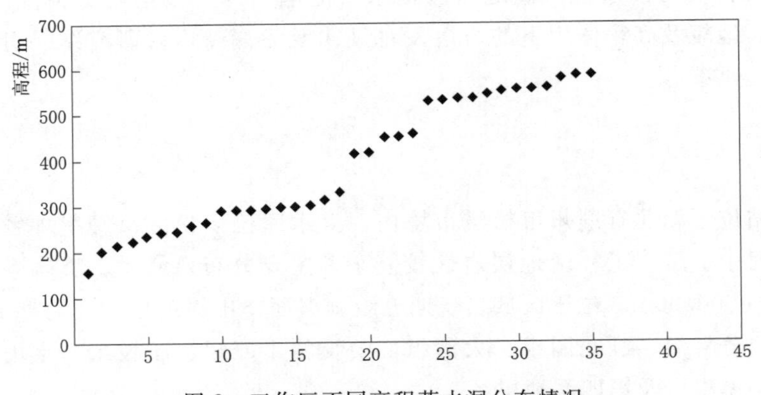

图 2 工作区不同高程落水洞分布情况

根据表 1 目前已有钻孔资料，共 10 个钻孔钻遇 24 段岩溶洞穴，钻孔遇洞率 28.5%，其余钻孔未见明显洞穴发育，平均线岩溶率为 2.71%。据现有资料分析，岩溶发育强度随深度增加而逐渐减弱，揭露的溶洞发育深度都在 50m 以下，10～30m 深度范围内最为集中，0～50m 线岩溶率 4.01%，属岩溶强发育带。但需要注意的是由于目前已完成钻孔多为小于 100m 的浅孔，对地层深部岩溶发育情况揭示不足，并且现有钻孔溶洞高程均远高于区域排泄基准面，推测多为较早地质历史时期形成的溶洞。

表 1　工程区钻孔岩溶率统计表

钻孔位置	岩组	钻孔		溶洞		平均直线岩溶率/%	50m 以浅直线岩溶率/%	钻遇溶洞钻孔数/个	钻孔遇洞率/%
		孔数/个	段长/m	数量/个	长度/m				
上水库	$\in_{2-3}l$	25	1462.90	21	65.8	4.50	5.26	7	40
下水库		7	581.82	3	4.38	0.75	1.25	3	42.8
输水发电系统		3	543.40	0	0	0	0	0	0
合计		35	2588.12	24	70.18	2.71	4.01	10	28.5

4　岩溶地下水系统特征

4.1　冬竹水地下河系统

冬竹水地下河系统地下水主要为碳酸盐类岩溶水，其含水介质组合类型为裂隙-溶洞水，富水性中等，含水性中等，透水性较强。补给区位于凤凰堝洼地内，岩溶地下水补给以地表径流汇流后通过顺层发育的落水洞进行集中补给为主，地下水位埋深大于 50m，地下水整体由北东向南西径流；排泄区位于朱家坡一带，集中排泄岩溶水点主要为冬竹水地下河出口，流量范围为 20～200L/s，岩溶水出露后均汇红岩河，水力坡度为 9.5%，如图 3 所示。

对冬竹水地下河出口 SK9 进行采样分析，pH 值均为 7.28，属中性水；矿化度 371.77mg/L，为淡水。地下水水质中的主要化学成分为 Ca^{2+}、Mg^{2+} 等阳离子以及 HCO_3^- 等阴离子，其中 Ca^{2+} 和 Mg^{2+} 离子分别占比约为 59.51%和 39.95%，而阴离子中，HCO_3^- 离子占比最大，约为 93.52%。其阴阳含量决定了地下水水化学类型。据此，按舒卡列夫分类法，冬竹水地下河地下水水化学类型为 HCO_3 - Ca+Mg 型水。

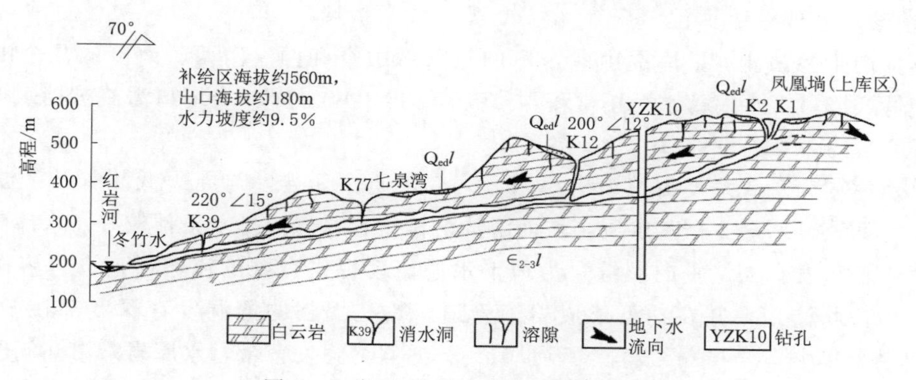

图 3　上库区-冬竹水水文地质剖面图

4.2　割草坡泉排泄系统

割草坡泉排泄系统地下水主要为碳酸盐类岩溶水，其含水介质组合类型为溶洞-裂隙水（碳酸盐岩含水岩组），富水性中等，透水性较强。割草坡泉排泄系统的补给区位于长冲堝洼地内，径流区主要位于长冲堝洼地的东北侧，径流区内未见明显的落水洞、洼地，地下水沿管道和裂隙，由南西向北东径流，水力梯度较大。排泄区位于割草坡村一带，以 KY04 岩溶泉的形式集中排泄出地表，最终汇入地表河。

根据水样分析结果，割草坡岩溶泉的 pH 值均为 7.76，属中性水；矿化度 383.65mg/L，为淡水。地下水水质中的主要化学成分为 Ca^{2+}、Mg^{2+} 等阳离子以及 HCO_3^- 等阴离子，其中 Ca^{2+} 和 Mg^{2+} 离子的总占比高达 99.30%，而 HCO_3^- 离子占比约为 94.71%。按舒卡列夫分类法，割草坡岩溶泉的地下水水化学类型为 HCO_3 - Ca+Mg 型水。

4.3　SK1 泉排泄系统

SK1 泉排泄系统地下水类型主要以碳酸盐类岩溶水为主，系统内的含水介质类型分为裂隙-溶洞水（碳酸盐岩含水岩组）和溶洞-裂隙水（纯碳酸盐岩夹碎屑岩含水岩组）。SK1 泉排泄系统的补给区位于上游的梅子垭洼地内，地下水位埋深约为30～50m。受F10凉水井断裂控制，地下水在含水层内沿管道和岩溶裂隙由北向南径流，最终在SK1处以岩溶泉的形式排泄出地表，最终汇入红岩河，如图4所示。

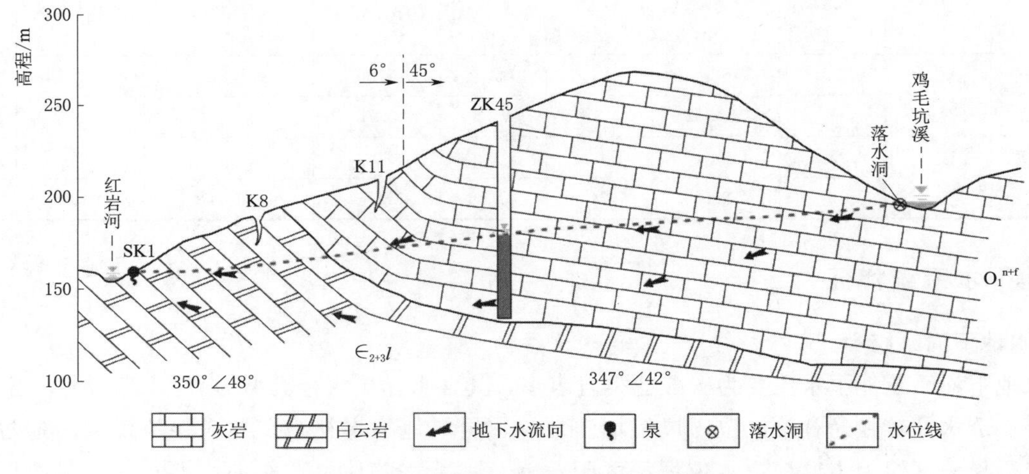

图4 SK1泉-鸡毛坑溪水文地质剖面图

根据水样分析结果，SK1岩溶泉的pH值均为7.32，属中性水；矿化度316.67mg/L，为淡水。地下水水质中的主要化学成分为Ca^{2+}、Mg^{2+}等阳离子以及HCO_3^-等阴离子，其中Ca^{2+}和Mg^{2+}离子的总占比高达98.74%，而HCO_3^-离子占比约为90.47%。按舒卡列夫分类法，地下水水化学类型为$HCO_3-Ca+Mg$型水。

5 水库岩溶渗漏分析

5.1 上库区岩溶渗漏条件

上水库库盆为两个溶蚀洼地，库周由北东侧的长条形山脊和西、南西、南侧的几个山包组成，各山包相连形成4个低矮垭口。水库蓄水至正常蓄水位高程596.00m时，4个垭口需修筑挡水坝，水库地形封闭条件较差。

上水库库盆及库周为寒武系娄山关组中厚白云岩、灰质白云岩，与周边低邻谷及下游无可靠隔水岩层阻隔。水库发育K1、K2等2个落水洞，坡面溶沟溶槽发育，岩溶排水条件较好。水库整体位于子良坪背斜轴部，沿背斜轴部发育大量垂向裂缝，为地下水的流动提供良好的流通通道，岩溶作用强烈，因而沿背斜轴部发育串珠状洼地，并在地下形成岩溶管道。钻孔揭露的溶洞发育深度都在50m以内，10～30m深度范围内最为集中，0～50m线岩溶率4.01%，属岩溶强发育带，水库岩溶渗漏问题突出。故上水库需采用全库盆防渗处理。

5.2 下水库岩溶渗漏分析

5.2.1 向南北两侧邻谷渗漏分析

（1）北侧渗漏条件分析：下水库位于梅子垭村红岩河中上游河段，库盆北侧邻谷间地块厚约1.0～1.2km，谷底高程230.00～320.00m，高于水库正常蓄水位，谷底为志留系龙马溪组地层岩性为页岩、砂质页岩组成，为相对隔水地层，且无南北向大型断裂构造贯通，故无向北侧渗漏的条件。

（2）南侧渗漏分析：南侧邻谷为沲水下游河段，河间地块厚度达4.5～7.5km，不满足山体比较单薄的条件。同时，沲水下游河段河水位高程123.00～104.00m，低于库水位；红岩河周边出露的大型岩溶泉水点，出口高程均高于红岩河河床，说明该地区岩溶下行作用速度慢于河流侵蚀切割作用，且冬竹水地下河岩溶管道自东向西发育并未南北向贯穿河间地块。另外，在红岩河左岸的两处钻孔内进行测流，地下水均往河谷方向排泄；子良坪背斜核部YZK10钻孔，枯水期最低地下水位高于水库正常蓄水位211.00m，即河间地块中间存在地下分水岭。基于以上分析，不具备向南侧邻谷渗漏的条件。

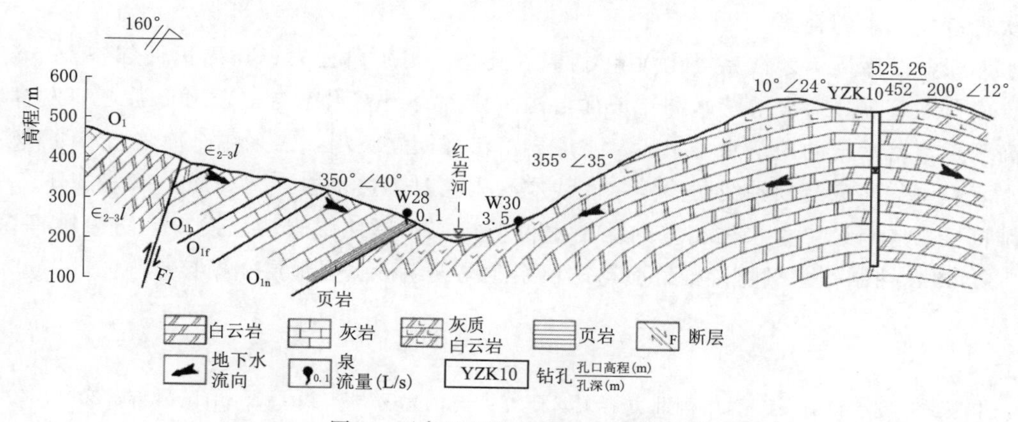

图5 下库区左右岸水文地质剖面图

5.2.2 曲尺河断裂(F1)向西侧邻谷渗漏分析

曲尺河断裂位于坝址北侧，断层纵切子良坪背斜北翼，断面北倾，倾角80°左右。曲尺河断裂带北侧岩石破碎，断裂面及节理裂隙发育，受断层破碎带阻隔，断层上盘地下水富集，加速了岩溶化的进行，地下水易沿断裂破碎带上盘接带触沿走向溶蚀径流，当遇到沟谷切割时排泄出地表。

曲尺河断裂横切下水库库区鸡毛坑溪末端，鸡毛坑溪沟底裂隙泉W34出露高程198.00m，西侧邻谷在曲尺河断裂上盘出露岩溶泉(SK6)高程174.00m。当库水位抬高至正常蓄水位211.00m时，库水位有沿断层上盘奥陶系灰岩向西侧沟谷渗漏的条件。曲尺河断裂(F1)下盘志留系地层至蛮子洞(SK4)一带应采取防渗措施。

5.2.3 坝址右岸库首渗漏分析

右岸防渗线自右坝肩至曲尺河断裂下盘志留系龙马溪组砂页岩地层线路段长约700m，属鸡毛坑溪分散排泄系统。大气降水渗入补给地下水后，以岩溶裂隙泉的形式分散排泄，汇入鸡毛坑溪最终汇入红岩河，河流自东北向西南径流，如图5所示。在蛮子洞(SK4)、鸡毛坑溪与红岩河交汇处一带，地表水存在沿层间溶缝向西南侧下渗补给的可能。综合分析在分乡组(O_1f)、红花园组(O_1h)地层中，鸡毛坑溪往SK1下游方向存在裂隙-管道式渗漏的水力条件。

根据钻孔揭露溶蚀发育最低高程170.00m和SK1泉出露高程154.50m。右岸地块排泄基准面高程154.00m，其岩溶基准面的高程一般要低于排泄基准面134.50m。建议防渗帷幕深度以岩溶基准面高程134.50m控制，右岸防渗帷幕以志留系龙马溪组为依托。

5.2.4 坝址左岸渗漏分析

左岸防渗线属红岩河分散排泄系统，均位于寒武系娄山关组地层中，岩性为灰质白云岩，据调查发现溶洞、地下暗河及岩溶管道。据统计左岸钻孔线岩溶率为0.21%，属岩溶微发育。

根据钻孔压水试验成果，左岸防渗线相对不透层($q \leqslant 5$Lu)顶板埋深39.0～299.0m，沿坝轴线防渗帷幕应以相对不透水层顶板以下5～10m控制，根据钻孔地下水位的长期观测，左岸水平防渗帷幕接头应与设计蓄水位相应的地下水位衔接。

6 结论

本文从工程所处的地质环境条件入手，对上、下水库区岩溶发育规律、渗漏条件及渗漏方式进行了分析。得到的主要结论如下：

(1)岩性、构造、地貌和高程均会对岩溶发育产生影响。岩溶发育强度大体按$O_1 \rightarrow \in_{2-3}l \rightarrow O_{2+3}$地层顺序和灰岩→白云岩→泥质灰岩岩性顺序递减。背斜轴部岩溶发育强烈，翼部岩溶发育较弱。溶蚀洼地、落水洞、岩溶管道基本均位于溶丘洼地区内。岩溶在垂向上的分布和发育多集中在一定的剥夷面上。

(2)工程区水样分析测试分析表明，水化学主要类型为HCO_3-Ca型水、HCO_3-Ca+Mg型水。上库区位于冬竹水地下河系统内，下库区位于红岩河分散排泄系统内；区内岩溶地下水的主要补给源为大气降水，其次也有地表水的补给。

（3）上水库库盆及库周为寒武系娄山关组中厚白云岩、灰质白云岩，与周边低邻谷及下游无可靠隔水岩层阻隔。库盆发育K1、K2等落水洞，坡面溶沟溶槽发育。上水库与红岩河下游之间发育岩溶管道，库周不存在高于正常蓄水位的地下水分水岭，水库岩溶渗漏问题突出，需采用全库盆防渗处理。

（4）下水库左岸与河床沿坝轴线防渗帷幕底线应深入相对不透水层（$q \leqslant 5$Lu）顶板以下5～10m，左岸水平防渗帷幕接头应与设计蓄水位相应的地下水位衔接，右岸地层岩溶强发育，防渗帷幕深度以岩溶基准面高程134.50m控制，水平防渗帷幕应与志留系龙马溪组砂页岩地层相衔接。

参考文献

［1］梁永平，申豪勇，赵春红，等．对中国北方岩溶水研究方向的思考与实践［J］．中国岩溶，2021，40（3）：363-380.

［2］江瑞萍．贵州省岩溶地区地下水系统类型及特征分析［J］．中国资源综合利用，2022，40（7）：53-54，60.

［3］简红波，彭峰，王益．贵州龙洞湾水库左岸岩溶渗漏分析［J］．水利规划与设计，2021，（3）：115-118，123.

［4］田帅，胡振琪，李社锋．我国西南尾矿库区岩溶特征及防渗研究进展［J］．金属矿山，2022，（2）：185-193.

［5］王元峰，杨宁．降雨与岩溶渗漏联合作用下岩溶塌陷稳定性分析［J］．西部探矿工程，2022，34（8）：1-4.

［6］罗欢，熊灿娟，周明瑶，等．某水库岩溶水文地质条件及渗漏分析［J］．科技与创新，2020（15）：62-63.

［7］李天雨．管道一裂隙型岩溶地下水流场特征及径流通道参数辨识研究［D］．济南：山东大学，2022.

［8］舒细秀，李择卫．岩溶水库渗漏问题各阶段工作重点及对策［J］．湖南水利水电，2022（5）：65-68，96.

［9］陈启军，吴飞，刘欢．清水江平寨航电枢纽工程库首左岸岩溶渗漏分析评价［C］//2022中国水利学术大会（中国水利学会2022学术年会）．北京，2022.

基于抽水蓄能电站工程智能造价软件开发及应用研究

陈　前[1]　朱　琳[2]　汪　鹏[3]

（1. 重庆蟠龙抽水蓄能电站有限公司，重庆市　401420；
2. 国网新源控股有限公司抽水蓄能技术经济研究院，北京市　100761；
3. 华北电力大学，河北省保定市　071003）

【摘　要】“双碳”目标下，新能源大规模替代化石能源，抽水蓄能进入提速开发、批量建设、集中投产、高频运行的新阶段，技术经济管理是抽水蓄能项目管理的重要组成部分。开发一款适用于抽水蓄能电站工程建设的通用造价软件，为广大造价管理人员提供单价参考依据十分有必要。本文结合多个抽水蓄能工程实际过程，开发工程智能造价软件，以期对提高单价编制及造价管理提供参考。

【关键词】抽水蓄能电站　造价软件

1　概述

2021年9月，国家能源局发布《抽水蓄能中长期发展规划（2021—2035年）》，要求加快规划项目库内的抽水蓄能电站核准建设。到“十四五”末2025年，抽水蓄能投产总规模达到6200万kW以上；到2030年，抽水蓄能投产总规模达到1.2亿kW左右，抽水蓄能大发展迎来利好。

抽水蓄能基建项目较多，无论前期方案投资决策、招投标阶段限价编制和投标报价单价合理性，还是合同实施过程中造价管控，对于广大造价管理人员来讲都是非常重要，如何开发一款适用于抽水蓄能电站建设以及完全知识产权的通用造价软件，为造价管理人员提供单价参考依据，便于工程造价管理，合理控制工程造价，提高投资效益，助力抽水蓄能快速发展，是非常有必要的。

2　软件介绍

“水电智造”水电工程模块化自动计算造价软件，立足当下抽水蓄能电站大力发展背景，分析在工作中技经管理存在的短板以及当下市面流程造价软件使用中存在的缺陷，着力结合抽水蓄能（水电）工程建设特点所打造的一款智能模块化自动计算造价软件，用户只需按照窗口提示输入需计算工程项目特征（例如锚杆只需输入施工部位、施工机械、直径、长度及入岩深度）即可根据不同项目所在地、不同地区材料价格及取费标准自动计算出参考综合单价，具有自动化程度高、通用性强、实用性广等特点。可运用于项目前期设计概算评审、招标最高限价编审以及建设管理施工过程中工程造价管控等方面，是一款具有新源公司特色、完全知识产权的水电工程造价软件，有助于抽蓄发展、强化技经管理、提升核心竞争力和行业引导力。

3　软件优势

随着国家大力发展新能源项目建设，各大造价软件分别开发适用于水电工程造价的计价软件，如市面上常用的水电造价软件凯云、青山长远、同望等。传统水电造价软件基本思路为参数化构建，通过搭建定额数据库，方便造价人员根据需要组价项目选取定额，自动计算综合单价，能方便工作人员查询定额、选取定额、省去计算过程，提高造价人员组价的工作效率，但是存在以下诸多不足：

（1）专用软件通用性较差。市面是造价软件公司为知识产权保护，使用时均需购买相应数据库和加密锁，还需在电脑上预装相应造价软件，查询时需在电脑上插上加密锁才能打开。同时，各大软件厂商均有自己的独立参数框架，软件厂商间互换性较差。而处于信息化安全考虑，公司系统内均为内、外网分开办公，无法在内网上安装相应造价软件，如外出办公，忘记带加密锁或者办公电脑上未预装相关软件也无法使用，限制了软件使用的通用性。

（2）造价软件专用性较强。市面上造价软件在使用操作时要求使用者对水电工程造价体系有一定基础、对取费设置、定额合理选取等均有一定要求，若在进行组价时由于各种因素导致定额选取漏项、套用不合理、参数设置错误等均会对计算结果造成影响。同时，由于公司快速发展，各项目单位均存在部分技经管理人员都是毕业不久的大学生或则非造价专业，对于刚入职造价“小白”及工程业务部门等相关人员软件的使用具有一定局限性。

（3）造价软件操作较复杂。由于不同软件具有自己特色，在软件使用操作上均有不同特点，在基本单价设置、定额选取上要求使用者正确操作才能调出相应定额数据，同时对于部分定额参数需使用者自行计算输入，使得对于造价经验不丰富的普通员工来说还是无法做到“得心应手”。

“水电智造”水电工程模块化自动计算造价软件较传统造价软件具有以下优势：

（1）通用性较强。“水电智造”水电工程模块化自动计算造价软件基于Windows Excel自带VB开发程序进行编程开发，运用模块化框架设计思维，根据水电工程施工特点，将水电工程常用施工内容分为土石方开挖、喷锚支护、混凝土工程等6大模块，在将不同模块下根据水电定额及水电工程计价规范对不同施工内容进行价格因素影响因子逐一分析，通过Windows人机交换界面，将价格影响因子以对话框形式罗列，用户直接在对话框中输入施工参数即可自动计算项目单价；无须任何“加密锁”，只要电脑装有Excel就可使用，使用不受限制、通用性较强。

（2）操作简单、自动化程度高。“水电智造”水电工程模块化自动计算造价软件通过集成框架设计思路，根据不同施工项目的相关参数，通过逻辑框架搭设及程序处理，自动从定额库中选取适用定额项目、自动根据参数准确选取适用定额子目编号、提取对应定额耗量、并将定额说明中相关调整参数进行集成设置，实现相关调整参数（包括不限于人工、机械等）的自动调整、如遇需内插计算项目自动判别并进行内插计算。同时，将人工、材料、机械及基本取费费率表就每项单价进行集成，实现根据不同项目自动提取对应取费税率，根据设定的人工、材料单价自动计算得出综合单价，自动集成化较高，做到只需按照窗口提示输入相关参数即可自动计算得出综合单价，省去做单价的烦琐过程，较市面上造价软件具有操作简单明了、上手简单、适用人群较广的特点。

（3）开源设计、适用性强。“水电智造”水电工程模块化自动计算造价软件通过内核开源设计，将所有影响综合单价影响因子均形成关联，使其可根据不同项目特点、不同时期材料价格自动进行更新设置，同时，若国家对当下定额进行更新，只需在内核框架中将对应定额耗量进行更新即可，并可根据不同定额（概算定额、预算定额）计算不同定额下单价水平，做到与时俱进，可运用与各种水电工程建设工程项目，适用性较强。

4 软件框架介绍

根据水电工程特性，主要由基本单价、土方开挖、石方开挖等七大部分组成，在各部分中根据洞内、洞外施工不同按照不同施工工序进行划分，具体框架结构详见图1。

5 软件主要功能介绍

5.1 基本单价

该模块包含用于水电工程造价计算的基本参数设置部门，包含人工、材料、机械及取费设置，以及施工风、水、电参数设置。根据水电工程造价计算办法，将烦琐的施工风、水、电计算以程序进行自动计算，通过简明的人机交换界面，实现只需填入参数自动计算的结果，大大提高工作效率。具体说明如下：

（1）取费费率设置。按照水电工程施工类别，根据《水电工程费用构成及概（估）算费用标准》将水电工程分为土方工程、石方工程等11个不同项目，根据不同工程项目设置相应取费标准，设置间接费、利润、税金等，点保存设置即可完成相关取费设置，见图 2。

(2) 人工费设置。根据工程项目所在地不同，按照《水电工程费用构成及概（估）算费用标准》相关要求，将工程地区分为一般地区、一类区等八个选项，相关地区人工单价根据地区不同自动按要求进行调整。

(3) 材料费设置。根据对水电工程造价材料费占比影响分析，对占比较大、市场价差波动较大的主要材料进行罗列，可根据工程实际情况进行修改材料费，同时在后台对 600 余种市场价格波动不大的零星材料费进行预先设定，形成一个综合材料库，自动参与后续实体工程综合单价计算，见图 3。

(4) 机械台时费查询。机械台时费以水电水利规划设计总院和中国电力企业联合会水电建设定额站水电规造价〔2004〕0028 号文颁发的《水电工程施工机械台时费定额（2004 年版）》作为依据，根据工程所在地及所设置的材料价自动完成机械台时费、一类费用、机上人工及动力燃油费的计算（包含当前定额所列 2191 项所有机械设备），同时可根据工程施工时间不同，选取相应时段可再生能源定额总站颁布的费用调整文件，对相关费用进行自动调整计算。后续定额进行更新，只需在现有框架设计上将定额进行更新即可，见图 4。

(5) 施工供电单价。以水电工程施工供电单价计算方法为基础，只需在对话框中输入电网供电比例、

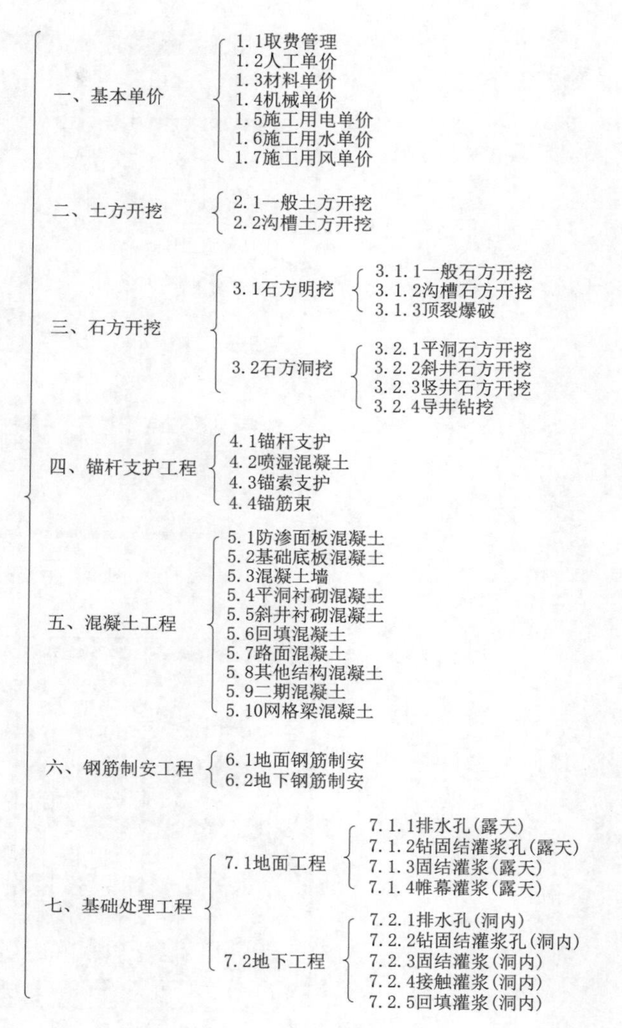

图 1　软件框架结构

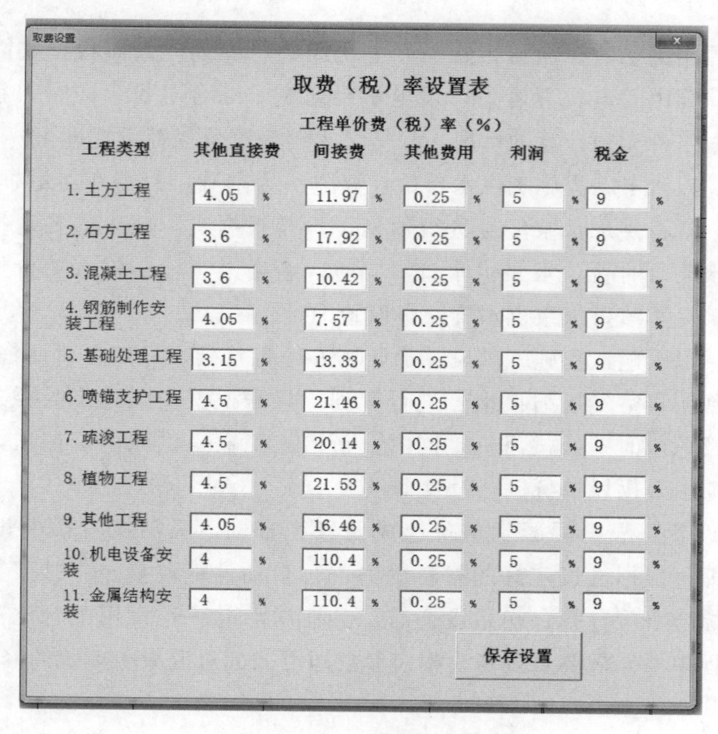

工程类型	其他直接费	间接费	其他费用	利润	税金
1. 土方工程	4.05 %	11.97 %	0.25 %	5 %	9 %
2. 石方工程	3.6 %	17.92 %	0.25 %	5 %	9 %
3. 混凝土工程	3.6 %	10.42 %	0.25 %	5 %	9 %
4. 钢筋制作安装工程	4.05 %	7.57 %	0.25 %	5 %	9 %
5. 基础处理工程	3.15 %	13.33 %	0.25 %	5 %	9 %
6. 喷锚支护工程	4.5 %	21.46 %	0.25 %	5 %	9 %
7. 疏浚工程	4.5 %	20.14 %	0.25 %	5 %	9 %
8. 植物工程	4.5 %	21.53 %	0.25 %	5 %	9 %
9. 其他工程	4.05 %	16.46 %	0.25 %	5 %	9 %
10. 机电设备安装	4 %	110.4 %	0.25 %	5 %	9 %
11. 金属结构安装	4 %	110.4 %	0.25 %	5 %	9 %

图 2　取费（税）率设置表

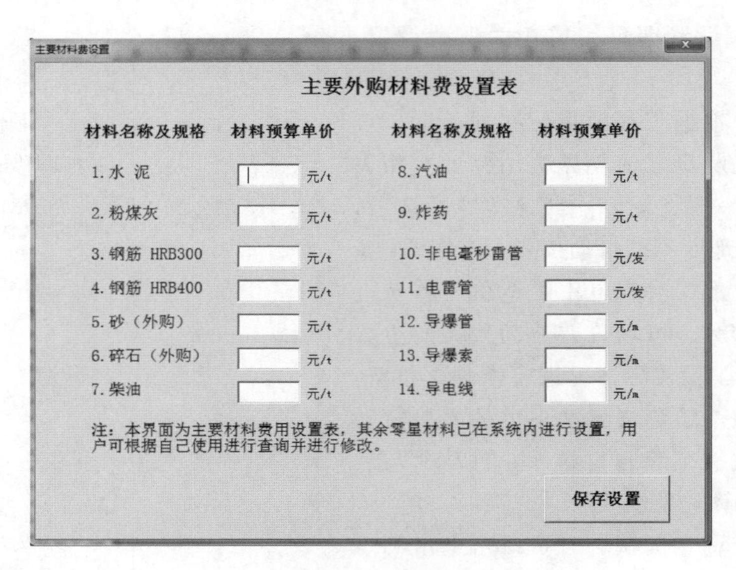

图 3　主要外购材料费设置表

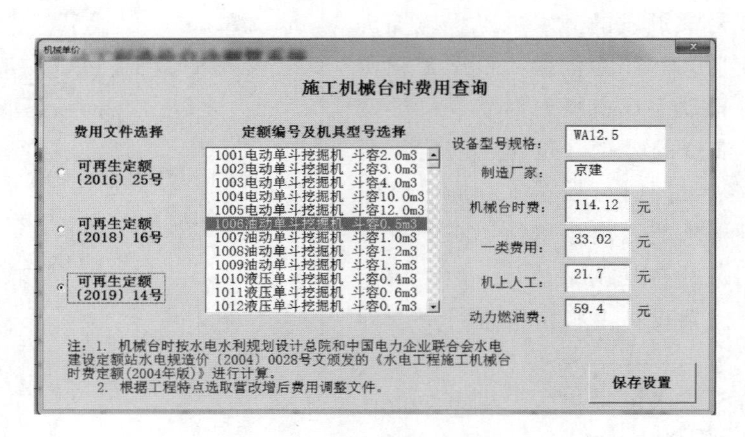

图 4　施工机械台时费查询

自发电比例、基本电价等相关参数，创新将柴油发电机组进行罗列，只需根据实际施工需要选择对应容量发电机组数量，自动计算出发电机总容量、发电机台时费、综合电价。同时，新增人工输入供电单价按钮，对于已知施工供电单价无须计算的情况，只需填入综合电价保存设置即可。

（6）施工供水单价。以水电工程施工供水单价计算方法为基础，只需在对话框中输入能量利用系数、供水损耗等相关参数，创新将供水水泵型号进行罗列，只需根据实际施工需要选择对应水泵数量，自动计算出水泵额定容量、水泵台时费、水泵供水价。同时，新增人工输入供水单价按钮，对于已知施工供水单价无须计算的情况，只需填入水泵供水价保存设置即可。

（7）施工供风单价。以水电工程施工供风单价计算方法为基础，只需在对话框中输入能量利用系数、供风损耗等相关参数，创新将空气压缩机型号进行罗列，只需根据实际施工需要选择对应水泵数量，自动计算出空压机总容量及总台时费、供风价。同时，新增人工输入供风单价按钮，对于已知施工供风单价无须计算的情况，只需填入供风单价保存设置即可。

（8）混凝土配合比设置。根据混凝土单价组成要素为基础，只需按对话框设置项目输入对应混凝土（砂浆）组成，程序即可根据已设定好的材料价格进行自动计算混凝土（砂浆）单价，并直接参与后续涉及混凝土实体项目综合单价计算。初始设置时，已根据水电工程常用配合比对常见混凝土配合比参数进行设置，在使用过程中根据需要直接修改相应参数即可完成对混凝土单价的修改，见图 5。

5.2　土方开挖

首先，土方开挖主要工序和影响土方开挖单价因子进行分析，土方开挖主要由挖装、运输两个工序

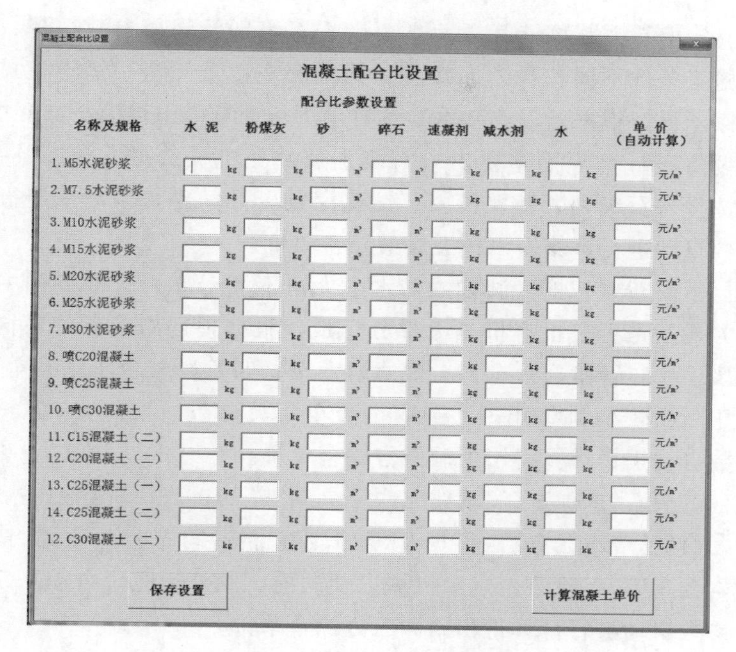

图 5　混凝土配合比设置

组成，土的级别、开挖运输方式及运距均对土方开挖单价造成影响。然后，结合现场常用施工方法，分别选取 1.6m^3、1m^3、0.6m^3 三种不同型号液压反铲作为挖土机械，同时根据不同型号自卸汽车搭配，根据现场施工方案不同自由选取挖装组合类别，输入土的级别、运输距离，后台程序自动从定额库中选取合适定额子目，根据已设定的基本单价参数自动计算出综合单价，见图 6。

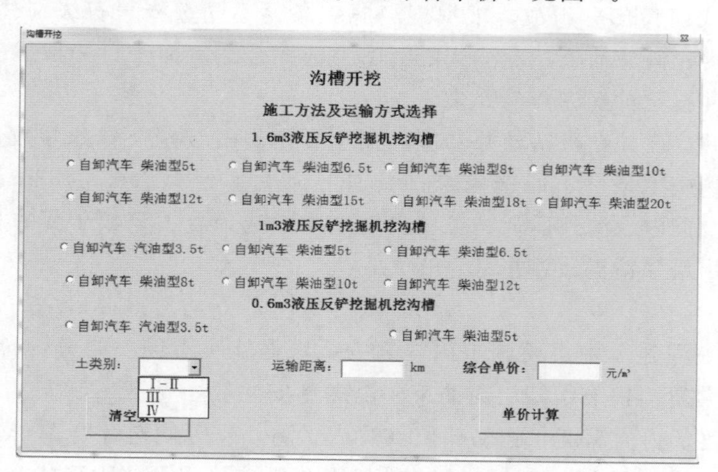

图 6　沟槽开挖

5.3　石方开挖

石方开挖根据其施工部位不同分为明挖和洞挖两种，石方洞挖根据开挖角度不同又细分为平洞石方开挖、斜洞石方开挖、斜井石方开挖、竖井石方开挖、导井扩挖等。石方开挖主要由开挖方式、运输两个工序组成，岩石级别、开挖（爆破）方式、运输方式及运距均对石方开挖单价造成影响，对于洞内石方除上述影响因子外开挖断面、隧洞开挖断面等也对单价造成影响。由于石方开挖种类较多，按照石方开挖类型不同根据其单价影响因数设置不同计算界面，具体介绍如下：

（1）一般石方开挖。一般石方开挖计算界面主要由岩石级别及开挖方式选择、除渣和运输方式选择两部分组成，根据现场施工条件不同选择岩石级别、钻孔类别（以常用风钻和潜孔钻 100 型作为示例）以及除渣、运输机械，根据运输距离自动从定额库中选择合适定额子目，根据已设置基本参数自动进行计算得出开挖综合单价。

（2）沟槽石方开挖。沟槽石方开挖计算界面主要由岩石级别及沟槽参数选择、除渣和运输方式选择两部分组成，根据现场施工条件不同选择岩石级别、沟槽底宽以及除渣、运输机械，根据运输距离自动从定额库中选择合适定额子目，根据已设置基本参数自动进行计算得出沟槽石方开挖综合单价。

（3）预裂爆破。预裂爆破计算界面主要由岩石级别及钻孔机械选择、孔深及孔距设置两部分组成，根据现场施工条件不同选择岩石级别、钻孔机械、钻孔深度以及间距，自动从定额库中选择合适定额子目，根据已设置基本参数自动进行计算得出预裂爆破综合单价。

（4）平洞石方开挖。平洞石方开挖（洞轴线与水平夹角不大于6°）计算界面主要由岩石级别及开挖方式选择、除渣和运输方式及是否有扒渣机三大部分组成，根据现场施工条件不同选择岩石级别、开挖断面、开挖机械（包括风钻、二臂凿岩台车、三臂凿岩台车、四臂凿岩台车钻孔等）、除渣、运输机械以及洞内、洞外运距（对于断面较小洞身开挖，选取扒渣车相关参数），自动从定额库中选择合适定额子目，根据已设置基本参数自动进行计算得出平洞石方综合单价。

（5）斜洞石方开挖。斜洞石方开挖（洞轴线与水平夹角6°～10°）计算界面主要由岩石级别及开挖方式选择、除渣和运输方式两大部分组成，根据现场施工条件不同选择岩石级别、开挖断面、开挖机械（包括风钻、三臂凿岩台车等）、除渣、运输机械以及洞内、洞外运距，自动从定额库中选择合适定额子目，根据已设置基本参数自动进行计算得出斜洞石方综合单价。

（6）斜井石方扩挖。斜井石方扩挖（洞轴线与水平夹角25°～75°）计算界面主要由岩石级别及开挖方式选择、除渣和运输方式两大部分组成，根据现场施工条件不同选择岩石级别、开挖断面、井斜角度、除渣、运输机械以及洞内、洞外运距，自动从定额库中选择合适定额子目并根据已设置基本参数自动调整相关系数计算得出斜井石方扩挖综合单价。

（7）竖井石方扩挖。竖井石方扩挖（洞轴线与水平夹角大于75°）计算界面主要由岩石级别及开挖方式选择、除渣和运输方式两大部分组成，根据现场施工条件不同选择岩石级别、开挖断面、竖井角度、除渣、运输机械以及洞内、洞外运距，自动从定额库中选择合适定额子目并根据已设置基本参数自动调整相关系数计算得出竖井石方扩挖综合单价。

（8）反井钻机钻导井。反井钻机钻导井计算界面主要由岩石级别及导井参数选择、除渣和运输方式两大部分组成，根据现场施工条件不同选择岩石级别、导井直径（0.9m、1.2m、1.4m、2m）、导井角度、除渣、运输机械以及洞内、洞外运距，自动从定额库中选择合适定额子目并根据已设置基本参数自动调整相关系数计算得出反井钻机钻导井综合单价。

5.4 喷锚支护工程

锚喷支护作为水电工程施工中主要施工内容之一，根据施工不同主要分为锚杆支护、喷湿混凝土、锚索制安、锚筋束等四大类，其中锚杆、锚筋束、锚索制安主要由钻孔、制安工序组成，钻孔机械及锚杆（锚筋束）直径、长度、入岩深度、施工部位（洞内、洞外）等均对综合单价造成影响；锚索制安单价影响因子主要由施工部位（洞内、洞外）、锚索长度、钻孔直径以及锚索形式和压力等级等组成；喷湿混凝土单价影响因素主要由喷混方法（人工、机械）及部位（洞外、平洞、斜井）、混凝土标号、厚度是否挂网等组成。按照类型不同根据其单价影响因数设置不同计算界面，具体介绍如下：

（1）锚杆支护。锚杆支护计算界面主要由岩石级别、锚杆直径、长度（锚杆长度及入岩长度）、施工部位（洞内、洞外）、施工机具（手风钻、潜孔钻等）等组成，根据施工参数自动从定额库中选择合适定额子目并根据已设置基本参数自动调整相关系数计算得出锚杆支护综合单价。

（2）喷湿混凝土。喷湿混凝土计算界面主要由混凝土型号、喷混厚度、是否挂网以及喷混施工方法及部位等组成，喷混施工方法处根据常见施工条件设置人工喷混（地面、平洞）、斜井支护等6种不同施工形式，只需按照用户界面进行选择。即可根据施工参数自动从定额库中选择合适定额子目并根据已设置基本参数自动调整相关系数计算得出喷混综合单价。

（3）锚索制安。锚索制安计算界面主要由施工部位、锚索长度、钻孔直径以及锚索类型及预应力强度选择等组成，根据锚索形式不同设置无黏结式锚索、黏结式端头锚、黏结式对穿锚三种形式，不同形式下设置不同预应力强度等级，不同施工形式，只需按照用户界面进行选择。即可根据施工参数自动从定额库中选择合适定额子目并根据已设置基本参数自动调整相关系数计算得出岩石预应力锚索综合单价。

(4) 锚筋束。锚筋束计算界面主要由岩石级别、锚杆直径与根数、长度（锚杆长度及入岩长度）、施工部位（洞内、洞外）、施工机具（潜孔钻等）等组成，根据施工参数自动从定额库中选择合适定额子目并根据已设置基本参数自动调整相关系数计算得出锚筋束综合单价。

6　结论

"水电智造"水电工程智能造价软件，立足当下工程技经管理现状，旨在解决当前工程管理中出现的问题，让烦琐、复杂、专业性较强的水电工程造价体系变得"简单化""模块化"，便于工程管理人员在工作中根据实际需求测算综合单价；同时开源化的设计理念，工程管理人员可根据不同项目实际情况，对数据库参数进行补充、调整，更好匹配不同用户的需求，提高软件生命周期和使用成效。后续，研发团队计划聚集抽水蓄能及水电行业技经力量，努力打造出具有特色的、实用性更强的水电造价软件，助力工程建设管理，提升行业影响力及竞争力，更好服务碳达峰、碳中和目标任务。

句容抽水蓄能电站库盆防渗关键技术研究

雷显阳　孙檀坚

（中国电建集团华东勘测设计研究院有限公司，浙江省杭州市　311122）

【摘　要】随着抽水蓄能电站工程的快速发展与建设，地形、地质条件复杂的工程越来越多，尤其对于上水库为河谷型地形，且地下水位较低，需采用全库盆防渗的工程，常采用半挖半填布置方案，库底部分位于高填渣体上，且大部分工程库底填筑料差。大坝与库盆、库盆挖填分界、防渗接头等部位变形问题突出。本文详细介绍了句容抽水蓄能电站上水库库盆防渗方案选择、局部变形适应性措施及土工膜材料选择等，为其他类似工程设计提供借鉴。

【关键词】防渗方案　沥青混凝土面板　土工膜　变形适应性

1　工程概况

句容抽水蓄能电站位于江苏省句容市境内，为日调节纯抽水蓄能电站，装机容量1350MW（6×225MW），日蓄能量607.5万kW·h，多年平均抽水电量18亿kW·h。工程主要建筑物由上水库、输水系统、地下厂房、开关站和下水库等组成。

上水库位于仑山西南侧大哨沟，冲沟流向东南，延伸短，沟底窄，地面高程90.00～110.00m，坝址处沟谷呈不对称的V形。天然库盆由山峰及垭口围成，平面上近圆形，库周最高点位于水库的东北侧（进/出水口）为仑山主峰，海拔为400.40m，西南侧（主坝右坝肩）山峰为375.1m，北库岸垭口地面高程288.30～313.60m。东南侧为冲沟口，需设大坝。岸坡总体坡度25°～40°，发育多条浅蚀的小冲沟，库盆地势不平，高程100～140m。

上水库主要工程有主坝、副坝、环库公路、库盆开挖及库盆防渗等。

上水库主坝采用沥青混凝土面板堆石坝，坝顶高程272.40m，最大坝高182.30m，坝顶长度810.00m，坝顶宽度10.0m，坝体上游面坡比1：1.7，下游面高程240m以上坡比为1：1.9，高程240m以下坡比为1：1.8，下游坝坡每隔35m设一级马道，马道宽3m。

副坝采用沥青混凝土面板堆石坝，坝顶高程272.40m，最大坝高34.50m，坝顶长度210.00m，坝顶宽度10m，坝体上游面坡比为1：1.7，下游面高程240m以上坡比1：1.9，高程240.00m以下坡比1：1.8。主坝、副坝下游坝坡均采用“混凝土框格梁＋草皮”护坡。

上水库库盆由一库底大平台及库周1：1.7坡比的开挖坡形成，库底平台由半挖半填而成，平台高程237.00～236.50m。上水库大坝填筑需要的石料从库盆内开采，库盆开挖石料约2025万m^3，库底填渣采用的上水库库盆开挖的玢岩料、边角料及下水库库盆的含碎石土料等，填筑最大高度约120m。上水库沿库周设环库公路总长约3.0km（含坝顶公路）。

上水库防渗型式采用库岸沥青混凝土面板＋库底土工膜全库盆防渗。

2　防渗方案选择

抽水蓄能电站上水库工程地下水位较低或位于岩溶发育地区时，需采用全库盆防渗方案。工程中常用的全库盆防渗方案主要有：全库盆钢筋混凝土面板、全库盆沥青混凝土面板、全库盆土工膜、库周钢筋混凝土面板＋库底土工膜、库周沥青混凝土面板＋库底黏土铺盖等。而对于坝高较高及库底填筑较厚的工程，尤其是库底填筑料复杂且较差时，其不均匀变形问题较为突出，因此大坝及库盆均需选择适应变形能力更优的防渗材料。

句容工程上水库区位于岩溶区域，地表、钻孔、平洞揭露的岩溶形态主要为溶隙、溶槽、溶洞等。上水库地下水位较低，且库盆采用半挖半填方案。因此，上水库采用全库盆防渗方案。拟定四个方案进行比较：

方案一：全库盆钢筋混凝土面板；

方案二：全库盆沥青混凝土面板；

方案三：库岸钢筋混凝土面板＋库底土工膜；

方案四：库岸沥青混凝土面板＋库底土工膜。

上水库库盆为半挖半填型式，库底需回填石渣，石渣的回填料较为复杂且回填深度达120m，存在库底沉陷量大、库底防渗体与周边连接结构的变形协调难度大等问题，尤其是大坝与库盆、库盆挖填分界、进出水口开挖回填部位差异变形更为突出。计算结果表明，库底采用钢筋混凝土面板或沥青混凝土面板均难于满足变形要求。因此，库底选用土工膜防渗方案。土工膜是一种渗透性小、拉伸性很好、能适应较大变形的土工合成材料，可满足库底防渗要求。同时，采取适当的结构措施可以解决好土工膜与设置在基岩上的廊道以及与在堆石体上的连接板之间可能产生的不均匀沉降问题，可以达到经济、可靠的防渗要求。采用土工膜防渗时，上水库作用水头约为30m，在工程经验的范围内；库底分区设土工花管，库底漏水可以通过库底观测廊道监测，较易发现和修补；土工膜上面设保护层，且运行期长期位于水下，可有效防止土工膜老化。

库周选用钢筋混凝土面板和沥青混凝土面板进行防渗方案均是可行的。但由于主坝坝高达182.3m，坝体的长期变形问题突出，而沥青混凝土面板相对于钢筋混凝土面板适应变形能力更好。钢筋混凝土面板需设置较多的结构缝，分缝止水部位因应力集中或不均匀变形容易损坏，钢筋混凝土面板浇筑或养护不当易产生较多裂缝，且面板裂缝和止水破坏修补相对困难，一旦破坏将形成集中渗漏通道。沥青混凝土面板采用机械化施工，施工快捷便利，且后期修复方便，经济性也与钢筋混凝土面板方案接近。综合对比分析，上水库库盆采用库周沥青混凝土面板＋库底土工膜防渗方案。

3　变形适应性研究

根据已建采用库底土工膜防渗方案的工程应用情况来看，库底土工膜渗漏主要集中于挖填分界、软弱交接和锚固等差异变形较大部位。该部位一侧因水压力作用将土工膜与下部支持层压紧，并向水作用力方向位移。由于强大的水压作用，土工膜与下支持层之间产生摩擦力约束土工膜与下支撑层之间的错动位移，这种约束作用类似于拉伸试验中另一边的夹具，此时就如同量具及其微小（两夹具紧靠）的试验。这种由于锚固和摩擦对土工膜形成的变形约束现象即为“夹具效应”。

消除夹具效应的措施常利用锚固处土工膜的特殊铺设方式，使土工膜随填筑体变形而变形。一般在搭接部位局部填筑好料，减少堆石料变形梯度。同时预留一定超高或凹坑，以抵消局部堆石体变形，土工膜内不产生内力或只产生很小的内力，保证其具有正常的生命周期。

3.1　变形适应性计算

由于连接板下部为上游堆石料，而土工膜下部为库盆回填料（见图1），两者的“软硬”程度不同，蓄水后势必在土工膜锚固部位产生较大的变形梯度，故此处局部土工膜对于较大变形梯度的适应性是确保防渗体系可靠性的关键。采用有限元方法对主坝土工膜与连接板锚固部位进行整体模型和子模型计算。计算结果表明（见图2），子模型连接板锚固处的局部土工膜最大应变达到了3.75％。考虑到工程选取的土工膜正常工作状态下的单向应变极限为12％，双向应变极限为3％～4％。土工膜已经处于破坏临界状态，有必要采取局部适应变形的措施来减小土工膜的应变。

3.2　变形适应性措施分析

局部适应变形措施结果示意图如图3所示，其中鼓包和凹坑均为圆弧曲线，通过设置不同的圆弧高度h（当$h>0$时为鼓包，$h<0$时为凹坑）及弦长S来确定较为优化的局部适应变形措施。计算不同适应变形措施组合见表1。

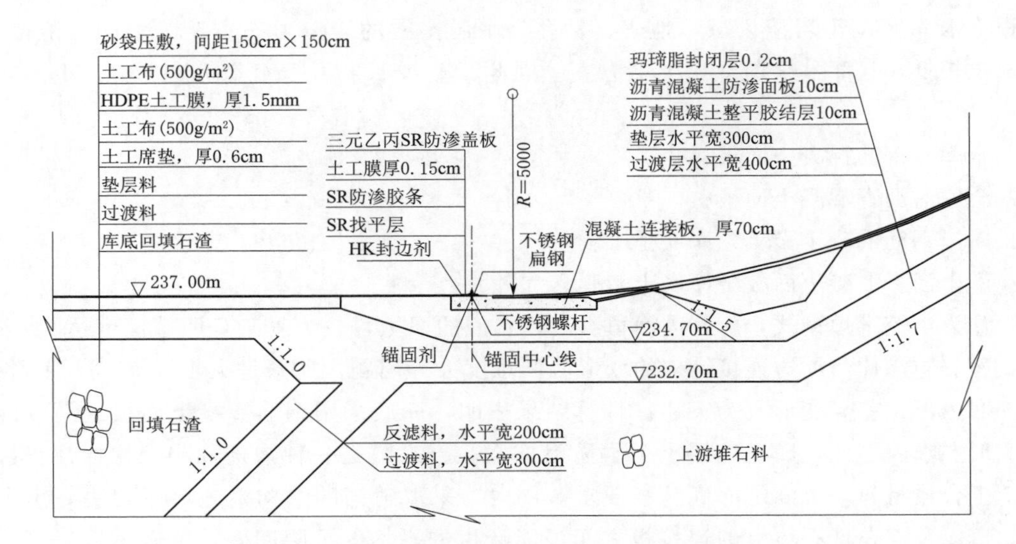

图 1　土工膜与连接板锚固部位示意图

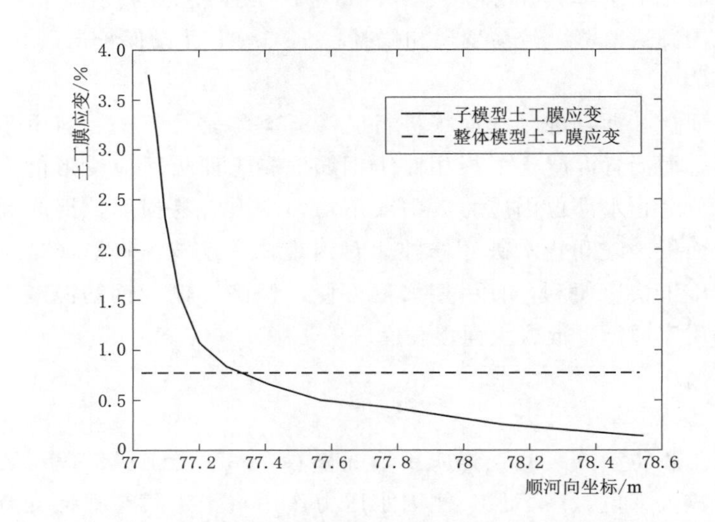

图 2　子模型与整体模型该部位土工膜应变对比图

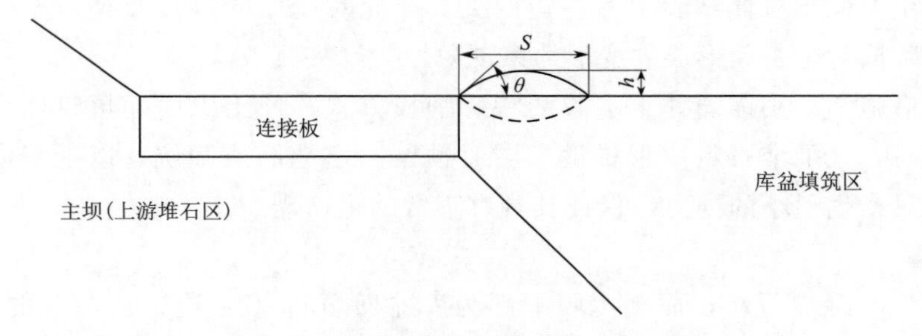

图 3　局部适应变形措施结构示意图

表 1　　局部适应变形措施方案统计表

方案编号	$S=1.0$m	$S=0.5$m	方案编号	$S=1.0$m	$S=0.5$m
$h/S=0.24$（鼓包措施）	方案 A	方案 B	$h/S=-0.24$（凹坑措施）	方案 A′	方案 B′
$h/S=0.16$（鼓包措施）	方案 C	方案 D	$h/S=-0.16$（凹坑措施）	方案 C′	方案 D′
$h/S=0.08$（鼓包措施）	方案 E	方案 F	$h/S=-0.08$（凹坑措施）	方案 E′	方案 F′

计算结果表明（图 4～图 7）：与未设置措施时相比，设置措施后，在鼓包和凹坑的宽度范围内的土工膜应变均发生了一定的变化，在最靠近连接板一侧的土工膜应变各个方案均有不同幅度的减小，其中减

小幅度较大的有方案 A（降至 0.67%）、方案 B（降至 0.65%）、方案 A′（降至 0.80%）。

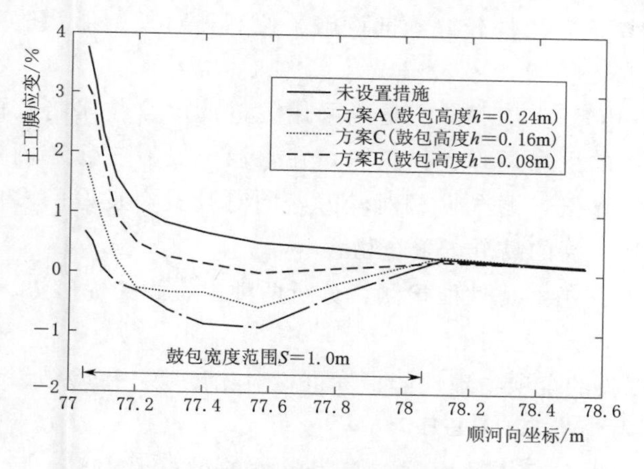

图 4　设置鼓包后各方案土工膜应变分布（鼓包宽度 1.0m）

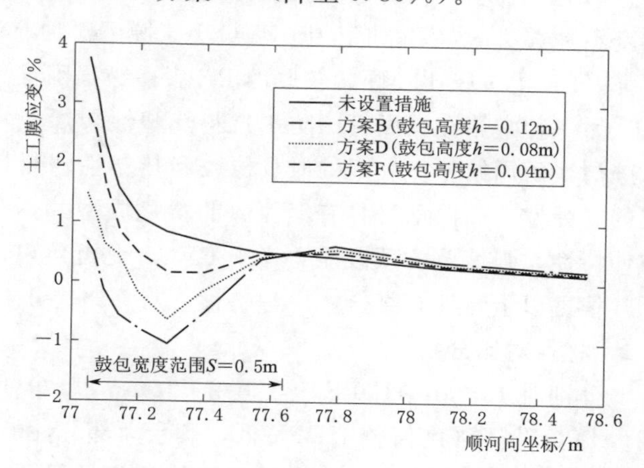

图 5　设置鼓包后各方案土工膜应变分布（鼓包宽度 0.5m）

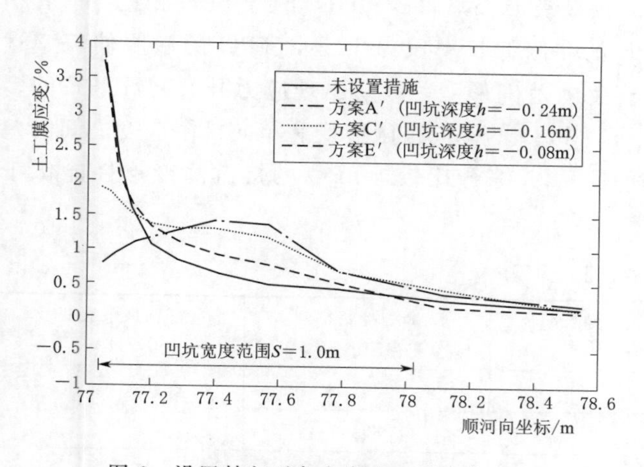

图 6　设置鼓包后各方案土工膜应变分布（凹坑宽度 1.0m）

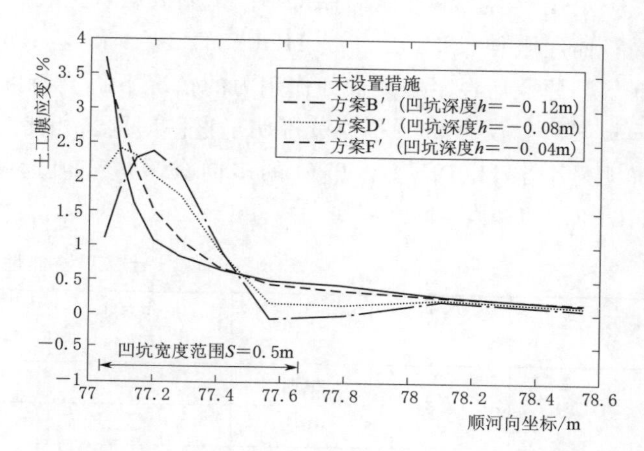

图 7　设置凹坑后各方案土工膜应变分布（凹坑宽度 0.5m）

鼓包方案与凹坑方案最大的区别在于，设置措施后，鼓包方案中在鼓包的宽度范围内，土工膜应变均较未设置措施前要小，而凹坑方案中在凹坑内部的土工膜应变均较未设置措施前要大，这是由于设置凹坑与鼓包时，土工膜局部受力方向发生变化所造成的。

综合各个方案可知，土工膜最大应变均减小，但是由于凹坑措施中凹坑内部的土工膜应变普遍增大，鼓包措施中最大应变均发生在紧靠连接板一侧，且所有鼓包方案中在鼓包宽度范围内的土工膜应变均比未设置鼓包时要小。因此本文确定较为合理的适应变形措施是鼓包方案，由于在鼓包方案中随着鼓包高度 h 与宽度 S 之比逐渐增大，土工膜的应变也逐渐减小，故采取较高的鼓包高度有利于减小土工膜的应变。

4　土工膜选材

句容上水库库底填筑高度达 120m，填筑料主要为下水库含碎石土料、上库的边角料及风化玢岩料，料性非常复杂。虽然通过提高施工碾压参数可以减少部分沉降变形，但库盆的挖填分界、进出水口及大坝连接部位不均匀沉降问题仍然非常突出，通过对这些部位考虑预留超高、设置增模区等工程措施，可以减小土工膜局部变形适应性，但是 HDPE 局部拉应变仍然较大，进出水口部位土工膜最大应变值接近于 1%。根据句容项目的特殊工况，寻求一种性能更优、可适应大尺度沉降变形、且便于施工的新型材料显得格为重要。

4.1　材料特性

我国用于防渗工程的土工膜材料主要是 PE 和 PVC 土工膜两种，PE 土工膜略多。从力学特性上分析，PE 土工膜和 PVC 土工膜的拉伸强度相差不大，在只用于防渗而不作为加筋材料使用情况下，拉伸强度不是选材的重要指标。但 PVC 土工膜因添加有增塑剂，柔性较好，铺设施工便利，对复杂形状适应性强。PE 土工膜比较硬，较厚的 PE 膜褶皱很困难。

另一种常用在屋面等的防水材料热塑性聚烯烃（TPO）土工膜，它是以采用先进的聚合技术将乙丙橡胶与聚丙烯结合在一起的兼具橡胶和热塑性塑料特性的聚烯烃弹性体材料，在常温下具有三元乙丙橡胶的高弹性，高温下又具有聚丙烯的塑化成型，不含增塑剂，耐久性相对较好，同时其具有良好的多向拉伸特性，强度及抗顶破能力优于 PVC，是近年来迅速发展的高分子聚合物。

根据以上特性，结合本工程特性，对 TPO、HDPE 进行对比性能检测，分析两种土工膜的优劣势。

4.2　材料对比分析

分别对 1.5mm HDPE 土工膜和 1.5mm TPO 土工膜的全项物理性能指标进行对比试验。试验结果表明，TPO 除了强度值较 HDPE 低，其余大部分性能均明显优于 HDPE。

（1）伸长率。断裂伸长率和屈服伸长率是保证土工膜在坝体及库盆防渗完整性的最重要因素，断裂伸长率决定了材料可承受的由于建筑物沉降带来的最大形变量，而屈服伸长率决定了材料在服役期内承受一定变形后防渗性能的保持率。试验表明（见表 2），就断裂伸长率而言，HDPE 与 TPO 相近，前者稍高；而屈服伸长率 TPO 是 HDPE 的 2～3 倍。HDPE 的屈服伸长率仅为 12%，TPO 的屈服伸长率达 30%，屈服后在不施加额外作用力的情况下仍会持续产生大范围形变，极易出现应力开裂，HDPE 的多向极限应变仅为 30%也充分说明了这一问题。相比之下，TPO 的多向极限应变和单向极限应变之间的差异明显小于 HDPE，且 TPO 的多向极限应变值远超 HDPE。综合比较，TPO 的抗沉降变形性能优于 HDPE。

表 2　　土工膜拉伸性能特征值汇总

土工膜	厚度/mm	方向	拉伸强度/MPa	屈服伸长率/%	断裂伸长率（单向应变）/%	多向极限应变/%
HDPE	1.5	纵向	44	13	869	30
		横向	43	12	894	
TPO	1.5	纵向	25	32	659	400
		横向	22	31	766	

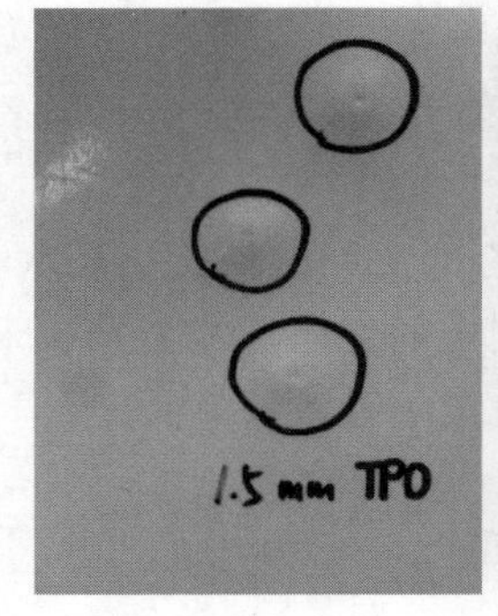

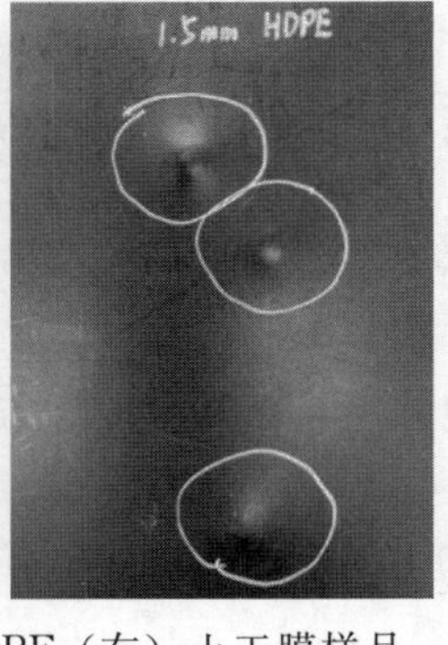

图 8　TPO(左）及 HDPE（右）土工膜样品在受到落锤冲击后的表面情况

（2）抗冲击性能。将参比土工膜样品在拉伸至 50%应变之后释放并测量了其形变的可恢复量（弹性形变量）。弹性形变量量化了土工膜在受到短效冲击后恢复至原始形态的能力。从表 3 中可以看出，HDPE 的弹性形变量仅为 30%左右，说明产生的绝大部分形变为不可恢复的永久性形变。相比之下，同厚度的 TPO 虽然在 50%的应变处也已处于屈服阶段，但是仍有 90%以上的弹性形变量。TPO 抗冲击性能更佳，TPO 及 HDPE 土工膜样品在受到落锤冲击后，TPO 背面无明显凸起，HDPE 背面有明显凸起（图 10）。

表 3　　土工膜弹性形变量（可恢复）对比

土工膜	厚度/mm	方向	断裂伸长率/%	弹性形变量/%
HDPE	1.5	纵向	869	36
		横向	894	28
TPO	1.5	纵向	659	92
		横向	766	94

(3) 抗穿刺性能。抗穿刺性能的数据如表4所示，HDPE的最大穿刺力远超TPO，符合其高模量的特性，但TPO的刺破位移比HDPE要高出约45%。HDPE的高断裂伸长率并没有反映在它的刺破位移上，这也正证明了材料在屈服之后强度便大幅下滑，容易出现薄弱点，并进一步演化成渗漏点。

表4 参比土工膜样品的穿刺测试及基层适应性测试数据

土工膜	厚度/mm	最大穿刺力/N	刺破位移/mm	三棱体基层刺破高度/mm
HDPE	1.5	626	23.5	15
TPO	1.5	279	34	100

(4) 耐久性。分别从耐热、耐紫外和耐液体化学试剂三个方面对两种土工膜进行了对比分析。试验表明（表5），TPO土工膜在HDPE土工膜标准所规定的三种老化条件下进行处理后性能基本保持不变，而HDPE在热老化和紫外老化处理后性能有明显下滑。其中HDPE在长期使用过程中会存在炭黑集聚而导致分散性变差的问题。综合对比，TPO的各项应用性能较HDPE土工膜更为均衡。

表5 参比土工膜样品的老化性能保持率对比

土工膜材料			HDPE	TPO
厚度/mm			1.5	1.5
耐热老化性能（85℃，90d）	拉伸强度保持率/%	纵向	86	104
		横向	86	105
	断裂伸长率保持率/%	纵向	86	106
		横向	88	101
	接缝剥离性能保持率/%		63	124
	接缝剪切性能保持率/%		109	108
耐紫外老化性能（1600h）	拉伸强度保持率/%	纵向	89	105
		横向	95	100
	断裂伸长率保持率/%	纵向	85	101
		横向	91	90
	接缝剥离性能保持率/%		99	103
	接缝剪切性能保持率/%		110	105
耐液体化学试剂性能（蒸馏水浸泡4w）	拉伸强度保持率/%	纵向	93	100
		横向	100	100
	断裂伸长率保持率/%	纵向	98	103
		横向	97	93

(5) 其他性能。耐高温性能：TPO受热尺寸变化率小，从23℃升温至80℃面积仅增大0.8%。而相比之下，HDPE的面积增大了2.3%，放大到几十万平方米的库盆和坝面防渗层上，就会导致高温“波浪”现象，使得防渗层与基层之间出现空隙，渗漏的概率大幅增加。而在低温情况下，HDPE又会明显收缩而产生应力，进而导致局部开裂。因此，TPO的耐高低温性能优于HDPE。

施工性能：决定施工性能的一个关键因素就是产品的柔性，它影响到放卷的难易程度，防渗材料与基层的帖服性，以及细部节点的处理难度等。HDPE的硬度比TPO高出60%左右。HDPE在工厂收卷后容易保持卷曲的状态，在工地不好放卷，且与基层帖服性差，另外在与混凝土面板连接处，锚固带埋设端等部位处理难度较大。

5 结论

(1) 句容抽水蓄能电站上水库地形条件复杂，坝高较高、库盆填筑较厚，库底采用适应变形能力更好的土工膜进行防渗更有利于工程安全，库周采用沥青混凝土面板方案具有施工快捷便利、不需要布置止水、且出现缺陷修复快等优点，方案选择是合适的。

（2）对于库盆存在高填渣体的采用土工膜防渗工程，在挖填分界、大坝与库盆、库盆与进出水口、土工锚固等部位不均匀变形问题比较突出，通过在局部设置增模区、鼓包或凹坑等结构措施，可有效减小土工膜的拉应变，消除土工膜“夹具效应”，确保工程安全。

（3）TPO材料相对于HDPE，在拉伸、抗穿刺、耐高低温、焊接、施工、抗渗、耐久性能等方面具明显优势。对于句容上水库工程存在的挖填分界、大坝连接部位、进出水口搭接部位不均匀变形具有更优的适应性。

参考文献

[1] 姜忠见，等. 句容抽水蓄能电站可行性研究报告［R］. 杭州：中国电建集团华东勘测设计研究院，2015.

[2] 吴关叶，黄维，王樱畯，等. 抽水蓄能电站水库防渗技术［M］. 北京：中国水利水电出版社，2020.

[3] 束一鸣，等. 土工合成材料防渗排水防护设计施工指南［M］. 北京：中国水利水电出版社，2020.

[4] 束一鸣，吴海民，姜晓桢，等. 高面膜堆石坝周边的夹具效应机制与消除设计方法［J］. 水利水电科技进展，2015，35（1）：10-15.

[5] 宁宇，喻建清，崔留杰. 软岩堆石高坝土工膜防渗技术［J］. 水力发电，2016，42（5）：62-67.

关于抽水蓄能项目建设征地指标优化的分析与思考

潘菊芳 鲍利佳 韩 标 陈同法
（国网新源集团有限公司，北京市 100052）

【摘 要】 为进一步优化抽水蓄能项目建设征地指标，提高项目前期设计质量，本文通过对建设征地处理范围界定说明、部分基建项目建设征地指标情况比较分析，提出抽水蓄能项目建设征地指标优化建议。

【关键词】 抽水蓄能 建设征地 水库淹没影响区 枢纽工程建设区 施工布置

1 引言

建设征地是抽水蓄能项目工程建设的重要基础性工作，具有显著的政策性、程序性、综合性和技术性。抽水蓄能项目可行性研究阶段，“三大专题”确定建设征地处理范围后，下一步实物指标调查、征地移民安置规划、文物调查、压覆矿资源评估、防震抗震、地质灾害评估、水土保持等大部分设计专题，均在划定的建设征地处理范围基础上开展，因此，建设征地对于项目开发、工程建设具有极为重要的意义，做好建设征地范围界定工作，也是抽水蓄能高质量发展不可忽视的一环。

与常规水电相比，抽水蓄能项目建设征地具有用地规模小、规划周期短、施工布置灵活等特点，项目间建设征地指标存在较大差异，如何更好地优化项目建设征地指标，兼顾投资与效益，是一项值得重点关注的系统性工作。

2 建设征地处理范围界定

抽水蓄能项目建设征地处理范围包括工程建设涉及的主体工程占地、施工用地、工程管理用地和因蓄水造成的水库淹没影响范围，按用地性质可分为永久占地范围和临时用地范围；按土地用途可分为水库淹没影响区和枢纽工程建设区。建设征地处理范围界定应在遵循节约集约用地、满足工程建设和电站运行需要、保障人民生命财产安全的基础上，依据工程规模、枢纽建筑物和施工布置、施工组织设计，开展拟征地区地质勘察，确认地质条件后，通过技术手段明确实地明确建设征地处理范围，绘制建设征地移民界线图。

2.1 水库淹没影响区

水库淹没影响区根据上下水库正常蓄水位，结合成库条件分析确定，包括水库淹没区和水库影响区。水库淹没区包括水库正常蓄水位以下的淹没区域，以及水库正常蓄水位以上受水库洪水回水、风浪和船行波、冰塞壅水等临时淹没的区域；水库影响区包括由蓄水引起的滑坡、塌岸、浸没、变形库岸、内涝、水库渗漏等需要处理的区域，以及减水河段、失去基本生产生活条件的库周和孤岛等其他受水库蓄水影响需要处理的区域。

水库淹没影响区界定主要依据《水电工程建设征地处理范围界定规范》等规范。在正常蓄水位专题设计中，根据比选推荐的正常蓄水位，确定水库淹没影响区建设征地范围。设计过程需要注意的是，对于集雨面积较小、回水长度较短、回水影响不显著的水库，人口、土地中耕地和园地、房屋及附属建筑物、专项设施等处理范围可在正常蓄水位基础上加 2m 确定；设置拦砂坝的水库，拦砂坝的水库淹没影响处理范围应纳入水库淹没影响区；使用已建水库的或租赁已建水库的，水库原建设征地范围不纳入水库淹没区处理范围；占用已建水库的，水库原建设征地范围应纳入水库淹没区处理范围；对已建水库进行改扩建的，应将新增的征地范围纳入建设征地处理范围；水库淹没区与枢纽工程建设区重叠部分，应纳入水库淹没区，可按用地时序要求与枢纽工程建设区一并先行处理。

2.2 枢纽工程建设区

枢纽工程建设区根据枢纽布置格局比选、施工总布置方案，结合用地和影响对象情况分析确定，主要包括上下水库枢纽工程、开关站、进出水口、上下水库连接道路、场内交通、料源料场、渣场、施工生产生活设施等用地，分为永久占地和临时用地。其中，上下水库枢纽工程建筑物、上下水库连接道路、场内永久交通设施、开关站、进出水口、发电厂房（地面）、现场运行管理营地等区域属于永久占地；料源料场、渣场、施工生产生活设施、建设期管理营地、场内临时交通道路等属于临时用地。

枢纽工程建设区界定主要依据《水电工程施工总布置设计规范》《水电工程建设征地处理范围界定规范》等规范。在施工总布置专题设计中，遵循因地制宜、有利于生产、方便生活、环境友好、节约资源、经济合理的原则，合理规划料场、渣场、主要施工生产生活设施场地、业主营地、场内交通及水土保持、环境保护设施等施工用地，确定枢纽工程建设区建设征地范围。设计过程中需要注意的是，严格控制建设征地范围，特别是临时用地范围，严禁将规范之外用地纳入建设征地范围；对外交通道路、上下库连接路等需要结合建设模式确定道路用地是否纳入建设征地范围，明确采取合作共建模式的道路用地不纳入建设征地范围；项目补水工程用地，原则上泵房用地按永久用地处理，地埋形式的管路用地按临时用地处理；移民安置迁建、复建项目用地，相应用地范围一般不纳入水电工程建设征地处理范围，省级人民政府有规定的除外；以划拨方式取得的业主营地，相应建设用地纳入建设征地处理范围。

3 部分基建项目建设征地指标情况

近年来，抽水蓄能项目开发建设在数量和规模上较以往有显著提升。本文选取其中 30 座电站作为分析对象，力求所选项目建设征地指标具有较强代表性。选取过程综合考虑装机容量、站址布局和设计资源影响，在装机容量上覆盖了 100 万 kW、120 万 kW、140 万 kW 和 180 万 kW 等国内主流的四机式和六机式项目；在站址布局上覆盖了华东、华北、华中、西北和东北五大区域；在可研设计资源上涵盖了华东院、北京院、中南院、东北院和西北院等国内抽水蓄能项目设计主要力量。30 家抽水蓄能项目建设征地指标情况见表 1。

表 1　30 家抽水蓄能项目建设征地指标情况表

序号	项目名称	装机容量/万 kW	额定水头/m	建设征地总面积/亩	按用地性质分/亩		按土地用途分/亩	
					永久占地	临时用地	枢纽工程建设区	水库淹没影响区
1	项目 01	100	222	6163	5452	711	3414	2749
2	项目 02		379	6928	3906	3023	6099	829
3	项目 03	120	226	7239	6022	1217	3944	3295
4	项目 04		367	5846	4172	1674	4311	1535
5	项目 05		392	6618	4941	1677	4526	2092
6	项目 06		407	4003	3416	587	2937	1066
7	项目 07		411	4944	3867	1077	3531	1413
8	项目 08		415	4345	3442	903	3484	861
9	项目 09		421	4353	3199	1154	3029	1324
10	项目 10		425	5915	3596	2319	4830	1085
11	项目 11		437	4670	3400	1271	3856	815
12	项目 12		457	5662	3413	2249	4622	1039
13	项目 13		474	6996	4769	2227	6000	996
14	项目 14		489	5363	4011	1352	4413	951
15	项目 15		500	5652	4479	1173	4773	879
16	项目 16		510	5551	4106	1445	4594	958

续表

序号	项目名称	装机容量/万 kW	额定水头/m	建设征地总面积/亩	按用地性质分/亩		按土地用途分/亩	
					永久占地	临时用地	枢纽工程建设区	水库淹没影响区
17	项目 17	128	355	4205	3442	763	2643	1563
18	项目 18		440	4880	3775	1105	2896	1984
19	项目 19		459	4510	3556	954	3214	1297
20	项目 20		470	4047	3652	395	2919	1128
21	项目 21	140	495	3572	2855	717	2372	1200
22	项目 22		531	2895	2301	594	1770	1124
23	项目 23		583	4334	3427	906	3464	869
24	项目 24		604	5209	3627	1582	4374	835
25	项目 25	150	649	5302	3472	1830	4398	904
26	项目 26		390	7071	5685	1386	5489	1582
27	项目 27		425	4581	3676	905	2957	1624
28	项目 28	180	454	4455	3961	493	2876	1579
29	项目 29		471	4283	3120	1163	3380	903
30	项目 30		589	4587	3751	836	3280	1307

3.1　建设征地总面积

不同项目建设征地总面积指标差异较大，30 个项目平均用地面积 5139 亩，其中，最大的 7239 亩，最小的 2895 亩；用地面积在 4000～5000 亩、5000～6000 亩的项目分别有 15 个、8 个，占比 50%、27%。

从装机容量分析，采用四机式布置的，120 万 kW 装机项目平均用地面积 5553 亩，其中，额定水头为 400～500m 的项目 9 个，平均用地面积 5139 亩；额定水头超过 500m 的项目 2 个，平均用地面积 5602 亩。140 万 kW 装机项目平均用地面积 4207 亩，其中，额定水头为 400～500m 的项目 4 个，平均用地面积 4252 亩。采用六机式布置的，180 万 kW 装机项目平均用地面积 4995 亩，其中，额定水头在 400～500m 区间的项目 3 个，平均用地面积 4439 亩。

从地理位置分析，受地形条件影响，东北、西北地区项目建设征地范围普遍较大，东北地区 3 个项目突破 6000 亩，2 个项目突破 7000 亩；西北地区 2 个项目接近 7000 亩；华中、华东地区项目建设征地范围较紧凑，140 万 kW 装机项目中，华中地区 3 个平均用地面积 4275 亩，华东地区 2 个平均用地面积 3702 亩，显著低于东北、西北地区项目。

3.2　水库淹没影响区

30 个项目水库淹没影响区平均用地面积 1326 亩，占总面积的 25.8%，其中，最大的 3295 亩，主要原因是额定水头低，下水库淹没线以下面积（2507 亩）较大；最小的 815 亩，主要原因是电站满发小时数仅 5h，有效调节库容较小；用地面积为 815～1000 亩、1000～1500 亩的项目分别有 11 家、10 家，占比 37%、33%。120 万 kW 装机项目平均用地面积 1308 亩，140 万 kW 装机项目平均用地面积 1205 亩，180 万 kW 装机项目平均用地面积 1399 亩。

14 个 120 万 kW 装机项目中，水库淹没影响区用地面积为 815～900 亩、900～1000 亩、1000～1100 亩、1100 亩以上的项目数分别为 3 个、3 个、3 个、5 个。用地面积与额定水头关联图显示，在装机台数和容量、满发小时数相同的情况下，随着水头的增加，水库淹没影响区用地面积呈现缩减趋势。从理论上分析，水库淹没影响区取决于上下水库库容，根据出力与水头、流量关系（$P=gQH$，g 为重力加速度），同等装机规模，水头越高，流量需求就越小，对水库有效调节库容需求也就越小，相应建设用地面积也就越小，上述分析也印证了该理论。

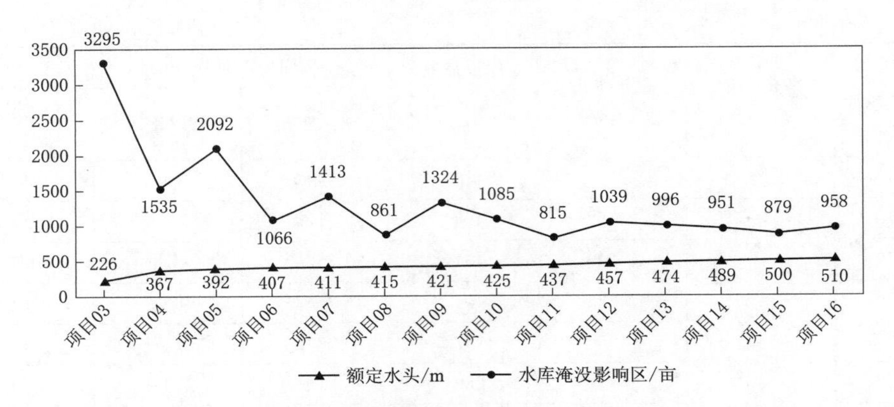

图 1　120 万 kW 装机项目水库淹没影响区用地与额定水头关联图

对比 120 万 kW、140 万 kW 装机项目，当水头超过 500m，水库淹没影响区用地面积呈现较显著的下降趋势。对比 120 万 kW、140 万 kW、180 万 kW 装机项目，180 万 kW 项目增加的水库淹没影响区用地面积主要受机组台数增加影响，而 140 万 kW 项目减少的水库淹没影响区用地面积主要受单机容量提升影响。此外，地形地质等成库条件对水库淹没影响区用地有一定影响，较好的地形地质条件，可以降低死库容，直接减少水库淹没影响区面积。

3.3　枢纽工程建设区

枢纽工程建设区由永久占地和临时用地组成，30 家项目平均用地面积 3813 亩，其中，最大的 6099 亩，主要原因是临时用地面积（3023 亩）较大；最小的 1770 亩，主要原因是地形条件较好，施工总布置和组织设计方案较理想；分布在 2000～3000 亩、3000～4000 亩、4000～5000 亩的项目分别有 7 个、10 个、9 个项目，占比 23%、33%、30%。

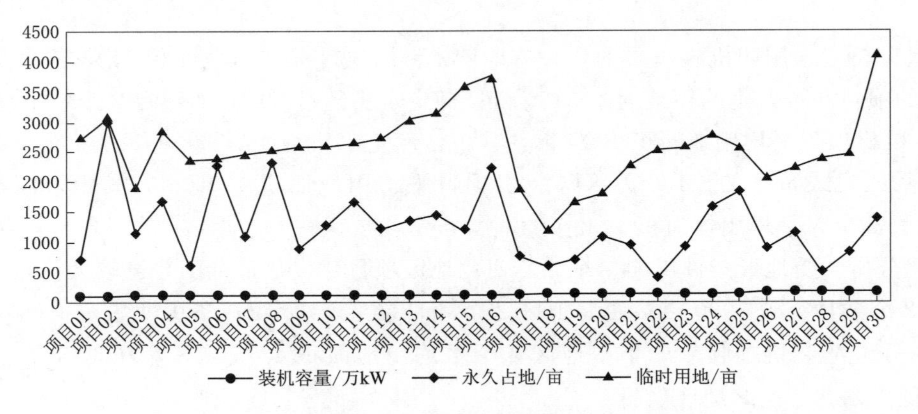

图 2　枢纽工程建设区永久占地与临时用地情况

3.3.1　枢纽工程建设区永久占地

30 个项目平均枢纽工程建设区永久占地 2557 亩，其中，最大的 4103 亩，主要原因是设计院在设计过程中，将相邻地块组织按划定外包线处理；最小的 1176 亩，主要原因是工程布置紧凑，且场内外交通以隧道为主，减少了大量交通用地；分布在 1000～2000 亩、2000～3000 亩、3000 亩以上项目分别有 5 个、19 个、6 个，占比 17%、63%、20%。

14 个 120 万 kW 装机项目平均枢纽工程建设区永久占地面积 2752 亩，分别分布在 1500～2000 亩、2000～3000 亩、3000～4000 亩，数量分别为 1 个、9 个、4 个，占比 7%、64%、29%。7 家 140 万 kW 装机项目平均枢纽工程建设区永久占地面积 2108 亩，分别分布在 1000～2000 亩、2000～3000 亩，数量分别为 3 个、4 个，占比 43%、57%。5 家 180 万 kW 装机项目，平均枢纽工程建设区永久占地面积 2640 亩，除个别项目超过 4100 亩，其余项目均为 2000～3000 亩。

枢纽工程建设区永久占地主要由上下水库大坝、进出水口、围堰等枢纽设施，环库上坝、进厂、厂坝连接、营地及工程管理区等的场内外交通道路，开关站，业主营地，进厂交通洞和通风洞等洞口等组成，枢纽工程建设区永久用地面积主要受地形地质条件、枢纽工程布局与施工布置、施工中的混凝土、钢筋和木材等施工用料需求量影响。分析各项目各类地块用地面积，未发现明显规律，常规情况下按地块面积从大到小分别为水库枢纽、场内外交通道路、业主营地、开关站。

3.3.2 临时用地

30 家项目平均临时用地 1256 亩，其中，最大的 3023 亩，主要原因是受地形和高压线路影响，渣场利用率较低，且布置了 746 亩料场和 790 多亩施工道路用地；最小的 395 亩，主要原因是下库区域临时施工用地全部结合永久工程布置，节省了大量临时用地；面积在 1000 亩以下、1000～2000 亩、2000 亩以上项目分别有 12 个、14 个、4 个，占比 40%、47%、13%。120 万 kW 装机项目平均用地面积 1452 亩，140 万 kW 装机项目平均用地面积 893 亩，180 万 kW 装机项目平均用地面积 956 亩。

表 2　　部分项目临时用地指标情况表　　单位：亩

序号	项　目	项目 01	项目 02	项目 03	项目 04	项目 05	项目 06	项目 07
1	砂石加工系统	119.94	52.47	109.45	67.47	74.96	34.48	29.99
2	混凝土生产系统	37.48	22.49	23.99	14.99	20.99	44.98	14.99
3	沥青骨料加工拌和系统	29.99	—	9	20.99	—	—	—
4	综合加工厂	71.96	98.95	47.83	118.44	31.48	77.66	20.99
5	钢管加工厂	44.98	19.49	17.99	29.99	29.99	28.49	38.98
6	金结拼装厂	37.48	41.23	15.59	164.92	6	20.99	7.5
7	设备停放场	59.97	—	17.99	32.98	—	31.48	38.98
8	仓库	59.97	85.46	35.08	22.49	34.48	42.73	31.48
9	承包商营地	131.18	—	78.71	77.96	61.47	60.27	74.96
10	管理用地	149.93	89.96	168.67	136.43	68.97	122.94	20.54
11	施工风水电	9	20.99	43.63	—	—	—	—
12	施工变电站	7.5	11.99	4.5	4.5	6	3.75	3
合计		**801.35**	**484.57**	**488.91**	**794.6**	**385.46**	**398.59**	**326.39**

西北地区部分项目临时用地面积较大，主要受地质条件影响，弃渣量大，导致渣场面积普遍较大。而华东、华中地区项目，因地质条件较好，砂石料加工系统、综合加工厂、施工风水电等临时性施工场地大部分可以结合工程永久布置，大量压缩临时用地面积。

4　抽水蓄能项目建设征地指标优化相关建议

综合分析 30 家项目建设征地指标，按总体平均水平，建设征地总面积中，枢纽工程建设区永久占地约占的 1/2，临时用地和水库淹没影响区大约各占 1/4。对比水库淹没影响区、枢纽工程建设区的永久占地和临时用地情况，四机式的 120 万 kW、140 万 kW 和六机式的 180 万 kW 工程布置中，以四机式的 140 万 kW 项目建设征地指标最优、最经济。总体而言，项目建设征地范围的决定性因素源于站址的地形地质条件，当规划站址确定后，前期设计仅是在划定项目建设征地范围时进行适当优化，影响远远小于站址自身的选择。

4.1　把控好影响项目建设征地指标的关键因素：站址选择

抽水蓄能项目站址选择主要区域地形地质条件。首先是上下水库成库条件的充分利用。水库淹没影响区主要取决于成库条件，同时受装机容量、额定水头、满发小时数等指标影响，在站点选址确定后，可优化空间有限。同时，成库条件还影响枢纽工程建设区用地规模，在地形较缓地带修建水库，则水库淹没范围和影响范围相对较大，需要通过大方量挖填，才能满足有效库容需求，且开挖经平衡后产生的无用料需堆放到弃渣场，渣场容量增加导致用地面积增大；反之，若在地形地质条件较好区域修建水库，则可利用天然地形条件减少开挖、填筑量，有利于实现土石方平衡，从而减小因弃渣造成的用地面积增大问题。其次是站址条件在工程布置中的充分利用。原始站址条件利用是节省工程用地的首选。设计过程中，应全方位深入调查研究现场地形、地质、现有资源等情况，充分利用已有条件开展工程布置。如料源使用中，如永久用地范围内料源能满足工程需要，则不再考虑设置库外临时料场；斜坡地形可考虑利用高差按台阶式布置；利用已有水库作为上库或下库的，可采用使用库容方式，减少库区征地。

4.2　把控好影响项目建设征地指标的核心环节：施工总布置设计

抽水蓄能现场施工总布置是否合理、紧凑，将直接影响临时用地规模大小，同时也直接反映出投资主体现场施工管理水平。针对施工总布置，在项目前期可研阶段应加强管理与审核，应由相关业务部门组织专人负责跟踪设计成果，做好过程管控，同时与设计人员进行实地踏勘，因地制宜规划施工总布置，防止出现“纸上谈兵”的情况，其次在规划阶段要求设计院充分统筹考虑后续施工便利性、工程建设管理的方便性及施工的干扰性等问题以及施工布置对周边环境的影响，在满足施工条件和文明施工的前期下，尽可能节约施工用地、减小用地规模。一是通过优化施工组织，提高土地利用率，减少用地面积。在施工布置前，应充分调查地方可利用设施情况，充分利用已有资源，减少工程布置；充分考虑上下库区域设施共用后，统筹施工工序、时序，开展施工布置。二是通过优化施工布置减少临时用地。采取永临结合方式，尽量结合永久工程布置临时工程，如结合水库淹没区用地，在施工时序允许的条件下布置部分施工辅助设施，能有效减少临时用地面积，同时集中布置也会减少各场地间连接道路用地。

4.3　把握好用地指标优化时序

项目建设征地指标优化空间主要在枢纽工程建设区，尤其是施工总布置。因此，项目可研设计阶段用地指标优化，即施工总布置管控应在“三大专题”审查前完成。首先，应确保相关设计人员专业素质和业务能力；其次，结合工程所在地的地形、地貌等自然条件，对施工场地进行详细的优化设计，力求紧凑布置、精简规模、减少转运，尽量做到集约节约用地，减少临时设施占用空间，根据现场实际情况设计多种总平面布置方案，并进行对比分析和综合评价，选择最合适的总平面布置方案，实现施工总布置的整体最优。施工生产设施布置设计，要按工程所需各类施工生产设施的规模、工艺流程、设备选型，进行工厂布置及建筑物结构设计。如混凝土生产系统承担不同部位、不同高差、不同时期的浇筑任务，要统筹兼顾选择集中或分散设置，避免中途搬迁造成人力、物力的损失；综合加工厂要充分考虑木材、钢筋、混凝土的用量、来源和运输方式布置；综合仓库要尽量靠近交通干线，可采用永临结合方式布置。施工总布置的优化成果体现在“三大专题”中，也是建设征地工作依法合规的重要保障。

4.4　把握好业主单位管理策略

对于抽水蓄能项目投资主体而言，前期规划、基建施工等管理与控制，不仅影响项目整体进度和质量，也直接反映在建设征地指标。一是从项目全过程管控看，尤其是施工总布置是直接影响用地规模的重要专题，其编审质量直接关乎用地规模合理性、可行性，控制用地指标，首先需要提升可研阶段施工总布置方案的质量，其工作的基础是业主单位对施工布置的管理策略。二是重大的施工布置和用地原则需要及时明确。道路工程，采用明线还是隧洞、采用合作共建模式与否，用地指标和概算差异巨大；现场生产管理区的封闭，考虑周边百姓穿越与否；施工和运营期关联影响方的确定，如临近村庄、输水系统顶部居民处理；承包方管理、生活用房、仓库，是否有条件采用租赁形式；施工交叉影响的接受程度（临时设施布置用地）等。

5　结语

抽水蓄能电站建设周期长、涉及专业多，抽水蓄能项目建设征地指标优化，要坚持可行性、合理性、经济性原则，树立优化设计理念和意识，既要从宏观角度进行总体把控，又要从微观角度进行精雕细琢，兼顾好工程建设需要和地方环境承载能力，推动项目开发与生态环保并举，更好融入乡村振兴战略。

参考文献

[1] NB/T 10338—2019 水电工程建设征地处理范围界定规范 [S].
[2] NB/T 10876—2021 水电工程建设征地移民安置规划设计规范 [S].

秭归三库两级抽水蓄能电站库址选择及枢纽布置

王　辉　杜华冬　陈玉婷

（长江勘测规划设计研究有限责任公司，湖北省武汉市　430010）

【摘　要】秭归罗家抽水蓄能电站站址位于长江南岸，北面紧临长江，上、下水库水头达到千米级。高水头范围内一般采用冲击式发电机组，冲击式水轮机受到转轮锻件加工能力的制约，单机容量受限。工程根据可利用水头及地形地质条件，采用“一站三库两级”模式，综合考虑征地、移民、环境等因素，分别布置了上、中、下三个水库库址，并对两级地下电站运行方式进行了研究，成功运用中水库以及一、二级电站间隔运行方式，解决了相关技术难题。

【关键词】秭归　抽水蓄能电站　一站三库两级　枢纽布置

1　工程概况

秭归罗家抽水蓄能电站位于湖北省宜昌市秭归县茅坪镇，距离秭归县直线距离约 6km，距离三峡大坝约 10km，距离宜昌市约 35km。工程区位于长江南岸，发育九畹溪、杉木溪、兰陵溪、茅坪等长江一级支流，地形分水岭在高程 1500.00m 以上，呈近南北向展布，长江三峡库水位 175.00m。站址地貌呈南高，北、东、西三面低的地貌形态，最高峰位于漆树坪村，高程 1550.00m，最低点为长江河床，高程 60.00m，三峡水库正常蓄水位 175.00m。

根据电站可利用水头及地形地质条件，采用“一站三库两级”模式，由上、中、下三个水库和两级电站厂房组成。装机容量 2200MW（一级电站 1400MW，二级电站 800MW），连续满发小时数 6h。工程开发任务为承担湖北电网调峰、填谷、储能、调频、调相和紧急事故备用等任务，供电范围为湖北电网。

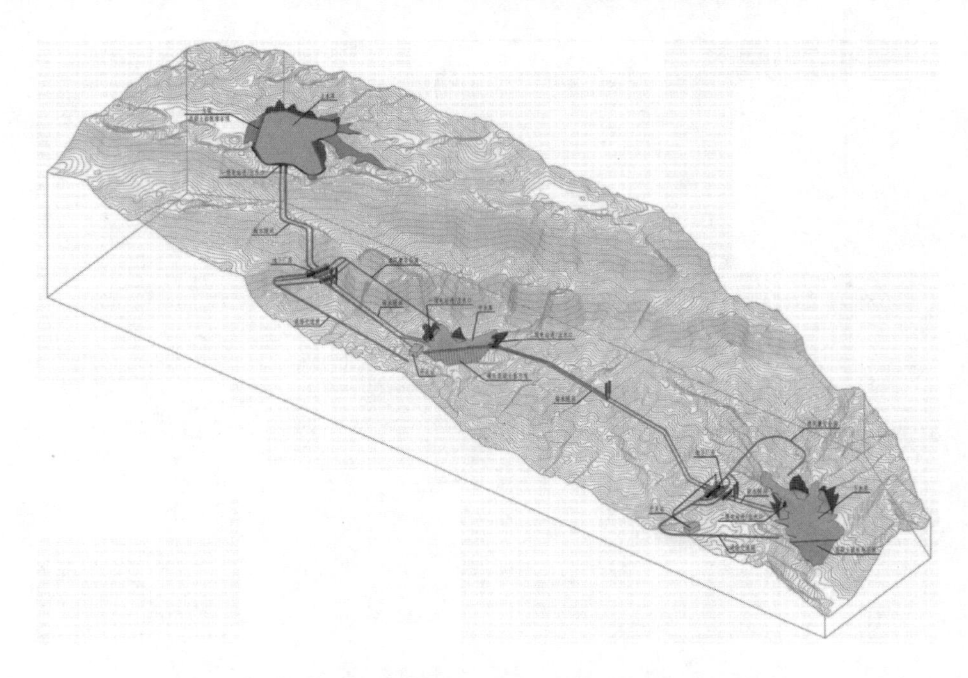

图 1　秭归抽水蓄能电站枢纽布置三维轴测图

2 工程地形地质条件

电站站址位于黄陵断穹核南部基底地层与盖层地层接触部位，盖层不整合于基底地层之上，总体缓倾SW向。分布的地层主要为第四系、寒武系、震旦系、前震旦系（基底）地层。

工程区基岩地层主要有：覃家庙群（$\in_2 qn$）白云岩、灰质白云岩、泥质灰岩夹页岩，石龙洞组（$\in_1 sh$）灰质白云岩，天河板组（$\in_1 t$）泥质条带灰岩，石牌组（$\in_1 sp$）灰绿色砂岩夹粉砂质页岩、页岩，水井沱组（$\in_1 s$）泥质条带灰岩、炭质页岩夹炭质灰岩，灯影组（$Z_2 dn$）白云岩、条带状灰质白云岩、白云质灰岩、灰岩，陡山沱组（$Z_2 d$）炭质页岩夹灰岩、灰岩夹炭质页岩，南沱组（$Z_1 n$）冰碛泥砾岩，莲沱组（$Z_1 l$）粉砂质页岩夹灰白色粉砂岩、长石石英砂岩夹薄层页岩，崆岭群（$Pt_1 kn^3$）黑云斜长片麻岩和晋宁期（$\delta o_2{}^3$）闪云斜长花岗岩。

构造相对简单，盖层地层围绕黄陵断穹基底展布，呈单斜构造，岩层倾向220°～270°，倾角25°～35°，在罗家坪、长坪附近，岩层揉皱强烈，陡倾，局部近直立并产生倒转。

3 库址选择

根据地形地质条件，中水库可选库址包括羊子沟、磨刀溪、邵家湾和岩屋湾四个库址，其中前三个库址均有已建小型水库，羊子沟、磨刀溪两库址受地形条件限制，库容有限，且距离下库较远，邵家湾库址涉及生态红线，因此只能采用岩屋湾库址作为中水库库址。

以中水库岩屋湾库址为原点周围约5km范围内，对具有库盆地形的区域进行筛选，其主要原则为：①满足调节库容等水能利用要求；②具备建坝地形地质条件。

上水库可选库址有长坪、罗家坪和青草池三个库址，如图2所示，青草池离中水库、下水库距离较近，但涉及新老生态红线范围，因此上库库址可选择长坪或罗家坪库址。以中水库岩屋湾库址为原点，按发电水头最大以及库容要求，在其至三峡水库间寻找适于布置下水库的库址，经过实地勘察，可选库址包括杉木溪和兰陵溪两个库址。

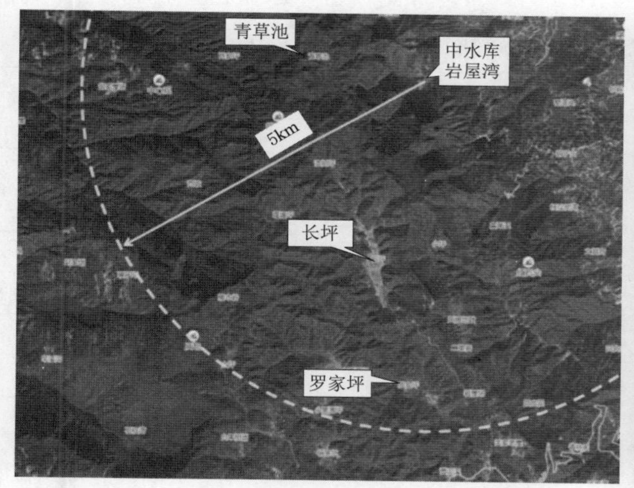

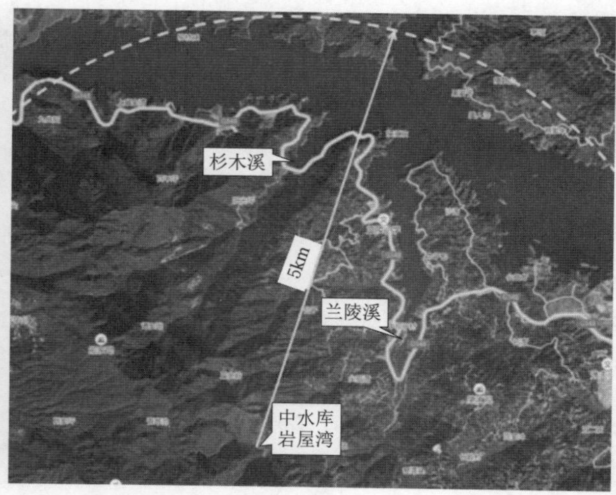

图2 中水库岩屋湾库址5km范围内可选上、下水库库址

综上所述，秭归抽水蓄能电站可选库址包括两个上水库（长坪、罗家坪）和两个下水库（杉木溪、兰陵溪）。上、中、下水库比选库址地理位置如图3所示。

从规划条件、工程地质条件、工程布置、施工组织条件、建设征地和移民安置、环境保护、工程量及工程投资等方面，对两个上水库和下水库库址方案进行了综合技术经济比较，最终确定上水库位于长坪岩溶洼地，中水库位于岩屋湾沟，下水库位于杉木溪，见图4。

水库特征参数见表1。

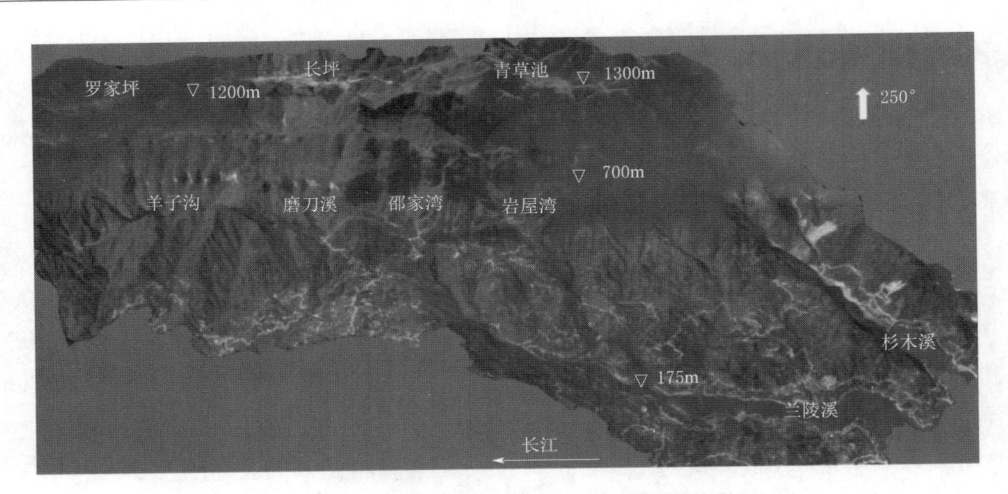

图 3 上、中、下水库比选库址地理位置示意图

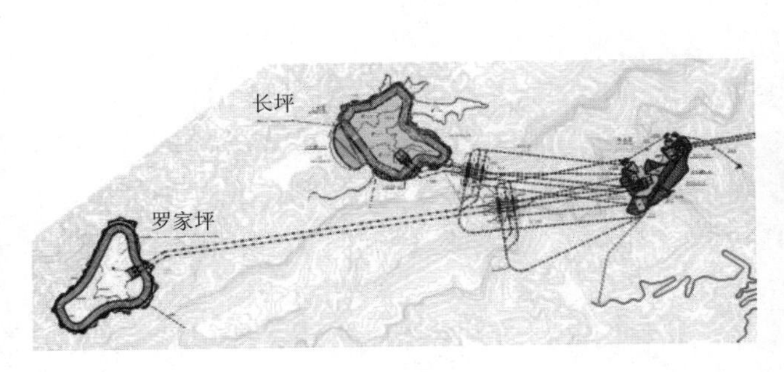

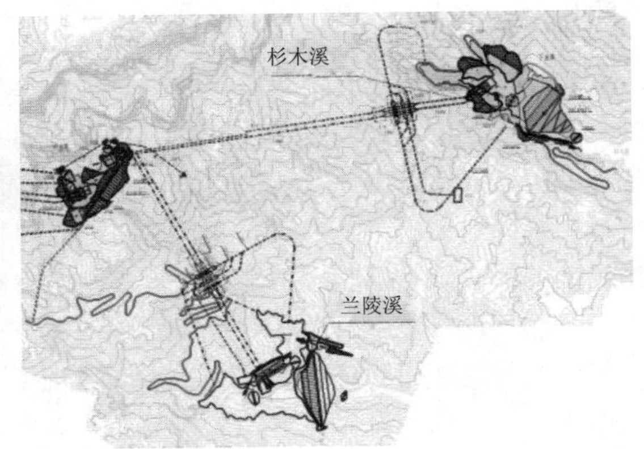

图 4 上、下水库库址比选枢纽平面布置图

表 1 秭归抽水蓄能电站水库特征参数表

项　目	上水库	中水库	下水库
流域面积/km^2	2.08	2.32	4.44
多年平均径流量/万 m^3	113	126	241.1
正常蓄水位/m	1267	640	270
死水位/m	1232	615	235
调节库容/万 m^3	731	169	638
坝型	混凝土面板堆石坝	碾压混凝土重力坝	混凝土面板堆石坝
最大坝高/m	72	90	102

4 工程布置及主要建筑物

秭归抽水蓄能电站工程由上水库、中水库、下水库、输水系统、一级电站厂房、二级电站厂房、开关站和交通道路等组成，枢纽总平面布置如图 5 所示。

（1）上水库。上水库位于长坪岩溶洼地中，由主坝、副坝、库岸防渗、库底防渗结构及环库公路等部分组成。上水库不设泄洪设施，洪水围蓄于库内。水库正常蓄水位 1267.00m，主坝为混凝土面板堆石坝，最大坝高 72.0m，大坝上游面坡比均为 1∶1.4，下游面坡比为 1∶1.5。

库周采用钢筋混凝土面板防渗，与库底土工膜防渗结构组成封闭防渗体，沿库底周边设排水观测廊道。上水库长坪通过对库周进行修整，库容达 730 万 m^3，满足抽水蓄能发电调节库容需求。

（2）中水库。中水库位于岩屋湾沟中，主要建筑物有大坝、公路等。水库正常蓄水位 640.00m，大

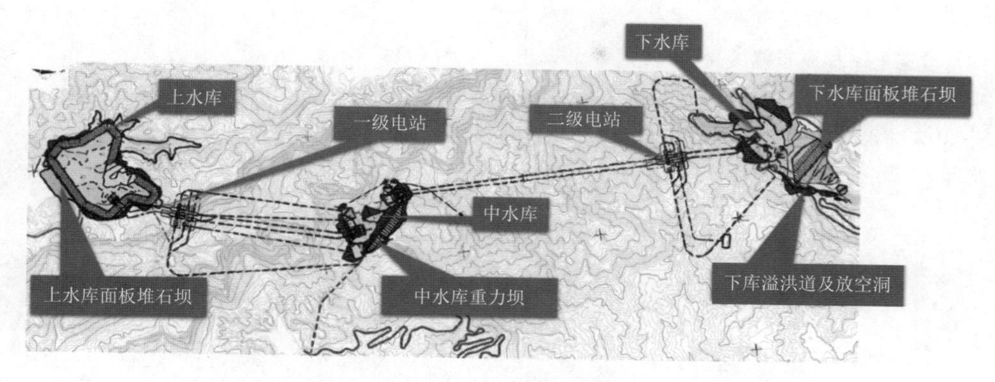

图 5 枢纽总平面布置图

坝采用碾压混凝土重力坝，最大坝高 81m。坝体上游面折坡点以下坡比为 1∶0.25，下游坝面坡比 1∶0.8，坝身布置 1 个开敞式溢流表孔，净宽为 55m，下游坝面采用台阶消能。

（3）下水库。下水库位于长江一级支流杉木溪中，主要建筑物有大坝、溢洪道、导流泄放洞及环库公路等。水库正常蓄水位 270.00m，大坝采用混凝土面板堆石坝，最大坝高 102.0m，上游面板坝坡 1∶1.4，下游坝坡 1∶1.5。

（4）一级电站。一级电站拟安装 4 台单机容量 350MW 可逆式水泵水轮发电机组，总装机容量 1400MW。上、中水库电站进/出水口的水平距离约 1808m，平均毛水头差为 622m，距高比约 2.9，采用首部式地下厂房的布置型式。

（5）二级电站。二级电站安装 4 台单机容量 200MW 可逆式水泵水轮发电机组，总装机容量 800MW。中、下水库电站进/出水口的水平距离约 2580m，平均毛水头差为 375m，距高比约 7.1，采用尾部式地下厂房的布置型式。

5 电站运行方式

（1）正常运行方式。抽水蓄能电站发电水量是在上、中、下水库中循环使用的。发电工况，每一时段库水位的变化随电站在该时段发电量的大小而定，但上、中、下水库水位应维持一个固定的关系。

电站发电运行时，随着上水库水位逐步降低，下水库水位逐步抬升，一、二级电站总发电水头逐步减小，但由于各水库不同水位段库容变幅不同，一、二级电站发电水头变幅并不完全相同，因此，即使一、二级电站同步运行，也需要中库预留一定的调节库容。一般情况下，一、二级电站同步联合运行，抽水工况先第二级电站、后第一级电站；发电工况先第一级电站、后第二级电站。由于中水库库容较小，4 台机组同时运行时，一、二级电站运行最大间隔时间约 1h。

（2）洪水调度方式。上水库集水面积较小，暴雨产生的洪水洪峰、洪量也相对较小。因此，上水库工程未设置泄洪设施，暴雨产生的洪量全部蓄于正常蓄水位以上，通过发电下泄。中水库、下水库洪水期间下水库通过溢洪道泄放洪水，校核洪水位分别高于正常蓄水位 3.52m 和 4.42m。

6 结语

（1）工程地理位置条件优越，可利用水头达到千米级，但是受到机组制造的制约，无法直接利用，工程利用阶梯地形条件，采用“一站三库两级”模式，布置了上、中、下三个水库和两级电站，解决了目前高水头冲击式机组面临的难题，充分利用了水能资源。

（2）电站中水库采用小库容水库进行调节，上下水库联动，一、二级电站间隔运行方式，满足功能要求的同时，降低了工程投资。

（3）秭归罗家抽水蓄能电站工程布置方案较为独特，可供其他工程参考。

参考文献

[1] 丁学琦. 抽水蓄能电站枢纽布置的探讨 [J]. 西北水电，2007 (3)：1-4.
[2] 冯仕能，李幼胜. 洪屏抽水蓄能电站枢纽布置优选论述 [J]. 水力发电，2016 (8)：1-5.
[3] NB 10072—2018 抽水蓄能电站设计规范 [S].
[4] 王仁坤，张春生. 水工设计手册 第 8 卷 水电站建筑物 [M]. 2 版. 北京：中国水利水电出版社，2013.

湖北某抽水蓄能电站上水库库区岩溶渗漏分析

何剑锋 王 炎 彭书良
（中国电建集团中南勘测设计研究院有限公司，湖南省长沙市 410014）

【摘 要】 湖北某抽水蓄能电站上水库工程区内构造和节理裂隙较发育，受岩性、构造和地形地貌影响，库区岩溶发育具有明显差异特征。本文在地质测绘、岩溶调查统计、钻探勘察及地下水示踪试验等基础上，深入地分析了库区渗漏的可能性。结果表明：①不同岩性区的岩溶发育程度相差较大，呈 $P_1m \rightarrow P_1q \rightarrow T_1dy \rightarrow P_2$ 地层顺序递减，皮家寨向斜西北翼部岩溶发育强烈，向斜的轴部和东北翼部岩溶发育较弱；②受到皮家寨向斜和断裂的影响，库区内垂向溶蚀作用明显，岩溶渗漏问题突出，地下水通过张家坪洼地东侧落水洞形成的岩溶管道向东渗漏，在洞沟泉排泄出地表。

【关键词】 抽水蓄能电站 碳酸盐岩 岩溶发育特征 库区渗漏

1 引言

岩溶地区地质条件复杂，生态环境脆弱。在碳酸盐岩地区修建抽水蓄能电站，一是判断水库蓄水的可能，是否存在渗漏通道；二是要考虑水工建筑物的稳定安全。岩溶渗漏对区域水资源开发利用工程危害极大，如库区渗漏、岩溶坝基、地下洞室和边坡稳定、岩溶塌陷等，因此岩溶渗漏是工程设计、处理需要解决好的重要对象。本文以现场勘察和试验资料为基础，结合地下水示踪试验对某抽水蓄能电站上水库库区的岩溶发育特征及渗漏路径进行了分析总结，进一步为研究水库防渗处理措施提供科学依据。

2 库区工程地质条件

湖北某抽水蓄能电站位于荆山山脉，属侵蚀中、低山-丘陵地貌，总体地势西高东低，上、下水库地表高差达 600m 以上。山脊整体展布方向以近 EW 向为主，高程多在 500m 以上。电站所在位置为蛮河上游支流洞河，河谷两岸地形陡峻，沟谷深切，呈 V 形。工程区内地层岩性较复杂，出露地层主要有古生界志留系罗惹坪组（S_1lr）和纱帽组（S_2s），二叠系栖霞组（P_1q）、茅口组（P_1m）及大隆组龙潭组并层（P_2），三叠系大冶群中段（T_1dy^2）和下段（T_1dy^1）。工程区在构造上位于皮夹寨向斜北部，次级褶皱较发育，岩层产状起伏。工程区内断裂构造分布不均一，不同工程部位断裂构造发育程度和发育方向有所差异，以 NWW 向发育为主，主要构造为断层及小型褶皱，节理裂隙较为发育，分布情况见图 1。

上水库库址位于张家坪，地形为四周高中间低的岩溶洼地，库周以溶蚀、构造剥蚀切割中低山间小凹地为基本特征，库盆较开阔，库盆范围内库底高程为 918～948m，底长约 1200m，库盆坡降较小，整体坡降约 2%，沿库盆四周共发育有 5 条规模较小的次级冲沟，库周地形封闭条件较好，除库盆东侧地形坡度约为 65°之外，其余范围综合地形坡度为 24°～35°。

3 岩溶水文地质条件

工程区内气候湿润、降雨充沛，地表水系发育。地下水的展布受岩性及构造格局控制，地下水交替条件良好。分布的地层均为沉积岩类，岩性以碳酸盐岩和碎屑岩两大岩类为主，兼有少许第四系松散堆积物。按岩性、岩石组合关系及含水性和透水性的不同，将区内划分为岩溶含水岩组、碎屑岩类含水岩组、松散岩类孔隙含水岩组三种水文地质岩组，见图 2。

上水库（张家坪）地势较高，位于地下水补给区，地下水以碳酸盐类岩溶水为主，洼地底部存在少量松散岩类孔隙水。库区内地下水补径排路径见图 3，受皮家寨向斜控制，地表岩溶比较发育，汇水能力

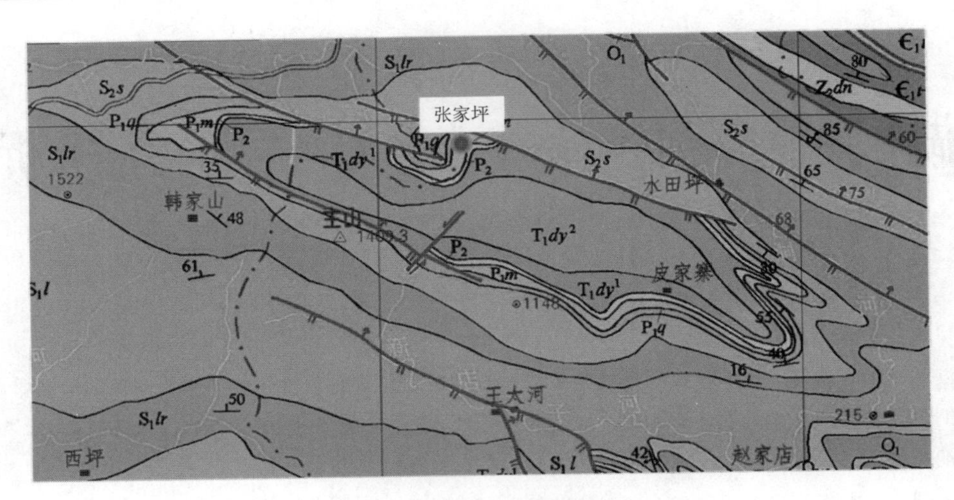

图 1　库区工程地质平面图

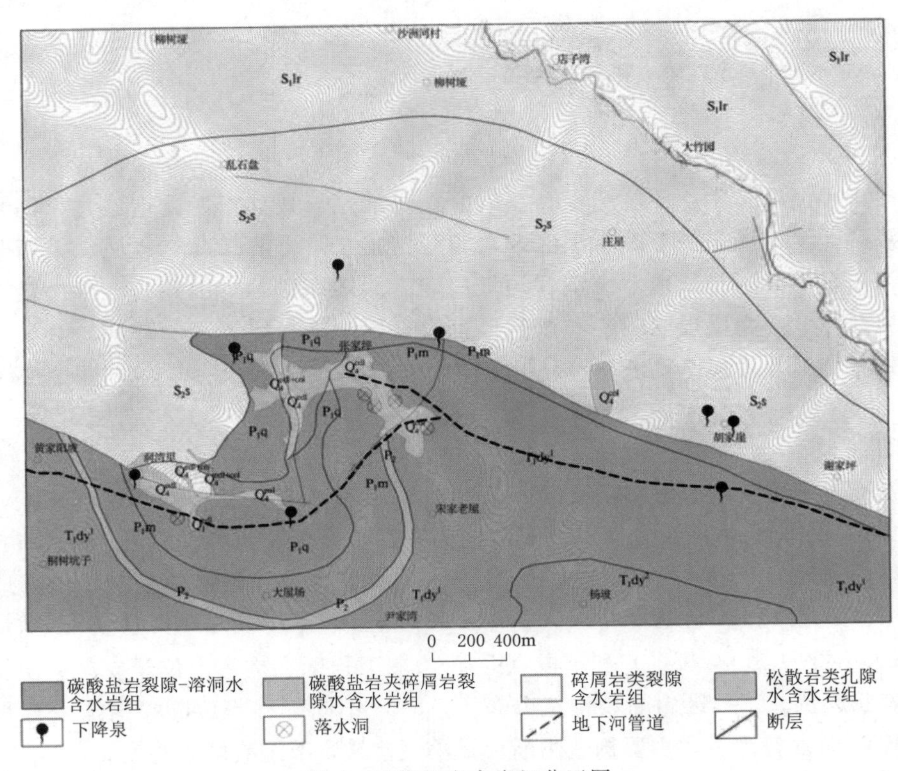

图 2　工作区含水岩组分区图

较强，地下水埋藏较深，岩溶管道受层控影响较为明显，富水性中等～强，总体径流方向为北西—南东，洞河为该区域的地下水排泄基准。该区域内地下水主要接受大气降水的补给，在地势较为平缓的碳酸盐岩裸露地区（岩溶洼地分布区），大气降水通过裂隙和岩溶通道迅速补给地下水；在陡峭沟谷分布区，大气降水部分通过裂隙渗入补给地下水，部分经地表溪沟汇入下游河谷。

4　岩溶发育特征及规律

4.1　岩溶发育特征

根据野外地质调查结果，如图 4 可见，上水库及周边地区主要岩溶形态有岩溶洼地、溶沟和石芽、落水洞、与岩溶管道等，出露地层包括二叠系栖霞组（P_1q）及茅口组（P_1m），三叠系大冶群中段（T_1dy^2）和下段（T_1dy^1）。

岩溶洼地底部高程为 915～1051m，见图 5 和图 6。受皮家寨向斜和断层的影响，规模较大的洼地发

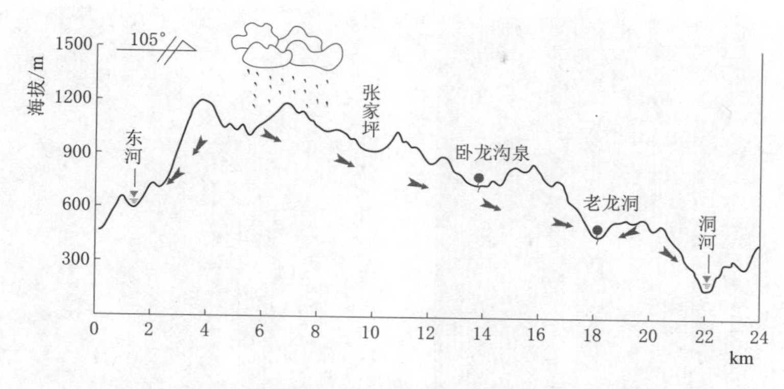

图 3 区域地形地貌及地下水补径排剖面示意图

育方向多为近东西向，洼地规模一般为 30m×600m，洼地深度一般介于 3～10m，洼地底部有明显的落水洞，且多为第四系残坡积物层覆盖，地下水由西向东径流；规模较小的洼地发育方向多为近南北向，洼地规模一般为 30m×280m，洼地深度一般介于 2～5m，洼地底部无明显落水洞，且多为第四系残坡积物层覆盖，地下水由南向北径流。

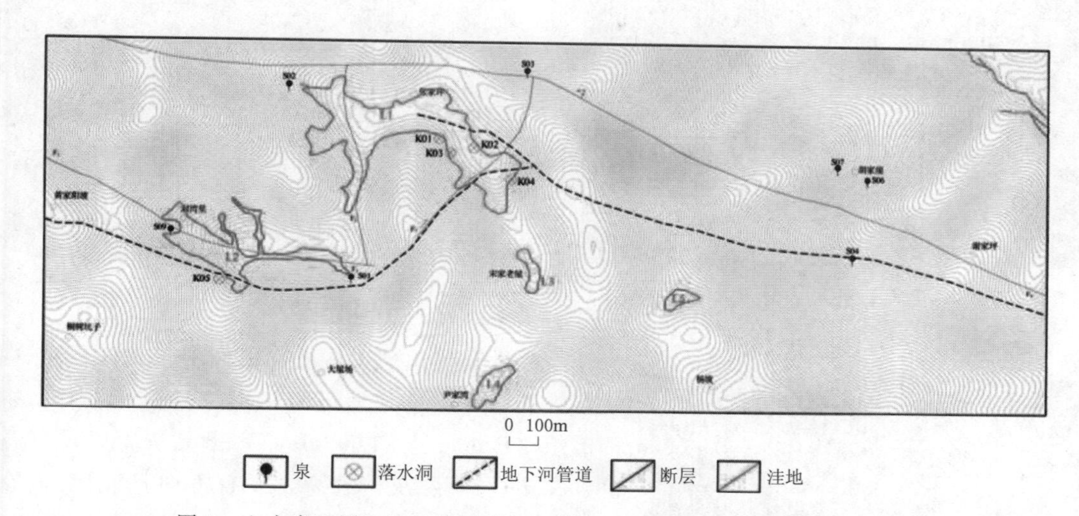

图 4 上水库及周边地区主要洼地、落水洞、岩溶泉、岩溶管道分布图

图 5 张家坪洼地（L1）

图 6 洞湾里洼地（L2）

溶沟（图 7）和石芽（图 8）主要分布于洼地周缘及山坡地带。沟槽的宽度和深度一般由数厘米到数米不等。上水库地表可见具有规模的落水洞 5 个，落水洞的发育方向主要受地层层面及裂隙控制，整体形体多为垂直或倾斜，其经过流水沿裂隙进行溶蚀、侵蚀、塌陷等作用综合形成的，见图 9～图 11。

图 7 大冶组灰岩发育的溶沟

图 8 茅口组灰岩发育的石芽

图 9 张家坪 K03 落水洞

图 10 张家坪 K04 落水洞

图 11 洞湾里 K05 落水洞

上水库及周边地段受皮家寨向斜、北西-南东向断裂以及溶蚀裂隙等影响，地下河管道呈树枝状发育，主管道沿栖霞组（P_1q）、茅口组（P_1m）微晶灰岩以及三叠系大冶群（T_1dy）薄层灰岩发育，发育方向是北西-南东向。主管道高程一般为 365～817.5m，最低高程仅为 365.0m，低于上库蓄水高程 964.0m。在洞湾里洼地内发育支管道，支管道发育方向先为北西-南东向，随后在洞湾里洼地东侧受次级断裂影响，发育方向转变为北东-南西向汇入主管道内。补给区位于上水库（张家坪洼地内），补给源主要为大雨降水补给和地表径流补给，管道水以快速流、紊流为主，径流速度快，下游管道泉出口处常年有水，流量范围为 100～150L/s。

4.2 不同岩性岩溶发育规律

工程区内三叠系、二叠系的碳酸盐岩的矿物成分，结构、构造不同，其岩溶发育强度也不同，岩溶发育强度大体按 P_1m→P_1q→T_1dy→P_2 地层顺序和灰岩→白云质灰岩→白云岩→灰岩夹页岩的岩性顺序递减。对于工作区岩溶泉和地下河等裂隙-溶洞型地下水类型发育层位，P_1q 地层中发育岩溶裂隙泉 4 处，T_1dy 地层发育有水平溶洞出水口的岩溶泉 4 处，P_1m 和 P_2 地层中未见岩溶泉，P_1q 地层中的岩溶泉流量普遍较小（流量一般小于 1L/s），T_1dy 地层中的岩溶泉流量较大（流量介于 30～150L/s）。对于岩溶管道发育层位，P_1q 地层中发育岩溶管道 1 处，T_1dy 地层发育岩溶管道 3 处；受地形地貌、地质构造以及局部排泄基准面的控制，P_1q 地层的岩溶管道规模普遍较小，管道长度小于 500m，但 T_1dy 地层的管道规模较大，管道长度介于1～10km。

4.3　不同构造部位岩溶发育规律

工程区内皮家寨向斜轴部位置，溶蚀洼地发育规模较小，与之对比，在皮家寨向斜北翼范围内溶蚀洼地、漏斗、落水洞发育情况差异性较大。其中向斜的西北翼即洞湾里-张家坪一带地区（上水库所在位置），共发育了多个洼地落水洞，整体岩溶发育强烈。但在向斜的东北翼，未见洼地和落水洞发育，整体岩溶发育较弱。这是由其内部低序次、低等级断裂构造决定的。向斜翼部发育了大量发育的垂向节理裂隙和纵张裂隙，同时西北翼部地区的断裂发育程度较高，这有利于大气降雨的入渗与溶蚀，导致其岩溶发育程度较高，为水体流动溶蚀提供了良好的运移空间；相反在向斜轴部地区，由于外力挤压作用导致岩层致密，缺乏发生溶蚀的地下水运动空间，因此极少发育规模型的岩溶洼地。

4.4　不同地貌类型岩溶发育规律

工作区的地貌类型可划分为溶丘洼地和岩溶缓丘山地等两种类型，由于地貌形态组合特征不同，其岩溶发育强度也不同。溶蚀洼地、落水洞、岩溶管道基本均位于溶丘洼地区内，而在岩溶缓丘山地内未发育规模型的岩溶洼地，仅零星分布小型落水洞。

5　岩溶渗漏分析

工程区内第四系覆盖层厚度较薄，范围小。基岩中虽然含有孔隙，但由于孔隙度小且相互没有连通。因此工程区基本不存在孔隙性渗漏的可能性。上水库库区内的灰岩、白云岩等可溶岩中发育洼地、落水洞及地下河，且区内节理、裂隙较为发育，且具有一定的方向性，因此，上水库存在下列渗漏的可能性。

5.1　上水库向洞河河谷渗漏条件分析

上水库张家坪库址的库底高程为918.00～948.00m，位于区域的第一期剥夷面上，岩溶在鄂西期发育，早更新世末形成。库底一般分布厚度为2.3～8.0m的残积物，往库底东侧钻孔揭露最深达32.7m。库岸大多基岩出露，残坡积物较薄，厚度一般为2.8～4.6m。

地貌类型为岩溶洼地，谷底平缓，多为农田，岩溶水侧向溶蚀作用较弱，垂向岩溶形态较发育。出露的地层岩性为二叠系栖霞组深灰色微晶灰岩、微晶白云岩、碳质钙质板岩，二叠系茅口组深灰色微晶灰岩、燧石结核及燧石条带灰岩、薄层硅质岩夹灰岩。这两个地层分布在整个上水库内。

上水库由1个岩溶洼地组成，该洼地长轴方向由北西向南东展布，洼地东侧共发育了K01、K02、K03和K04等4个落水洞，坡面溶沟溶槽发育，岩溶排水条件较好。上水库整体位于皮家寨向斜的西北翼，发育了大量发育的垂向节理裂隙和纵张裂隙，同时附近地区断裂构造发育，这些都为地下水的流动提供良好的流通通道，岩溶作用强烈，在地下形成岩溶管道。由于张家坪洼地西部和北部为砂岩阻水边界，使得地下水自西向东径流，雨季时地表径流经K02、K04等多个落水洞汇入地下岩溶管道（图12）。

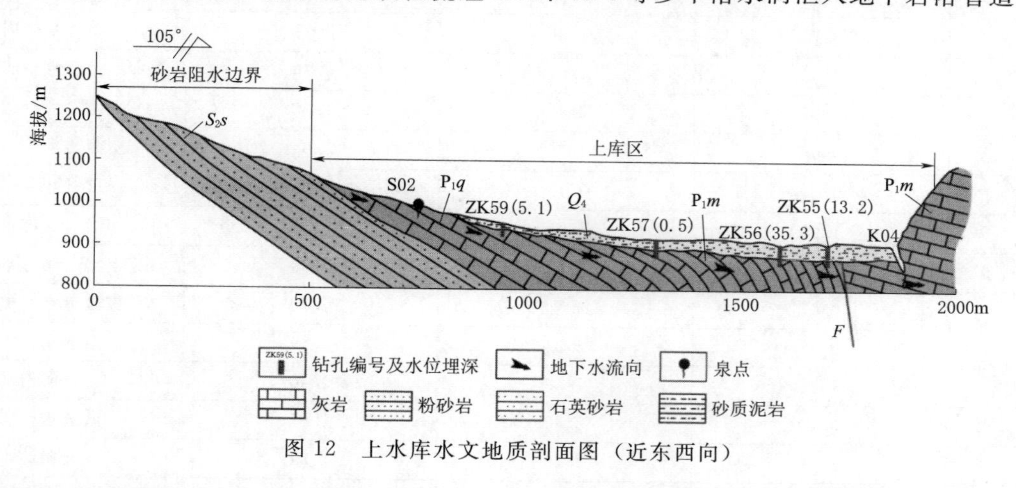

图12　上水库水文地质剖面图（近东西向）

此外在上水库附近发育一岩溶大泉（洞沟泉），为查明张家坪洼地与洞沟泉的水力联系及管道特征，开展了地下水示踪试验。考虑到尽可能减小对当地地下水的污染、示踪剂在试验区化学性质的稳定性及

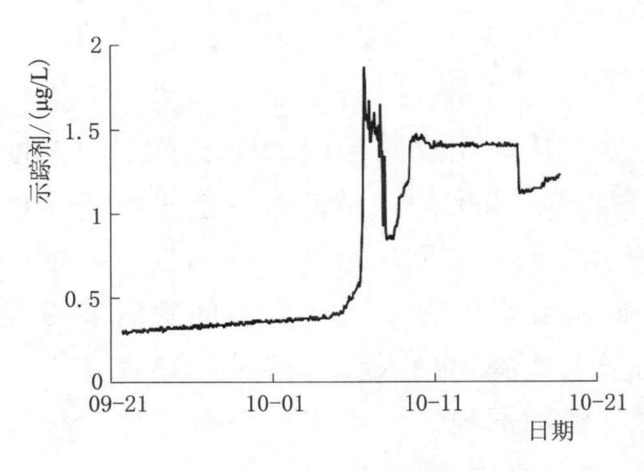

图 13 洞沟泉示踪剂浓度曲线

示踪元素的环境背景值等因素，本次试验的示踪剂为荧光素钠。试验结果见图 13。

荧光素钠的浓度变化曲线呈现出几个明显特征：一是曲线出线呈单峰状，峰值陡升陡降；二是峰值陡降后又出现了明显浓度平缓区域。示踪试验证明，上水库与洞沟泉是连通的，上水库是洞沟泉岩溶地下水系统的补给区，库区地下水大体沿向斜北翼方向有西向东径流排泄，上水库与洞沟泉之间的含水介质呈单管道状结构特征，并且发育有空间规模较大或有深大的储水溶潭或水力坡度平缓的廊道。

根据上水库内附近钻孔的地下水流向测定结果可知（表 1），上水库内 ZK59、ZK57、ZK56、ZK55 等钻孔内地下水整体向南东径流，通过溶蚀裂隙汇入地下管道内，最终在洞沟泉处排泄出地表汇入洞河。

表 1　上水库内钻孔的地下水流向测定结果

钻孔编号	孔口高程/m	孔内水位高程/m	孔内地下水流向/(°)
ZK59	939.80	934.70	90～105
ZK57	925.80	925.30	97
ZK56	919.80	884.50	100～110
ZK55	918.30	905.10	100～115

上水库内钻孔的透水率和透水等级见表 2。从表 2 中可以看出，上水库各钻孔的透水等级整体以微透水、弱透水为主，极个别钻孔如 ZK05、ZK44 的部分钻孔段的透水性较强，为中等透水，ZK39 的部分钻孔段的透水性极差，为极微透水。

从钻孔透水率的空间分布情况可以看出（图 14），透水率较强的地区主要分布在上水库的东北部，即 ZK05～ZK44 一带地区，透水等级为中等透水，这也与东部落水洞较为发育以及 K02、K04 等落水洞为主要地表水注入通道等岩溶条件较为一致。

表 2　上水库内钻孔透水率及透水等级统计信息

钻孔	透水率 q/Lu			透水等级
	最小值	最大值	平均值	
ZK05	1.50	34.24	6.38	弱透水～中等透水
ZK21	1.00	2.24	1.63	弱透水
ZK34	0.46	1.84	0.74	微透水～弱透水
ZK35	0.15	1.36	0.71	微透水～弱透水
ZK36	0.35	1.67	0.76	微透水～弱透水
ZK37	0.17	7.72	1.86	微透水～弱透水
ZK38	0.65	1.70	1.04	微透水～弱透水
ZK39	0.00	2.73	0.63	极微透水～弱透水
ZK40	1.09	1.49	1.33	弱透水
ZK41	1.23	1.42	1.33	弱透水
ZK44	0.07	28.13	6.02	极微透水～中等透水
ZK45	0.57	2.84	1.49	微透水～弱透水
ZK46	1.48	1.48	1.48	弱透水
ZK57	0.70	3.30	1.81	微透水～弱透水
ZK58	1.48	2.70	1.94	弱透水
ZK59	0.13	0.28	0.22	微透水

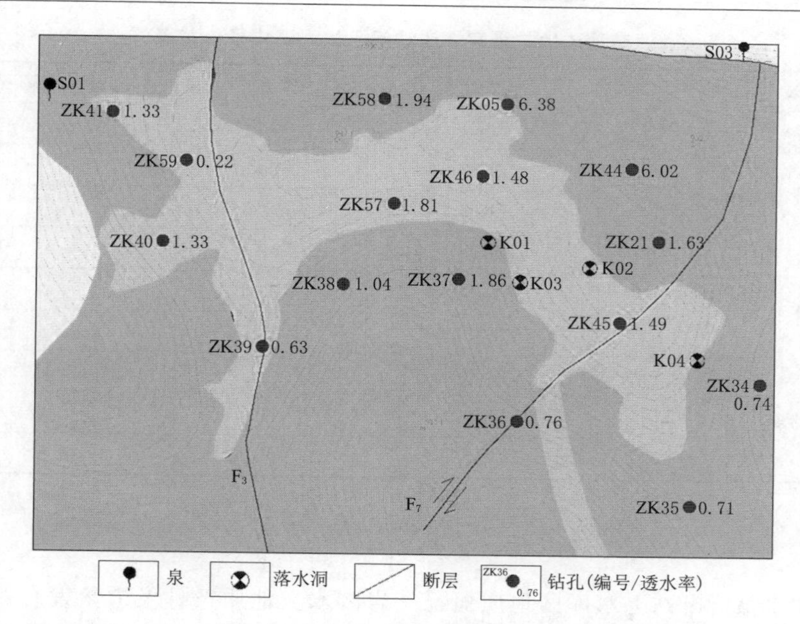

图 14　上水库内钻孔透水率分布图

水平方向运动的岩溶地下水，大部分选择沿潜水面附近最短的径流路径向河谷排泄，地下水从地表下渗至一定深度渐趋停滞，转向以水平运动为主，存在一个岩溶垂向发育的终止界面，即岩溶基准面。还有少部分岩溶地下水下渗到一定深度后，以下凹虹吸管的方式流动，与前者一起组成向排泄点集中的透镜状径流带。岩溶发育的最大深度是由透镜状径流带的下界面决定的，即岩溶基准面的高程一般要低于排泄基准面（图 15）。

洞沟泉排泄系统主体补给区高程为 900.00～1100.00m，取其中间值 1000.00m 作为补给区的平均高程；集中排泄点的高程为 365.00m，两者之差约 635m（H_1），岩溶作用垂向发育的终止界面（即岩溶基准面）深度取二者之差的 1/3，即 210m（H_2），也就是 SK05 泉排泄系统内岩溶发育的底限高程约为 155.00m。综合分析，SK05 泉排泄系统的管道发育高程位于 155.00～900.00m。

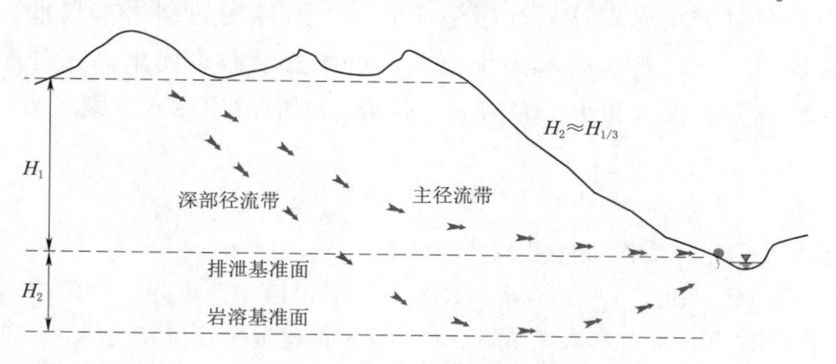

图 15　岩溶基准面模式图

总体而言，上水库地层岩性为二叠系栖霞组和茅口组的微晶灰岩、微晶白云岩、燧石结核及燧石条带灰岩，属于强岩溶化层组，同时受到皮家寨向斜和断裂的影响，该地区岩溶作用强烈，尤其垂向溶蚀作用明显，库内岩溶渗漏问题突出。

5.2　上水库与洞湾地洼地的渗漏条件分析

从表 3 中可以看出，在上水库南部边界，即洞湾地洼地与张家坪洼地间的垭口地区的地下水位高程范围为 945.30～1003.80m，洞湾地洼地的地下水位高程小于 909.60m，张家坪洼地的地下水位高程范围为 907.00～935.30m，由此可知垭口区域的地下水位明显高于两个洼地的地下水位，这表明张家坪洼地与洞湾地洼地之间存在明显的地下水分水岭，因此上水库的地下水在南部边界向洞湾地洼地渗漏的可能性较小。其次由图 14 可知，透水率较差的地区主要分布在上水库的南部地区，即与洞湾地洼地相邻的区域，这也说明了上水库与洞湾地洼地之间的地下水水力联系较差。

表 3 洞湾地洼地与张家坪洼地间水位观测成果一览表

区　域	野外编号	类型	水位高程或发育高程/m
洞湾地洼地与张家坪洼地间的垭口	ZK01	钻孔	973.30
	ZK02	钻孔	945.30
	ZK03	钻孔	996.10
	ZK04	钻孔	1003.80
洞湾地洼地	K05	落水洞	909.60
	S01	泉	963.50
张家坪洼地	ZK39	钻孔	935.30
	ZK46	钻孔	920.70
	ZK45	钻孔	907.00

6 结论

本文总结了某抽水蓄能电站上水库区地质概况、岩溶水文地质条件及岩溶发育规律，在此基础上对库区的渗漏条件、可能存在的渗漏通道以及渗漏方式进行了分析。主要研究结论如下：

（1）工作区主要以中等至强岩溶发育为主，岩溶发育具有如下特征：二叠系大隆组龙潭组并层为中等岩溶化层组，栖霞组、茅口组、大冶群均为强岩溶化层组；地表发育溶丘、溶沟（溶槽）和石芽、落水洞、溶洞、洼地等岩溶形态，地下发育岩溶泉、岩溶管道等岩溶形态；不同岩性区的岩溶发育程度相差较大，呈 $P_1m \rightarrow P_1q \rightarrow T_1dy \rightarrow P_2$ 地层顺序递减；皮家寨向斜西北翼部岩溶发育强烈，向斜的轴部和东北翼部岩溶发育较弱。

（2）上水库地层岩性为二叠系栖霞组和茅口组的微晶灰岩、微晶白云岩、燧石结核及燧石条带灰岩，属于强岩溶化层组；受到皮家寨向斜和断裂的影响，该地区岩溶作用强烈，尤其垂向溶蚀作用明显，库内岩溶渗漏问题突出，地下水通过洼地东侧 K02、K04 等落水洞形成的岩溶管道向东渗漏，在洞沟泉排泄出地表；上水库的地下水不存在向洞湾地洼地发生渗漏的条件。

建议在后续工作中加强对上水库库盆处理措施研究。上水库为典型岩溶场地，基岩面起伏大，落水洞、溶缝溶槽数量多且规模较大，蓄水后水头压力大，对库盆承载力要求高。若库盆处理不到位，极可能产生不均匀沉降，导致混凝土盖层和土工布剪断、拉裂，进而发生库水渗漏。

参考文献

[1] 韩行瑞．岩溶水文地质学［M］．北京：地质出版社，2015．
[2] 蒋忠诚，裴建国，夏日元，等．我国“十一五”期间的岩溶研究进展与重要活动［J］．中国岩溶，2010，29（4）：352－353．
[3] 胡大儒，李鹏飞，裴熊伟，等．北盘江流域某岩溶水库坝基渗漏敏感性研究［J］．水利与建筑工程学报，2020，6（18）：39－44．
[4] 薛伟，袁宗峰，周密．西南地区某岩溶水库渗漏分析［J］．中国岩溶，2019，38（4）：508－514．
[5] 冯志刚，韦国建，张汉猛，等．西南某水电站断裂构造和层间溶蚀带组合岩溶渗漏研究［J］．中国岩溶，2022，41（5）：728－735．

句容抽水蓄能电站岩溶连通性分析

黄运龙[1]　柏正林[1]　雷显阳[2]
［1. 华东勘测设计院（福建）有限公司，福建省福州市　350000；
2. 华东勘测设计研究院有限公司，浙江省杭州市　310000］

【摘　要】以句容抽水蓄能电站揭露的岩溶为研究对象，结合现场勘探资料，采用比溶解度和比溶蚀度法、钻孔电视成像法以及示踪试验等方法，分析了电站区岩溶的连通性特征。结果显示：研究区岩溶发育受可溶岩和非可溶岩及其组合控制，岩溶溶洞主要分布在高程 80.00m 以下，形状规模不一，具有一定的随机性，地下岩溶溶洞有红色黏土充填，地下水流循环交替速度慢，垂向上由于存在阻水岩脉，岩溶发育具有明显分层特征，导致研究区岩溶及溶洞相互连通性较差。虽然区内岩溶与区外地表水体有一定的水力联系，但区内岩溶连通性总体较弱。研究结果为地下厂房的防渗措施提供了强有力的依据。

【关键词】句容抽水蓄能电站　岩溶连通性　示踪试验方法

1　引言

岩溶的连通性通过采用连通试验来确定，连通试验在地下水及岩溶水文地质等方面应用广泛，是确定地下水流经具体途径的一种有效方法。连通试验方法主要有放射性同位素示踪测井方法，水声法示踪，颗粒连通示踪试验，化学试剂溶液和气体示踪剂等方法。

朱学愚等在山东省淄博市进行了两次裂隙岩溶水的示踪试验，示踪剂用 I 同位素，试验结果表明断层是透水的，而且是污染最严重的地带。水声法示踪是 20 世纪 70 年代发展和应用的一种方法，该法是使用雷管和普通硝铵炸药作声源材料，爆炸时产生的强大压力压缩周围的水体并引起水分子的质点振动，如果在距离爆炸点一定距离内的某一点水体内用仪器能接收到这种爆炸产生的水声波，则可认为爆炸点和接收点的水体是连通的。该方法适用于 1km 左右范围内的比较平直的地下河段中。颗粒连通试验采用的示踪剂有乒乓球、聚乙烯小球（直径 0.2～3.0mm）、塑料粒子等漂浮物，它们能浮存地下水表面或者悬浮于地下水体中与地下水流一起运动，其检测结果用个体数目表示。地下水示踪试验也常以食盐作为示踪剂，尹尚先等统计了国内部分示踪试验的食盐用量，最小为 20kg，最大为 13130kg。对于复杂大型的示踪连通试验，有时需要投入数十吨的食盐，才能在接收点检测到质量浓度的异常波动。在多示踪剂研究方面，易连兴等在江坪河水电站进行了一次三元连通试验中，采用铜（Cu）、钼（Mo）、铬（Cr）3 种化学元素作为示踪元素进行连通试验，查明了 3 条岩溶管道的空间分布，为勘探布设和渗漏条件分析提供了科学依据。对于气体示踪剂，向瑞等在塔河油田碳酸盐岩油藏中的大尺度溶洞，进行了气体示踪试验，建立了碳酸盐岩油藏井间气体示踪剂解释模型。

本文以句容抽水蓄能电站为研究对象，综合采用比溶解度和比溶蚀度、钻孔井下电视以及示踪试验方法，探究研究区地下岩溶的连通情况，研究成果为地下厂房的防渗和排水措施设计提供科学依据。

2　工程概况

句容抽水蓄能电站位于江苏省句容市，距南京市 65km，电站枢纽工程主要建筑物由上水库、输水系统和地下厂房下水库等组成（图 1），装机容量为 1350MW。上水库位于仑山主峰西南侧沟谷，流域面积约 0.63km^2，正常蓄水位 267.00m，总库容 1748 万 m^3，有效库容 1577 万 m^3。输水系统位于仑山主峰的山体内，总长 1327.89～1363.72m，电站最大净水头 202m，最小净水头 152m，地下厂房尺寸 246.50m×25.50m×57.55m（长×宽×高）。下水库位于姊妹桥溪、高家边村至上孟村之间的河段，流域面积 7.75km^2，水库水面长约 2km，正常蓄水位 81.00m，死水位 65.00m，总库容 2043 万 m^3，有效库容 1610 万 m^3。

图 1 研究区位置示意图

研究区出露的地层主要为震旦系、寒武系和二叠系地层：震旦系灯影组（Z_2dn）主要为厚层状细晶白云岩、内碎屑白云岩，分布在引水下平段、厂房及尾水洞，出露厚 150～227m。寒武系观音台群（$\in_{2-3}gn$）主要为含燧石结核或燧石条带白云岩夹泥质、灰质白云岩，分布在引水上平段、引水调压井及引水竖井中上部等引水洞段，出露厚度 150～210m；炮台山组（$\in_1p$）主要为薄～中薄层泥质白云岩、含硅质白云岩及碎裂白云岩，分布在引水调压井后端至竖井上弯段，出露厚 39～78m，泥质白云岩薄层状，地表呈强风化，接触带、层面多见泥质充填，为顺层软弱夹层；幕府山组上段（$\in_1m^2$）主要为含磷硅质岩、含磷灰质白云岩，分布在引水竖井中下部—引水下平段，出露厚 45～67m。二叠系龙潭组（P_2l）地层主要为炭质泥岩、泥质粉砂岩等，分布下水库进/出水口部位，出露厚约 100m。

3 方法

3.1 比溶解度和比溶蚀度

碳酸盐类可溶岩的化学成分、矿物成分与岩溶发育主要用可溶岩中 CaO 和 MgO 的百分含量通过比溶解度 K_{CV} 和比溶蚀度 K_V 来反映。已有研究结果表明，岩石中 CaO 和 MgO 的百分含量与比溶蚀度一般呈线性关系，比溶解度和比溶蚀度随岩石中方解石含量的增加而增高。

比溶解度可表示为

$$K_{CV}=\frac{(C_{CaCO_3}+C_{MgCO_3})/V}{(C'_{CaCO_3}+C'_{MgCO_3})/V'} \tag{1}$$

式中：K_{CV} 为比溶解度；C_{CaCO_3} 为试样 $CaCO_3$ 的溶解量，mg；C_{MgCO_3} 为试样 $MgCO_3$ 的溶解量，mg；C'_{CaCO_3} 为标准试样平均 $CaCO_3$ 的溶解量，mg；C'_{MgCO_3} 为标准试样平均 $MgCO_3$ 的溶解量，mg；V 为试样体积，cm^3；V'为标准试样平均体积，cm^3。

比溶蚀度可表示为

$$K_V=\frac{(m_0-m_1)/V}{(m'_0-m'_1)/V'} \tag{2}$$

式中：K_V 为比溶蚀度；m_0 为溶蚀前试样质量，mg；m_1 为溶蚀后试样质量，mg；m'_0 为溶蚀前标准试样平均质量，mg；m_1' 为溶蚀后标准试样平均质量，mg。

根据比溶蚀度和比溶解度的大小，岩石的可溶性排序一般为：灰岩—白云质灰岩—方解石—大理石—灰质白云岩—白云岩—泥质白云岩。

3.2　钻孔内电视成像方法

钻孔数字成像系统的基本原理是，井下设备中采用一种特殊的反射棱镜成像的CCD光学耦合器件将钻孔孔壁图像以360°全方位连续显现出来，利用计算机来控制图像的采集和图像的处理，实现模-数之间的转换。图像处理系统自动地对孔壁图像进行采集、展开、拼接、记录并保存在计算机硬盘上，再以二维或三维的形式展示出来。亦即把从锥面反射镜拍摄下来的环状图像转换为孔壁展开图或柱状图。由井上和井下部分组成：井上部分主要由计算机、控制器、绞车、脚架、井口滑轮、深度传感器等硬件组成；井下部分为探管总成装置，包括电视摄像机、光源、反射棱镜、透光罩、三轴磁力计和加速度计以及调焦装置等组成。井上和井下2个部分经传输电缆连接后进行通信。孔内电视成像仪可以提供清晰直观的视频和图片，对岩性资料进行准确翔实的分析，尤其在岩性破碎和存在溶洞等复杂条件下，有明显的优势和很好的适应性。本研究主要用于探测溶洞的空间分布特征以及溶洞之间的联系。

3.3　地下水示踪试验方法

地下水示踪试验方法是在上游某个地下水点（如水井、竖井、落水洞、坑道等）投入某种指示剂，在下游地下水点（如泉水、地下厂房出水点、岩溶暗河出口等）监测示踪剂是否出现，以及出现的时间和浓度，从而确定其连通情况。该试验是研究地下水流经具体途径的一种有效方法，主要用于研究和查明岩溶地下水的运动途径、速度、地下河系的连通、延展与分布情况、地表水与地下水的转化关系，以及寻找矿坑（井）涌水的水源与通道，查明水库漏失途径，判断地下水分水岭的位置等。本研究采用连通试验方法来确定岩溶之间的连通关系。

4　岩溶连通性结果分析

4.1　岩溶的可溶性对连通性的影响

岩性及其组合是制约岩溶发育的主要因素，地层岩性特征，岩石的化学成分的差异，尤其是灰岩和白云岩成分变化，及其含泥质以及硅化、岩层厚度等是影响岩溶发育的重要前提，决定着岩石的可溶性能。碳酸盐岩可溶性程度随岩石中方解石含量的增加而提高，随白云岩含量的增加而减少。寒武系中上统观音台群地层中白云岩含量可达60%～90%，甚至更大，方解石含量仅5%～40%，可溶性岩石以白云质灰岩、灰质白云岩和白云岩等岩性为主，岩溶发育不是很强烈。比溶蚀度值取决于岩石中CaO/MgO比值（表1），震旦系灯影组白云岩和寒武系观音台群白云岩的CaO/MgO比值仅2.08～2.84，可溶性相对较差。

表1　可溶岩岩性及其岩溶发育特征

地层	岩性	化学成分/%			岩溶发育特征
		CaO	MgO	SiO_2	
P_1q、C_2h	灰岩	52.64～54.99	0.51～1.56	0.07～2.31	地表岩溶形态有溶沟溶槽溶洞，溶蚀作用较强烈，地下以溶隙、溶洞为主，发育程度不均一，洞径大者可达数米，小的仅几毫米
	白云岩	29.16～32.33	19.62～21.10	1.93～4.44	
寒武系	白云岩为主	29.95～32.34	18.92～21.46	0.53～5.67	地表溶沟较发育，地下溶隙、溶洞较小，部分泥质充填，溶蚀现象稍发育
Z_2dn	细晶白云岩	49.84～55.75	2.46～3.73		溶蚀现象较弱，岩溶以溶蚀裂隙为主，局部发育溶洞
	白云岩	30.55～31.32	20.23～21.93	0.16～0.88	

结合研究区岩层特征，将岩层划分为可溶岩层组和非可溶岩层组两大类，研究区中志留系、泥盆系、侏罗系、白垩系及第三、四系等地层均为非可溶岩；可溶岩层组按岩组的可溶性及溶蚀差异性划为纯碳酸盐岩类和不纯碳酸盐岩两个亚类，纯碳酸盐岩组主要由灰岩类及白云类组成。本区纯碳酸盐岩组岩性

均一、厚度大，溶蚀现象较发育，代表岩性主要为奥陶系红花园组亮晶砂屑灰岩、二叠系栖霞组灰岩、三叠系上青龙组上部灰岩和周冲村组角砾灰岩。非可溶岩层和不纯碳酸盐岩层岩溶现象不发育，代表岩性为震旦系灯影组白云岩、寒武系观音台群白云岩和二叠系潭组炭质泥岩、页岩。因此，由于非可溶岩层和不纯碳酸盐岩广泛分布于研究区，使得区内岩溶不发育，相互连通性较弱。

4.2 溶洞发育特征对连通性的影响

对研究区揭露的溶洞洞径进行统计，结果表明研究区的溶洞总体规模较小，钻孔和平洞揭露溶洞洞径小于1m的有85个，占65%；1～4m有34个，占26%；4～10m之间有10个，占8%；大于10m的溶洞1个，因此研究区溶洞以规模小为特征，未发现大规模的厅室、暗河等岩溶现象。

根据孔内电视成像综合分析，地下厂房目前发育5个较大的溶洞（图2），具体为上游侧边墙厂右0+92～0+97、高程40.00～45.00m段开挖揭露溶洞LD1。厂右0+90～0+100、高程35.5～46.0m段发育隐伏溶洞LD2。厂右0+115～0+126、高程31.0～46.0m段发育隐伏溶洞LD3。厂右0+133～0+142、高程31.0～42.0m段发育隐伏溶洞LD4。厂右0+144～0+147、高程36.0～43.0m段发育隐伏溶洞LD5。溶洞LD1～LD5规模不等，形状各异，其中LD2和LD3之间通过断层f37联系，总体上溶洞之间连续较弱，且溶洞内均充填红色黏土，连通性较差。

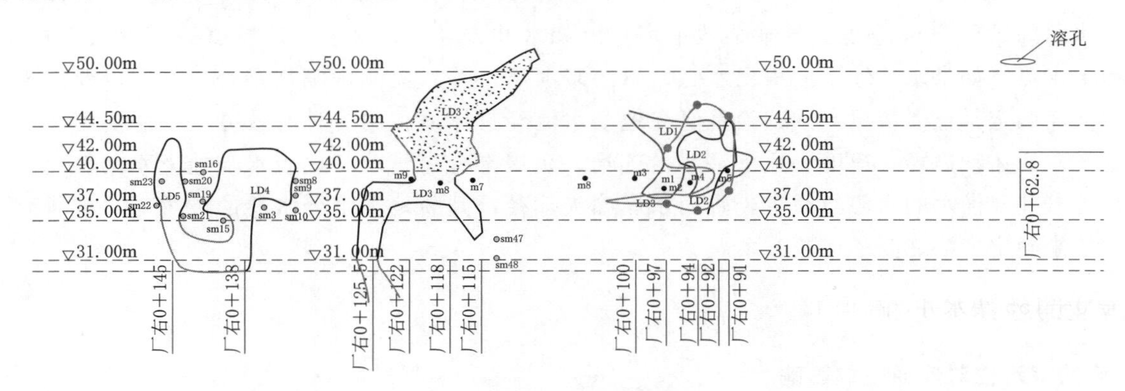

图2 溶洞在上游边墙立面分布图

4.3 基于示踪试验结果的岩溶连通性分析

（1）中层排水廊道C3-4投源，下层排水廊道C4-3接收的示踪试验。

2021年10月9日10：50，在中层排水廊道C3-4，厂下0+45.6，高程21.4m处进行了投源试验。在下层排水廊道C4-3，厂下0+68.5，高程1.0m处出水点接收，出水点水量大小约3L/s［图3（a）］。试验采用人工监测，观测频率为10～20min/次，总观测时间为3h50min，其中水温变化为16.9～17.3℃，电导率变化为624～640μS/cm，在接收点处没有监测到电导率的峰值［图3（b）］，也没有发现亮蓝示踪剂，接收点和投源点相距约290m，高程差为20.4m，水力梯度约0.07。因此可以判断投源点（中层排水廊道C3-4）和接收点（下层排水廊道C4-3）没有明显水力联系。

（2）中层排水廊道C3-4投源，下层排水廊道C4-4接收的示踪试验。

2021年10月9日14：37，在中层排水廊道C3-4，厂下0+45.6，高程21.4m处进行了投源试验。在下层排水廊道C4-4，厂下0+55，高程-5.5m处出水点接收，出水点水量大小约100m^3/h［图4（a）］。试验采用人工监测，观测频率为3～20min/次，总观测时间约为20h，其中水温变化为16.4～16.5℃，变化幅度较小；电导率变化为590～609μS/cm，在接收点处监测到电导率的峰值［图4（b）］。从投源开始，约27min观测到亮蓝示踪剂，同时电导率也有明显变化，接收点和投源点水平距离为9.4m，高程差为26.4m，水力梯度约2.8。因此可以判断投源点（中层排水廊道C3-4）和接收点（下层排水廊道C4-4）有明显水力联系。从图4（b）可以看出，试验过程中监测到2个电导率峰值，且第一峰值高于第二个峰值，可以判断在接收点和投源点之间可能存在2个通道。

（3）主变排风洞桩号0+155集水井投源，下层排水廊道C4-4接收的示踪试验。

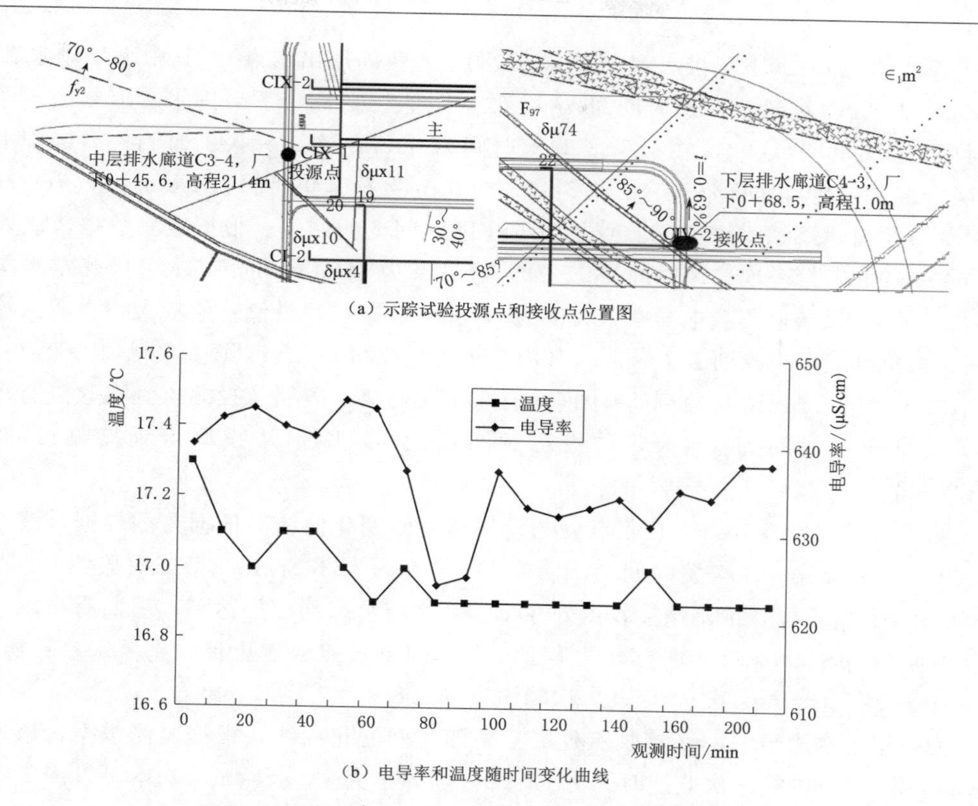

（a）示踪试验投源点和接收点位置图

（b）电导率和温度随时间变化曲线

图3　中层排水廊道C3-4投源C4-3接收的示踪试验

2021年10月10日9：50，在主变排风洞桩号0＋155集水井，高程42.0m处进行了投源试验，在下层排水廊道C4-4，厂下0＋55，高程-5.5m处出水点接收，出水点水量大小约100m^3/h。试验采用自动监测，观测频率为1min/次，总观测时间为3h50min，其中水温变化为15.82～16.43℃，温度有一处明显升高，对应为放炮时间；电导率变化为297～453μS/cm，与温度升高值对应，表明也是受放炮的影响，同时也没有发现胭脂红示踪剂。接收点和投源点相距约14m，高程差为47m，水力梯度约3.35。因此可以判断投源点和接收点没有明显水力联系。

（4）厂房西侧采石坑地表水投源试验。

本次投源时间为2021年10月21日10：15—11：30，分别在采石坑的3个位置投示踪剂（见图5），每个位置投源有一定的时间间隔，总持续时间约1h15min。投源点高程为80m，与厂房直线距离约700m。本次连通试验接收点位置有3个：①下层排水廊道C4-3；②下层排水廊道

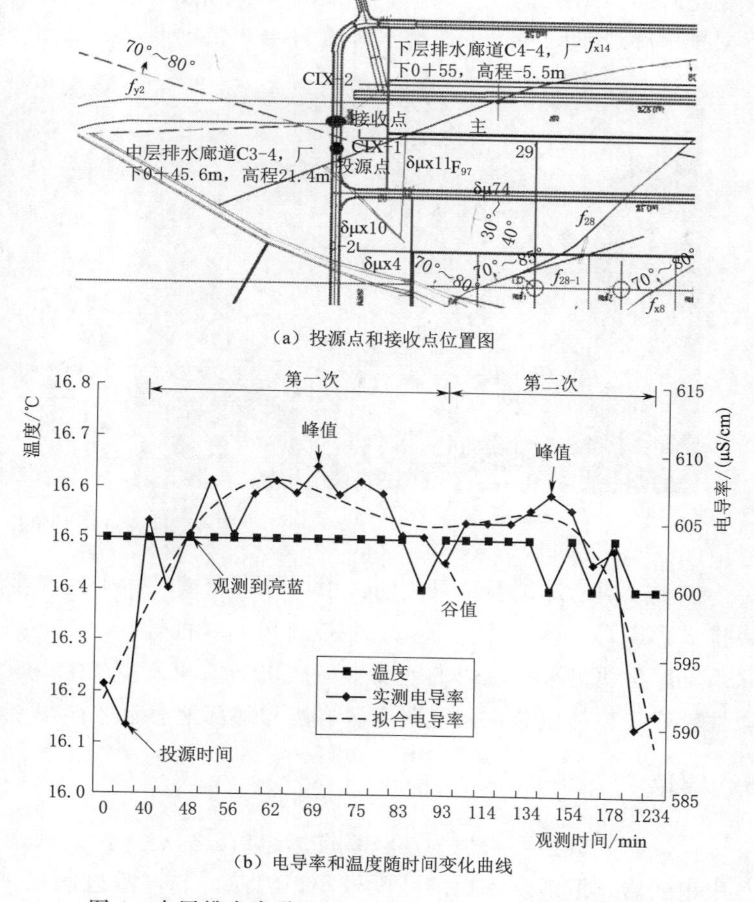

（a）投源点和接收点位置图

（b）电导率和温度随时间变化曲线

图4　中层排水廊道C3-4投源C4-4接收的示踪试验

C4-4（洞室右侧出水点）；③下层排水廊道C4-4（洞室左侧断层出水点）。其中下层排水廊道C4-3观测时间为12:18—17:20，共5h，观测时间为5min/次，为人工监测；下层排水廊道C4-4（洞室右侧出水点）观测时间为12:30—17:00，共4.5h，观测时间为30min/次，为人工监测；下层排水廊道C4-4（洞室左侧断层出水点）观测时间为12:22—17:15，约5h，数据采集时间为1min/次，为自动监测。

图6（a）为下层排水廊道C4-3接收点处电导率随时间变化曲线。根据监测数据，该处电导率的背景值约630～640μS/cm，第一次监测时间为12:18，电导率为668μS/cm，基本可以确定本次电导率背景值为660～670μS/cm，试验监测到电导率最大值为725μS/cm，与背景值差值较大，表明已接收到来自投源点的示踪剂。试验过程中接收到多个峰值，其中最大的为723μS/cm（第一次峰值，13:00接收到）和725μS/cm（第二次峰值，16:40接收到），中间约有5个次峰值，表明从投源点到接收点有多条路径。本接收点电导率最早变化时间为12:48，与投源时间相比，示踪剂从投源点到接收点的迁移时间为1h18min～2h33min。

图6（b）为下层排水廊道C4-4接收点处电导率随时间变化曲线。根据监测数据，该处电导率的背景值约590～600μS/cm，第一次监测时间为12:30，电导率为623μS/cm；第二次监测时间为13:00，电导率为613μS/cm，有所下降，推测该接收点处在12:30之前示踪剂已经达到。后面有出现2次较大的峰值，电导率分别为987μS/cm和1081μS/cm，因此，可以推断该接收点也接收到了来自投源点的示踪剂，由于监测时间间隔较大（30min/次），因此，次峰值很少出现。

图6（c）为下层排水廊道C4-4接收点处电导率随时间变化曲线，根据监测数据，该处电导率的背景值约300～330μS/cm，本第一次监测时间为12:22，电导率为310μS/cm，基本可以确定本次电导率背景值为300～330μS/cm，试验监测到电导率最大值为508μS/cm，与背景值差值较大，表明已接收到来自投源点的示踪剂。试验过程中接收到约5个峰值，表明从投源点到接收点有多条路径。本接收点电导率最早变化时间为12:23，与投源时间相比，示踪剂从投源点到接收点的迁移时间为53min至2h8min。因此，下层排水廊道C4-4比下层排水廊道C4-3接收点，早26min接收到示踪剂。

图5　投源点位置照片

以上4次示踪试验结果表明：中层排水廊道C3-4和下层排水廊道C4-3没有明显水力联系，但与下层排水廊道C4-4有水力联系；主变排风洞（桩号0+155）集水井和下层排水廊道C4-4没有明显水力联系。厂房西侧采石坑内的地表水与厂房洞室出水点有密切水力联系。因此，地下厂房岩溶之间局部连通性较好，整体较差，同时研究区岩溶与外部地表水体存在一定的水力联系。

5　结论

（1）研究区主要岩性为震旦系灯影组白云岩、寒武系观音台群白云岩和二叠系潭组炭质泥岩、页岩，其中白云岩比溶解度和比溶蚀度较小，因此，非可溶岩层和不纯碳酸盐岩使得岩溶不发育，相互连通性较弱。

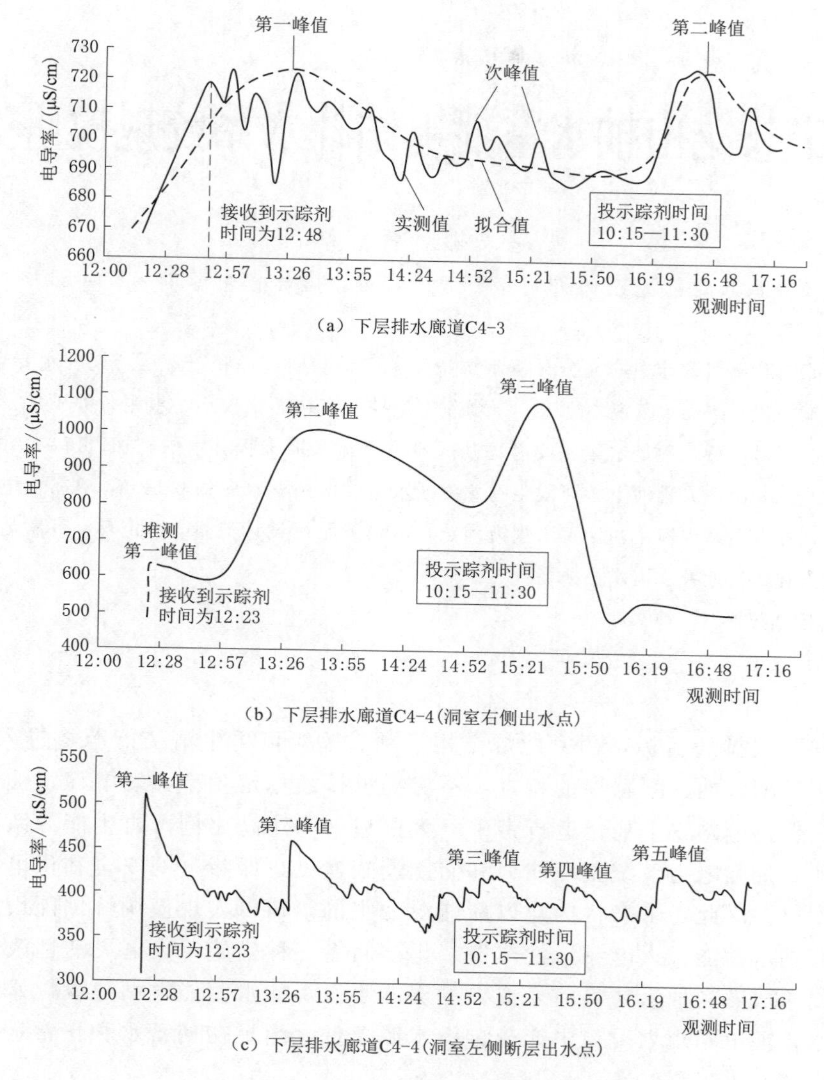

图6　接收点处电导率随时间变化曲线

(2) 在空间上岩溶发育不连续。高程80.00m以下，溶洞较为发育，规模大小不一，并具有随机性，未发现大规模地下暗河等岩溶现象，部分溶洞有红色黏土充填，溶洞之间连通性较差，垂向上由于存在阻水岩脉，岩溶发育具有明显分层特征，岩溶不连续。

(3) 地下厂房区存在一定规模的断层，将厂房区少量分散的溶洞联系在一起，使得厂房区内局部岩溶之间有一定的水力联系，但总体水力联系较弱。厂房周边地表水与厂房区岩溶有一定的水力联系。

参考文献

[1] 郑文晓，罗长保．浅谈连通试验在水利工程地质勘察中的应用［J］．江西水利科技，2004 (S1)：37-39.

[2] 亚森·赛买提．坝址区水文地质分析及地下水连通试验研究［J］．水利规划与设计，2016 (6)：69-70.

[3] 孙继平．岩溶地区水文地质勘察中人工示踪技术的应用［J］．西部探矿工程，2018，30 (8)：111-113.

[4] 孙恭顺，梅正星．实用地下水连通试验方法［M］．贵阳：贵州人民出版社，1988.

[5] 张江华．地下河连通试验的两种新型材料［J］．中国岩溶，1991 (1)：93.

[6] 尹尚先，徐斌，徐慧，等．化学示踪连通试验在矿井充水条件探查中的应用［J］．煤炭学报，2014，39 (1)：129-134.

[7] 董林垚，陈建耀，尹政兴．地温示踪技术在地下水科学中的应用研究进展［J］．长江科学院院报，2018，35 (12)：39-45.

[8] 易连兴，张之淦，胡大可，等．三元连通试验在岩溶渗漏研究中的应用［J］．水文地质工程地质，2006 (6)：18-20.

[9] 向瑞．缝洞型碳酸盐岩油藏井间气体示踪剂解释方法研究［D］．成都：西南石油大学，2019.

辽宁苍龙山抽水蓄能电站补水系统规模研究

洪文彬　蒋　攀
（中水东北勘测设计研究有限责任公司，吉林省长春市　130021）

【摘　要】 抽水蓄能电站规划设计中应充分分析水源条件，满足初期蓄水和正常运行期补水要求，当不满足时，需要研究其补水措施。苍龙山抽水蓄能电站上、下水库库址控制流域面积较小，水源条件不足，不能满足电站初期蓄水及正常运行期所需水量，不足水量主要考虑从大雅河干流采取工程补水措施加以解决。拟建拦河闸（坝）断面控制流域面积 66.2km^2，大雅河上游河段距苍龙山抽水蓄能电站下水库约 0.5km，具备向电站补水的较好条件。根据初步分析，补水泵站规模由初期蓄水规模确定，需设置泵站设计流量 1.5m^3/s，可满足苍龙山抽水蓄能电站初期蓄水期及正常运行期补水需求。

【关键词】 抽水蓄能　苍龙山　补水

1　引言

为实现“30・60”碳排放目标，国家能源结构亟须转型，可再生清洁能源将进入跨越式发展阶段。风电、光伏发电由于其随机性、间歇性的特点，不能提供持续稳定功率，发电稳定性和连续性较差，对电力系统实时平衡、保持电网安全稳定运行带来巨大挑战。构建高比例可再生能源系统，需要做好可再生能源并网消纳工作，加强电力系统调峰能力和储能设施建设，保障电网安全和供电可靠性，从而推动可再生能源高质量发展。因此，未来将构建以新能源为主的，辅以大规模调峰储能设施的电力系统。目前，调峰储能主要有抽水蓄能、火电灵活性改造、化学储能三种措施，火电灵活性改造增加调峰能力有限，化学储能技术尚未成熟，抽水是目前最成熟的储能手段，抽水蓄能电站建设以水为载体，进行能量转化，这就要求抽水蓄能电站规划设计中充分分析水源条件，满足初期蓄水和正常运行期补水要求，当不满足时，需要研究其补水工程。

辽宁苍龙山抽水蓄能电站位于大雅河流域，大雅河流域位于辽东半岛东部，河流全长 83.2km，流域面积 724km^2，流域形状近似椭圆形，长轴呈东西方向，北邻大二河，西邻太子河，南邻小雅河，东面为浑江干流。苍龙山抽水蓄能电站上水库位于大雅河上游大凹沟河源上游，集水面积为 1.47km^2；下水库位于大雅河干流上游支流头道阳沟，集水面积为 3.63km^2；辽宁苍龙山抽水蓄能电站补水系统拦河闸（坝）位于大雅河干流上游，控制流域面积 66.2km^2；上、下水库库址控制流域面积较小，水源条件不足，不能满足电站初期蓄水及正常运行期所需水量，不足水量主要考虑从大雅河干流采取补水工程措施加以解决。

2　工程概述

辽宁苍龙山抽水蓄能电站位于辽宁省本溪市桓仁县境内，站址距桓仁县县城直线距离 47km，距辽宁省负荷中心沈阳市直线距离为 133km。

辽宁苍龙山抽水蓄能电站站址区属大雅河流域，上水库位于八里甸子镇大凹岭国有林场内，集水面积为 1.47km^2，正常蓄水位 950.00m，死水位 927.00m，调节库容 1487×10^4m^3；下水库位于在头道阳沟内，集水面积为 3.63km^2，正常蓄水位 604.00m，死水位 578m，调节库容 1652×10^4m^3，补水系统拦河闸（坝）位于大雅河干流上游，控制流域面积 66.2km^2，上下水库进/出水口之间的水平距离为 4579m，距高比为 13.18。

电站装机容量 1800MW，单机容量 300MW，年平均发电量 18.05×10^8kW・h，年平均抽水电量

24.07×10^8kW·h，综合效率75.0%。电站建成后在系统中主要承担系统调峰、填谷、储能、调频、调相及紧急事故备用等任务。本电站以2回500kV线路接入徐家500kV变电站。

本工程总工期78个月，其中准备期工程4个月，主体工程施工期59个月，工程完建期15个月，控制工期的关键项目为地下厂房系统工程的施工。

工程静态投资约为1039381万元，单位千瓦静态投资为5774元/kW。

3　设计径流分析计算

3.1　大雅河干流拦河闸（坝）

大雅河流域完整的实测流量资料仅有16年，系列较短，临近大二河流域四道河子水文站具有较长的实测水文资料，本阶段采用3种方法计算大雅河干流拦河闸（坝）设计径流。

（1）根据四道河子站计算。将四道河子站1958—2020年径流系列按面积比加径流深修正移至拦河闸（坝），四道河站径流深采用本站系列计算，为314mm，与《辽宁省水资源》查算310mm基本一致，拦河闸（坝）径流深按《辽宁省水资源》查算为420mm，修正系数为1.34。

（2）根据普乐堡站计算。将普乐堡站1958—2020年径流系列按面积比加径流深修正移至拦河闸（坝），拦河闸（坝）、普乐堡站径流深采用《辽宁省水资源》查算，分别为420mm、430mm，修正系数为0.98。

（3）推荐坝址径流系列计算。本次采用径流系列为1958—2020年，具有较好的代表性，考虑1958—1961年、2009—2020年16年为大雅河本流域实测径流系列，成果可靠，应采用。四道河子站具有较长的径流系列，从降雨、径流分布特性及普乐堡与四道河子同期资料分析，四道河子站推算拦河闸（坝）径流存在偏小可能，但大雅河流域实测系列较短，故从工程偏于安全角度考虑，苍龙山抽水蓄能电站拦河闸（坝）径流系列按如下方法计算：

将普乐堡站1958—1961年、2009—2020年径流系列及四道河子站1962—2008年径流系列按面积比加径流深修正移至拦河闸（坝），径流深修正系数同上。按数学期望公式计算经验频率，用P-Ⅲ型曲线适线，以适线确定采用C_v，成果表见表1，频率曲线见图1。

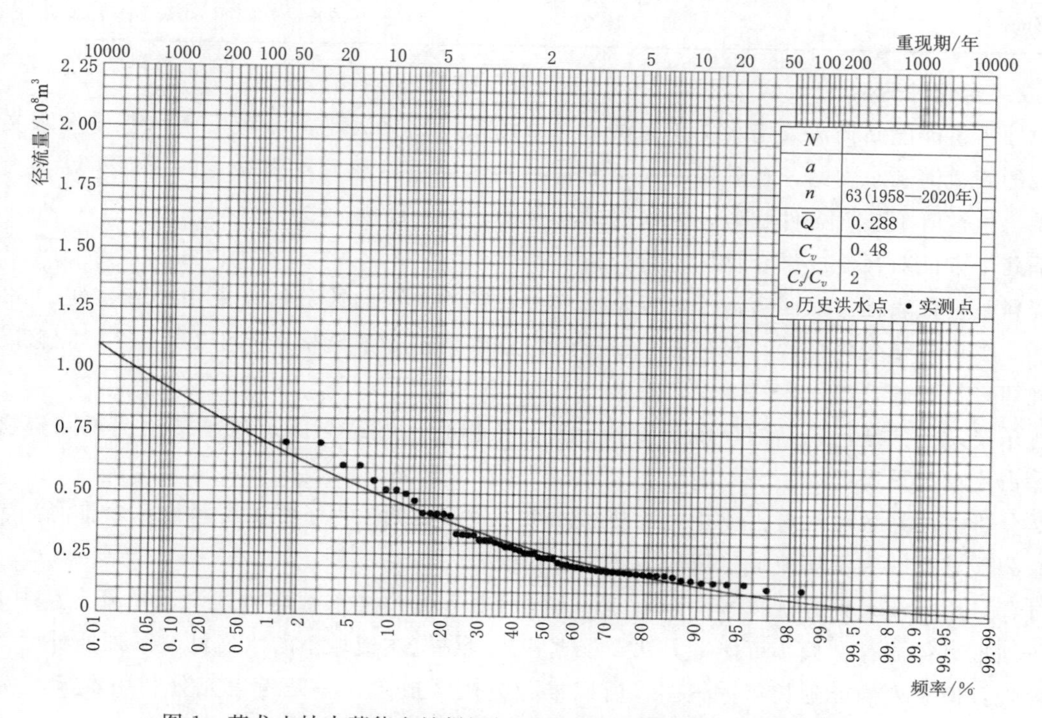

图1　苍龙山抽水蓄能电站拦河闸（坝）径流频率曲线（采用系列）

表 1　　苍龙山抽水蓄能电站拦河闸（坝）设计径流成果表

均值 /10^8m^3	C_v	C_s/C_v	$P=50\%$	$P=75\%$	$P=95\%$	备　注
			设计径流/10^8m^3			
0.277	0.48	2	0.256	0.180	0.100	根据四道河子站计算
0.297	0.46	2	0.276	0.197	0.113	根据普乐堡计算
0.288	0.48	2	0.266	0.187	0.104	推荐系列计算（采用）

由表 1 分析，根据四道河子站计算成果较略小于根据推荐系列计算成果，均值及设计值均小 3.8%；根据普乐堡站计算成果较略大于根据推荐系列计算成果，均值大 3.1%，设计值大 3.8%～8.7%。

总体上，3 种方法计算成果相差不大，从降雨、径流分布特性及普乐堡与四道河子同期资料分析，四道河子站推算拦河闸（坝）径流存在偏小可能；普乐堡站径流系列插补延长年数较多，代表性略差；推荐系列中利用了本流域的实测径流系列，能够较好地反映大雅河流域的径流特性，因此大雅河干流拦河闸（坝）设计径流采用由推荐系列计算成果。

3.2　径流年内分配

苍龙山抽水蓄能电站下水库径流年分配根据大雅河干流拦河闸（坝）采用径流系列成果进行分配，以年径流量接近设计频率年径流量为原则，选择不同保证率的典型年，按典型年的年内分配比例推求下水库设计频率径流年内分配，成果见表 2。

表 2　　苍龙山抽水蓄能电站下水库径流年内分配成果表　　单位：10^4m^3

频率	典型年	1月	2月	3月	4月	5月	6月	7月	8月	9月	10月	11月	12月	全年
多年平均	—	1.43	1.28	3.69	8.83	12.39	12.98	34.23	51.42	16.40	7.24	5.49	2.82	158.2
$P=50\%$	1963	1.74	1.57	2.65	4.13	9.72	7.51	87.76	13.98	6.14	4.86	3.72	2.32	146.1
$P=75\%$	2019	1.21	1.14	2.32	2.69	5.82	7.48	9.58	43.63	19.32	3.20	3.25	3.03	102.7
$P=95\%$	2000	1.23	1.01	2.44	8.83	12.39	4.42	6.99	10.50	7.02	0.94	0.77	0.59	57.11

3.3　径流成果合理性分析

苍龙山抽水蓄能电站径流采用水文比拟法，选取的依据站为大雅河流域下游的普乐堡水文站及邻近大二河流域的四道河子水文站，普乐堡站与大雅河抽水蓄能电站属同一流域，四道河子站为大雅河邻近流域，地貌、植被等下垫面条件相似，来水情况具有较好的一致性。

从以下几个方面对径流成果合理性进行分析。

（1）资料系列代表性。从四道河子、普乐堡水文站径流差积曲线分析，采用径流系列 1958—2020 年基本包含了 5 个丰、枯变化过程，丰枯水年份相近，且系列包含了最枯水年份 2014 年，能够反映出径流丰枯变化规律，具有较好的代表性。

（2）普乐堡站与四道河子站同期观测资料分析。根据普乐堡站与四道河子站同期观测资料，分析两站各月水量占比情况见图 2。

由图 2 分析，两站各月水量占比相当，分布规律一致，由四道河子径流资料计算大雅河流域径流资料缺测年份系列能够反映大雅河流域径流年内的分布情况。

（3）推荐采用径流系列分析。本次采用 3 种方法计算苍龙山抽水蓄能电站设计径流，其中方法 1，根据四道河子站推算径流存在偏小可能，方法 2 根据普乐堡站（本流域下游水文站）系列插补后计算的径流成果比较合理，但系列插补延长年数较多，所以推荐方法 3 成果，一是考虑充分利用本流域实测径流资料；二是偏工程安全考虑，多年平均径流量方法 3 成果相对方法 2 小。

（4）流域径流深分布情况。苍龙山抽水蓄能电站设计径流深为 436mm，符合《辽宁省水资源》中径

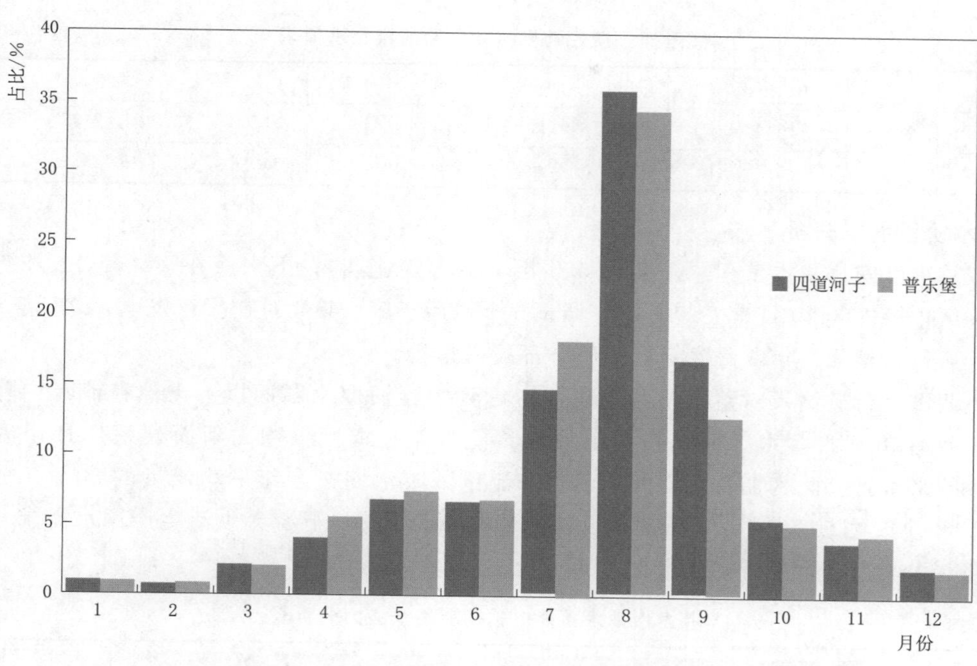

图 2　四道河子、普乐堡水文站各月水量占比图

流深等值线图径流深分布规律。《辽宁省水资源》采用径流系列至 2000 年，根据苍龙山坝址采用径流系列，统计分析 1958—2000 年、1958—2020 年长短径流系列均值，二者相差仅 2%，相差不大，分析认为苍龙山设计采用径流成果基本合理。

综上分析，苍龙山抽水蓄能电站设计径流成果是基本合理的。

4　补水需求分析

根据 NB/T 35071—2015《抽水蓄能电站水能规划设计规范》要求，应通过水量平衡计算，分析评价蓄水期和正常运行期蓄水量保证程度。当初期蓄水期水量不足时，应研究补水措施。当正常运行期水量不足时，应研究设置水损备用库容或者采取补水措施。初期蓄水来水保证率宜采用 75%，选取代表年（时段）或连续年组计算；正常运行期来水保证率可采用 95%～98%，选取相应保证率的代表年（时段）或连续年组计算。经分析，发电库容为 1487 万 m^3，上、下水库坝址径流量无法满足初期蓄水和运行期用水要求，需要采取补水措施。

4.1　补水水源条件

在头道阳沟与大雅河汇合口上游约 560m 处，轴线总长 295.20m，有大河干流，可修建补水泵站，补水泵站位于拦河闸（坝）坝后左岸山脚处，天然地面高程 521～522m，$P=75\%$和 $P=95\%$拦河闸（坝）年径流量分别为 1843 万 m^3 和 1411.7 万 m^3，水量可满足初期蓄水和运行期补水需求，泵站扬程 105m 左右。

4.2　代表年来水量分析

苍龙山抽水蓄能电站上、下水库设计径流成果见表 3、表 4，大雅河干流拦河闸（坝）断面，控制流域面积 66.2 万 km^2，多年平均流量 2880 万 m^3，75%及 95%年份各月来水量见表 5。

表 3　　苍龙山抽水蓄能电站上水库设计径流成果表　　单位：$10^4 m^3$

均值	$P=50\%$	$P=75\%$	$P=95\%$
64.06	59.16	41.59	23.13

表 4　　苍龙山抽水蓄能电站下水库设计径流成果表　　单位：$10^4 m^3$

均值	$P=50\%$	$P=75\%$	$P=95\%$
158.2	146.1	102.7	57.11

表5 大雅河干流拦河闸（坝）断面年来水量表 单位：10^4m^3

月份	4	5	6	7	8	9	10	11	12	1	2	3	年总量
$P=75\%$	26.7	154.8	317.6	89.1	729.1	211.7	77.4	66.3	41.6	26.5	21.8	80.5	1843.0
$P=95\%$	73.2	144.3	170.1	321.1	145.7	299.5	95.5	50.9	38.1	24.5	15.2	33.6	1411.7

4.3 初期蓄水阶段需求分析

根据施工总进度安排，本工程总工期为6.5年（不含筹建期），下水库在第4年11月初具备蓄水条件，第一台机组于第5年10月末安装完毕，调试5个月后于第6年4月初投产发电，之后5台机组每隔3个月陆续投入运行，至第7年6月底6台机组全部投入运行。

根据机组调试运行进度及对蓄水量的要求，考虑到大雅河取水断面以上天然径流年内分配不均，下水库从第5年4月初开始蓄水。根据苍龙山抽水蓄能电站拦河闸（坝）断面长系列月径流资料，选取75%频率相应的来水。扣除初期蓄水期间下泄生态流量（丰水期按多年平均流量的30%、枯水期按多年平均流量的10%泄放生态流量）。泵站抽水设计流量取1.5m^3/s，下游无生活生产用水需求。苍龙山抽水蓄能电站初期蓄水能力进行分析，成果见表6。

表6 苍龙山抽水蓄能电站初期蓄水能力分析表

序号	项目	蓄水能力						
1	投产台数/台	调试	1	2	3	4	5	6
2	总需水量/10^4m^3	813	15	309	324	369	328	349
2.1	发电需水量/10^4m^3	514	0	238	238	281	242	238
2.1.1	上水库死库容/10^4m^3	70						
2.1.2	下水库死库容/10^4m^3	87						
2.1.3	冰库容/10^4m^3	90				14	5	
2.1.4	输水管道充水量/10^4m^3	30				30		
2.1.5	单机发电水量/10^4m^3	238	0	238	238	238	238	238
2.2	水量损失/10^4m^3	111	15	71	86	87	86	111
2.2.1	蒸发损失/10^4m^3	16	2	16	13	5	3	17
2.2.2	渗漏损失/10^4m^3	95	13	55	74	82	82	93
2.3	死库容孔隙填充水量/10^4m^3	188						
3	累计总需水量/10^4m^3	813	829	1138	1462	1831	2159	2507
4	累计总来水量（扣除生态流量）/10^4m^3	861	974	1486	1990	2131	2182	2615
5	水量盈亏/10^4m^3	48	145	348	528	300	24	108

由表6可知，机组调试前所需水量（含损失水量）为$813\times10^4m^3$，第一台机组投产所需水量（含损失水量）为$829\times10^4m^3$，第二台机组投产所需累计水量（含损失水量）为$1138\times10^4m^3$，第三台机组投产所需累计水量（含损失水量）为$1462\times10^4m^3$，第四台机组投产所需累计水量（含损失水量）为$1831\times10^4m^3$，第五台机组投产所需累计水量（含损失水量）为$2159\times10^4m^3$，第六台机组投产所需水量（含损失水量）为$2507\times10^4m^3$。

下水库从第5年4月初开始蓄水，至机组调试蓄水时间7个月，累计来水量$861\times10^4m^3$，盈余水量$48\times10^4m^3$；至第一台机组投产蓄水时间12个月，累计来水量$974\times10^4m^3$，盈余水量$145\times10^4m^3$；至第二台机组投产蓄水时间15个月，累计来水量$1486\times10^4m^3$，盈余水量$348\times10^4m^3$；至第三台机组投产蓄水时间18个月，累计来水量$1990\times10^4m^3$，盈余水量$528\times10^4m^3$；至第四台机组投产蓄水时间21个月，累计来水量$2131\times10^4m^3$，盈余水量$300\times10^4m^3$；至第五台机组投产蓄水时间24个月，累计来水量$2182\times10^4m^3$，盈余水量$24\times10^4m^3$；至第六台机组投产蓄水时间27个月，累计来水量$2615\times10^4m^3$，盈余水量$108\times10^4m^3$。

通过对苍龙山抽水蓄能电站初期蓄水过程分析，按照75%设计保证率来水量，按设计流量1.5m^3/s取水，可以满足初期蓄水要求。

4.4　正常运行期补水阶段

正常运行期泵站抽水设计流量取0.25m^3/s，通过对大雅河取水断面1958—2020年共63年95%来水资料分析，缺水量为153.08万m^3。因此考虑设置153.08万m^{3}水损备用库容以保证电站发电的正常运行。

5　补水措施和设备

补水泵站位于拦河闸（坝）坝后左岸山脚处，天然地面高程521.00～522.00m，泵站建基高程为514.50m，泵站设计流量1.5m^3/s，泵站扬程104.20m，设计装机4台（2×0.5+2×0.25），总装机功率2500kW（2×800kW+2×450kW）；输水钢管DN1000（P=1.2MPa）长680m。

6　结论

苍龙山抽水蓄能电站上、下水库库址控制流域面积较小，水源条件不足，不能满足电站初期蓄水及正常运行期所需水量，不足水量主要考虑从大雅河干流采取补水工程措施加以解决。拟建拦河闸（坝）断面控制流域面积66.2km^2，大雅河上游河段距苍龙山抽水蓄能电站下水库约0.5km，具备向电站补水的条件。根据初步分析，补水泵站规模由初期蓄水规模确定，需设置泵站设计流量1.5m^3/s，水量可满足苍龙山抽水蓄能电站初期蓄水期及正常运行期补水需求。辽宁苍龙山抽水蓄能电站预可研报告已通过水电水利规划设计总院的审查。本次研究在泵站设置上考虑了初期蓄水期和正常运行期（0.25m^3/s一用一备）的运行问题，对后续抽蓄补水设计有借鉴意义。

参考文献

[1]　NB/T 35071—2015 抽水蓄能电站水能规划设计规范 [S].

某蓄能电站移民点场地稳定性评价

彭书良 胡璐宇 汪平安

（中国电建集团中南勘测设计研究院有限公司，湖南省长沙市 410014）

【摘 要】通过调查分析拟建工程及周边的区域地质、工程地质、水文地质条件等，对影响边坡稳定性的主要因素，采用模糊综合评判方法建立边坡稳定性评价模型，计算出各边坡危险性判别指数，并对场地稳定性作出工程地质评价，为工程的选址、设计及施工提供地质依据。

【关键词】模糊综合评判 边坡稳定性 工程地质评价

1 概述

某蓄能电站拟建移民点位于电站下水库大坝下游，距下水库坝址约 2km，总建设用地面积约 5.78km^2，场地设计高程 354.50～369.50m。电站进场公路从移民点西侧及南侧通过，交通便利。拟建场地中部、南侧及北侧均存在自然边坡，其在强降雨等因素的作用下，易出现崩塌甚至滑坡等地质灾害，而自然边坡崩塌/滑坡的危害对象为坡下的规划建筑、道路等，故对自然边坡的稳定性进行分析研究显得非常重要。现采用模糊综合评判方法对场地稳定性进行分析与研究，并做出工程地质评价。

2 工程地质条件

2.1 地形地貌

拟建移民点地貌类型总体属丘陵地貌，其地势总体东南高西北低，主要由展布方向为 NNW、NW 向山脊及山脊之间的冲沟组成。场地四周为自然山体，植被覆盖良好。场址区中部及中北部发育有两个较大冲沟，冲沟底部较为平坦开阔，沟底高程分别为 352.00～355.00m 和 399.00～341.00m。

2.2 地层岩性

拟建移民点及周边出露燕山三期的中粒黑云母花岗岩（γ_5^3）和第四系松散堆积物（Q）。

第四系主要为残坡积层（Q^{edl}）和堆积于冲沟底及出口段的洪积物（Q^{pl}），其中：残坡积物由粉砂质黏土夹碎、块石组成，厚度一般为 0.5～4.0m；洪积物主要由碎块石夹泥沙，沟底散乱分布，无稳定厚度，沟口一般为 0.5～2.0m。

下伏花岗岩岩体风化以面状风化为主，场址南北两条冲沟切割较深，沟底可见弱风化基岩出露，并发育有闪长岩脉，区内局部山脊部位可见强风化花岗岩出露。根据勘测成果分析，场址区覆盖层厚约 0.5～4.0m，全风化带下限深度 3～25m；强风化带下限深度 6～33m。

2.3 地质构造

场区内地质构造简单，主要以陡倾角节理、裂隙为主，周边冲沟内推测有两条小规模断层和若干闪长岩脉及石英脉发育。断层破碎带宽一般为 0.2～0.5m，主要充填闪长岩脉及少量碎块岩，胶结良好；岩脉以闪长岩为主，宽 0.3～1.0m 不等，两侧与花岗岩接触较为密实。断层与岩脉以陡倾角发育为主，倾角多大于 70°。由于抗风化能力较差，上述构造发育部位在地表常形成冲沟。

2.4 水文地质条件

场区位于边坡地带，水文地质条件较简单。根据埋藏条件，地下水类型主要有第四系松散土层中的孔隙水和基岩裂隙水两种。第四系孔隙水接受大气降水补给，主要向冲沟排泄或下渗入基岩岩体中补给地下水。场区西侧为河流，北侧和南侧各发育一条大冲沟，切割较深，冲沟内常年可见地表径流，向河流排泄。未见泉井分布，地下水位埋深一般为 2～16m。根据水质简分析试验成果，场区地表水、地下水均对混凝土有重碳酸型中等腐蚀性；地下水和地表水对混凝土结构中的钢筋无腐蚀性，对钢结构具弱腐蚀性。

3　场地稳定性分析

3.1　边坡地质条件

拟建场地可能存在影响的自然边坡有 3 处，对应编号为 BP1、BP2、BP3。其中 BP1 位于场区北部，BP2 位于场区的东南部，BP3 位于场地中部。

BP1 边坡：该边坡由连续分布的 3 个丘陵山体组成，坡顶高程为 392.00～460.00m，总体上东高西低，边坡坡脚处设计标高为 320.00m，故自然边坡的坡高为 72～140m，坡向为 170°～180°，坡度为 25°～30°，坡宽约 700m；坡上植被发育；坡体由坡残积土和全风化～中风化花岗岩组成，属于节理发育的块状岩层；场区处于断裂边缘的影响带；区内年降雨量大于 1900mm；区内地下水补给河水；坡脚处边坡的开挖深度小于 5m；区内地震动峰值加速度为 0.05g；野外调查未发现已发的地质灾害；自然边坡的危害对象为坡下居民密集区。

BP2 边坡：该边坡由连续分布的 5 个丘陵山体组成，坡顶高程为 395.00～455.00m，总体上西南高东北低，边坡坡脚处设计标高为 350.00m，故自然边坡的坡高为 45～105m，坡向为 310°，坡度为 25°～30°，坡宽约 650m；坡上植被发育；坡体由坡残积土和全风化～中风化花岗岩组成，属于节理发育的块状岩层；场区处于断裂边缘的影响带；区内年降雨量大于 1900mm；区内地下水补给河水；坡脚处开挖边坡的坡度小于 60°；区内地震动峰值加速度为 0.05g；野外调查未发现已发的地质灾害；自然边坡的危害对象为坡下居民密集区。

BP3 边坡：该边坡位于场区中部，边坡的坡顶被开挖，坡顶为 350.00m 台地，坡脚处设计标高为 320.00m，故自然边坡的坡高为 30m，坡向为 350°，坡度为 25°～30°，坡宽约 450m；坡上植被发育；坡体由坡残积土和全风化～中风化花岗岩组成，属于节理发育的块状岩层；场区处于断裂边缘的影响带；区内年降雨量大于 1900mm；区内地下水补给河水；坡脚处边坡的开挖深度小于 5m；区内地震动峰值加速度为 0.05g；野外调查未发现已发的地质灾害；自然边坡的危害对象为坡下居民密集区。

现场调查表明，在自然状态下，区内 3 处自然边坡的稳定性较好，未发现失稳现象，在人类工程活动扰动，比如开挖坡脚、破坏坡体植被或在强降雨条件下边坡可能出现变形失稳，失稳形式多为崩塌或滑坡。

3.2　场地稳定性分析

3.2.1　稳定性分析方法

基本思路是根据坡体的地形地质环境条件，从中抽取评价因子，即将坡体（地质体）转化为形变场-渗流场，从而建立评价模型（图 1）。

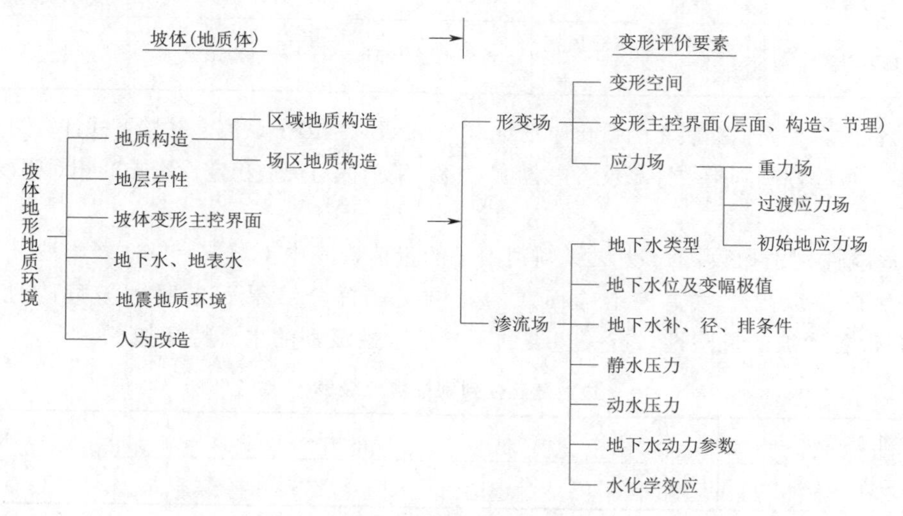

图 1　模糊综合评判法评价模型

要较全面掌握上述边坡评价要素的半定量-定量指标是有困难的。为了简化评价过程，但也尽可能涵盖主要影响要素，最大限度降低评价的随意性和模糊性，故采用定性-半定量评价方法。所用评价方法与图 1 所表达的基本原则相同，首先从影响边坡稳定性的众多因素中抽取 3 个主要因素作为一级判别指标，分别为：环境条件、边坡破坏动力和边坡地质灾害现状。其中环境条件为边坡破坏的内因，主要包括地形地貌、植被发育情况、岩土体特性、地质构造和主控结构面（层面和节理面）与坡向的关系 5 个要素（二级判别指标）。边坡破坏动力为影响边坡稳定性的外因，包括 4 个二级判别指标：降雨强度、地下水的补径排条件、人为因素和地震强度。边坡地质灾害现状是对已发生的灾种、密度及危险性进行工程地质类比，以辅助预测边坡的潜在危险性，其 4 个二级判别指标为：已发灾害的分布密度、发生年代、灾害规模和危害对象。在此基础上将每个二级判别指标划分为 4 个危险等级，并给出各危险等级的划分原则及其对应的量值，由此便构成边坡危险性判别指标的量化原则（表 1）。

表 1　　边坡危险性判别指标量化原则

一级判别指标	二级判别指标		三级量化指标			
	序号	内容	$x_i=6$	$x_i=3$	$x_i=1$	$x_i=0$
环境条件	1	地形地貌	坡角大于 30°，相对高差大于 50m	坡角 20°～30°，相对高差 30～50m	坡角 10°～20°，相对高差 10～30m	坡角小于 10°，相对高差小于 10m
	2	植被条件	山体裸露	山体半裸露	植被稀疏	植被密集
	3	坡体特性	坡残积堆积物厚度大于 10m	坡残积堆积物厚度 5～10m	节理发育的岩层	完整的层状、块状岩层
	4	地质构造	活动性断裂分布区	断裂破碎带	断裂边缘影响带	无断裂分布区
	5	主控结构面与坡向的关系	顺坡向，主控界面倾角小于坡角	顺坡向，主控界面倾角大于坡角	横坡向，主控界面倾向与坡向相交	逆坡向，主控界面倾向与坡向相反
边坡破坏动力条件	6	降雨强度	年均降雨量大于 1900mm	年均降雨量 1600～1900mm	年均降雨量 1500～1600mm	年均降雨量小于 1500mm
	7	地下水补径排条件及富水性	有地下水，河水补给地下水；水量丰富	有地下水，地下水补给河水；水量中等	有地下水，大气降水补给地下水；水量贫乏	无地下水
	8	人为因素	开挖深度大于 20m，边坡坡度大于 60°	开挖深度 10～20m，边坡坡度 45°～60°	开挖深度 5～10m，边坡坡度 30°～45°	开挖深度小于 5m，边坡坡度小于 30°
	9	地震烈度	地震动峰值加速度大于 $0.1g$	地震动峰值加速度 $0.1g$	地震动峰值加速度为 $0.05g$	地震动峰值加速度小于 $0.05g$
边坡破坏变形现状	10	分布密度	地质灾害（崩塌、水土流失）多	地质灾害（崩塌、水土流失）较多	地质灾害（崩塌、水土流失）少	无地质灾害（崩塌、水土流失）
	11	发生年代	近期发生	早期发生	古滑坡、古崩塌	未发生
	12	灾害规模	大型	中型	小型	无
	13	危害对象	重要工程和居民密集区	重要工程分布区	一般工程	无人居住区

评价边坡危险性时，首先根据表 1 的量化原则对 13 个二级判别因子赋值，并按下式计算边坡危险性判别指数 X，为评价方便，危险性判别指数计算仅考虑各项二级判别指标对边坡稳定性影响的相对强弱。

$$X=\sum(x_i)/n \tag{1}$$

式中：X 为边坡危险性判别指数；x_i 为二级判别因子的量值，其中土坡 $n=12$，岩土坡 $n=13$。

因为土坡不存在二级因子“主控结构面”的影响。在打分结果后参照边坡危险性判别指数分级表（见表 2）来评价各边坡的危险性。有关边坡的不同危险性级别的主要特征如下：

表 2　　边坡危险性判别指数分级表

边坡危险性判别指数	$X>4$	$4\geqslant X\geqslant 2$	$X<2$
危险性分级	大	中等	小

(1) 危险性小的边坡：工程地质条件良好，无不良地质特征和不利的构造面，边坡在正常设计坡率情况下能保持稳定，边坡不易产生变形，不需要采取防护和加固措施，为危险性分级 $X<2$ 的边坡。

(2) 危险性中等的边坡：工程地质条件中等，无不良地质特征和不利的构造面，边坡在正常设计坡率情况下能保持稳定，但在外部不利因素（雨水）影响下，坡面会出现较小的变形或局部破坏，但不会影响安全，坡体不需要加固，只需适当做好截排水措施和进行坡面防冲刷防护，为危险性分级 $4\geqslant X\geqslant 2$ 的边坡。

(3) 危险性大的边坡：工程地质条件复杂，有不良地质特征和不利的构造面，边坡在正常设计坡率情况下不能保持稳定；坡体会出现严重变形、坍塌或破坏，对安全有较大影响，为危险性分级 $X>4$ 的边坡。

3.2.2 稳定性分析结果

在勘察资料的基础上，对所评价的边坡进行较详细的调查，内容包括边坡的岩土类型、边坡的坡度和坡向、植被发育情况、地下水的富水性和周围已有地质灾害的类型及发育程度等。

根据表1赋值，BP1 自然边坡的危险度判别指数为 1.62；BP2 自然边坡的危险度判别指数为 1.84；BP3 的自然边坡的危险度判别指数为 1.62，见表3。根据表2得，区内自然边坡 BP1、BP2、BP3 的危险性均为小。

通过采用模糊综合评判法对边坡危险性进行分析评价，根据分析结果评判场地为稳定性Ⅰ类区（稳定区）。

表3 **边坡危险性判别指标量化原则**

一级判别指标	二级判别指标		BP1	BP2	BP3
	序号	内　容			
环境条件	1	地形地貌	3	3	3
	2	植被条件	0	0	0
	3	坡体特性	1	1	1
	4	地质构造	1	1	1
	5	主控结构面与坡向的关系	0	0	0
边坡破坏动力条件	6	降雨强度	6	6	6
	7	地下水补径排条件及富水性	3	3	3
	8	人为因素	0	3	0
	9	地震烈度	1	1	1
边坡破坏变形现状	10	分布密度	0	0	0
	11	发生年代	0	0	0
	12	灾害规模	0	0	0
	13	危害对象	6	6	6
自然边坡的危险度判别指数			1.62	1.84	1.62

4 结论

(1) 传统的场地稳定性分析方法是从定性的角度进行评价，难以系统的考虑多种因素对场地稳定性的影响，模糊综合评判法将定性的多因素进行了量化处理，可综合的进行定量评价。其结果更能综合的反应场地稳定性条件。

(2) 根据模糊综合评判结果，区内自然边坡 BP1、BP2、BP3 的危险性均为小，场地为稳定性Ⅰ类区（稳定区）。

(3) 场地内已有的边坡和后期将在施工中形成的人工边坡，在工程建设前需进行边坡治理设计；施工过程中采用稳定坡比分级放坡，边开挖、边治理，采用网格梁、挂网锚喷等措施进行加固处理，并做好坡体截排水措施。

（4）施工过程中和建成后，需对场地边坡进行变形观测。

参考文献

[1] 容穗红，王想勤．模糊综合评判法在场地适宜性评价中的应用［J］．广东地质，2003，18（2）：43-48.
[2] 周水贵．模糊综合评判法在建筑边坡地灾评估中的应用［J］．山西建筑，2014，40（22）：77-79.
[3] 顾旭，马志军．模糊综合评判在地质灾害评估中的应用［J］．城市建设理论研究，2011（32）：35-37.

深度学习在抽水蓄能电站勘察中的应用与展望

姚东方 陈思宇 王志文
（中国电建集团中南勘测设计研究院有限公司，湖南省长沙市 410014）

【摘 要】抽水蓄能电站勘察工作往往具有进度要求紧、现场任务重、地质条件复杂、技术要求高等特点。如何利用已有的抽水蓄能项目勘察经验与数据，在勘察过程中快速准确地查明电站工程地质条件，为设计提供有效勘察资料支撑是一项具有挑战性的工作。本文基于深度卷积生成对抗网络（DCGAN）实现了对岩石类别的自动识别，提供了一种基于深度学习的判别岩石种类的手段。

【关键词】抽水蓄能电站勘察 深度学习 深度卷积生成对抗网络 岩石类别

1 引言

近年来国内新能源产业的蓬勃发展，为实现“双碳”目标，构建以新能源为主体的新型电力系统，大规模抽水蓄能电站开发建设势在必行，根据国家能源局 2021 年 9 月发布的《抽水蓄能中长期发展规划（2021—2035 年）》，国内重点实施项目 340 个，总装机容量约 4.21 亿 kW。

抽水蓄能电站往往需要有较大的水头差，能够储蓄足够的势能进行发电，因此工程往往跨越各类地形地貌，穿过岩性复杂的地层，涉及规模、形状特征各异的断裂构造及复杂多变的水文地质结构，其面临的工程地质问题复杂多变，应引起足够重视。国内抽水蓄能电站建设最早开始于 20 世纪 60 年代的岗南水库、密云水库，电站主要工程地质问题有水库渗漏、边坡稳定、洞室围岩稳定等。为解决上述问题，最基础的勘察工作之一就是准确识别岩石类别及其物理力学参数。

21 世纪以来，深度学习算法的快速发展为其他领域中的难题提供了创新的手段和途径。生成对抗网络（GAN）是 Goodfellow 等在 2014 年提出的一种生成模型，GAN 通过由多层感知机组成的神经网络构建生成器 D 和鉴别器 G，生成器与鉴别器相互对抗，逐步优化收敛，最终学习到样本的概率分布。在传统的 GAN 模型基础上，引入卷积神经网络，建立深度卷积生成对抗网络（DCGAN），利用卷积神经网络强大的特征提取能力，将此结构再进行优化改进并用于图像识别中，实现对不同图像的分类及识别。

本文搜集了国内某大型抽水蓄能电站工程区范围内的不同种类岩石图像数据集，利用深度卷积生成对抗网络（DCGAN）对搜集的数据进行训练，实现了对岩石种类的识别。

2 生成对抗网络原理

生成对抗网络（GAN）是一种无监督深度学习算法，算法主要由两个模块构成：生成器神经网络和鉴别器神经网络，如图 1 所示。生成器神经网络主要功能是模拟训练集样本数据的概率分布；鉴别器神经网络主要功能是接收真实数据或者生成数据，并判断输入数据的真假。GAN 一般由全连接层组成，由生成器、鉴别器和损失函数共同组成。

生成器与鉴别器一起构成了动态的“博弈过程”，如图 2 所示，点线表示真实数据的分布，实线表示生成数据的分布，虚线表示生成数据在鉴别器中的判断效果。第一步，固定生成模型，将真实样本和生成样本作为初始数据输入鉴别器，使得鉴别器能够达到一定的判别准确度，如图 2（a）和图 2（b）所示，鉴别器逐渐能够较好地区分真实数据和生成数据。第二步，固定鉴别器，将随机变量输入到生成器中，使得生成器能够生成更逼近真实样本分布的数据，如图 2（c）所示，生成数据的分布逐渐逼近真实样本的分布。重复上述的步骤，最终达到最佳的训练效果，如图 2（d）所示，即生成数据的分布与训练数据（真实样本）的分布完全重合，鉴别器难以判断输入数据的真假。

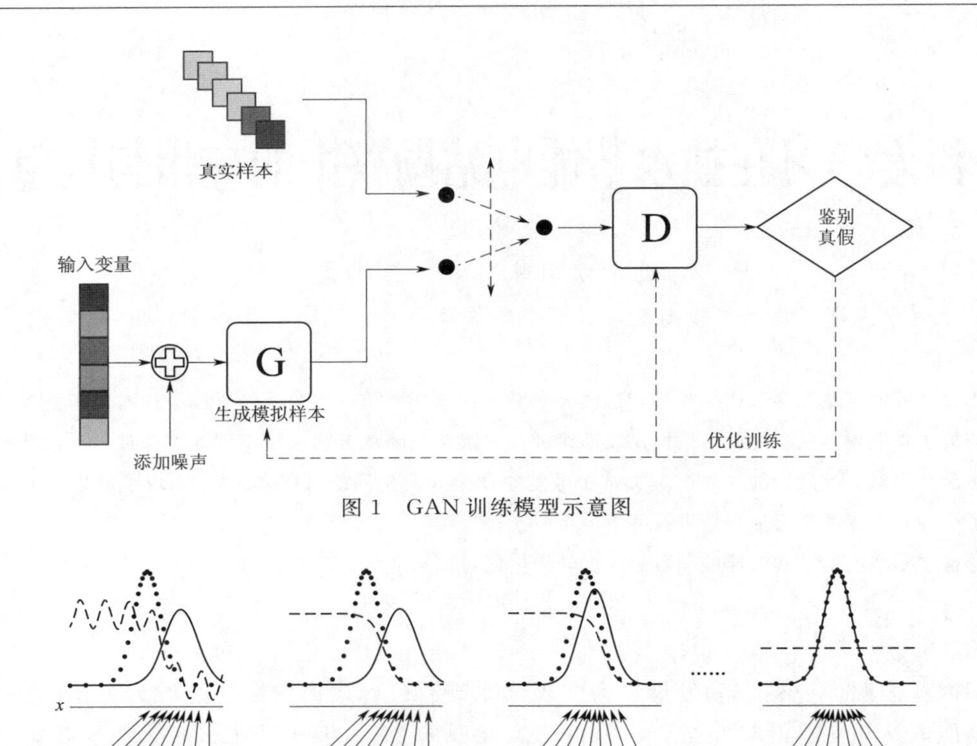

图 1 GAN 训练模型示意图

图 2 生成器与鉴别器博弈过程示意图

在上述动态平衡过程中，生成器与鉴别器会不断优化网络参数。训练完成后两者均到达最佳工作效果，即纳什平衡状态。下面的目标函数可以表示上述的训练过程：

$$\min_G \max_D V(D,G)=E_{x\sim p_{\text{data}}(x)}[\log D(x)]+E_{z\sim p_z(z)}[\log(1-D(G(Z)))] \tag{1}$$

式中：$p_{\text{data}}(x)$ 为真实样本的概率分布；$p_z(z)$ 为指定的概率分布，比如高斯分布。

GAN 可以通俗地理解为一种零和游戏，生成器像“一个制造假币的团伙，试图生产和使用假币”，而鉴别器像“检测假币的警察”，GAN 能够学习到真实的概率分布情况。

3 深度卷积生成对抗网络（DCGAN）

深度卷积对抗生成网络（DCGAN）是建立在对抗生成网络（GAN）基础之上的图像生成模型，引入卷积网络，使得模型的训练过程更加稳定，而且能够实现更高质量的图片生成和识别分类。DCGAN 相较于 GAN 的主要变化有：①采用卷积层和反卷积层替代全连接层；②对于生成器和鉴别器的几乎每一层神经网络层后添加 batchnorm 层，即采取归一化措施；③采取更加合适的激活函数；④使用全局池化层替代全连接层。

DCGAN 模型采用卷积层替代生成器中的全连接层，采用反卷积层替代鉴别器中的全连接层，同时去掉了原始卷积神经网络中的池化层。DCGAN 的处理手段使得神经网络参数大幅减少，同时避免了卷积过程中的池化层过滤掉图像的有效信息，使神经网络在前向传播和反向传播过程中能够共享计算资源，极大地提高了计算效率，网络参数的减少也避免了计算过程中的梯度消失等问题，提高了神经网络在训练过程中的稳定性。

Batch Normalization（批归一化）是深度学习领域提高训练稳定性，加快训练速度的有效手段。其基本原理如下：

假设输入数据为 $\beta=(x_1，x_2，\cdots，x_m)$，输出为 $y_i=BN(x_i)$。

（1）求出输入数据 $\beta=(x_1, x_2, \cdots, x_m)$ 的均值：$\mu_B=\frac{1}{m}\sum_{i=1}^{m}x_i$。

（2）求出输入数据 $\beta=(x_1, x_2, \cdots, x_m)$ 的方差：$\sigma_B^2=\frac{1}{m}\sum_{i=1}^{m}(x_i-\mu_\beta)^2$。

（3）然后对输入数据 $\beta=(x_1, x_2, \cdots, x_m)$ 进行归一化处理：$x_i'=\frac{x_i-\mu_B}{\sqrt{\sigma_B^2+\varepsilon}}$。

（4）最后进行尺度缩放和偏移操作，目的是变换回原始分布，实现恒等变换：$y_i=\gamma_i x_i'+\beta$。

式中，γ_i 和 β 是需要神经网络求解的参数，某种意义上，若其值等于输入数据分布的方差与偏移，y_i 其实就还原为了归一化前的输入数据，并且完成了归一化操作，这样就保证了上一层输入的数据既经过归一化又保留了其学习到的特征。批归一化除了能够解决 DCGAN 的难以训练的问题题，还能防止过拟合现象、降低 L2 权重衰减系数、减少图像扭曲的使用，使 DCGAN 的训练效果更加稳定。

DCGAN 模型比较了不同激活函数的优劣来选择合适的激活函数，本文也根据自己的研究目的选择了更合理的输出层激活函数，以保证模型的训练收敛。

DCGAN 模型采用全局池化层替代原始卷积神经网络中的全连接层。输入数据在鉴别器中经过多层卷积神经网络层后需要将其展平来连接输出层。另外，全局池化层没有参数，也可以防止在该层出现过拟合现象，而且具有整合空间信息的作用。

上述改进使得 DCGAN 模型具有比 GAN 模型更优异的性能，大大减少了计算过程中的参数量，使得大尺寸图片的处理成为可能，优化图片识别过程，本文采用训练好的 DCGAN 模型应用于半监督分类任务，把训练好的 DCGAN 的鉴别器提取出来，增加 Softmax 分类器后组成用于岩石类别识别的新网络架构。

4　基于深度学习的岩石图像识别

4.1　DCGAN 模型结构

DCGAN 模型的主要结构由生成器和鉴别器组成，为了实现对更大的图像的处理，与原始论文中的 DCGAN 架构不同，生成器的神经网络增加到 7 层，而鉴别器的神经网络增加到 9 层，鉴别器最后一层为全局池化层，最后为全连接层输出。数据集为 400 像素×400 像素的岩芯图像。本模型的生成器为 100 维的随机噪声数据，通过 7 个逆卷积层后输出（1，400，400）的张量，即为模拟生成的图像样本；DCGAN 的鉴别器架构与生成器正好相反，输入数据为（1，400，400）的图像样本数据，通过 8 层卷积层后转换为（1024，2，2）的三维张量，然后通过全局池化层转换为（1024，1，1）的张量，最后通过一个全连接层，输出 1 维的结果。具体模型见表 1。

表 1　　深度卷积生成对抗网络架构

层	卷积核	批归一化	激活函数	维数
生成器				
输入层				100×1×1
逆卷积层 1	ConvTranspose2d（4，1，0）	BN	ReLU	1024×4×4
逆卷积层 2	ConvTranspose2d（4，4，1）	BN	ReLU	512×14×14
逆卷积层 3	ConvTranspose2d（3，2，2）	BN	ReLU	256×25×25
逆卷积层 4	ConvTranspose2d（4，2，1）	BN	ReLU	128×50×50
逆卷积层 5	ConvTranspose2d（4，2，1）	BN	ReLU	64×100×100
逆卷积层 6	ConvTranspose2d（4，2，1）	BN	ReLU	32×200×200
逆卷积层 7	ConvTranspose2d（4，2，1）		Tanh	1×400×400

续表

层	卷积核	批归一化	激活函数	维数
鉴别器				
输入层				1×400×400
卷积层 1	Conv2d (4, 2, 1)	BN	LeakyReLU	8×200×200
卷积层 2	Conv2d (4, 2, 1)	BN	LeakyReLU	16×100×100
卷积层 3	Conv2d (4, 2, 1)	BN	LeakyReLU	32×50×50
卷积层 4	Conv2d (4, 2, 1)	BN	LeakyReLU	64×25×25
卷积层 5	Conv2d (3, 2, 2)	BN	LeakyReLU	128×14×14
卷积层 6	Conv2d (4, 2, 0)	BN	LeakyReLU	256×6×6
卷积层 7	Conv2d (3, 1, 0)	BN	LeakyReLU	512×4×4
卷积层 8	Conv2d (3, 1, 0)	BN	LeakyReLU	1024×2×2
全局池化层				1024×1×1
全连接层			Sigmoid	1

4.2 基于 DCGAN 的图像识别

为了将上述模型应用到岩芯图像识别，还需要对模型进行加工，对于训练好的 DCGAN 模型，把鉴别器提取出来，去除最后一层全连接层，增加 Softmax 分类器，通过计算输出结果与岩石种类标签的交叉熵来得到损失函数，同时使用 Adam 进行优化。为防止全连接层出现拟合现象，将 Dropout 的值设置为 0.5，改进后的模型架构见表 2。

表 2 鉴别器改进架构

层	卷积核	批归一化	激活函数	维数
鉴别器改进架构				
输入层				1×400×400
卷积层 1	Conv2d (4, 2, 1)	BN	LeakyReLU	8×200×200
卷积层 2	Conv2d (4, 2, 1)	BN	LeakyReLU	16×100×100
卷积层 3	Conv2d (4, 2, 1)	BN	LeakyReLU	32×50×50
卷积层 4	Conv2d (4, 2, 1)	BN	LeakyReLU	64×25×25
卷积层 5	Conv2d (3, 2, 2)	BN	LeakyReLU	128×14×14
卷积层 6	Conv2d (4, 2, 0)	BN	LeakyReLU	256×6×6
卷积层 7	Conv2d (3, 1, 0)	BN	LeakyReLU	512×4×4
卷积层 8	Conv2d (3, 1, 0)	BN	LeakyReLU	1024×2×2
全局池化层				1024×1×1
全连接层				5

DCGAN 模型主要是用于无监督学习任务，经过上述改动以后的神经网络拥有了解决分类图片的能力，Softmax 分类器可以增加一项输出神经元，可以判断输入图片“假数据”的概率，这样该模型不但可以通过标注的图像进行训练，还可以通过生成器生成的数据进行训练，起到数据增强的作用，使得鉴别器可以通过模型训练掌握岩芯图片的特征。

4.3 试验过程与结果

本文通过在国内某大型抽水蓄能电站搜集的钻孔岩芯照片数据集对不同种类的岩石进行识别分类，数据集中包含了石英二长岩、玄武安山岩、英安流纹岩、石英粗安岩 4 种岩芯图像，图像大小通过处理为 400 像素×400 像素（见图 3），整个数据集包含了 18000 个训练样本和 2000 个测试样本，采用人工方式对数据进行编码。

由于本文的DCGAN模型架构层次深度很深，训练模型会变得较为困难，为增强训练的稳定性，对模型中的参数进行初始化，参数初始化就是在训练开始前为神经网络中的所有参数赋值，防止因神经网络梯度消失和爆炸导致模型训练崩溃，模型的初始化方案主要4种，分别是全零初始化、随机初始化、Xavier初始化和Kaiming初始化，本文选用Kaiming初始化方法，因为上述模型所使用的的激活函数为ReLU函数和LeakyReLU函数，Kaiming初始化方法考虑其对于输出数据分布的影响。

为了防止训练过程中出现过拟合（模式崩溃）的现象，解决模式崩溃的问题，采用提前结束模型训练的手段以避免训练过多导致出现过拟合情况，模型在训练一个Epoch后会自动保存一次模型参数，并储存本次模型的生成图像来帮助判断模型训练情况，在训练结束后可以通过储存的模拟样本来选择对应的模型训练参数。

通过标签平滑来帮助训练，加强模型模拟多样化的图像的能力。模型中损失函数的计算标签设置成0和1（假图片和真图片）会减弱模型的泛化能力，因此，把标签1替换成0.9，标签0替换成0.1，来优化训练过程。

图3　训练集岩芯样本

模型的鉴别器一般而言比生成器更容易训练，而鉴别器多余训练会导致神经网络的训练停滞，为了使对抗能够保持平衡，在本文的神经网络模型中训练一次鉴别器的同期训练2～3次生成器，使模型能够稳定运行。

实验过程中采用Adam优化算法，设置优化器Adam的学习率为0.0002，每迭代50次存储一次损失函数，得到训练迭代次数和损失函数的相关性，图4反映了0.002和0.0002学习率下生成器和鉴别器损失率随迭代次数的变化趋势。

分类器也采用 Adam 学习器，学习率设置为 0.0002，经过 20 次 Epoch 迭代以后，绘制了 DCGAN 的准确率和迭代次数的变化趋势，见图 5。随着迭代的进行，通过 DCGAN 模型进行岩芯种类识别的准确率逐渐提高，也表明并不是迭代次数越多，迭代得到的模型参数判断越准确，因此在模型参数选择过程中，需要根据迭代过程中的判别情况灵活选择。由图 5 可知，采用 DCGAN 模型来识别岩芯图片的岩石种类的准确率可以达到 82.3%，能有效地帮助在野外工程地质勘察过程对岩石进行分类定名。

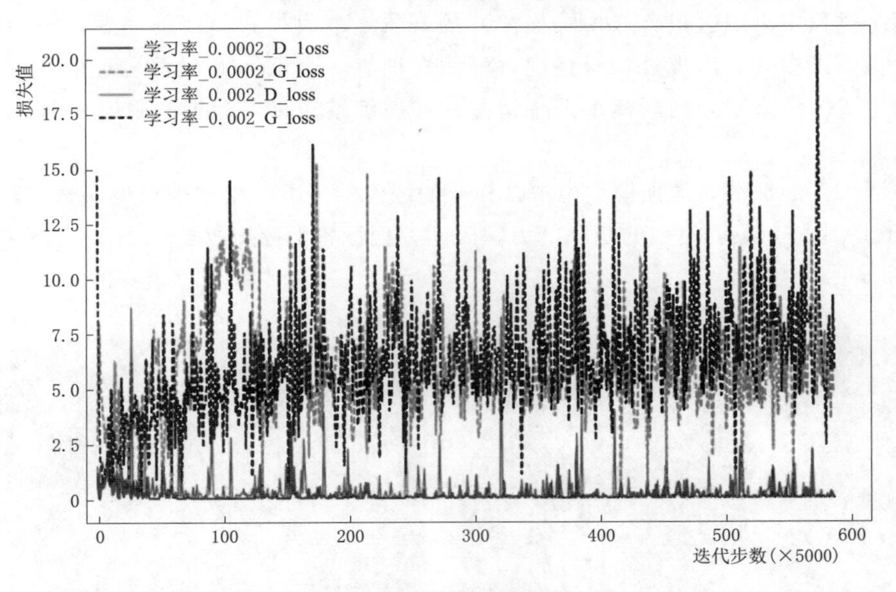

图 4 损失率变化趋势图

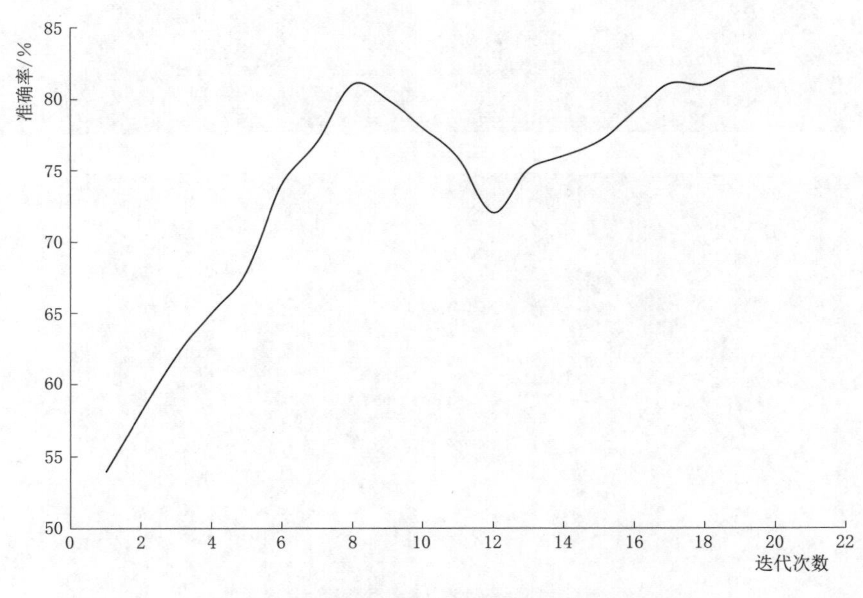

图 5 模型识别准确率变化趋势图

5 结论与展望

本文利用深度卷积生成对抗网络模型的鉴别器提取特征用于岩芯图像识别，深度卷积生成对抗网络不仅可以通过对抗迭代生成高质量的样本，也可以运用于半监督分类，通过已有数据集训练模型，实现岩芯图像的识别，对岩石种类进行定名，可以对野外勘探过程中遇到的岩石进行有效划分，同时文中提出的方法也能有效提升模型拟合的效果，增强图像识别的准确率。当然，深度卷积生成对抗网络依旧存在一些缺点，搜集的岩石数据集过于单薄，岩性种类不够丰富，神经网络网络架构比较简单，使得岩性识别的通用性降低，识别的准确率也相对偏低。为此，需要在后续的研究中优化模型结构，提升识别准确率，同时建立岩石图像的海量数据库，增强模型适用性。最后，深度学习在抽水蓄能电站勘察中适用的方向有许多，如岩土体物理力学参数的工程类比、不稳定围岩的三维模拟等，都是值得探讨的研究方向，在抽水蓄能电站勘察过程中充分发挥深度学习的优点。

参考文献

[1] 常伟，钱世龙．抽水蓄能电站工程地质勘察的物探对策［J］．力学进展，2001，25（4）：6.

[2] Goodfellow I，Pouget - Abadie J，Mirza M，et al. Generative adversarial nets［C］//Advances in neural information processing systems. 2014：2672 - 2680.

[3] 唐贤伦，杜一铭，刘雨微，等．基于条件深度卷积生成对抗网络的图像识别方法［J］．自动化学报，2018，44（5）：855 - 864.

抽水蓄能电站基本测图控制网 GNSS 技术设计与数据处理方法

罗承球 周 瑞 赵元睿
（中国电建集团北京勘测设计研究院有限公司，北京市 100024）

【摘 要】 本文由抽水蓄能电站规划设计阶段控制测量的主要任务及其作用，引出采用 GNSS 测量方法施测工程基本测图控制网技术设计的重点内容和技术处理措施，提出了完整的测图控制网 GNSS 观测数据处理方法，针对存在的不足予以进一步优化，通过工程实例的成果对比，说明该处理方法的可行性，建立的工程平面坐标系统，既保持了与国家系统的联系，又具有相对独立性，取得的工程实践经验，可供类似工作借鉴或参考。

【关键词】 GNSS 测量 工程椭球 边长投影变形 中央子午线

1 引言

随着国际社会对保障能源安全、保护生态环境、应对气候变化等问题日益重视，能源绿色低碳发展已成为世界各国普遍共识，清洁能源开发利用也成为当今经济社会和能源可持续发展的重要选择。抽水蓄能电站不仅具有高效的能量储存和能量释放优势，而且具备工程寿命长、环境影响小、水资源可循环利用、能快速应对供电需求变化等特点。故此，抽水蓄能电站作为可行的清洁能源储备技术得到了迅速发展。

抽水蓄能电站规划设计阶段控制测量的主要任务及其作用：一是通过国家三角点、水准点的联测，将国家控制引测至工程区；二是确立工程测绘基准，建立工程统一的平面坐标系统和高程系统，并按一定的精度要求施测工程测图控制，以满足各类比例尺地形图测绘对测量控制的需要。因此，工程测图控制网技术设计与数据处理方法的正确性与合理性，将直接关系电站施工建设和运营管理阶段工程测量控制体系的建立与衔接，必须予以足够的重视。本文以 GNSS 测量方法为例开展相关内容的交流、探讨。

2 基本测图控制网技术设计

2.1 平面坐标、高程系统

测绘基准主要由大地基准、高程基准、重力基准、深度基准等构成，测绘基准是相应测绘系统建立的基础，同时测绘系统又是测绘基准的具体体现。在抽水蓄能电站工程测量中常用测量基准为平面基准和高程基准，为此施测电站测图控制网应依据测区已有国家控制资料以及行业规范要求，开展测图控制测量技术设计工作。

2.1.1 平面坐标系统设计

遵照 NB/T 35029—2014《水电工程测量规范》要求，平面坐标系统应采用现行国家坐标系统，即 2000 国家大地坐标系（CGCS 2000）；另外为满足电站工程大比例尺地形图测图需要，所建立的平面坐标系统应满足“边长的投影长度变形值不大于±50mm/km”，顾及高程归算和高斯投影两方面对边长变形产生的影响，应通过技术设计，合理确定平面坐标的投影面高程和中央子午线位置。

（1）地面实测边长 S 归算至参考椭球面的变形影响，其值为 ΔS_1，计算公式如下：

$$\Delta S_1=-\frac{S \cdot H_m}{R} \tag{1}$$

式中：H_m 为归算边高出参考椭球面的平均高程；R 为归算边方向参考椭球法截弧的曲率半径。

（2）参考椭球面上的边长 S_0（即：$S_0=S+\Delta S_1$）投影到高斯投影面的变形影响，其值为 ΔS_2，计算公式：

$$\Delta S_2=\frac{1}{2}\left(\frac{y_m}{R_m}\right)^2 S_0 \tag{2}$$

式中：S_0 为归算后投影边长；y_m 为归算边两端点横坐标平均值；R_m 为参考椭球面平均曲率半径。

边长投影的综合变形值为

$$\Delta S=\Delta S_1+\Delta S_2\leqslant\pm 50\quad (\text{mm/km})$$

在抽水蓄能电站工程具体实践应用中，为了使这一问题得到解决，通常选择测区平均高程面和测区中心的大地经度为所建工程平面坐标系统的投影面高程和中央子午线。

2.1.2 高程系统设计

根据《水电工程测量规范》要求，“测区高程应采用正常高系统，按照现行国家高程基准起算”，并要求有条件时，建立的高程控制应与国家高程连测。因此蓄能电站高程系统通常设计为国家1985高程基准，并依据高程点位置分布、基础稳定性情况、高程资料的可靠程度等，综合确定电站工程的高程起算点和起算数据，在此基础上选择适宜的测量方法，实施高程控制测量。

2.2　点位精度设计

《水电工程测量规范》中表3.0.2和表3.0.4分别提出了“平面控制布设层次、施测方法和精度要求”“高程控制布设层次、施测方法和精度要求”，顾及现今测绘技术发展水平、抽水蓄能电站工程的地形特点、环境特征，电站工程的基本平面和高程控制（即首级平面高程控制）的精度设计一般应满足如下要求：基本平面控制网点的最弱点精度：≤±50mm，基本高程控制网点的最弱点精度：≤±50mm。

2.3　控制网布置设计

为满足地形图测量对平面、高程控制的需要，抽水蓄能电站的测图控制依据规范要求，通常是按测区基本控制（首级控制）、图根控制和测站点控制分层次进行布置，遵循“分级布设、逐级控制”原则依层次加密完成。电站基本测图控制网应能覆盖整个工程区域，且要求网点分布均匀、点位精度统一、可有效限定测量误差的累计。根据地形图测量任务的最大比例尺，规范要求的地形图地物点平面位置中误差、地形图注记点高程中误差，结合基本控制网点的平面、高程最弱点精度，按“忽略不计原则”设计工程区测图控制的布设层次。

例如：假定地形图测量的最大比例尺为1∶1000，依据《水电工程测量规范》表3.0.5-3地物点平面精度为图上0.6mm，实测地物点的点位精度应满足0.6mm×1000即600mm，由李青岳教授主编的《工程测量学》修订版教材推证可知：当控制点所引起的误差为总误差的0.5倍时，控制点对测量点的点位误差影响仅为15%，可以“忽略不计”，说明最末级平面控制应满足≤±300mm的要求；设计的基本平面控制≤±50mm，则依次推定的图根控制和测站点控制精度分别为：100mm和200mm，可知测图控制在基本控制基础上按图根点、测站点进行扩展加密，即可满足规范规定的1∶1000地形图地物点测量精度要求；同理：可以按高程注记点精度推定测站点控制、图根控制的高程精度要求，以两者的计算结果综合确定测图控制的扩展与加密层次。

采用GNSS测量方法建立抽水蓄能电站规划设计阶段基本测图控制网的技术设计，除上述主要内容外，还有标点的选位与埋设、GNSS观测等级、测量外业技术指标要求、数据解算及质量控制等，在此不再赘述。

3　数据处理方法

选择视野开阔、对空条件良好、基础稳定的地方设置测量标志，要求点位在测区范围均分布、且靠近测区中心和测图范围线边缘附近、数量为5～6座作为测区框架网点，采用GNSS测量方法将国家连续运行站点与框架网点进行联测，将国家坐标、高程系统引入测区，获得各框架网点在2000国家大地坐标系下：大地坐标成果（B，L，H）、空间直角坐标成果（X，Y，H）以及高斯平面坐标和国家1985高程基准下的正常高程（x，y，$85h$），在此基础上建立蓄能电站的基本测图控制网。为有效解决“边长的投影长度变形值≤±50mm/km”的问题，在GNSS数据处理上通常采用以下方法。

3.1 WGS-84无约束平差

将基本测图控制网的GNSS观测数据成果导入平差计算软件，进行基本测图控制网的无约束平差，一是通过基线解算、同步环、异步环等技术指标对测图控制网外业观测质量进行检验，并做精度评定；二是获取各测图控制网点WGS-84系统下的大地坐标（B，L，H）。

3.2 CGCS 2000约束平差

利用无约束平差计算的框架网点WGS-84大地坐标成果（B，L，H）和已知的框架网点高斯平面坐标和1985高程基准下的正常高程（x，y，$85h$）进行两系统间的七参数计算，再利用七参数，同时以框架网点为固定点，进行基本测图控制网的约束平差，获得CGCS 2000国家大地坐标系下各网点的高斯平面坐标和1985基准下的高程（x，y，$85h$）。

3.3 建立工程坐标系

3.3.1 高程异常值的确定

依据基本测图控制网各网点WGS-84无约束平差计算的大地高和CGCS 2000约束平差求定的1985高程，计算各网点的大地高与正常高的差值即高程异常ξ，并取平均值作为整个测区的高程异常值。

3.3.2 建立工程椭球

通常根据电站工程设计的平均高程面高程h_0，作为工程平面坐标系统的投影面高程，以WGS-84椭球为基础，对WGS-84椭球进行膨胀形成工程椭球。椭球半径R按式（3）进行计算：

$$R=R_{84}+h_0+\xi \tag{3}$$

所建工程椭球的扁率与WGS-84椭球扁率一致，仍为$1/f=298.257223563$。选择测区中心附近的控制网点P_0为参考中心，在工程椭球投影参数设置中，输入该点的WGS-84经纬度和CGCS 2000坐标（x，y，$85h$），尺度比设置为1，在此工程椭球下输出的坐标成果即为工程坐标系下的坐标。

3.4 固定单点的约束平差

工程椭球与投影参数设置完成后，采用无七参数方式，以控制网点P_0点为固定点，再次对基本测图控制网进行固定单点的约束平差，选择新建工程椭球导出各网点在工程坐标系下的平面坐标。

3.5 坐标拟合

将3.4输出的基本测图控制网成果与框架网点CGCS 2000高斯平面坐标（x，y）进行坐标拟合，使公共点的Δx、Δy平方和最小，实现新建工程坐标系与2000国家大地坐标系的联系，故此将新建工程坐标系统称之为：挂靠2000国家大地坐标系下的工程坐标系统。

3.6 计算方法的优化

上述计算处理方法中存在两点不足：一是整个解算过程中，未解算基本测图控制网点在2000国家大地坐标系下的大地坐标（B，L，H）；二是在步骤3.3建立工程椭球时，椭球膨胀的基础是WGS-84椭球，椭球参数设置是以选择测区中心附近的网点P_0为参考，导致依3.4固定单点约束平差输出的网点平面坐标转换大地经纬度计算值与真实值会存在微小偏差。为此在原有数据处理方法基础上予以必要优化。

针对解算步骤中的3.2 CGCS 2000约束平差，采用已知的框架网点CGCS 2000大地经纬度（B，L）和1985高程基准下的正常高高程（$85h$）作为起算数据，并以框架网点为固定点进行基本测图控制网的整网约束平差，解算各网点CGCS 2000国家大地坐标系下的高斯平面坐标（B，L）和1985基准下的高程（$85h$）。在工程椭球的建立的3.3中，以已知框架网点的大地高和1985高程计算各框架网点的高程异常ξ，并取平均值作为整个测区的高程异常值；再依据工程确定的投影面高程h_0，以CGCS 2000椭球为基础，按式（4）：

$$R=R_{2000}+h_0+\xi \tag{4}$$

计算椭球半径，保持椭球扁率不变，仍为$1/f=298.257222101$，对CGCS 2000椭球进行膨胀建立工程椭球；椭球投影参数的设置可选择测区中心附近的任意大地经度作为中央子午线，并以该子午线和赤道交点作为高斯平面坐标原点，坐标值为（0m，500000m），尺度比设置为1，即可将优化后的约束平差成果（B，L）在该工程椭球下输出高斯平面坐标，其输出成果可按3.5小节提供的拟合方式与2000国家大地坐标系直接挂靠，而不再进行原方法中3.4即固定单点的约束平差计算。这样，不仅获得了基本测图控制网点2000国家大地坐标系下的大地坐标（B，L），而且在新建工程椭球下进行高斯平面坐标与大地坐标的相互转换更具有统一性，不存在偏差。如此处理可为后期基本测图控制成果使用、投影换带计算等提供诸多便利。

4　工程应用案例

以某蓄能电站规划设计阶段基本测图控制网为例，控制网网图见图1，对测区平面坐标系统设计以及控制网GNSS观测数据处理予以简要说明。

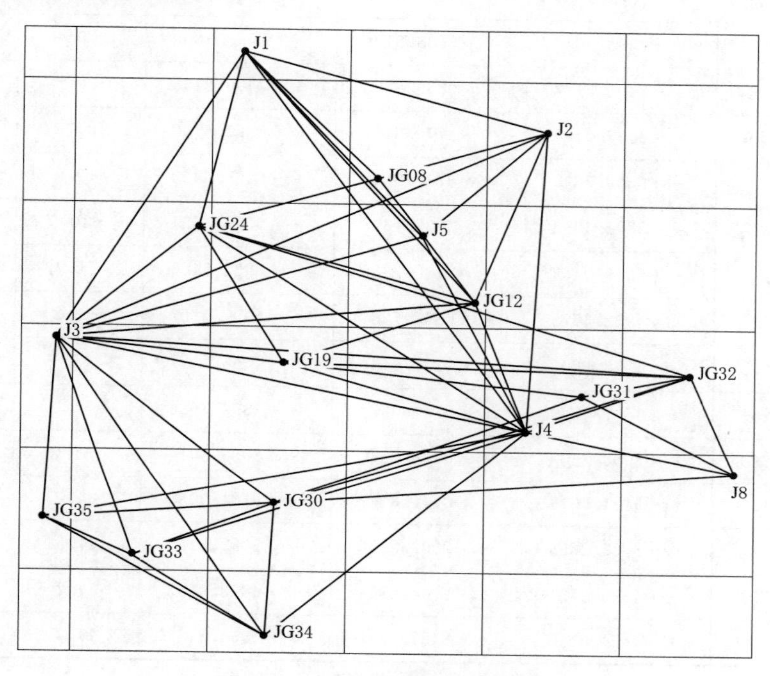

图1　基本测图控制网网图

4.1　平面控制系统

电站工程区平均高程约1600m，高程归算引起的每公里边长变形计算如下：

$$\Delta S_1=-\frac{S\cdot H_m}{R}=-251(\mathrm{mm})$$

采用标准的高斯3°带投影，工程区边缘位置距中央子午线最大距离约80km，每公里边长高斯投影变形：

$$\Delta S_2=\frac{1}{2}\left(\frac{y_m}{R_m}\right)^2 S_0=78.8(\mathrm{mm})$$

边长投影的综合变形值：

$$\Delta S=\Delta S_1+\Delta S_2=-172.2(\mathrm{mm/km})$$

由上述计算分析可知：由测区高程归算和高斯投影引起的每公里边长综合变形不满足≤±50mm/km要求，故此，选择测区中心控制网点J5的大地经度114°53′32.25223″为中央子午线，以1600m高程为投影面高程，确保测区边长投影变形满足规范要求，在此基础上建立本工程的挂靠CGCS 2000国家大地坐标系下的工程坐标系。

4.2　计算成果比较

本工程基本测图控制网解算，采用拓普康GNSS随机平差软件Pinnacle进行，对原计算方法和优化后的方法求定的控制网成果进行比对分析。依工程区平均纬度计算的曲率半径：R＝6374264.1m；按照原计算方法由全部网点参与计算的高程异常值为－10.69m，优化后只采用框架网点计算的高程异常值为－10.23m，为便于两种方法计算成果的比对，高程异常值取值统一为－10.23m。解算的基本测图控制网成果比较见表1。

表1　　　　　　　　由两种方法计算的基本测图控制网成果比较

点名	以J5为参考点、投影面高程1600m		以J5大地经度与赤道交点为参考点、投影面高程1600m		二者差值/mm		
	X/m	Y/m	X/m	Y/m	ΔX	ΔY	ΔS
J1	**5530.4256	**4464.7087	**5530.4256	**4464.7080	0.0	−0.8	0.8
J2	**4397.3777	**7641.5160	**4397.3781	**7641.5169	0.3	1.0	1.0
J3	**1208.6105	**2593.8836	**1208.6101	**2593.8808	−0.4	−2.8	2.9
J4	**9869.8812	**7496.2177	**9869.8806	**7496.2185	−0.6	0.8	1.0
J5	**2776.5150	**6367.6150	**2776.5157	**6367.6168	0.7	1.9	2.0
J8	**9289.0577	**9665.3395	**9289.0549	**9665.3423	−2.8	2.8	4.0
JG08	**3632.1977	**5892.4550	**3632.1877	**5892.4551	−10.0	0.1	10.0
JG12	**1798.2335	**6939.9453	**1798.2335	**6939.9460	−0.1	0.8	0.8
JG19	**0865.7256	**4952.6778	**0865.7234	**4952.6767	−2.2	−1.1	2.4
JG24	**2887.0453	**4058.9205	**2887.0494	**4058.9177	4.1	−2.7	5.0
JG30	**8744.0267	**4897.3630	**8744.0254	**4897.3624	−1.3	−0.6	1.4
JG31	**0428.7280	**8055.3403	**0428.7270	**8055.3414	−1.0	1.1	1.5
JG32	**0741.3139	**9181.9013	**0741.3147	**9181.9035	0.8	2.2	2.3
JG33	**7902.5687	**3432.3658	**7902.5800	**3432.3720	11.3	6.2	12.9
JG34	**6731.0733	**4823.9421	**6731.0844	**4823.9483	11.1	6.2	12.7
JG35	**8487.3138	**2494.8118	**8487.3255	**2494.8169	11.7	5.1	12.8

从表1基本控制网点坐标差值分析：

（1）采用原计算方法和优化后的计算方法其GNSS控制网解算成果不存在较大偏差，但是就计算的严密性和资料的后期应用便利性而言，采用优化后的计算方法更为恰当。

（2）网点坐标差值较大点为JG33、JG34、JG35，此3点处于控制网边缘，距框架控制点J1～J5相对较远，说明测区框架性控制网点的位置分布与相应控制范围，也是影响网点计算成果的重要因素，故此要求电站工程在测图控制的技术设计上，需重视框架网点的位置选择与布设数量。

5　小结

（1）抽水蓄能电站规划设计阶段的测量控制工作，不仅为电站工程建设提供统一的空间位置参考框架，也是电站全生命周期测绘基准体系的建立基础。为此在国家控制引测或联测、平面坐标与高程系统建立、点位精度指标、控制网布设等技术设计内容方面，应予以足够的重视，以保障设计成果既要符合工程实际，又要满足规范要求。

（2）本文针对工程基本测图控制网GNSS测量提出的计算处理方法，能够有效实现技术设计中工程平面坐标系统的建立要求，既可保持新建系统与国家系统之间的联系，又具有相对独立性，特别是优化后的GNSS数据处理方法，为后期测绘资料的坐标转换与应用，提供了便利。

（3）本文在GNSS控制测量设计、数据处理方法以及框架控制点布置等方面取得的工程实践经验，可供类似抽水蓄能电站工程前期基本测图控制网建立工作借鉴或参考。

参考文献

[1] GB 50026—2020 工程测量标准 [S].
[2] NB/T 35029—2014 水电工程测量规范 [S].
[3] 孔祥元，郭际明．控制测量学·下册 [M]．武汉：武汉大学出版社，2017.7.
[4] 李青岳，陈永奇．工程测量学 [M]．北京：测绘出版社，2008.

机电装备试验与制造

某抽水蓄能电站500kV高压电缆改造施工关键技术研究应用

王博涵　蒋梦莹

（浙江仙居抽水蓄能有限公司，浙江省仙居县　317300）

【摘　要】 抽水蓄能电站500kV高压电缆的使用工况较为复杂，当高压电缆本体发生故障时对应产生的经济损失不可估量，因此对高压电缆改造施工工期、施工作业质量的把控及施工工艺流程的优化尤为重要。本文主要从抽水蓄能电站500kV高压电缆改造施工工艺进行研究分析，从旧电缆线拆除、新电缆线敷设安装、电缆终端制作安装和电缆耐压试验方案等四个重要环节，提出优化措施并进行试验论证，科学有效的解决施工中存在的问题并提高500kV高压电缆改造施工作业效率，对后续抽水蓄能电站高压电缆改造施工具有一定的参考意义。

【关键词】 抽水蓄能电站　500kV高压电缆　改造施工

1　研究背景

某抽水蓄能电站500kV高压电缆型号为YJLW02 290/500kV 1×1000mm^2，1号电缆线和2号电缆线的路径长度约为3×750m；500kV高压电缆从地下主变洞131.00m GIS层联合单元处，沿约640m的500kV出线电缆斜井和平洞，引到地面高程225.00m GIS电缆室，再与地面GIS连接。500kV电缆在出线洞内靠侧墙敷设，两侧分别敷设一回3根单芯电缆，电缆出线洞高差约94m。1号电缆线于2015年12月投运，2号电缆线于2016年8月投运。

2021年10月31日，该电站1号机组在发电工况带350MW稳态运行时，500kV 1号电缆差动保护动作导致1/2号主变5052开关跳闸，1号机组由于500kV失电保护转电气事故停机。现场检查500kV 1号电缆线本体，发现500kV 1号电缆线故障部位位于500kV电缆洞靠地面GIS侧距离地面GIS电缆终端约80m，B相电缆外护层已裂开，主绝缘已击穿，故障部位有明显放电痕迹。

故障发生后立即组织召开500kV 1号电缆线故障分析会，会议分析本次电缆故障是由于电缆缓冲层金布中金属丝直径小于金布的平均厚度，电缆铝护套和内部配合不紧密，导致电缆主绝缘屏蔽层与金属护套之间电气接触不良，产生烧蚀，最终导致电缆击穿。本次故障与某公电站2019年发生故障的1号电缆线为同制造厂、同批次产品，且故障情况高度相似，会议认为应整体更换1号电缆线并尽快安排更换在运的2号电缆线。

2　研究内容

根据500kV 1号电缆线和2号电缆线改造施工的实际经验，从旧电缆线拆除、新电缆线敷设安装、电缆终端制作安装和电缆耐压试验四个重要环节详细分析施工工艺流程优化的具体措施。

2.1　旧电缆线拆除

旧电缆线拆除主要是旧电缆线拆除的方式方法、工序安排、工具及人力使用。

2.2　新电缆线敷设安装

新电缆线敷设安装主要包括新电缆线敷设、上架、整形及固定的具体施工方式及专用工器具使用。

2.3　电缆终端制作安装

电缆终端制作安装包括电缆终端制作安装工序流程及过程控制措施。

2.4　电缆耐压试验

电缆耐压试验包括了耐压试验工装的配置、试验设备的选择和耐压试验流程。

3 主要工艺具体措施

3.1 旧电缆线拆除

旧电缆线由于受到长期运行的热应力、旧电缆线蛇形弯及电缆敷设路径形成的不可恢复的弯影响，致使旧电缆线无法完整回收，因此只能采用破坏性拆除回收的方式。旧电缆线破坏性拆除回收有两种方式：一种是旧电缆线分段切割再人力转运；另一种是旧电缆线分段切割再由人力和输送机相结合的方式转运。

旧电缆线拆除首先要拆除电缆本体上方固定夹具，然后使用往复锯将旧电缆裁断，使用人力或人力输送机相结合的方式将裁断的电缆转运至指定地点暂时统一堆放，再对临时堆放的旧电缆进行二次裁剪，使裁断的电缆尺寸满足桥机吊装条件，最后使用地面GIS室内桥机将旧电缆段从电缆洞内转运至户外。

采用人力输送机相结合的方式时，应注意将电缆洞内直线段旧电缆使用输送机输送，避免电缆隧道内弯曲路径电缆无法输送，使用此方法可减轻部分人力。

对旧电缆线拆除的工序进行合理调整也可以提高电缆线更换效率，可将旧电缆线全部拆除后先转运50%，将剩余50%未转运旧电缆临时堆放在电缆洞内另一侧，在不影响新电缆线敷设的情况下直接敷设新电缆，待新电缆线敷设完成进行电缆终端制作时再将剩余旧电缆转运，按照此方式实施可大大缩短电缆线改造的直线工期。

3.2 新电缆线敷设安装

新电缆线敷设前将输送机和滑轮组布置到位，开盘试验合格后使用牵引机将新电缆线牵引至输送机，然后由电缆头部牵引人员控制方向，使用输送机输送电缆，沿路径安排人员观察，确保新电缆线不会出现刮擦。新电缆线水平段使用人力将电缆上架整形，斜井段使用葫芦、吊带和人力相结合的方式上架整形。

该电站在两回电缆线改造施工过程中发现，在隧道转弯位置和斜井段使用专用滚轮（见图1、图2）会比搭设带滚轮的钢管架（见图3、图4）在输送电缆上更加有优势，专用滚轮小巧、布置方便并能有效保证电缆敷设施工的质量，还可以减少在搭设钢管架上的工作量，具有很好的应用价值。

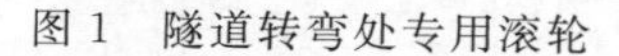

图1 隧道转弯处专用滚轮

图2 斜井段专用滚轮

3.3 电缆终端制作安装

500kV电缆终端制作安装为电缆线改造施工的关键工序，且按照常规方式电缆终端制作周期长，约20d。为保证电缆终端制作安装质量，并提高效率，该电站安排两组电缆终端制作技术人员且配置两组施工工具，在地面GIS和地下GIS两侧同时制作，经验证此方法可有效缩短电缆终端制作安装工期。

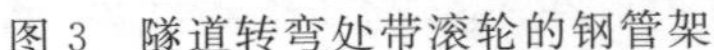

图 3　隧道转弯处带滚轮的钢管架　　　　图 4　斜井段带滚轮的钢管架

电缆终端制作安装的主要工序流程为：电缆开剥→电缆加热→电缆校直冷却→电缆打磨处理，搭设环境棚→安装金具→附件套装→终端密封。

施工环境是影响 500kV 电缆附件产品安装质量的重要因素之一，而施工区域的温度、湿度、洁净度是影响施工环境的最主要的 3 个指标，为保证电缆终端制作质量特搭建洁净室并制定相关管控措施。洁净室将整个电缆头安装区域形成一个密闭的空间，该空间分为一次洁净室、二次洁净室。一次洁净室主要功能是施工人员在此进行防静电洁净服、洁净鞋、洁净帽更换，工具、材料、部件的清洁整理；二次洁净室的主要功能为电缆头安装作业区。

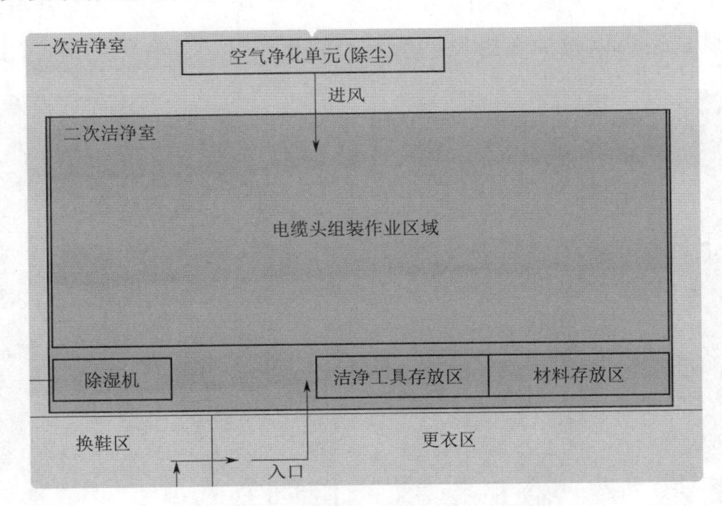

图 5　洁净室环境控制示意图

一次洁净室（上图深色区域）洁净度等级为 10 万级以下，二次洁净室（上图浅色区域）洁净度等级为 1 万级以下。人员必须穿着防静电洁净服、洁净鞋，佩戴洁净帽、防静电手套和防尘口罩。工具和材料必须在需要使用一次洁净室擦拭整理干净后方可搬入二次洁净室。一次洁净室和二次洁净室设立搭接薄膜，当需要从一次洁净室转移物品到二次洁净室时将搭接薄膜掀开，使用完毕后使用薄膜粘贴牢固。洁净室避免人员频繁进出，相应工序的工具及材料尽可能一次性导入。

3.4　电缆耐压试验

当地面 GIS 室内部空间狭小不足以布置耐压试验设备时，采用安装 GIS 试验工装引出至户外进行电缆耐压试验。该电站在 GIS 工装 A、B、C 三相上分别安装 3 个耐压试验套管，使用此种方法可减少试验套管倒换安装及充排 SF_6 气体的时间，试验设备场地布置如图 6 所示。

电缆耐压试验用电抗器选择也较为重要，容量选择完成后应考虑电抗器散热能力问题，确保试验设备满足 500kV 电缆连续逐相试验的能力，可缩短电缆交流耐压时间。

考虑到 GIS 设备及临时试验套管的安全，在电缆耐压前先对 GIS 及临时试验套管进行老练试验，老练试验结束后再按照加压程序如图 7 所示进行电缆耐压试验。在试验电压的 30%以下进行试验回路频率谐振点调节。达到谐振点并在试验频率范围内，将电压升至 GIS 老练电压（$U_m/\sqrt{3}$）为 318kV，持续时间为 5min，然后升到电缆交流耐压试验电压值，电缆交流耐压试验电压 $1.7U_0$，即 $1.7\times290=493$(kV)，保持耐压时间 60min 后，降低试验电压至零。电缆按加压程序规定的试验电压而无击穿放电，则交流耐压试验通过。

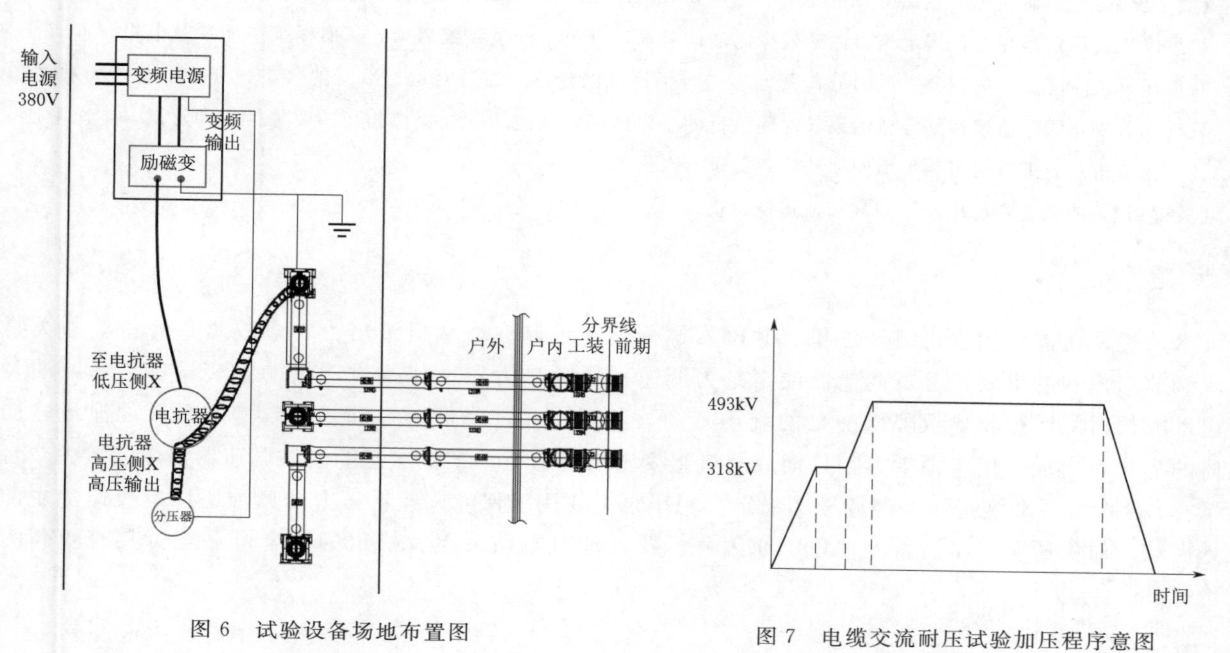

图 6　试验设备场地布置图

图 7　电缆交流耐压试验加压程序意图

4　研究成果

2022 年完成两回电缆线改造施工，通过各项交接试验，现场验收合格，并通过试运行考核，顺利投入运行。

5　结语

本文通过对某抽水蓄能电站 500kV 高压电缆改造施工工艺研究分析，研究提出 500kV 高压电缆改造施工的优化措施并进行试验论证，科学有效地解决施工中存在的问题并大大提高改造施工作业效率，对其他抽水蓄能电站高压电缆改造施工具有一定的参考意义。

参考文献

[1]　刘文东．110kV 高压电缆施工技术难点分析 [J]．科技创新与应用，2015（1）：96.

[2]　王龙，王建华．浅谈 10kV 电缆施工 [J]．中国科技信息，2010（10）：70－71.

[3]　GB 50168—2006 电气装置安装工程电缆线路施工及验收规范 [S].

[4]　GB/T 22078—2008 额定电压 500kV 交联聚乙烯绝缘电力电缆及其附件 [S].

[5]　GB 50150—2006 电气装置安装工程电气设备交接试验标准 [S].

[6]　DL/T 474.4—2006 现场绝缘试验实施导则　交流耐压试验 [S].

某抽水蓄能电站调速器油压装置稳压泵运行异常分析及处理

张铜涛　赵日升

（国网新源河北丰宁抽水蓄能有限公司，河北省丰宁县　068350）

【摘　要】调速器油压装置稳压泵主要用于快速调节调速器压力油罐油压，稳压泵启动压力大于主油泵，故能在机组停机或稳定运行时，满足压力油罐较少的油量需求，避免主油泵频繁启动，从而保护主油泵及电机。本文针对稳压泵长时间运行的现象、原因分析及处理进行了详细的论述，通过对运行数据的收集、分析以及现场勘察，发现卸载安全阀定值偏移是导致油泵长时间运行的主要原因，找出问题并提出相应的改进措施和建议。本文论述的原因分析及处理方法可为类似问题的处理提供参考借鉴。

【关键词】油压装置稳压泵　卸载阀　运行时长

1　引言

水轮机调速器承担着机组开停机、并网发电、转速控制、增减机组出力、事故紧急停机等各类复杂工况调节与控制的重要任务，调速器油泵是为调速器导叶接力器动作提供能量的重要设备之一，油泵频繁启动或长时间运行将导致降低油泵的利用寿命，油温过高，降低透平油黏度，增加系统内泄量，加速油质的劣化，增加厂用电消耗等，从而威胁机组安全稳定运行。某抽水蓄能电站调速器油压装置由 2 台主油泵、1 台稳压泵来维持压力油罐压力稳定。稳压泵主要用于保障调速器压力油罐油压稳定及避免主油泵频繁启动，对稳压泵异常运行的现象、原因分析及处理对电站泵组及机组的安全可靠运行具有较高的参考价值。

2　概述

调速器稳压泵是调速器油压装置的重要组成部分，主要用于调节油压及避免主油泵频繁启动，调速器压力油罐根据油压来补油，正常运行时压力油罐压力低于 6.1MPa 时稳压泵自动启动向压力油罐补油，压力达到 6.3MPa 稳压泵停止运行不再补油，保障压力油罐油压稳定。稳压泵启停逻辑表见表 1。

表 1　稳压泵启停逻辑表

动作结果	设定值/MPa	动作结果	设定值/MPa
调速器压力低启动稳压泵	6.1	启动 1 号主油泵	5.8
停泵	6.3	启动 2 号主油泵	5.6

3　稳压泵异常运行现象

某电站 5 号机组备用期间发现，5 号机组调速器回油箱温度高报警，且 5 号机组调速器压力油罐压力低于 6.1MPa，稳压泵在 8 月 4 日 13 时至 8 月 5 日 5 时长达 16h 内长时间持续运行，调速器压力油罐压力、油位未正常上升。调速器回油箱温度变化趋势见图 1，调速器稳压泵启停变化趋势见图 2，调速器油罐油位变化趋势见图 3，调速器油罐压力变化趋势见图 4。

通过对图 4 机组调速器油罐压力变化、图 2 调速器稳压泵启停变化进行查询，发现 5 号机调速器稳压泵持续运行约 16h，压力曲线呈持续下降趋势但压力未到达 5.8MPa 启主泵压力。如图 1～图 4 所示，对回油箱温度、稳压泵启停情况等进行对比分析，可见稳压泵持续运行时间段与回油箱温度上升时间段高度重合，且本次运行时长与之前有明显差异（稳压泵平均每次运行时长为 3min），调速器油罐油位、油压

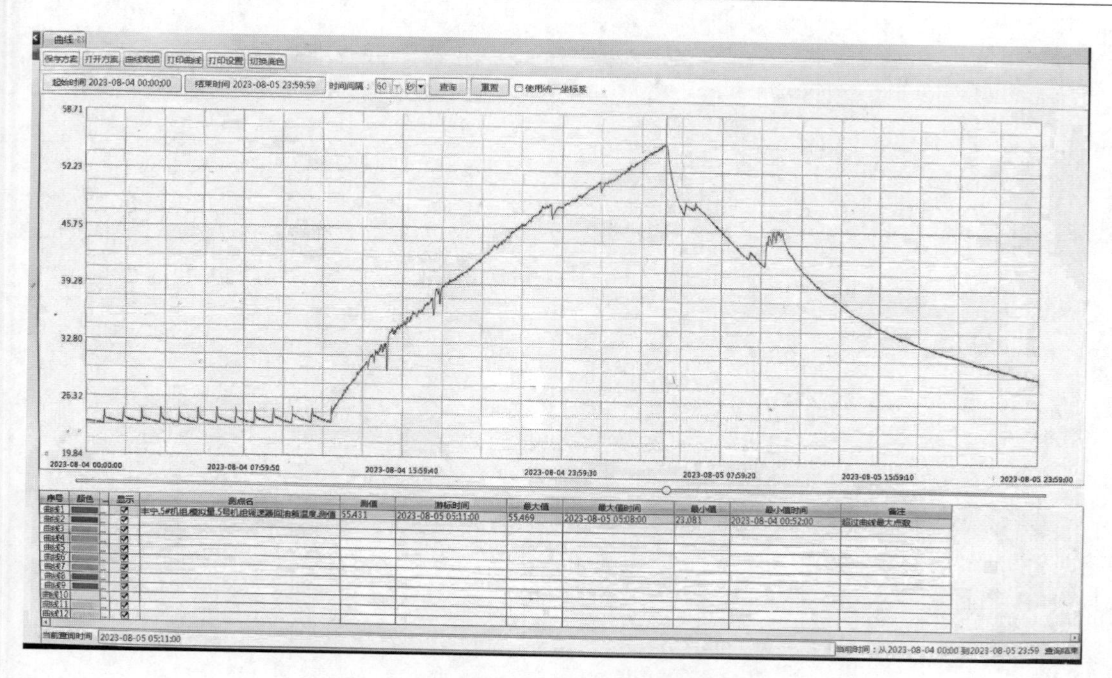

图 1　调速器回油箱温度变化趋势图

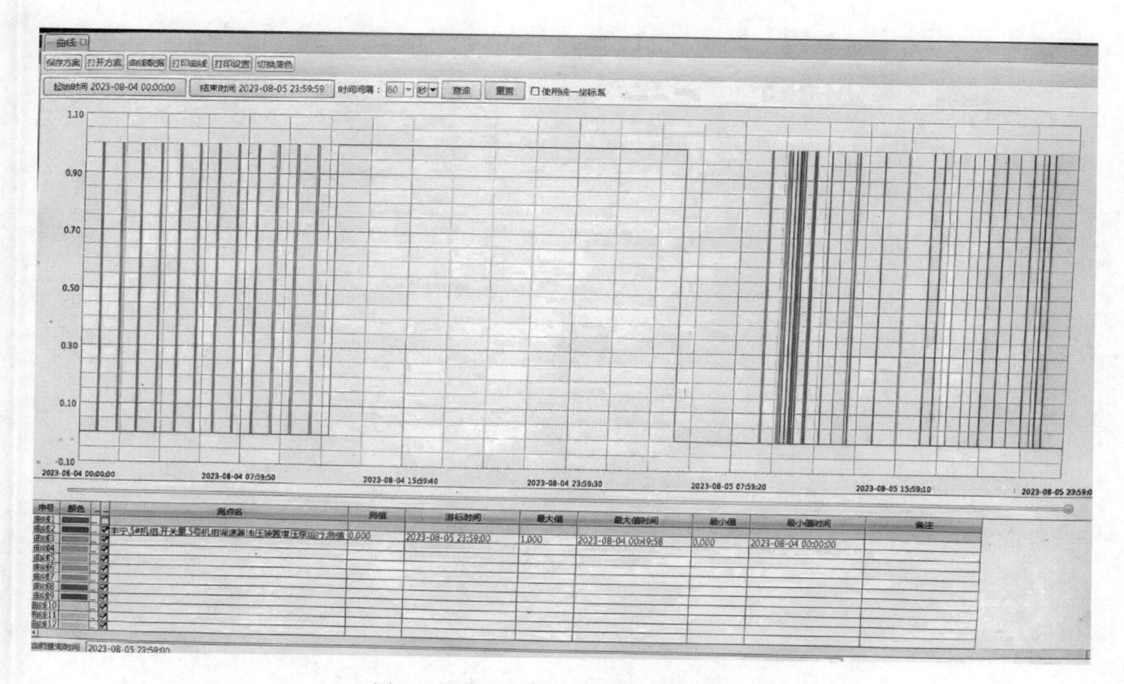

图 2　调速器稳压泵启停变化趋势图

整体却呈下降趋势，初步判断为稳压泵运行后油罐压力未正常上升且未达到停泵压力导致稳压泵长时间运行并造成回油箱温度上升。

4　原因分析及处理

对可能造成稳压泵长时间运行的情况进行分析并检查处理，归纳为以下几个方面。

4.1　稳压泵控制回路故障

检查稳压泵控制回路中稳压泵启动继电器、热继电器、接触器相关接线，卸载阀回路中时间继电器、油泵卸载阀控制继电器等相关接线，线路无松动。对卸载电磁阀阀头进行检查也无松动，测量卸载电磁阀阀头直阻为 156.2Ω，对地绝缘为无穷大，排除控制回路影响。

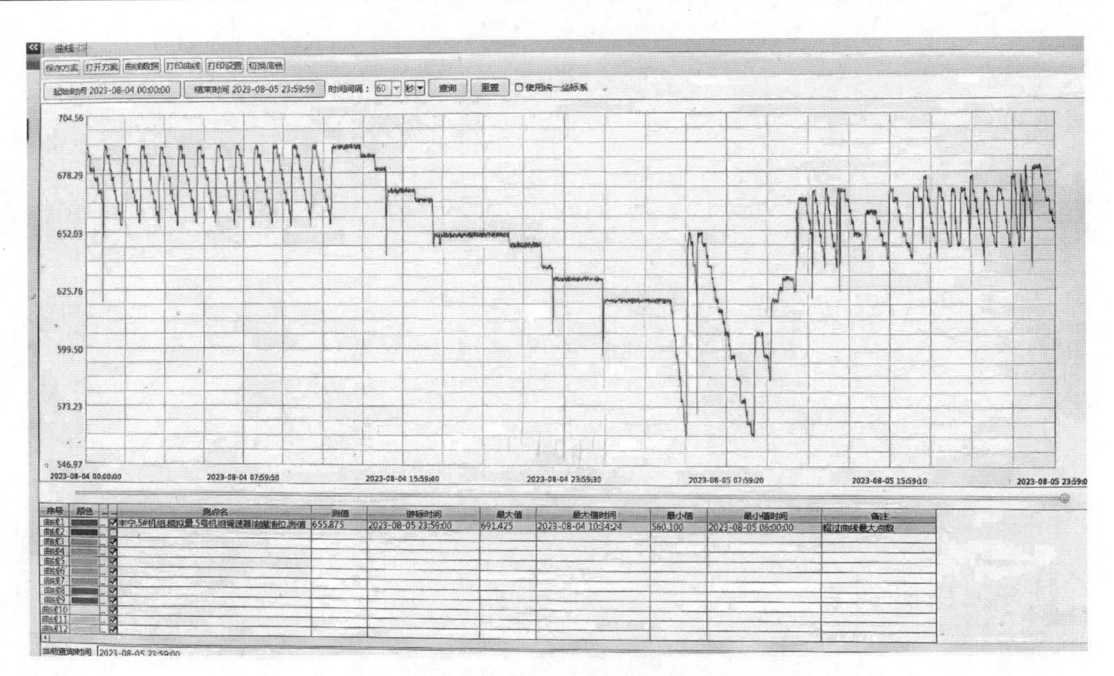

图 3　调速器油罐油位变化趋势图

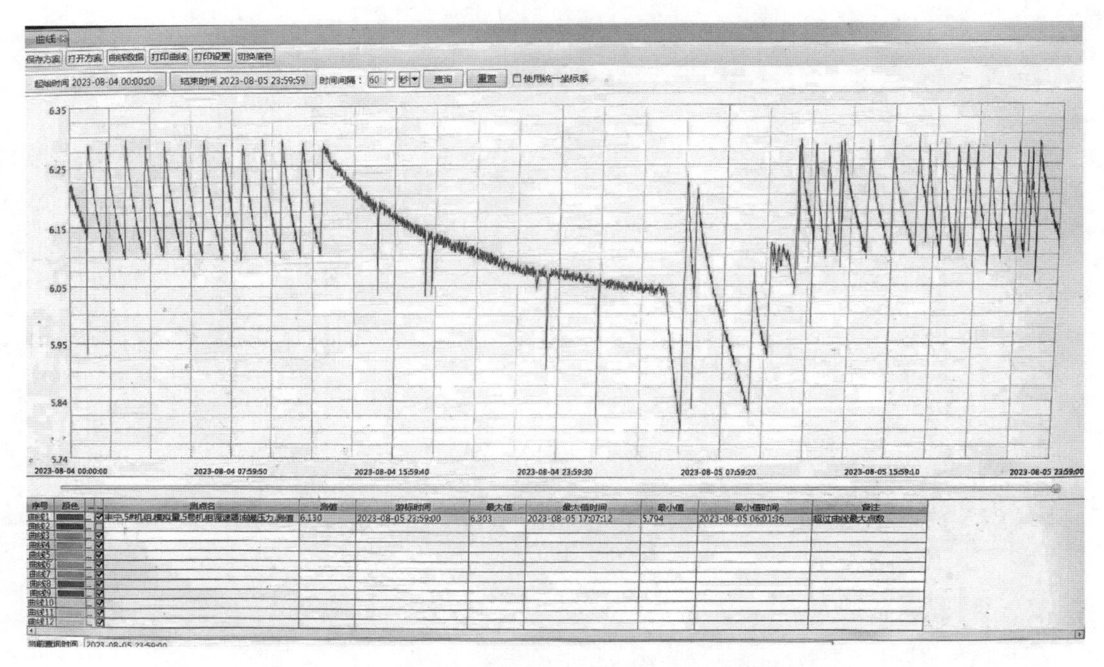

图 4　调速器油罐压力变化趋势图

4.2　油气管路漏油漏气问题

油气管路、接头、阀门、法兰、焊缝密闭性不良，很容易造成漏气、漏油现象，有可能导致油泵建压与管路泄压达到某种平衡使稳压泵持续长时间运行。对油气管路进行排查，未发现明显漏油点、漏气点，且稳压泵出口隔离阀 MV203、调速器压力油罐放油阀 MV204 等相关阀门开度状态正常。

4.3　油泵阀组故障

卸载安全阀是调速器液压回路的安全保护装置，当系统压力过高，作用在卸载安全阀活塞上的力大于弹簧的弹力，卸载安全阀动作，稳压泵送来的压力油经卸载安全阀排回油箱，使压力不再上升，来保障整个调速系统的安全稳定，若卸载安全阀定值偏低，会造成调速器油罐压力不能正常上升并导致稳压泵长时间运行达不到停泵压力，严重时会导致油泵烧毁。手动、自动启动稳压泵后观察发现油罐压力由

5.9MPa 打压至 6.12MPa 后压力无法继续上升，怀疑调速器卸载安全阀 RV203 异常动作。

如图 5 所示，稳压泵出口组合式阀组由出口单向插装阀 CV205、卸载插装阀 CV206、卸载电磁阀 EV203、卸载安全阀 RV203 等组成。稳压泵空载启动时短时油压不稳定，卸载电磁阀 EV203 走左侧交叉位，卸载插装阀 CV206 导通，油流通过 CV206 流至回油箱，稳压泵空载运行；待油泵运行平稳后经 PLC 设定延时，卸载电磁阀 EV203 带电走平行位，卸载插装阀 CV206 不导通，油流通过出口单向插装阀 CV205 给油罐补油，当油压过高时卸载安全阀 RV203 动作将油排回回油箱。卸载安全阀定值偏低导致提前卸载，稳压泵打压压力不足且达不到停泵压力，导致稳压泵长时间持续运行，油流在回油箱内循环造成油温不断上升。打开回油箱进人门观察发现卸载安全阀 RV203 油流回流，判断因卸载安全阀定值偏移造成压力无法上升。通过卸载安全阀定值调整杆可以调整油泵卸载时的出口压力，对卸载安全阀定值调整杆逆时针调整，将卸载安全阀定值调大，多次启动观察空载启动溢流情况正常，手动、自动启动稳压泵可打压至 6.3MPa 正常停止，确定稳压泵运行异常原因为卸载安全阀定值偏移。

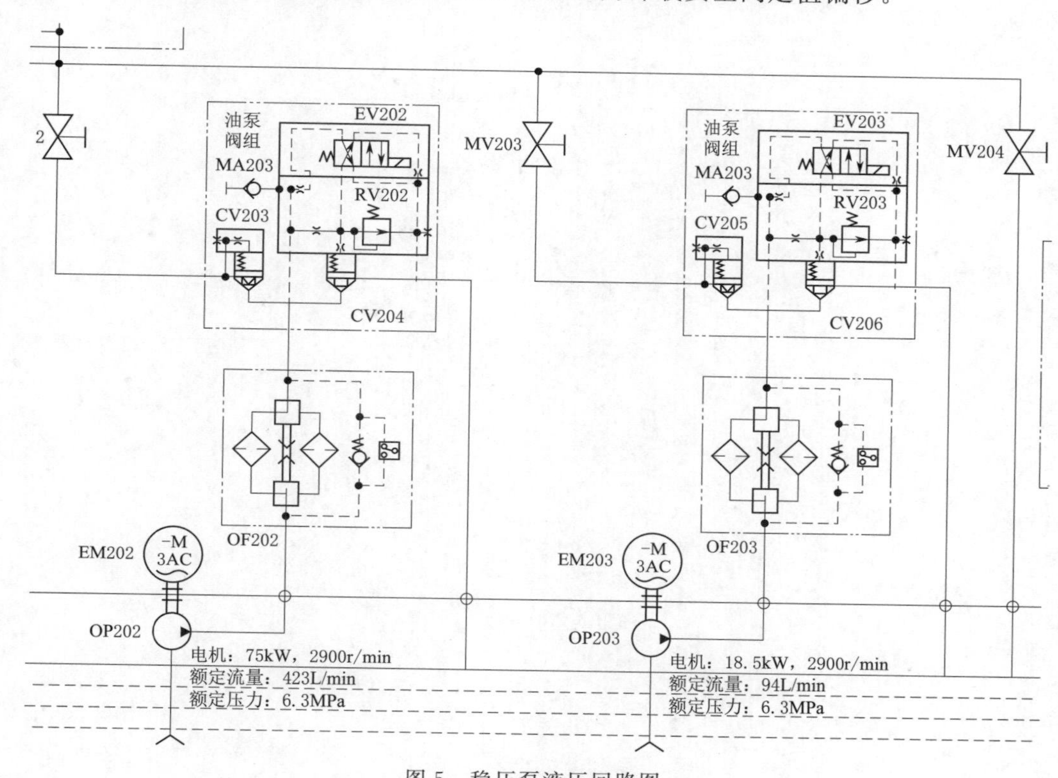

图 5　稳压泵液压回路图

5　结论及安全运行建议

通过上述分析，可以看出导致油泵长时间运行的主要原因是卸载安全阀定值偏移，同时运行人员监视及分析不足也导致发现隐患不及时。据此，提出以下建议：

（1）受磨损、振动、调整误差、温度变化等因素影响，卸载安全阀定值会产生偏移，影响定值的准确性造成设备不可靠运行，应结合检修加强对卸载安全阀的维护，增加定值调整杆的相应标记，以便后续对比分析及检查，以此降低相似故障的发生率，提高稳压泵的运行工作效率和整个系统的运行稳定性。

（2）针对调速器系统的运行状况，应结合日运行数据图表、月运行数据图表，横纵向比较各调速器油泵启停、调速器油罐压力、调速器油罐油位、回油箱温度等数据，加强运行人员日常监盘和运行曲线分析，及早发现并消除事故隐患。

（3）增加对调速器油压装置温度的测量及记录，方便进行运行分析。

（4）通过监控系统增设泵长时间运行报警或者加装泵打压超时延时停泵继电器的方式，提高运行人员监盘的警惕性，第一时间发现问题，第一时间解决问题。

总而言之，调速器稳压泵长时间异常运行问题不能忽视，在实际运行中要结合设备的具体情况，查清原因，采取切实有效地应对措施，保证机组的安全稳定运行。

参考文献

[1] 罗海龙. 大朝山调速器油泵频繁启动原因分析及处理[J]. 水电站机电技术，2020，43（10）：52-55.

[2] 徐有为. 调速器油泵频繁启动分析及处理方案[J]. 云南水力发电，2022，38（Z1）：38-39，65.

[3] 李涛. 沙河抽水蓄能电站调速器油泵运行分析[J]. 水电站机电技术，2022，45（3）：134-136.

[4] 赵培卿，宋艳峰，张涛. 调速系统大修后油泵及油温异常分析及处理[J]. 设备管理与检修，2019（24）：60-62.

[5] 李春阳，余建平. 大型水轮发电机组调速器液压系统油温高处理方法[J]. 云南水力发电，2018，34（3）：46-486.

[6] 淡洋，杨明亮. 组合阀在调速系统的应用与改进[J]. 水电与新能源，2023，37（3）：39-41.

抽水蓄能电站SFC输出功率估算方法探讨

吴　蕴　朱　军
（中国电建集团北京勘测设计研究院有限公司，北京市　100024）

【摘　要】目前，抽水蓄能电站多使用静止变频起动装置SFC拖动机组作为机组水泵工况的主要起动方式。本文通过对SFC拖动机组过程进行分析，提出SFC输出功率的一种新估算方法，以期更为精确的估算SFC输出功率，从而对SFC设备造价估算提供帮助。

【关键词】抽水蓄能电站　静止变频启动　SFC输出功率　估算方法

1　概述

静止变频起动装置（简称SFC）是抽水蓄能电站机组的主要起动方式和电站的重要设备。输出功率作为SFC装置的一个主要参数，在抽水蓄能电站工程可行性研究阶段一般是根据对已建工程SFC装置实际功率的统计和总结，通常按电站机组水泵工况额定有功功率的6%～8%进行估算来选取。

上述估算方法主要来源于工程经验总结，存在一定的局限性且不够精确。由于SFC装置的输出功率与SFC设备的价格直接相关，对其估算的准确度也会对SFC装置造价以及工程造价估算带来一定的影响。通过在设计工作过程中对SFC起动过程进行的分析研究，并在参与编写《抽水蓄能机组静止变频启动系统设计导则》过程中结合其他一些工程的实践，提出一种通过具体的公式推导计算的新方法，进行抽水蓄能电站SFC输出功率的估算，此方法较过去更为精确。

2　公式计算

为了计算SFC设备的容量，要对SFC装置拖动机组的过程进行研究。SFC装置拖动机组的过程是一个输出功率产生力矩的加速度的过程，此过程近似为以下公式：

$$T_{\mathrm{SFC}}-T_L=J\cdot\frac{\mathrm{d}\Omega}{\mathrm{d}t} \tag{1}$$

式中：T_{SFC}为SFC的启动力矩，$\mathrm{N\cdot m^2}$；T_L为机组启动阻力力矩，$\mathrm{N\cdot m^2}$；J为机组转动部分的转动惯量，$\mathrm{t\cdot m^2}$；Ω为机组转动角速度，rad/s；t为机组启动加速时间，s。

对式（1）进行变形：

$$\mathrm{d}t=\frac{1}{T_{\mathrm{SFC}}-T_L}\cdot J\,\mathrm{d}\Omega \tag{2}$$

对机组的整个起动过程进行积分，就获得了关于机组起动加速时间的公式：

$$t=\int_0^{\Omega_N}\frac{J}{T_{\mathrm{SFC}}-T_L}\mathrm{d}\Omega \tag{3}$$

式中：Ω_N为机组额定角速度，rad/s。

因为需要得到SFC拖动机组到额定转速时的输出功率，因此将式（3）中的力矩换算成功率：

$$T_{\mathrm{SFC}}=\frac{P_{\mathrm{SFC}}}{\Omega} \tag{4}$$

$$T_L=\frac{P_L}{\Omega} \tag{5}$$

式中：P_{SFC}为SFC拖动机组到额定转速时的输出功率，W；P_L为机组额定转速时的功率损失，W。

代入式（3）后进行计算：

$$t=\int_{0}^{\Omega_N}\frac{J}{T_{SFC}-T_L}d\Omega=\int_{0}^{\Omega_N}\frac{J}{\frac{P_{SFC}}{\Omega}-\frac{P_L}{\Omega}}d\Omega=\frac{J}{P_{SFC}-P_L}\times\left(\frac{1}{2}\Omega^2\right)_0^{\Omega_N} \tag{6}$$

对式（6）进行变形，即可得出所需要的，SFC 拖动机组到额定转速输出功率的计算公式：

$$P_{SFC}=\frac{J}{t}\left(\frac{1}{2}\Omega^2\right)_0^{\Omega_N}+P_L \tag{7}$$

对于式中的各参数，可通过机组参数进行计算从而获得。

机组转动惯量：

$$J=\frac{GD^2}{4g} \tag{8}$$

式中：GD^2 为机组的飞轮力矩，N·m²，为机组电动机与水泵飞轮力矩之和。

机组的额定角速度：

$$\Omega_N=\frac{2\pi\cdot n_r}{60} \tag{9}$$

式中：n_r 为机组的额定转速，rad/s。

机组从零转速加速到额定转速的时间 t 可以根据实际工程情况进行设置和调节，因此可以工程实际情况为准。

机组额定转速时的功率损失 P_L，可以由机组制造厂家提供。

因此在机组设备定型之后，可以对 SFC 设备的容量进行较为精确的计算。

但在可行性研究设计阶段，有部分参数难以获得，因此只能进行估算。

3 参数估算

在可行性研究阶段，前述的各参数中，机组转动惯量 J、机组从零转速加速到额定转速的时间 t、机组额定转速时的功率损失 P_L 均无法得到准确结果，需要进行估算。

对此，笔者对曾参与设计的一批工程进行了统计，见表 1。

表 1 各工程 SFC 输出功率计算相关参数统计表

序号	机组额定转速/(r/min)	水泵工况额定有功功率/MW	机组转动惯量/(kg·m²)	(额定转速功率损失/水泵工况额定有功功率)/%	机组加速时间/s
工程 1	250	303.7	4825000	3.63	250
工程 2	300	234	2428750	3.52	230
工程 3	333.33	322	2312500	3.73	240
工程 4	333	249.9	426250	3.77	300
工程 5	375	321	2140000	3.38	240
工程 6	375	322	1950000	3.43	240
工程 7	428.6	321	1475000	3.21	240
工程 8	428.6	321	1710000	3.27	240
工程 9	428.6	373	1662500	3.58	240
工程 10	428.6	334	1562500	3.50	240
工程 11	500	300	941150	3.18	203

续表

序号	机组额定转速/(r/min)	水泵工况额定有功功率/MW	机组转动惯量/(kg·m²)	(额定转速功率损失/水泵工况额定有功功率)/%	机组加速时间/s
工程 12	500	306	1000000	3.68	240
工程 13	500	373	1170000	3.28	240
工程 14	500	408.1	1362500	3.52	240
工程 15	600	373.1	721000	3.46	240

在可研阶段，为了估算出机组转动惯量 J，可以通过询厂获得大致的机组的飞轮力矩（N·m²）。其中以电动机的飞轮力矩为主，水泵飞轮力矩可能只占总力矩的 10%，如条件有限实在无法获得，可考虑忽略，仅计算电动机飞轮力矩。此外厂家有时会以 $\frac{GD^2}{g}$ 的形式提供此参数，此时单位一般为 t·m² 或者 kg·m²。

机组从零转速加速到额定转速的时间 t 与 SFC 的输出功率存在反比关系，因此作为一个可调整数值，起动加速时间的选择需要与 SFC 输出功率做到一定的平衡。

某抽水蓄能电站 SFC 估算输出功率模拟图，模拟其他参数相同且起动加速时间在 100～600s 范围内变化时 SFC 估算输出功率的变化趋势，如图 1 所示。

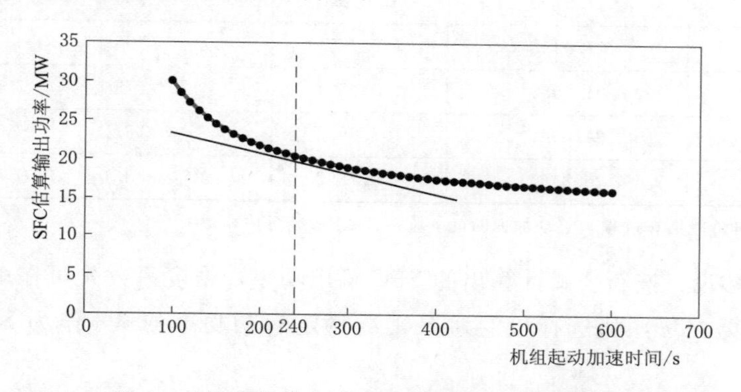

图 1　某抽水蓄能电站 SFC 估算输出功率模拟图

从图 1 中可以看出：起动加速时间在 100～200s 区间内，随着加速时间的增加，SFC 输出功率显著降低了；在 200～300s 区间内，随着加速时间的增加，SFC 输出功率的降低较为平稳；而在 300～600s 区间，随着加速时间的增加，SFC 输出功率仅略微降低。对两者进行综合考虑可以大致判断，在起动加速时间为 240～260s 时，加速时间与 SFC 输出功率取得了较为合适的平衡。从表 1 中也可得知，目前笔者进行统计的电站中，大部分电站对于起动加速时间的选择都是在 240s 左右。因此可研阶段估算时，可以取 240s 作为估算值。

机组额定转速时的功率损失 P_L，考虑到与机组水泵工况下额定有功功率存在相关性，因此笔者希望通过估算功率损失的比率来估算功率损失 P_L。计算方式如下：

$$P_L = P'_L \cdot P_{NF} \tag{10}$$

式中：P'_L 为机组加速至额定转速时功率损失比率；P_{NF} 为机组水泵工况下额定有功功率，W。

从表 1 中可以得知，统计中的电站 P'_L 均在 4%以下。因此可采用 4%进行估算。

综上所述，就获得了一个可研阶段 SFC 拖动机组到额定转速时输出功率的估算公式。

4　对于裕度系数的估算及新旧计算方法对比

考虑到实际采购时，所选择的 SFC 设备输出功率必然需要在设备理论计算的结果上预留一定的裕度，即

$$P_{\text{SFC裕}} = k \cdot P_{\text{SFC}} \tag{11}$$

式中：$P_{SFC裕}$ 为计算裕量后最终选择的 SFC 拖动机组到额定转速时输出功率，W；k 为裕度系数。

因此我们需要对裕度系数的取值进行分析。为此笔者对前述 15 个工程进行了计算，见表 2。

表 2　　各工程实际采购 SFC 输出功率与估算值对比表

序号	实际采购 SFC 功率/MW	新方法估算 SFC 功率/MW	采购功率/估算功率/%	水泵工况额定有功功率/MW	(采购功率/水泵工况额定有功功率)/%
工程 1	20	19.0306	105.0939	303.7	6.5854
工程 2	18	14.3489	125.4456	234	7.6923
工程 3	24	18.7442	128.0399	322	7.4534
工程 4	13.6	11.0748	122.8017	249.9	5.4422
工程 5	23	19.7083	116.7019	321	7.1651
工程 6	23	19.1385	120.1764	322	7.1429
工程 7	23	19.0240	120.8997	321	7.1651
工程 8	22	20.0093	109.9489	321	6.8536
工程 9	23	21.8901	105.0701	373	6.1662
工程 10	22	19.9109	110.4923	334	6.5868
工程 11	19	17.3700	109.384	300	6.3333
工程 12	19.7	17.9458	109.7751	306	6.4379
工程 13	25	21.5958	115.7634	373	6.7024
工程 14	26	24.0981	107.8922	408.1	6.3710
工程 15	21	20.8480	100.7292	373.1	5.6285

注　表中估算结果为模拟可研阶段估算过程，起动加速时间 t 统一按 240s 进行估算。

从表 2 中可以得出结论：按新公式计算出的 SFC 输出功率，裕度系数 k 可在 1.1～1.3 取值。此外也可以得知，如采用原估算方法，那选择机组水泵工况额定有功功率的 7% 作为 SFC 装置输出功率更为合适。

5　新计算方法的实际使用

以下以笔者对某抽水蓄能电站可研阶段工作作为实例，来对新估算方法的过程进行展示。

某抽水蓄能电站可研阶段基本参数如下：单机额定容量 $S=388.9\text{MVA}$，机组水泵工况下有功功率 $P_{NF}=344.1\text{MW}$，机组额定转速 $n_r=428\text{r/min}$。询厂后获得机组飞轮转矩（电动机＋水泵）估算值 $\dfrac{GD^2}{g}=4100\text{t}\cdot\text{m}^2$。

根据式（8），机组转动惯量 $J=\dfrac{GD^2}{4g}=\dfrac{4100\times10^3}{4}\approx1025000(\text{kg}\cdot\text{m}^2)$。

根据式（9），机组的额定角速度 $\Omega_N=\dfrac{2\pi\cdot n_r}{60}=\dfrac{2\times3.14\times428}{60}\approx44.7973(\text{rad/s})$。

根据式（10），机组额定转速时的功率损失 $P_L=P'_L P_{NF}=4\%\times344.1=13.764(\text{MW})$。

于是根据式（7），就获得了 SFC 拖动机组到额定转速时的输出功率：

$$P_{SFC}=\frac{J}{t}\left(\frac{1}{2}\Omega^2\right)_0^{\Omega_N}+P_L=\frac{1025000}{240}\times\frac{1}{2}\times44.7973^2+13.764\times10^6$$

$$\approx18049350(\text{W})=18.04935(\text{MW})$$

最后裕度系数选择 1.2，根据式（11），就获得了 SFC 可研设计阶段估算的输出功率：

$$P_{SFC裕}=kP_{SFC}=1.2\times18.05=21.66(\text{MW})$$

6 结语

经过以上分析，得到了工程可行性研究设计阶段对于 SFC 输出功率一种新的计算方法，这个计算方法的部分内容也体现在了新编写的《抽水蓄能机组静止变频起动系统设计导则》中。

希望在工程可行性研究阶段，此种方法可以更好地帮助估计 SFC 输出功率。此外在招标设计阶段，目前有的工程主设备和 SFC 设备会分成不同的标段分别招标。这种情况下编写 SFC 设备招标文件时，主机设备可能已经确定。此时便可从主机厂家获得更为准确的机组参数，并使用文中公式对 SFC 设备的输出功率进行计算，以确定招标文件中对 SFC 的参数要求。也希望能通过新方法对以上参数估算准确度的提高，来更好地为 SFC 设备以及工程的造价估算方面，提供一些新的帮助。

基于光纤光栅载荷在线监测系统在安徽响水涧抽水蓄能电站的应用

强 杰[1] 唐文利[1] 梁万勤[2]

（1. 国网新源集团安徽响水涧抽水蓄能有限公司，安徽省芜湖市 241000；
2. 大连迪施特机电设备有限公司，辽宁省大连市 116000）

【摘 要】 水轮发电机组顶盖为机组重要的承载部件之一，顶盖螺栓长期受轴向水推力、转轮上腔水压脉动等交变载荷，螺栓连接的可靠性和安全性对整个机组的正常运行有着至关重要的作用。本文详细介绍了一种基于光纤光栅传感的顶盖螺栓载荷在线监测系统，应用该系统测量了抽水蓄能电站顶盖螺栓安装时的预紧力及机组停机转抽水调相、抽水调相转抽水、抽水转停机、停机转发电、发电转停机等工况下的螺栓轴力变化。采用螺栓载荷智能监测系统对水轮机组顶盖螺栓轴力进行实时监测，可以超前诊断预防不安全事故的发生，为数字化电厂的日常运行监督、检修改造提供技术依据。

【关键词】 抽水蓄能电站 顶盖螺栓 光纤光栅 载荷在线监测系统

1 引言

抽水蓄能电站具有动态调节、峰谷填补等多种优点，通过将低谷时段的电能转化为水能进行储存，再在高峰时段释放水能以发电形式供给电力系统，抽水蓄能电站能够有效平衡电力供需关系，降低用电荒和限电等问题的发生。而水轮发电机组顶盖为机组重要的承载部件之一，其大薄壁件结构长期受轴向水推力、转轮上腔水压脉动等交变载荷，螺栓连接的可靠性和安全性对整个机组的正常运行有着至关重要的作用，国内主要水电站均要求大修期间进行水轮机顶盖连接螺栓的更换，以免出现螺栓松动或失效而造成水淹事故的发生，传统的水轮机顶盖连接螺栓的监测主要靠人工巡检，而传统的人工巡检存在及时性、可靠性差，花费人工较多和存在巡视过程风险，在电力行业，国内外已发生多起因螺栓松动断裂引起水淹厂房和风电机组倒塔事故，造成巨大的经济损失，因此对于螺栓的在线监测提出了广泛的需求。关键部位螺栓的运行状态对设备的安全稳定性极为重要为了及时掌握螺栓受力状态，国内外学者开展了一系列螺栓松动状态和机理及状态监测相关工作。传统的检测技术主要采用压力传感器、应变片式传感器、超声波传感器和光纤光栅式垫圈传感器等监测元件，但是，目前采用上述相关技术进行顶盖螺栓的状态监测存在监测结果不准确或因传感器安装困难等问题。

近年来，光纤传感器在状态监测领域发展迅速，机组顶盖螺栓大多都有测长孔，为满足此类中空结构螺栓载荷测量需求，本文介绍了一种顶杆式光纤智能螺栓传感器，该传感器安装于螺栓测长孔内，与中空结构的螺栓匹配性良好，并且不需要对原有的连接件结构进行其他改变。光纤智能螺栓监测技术是为解决飞机结构强度试验中的螺栓载荷测量问题而研制的，该技术于 2011 年提出，目前在军用航空领域已成功应用于多个型号飞机关键部位螺栓载荷的测量，该产品作为民用技术首次应用于水轮机组顶盖螺栓的载荷在线监测。

2 传统检测技术介绍

螺栓监测主要是监测螺栓的长度变化或应力变化，传统检测技术主要采用以下传感器。

2.1 压力传感器

压力传感器采用中空环形结构垫圈式传感器，其敏感元件多为应变片，传感器外壳多为不锈钢材质。

压力传感器放在螺母与顶盖上表面之间，但水轮机组顶盖螺栓规格较大，相匹配的垫圈式传感器厚度很大，使螺栓夹持长度增大，改变了螺栓和相关连接部件结构。

2.2 应变片式传感器

传统的螺栓轴向力的测试，是在螺栓的表面贴4个敏感元件，将其接入惠斯通电桥。通过特殊设计的工装，对螺栓施加预紧力，通过采集输出信号与预紧力的关系进行标定，从而实现对螺栓预紧力的测量。

2.3 超声波传感器

利用螺栓在受到拉力作用后会被拉长的原理，在螺栓端部加装超声波传感器，根据超声波发射、返回之间的时间差变化量可判断出螺栓所受拉力的大小，此类测量方法可实现无损监测。

2.4 光纤光栅垫片式传感器

光纤光栅垫片式传感器是将光纤光栅应变传感器埋入垫片中，光纤垫片传感器输出波长变化量与垫片应变成正比，从而测量垫片在螺栓拉力作用下产生的应变，该类型传感器与上述压力传感器特点相同。

3 光纤光栅顶盖螺栓状态在线监测技术

3.1 系统构成

光纤光栅顶盖螺栓状态在线监测系统包含光纤智能螺栓传感器、数据采集器和上位机软件，系统框图如图1所示。数据采集器的激光器实时发射光信号并接收智能螺栓传感器的波长数据，通过RJ-45数据线上传至工控机，上位机软件接收传感器的波长数据并将其转换为温度和载荷数据，数据可通过图形或曲线方式在软件中呈现；另数据可实时存储在工控机硬盘内，并通过RS-485数据线上传至监控中心。

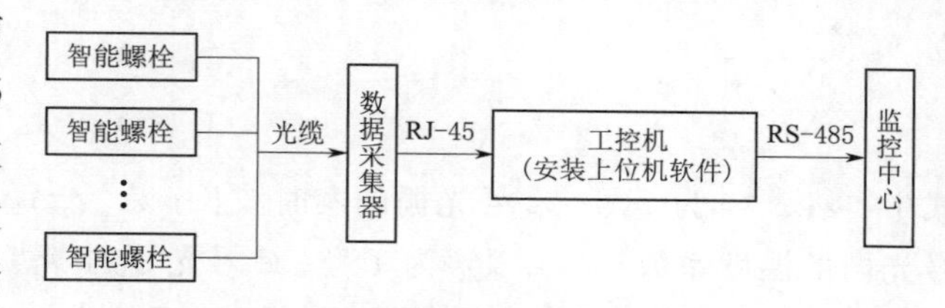

图1 光纤智能螺栓载荷监测系统框图

光纤光栅智能螺栓传感器可实现以下状态监测：

(1) 顶盖螺栓使用液压拉伸器拉伸至最大载荷时螺栓的轴力值。

(2) 旋紧螺母，拉伸器卸掉拉伸力后螺栓的轴力值。

(3) 水轮机组停机、抽水调相、抽水、发电等各种工况下螺栓的轴力值。

(4) 螺栓运行过程中是否发生松动或断裂。

光纤光栅智能螺栓载荷监测系统可实现以下功能：

(1) 传感器参数配置。

(2) 采集频率设置。

(3) 以曲线或图形方式实时显示各监测点的螺栓轴力。

(4) 各监测点轴力阈值设置，超过设定阈值进行报警。

(5) 数据实时存储。

(6) 采用Modbus协议以RS-485接口将数据实时传输至监控中心。

3.2 系统工作原理

该系统采用的智能螺栓以FBG光纤光栅为敏感元件，光纤光栅置于传感器中心的小孔内，具有体积小、寿命长、可靠性好以及抗振动、抗电磁干扰、耐腐蚀的优点。适用的螺栓直径为5mm以上，最小螺栓夹层为5mm以上，能够满足12.9级国标螺栓100%保证载荷测量需求，测量精度满足±5%FS。

由于光纤光栅对温度敏感，为消除温度变化对测量载荷的影响，在传感器内部埋入两个光纤光栅敏感元件，一个用于轴力检测，另一个用于温度补偿，具体的光栅安装示意如图2所示。其中，1号光栅埋于螺柱本体内部，主要用于轴力检测；2号光栅埋于连接器部分，主要用于温度检测。

光栅中心波长λ与载荷F、温度T的关系：

$$\lambda(F,T)=f(F)+g(T) \tag{1}$$

当螺栓受力变形（或拧紧和松动）时，光纤光栅传感器的反射波形将随之发生改变，通过解析光栅中心波长的变化量，即可解读出螺栓的受力情况，如图 3 所示。由于 1 号、2 号光栅的安装位置不同，它们对轴力和温度的敏感系数也各不相同，预先分别标定好各自的轴力系数和温度系数，同时检测 1 号和 2 号传感器的波长变化量，经过求解可算出螺栓的轴力和温度，如式（2）所示。

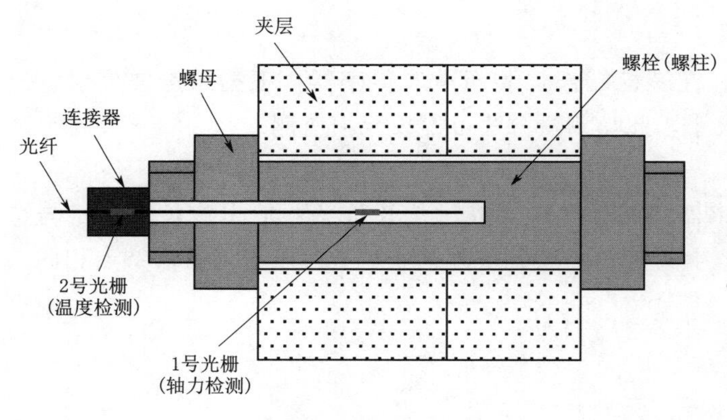

图 2　光栅布置示意图

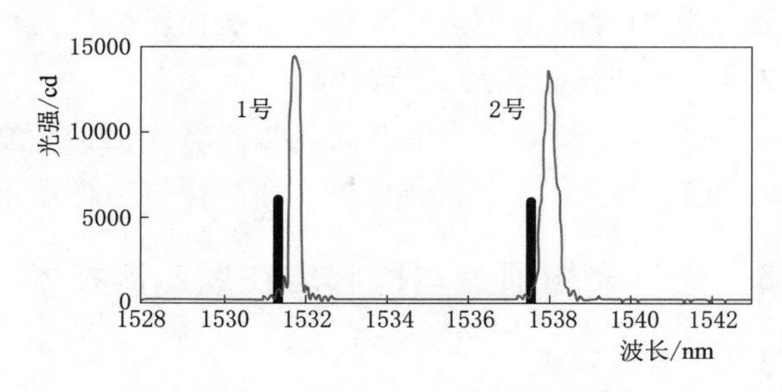

图 3　光栅传感器反射波示意图

$$\left.\begin{aligned}\lambda_1=A_1F+B_1T+\lambda_{10}\\ \lambda_2=A_2F+B_2T+\lambda_{20}\end{aligned}\right\} \tag{2}$$

式中：λ_1、λ_2 为 1 号、2 号光栅的实时波长；A_1、A_2 为 1 号、2 号光栅的轴力系数；B_1、B_2 为 1 号、2 号光栅的温度系数；λ_{10}、λ_{20} 为 1 号、2 号光栅的零点波长；F 为螺栓轴力；T 为环境温度。

由于 2 号光栅安装于连接器位置，远离螺栓本体，故可认为不受螺栓轴力的影响，其对轴力的敏感系数 A_2 可以进一步简化为 0，故有

$$T=\frac{\lambda_2-\lambda_{20}}{B_2} \tag{3}$$

$$F=\left[(\lambda_1-\lambda_{10})-\frac{B_1}{B_2}(\lambda_2-\lambda_{20})\right]/A_1 \tag{4}$$

3.3　光纤光栅智能螺栓传感器

光纤光栅智能螺栓传感器安装于顶盖螺栓测长孔内，对顶盖螺栓原有结构没有任何改变，保证了测量的准确性。传感器主要由固定头、传感部件和传力钢棒组成，结构如图 4 所示。固定头的 M20 外螺纹与螺栓测长孔内螺纹相匹配，起固定传感器作用；传感部件采用合金材料，内置光纤光栅敏感元件，通过环氧树脂材料将光纤光栅封装。传感部件和传力钢棒外侧套有不锈钢外套管，将传感部件和传力钢棒封装在一起。传感器拧入螺栓测长孔后，钢棒底部一直处于受压状态，螺栓受力发生形变时，导致传力钢棒位移，钢棒对传感部件挤压量发生变化，从而导致光纤光栅波长变化，实现螺栓轴力变化的测量，传感器安装示意如图 5 所示。传感器端部配有 FC 光接口，可方便与铠装光纤延长线连接。

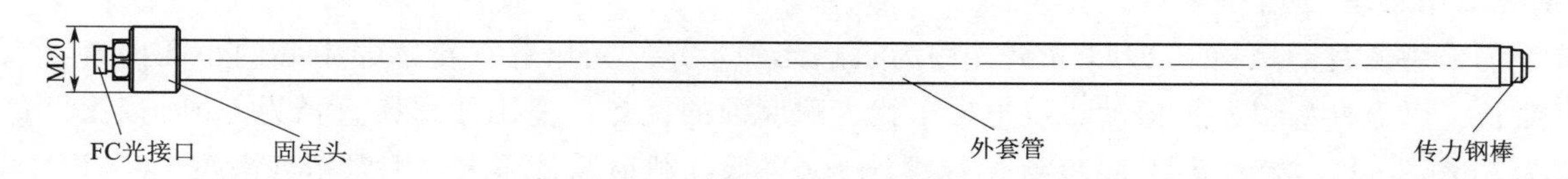

图 4　光纤光栅智能螺栓传感器结构图

3.4　数据采集器

数据采集器可在－15～60℃条件下连续运行，并满足国标规定的电磁兼容要求。

3.5 光纤光栅智能螺栓载荷在线监测系统

光纤光栅智能螺栓载荷在线监测系统可在 Windows 7～11 各版本操作系统中运行，系统主要功能包括传感器参数配置、数据显示和存储，数据可通过图形或曲线方式实时显示，如图 6 所示。

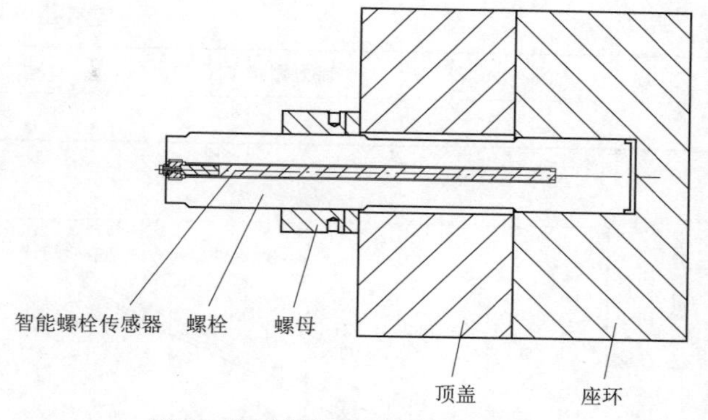

图 5　传感器装入顶盖螺栓示意图

4　传感器标定

采用液压拉伸器对传感器进行拉伸标定，每个传感器拉伸 3 次，加载方式为分级加载，其中一个传感器的标定数据见表 1。

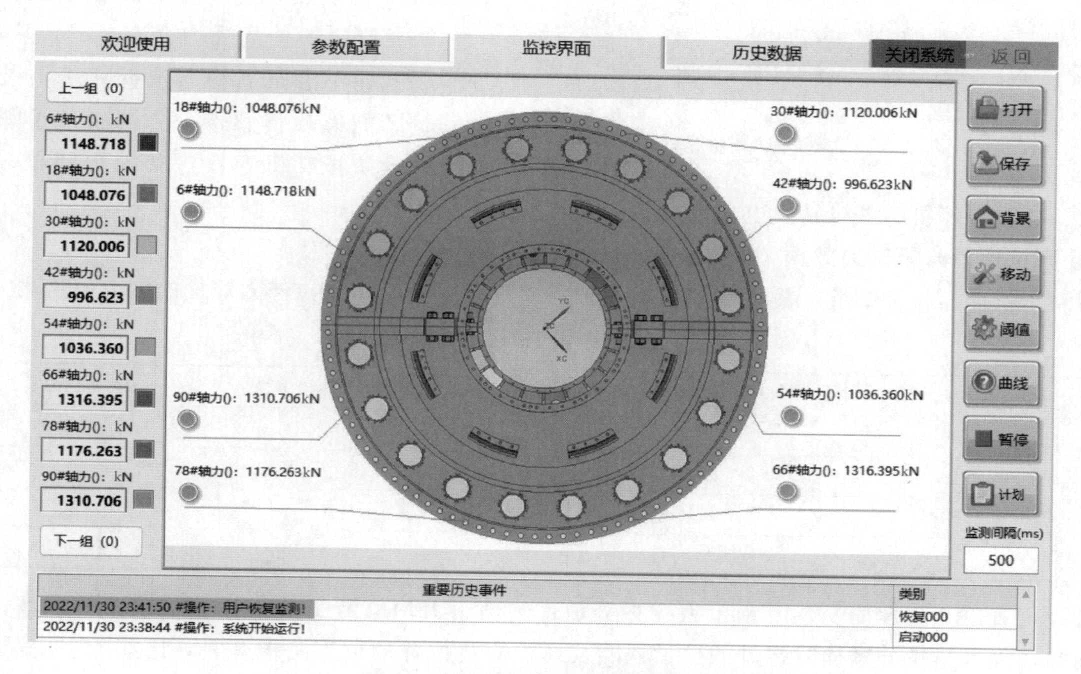

图 6　以图形方式显示的数据界面

表 1　传感器拉伸标定数据

序号	拉伸器压力表读数 /MPa	拉伸器拉力 /kN	3 次拉伸时波长数据/nm		
			第 1 次	第 2 次	第 3 次
1	10	176	1549.187	1548.911	1548.75
2	20	352	1549.828	1549.581	1549.426
3	30	528	1550.551	1550.289	1550.154
4	40	704	1551.16	1550.933	1550.788
5	50	880	1551.861	1551.63	1551.508
6	60	1056	1552.502	1552.271	1552.149
7	70	1232	1553.111	1552.88	1552.783
8	80	1408	1553.812	1553.581	1553.484

将 3 次标定数据形成曲线，如图 7 所示，3 次数据的灵敏系数分别为 0.00374nm/kN、0.00378nm/kN、0.00383nm/kN，平均值为 0.00378nm/kN。3 次数据的拟合度都达到 0.999，说明传感器线性较好。

另外对传感器在－20～60℃下进行了温度标定，传感器灵敏系数见表 2。

表 2 传感器温度灵敏系数 单位：nm/℃

序号	轴力栅灵敏系数	温度栅灵敏系数
1	0.0129	0.0148

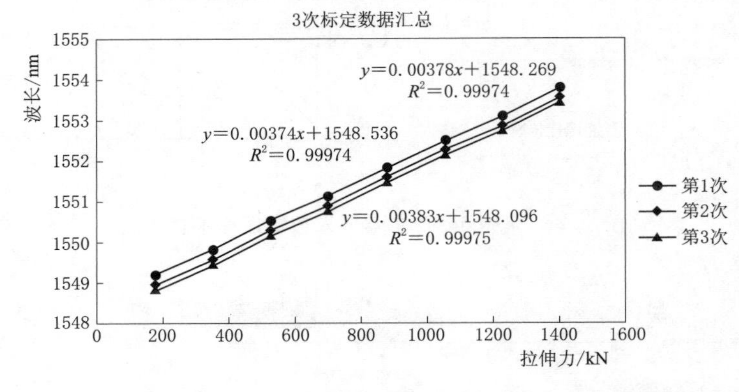

图 7 传感器拉伸标定数据

5 实测数据

光纤光栅智能螺栓载荷在线监测系统应用于安徽响水涧抽水蓄能电站有限公司 1 号水泵水轮机顶盖螺栓上，该机组顶盖总重约 98.2t，由两瓣组装，与座环由 96 个 M80 的螺栓把合。考虑到顶盖螺栓荷载比较复杂，螺栓的受力会有差异，从 96 个顶盖螺栓中沿圆周均布选择 8 个安装光纤光栅智能螺栓传感器，分别测量了螺栓张拉预紧阶段、机组停机转抽水调相、抽水调相转抽水、抽水转停机、停机转发电、发电转停机等工况下轴力变化。

5.1 螺栓张拉预紧阶段轴力数据

使用液压拉伸器拉伸螺栓，测得螺栓的最大轴力和旋紧螺母后卸掉拉伸力螺栓的轴力值见表 3。

表 3 螺栓安装时预紧力

序号	螺栓编号	安装时预紧力/kN	序号	螺栓编号	安装时预紧力/kN
1	6	1147.3	5	54	1036.2
2	18	1048.3	6	66	1316.7
3	30	1120.0	7	78	1176.3
4	42	996.1	8	90	1310.8

由表 3 可看出 8 颗螺栓安装时预紧力存在分散性，预紧力均值为 1144kN，均方差为 112.9；各螺栓预紧力偏差较大，与拉伸螺栓时螺母的拧紧程度及螺栓安装位置的顶盖结构有关，比如 42 号螺栓安装于顶盖加强筋部位，预紧力值小于其余螺栓。

5.2 机组停机转抽水调相、抽水调相转抽水工况螺栓轴力数据

使用光纤光栅智能螺栓传感器对 1 号机组停机转抽水调相、抽水调相转抽水工况进行了监测，8 颗螺栓数据曲线如图 8 所示，螺栓的轴力数据统计见表 4。

表 4 停机转抽水调相、抽水调相转抽水工况下 8 颗螺栓轴力数据 单位：kN

序号	螺栓编号	停机时轴力	抽水调相轴力	抽水调相轴力变化量	抽水调相转抽水过程中最大轴力	抽水调相转抽水轴力变化量	抽水态轴力	抽水态轴力变化量
1	6	1127.1	1126.9	−0.2	1147.0	19.9	1142.0	14.9
2	18	1027.3	1028.1	0.8	1169.0	141.7	1138.9	111.6
3	30	1094.0	1094.2	0.2	1238.0	144.0	1209.0	115.0
4	42	983.3	983.9	0.6	1110.0	126.7	1078.6	95.3
5	54	1020.9	1021.1	0.2	1035.0	14.1	1033.0	12.1
6	66	1288.2	1288.8	0.6	1455.0	166.8	1414.0	125.8
7	78	1160.5	1160.1	−0.4	1186.0	25.5	1179.9	19.4
8	90	1296.4	1297.2	0.8	1437.0	140.6	1405.3	108.9

注 抽水调相轴力变化量＝抽水调相轴力－停机时轴力；
抽水调相转抽水轴力变化量＝抽水调相转抽水过程中最大轴力－停机时轴力；
抽水态轴力变化量＝抽水态轴力－停机时轴力。

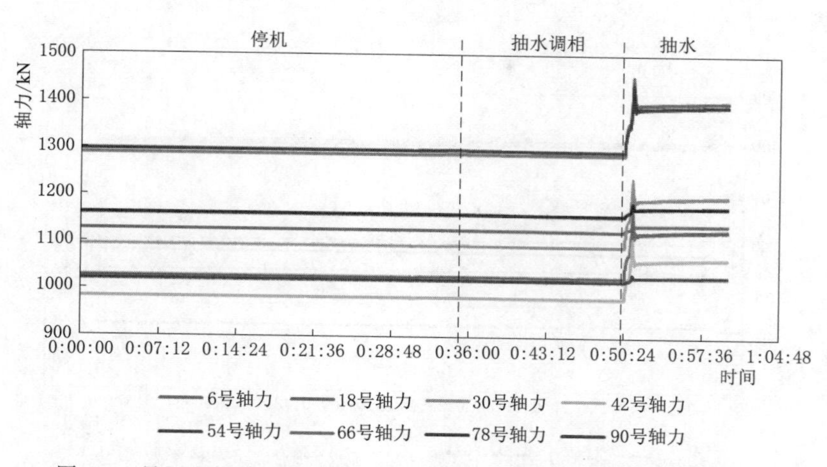

图 8 1 号机组停机转抽水调相、抽水调相转抽水螺栓轴力数据曲线

5.3 机组抽水转停机工况螺栓轴力数据

使用智能螺栓传感器对 1 号机组抽水转停机工况进行了监测，8 颗螺栓数据曲线如图 9 所示，螺栓的轴力数据统计见表 5。

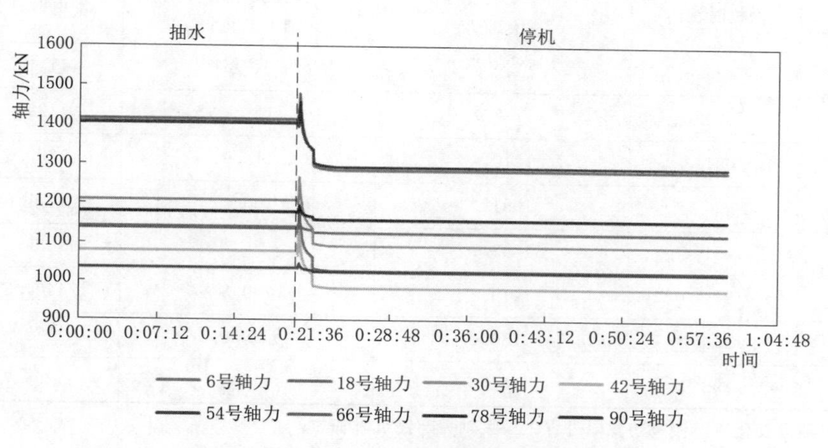

图 9 1 号机组抽水转停机螺栓数据曲线

表 5 抽水转停机工况下 8 颗螺栓轴力数据

单位：kN

序号	螺栓编号	抽水态轴力	抽水转停机过程中最大轴力	抽水转停机过程中轴力变化量	停机时轴力	停机时轴力变化量
1	6	1142.5	1152.8	10.3	1126.0	−16.5
2	18	1138.9	1189.5	50.6	1025.0	−113.9
3	30	1208.8	1267.6	58.8	1091.8	−117.0
4	42	1078.2	1131.1	52.9	981.1	−97.1
5	54	1032.8	1044.7	11.9	1022.7	−10.1
6	66	1413.8	1479.4	65.6	1285.8	−128.0
7	78	1179.5	1195.1	15.6	1159.1	−20.4
8	90	1404.9	1457.5	52.6	1293.5	−111.4

注 抽水转停机过程中轴力变化量＝抽水转停机过程中最大轴力－抽水态轴力；
停机时轴力变化量＝停机时轴力－抽水态轴力。

5.4 机组停机转发电工况螺栓轴力数据

使用智能螺栓传感器对 1 号机组停机转发电工况进行了监测，8 颗螺栓数据曲线如图 10 所示，螺栓的轴力数据统计见表6。

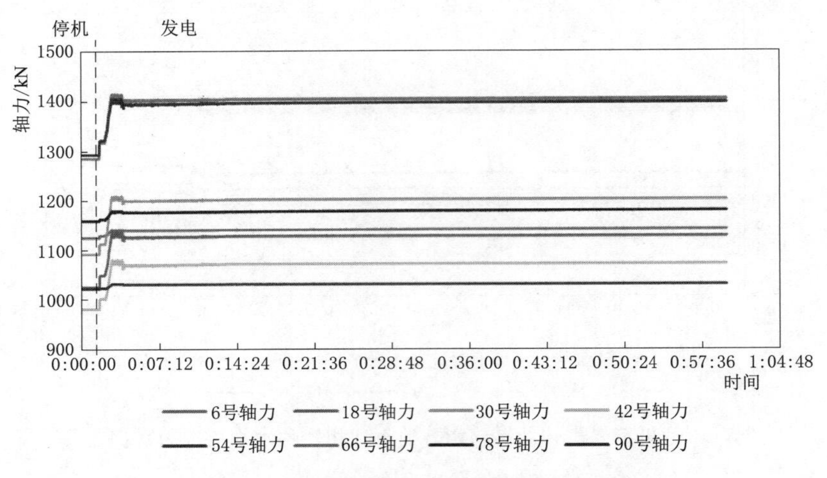

图10　1号机组停机转发电螺栓数据曲线

表6　　停机转发电工况下8颗螺栓轴力数据　　单位：kN

序号	螺栓编号	停机时轴力	停机转发电过程中最大轴力	停机转发电过程中轴力变化量	发电时轴力	发电时轴力变化量
1	6	1125.4	1142.0	16.6	1141.1	15.7
2	18	1024.6	1137.7	113.1	1129.0	104.4
3	30	1091.3	1210.2	118.9	1202.0	110.7
4	42	980.6	1081.0	100.4	1071.6	91.0
5	54	1021.4	1032.1	10.7	1030.5	9.1
6	66	1284.9	1415.2	130.3	1404.5	119.6
7	78	1159.1	1180.0	20.9	1178.3	19.2
8	90	1292.9	1406.3	113.4	1396.7	103.8

注　停机转发电过程中轴力变化量＝停机转发电过程中最大轴力－停机时轴力；
发电时轴力变化量＝发电时轴力－停机时轴力。

5.5　机组发电转停机工况螺栓轴力数据

使用智能螺栓传感器对1号机组发电转停机工况进行了监测，8颗螺栓数据曲线如图11所示，螺栓的轴力数据统计见表7。

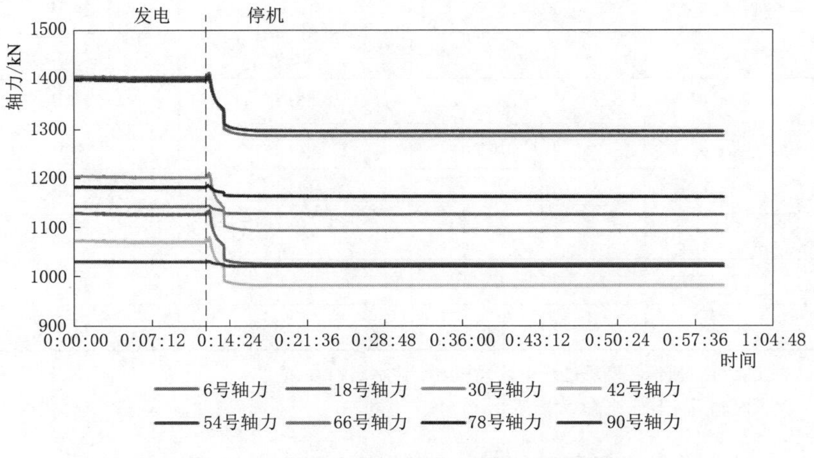

图11　1号机组发电转停机螺栓数据曲线

表 7　发电转停机工况下 8 颗螺栓轴力数据　单位：kN

序号	螺栓编号	发电时轴力	发电转停机过程中最大轴力	发电转停机过程中轴力变化量	停机时轴力	停机时轴力变化量
1	6	1142.3	1142.8	0.5	1126.0	−16.3
2	18	1125.2	1133.9	8.7	1025.6	−99.6
3	30	1200.7	1208.3	7.6	1092.1	−108.6
4	42	1069.7	1077.9	8.2	982.2	−87.5
5	54	1029.5	1030.5	1.0	1020.7	−8.8
6	66	1403.4	1411.0	7.6	1286.2	−117.2
7	78	1181.4	1183.1	1.7	1163.1	−18.3
8	90	1397.4	1404.9	7.5	1295.1	−102.3

注　发电转停机过程中轴力变化量＝发电转停机过程中最大轴力－发电时轴力；
停机时轴力变化量＝停机时轴力－发电时轴力。

从图 8～图 11 可看出，不同工况下 8 颗螺栓轴力变化趋势一致，同一工况下轴力变化量有较大差别，6 号、54 号、78 号轴力变化量较小，其他 5 颗螺栓轴力变化量较大。

对 1 号机组自 2022 年 12 月 9 日运行至 2023 年 9 月 12 日停机工况下顶盖的 8 颗螺栓轴力数据进行比较，数据见表 8。

表 8　顶盖 8 颗螺栓不同日期轴力数据比较

序号	螺栓编号	轴力/kN (2022 年 12 月 9 日)	轴力/kN (2023 年 9 月 12 日)	轴力变化量 /kN	轴力衰减百分比 /%
1	6	1133.7	1102.2	−31.5	−2.8
2	18	1030.6	996.2	−34.4	−3.3
3	30	1096.8	1054.1	−42.7	−3.9
4	42	984.7	962.1	−22.6	−2.3
5	54	1024.6	1020.9	−3.7	−0.4
6	66	1292.9	1254.7	−38.2	−3.0
7	78	1162.5	1150.3	−12.2	−1.0
8	90	1298.1	1268.1	−30	−2.3

由表 8 可看出，机组经过 9 个月运行，在交变载荷下工况变化数千次后，8 颗螺栓轴力出现了衰减。

另外统计了长期运行后，不同时间各工况下各监测点螺栓轴力变化趋势，同一工况下各监测点螺栓轴力变化趋势一致，数据稳定可靠。

6　总结

本文介绍了一种光纤光栅螺栓载荷智能监测系统，该系统包含的光纤智能螺栓传感器作为新技术在国网新源控股有限公司抽水蓄能电站首次应用并测得有效数据，具体总结如下：

(1) 该系统采用的顶杆式传感器适用于各种型号带测长孔的顶盖螺栓，该传感器置于测长孔内，与中空结构的螺栓匹配性较好，不需要对原有的安装结构进行其他改变。

(2) 应用该系统可协助电站在螺栓安装时进行预紧力大小判定，另外可实时在线监测机组停机转抽水调相、抽水调相转抽水、抽水转停机、停机转发电、发电转停机等各种工况下不同位置螺栓的轴力变化值。

(3) 从 96 颗顶盖螺栓中沿圆周均布选择 8 颗安装了光纤光栅智能螺栓传感器，测得 8 颗螺栓同一工况下轴力变化趋势一致，但螺栓安装位置不同，同一工况下不同螺栓轴力变化量存在差别。

(4) 1 号机组的监测点位较少，为更好地分析顶盖各位置螺栓的受力情况，后续应增加传感器的测量点位。

(5) 根据传感器监测的历史数据，结合水轮机组的运行状态，可判断所监测的螺栓是否发生松动。

(6) 同一工况下不同位置的螺栓轴力变化值存在差异，机组长期运行后轴力变化值大的螺栓更易出现松动和疲劳破坏，因此水电站可将轴力变化值大的螺栓作为重点关注对象，日常巡检时进行重点关注。

(7) 长期运行后，相同工况下各监测点螺栓轴力变化趋势一致，数据稳定可靠。

采用光纤光栅螺栓载荷智能监测系统对水轮机组螺栓进行轴力实时监测，可以超前诊断预防不安全事故的发生，为数字化电厂的日常运行监督、检修改造提供技术依据，也可为水轮机组的结构设计提供技术参考，为产品的优化、升级做技术支撑。

参考文献

[1] 刘育，邓林森，晋健，等. 水轮机顶盖连接螺栓疲劳寿命的评估方法及监测系统：中国，CN110826203A [P]. 2020-02-21.

[2] 张忠伟，王敬贤，张倩南，等. 测力螺栓：中国，CN106706189A [P]. 2017-05-24.

[3] 姬升阳，毛延翩，刘志辉，等. 水轮发电机组螺栓应力在线测量与分析 [J]. 人民长江，2021 (5)：203-207.

[4] 葛新峰，徐旭，安方辉，等. 轴流式水轮机内外顶盖螺栓刚强度分析 [J]. 大电机技术，2019 (4)：45-49.

[5] 杨建东，赵琨，李玲，等. 浅析俄罗斯萨扬-舒申斯克水电站 7 号和 9 号机组事故原因 [J]. 水力发电学报，2011，30 (4)：226-234.

[6] 李立，张法，伍志军，等. 某抽水蓄能电站防水淹厂房关键技术研究 [J]. 水电能源科学，2020，38 (5)：81-85.

[7] CHOU J S，TU W T. Failure analysis and risk management of a col-lapsed large wind turbine tower [J]. Engineering Failure Analysis，2011，18 (1)：295-313.

[8] 应华冬，何俊尉，何国栋，等. 风电机组桨叶螺栓断裂失效原因分析 [J]. 装备制造技术，2017 (12)：203-206.

[9] 胡清娟，曾艳梅，蒋明东，等. 抽水蓄能电站引水系统设置快速截断水流设备的可行性分析与探讨 [J]. 大电机技术，2019 (5)：57-63.

[10] 王立贤，杨威. 水电站机组在线监测技术概述 [J]. 大电机技术，2011 (3)：65-68.

[11] 向志海，黄俊涛. 螺栓松紧程度的受控敲击检测方法 [J]. 实验力学，2012，27 (5)：545-551.

[12] 张俊，顾临怡，钱筱林，等. 钢结构工程中高强度螺栓轴向应力的超声测量技术 [J]. 机械工程学报，2006，42 (2)：216-220.

[13] 王星，刘育，严飚，等. 预紧力作用下水轮机顶盖螺栓刚强度分析 [J]. 电网与清洁能源，2023，39 (1)：128-132，142.

[14] Huang Xingxing，Chen Liu，Wang Zhengwei，et al. Stress Characteristic Analysis of Pump-Turbine Head Cover Bolts during Load Rejection Based on Measurement and Simulation [J]. Energies，2022，15 (24).

[15] 欧文浩，费香泽，马潇，等. 一种测力螺栓：中国，CN215262197U [P]. 2021-12-21.

[16] 王勇飞，刘育，李世强. 水轮机顶盖部分螺栓破坏对剩余螺栓强度影响研究 [J]. 电网与清洁能源，2023，39 (3)：126-130.

[17] 葛新峰，张敬，祝双桔，等. BINAMA Maxime. 水轮机顶盖螺栓受力特性研究 [J]. 振动与冲击，2021，40 (17)：55-62.

[18] 夏翔，朱利锋，葛青青，等. 改进极限学习机在 FBG 的光纤光栅传感器标定中的应用研究 [J/OL]. 电测与仪表：1-8 [2023-01-12]. http：//kns. cnki. net/kcms/detail/23. 1202. th. 20230216. 1210. 006. html.

[19] 樊卓杨，吴超，王霞. 光纤传感技术在电力设备监测领域的研究进展 [J]. 绝缘材料，2021，54 (10)：1-12.

[20] 夏翔，李贤良，潘华，等. 基于广义回归神经网络的光纤光栅传感器解调技术研究 [J/OL]. 电测与仪表：1-7 [2023-01-12]. http：//kns. cnki. net/kcms/detail/23. 1202. th. 20230215. 1106. 006. html.

抽水蓄能机组静止变频启动装置应用对比与分析

方军民[1] 夏向龙[2] 李辉亮[1]
（1. 华东天荒坪抽水蓄能有限责任公司，浙江省湖州市 313302；
2. 国网新源控股有限公司华东开发建设分公司，浙江省杭州市 310012）

【摘 要】 随着抽水抽蓄电站核心设备自主化程度日益提高，国产静止变频启动装置在转子位置检测、脉冲换相与负载换相控制等核心技术方面已获得较大突破。本文探讨了目前国内外三种典型静止变频启动装置，从设备的一次、二次方面进行对比分析。

【关键词】 抽水蓄能 静止变频启动装置 对比分析

1 引言

作为新型电力系统的重要支撑，抽水蓄能集绿色、清洁、零排放、可再生等特点于一身，抽水蓄能电站兼具调峰、调频、调相、储能、事故备用与黑启动等功能，是大电网安全稳定运行的重要保障。经过30多年的实践与探索，我国自主建造、设备自主可控的大型抽水蓄能电站机电设备技术已达国际先进水平。作为抽水蓄能机组抽水方向启动首选的大型软启动设备，静止变频启动装置（简称SFC，下同）也已实现国产化突破。SFC是抽水蓄能电站有别于常规水电站的核心控制设备，是抽水蓄能电站发挥电力调节作用的重要保障。近几年，我国自行研发技术可控的大容量SFC已得到广泛应用。在此，以两个典型的大型抽水蓄能电站为主，举例进行SFC系统设备对比与分析，从中提炼出各自的长处与不足，并对其中一些沿革近30年的设计思路进行归纳总结，供业内人士参考。

2 设备介绍

THP抽水蓄能电站（以下简称T电站）总装机容量180万kW，6台30万kW机组于2000年12月全部投产，电站主要设备均从国外招标采购，主要机电设备的设计、安装与调试也以外商主导。电站配置了两套SFC，均由法国阿尔斯通公司提供，布置于主变洞三楼。两套SFC所有设备型号完全相同，均为晶闸管做变流器件的电流源型SFC，电气一次接线为高压-高压结构，冷却方式为去离子水冷。主要由输入单元、变频（功率）单元、输出单元、控制单元、保护单元及冷却单元等几部分组成。两套SFC于1998—2000年期间，先后随机组同步投运。于2010年和2011年分别完成1号SFC和2号SFC控制系统升级与功率柜冷却单元大修；于2013年和2015年分别完成1号SFC和2号SFC开关柜更换。

CLS抽水蓄能电站（以下简称C电站）总装机容量210万kW，6台35万kW机组于2022年6月全部投产，1～4号机组由东方电机公司制造，除5～6号机组发电电动机、水泵水轮机、主进水阀由德国福伊特公司制造外，电站其他主要机电设备均实现了国产。电站配置了两套SFC，一套进口一套国产，布置于主变洞三层，均为电流源型SFC，电气一次接线均为高压-低压-高压结构。1号SFC由德国西门子公司提供，冷却方式为去离子水冷，于2021年7月投运。2号SFC由南瑞继保公司提供，冷却方式为风冷，于2022年6月投运。

T电站和C电站SFC主要参数见表1。

表1 SFC 主 要 参 数

项目名称	T电站SFC	C电站1号SFC	C电站2号SFC
厂家	阿尔斯通	西门子	南瑞继保
额定容量/MW	22	23	21

续表

项目名称	T 电站 SFC	C 电站 1 号 SFC	C 电站 2 号 SFC
额定输入电压/kV	18	2×3.4	2×4.2
额定输出电压/kV	18	6.2	8
额定直流电流/A	1300	3200	2300
一次接线结构	高压-高压	高压-低压-高压	高压-低压-高压
脉冲触发桥臂数量	6/6 脉冲	12/6 脉冲	12/6 脉冲
晶闸管数量/只	216	60	60
启动时间/s	210	235	235

3　设备对比与分析

3.1　一次接线

T 电站两套 SFC 电气一次接线均为高压-高压结构，主要由交流输入电抗器、输入开关、输入隔离变压器（以下简称输入变压器）、谐波滤波器、网桥、直流电抗器、机桥、输出开关、交流输出限流电抗器（以下简称输出电抗器）等主要设备组成。

T 电站 SFC 系统一次主接线如图 1 所示。

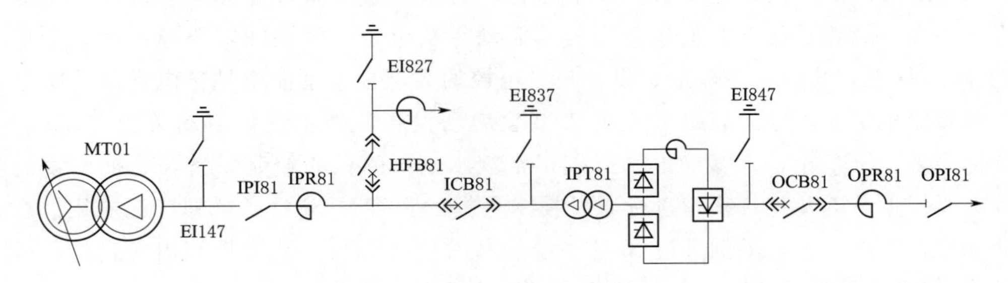

图 1　T 电站 SFC 系统一次主接线

MT01—主变压器；IPI81—输入闸刀；IPR81—输入电抗器；HFB81—谐波滤波器开关；ICB81—输入开关；IPT81—输入变压器；OCB81—输出开关；OPR81—输出电抗器；OPI81—输出闸刀

C 电站两套 SFC 电气一次接线均为高压-低压-高压结构，主要由输入电抗器、输入开关、输入降压变压器（以下简称输入变压器）、网桥、直流电抗器、机桥、输出隔离开关、输出旁路开关、输出升压变压器（以下简称输出变压器）、输出开关、输出电抗器等主要设备组成。

C 电站 1 号 SFC 系统一次主接线如图 2 所示。

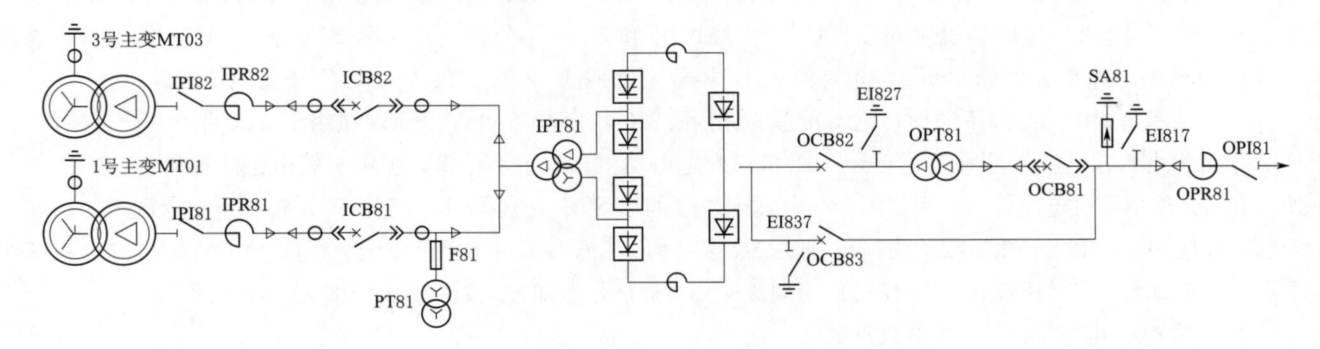

图 2　C 电站 1 号 SFC 系统一次主接线

IPI81/IPI82—输入闸刀；IPR81/IPR82—输入电抗器；ICB81/ICB82—输入开关；IPT81—输入变压器；OCB82—输出隔离开关；OCB83—输出旁路开关；OCB81—输出开关；OPR81—输出电抗器；OPI81—输出闸刀

C 电站 2 号 SFC 系统一次主接线如图 3 所示。

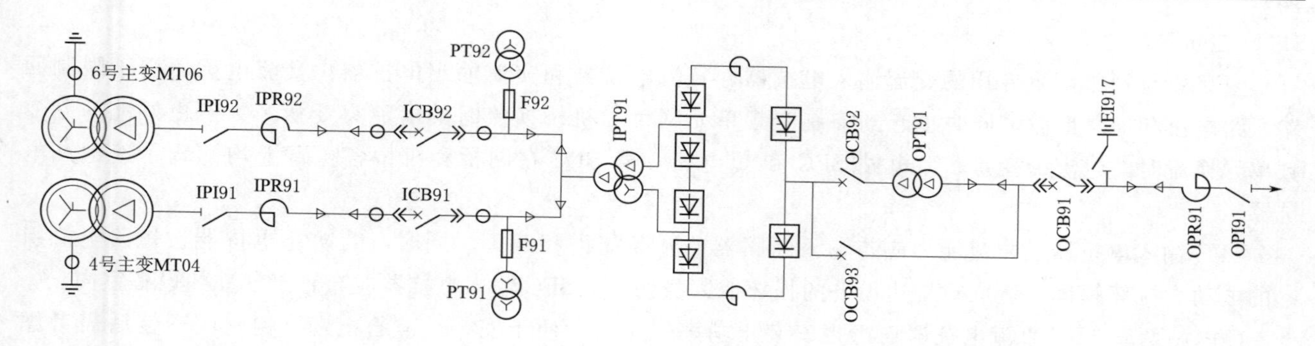

图3 C电站2号SFC系统一次主接线

IPI91/IPI92—输入闸刀；IPR91/IPR92—输入电抗器；ICB91/ICB92—输入开关；IPT91—输入变压器；OCB92—输出隔离开关；OCB93—输出旁路开关；OCB91—输出开关；OPR91—输出电抗器；OPI91—输出闸刀

C电站两套SFC与T电站SFC电气一次接线的主要差别在于输出单元结构与组成不同，C电站SFC为高压-低压-高压型，输入变压器为降压变，输出单元需配置升压变压器及其旁路开关与隔离开关，T电站SFC为高压-高压型，输入变压器为隔离变（未降压，变比为1：1），输出单元无须配置变压器及其旁路开关与隔离开关。高压-高压型SFC电气一次接线更简单，输出单元设备配置简化，但变频单元工作电压较高，绝缘要求较高，增加了变频单元的设计难度。

C电站1号SFC与2号SFC电气一次接线的主要差别在于输出开关的布置位置不同，1号SFC输出开关布置于输出变压器旁路开关跨接范围以内，2号SFC输出开关布置于输出变压器旁路开关跨接范围以外。两者各有特点，其中1号SFC输出开关低频开断的概率较小，而2号SFC输出开关相关闭锁回路更加简单。

3.2 输入电源配置

T电站SFC仅设置一路输入电源，两套SFC输入电源取自不同的厂用电源分支，1号SFC取自1号主变低压侧，2号SFC取自5号主变低压侧。

C电站两套SFC均设置两路输入电源，且两路电源均取自不同的厂用电源分支，1号SFC两个输入开关分别接于1号主变和3号主变低压侧，2号SFC两个输入开关分别接于4号主变和6号主变低压侧。每套SFC的两个输入开关可实现手动或自动轮换切换，供电可靠性更高，这样的输入电源配置已成为典型设计得到广泛应用。

3.3 变频单元网桥结构、输入变压器与谐波

T电站SFC变频单元网桥为单个整流桥，输出直流电压与电流为6脉波。SFC输入电源侧电压与电流波形特征谐波次数为$6n\pm1$，依次为5次、7次、11次、13次……两套SFC各配置有一套滤波器，由于滤波器电容数次因过电压烧损，影响系统的可靠性，同时考虑经检测SFC工作时输入侧电源谐波满足相关标准要求，投产初期即将滤波器退出运行。

C电站两套SFC网桥为两个整流桥串联，输出直流电压与电流为12脉波。SFC输入电源侧电压与电流波形特征谐波次数为$12n\pm1$，依次为11次、13次、23次、25次……谐波含量较6脉波网桥明显降低，对输入侧电源影响显著降低，因此未配置滤波器。

3.4 输入/输出变压器

因SFC厂家设计参数不同，C电站两套SFC输入/输出变压器容量、组别、变比等主要技术参数均不同。输入变压器组别要求两个低压侧绕组电压相位互差30°即可，输出变压器组别没有特别要求。另外，同一套SFC输入变压器与输出变压器的变比应匹配，即输入变压器低压侧额定电压之和应略高于输出变压器低压侧额定电压，以补偿变频单元的损耗压降。

T电站SFC输入变压器和C电站1号SFC输入/输出变压器均为油浸式，冷却方式为强迫油循环水冷，其冷却系统均配置一台冷却器。C电站2号SFC输入/输出变压器冷却方式相同，不同的是冷却器冗余配置了两套。从长期运行经验来看，SFC变压器配置两套冷却器的必要性不大，反而增加了投资与维护量。

3.5 电抗器

SFC 系统通常配置专用的交流输入电抗器、直流电抗器和交流输出电抗器。交流电抗器用于限制回路短路电流和抑制谐波，同时也起到抑制变频单元网桥和机桥换流时的电流突变量。为了更好地抑制变频单元换流时的电流突变量，T 电站 SFC 和 C 电站 1 号 SFC 在网桥和机桥各桥臂上均配置了速饱和电抗器。

SFC 输入电抗器的限流能力应与输入断路器的开断能力相匹配。同时，为防止电抗器被短路电流引起的电动力拉坏解体后造成对周边设备的损坏或人身伤害，SFC 输入电抗器应布置于独立的设备室内。

C 电站两套 SFC 直流电抗器均组柜安装于功率柜一侧，便于安装、节省电缆，但封闭安装后需考虑电抗器的冷却问题，其冷却方式通常与功率柜冷却方式相同。

T 电站 SFC 在变频单元直流回路正负极各装有一台直流平波电抗器，敞开安装于独立的电抗器室，为自然冷却。

3.6 引线电缆与母线

T 电站 SFC 输入/输出交流引线与直流引线均为 24kV 中压电缆，电缆为钢丝铠装，铠装层不接地，布置在电缆桥架内。在变频单元输入/输出侧分别布置了引线柜。

C 电站 SFC 输入变压器与网桥之间、机桥与输出变压器之间交流引线均为浇筑母线，网桥/机桥与直流电抗器之间为母排连接。其他设备一次连接均采用电缆。在变频单元输入/输出侧也分别布置了引线柜。

3.7 网桥/机桥

T 电站 SFC 变频单元网桥/机桥为 6/6 脉冲结构，晶闸管总数量为 216 只，每一桥臂晶闸管数量为 18 只，由 3 个串联阀组组成，为卧式阀组，每一阀组由 6 只晶闸管压接而成。网桥/机桥晶闸管冷却方式为去离子水冷。因变频单元未经输入变压器降压，网桥/机桥工作电压较高，桥臂串联晶闸管数量多，功率柜设计难度较大。

C 电站两套 SFC 网桥/机桥均为 12/6 脉冲结构，晶闸管总数量为 60 只。其中，网桥由两个 6 脉冲整流桥串联组成，每一桥臂晶闸管数量为 3 只。机桥为单个 6 脉冲逆变桥，每一桥臂晶闸管数量为 4 只。1 号 SFC 网桥/机桥各桥臂晶闸管安装形式也是多只晶闸管压接，为卧式阀组，冷却方式为去离子水冷。2 号 SFC 网桥/机桥晶闸管冷却方式为强迫风冷，晶闸管安装形式与 1 号 SFC 完全不同，采用单模件形式，每一只晶闸管与两侧散热器压接成一个阀组，阀组与阀组之间采用母排连接，散热容积大，但占用空间也大。变频单元经输入变压器降压，网桥/机桥工作电压有所降低，桥臂串联晶闸管数量较少，功率柜设计难度有所降低。

3.8 SFC 运行方式

T 电站 SFC 正常运行时处于长期带电热备用状态；C 电站 SFC 正常运行时处于冷备用状态，随机组逐次启停。SFC 常置热备用状态大大减少了输入开关对输入变压器的冲击次数。相反，SFC 常置冷备用状态势必要对输入变压器频繁冲击，对变压器的运行不利，尤其对于油浸式变压器，易造成油箱内绕组引线连接松动而引起局部放电。

3.9 SFC 与励磁系统之间的配合

T 电站 SFC 和励磁系统之间相对独立，两者之间的仅有转子初始位置检测启动信号的传输，拖动升速过程各自进行独立的调节与控制。C 电站 SFC 在转子初始位置检测、机组升速过程和同期调节阶段，机组励磁电流均由 SFC 和励磁系统配合完成，属于闭环调节，两者之间的励磁电流设定与反馈模拟量信号交换环节显得尤为重要。相较而言，T 电站的设计更简单，可靠性也更高。

3.10 SFC 同期调节

T 电站 SFC 同期调节仅调节频率，不调节电压，由励磁系统独立完成电压调节，控制回路简化。C 电站 SFC 同期调节不仅调节频率，还与励磁系统联合完成电压调节，机组并网前励磁调节为电流模式闭环，接收 SFC 输出的励磁电流设定值进行电流调节；机组并网后，励磁调节器立即由电流闭环切换为电压闭环，为了该阶段励磁调节模式的可靠切换，SFC 输出的励磁电流设定值应延时退出，否则将造成励磁调节故障而造成启动失败。

3.11 SFC控制系统配置及功能

T电站SFC控制器用户程序完全开放，便于程序逻辑与参数修改、调试与试验，利于运维工作，但对于用户专业技能水平要求较高。C电站SFC控制器程序不对用户开放，仅开放部分参数修改功能，对故障分析不利。

C电站SFC控制器具备时钟同步功能，有利于故障分析；遥信均为通信方式远传，回路简化。而T电站SFC控制器不具备时钟同步功能；遥信仍为硬布线方式，继电器、变送器使用较多，回路较复杂。

C电站2号SFC控制单元、测量单元、逻辑单元和阀控单元等控制系统主要组成部分均为双电源卡自动投切配置，供电可靠；控制器集成度较高，开入、开出与模入、模出（励磁电流设定与反馈4～20mA）信号均与控制器卡件直接连接，无外置继电器或变送器环节；控制器故障录波、事件记录、快捷试验功能较完善、友好；保护装置独立，保护装置与控制器的功能划分更加合理。

3.12 功率柜冷却方式

T电站SFC功率柜冷却方式为强迫去离子水循环水冷与强迫空气循环水冷相结合，冷却、温湿度控制效果较好，但冷却回路较复杂，自动化监测元件较多，设计较保守。C电站1号SFC功率柜冷却方式为强迫去离子水冷，冷却回路简化，设计较合理。C电站2号SFC功率柜冷却方式为强迫风冷，冷却设备更加简化。但需要注意的是，风冷方式的冷却效果依赖厂房通风空调系统对SFC功率柜室环境温度的控制，在设计阶段需提出由此涉及的相关技术要求。

3.13 输出开关低频跳闸问题

SFC启动存在低频阶段，而输出断路器通常不具备低频灭弧能力，尤其是在电气短路故障时，为防止断路器灭弧失败而烧损，应采取可靠的输出开关低频跳闸闭锁措施。对此，T电站和C电站2号SFC采取的措施是，SFC保护装置仅直跳输入开关，输出开关的故障跳闸命令仅由控制器输出，同时故障信号经控制器封锁脉冲作用于变频单元截止电流。而C电站1号SFC输出变压器保护设有直跳输出开关功能，其他故障均仅直跳输入开关。

为了满足用户要求，国产SFC输出开关跳闸逻辑通常设置变频单元回路电流为零（或输入开关分位）的允许条件，但这反而又使输出开关失去了切除故障的作用。由此可知，目前SFC输出开关低频跳闸闭锁措施并不完善。较为完善的措施是将频率高信号（如频率大于20Hz）作为输出开关故障跳闸的允许条件，否则闭锁；同时，在低频阶段，将SFC变频回路电流为零和机组励磁电流为零（或磁场开关分位）作为输出开关故障分闸允许条件。

4 结语

以上三种静止变频启动装置各有特点，均能保证机组抽水方向启动较高的成功率，在国内使用较为普遍。国外静止变频启动装置在工程应用方面已有较多的经验积累，国产静止变频启动装置在此基础上有一定的改进；此外，国产静止变频启动装置在备品备件供应、售后服务方面更具优势。通过对国内外常见的几种静止变频启动装置的对比研究，为抽水蓄能电站静止变频启动系统设计、制造与运行提供参考。

参考文献

[1] 赵博，高翔．抽水蓄能机组静止变频器启动的调试方法［J］．水电与抽水蓄能，2023（47）：115-120.

[2] 杨仕莲．抽水蓄能电站的静止变频启动装置［C］//中国水力发电工程学会，中国长江三峡工程开发总公司．第一届水力发电技术国际会议论文集（第二卷）．北京：中国水利水电出版社，2006：746-750.

高温无损检测在变速机组中的应用

杨圣锐[1] 王英伟[1] 雷华宇[1] 李思林[2] 胡礼红[2]

［1. 河北丰宁抽水蓄能有限公司，河北省承德市 067000；
2. 安德里茨（中国）有限公司，北京市 100020］

【摘 要】 高温无损检测可在设备或构件无须降温的情况下开展探伤工作，其准确性与常温无损检测基本一致，对于焊接性能较差的板材或焊接厚度较厚的材料，有效缩短检测时间，及时发现焊接缺陷，大幅提升对焊接质量的过程管控。

【关键词】 高温 无损检测 质量管控 变速机组

1 引言

无损检测在抽水蓄能机组制造过程中是必不可少的质量控制环节之一，而进行无损检测时大多需将温度控制在15℃左右。高温无损检测即是设备处于高温或未冷却的状态下进行无损探伤，从而及时发现设备制造缺陷，缩短生产制造周期。丰宁抽水蓄能电站共分为两期开发，总装机容量为3600MW，其中二期包含两台300MW的可变速机组，该机组为国内首次采用。为满足现场安装需求，变速机组设备制造过程中多次采用高温无损检测进行设备制造过程质量检查，确保了设备“零缺陷”出厂。目前，高温无损检测在抽水蓄能机组制造过程中使用很少，下面将以变速机组为引，详细介绍此方式，希望能给处于设备制造过程中的单位提供参考。

2 无损检测简介

2.1 无损检测定义

无损检测是指在不损害或不影响被检对象的使用性能，不伤害被检测对象内部组织的前提下，以寻找缺陷或异常为目的，对被检对象内部及表面缺陷的分布、类型、性质、尺寸、数量、形状、位置进行测试和检查，从而对被检对象进行评价。

2.2 检测方法

无损检测在抽水蓄能设备制造、安装过程中都是不可或缺的检测工序，目前常用的无损检测主要液体渗透检测（PT）、磁粉检测（MT）、超声检测（UT）、超声波衍射时差法（TOFD）等常规方法。还有声发射检测（AE）、热像/红外（TIR）、泄漏试验（LT）、交流场测量技术（ACFMT）、漏磁检验（MFL）、远场测试检测方法（RFT）、涡流检测（ECT）等检测方式。

3 高温无损检测简介

常规情况下，大型铸钢件在完成焊接工作后，检测温度应在15℃左右。检测所发现的超标缺陷，一般需要经过气刨—气刨坑补焊（在补焊过程中需要将工件加热到某一特定温度，一般高于100℃，才可进行相关补焊工作）—材料或构件降温—无损检测—工件消应（若未进行应力消除，因补焊部位应力集中，可能导致后续使用过程中发生冷裂现象，导致不必要的损失），如果检测结果仍存在超标缺陷需要处理，则需要再次气刨—升温—补焊—消应力—降温—检测，直至所有的消缺区域检测合格为止。

采用高温无损的方法进行检测，当发现设备或构件存在超标缺陷时，处理方法便简化为：发现超标缺陷—气刨—补焊—高温检测—消除应力，同样直至所有的缺陷区域检测合格为止。可看出，对比常规检测方法，使用高温无损检测的方法对设备或构件进行探伤时，将无须等待材料降温，有效减少消缺时间。

4 高温无损检测的应用

4.1 高温无损检测的可行性

这里主要讨论较为常用的液体渗透检测（PT）及超声检测（UT）。其中，渗透检测的基本原理就是依据物理学中液体的毛细现象和湿润现象，温度越高，现象就越明显。而渗透检测试剂的温度可以在200℃的环境使用，检测试剂也无须加热。因此，温度升高对渗透检测是具有增益效果的。超声波检测主要采用的是横波技术，一般在常温下进行检测，当被检对象处于高温状态时，传播、衰减等物理特性将不同于常温下，如在钢材中的传播速度会随着温度的升高而降低，下面对超声波检测检测进行讨论分析。

4.1.1 温度变化对声速变化影响

根据有关资料显示，在纯铁中，20～200℃时横波声速变化见表1，在26℃时，探头入射角为63.47，根据比例计算出200℃入射角变化结果，同样填入表1中。

表1 温度声速变化表

温度/℃	26	100	200
横波声速/(m/s)	3229	3185	3154
入射角变化/(°)	0	0.86	1.48

由表1看出，因温度的变化而导致入射角变化小于2°，满足相关标准要求。因此，可不考虑温度变化对声速的影响。

4.1.2 温度变化对声波在介质传播的影响

超声波在传播时，随距离增加，能量是逐渐衰弱，而产生衰弱的原因很多，对于影响较小的忽略不计，这里不再一一讨论，仅从散射衰减及吸收衰减进行讨论：

对于固体介质而言，主要是散射衰减，查阅相关资料可知，声波衰减方程为

$$Px_0=P_0\mathrm{e}^{-\alpha x} \tag{1}$$

式中：P_0 为声波的起始声压；Px_0 为至波源 x 处的声压；x 为至波源的距离；a 为介质衰减系数；e为自然对数。

其中，衰减系数 α 只考虑介质的散射和吸收衰减，不涉及扩散衰减。对于金属材料等固体介质而言，则衰减系数 α 便等于散射衰减系数 α_s 和吸收衰减系数 α_α 之和，介质衰减系数如下所示：

$$\alpha=\alpha_s+\alpha_\alpha \tag{2}$$

$$\alpha_\alpha=C_1f \tag{3}$$

$$\alpha_s=C_2Fd^3f^4 \quad (d<\lambda) \tag{4}$$

$$\alpha_s=C_3Fdf^4 \quad (d\approx\lambda) \tag{5}$$

$$\alpha_s=C_2F/d \quad (d>\lambda) \tag{6}$$

式中：α_s 为散射衰减系数；α_α 为吸收系数；f 为超声波频率；d 为固体介质的晶粒直径；F 为各项异性系数；λ 为波长；C_1、C_2、C_3、C_4 为常数。

由上可看出，介质的吸收衰减 α_s 与频率 f 成正比，介质的散射衰减与超声波频率、固体介质的晶粒直径及各项异性系数有关，当固体介质的晶粒直径大于波长 λ 时，散射衰减系数与超声波频率的四次方、固体介质的晶粒直径的三次方成正比。当介质晶粒较粗大时，采用较高的频率，将会引起严重衰减，导致示波屏有大量草波，使信噪比明显下降，超声波的穿透能力会明显降低。所以，晶粒较大的奥氏体钢和一些铸件检测会较为困难。

对于液体介质而言，主要是介质的吸收衰减，查阅相关资料可知，吸收衰减公式：

$$\alpha=\alpha_\alpha=8\pi^2f^2\eta/2\rho c^3 \tag{7}$$

式中：η 为介质的黏滞系数；α_s 为散射衰减系数；ρ 为介质的密度；α 为液体介质的衰减系数；c 为波速。

由式（7）可知，液体介质的衰减系数 α 与介质的黏滞系数 η 和频率 f 平方成正比，与介质中的密度

ρ 和波速 c 立方成反比。由于介质的黏滞系数、介质的密度、波速与温度有关，所以液体介质的衰减系数 α 也与温度有关。一般温度升高，分子热运动加剧，有利于超声波的传播，故液体介质的衰减系数 α 也随温度的升高而降低。

综上所述，可知温度的变化，对于能量衰减影响不大。可认为在高温状态下采用超声波检测不会影响其检测效果。

4.2　应用位置

高温渗透检测（PT）及高温超声检测（UT）比较适合焊接填充量较大的工件，一般建议检测原则为：板厚150mm以上，且母材可焊接性较差的母材。该机组的主要检测设备为座环蜗壳（座环蜗壳最厚钢板230mm，材料为WDB620，Ceq=0.67）。其中，板材的可焊接性差一般定义为：碳当量>0.6%，因碳当量过高，导致塑性过低，淬硬倾向较高，故一般焊接前工件必须进行高温预热。而对于过厚的板材焊接又会产生周期长、难度大、质量过程控制困难等问题，因此，采用高温无损检测的方式可有效解决此类问题。

4.3　高温检测工艺

（1）检测阶段：焊缝完成量在板厚一半时进行高温PT检测；在填充60%～80%时，几乎和母材平齐后，采用高温UT进行检验；其他阶段均和常规检测所一致，热处理前后各进行一次无损检测，热处理前为高温检测，热处理后为常规检测。

（2）检测标准：高温无损检测采用的检测标准同常温无损检测标准一致，UT采用标准为EN 17640 Class B，PT采用标准为：ISO 3452－1，比如：河北丰宁抽水蓄能电站的座环蜗壳板材为620钢板，碳当量约为0.65，最大厚度200mm。

（3）检测工具：高温PT同常规PT相比无特殊检测工具。但UT检测所采用的探头为定制的高温探头，探头检测端会设置有保护层，可在780℃以下的温度进行检测。每个探头的角度不一样，可根据标准及需求选择不同的角度，一般较为常用的是45°、60°两种。

（4）高温UT检测常用的耦合剂一般为稀释过的机油，因检测时温度较高，液体耦合剂随着温度升高容易流失、蒸发，导致耦合效果差，检测结果不准确，甚至无法检测。比如：采用浆糊作为耦合剂时浆糊容易干，而采用水作为耦合剂时会导致工件容易生锈。所以，高温检测的耦合剂需要具备不易挥发，不易流失，黏度随温度变化而变化程度小，成分稳定的特性。而机油具有较好的传声性及耐热性，且易于取用，能较好地满足高温检测的需求。在检测完成后使用常规清洗剂即可直接清洗，清洗时采用干净抹布进行擦拭即可。若发现需要处理的超标缺陷便可在不降温的情况下直接进行消缺处理。

5　优缺点分析

5.1　优点

（1）能在焊接过程中进行探伤检测，有效解决过程中的焊缝缺陷，避免热处理后发现根部位置的缺陷而导致进行大量的返修工作。

（2）检测时，无需将工件温度降到常温，能有效缩短制造周期。

（3）能及时发现缺陷，减少消缺时间，提高生产效率。

5.2　缺点

（1）检测温度较高，检测人员有灼伤风险。

（2）由于温度较高，会使材料特性发生变化，而超声波在工件本体中传播时存在衰减作用，导致检测难度偏高，因此对检测人员的素质要求较高。

（3）UT检测时，需要特制的高温探头，因此项检测手段在蓄能机组中应用较少，制造厂家不一定具备相应检测手段。

6　结语

高温检测在较厚板材及焊接性能差的材料焊接时，能有效把控制造质量及制造周期。虽然对人员资质以及设备的性能要求较高，但高温检测能大幅提高检测效率、降低消缺时间、缩短制造周期，在未来的抽水蓄能机组设备无损检测中会发挥其不可替代的作用。

参考文献

[1] 赵丽玲．焊接方法与工艺［M］．北京：机械工业出版社，2021.
[2] 刘鹏，赵宝中，曾志．焊接质量控制及缺陷分析检验［M］．北京：化学工业出版社，2019.
[3] 蔡晖，马剑民，徐海程，等．管道对接焊缝高温状态的超声波探伤［D］．西安：国电热工研究院，2017.
[4] 尚志远．检测声学原理及应用［M］．西安：西北大学出版社，1996.

某抽水蓄能电站 500kV 主变压器绝缘提升改造研究应用

吴杨兵　王　川　戴　森　杜文军

（浙江仙居抽水蓄能有限公司，浙江省仙居县　317300）

【摘　要】 抽水蓄能电站 500kV 主变压器是连接发电电动机和电网的重要纽带，在发电时作为升压变压器，在抽水时作为降压变压器，变压器能否安全可靠运行对电站的安全稳定运行起到至关重要的作用。本文主要从抽水蓄能电站 500kV 主变压器纵绝缘强度进行分析研究，提出纵绝缘强度提升措施并进行试验论证，对后续抽水蓄能电站主变压器设计制造有较好的参考和指导意义。

【关键词】 抽水蓄能电站　500kV 主变压器　纵绝缘　提升改造

1　研究背景

某抽水蓄能电站 2 号主变压器产品型号为 SSP－480000/500，三相双绕组，额定电压（520±2×2.5%）/18kV，额定电流 533/15396A，Ynd11 接线，无励磁分接开关调压，油导向强迫循环水冷，2016 年 5 月正式投运。2020 年 5 月 21 日，该抽水蓄能电站根据调度指令执行 2 号主变压器空载合闸送电操作，变压器高压侧断路器在合闸瞬间由于变压器内部短路故障立即跳闸，现场检查 2 号主变油箱顶部有漏油现象，主变压器低压侧 B 相避雷器损坏。

将变压器拆除返厂解体检查，经专家评估认定：该变压器为国内某制造厂首台生产的 500kV 级用于抽水蓄能电站的变压器，变压器高压绕组的 500kV 进线上部首端两饼内的饼间和匝间纵绝缘存在潜在性缺陷，强度不足，未能承受住空载合闸过程中的冲击电压。故障主要机理为：2 号主变 B 相高压绕组的 500kV 进线上半部首端第 1、2 饼内部，在 5052 开关空载合闸过程中发生饼间和匝间短路。高压绕组内层线圈第 5 根撑条至第 15 根撑条范围内，饼间和匝间短路的线圈发生严重扭曲变形，变形部分的高压绕组向内挤压，损坏高低压绕组之间的主绝缘，造成高压绕组对低压绕组击穿放电，变压器高压侧电压窜入低压侧，导致低压侧三相绕组出现同相位电压剧增，通过低压侧避雷器接地形成电流通道并造成主变低压侧 B 相避雷器损坏。

2　研究必要性

2016 年 1 月，该抽水蓄能电站所属电力调控分中心组织召开调度运行管理年会，会议指出：为保证电网安全可靠和经济性，将大幅提高抽水蓄能电站机组的利用小时数。尤其是近年正处于风电、光伏大发展时期，需要有强大调节能力的抽水蓄能电站与之密切配合，对抽水蓄能电站随调随起的可靠性提出了更高要求。利用小时数的提高，可能会增加设备故障率。经评估，1 台主变故障停运，其生产制造和现场安装试验工期约 6 个月，在该段时间内调度将减少 1 台备用机组，同时电站的 6 个月内容量电费及电量电费损失将可达 1 亿元以上，而 1 台主变提升改造的费用在 1000 万元以内，提升改造后也可消除变压器故障给现场作业人员带来的人身安全隐患。因此，为减少对电网造成的影响和电站自身损失，保障作业人员安全，首要任务就是保障发电机、主变等关键设备的安全稳定运行水平。经认定，2 号主变高压绕组纵绝缘强度不足，其同批次同工艺的 3 号主变也可能存在类似缺陷。若主变压器纵绝缘强度不加以提升改造，在后续运行中将可能再次发生类似故障，对人员和周边设备带来威胁，给电网和电站造成较大影响和损失。因此，从安全性和经济性等方面综合评估，500kV 主变压器高压绕组绝缘提升改造是必要的。

3 主要方法

根据《国网水新部关于印发抽水蓄能电站主变压器质量管控提升措施的通知》（水新技术〔2020〕12号）和《国网新源公司关于印发抽水蓄能电站主变压器质量管控提升落实措施的通知》（新源基建〔2020〕168号）文件通知要求，结合DL/T 272《220kV～750kV油浸式电力变压器使用技术条件》有关规定，需提高主变压器纵绝缘强度考核水平，绝缘强度提升后雷电冲击电压全波从1550kV提高至1625kV、截波从1675kV提高至1840kV、操作过电压1175kV。该电站将主变压器拆除后返厂进行提升改造，并制定如下提升改造措施。

3.1 变压器线圈绝缘提升

将高压绕组、低压绕组拆解，绕组电磁线重新制作，增加高压绕组导线绝缘厚度，首端24段绝缘加厚到1.95mm，其余段绝缘加厚到1.6mm，屏蔽线绝缘厚度增加到4.25mm；并根据设计需要更改导线尺寸，高压绕组导线屈服强度提高到180MPa。

重新绕制高压绕组和低压绕组，更换硬纸筒、撑条、油隙垫块等所有绕组绝缘件，采用特硬纸板制作。调整高压绕组首端8饼油隙高度，前20饼内径侧增加1mm成型角环，调整低压绕组调整匝间油道高度；首端两匝之间加包0.5mm绝缘，提升VFTO耐受能力。高压绕组油隙撑条数量28等分改为32等分；低压绕组油隙撑条数量24等分改为28等分，提高变压器抗短路能力。导线换位处增加楔形垫块，楔形垫块与线饼进行绑扎，提高绕组稳定性。

3.2 器身绝缘提升

增加高低压之间的绝缘纸筒层数到7层；高低主绝缘距离增加到105mm，同时调整纸筒布置方式，改进端部角环布置位置，提高变压器主绝缘裕度。增大辅助压板面积，压板更换为高强度层压木材料，提高变压器轴向压服强度。更换箱底绝缘件、上下定位等所有绝缘件，重新制作压板、端圈、撑条、围屏、铁芯地屏等绝缘件。

3.3 铁芯绝缘检查处理

变压器脱油完成后，检查夹件绝缘、拉板绝缘、垫脚绝缘、上梁绝缘等所有绝缘件，保证铁芯及夹件绝缘良好。拆除上铁轭，对夹件、拉板、垫脚、上梁等钢结构件表面进行擦拭清理，对漆膜损伤进行补漆处理。擦拭清理硅钢片表面油污。检查PG带、聚酯绑扎带等绑扎材料强度，保证铁芯结构强度可靠。

3.4 引线绝缘检查处理

检查、清理引线导线夹、附绝缘及隔板等绝缘件表面；对引线电缆、无励磁分接开关、接线端子等进行检查。检查高压引线电缆（含端子）、低压引线铜排（含套管铜排），重点检查铜排镀锡层表面损伤情况，对有损伤的零件进行修复或更换。

4 研究成果考核

变压器总装完成后按照国家标准、技术协议等有关要求进行出厂试验，具体项目见表1。

表1 主变压器提升改造出厂试验项目

序号	试验项目	序号	试验项目
1	绕组对地绝缘电阻测量	8	线端交流耐压试验
2	绕组绝缘系统电容及介质损耗因数测量	9	空载损耗和空载电流测量
3	套管试验	10	低电压空载试验
4	电压比测量及联结组标号检定	11	空载励磁特性测量
5	绕组电阻测量（试验套管）	12	空载电流谐波测量
6	外施耐压试验	13	长时间空载试验
7	带有局部放电测量的长时感应耐压试验	14	负载损耗和短路阻抗测量

续表

序号	试 验 项 目	序号	试 验 项 目
15	低电流阻抗测量	22	变压器油试验
16	操作波冲击试验	23	绕组变形试验
17	雷电冲击试验	24	变压器整体密封试验
18	温升试验	25	辅助线路绝缘试验
19	三相变压器零序阻抗测量	26	油流静电试验
20	声级测定	27	油泵电机吸取功率测量
21	套管电流互感器试验		

变压器高压绕组绝缘强度提升后，需按照提升后的绝缘等级重点对变压器高压绕组绝缘进行考核，检验绝缘提升成果，试验内容如下。

4.1 操作冲击试验

操作冲击电压（峰值）1175kV，试验从高压侧进行，其他绕组开路，并一端接地。每次施加冲击电压后应进行反极性 50%试验电压冲击消除剩磁的影响。

（1）冲击波形标准：波头时间 $T_{cr} \geqslant 100\mu s$、90%以上幅值持续时间 $T_d \geqslant 200\mu s$、波长时间 $T_z \geqslant 500\mu s$（见图 1）。

（2）试验顺序：

1）施加一次 50%～70%试验电压。

2）施加一次 25%的反极性试验电压。

3）施加三次 100%试验电压（每次施加 100%试验电压后进行 50%反极性试验电压）。

4.2 雷电冲击试验

雷电全波冲击电压（峰值）1675kV，雷电截波冲击电压（峰值）1840kV。

（1）雷电冲击包括下列内容：

1）线端雷电全波冲击试验。

2）线端雷电截波冲击试验。

3）中性点雷电冲击试验。

其中，雷电全波波形：波头时间 $T_1 = 1.2\mu s \pm 30\%$、半峰值时间 $T_2 = 50\mu s \pm 20\%$；中性点允许波头时间不大于 $13\mu s$；雷电截波截断时间 $3 \sim 6\mu s$，电压过零系数不大于 0.3；所测量电压（峰值）与标准之间的允许偏差为±3%（见图 2）。

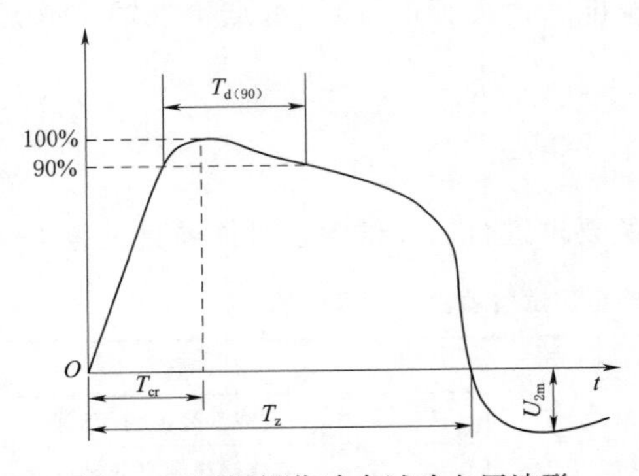

图 1 变压器操作冲击试验电压波形

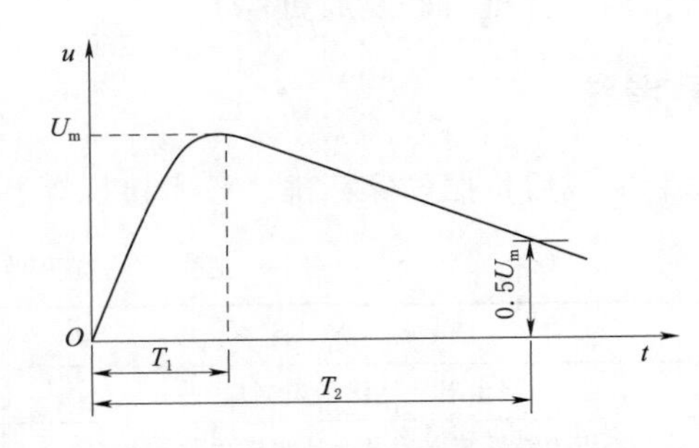

图 2 变压器冲击电压试验波形

（2）试验顺序。变压器绕组高压出线端：

1）一次 60%的全波冲击。

2）一次 100%的全波冲击。

3）一次或几次 50%截波冲击。

4）二次 100%的截波冲击。

5）二次 100%的全波冲击。

6）一次 60%的全波冲击。

变压器中性点：

1）一次 60%的全波冲击。

2）三次 100%全波冲击。

3）一次 60%的全波冲击。

5 研究成果

2020 年 9 月通过对加强绝缘后的主变压器开展 27 项出厂试验，各项试验指标均在规程规范允许的范围内，试验顺利通过。2020 年 11 月顺利完成电站现场安装，交接试验通过，顺利投运。

6 结语

本文通过对国内某制造厂生产的用于抽水蓄能电站的首台 500kV 级主变压器纵绝缘强度进行分析，研究绝缘提升改造必要性，提出一种纵绝缘强度提升措施并通过试验进行论证，并取得现场实际应用，对后续国产化 500kV 级抽水蓄能电站变压器的设计制造起到良好借鉴和促进作用，具有较大的研究和推广意义。

参考文献

[1] 国网水新部关于印发抽水蓄能电站主变压器质量管控提升措施的通知（水新技术〔2020〕12 号）[R]，2020.

[2] 国网新源公司关于印发抽水蓄能电站主变压器质量管控提升落实措施的通知（新源基建〔2020〕168 号）[R]，2020.

[3] DL/T 272—2012 220kV～750kV 油浸式电力变压器使用技术条件 [S].

[4] 陈化岗，程林，吴旭涛．电力设备预防性试验方法及诊断技术 [M]．2 版．北京：中国水利水电出版社，2017.

冷态非液压拉伸的超级螺母原理介绍

晁新刚
（宁海抽水蓄能电站，浙江省宁海县　315600）

【摘　要】 本文重点介绍了一种新型螺母的原理，使用该螺母可以替代需要火焰加热来紧固螺栓的工艺。并实现冷态、非液压拉伸，通过扭矩拉长螺栓并紧固。

【关键词】 超级螺母　液压　火焰加热　冷态　螺栓伸长

1　引言

螺栓把合是机械中最常见的连接方式之一，重要螺栓预紧均有严格的工艺要求。常见的预紧方式有三种——液压扳手预紧、液压拉伸器预紧及加热预紧，但其使用中受到各种条件的限制，且每种方式均有其限制，这给复杂的检修环境提出了更高的要求。随着材料、工艺、技术的不断进步，超级螺母应运而生，给螺栓预紧提供了一种全新的方式，其拥有无须加热、无须液压拉伸等优点。

2　预紧方式的比较

重要螺栓一般包括发电机转子联轴螺栓、大轴联接螺栓、底环螺栓、转轮螺栓、球阀上下游连接螺栓等，这些螺栓尺寸较大，重量较重，连接着重要部件，一旦出现异常，后果比较严重。因此对这些螺栓预紧都有严格要求，常见的预紧方式及其优缺点如下：

（1）液压扳手预紧。螺栓尺寸可大可小，应用灵活，力矩由油压控制，可以做到40000N·m以上；缺点是液压扳手仅能提供扭矩，不能对螺栓垂直拉伸，因此使用过高油压（过大力矩）时，易损坏螺纹，所以液压扳手一般仅适用于M42以下的螺栓，在M42以下螺栓预紧中，优先使用液压扳手。而重要螺栓尺寸大多在M42以上，所以对重要螺栓的预紧较少使用液压扳手。

（2）液压拉伸器预紧。适用于螺栓尺寸在M42以上，缺点是螺母处径向及轴向均需一定空间才能放置液压拉伸器，以及螺栓需专门设计螺柱头以便于和拉伸器配合，这样会导致螺栓长度、重量、价格的增加。

（3）加热预紧。需要螺栓中间有专门的加热孔，适用于螺栓尺寸在M42以上，优点是非常可靠，几乎使用与所有螺栓，缺点主要有：

1）加热过程中需要使用氧气、乙炔，这些均属于压力容器，运输及使用均需遵守相关规定。

2）这些气体具有一定危险性，尤其对于地下式厂房，如果发生泄漏，气体难以散去，形成一定的安全隐患。

3）使用时需要外接气管，注意摆放距离及方式，使用条件苛刻。

4）需要工作人员持证上岗，提高了工作门槛，增加了人工成本。

5）需要不断使用氧气乙炔，材料成本较高。

6）安装加热一般需要20min左右，拆除加热根据螺栓锈蚀情况需要30min甚至更长时间，冷却后才能测量螺栓伸长值，而冷却需要更长时间，效率较低。

7）加热拉伸方法会对螺栓造成一定的损伤。

火焰法及拉伸器预紧法广泛应用于实际生产中，但从以上分析可知，火焰加热虽然稳定可靠，但缺点也非常明显，对于空间受限制或者无螺柱头的螺栓，难以用液压拉伸方式替换，此时，超级螺母可以较好地替代火焰加热，实现螺栓冷态拉伸。

（4）超级螺母预紧。利用专用的前置反作用力臂液压扳手，与超级螺母配合，将力矩换算成油压，即可像液压扳手一样拆装螺栓。

3 超级螺母的组成

超级螺母由外套筒、内套筒、垫圈三部分组成，内套筒的内壁有螺纹和螺栓螺纹啮合，外壁有螺纹和外套筒内壁螺纹啮合，内套筒下端外侧有齿形花键插入垫圈内壁的齿形键槽中。内套筒上端内侧有齿形键槽与液压扳手齿形花键配合，其结构如图1、图2所示。

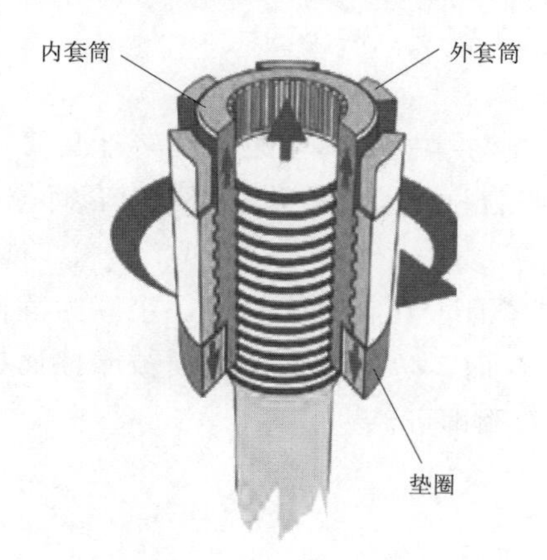

图1 超级螺母结构图

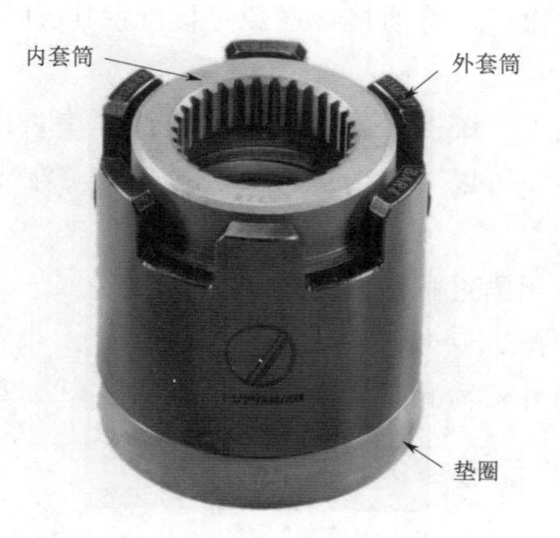

图2 超级螺母图片

4 超级螺母的预紧

（1）将超级螺母作为一个整体旋在螺栓上，并旋到底。此时，垫圈紧贴设备法兰面，内套筒旋至设备法兰面，外套筒贴紧垫圈。

（2）测量螺栓伸长初始值。

（3）检查液压扳手为预紧方向。

（4）将液压扳手套入超级螺母，液压扳手花键进入内套筒上端花键槽中，液压扳手旋转力臂套入外套筒上端，扳手如图3所示，该专用扳手实际是以齿形花键作为反作用力臂。

（5）像普通液压扳手那样操作油泵即可，测量螺栓伸长最终值，确认伸长量是否合格。

图3 前置反作用力臂液压扳手

5 超级螺母的原理

5.1 超级螺母原理

超级螺母实际上是利用扭矩，将螺栓及内套筒冷态拉长，旋转超级螺母外套筒，起到螺栓预紧作用。

具体来说，螺栓预紧有两种方向运动：第一是螺栓轴向伸长；第二是螺母圆周旋转。螺纹可以圆周运动但不能轴向运行，花键只能轴向运动而不能圆周运动。

当螺栓预紧时，液压扳手花键与内套筒键槽配合，使得二者只能轴向运动，不能圆周方向相对运动，内套筒内螺纹与螺栓螺纹配合，使得二者只能圆周方向运动，不能轴向方向运动。而液压扳手齿形花键是固定部分，因此内套筒只能轴向运动，不能圆周旋转，螺栓只能随着内套筒轴向运动，而不能圆周运动，即螺栓只能被拉长或者压缩，而不能转动。内外套筒之间通过螺纹，因此两者只能圆周方向运动，不能轴向运动。

此时液压扳手旋转力臂带动外套筒圆周方向顺时针旋转，而此时外套筒已经压紧垫圈进而压紧设备了法兰面，因此外套筒在旋转力臂作用下圆周方向旋转，外套筒内螺纹给内套筒外螺纹一个轴向反作用力，迫使内套筒在其外螺纹的作用下带动螺栓伸长。螺栓伸长的同时，外套筒旋转，将螺栓及内套筒组合体预紧。

5.2 内套筒作用

内套筒在螺栓预紧过程中始终与螺栓相对静止，发生扭矩处为内外套筒之间的螺纹，而不是螺栓螺纹，这样很好地保护了螺栓螺纹；内套筒上端花键槽使得内套筒成了液压扳手反作用力臂的支点，巧妙地将液压扳手反作用力臂前移，避免了传统液压扳手需要外部支点的弊端。

5.3 外套筒作用

外套筒起到了传统螺母的作用。预紧过程中，内套筒与螺栓一体，通过旋转外套筒，迫使内套筒及螺栓一齐被拉伸。可以看作内套筒保护了螺栓，外套筒强行拉伸了螺栓并紧固了内套筒。

5.4 垫圈作用

垫圈在螺栓预紧过程中始终静止，外套筒顺时针旋紧时，其底部为动面，垫圈为静面，由于扭矩较大，动静面的摩擦也较大，而垫圈很好地保护了设备法兰面，防止设备法兰面被摩擦而损坏，垫圈代替了设备法兰面与外套筒直接摩擦，即使出现磨损，更换垫圈即可。

6 超级螺母的优点

（1）相比火焰加热，超级螺母是冷态操作，无须加热即可对螺栓预紧，免去了加热时间，效率更高；不用火焰加热，使用起来也更安全；对操作人员进行相关培训即可工作，无须持证上岗；使用中，仅需关注液压油是否泄漏，不需要氧气、乙炔等耗材，降低了使用成本；冷态拉伸，对螺栓损伤更小；如果测量出伸长值不符合要求，可立即松开重开预紧，而火烤加热，必须等待冷却到室温才能测量，如果不合格，重新加热，待冷却后再次复测。

（2）相比液压拉伸螺栓，无须为螺栓专门设计螺柱头，简单方便；不像液压拉伸器那样需要较大操作空间，对使用环境要求更低。

（3）通用性强，可根据螺栓尺寸进行定制，可较好满足现场施工需求。

7 超级螺母不足

（1）因其不是标准件，需要根据螺栓尺寸进行定制，以匹配现有螺栓，所以价格昂贵，超级螺母价格是普通螺母的 6 倍左右。

（2）虽然超级螺母比较省空间，但预紧过程中仍需要放置液压扳手的空间。

（3）超级螺母冷态拉伸，所以对螺栓露出的螺纹高度有一定要求，螺栓越粗，需要露出越高，即螺母要越高，这对一些空间受限的螺栓将难以使用。

（4）虽然超级螺母非常好用，但在实际使用中，因严重生锈或异物进入等原因，偶尔会出现螺栓无法松动的情况，此时可采用火焰加热 10min 左右，再用超级螺母即可轻易拆除，所以超级螺母并不能完全取代火焰加热，火焰加热仍是最后一道保障，也因此重要螺栓的中心加热孔并不能彻底取消。

参考文献

[1] 华东天荒坪抽水蓄能有限责任公司. 天荒坪电站运行 20 周年总结 [M]. 北京：中国电力出版社，2018.
[2] 冯伊平. 抽水蓄能运维技术培训教程 [M]. 杭州：浙江大学出版社，2016.
[3] 李浩良，孙华平. 抽水蓄能电站运行与管理 [M]. 杭州：浙江大学出版社，2013.

某抽蓄电站500kV GIS耐压试验击穿放电原因分析

曹　猛　赵日升　唐　亮　韩　亮　来晓明
（河北丰宁抽水蓄能有限公司，河北省承德市　068350）

【摘　要】GIS耐压试验是电站倒送电前验证设备安装质量及设备本体相关电气性能的一项重要的验证试验，是安装单位和业主验收交接的重要依据指标之一。顺利通过耐压试验，也是保证设备投入运行后的安全性和稳定性的必要条件。本文简要介绍了某抽蓄电站在对500kV GIS设备进行A相耐压试验过程中，在不同位置、不同加压等级时发生四次击穿放电的现象。

【关键词】500kV GIS交流耐压　3/2接线　击穿放电　原因分析

1　引言

GIS设备在投产后的运行质量与设备安装时期的安装水平和环境有很大的关系，现场安装环境不达标、安装质量控制不严等因素都会导致GIS设备电气性能降低。若在日后运行过程中设备发生放电击穿现象，对运行单位将会带来严重的安全隐患。因此，GIS设备在现场安装完成，系统倒送电之前必须进行交流耐压试验，以检验设备安装质量和设备的电气性能，以保证日后设备安全稳定的运行。

2　项目概况

2021年6月，某抽水蓄能电站进行500kV GIS耐压试验，500kV GIS由18个断路器间隔组成，电气主接线形式采用3/2接线。GIS设备基本参数详见表1，500kV GIS耐压试验范围如图1所示（红色部分）。在进行GIS耐压试验前全部GIS设备已安装完成，各气室SF_6气体压力在额定压力且气体检漏试验合格，主回路电阻及其他元器件试验合格，各气室SF_6气体微水含量合格。

表1　GIS设备基本参数

额定电压	550kV	额定电流	5000/6300A
额定频率	50Hz	出厂工频1min耐受电压（有效值）	740kV

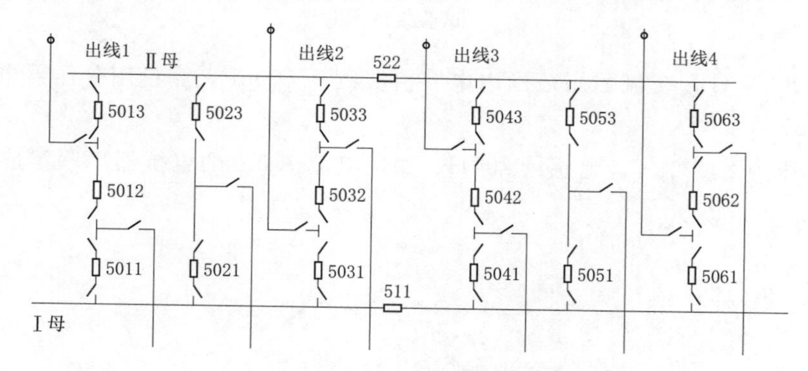

图1　500kV GIS耐压试验范围

3　试验方案

500kV GIS交流耐压试验加压分为3个阶段进行，具体耐压过程说明如下。

第一阶段：从0min时刻开始零启升压至Ⅰ段老练试验电压317.55kV，升压持续时间15min，升压速度控制在 12kV/s。

第二阶段：从Ⅰ段老练试验电压 317.55kV 升压至Ⅱ段老练试验电压 550.0kV，升压持续时间 3min，升压速度控制在 12kV/s。

第三阶段：从Ⅱ段老练试验电压 550.0kV 再次升高电压至试验电压 740.0kV，升压持续时间 1min，升压速度控制在 10kV/s。

耐压持续时间如图 2 所示，试验接线示意图如图 3 所示。

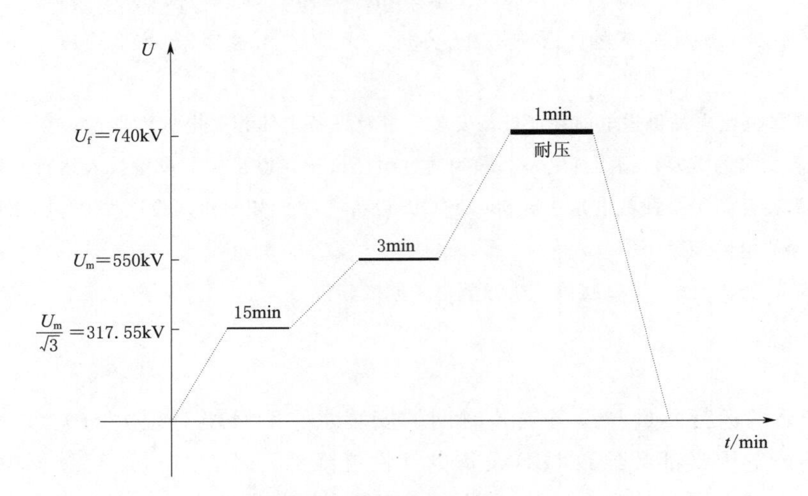

图 2　耐压持续时间

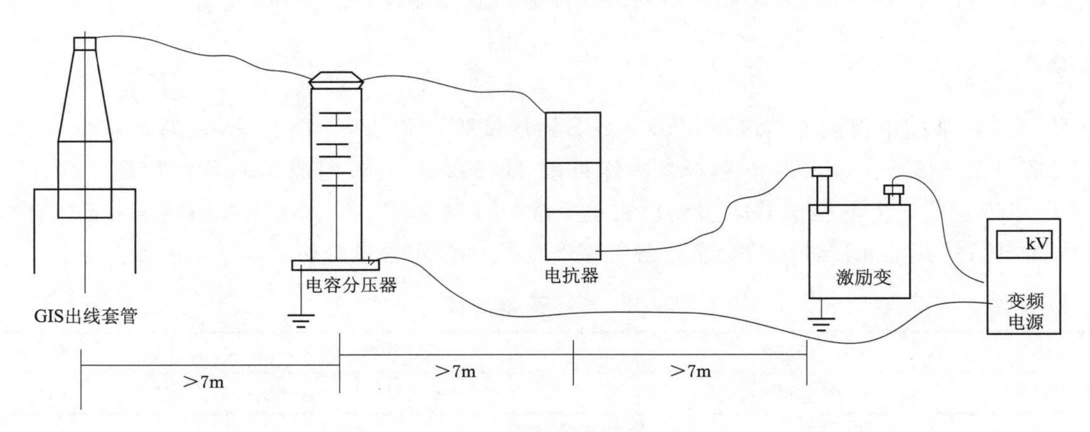

图 3　试验接线示意图

图中所示地面 500kV GIS 交流耐压范围内电容值实测 36500pF，测量用分压器电容量约为 1500pF，总电容量约为 38000pF。

选用 3 台额定电压为 250.0kV、电感量 200H、额定电流 7.0A 的电抗器串联组成 1 个电抗器串，电感量为 600H。

谐振频率为

$$f=\frac{1}{2\pi\sqrt{LC}}=33.3\text{Hz} \tag{1}$$

式中：f 为频率，Hz；L 为电感，H；C 为电容，F。

试验电压（740kV）下回路电流为

$$I=2\pi fCU=5.65\text{A} \tag{2}$$

式中：I 为电流，A；f 为频率，Hz；C 为电容，F；U 为电压，V。

额定电流为 7.0A，试验电压（740kV）下回路电流小于额定电流满足使用要求。

4 试验过程介绍

试验期间天气晴朗，空气中湿度约 41%，现场天气情况满足试验条件。按照现场试验方案，本次试验采用高压引线外罩铝箔管，将试验电源引至出线 1 套管处加压，依次进行地面 GIS C 相、B 相、A 相耐压试验。其中 C 相、B 相耐压试验顺利通过，但是在对 A 相进行耐压试验时，发生多次放电情况，经现场检查并更换设备部件，A 相耐压试验最终顺利通过。在整个 A 相耐压试验过程中，共计发生了 4 次内部放电情况。具体情况分析如下。

4.1 第一次放电情况

在 C 相、B 相耐压试验顺利完成后，进行 A 相耐压试验。A 相加压至 240kV 时发生放电，试验电压低于工作相电压 317.55kV，后续继续进行试加压分别在 290kV、260kV 和 170kV 时发生放电现象，试验人员根据现场发出放电声音区域和气体气味判断，放电气室定位在 5041 断路器间隔 A 相Ⅰ母侧隔离开关气室（图 4 标记出部位），将该气室排气后开盖检查发现隔离开关与三通间通气型绝缘盆表面有放电痕迹，绝缘盆无明显灰尘和裂痕，将部件拆卸后，发现绝缘盆的均压罩对应放电部位有凹痕（图 5）。厂家人员对绝缘盆、均压罩进行了更换。将该气室充气至额定压力，检漏合格后继续进行 A 相耐压试验。

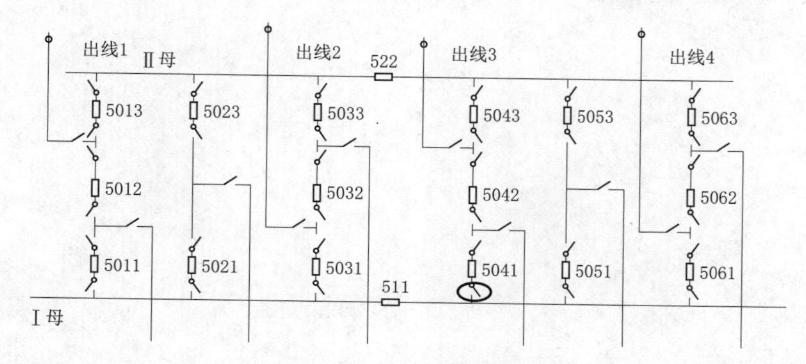

图 4 第一次放电点位置

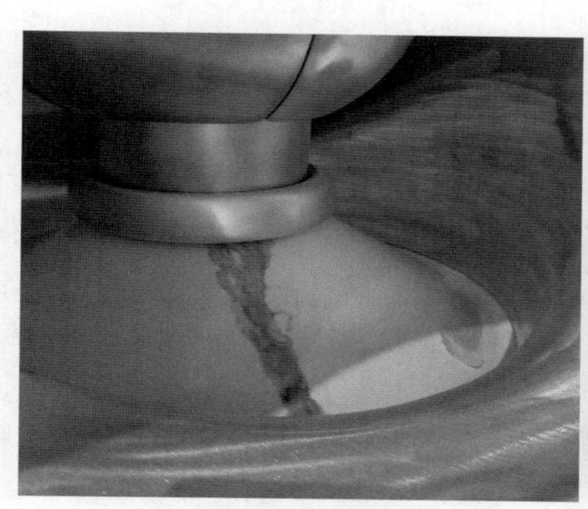

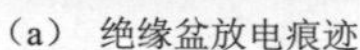

（a） 绝缘盆放电痕迹

（b） 均压罩凹陷

图 5 绝缘盆、均压罩放电部位

4.2 第二次放电情况

在第一次放电问题处理完成后，继续进行 A 相耐压试验，当加压至 515kV 时再次发生放电，试验暂停并进行原因分析，现场排除 GIS 管母内悬浮颗粒造成放电的可能，进行第二次试加压，加压至 591kV 再次放电，试验人员根据现场发出放电声音区域和气体气味判断，此次放电气室定位在 5043 断路器间隔 A 相Ⅱ母侧 CT 气室（图 6 标记出部位），该气室排气后开盖检查发现 CT 气室与断路器气室间封闭型绝缘盆表面有放电痕迹，绝缘盆无明显灰尘和裂痕。进一步将部件拆卸后，发现绝缘盆与触座连接部位导体边缘及金属外壳内侧对应放电痕迹两端均有灼伤痕迹（见图 7）。厂家人员对绝缘盆、触座进行了更换。将该气室充气至额定压力，检漏合格后继续进行 A 相耐压试验。

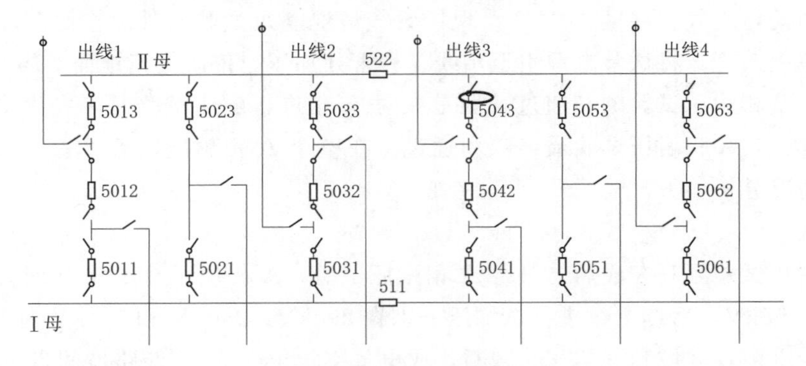

图 6　第二次放电点位置

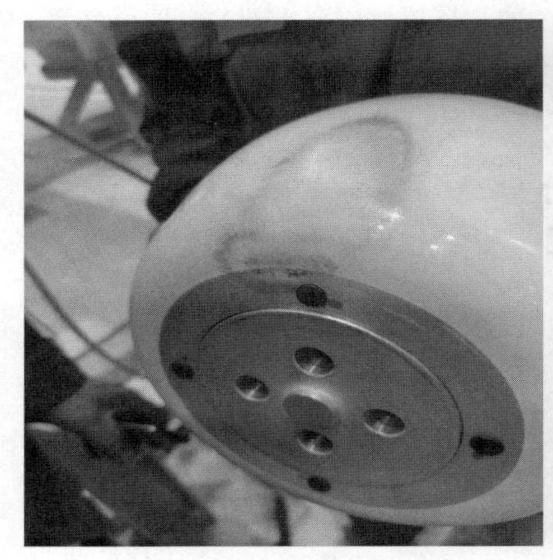

（a）触座放电痕迹

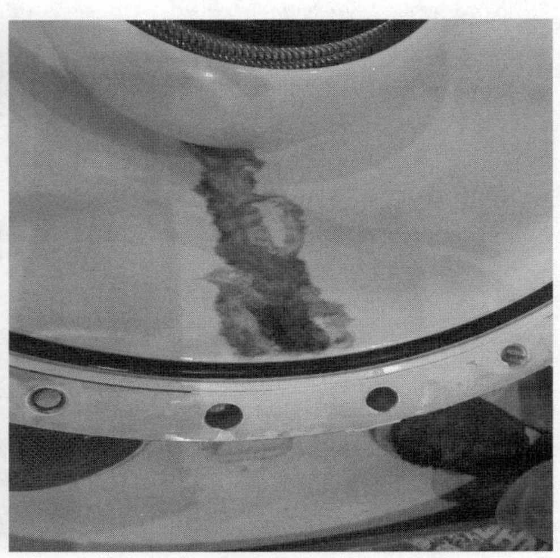

（b）绝缘盆放电痕迹

图 7　绝缘盆、触座放电点

4.3　第三次放电情况

第二次放电问题处理完成后继续进行 A 相耐压，当加压至 715kV 时发生放电，进一步排除悬浮颗粒放电的可能，第二次试加压至 625kV 再次放电，试验人员根据现场发出放电声音区域和气体气味判断，放电气室定位在 5011 断路器间隔 A 相电缆线侧 CT 气室（图 8 标记出部位），排气后开盖检查发现 CT 气室与断路器气室间封闭型绝缘盆表面有放电痕迹，绝缘盆有明显污渍，部件拆卸后，绝缘盆与触座连接部位均压罩及金属外壳内侧对应放电痕迹两端均有灼伤痕迹（见图 9）。厂家人员对绝缘盆、触座进行了更换。将该气室充气至额定压力，检漏合格后继续进行 A 相耐压试验。

4.4　第四次放电情况

对第三次放电问题处理完成后继续进行 A 相耐压，加压至 740kV 保持 1min，降压过程至 667kV 时发生放电，试验人员根据现场发出放电声音区域和气室气体气味判断，放电气室定位在 5021 断路器间隔 A 相Ⅰ母侧 CT 气室（图 10 标记出部位），排气后开盖检查发现 CT 气室与断路器气室间封闭型绝缘盆表面有放电痕迹，绝缘盆有明显灰尘痕迹，无裂痕，部件拆卸后，绝缘盆与触座连接部位均压罩表面、导体边缘及金属外壳内侧对应放电痕迹两端均有灼伤痕迹（见图 11）。厂家人员对绝缘盆、触座进行了更换。该气室充气至额定压力，检漏合格后继续进行 A 相耐压试验。

第四次放电问题处理完成之后，继续进行 A 相耐压试验。通过对之前发生放电情况的分析，以及在满足相关试验标准的前提下将 A 相耐压试验拆分为两部分进行，依次进行 740kV/1min 耐压试验，最终 A 相耐压试验顺利完成。

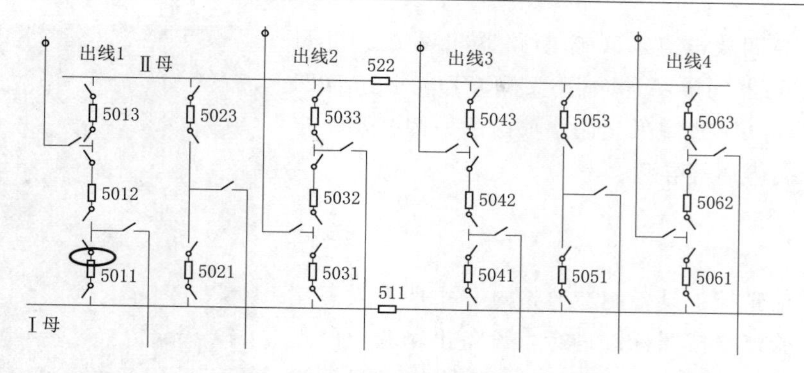

图 8　第三次放电点位置

(a) 绝缘盆放电痕迹

(b) 触座放电痕迹

图 9　绝缘盆、触座放电点

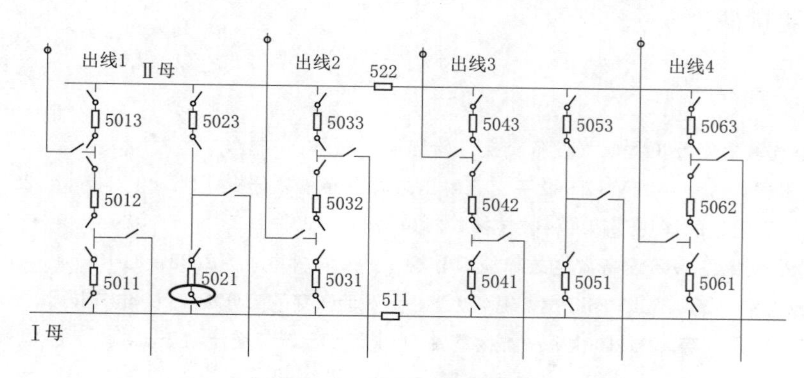

图 10　第四次放电点位置

5　故障原因分析

通过对耐压故障设备现场解体检查后，得出以下结果：

(1) 在此次 500kV 地面 GIS A 相设备现场交流耐压试验过程多次发生放电情况，对发生放电的气室开盖检查后未见明显异物，因此可排除异物附着沿面导致沿面放电情况。盆式绝缘子发生沿面闪络，但是其主绝缘并未有损伤的情况。

(2) 设备解体拆开检查发现第一处放电点的导体与绝缘盆的均压罩对应放电部位有凹痕，判断 5041 断路器间隔 A 相Ⅰ母侧隔离开关盆式绝缘子发生闪络的原因可能为触座屏蔽罩凹陷变形所致。厂家应通过运输、安装工序分析和试验验证确定该屏蔽罩凹痕产生的原因。

（3）对于第二至第四放电点，5043 断路器间隔 A 相Ⅱ母侧 CT 气室、5011 断路器间隔 A 相中开关侧 CT 气室和 5021 断路器间隔 A 相Ⅰ母侧 CT 气室发生闪络放电的原因初步认定为导电膏、粉尘或金属碎屑等导致。

图 11 放电部位

6 建议

（1）加强设备质量管控：设备制造监造过程中严控设备制造质量，设备出场试验严格按照标准进行，设备出场验收时严格把控，设备运输过程中做好防护严禁磕碰跌落等情况的发生，到货验收时应细致认真。

（2）严控安装作业环境：设备安装前期准备工作必须达到相关要求，设备对接时应在防尘棚中进行，现场安装环境必须保持洁净度在百万级以上，地面铺设防尘布防止地面扬尘，安装环境空气相对湿度保持在 70%以下，安装地点放置温湿度表和粉尘浓度检测仪，数据超标时立即停止安装作业待满足安装条件时再次进行安装。

（3）严控现场安装工艺：现场安装人员必须经过厂家技术人员培训合格后方可进行现场安装工作，厂家技术人员必须严格落实到岗到位，现场安装人员必须遵守相关规定及要求严格把控安装水平。现场调试人员严格按照相关调试要求进行调试工作。

（4）重点监视：设备投入运行后对之前出现放电部位应加强运行监视，定期重点查看其运行情况，结合局放数据进行定期对比分析，保证设备安全稳定的运行。

7 结语

本文通过对某抽蓄电站 500kV GIS 耐压试验多次发生设备内部放电现象的阐述，结合现场解体检查和返厂检查后进行了原因分析。在设备安装过程中应高标准、严要求进行设备安装工作，尤其是严格把控现场安装的质量，确保将设备以最优的状态交由调试试验组。针对此次 GIS 耐压多次发生发电的情况，希望可以为其他电站提供借鉴参考。

参考文献

[1] GB 50150—2016 电气装置安装工程电气设备交接试验标准 [S].

[2] 郭陆，温定筠，吴玉硕，等. 750kV GIS 设备交流耐压试验击穿故障分析 [J]. 电工技术，2018 (23)：96 - 97.

[3] 刘安宏. GIS 耐压试验问题的探讨 [J]. 科技传播，2011 (6)：168 - 169.

[4] 陈嘉鹏. 一起 220kV 变电站 GIS 设备放电故障原因分析 [J]. 农村电工，2023，31 (1)：58 - 59.

[5] 高立超，孙兴彬，杨志华，等. 330kV GIS 设备现场交流耐压试验击穿故障分析 [J]. 电气技术，2016 (8)：86 - 88.

[6] 岳云凯，赵冀冠，徐路强，等. ±1100kV 昌吉换流站 800kV GIS 设备交流耐压试验 [J]. 电气开关，2019，57 (4)：88 - 91.

[7] 兰柏，尹航，汪波涛，等. GIS 交接试验流程及关键点控制 [J]. 水电与抽水蓄能，2017，3 (2)：135 - 140.

抽水蓄能电站机电设备调试控制措施分析与改进

叶惠军
（中国水利水电建设工程咨询北京有限公司，北京市 100024）

【摘 要】本文结合安徽金寨抽水蓄能电站机电设备调试工作实践，分析监理在抽水蓄能电站机电设备调试工作中的管控措施，对质量、进度、安全以及组织协调等管控措施进行了分析，提出了提高监理在机电设备调试工作的措施与做法，具有较好的推广应用价值。

【关键词】抽水蓄能电站 机电设备 调试 控制措施 监理工作

1 工程概述

安徽金寨抽水蓄能电站位于安徽省金寨县流波䃥镇境内，安装4台单机容量300MW的混流可逆式机组，总装机容量1200MW，属于一等大（1）型工程，为日调节纯抽水蓄能电站，以两回500kV线路接入500kV油坊变电站，建成后承担安徽电网调峰、填谷、调频、调相及紧急事故备用等任务。

水泵水轮机额定出力306.1MW，额定转速333.3r/min，额定水头300m；采用立轴、半散式可逆式同步发电电动机，磁极对数为9，定子绕组连接方式为Y形。本电站4台机组和4台主变压器经封闭母线装置后分别接成4组发电电动机—主变压器单元，1/2号、3/4号发电电动机—主变压器分别在500kV侧联合成一回，由两套联合单元GIS组成500kV地下GIS，并以两回500kV电缆接至500kV地面GIS。

2 机电设备调试

安徽金寨抽水蓄能电站机电设备调试项目分为单体调试、分部调试和整组启动调试三个阶段。根据机电安装联合体中标合同约定，所有设备安装、单体调试及分部调试中的常规试验部分由联合体主标负责实施，单体调试、分部调试中的高压试验部分由联合体成员1完成，整组启动调试由联合体成员2中负责，其他设备厂家配合。首台机组首次启动采用水轮机工况启动。

按照标准规范、国网新源公司抽水蓄能机组调试项目管理手册、设备厂家相关技术要求，以及批准的整组启动调试大纲，安徽金寨抽水蓄能电站整组启动调试共完成机组启动前试验9项、发电方向试验23项、水泵方向试验14项、工况转换试验3项、涉网试验3项以及15d试运行。

安徽金寨抽水蓄能电站4台机组机电设备调试工作从2022年6月11日开始，至2022年12月25日全部完成，主要试验项目完成节点时间见表1。

表1 安徽金寨抽水蓄能电站机组整组调试主要试验项目完成时间统计表

序号	主要试验项目	完成情况及时间			
		1号机	2号机	3号机	4号机
1	机组首次启动	6月11日	8月6日	10月13日	11月24日
2	首次泵水调试	6月26日	9月7日	11月7日	12月2日
3	机组首次发电并网调试	6月22日	9月4日	11月3日	11月28日
4	机组甩负荷试验	6月30日	9月8日	11月5日	11月29日
5	机组15d试运行完成	7月29日	10月6日	12月3日	12月25日

3 调试过程中采取的管理措施及分析

3.1 质量控制措施与分析

（1）针对调试大纲和方案，监理部组织内部审查提出监理意见，重点审查大纲和方案中试验项目的完整性、试验流程的完备性、试验安全措施及应急预案的可靠性，并结合规程规范以及以往抽水蓄能电站调试经验，提出需要注意的事项。同时，由建设单位邀请上级单位或同行业专家对试验大纲、重要试验方案进行再审核或咨询，监理部在调试过程中予以重点关注，督促落实。

（2）机组整组调试项目多、操作流程复杂、安全风险点高，每项试验开始前，监理部组织开展技术交底，督促调试单位对照设备技术要求和方案中的流程，逐一向所有参与试验的人员进行安全技术交底，明确职责分工和注意事项。对于涉及水淹厂房、机组停机等试验项目，要求做好隔离措施后，在监控流程中先进行静态模拟，检查回路是否正确并确保设备能够正常运行，避免因方案考虑不当或人为误操作引起设备故障。

（3）监理部提前编制联合检查验收表，在机组分部调试、整组启动调试、15d试运行、投入行业运行前，按照相关标准组织联合检查验收，确认是否具备启动条件，对于其中未完成或不满足的项目组织讨论，确认其是否影响机组安全稳定运行。每次试验项目开始前，机组固定部件是否有脱落、开裂，转动部件是否有松动、变形，转动部件与固定部件间有无接触等是检查的重点。

（4）针对调试期间发现的问题，由调试单位在调试日报中进行记录反馈，涉及安装、分部调试内容的填写缺陷处理单，监理部组织下发缺陷单，督促设备缺陷责任单位处理，经验收合格后，各方签字确认、闭环。

3.2 进度控制措施与分析

（1）根据以往抽水蓄能电站建设经验分析，设备制造质量、机电设备安装工艺水平等对机电设备调试进度影响很大。因此，在设备制造期间，应重点控制出厂验收环节，以减少设备缺陷，从而避免或减少调试期间设备缺陷处理占用的时间。监理部结合工程实际，会同第三方金属实验室、建设单位专家，积极参与到设备制造过程检查、出厂验收等环节。同时，在机电设备安装阶段，监理部提前组织工艺、质量、技术交底，并督促安装单位按照方案、作业指导书进行施工，督促安装单位提高工艺水平、严格控制设备安装精度，从而减少设备缺陷处理频次和时间。

（2）结合其他电站调试经验，分析本电站机组整组启动调试过程，机电设备调试进度与计算机监控流程开发完善程度有着非常重要的内在联系。因此，在机电设备开始安装之初，必须深入开展计算机监控流程开发并尽可能完善，以减少现场修改流程的时间，而且能够避免因考虑不周全出现的程序错误。

（3）首台机组整组调试开始时间往往受到主进水球阀调试、中低压气系统以及厂用电等全厂公用系统分部调试等的制约，后续机组调试又会受其发电机总装进度的制约。因此，在机电安装阶段应提前考虑全厂公用系统设备安装调试与机组安装平行作业，应创造有利条件优先完成全厂公用系统调试，且要格外注重对安装、调试质量的控制，避免后续返工处理占用机组整组调试时间。

（4）调速器系统调试和计算机监控系统调试是分部调试的重中之重，其余分部调试可以穿插进行。调速器系统调试直接影响机组段充水的时间，而计算机监控系统调试项目多，涉及单元技术供水、主轴密封供排水以及各处闸门等，工期最长。为了减少关键线路的工期，可将技术供水系统调试、励磁系统静态调试、发电电压设备调试等安排在机组完成总装前进行。

（5）由于机组整组启动调试前的个别单体调试、分部调试需要用水，尾水系统充排水试验的顺利完成能够为后续机电设备调试提供有利条件。因此，尾水系统开挖、混凝土衬砌，尾水闸门的安装调试以及尾水系统充排水试验就显得尤为关键，需要加以重点关注。

（6）分析以往抽水蓄能电站建设实际进度可以看出，机组段充排水往往由于需要完成的前置工作点多、面广，而无法再引水系统充排水前完成，因此，一般会绕过机组段先完成引水系统充排水试验，从而导致主进水球阀调试成为影响引水系统充排水的关键，进而影响机组整组启动调试的开始时间。

3.3 安全管理措施与分析

(1) 抽水蓄能电站机电设备调试呈现出涉及单位多、调试项目复杂、调试时间长、机组启动频繁和设备操作烦琐等特点，而且土建、装修施工作业面多，增加了机电设备调试工作的安全风险。因此，需要多每项调试工作进行安全风险辨识，制订有针对性的安全管控措施，过程中严格落实风险预控措施、安全交底、到岗到位以及工作票、操作票制度。

(2) 为保障机电设备调试安全，必须严格执行安全隔离措施，包括：物理隔离、机械隔离、电气一次隔离、电气二次隔离等。在方案审查阶段，监理部组织个参建方对隔离措施的可靠性和可操作性进行细致审查。同时，要求在安全隔离点设置安全风险提示牌。

(3) 在机电设备调试前，由监理部组织各参建方进行调试安全交底，使参与调试的人员明确调试项目、调试内容、设备操作项目、安全隔离点、安全风险和应急措施。

(4) 在机电设备调试过程中，要建立一套完整的安全管理制度和应急预案，必须按照方案操作，且必须执行工作票、操作票制度，并安排专人进行监护，确保操作正确无误。同时，监理部要充分认识到调试的安全风险，安排专人进行跟踪监督，提出有利于安全管控的措施和要求。

(5) 成立由安装、调试、设计、厂家、监理等单位代表组成的联合检查组，在重要试验前，必须严格执行联合检查制度，重点检查机组流道、转动部件、重要螺栓和继电保护投退状态，确保机组在安全状态启停。在水车室、风洞等重要出入口安排专人值班、登记。

(6) 在机电设备调试过程中，要严格规范计算机监控流程、主要参数修改程序，过程中一旦发现计算机监控流程、主要参数设置等影响调试的情况，需要对其进行修改的，必须经现场调试总指挥书面确认后方可修改流程或主要参数。

3.4 组织协调与内部管理

(1) 在试运行指挥部统一指挥下，各参建单位按照各自职责开展工作，监理部充分发挥组织协调优势，积极主动作为，全力协调，确保组织协调工作有序开展。

(2) 在机电设备调试前，监理部组织安装单位、调试单位编制分部、整组启动调试计划，并要求将计划细化到每项调试内容及每天的工作，责任到人。

(3) 在机电设备调试前，监理部内部专门组织机电、安全专业监理工程师，学习国网新源公司的调试导则、熟悉调试大纲和方案，并在每周例会组织召开的内部例会上，专门讨论本周调试工作的进展情况和调试中发现缺陷的处理情况，提出需要重点关注的事项。

(4) 在机电设备调试期间，为加强现场组织协调力度，监理部每天早上组织召开碰头会、下午组织召开协调会，督促各参建方按照计划实施各项调试内容，并严格执行各项安全措施。同时，要求过程中发现的问题当天必有反馈、第二天必有处理方案。

(5) 在机电设备调试过程中，监理部要求现场监理人员严格把控检查、验收环节，认真记录现场调试工作的进展情况，以及调试过程中发现的重大问题及处理措施；在15d试运行期间，详细记录机组开停机次数、运行时长等运行参数，以及异常情况等。

4 提高监理机电设备调试管理工作水平的措施

目前，抽水蓄能电站机电设备调试监理管理工作中普遍存在人员数量偏少、技术欠缺、经验不足等问题。同时，由于机电设备调试涉及的设备供应商与监理无合同约束等原因，导致监理在调试过程中起到的作用有限。为了改变这一现状，提高监理在机电设备调试期间的管理水平和服务质量，应从以下几个方面进行改进。

(1) 监理部要提高认识，主动担当，积极作为，充分行使监理合同、规程规范赋予的各项权利与义务，及时协调机电设备调试过程中出现的各种技术问题，切不可畏首畏尾，从而导致出现弱化监理作用的情况。

(2) 吸纳一部分懂电气的专业调试人才，开展“师带徒”活动，充分发挥传帮带作用，带动机电专业监理人员共同进步。

(3) 机电设备调试过程中，严格控制检查与验收各环节质量，及时做好验收记录。而且要注意收集整理调试过程中出现的问题、原因和处理措施。

(4) 从公司、监理部两个层面对机电专业监理人员进行系统的技术、管理培训，每周定期组织培训、不定期开展专题培训。同时，可以邀请设计人员、厂家技术服务人员和调试专业人员进行专题授课。

(5) 开展机电设备调试工作专题研讨，将调试期间的监理工作任务、控制流程、控制措施和安全注意事项等编制成管理手册，使机电设备调试监理工作标准化、制度化、表格化。

5　结论

在安徽金寨抽水蓄能电站机电设备调试过程中，监理部严格控制调试各阶段的检查与验收、严格控制安全措施的落实，积极协调解决调试过程中遇到的各类问题，历时 6 个多月，最终实现了 4 台机全部投产发电的目标，过程中未发生因管理不当而导致的人身伤害或设备损坏事件。

在抽水蓄能电站建设高峰期，对机电设备调试监理管理措施进行分析总结、改进，为后续抽水蓄能电站机电设备调试监理工作提供了借鉴与参考。

参考文献

[1]　曾再祥. 抽水蓄能电站机电设备选型及安装调试管理要点 [C] //第十八次中国水电设备学术讨论会论文集，2011：532-536.

[2]　肖云峰. 抽水蓄能电站机电调试监理管控与探索 [J]. 建设监理，2020 (10)：36-38.

[3]　莫文华. 呼和浩特抽水蓄能电站静止变频启动设备调试技术 [J]. 安装，2015 (12)：22-24.

[4]　陈泓宇，刘畅，何伟晶，等. 清远抽水蓄能电站 1 号机组调试遇到的问题及分析 [J]. 水电站机电技术，2017 (5)：80-83.

施 工 实 践

丰宁抽水蓄能电站压力管道接触灌浆脱空敏感性分析

刘 蕊 余 健

（中国电建集团北京勘测设计研究院有限公司，北京市 100024）

【摘 要】本文通过对丰宁抽水蓄能电站压力管道上平段、中平段、下平段、尾水支管部位进行接触灌将脱空敏感性分析，计算不同脱空范围和脱空深度对钢管结构受力的影响，为后续灌浆施工中确定合理的灌浆质量检验合格标准提出了指导性意见，其研究成果为类似工程的施工提供借鉴和参考，具有较好的推广应用前景和工程实践意义。

【关键词】压力管道 接触灌浆 脱空范围 敏感性

1 工程概况

丰宁抽水蓄能电站为一等大（1）型工程，主要建筑物由上水库、下水库、输水系统和地下厂房及开关站等部分组成，采用两期开发方式，总装机容量 3600MW。压力管道包括上平段、上斜井、中平段、下斜井、下平段、高压支管和尾水支管采用钢板衬砌，为减少混凝土收缩造成的钢板与混凝土之间的缝隙，达到围岩与钢管共同承担内水压力的目的，需要对钢板衬砌的平段进行接触灌浆。压力管道上平段、尾水支管采取在钢板上预留孔的方式进行接触灌浆；对于高强钢板衬砌的中平段、下平段则采取预埋灌浆管路的方式进行接触灌浆。通过对已完成接触灌浆的压力钢管进行现场敲击检查、冲击回波检测，发现已灌浆区域存在多处灌后脱空区面积大于 0.5m^2，最大脱空面积约为 4.03m^2。因此，需要对压力管道上平段、中平段、下平段、尾水支管部位进行脱空敏感性分析，计算不同脱空范围和脱空深度对钢管结构受力的影响，为后续灌浆施工中确定合理的灌浆质量检验合格标准提出指导性意见。

2 中平段典型脱空运行工况计算

2.1 典型方案及其计算参数

根据中平段的工程布置及脱空检查情况，选取以下几个方案作为典型方案进行计算分析，具体计算方案见表 1。各方案的缝隙值采用 4/1000×钢管半径，钢板抗力限值为 276.4MPa，缝隙值按照 1.2mm 考虑，脱空区的钢衬不考虑围岩分担内水压力。

表 1 中平段接触灌浆脱空计算方案

计 算 指 标	方案一			方案二			方案三		
	弧长/m	线长/m	面积/m^2	弧长/m	线长/m	面积/m^2	弧长/m	线长/m	面积/m^2
	1	1.05	1.05	0.5	2.1	1.05	2.1	0.5	1.05
无脱空情况钢衬应力/MPa	181			181			181		
无脱空情况钢衬径向位移/mm	2.4			2.4			2.4		
脱空部位钢衬表面最大应力/MPa	315			268			234		
脱空部位钢衬中面最大应力/MPa	226			186			219		
脱空情况钢衬的径向位移/mm	5.3			3.85			3.50		

2.2 计算结果分析

分析中平段典型脱空方案的应力和位移可知：

（1）脱空部位的钢衬应力呈现出膜应力和弯曲应力的叠加，钢衬内外表面应力相差较大，因此脱空部位的抗力限值不宜采用整体膜应力区的抗力限值，而建议采用局部应力区的抗力限值。

（2）脱空部位较未脱空的部位，应力和位移均出现了明显的升高，影响范围在脱区及有限的周边范围。以计算方案一为例，脱空导致钢管的中面应力从 181MPa 升高至 226MPa，小于抗力限值 276MPa；表面应力 181MPa 升高至 315MPa，超过了抗力限值 276MPa；最大径向位移从 2.4mm 增加到 5.3mm。

（3）对比三个计算方案，脱空面积相同，脱空弧长和脱空线长不同，应力升高和最大径向位移值也不尽相同。从计算结果来讲，弧长和线长两个方向尺寸越接近，对结构受力越不利，应力和位移升高就越大。

3　接触灌浆脱空范围敏感性分析

压力钢管接触灌浆脱空范围敏感性分析时，假定脱空区弧长和线长基本相当。根据脱空检查的结果，脱空面积敏感性分析选取的脱空面积分别为 0.05m^2、0.1m^2、0.25m^2、0.5m^2、1.0m^2、1.5m^2、2.0m^2、3.0m^2、4.0m^2、5.0m^2。根据围岩类别不同，对Ⅲ类围岩、Ⅳ类围岩分别进行敏感性分析。Ⅲ类、Ⅳ类围岩脱空范围敏感性分析计算结果分别见表 2、表 3。

表 2　Ⅲ类围岩脱空范围敏感性分析的计算结果

序号	工程部位	计算指标	脱空范围/m^2										
			0	0.05	0.1	0.25	0.5	1.0	1.5	2.0	3.0	4.0	5.0
1	上平段	表面最大应力/MPa	116	122	133	179	202	215	205	198	193	191	190
		中面最大应力/MPa	116	118	120	131	147	166	173	177	177	177	176
		钢衬径向位移/mm	1.65	1.69	1.81	2.34	3.10	4.08	4.08	4.11	4.22	4.17	4.21
2	中平段	表面最大应力/MPa	213	229	261	316	318	318	318	320	320	320	320
		中面最大应力/MPa	213	215	222	244	268	299	312	314	315	316	316
		钢衬径向位移/mm	3.0	3.1	3.4	4.8	6.7	11.1	12.7	15.4	18.9	22.2	24.4
3	下平段	表面最大应力/MPa	287	297	315	319	320	321	320	320	320	321	320
		中面最大应力/MPa	287	289	293	297	299	312	313	314	316	317	317
		钢衬径向位移/mm	3.3	3.4	3.7	4.7	9.0	13.5	16.4	22.2	32.6	41.4	49.7
4	尾水支管	表面最大应力/MPa	120	126	136	166	188	194	192	189	185	183	182
		中面最大应力/MPa	120	122	124	134	148	169	171	174	173	172	171
		钢衬径向位移/mm	1.3	1.4	1.5	1.8	2.2	2.7	2.7	2.8	2.9	2.8	2.8

表 3　Ⅳ类围岩脱空范围敏感性分析的计算结果

序号	工程部位	计算指标	脱空范围/m^2										
			0	0.05	0.1	0.25	0.5	1.0	1.5	2.0	3.0	4.0	5.0
1	上平段	表面最大应力/MPa	142	146	154	178	196	199	196	196	197	197	197
		中面最大应力/MPa	142	142	144	152	161	171	175	176	176	176	176
		钢衬径向位移/mm	2.0	2.04	2.14	2.54	3.03	3.56	3.56	3.59	3.71	3.71	3.77
2	中平段	表面最大应力/MPa	189	197	216	278	325	329	328	329	327	327	328
		中面最大应力/MPa	189	190	194	209	228	257	273	281	290	306	311
		钢衬径向位移/mm	2.7	2.7	2.9	3.7	4.7	7.2	8.7	9.8	9.6	9.3	9.2
3	下平段	表面最大应力/MPa	277	283	285	301	314	327	333	330	332	332	332
		中面最大应力/MPa	276	279	280	285	290	298	299	302	304	306	309
		钢衬径向位移/mm	3.2	3.25	3.3	3.5	3.8	4.6	4.8	5.1	5.6	5.7	5.8

根据脱空范围敏感性计算结果分析可知：

（1）脱空部位的表面应力并不是随着脱空面积增加而不断增加。在 0～1m^2 的区间，脱空部位的表面应力及位移随着脱空面积增加而增加；在 1～3m^2 的区间，脱空部位的表面应力随着脱空面积增加而缓慢减小；当脱空面积超过 $3m^2$，脱空部位的表面应力随着脱空面积增加而基本不变。

（2）脱空面积在 $0\sim2m^2$ 的区间，脱空部位的中面应力随着脱空面积增加而增加，增加的速率由快变慢，当脱空面积超过 $2m^2$ 时，脱空部位的中面应力随着脱空面积增加而基本不变。

（3）对于Ⅲ类围岩区，当脱空范围超过 $1m^2$，钢材的表面应力将会超过材料的抗力限值211MPa。经过反算，如果脱空范围为 $1m^2$，缝隙值如果不超过3.5mm，钢材的表面应力就不会超过材料的抗力限值。

（4）脱空面积在 $0\sim1m^2$ 的区间，脱空部位的径向位移随着脱空面积增加而直线增加；当脱空面积超过 $1m^2$ 的时候，脱空部位的径向位移随着脱空面积增加而基本不变。

4 接触灌浆缝隙值敏感性分析

压力钢管接触灌浆缝隙值敏感性分析时，假定脱空区弧长和线长基本相当。根据脱空敏感性分析的结果，本节缝隙值敏感性分析采用的脱空面积为 $1m^2$，脱空深度敏感性分析选取的脱空深度分别为1.2mm、1.5mm、2.0mm、2.5mm、3.0mm、3.5mm、4.0mm、4.5mm、5.0mm、完全脱空。根据围岩类别不同，对Ⅲ类围岩、Ⅳ类围岩分别进行敏感性分析。Ⅲ类、Ⅳ类围岩脱空深度敏感性分析的计算结果见表4、表5。

表4 Ⅲ类围岩缝隙敏感性分析的计算结果

序号	施工部位	计算指标	缝隙值/mm									
			1.2	1.5	2.0	2.5	3.0	3.5	4.0	4.5	5.0	完全脱空
1	上平段	表面最大应力/MPa	116	128	149	167	181	200	213	215	215	215
		中面最大应力/MPa	116	122	132	141	151	160	165	166	166	166
		钢衬径向位移/mm	1.65	1.93	2.41	2.89	3.35	3.79	4.07	4.08	4.08	4.08
2	中平段	表面最大应力/MPa	213	223	239	256	273	290	307	317	318	318
		中面最大应力/MPa	213	217	225	234	243	252	260	269	278	299
		钢衬径向位移/mm	3.0	3.2	3.7	4.1	4.6	5.0	5.4	5.8	6.3	11.1
3	下平段	表面最大应力/MPa	287	301	315	320	320	319	319	320	319	321
		中面最大应力/MPa	287	294	302	303	306	312	314	313	313	312
		钢衬径向位移/mm	3.3	3.7	4.1	4.5	4.8	5.2	5.7	6.2	6.6	13.5
4	尾水支管	表面最大应力/MPa	120	151	173	194	194	194	194	194	194	194
		中面最大应力/MPa	120	139	154	169	169	169	169	169	169	169
		钢衬径向位移/mm	1.3	1.9	2.3	2.7	2.7	2.7	2.7	2.7	2.7	2.7

表5 Ⅳ类围岩缝隙敏感性分析的计算结果

序号	施工部位	计算指标	缝隙值/mm									
			1.2	1.5	2.0	2.5	3.0	3.5	4.0	4.5	5.0	完全脱空
1	上平段	表面最大应力/MPa	142	149	161	184	199	199	199	199	199	199
		中面最大应力/MPa	142	146	152	165	171	171	171	171	171	171
		钢衬径向位移/mm	2.0	2.2	2.6	3.3	3.56	3.56	3.56	3.56	3.56	3.56
2	中平段	表面最大应力/MPa	189	199	215	231	246	262	278	293	308	329
		中面最大应力/MPa	189	193	201	208	216	224	232	239	246	281
		钢衬径向位移/mm	2.7	2.9	3.4	3.8	4.3	4.7	5.2	5.6	6.1	9.8
3	下平段	表面最大应力/MPa	277	288	294	303	312	320	320	327	327	327
		中面最大应力/MPa	276	283	286	289	292	295	297	298	298	298
		钢衬径向位移/mm	3.2	3.4	3.6	3.8	4.1	4.3	4.5	4.6	4.6	4.6

缝隙值敏感性计算结果分析可知：

（1）对于Ⅲ类围岩，在0～4mm的区间，脱空部位的表面应力随着缝隙值的增加而增加；当缝隙值超过4mm，脱空部位的表面应力随着缝隙值的增加而基本不变；对于Ⅳ类围岩，在0～3mm的区间，脱空部位的表面应力随着缝隙值的增加而增加；当缝隙值超过3mm，脱空部位的表面应力随着缝隙值的增加而基本不变。

（2）对于Ⅲ类围岩，在0～4mm的区间，脱空部位的中面应力随着缝隙值的增加而增加；当缝隙值超过4mm，脱空部位的中面应力随着缝隙值的增加而基本不变；对于Ⅳ类围岩，在0～3mm的区间，脱空部位的中面应力随着缝隙值的增加而增加；当缝隙值超过3mm，脱空部位的中面应力随着缝隙值的增加而基本不变。

（3）对于Ⅲ类围岩，在0～4mm的区间，脱空部位的径向位移随着缝隙值的增加而线性增加；当缝隙值超过4mm，脱空部位的径向位移随着缝隙值的增加而基本不变；对于Ⅳ类围岩，在0～3mm的区间，脱空部位的径向位移随着缝隙值的增加而增加；当缝隙值超过3mm，脱空部位的径向位移随着缝隙值的增加而基本不变。

（4）由以上三点可知，也就是对于Ⅲ类围岩，缝隙值超过4mm，对于Ⅳ类围岩，缝隙值超过3mm，脱空部位应力及位移状态接近完全脱空的状态。对于Ⅲ类围岩区，脱空范围为1m^{2}时，当缝隙值超过4mm，钢材的表面应力就会超过材料的抗力限值。

5　中平段实测脱空计算分析

压力钢管中平段实测脱空面积大于0.5m^{2}位置及设计参数见表6，单位弹性抗力系数为0.3kN/cm^3，缝隙值为1.2mm。

表6　中平段实测脱空区设计参数

序号	部位	桩号	管径/m	材质/MPa	壁厚/mm	内水压力/MPa	外水压力/MPa	围岩类别	脱空面积/m^2
1	1号中平段	S1 1+393	5.8	600	32	3.82	1.385	Ⅲ	0.93
2	2号中平段	S2 1+360	5.8	600	40	3.75	1.409	Ⅲ	2.81
3	2号中平段	S2 1+374	5.8	600	32	3.79	1.458	Ⅲ	2.62
4	2号中平段	S2 1+395	5.8	600	26	3.84	1.458	Ⅲ	2.94
5	3号中平段	S3 1+334	5.8	600	40	3.73	1.483	Ⅲ	0.89
6	3号中平段	S3 1+378	5.8	600	26	3.78	1.525	Ⅲ	2.05
7	3号中平段	S3 1+380	5.8	600	26	3.78	1.525	Ⅲ	1.18
8	3号中平段	S3 1+381	5.8	600	26	3.78	1.525	Ⅲ	4.03

压力钢管中平段接触灌浆实测脱空区的计算结果见表7，分析表中数据可知，除了5号脱空区，其他脱空区的应力均超过了抗力限值，应采取相应的工程措施控制脱空范围和脱空深度。用满足抗力限值为条件，反算的最大缝隙值见表7所列。

表7　中平段实测脱空区的计算结果统计表

方案编号	1	2	3	4	5	6～8
部位	1号中平段	2号中平段	2号中平段	2号中平段	3号中平段	3号中平段
内水压力/MPa	3.82	3.75	3.79	3.84	3.73	3.78
壁厚/mm	32	40	32	26	40	26
加劲环设计参数/mm	750×24×150	1500×24×150	750×24×150	750×24×150	1000×24×150	750×24×150
脱空部位表面最大应力/MPa	328	323	327	331	243	309
脱空部位最大径向位移/mm	5.2	6.6	7.2	14.8	3.7	7.2
满足抗力限值反算最大缝隙值/mm	3.5	4.0	3.6	2.5	—	5.5

6 钢管抗外压能力分析

6.1 抗外压能力公式法分析

以尾水支管为例进行抗外压能力分析，尾水支管的外水设计值为1.16MPa，围岩类别以Ⅲ类为主，钢管直径4.6m，材质为Q345R，钢管壁厚采用24mm。加劲环设计参数：间距为0.75m，壁厚24mm，高度150mm。

(1) 加劲环间管壁的临界外压 P_{cr} 采用米赛斯公式计算：

$$P_{cr}=\frac{E_S t}{(n^2-1)\left(1+\frac{n^2l^2}{\pi^2r^2}\right)^2 r}+\frac{E_S}{12(1-v_S^2)}\left(n^2-1+\frac{2n^2-1-v_S}{1+\frac{n^2l^2}{\pi^2r^2}}\right)\left(\frac{t}{r}\right)^3$$

$$n=2.74\left(\frac{r}{l}\right)^{1/2}\left(\frac{r}{l}\right)^{1/4}$$

式中：n 为最小临界压力的波数，用上式估算，取相近的整数；l 为加劲环间距，mm；E_S 为钢材弹性模量，N/mm^2。

(2) 加劲环的临界外压 P_{cr} 按下式计算：

$$P_{cr}=\frac{\sigma_S A_R}{rl}$$

式中：σ_S 为钢材屈服点，N/mm^2；A_R 为加劲环有效截面面积，mm^2；l 为加劲环间距，mm。

$$A_R=ha+t(\alpha+1.56\sqrt{rt})$$

式中：a 为加劲环厚度，mm；h 为加劲环高度，mm。

(3) 尾水支管临界压力计算。根据尾水支管的设计参数，由以上经验公式计算，尾水支管的临界外压2.98MPa。

6.2 抗外压能力有限元屈曲分析

本节对无脱空和有脱空两种方案分别进行了屈曲分析，临界外压计算值均为4.1MPa，高于公式计算的2.98MPa。屈曲分析的变位如图1所示。

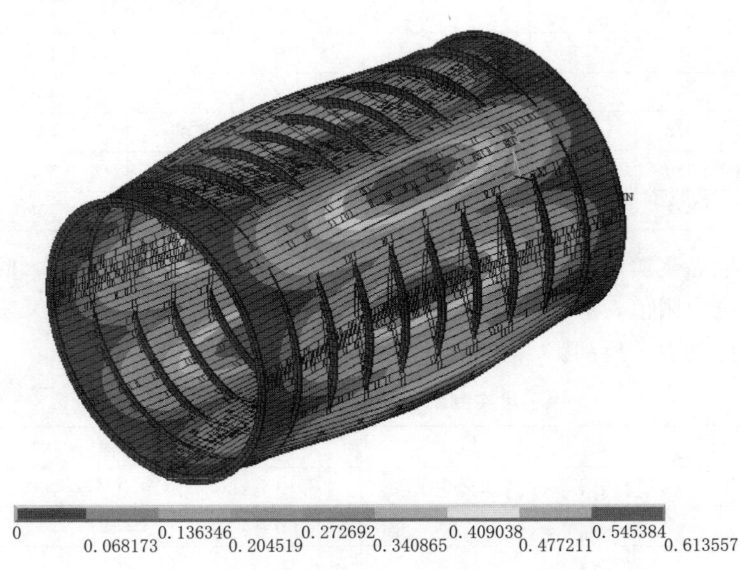

图1 加劲环管抗外压能力有限元屈曲分析的变位图

从以上解析公式及有限元屈曲分析可知，钢管的抗外压的临界压力只与钢管的材料、直径、壁厚以及加劲环的材料、间距、壁厚、高度有关，与钢管外回填混凝土是否脱空没有关系。因此，不再开展抗外压能力进行敏感性分析。

7　结论

（1）脱空部位的钢衬应力呈现出膜应力和弯曲应力的叠加，钢衬内外表面应力相差较大，因此脱空部位的抗力限值不宜采用整体膜应力区的抗力限值，而建议采用局部应力区的抗力限值。脱空部位较未脱空的部位，应力和位移均出现了明显的升高，影响范围在脱空的区域及有限的周边范围。

（2）通过对不同部位灌浆脱空范围敏感性分析可知：一般而言，脱空部位的应力最大值及位移并不是随着脱空面积增加而不断增加；在一定的范围内，脱空部位的应力最大值及位移随着脱空面积增加而增加，增加速率由快变慢；当脱空面积超过这个范围，脱空部位的表面应力及位移随着脱空面积增加变化不大。部分工况的脱空区的应力最大值超过了材料的抗力限值，应引起足够的重视。

（3）通过对各部位钢管典型断面缝隙值敏感性分析可知：一般而言，针对某一特定脱空的区域，脱空部位的表面应力和中面应力随着缝隙值的增加而增加；当缝隙值超过一定范围时，状态接近完全脱空，脱空部位的表面应力和中面应力随着缝隙值的增加而基本不变。

（4）通过对各部位钢管典型断面缝隙值敏感性分析可知：在中平段、下平段加劲环段、针对某一特定脱空的区域，脱空部位的径向位移随着缝隙值的增加而增加。而在上平段、下平段光面管、尾水支管，针对某一特定脱空的区域，脱空部位的径向位移随着缝隙值的增加而增加；当缝隙值超过一定范围时，状态接近完全脱空，脱空部位的径向位移随着缝隙值的增加而基本不变。

参考文献

[1]　张淑婵，傅金筑．水电站压力钢管与混凝土之间的接触灌浆［J］．西北水电，2009（1）：9-15.

[2]　刘军明．沙沱水电站压力钢管接触灌浆施工技术［J］．内蒙古水利，2012（6）：105-107.

[3]　雷宝民，李灿东，黄伟．压力钢管接触灌浆管壁开孔与预埋 FUKO 灌浆管比析［J］．云南水力发电，2021，37（5）：75-77.

[4]　李杰，段利君．长龙山抽水蓄能电站压力钢管接触灌浆技术研究［J］．人民长江，2019，50（增刊1）：194-195，329.

[5]　屈章彬，刘增进．FUKO 管在小浪底引水发电压力钢管接触灌浆中的应用［J］．华北水利水电学院学报，2001，22（3）：102-106.

超大规模的抽水蓄能电站坝库填筑工程管理实践

陈洪春　段玉昌　洪　磊　梁睿斌　徐　祥　李　明
（江苏句容抽水蓄能有限公司，江苏省镇江市　212400）

【摘　要】句容抽水蓄能电站上水库填筑达 2900 万 m^3，填筑规模巨大。主坝填筑量 1750 万 m^3，填筑高度 182.3m，为世界最高的抽水蓄能电站大坝，坝基岩溶发育、表面石笋遍布，坝体填筑料以弱、微风化白云岩、闪长玢岩为主；库盆填筑量达 1150 万 m^3，填筑高度达 120m，为世界最大的抽水蓄能库盆填筑规模，填筑料较杂，有土料、石料、土石混合料等。句容电站坝库填筑施工管理重点、难点突出，质量管控难度高。论文就典型的超大规模的抽水蓄能电站坝库填筑施工过程中的重难点、填筑参数、坝基处理方式、质量管控措施、质量检测手段及变形监测手段等进行简要交流。

【关键词】句容抽水蓄能电站　堆石坝　库盆　填筑　管理

1　概述

江苏句容抽水蓄能电站上水库主坝坝高 182.3m，坝顶长度 810m，坝顶宽度 10m，最大坝宽 600m，主坝填筑量达 1750 万 m^3，库盆最大填筑高度 120m，填筑量达 1100 万 m^3，是世界最高的抽水蓄能电站大坝、最大的库盆填筑规模、最高的沥青混凝土面板堆石坝。上游坝坡坡比为 1∶1.7，下游坝坡坡比不同高程分别为 1∶1.8 和 1∶1.9。主坝坝体填筑材料分成垫层区、特殊垫层料、过渡区、上游堆石区、下游堆石区等，上游堆石料、过渡料采用上水库内开采的新鲜弱、微风化白云岩填筑，下游堆石料采用库内开挖的新鲜弱、微风化白云岩与闪长玢岩混合料填筑；库盆填筑料较杂，有土料、石料、土石混合料等。大坝库盆典型断面如图 1 所示。

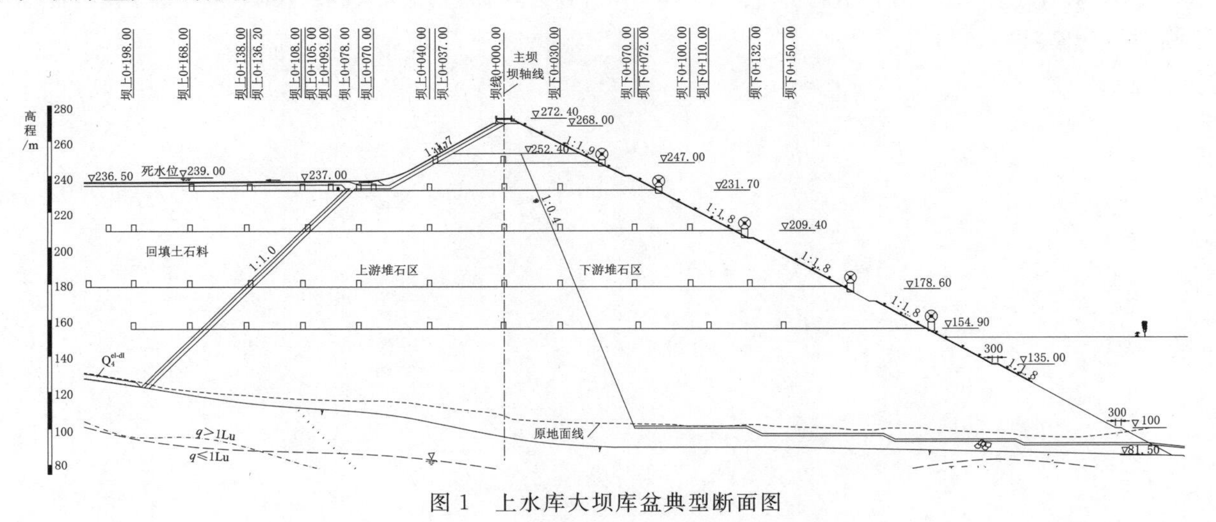

图 1　上水库大坝库盆典型断面图

2　上水库库坝管理重点难点

句容电站上水库大坝、库盆施工难度大：填筑工程量大，施工强度高；施工场地狭小，安全风险突出；库盆、库岸地质条件复杂，填筑料源紧张；坝基条件差，溶槽、石笋石芽表面形态发育。

2.1　填筑工程量大

句容电站上水库位于仑山主峰西南侧一坳沟内，北、东、西三面由山脊及山峰组成，南侧为坳沟的沟口，主坝填筑量达 1750 万 m^3，库盆填筑量达 1100 万 m^3，大坝库盆填筑量大，填筑工期紧张，为电站建设工期关键性线路。根据施工规划，上水库大坝库盆施工工期 48 个月，高峰时段月平均填筑强度 100 万 m^3，持续 12 个月。

2.2 施工安全风险突出

上水库库底平台由半挖半填而成，在 0.67km^2 内边挖边填，施工场地狭小，开挖与填筑高差近 300m，运输作业路线长、任务重、强度大，同一时段上部有多个料场及进出水口开挖，下部有大坝填筑碾压，交叉作业多，安全管控难度大。填筑施工完成需要布置多期施工道路，并根据填筑施工进展及时进行调整。

2.3 填筑料源紧张

上水库闪长玢岩岩脉分布广泛并极易蚀变，断层较发育，岩性复杂。主坝填筑料全部来源于上水库库盆及库岸开挖料，上水库大坝主堆石料、过渡料、垫层料及反滤料对工程开挖料源质量要求较高，需采用白云岩开挖石料，次堆石填筑采用白云岩、闪长玢岩，其中闪长玢岩含量不超过 33%，岩性复杂易蚀变对料源使用产生较大影响。根据设计招标土石方平衡分析料源紧张平衡，上坝料质量控制困难。

2.4 坝基条件差

坝基揭露后地表石芽较发育，单体石芽规模不大，高度不超过 2m，多在 0.5～1.5m，部分区域受构造影响岩溶发育，石芽高度 3～5m，间距 3～5m，地基溶槽、溶蚀裂隙发育，裂隙内充填黄褐色黏土。若避免可能导致坝基渗漏、不均匀沉降等情况出现，需采取可行的处理措施。

3 坝基溶槽、石笋石芽表面形态处理

为保证两岸岸坡部位坝体填筑碾压质量，主坝在填筑过程需要时，对溶槽、石笋突出部位进行处理，并邀请以院士、大师组成特别咨询团对坝基溶槽、石笋石芽表面形态处理方式进行相关咨询。

3.1 初步处理

首先对主坝坝基揭露的溶槽、石笋石芽进行初步处理。

大坝填筑基础存在反坡或陡于 1：0.3 边坡需进行削缓处理。将大坝基础面溶槽内的表土、松散土层及孤石应清除干净，充填土便于挖除时，原则上全部予以清除，局部溶槽狭窄难以清除的充填黏土，其表面进行填筑 30cm 反滤料并压实处理。

初步处理完成后，将坝基表面形态处理分为河床段坝基处理和左右岸坝基处理两类。

3.2 河床段坝基处理

河床段（范围从基础面至左右岸 10m 高差内）坝基超过 100cm 以上凸起岩体削除处理，岩体坡度修整至不超过 1：0.3；溶槽内底部先回填 30cm 厚反滤料，上部回填 40cm 厚过渡料，采用小型机械碾压或手持碾夯实；再填筑 80cm 厚上游堆石料（包括溶槽内 30cm 厚），沟槽外部不足 80cm 处控制堆石料粒径大小（如图 2 所示）。

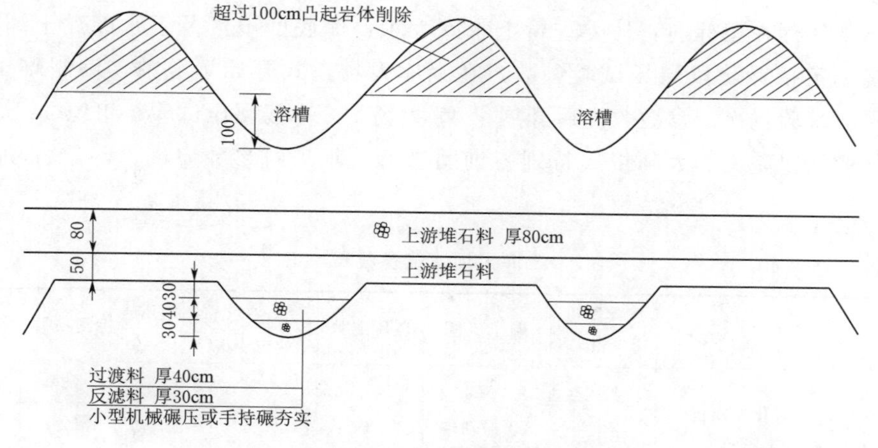

图 2 河床段坝基处理示意图（单位：cm）

3.3 左右岸坝基处理

（1）坝轴线上游左右岸坝基超过100cm以上凸起岩体削除处理，岩体坡度修整至不超过1∶0.3，溶槽内回填两层40cm厚过渡料，采用小型机械碾压或手持碾夯实；再填筑80cm厚上游堆石料（包括溶槽内20cm厚），沟槽外部不足80cm处控制堆石料粒径大小（如图3所示）。

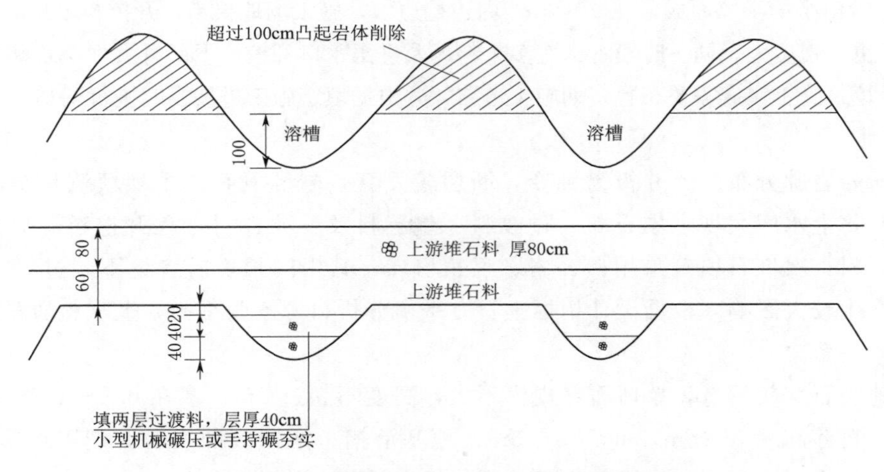

图3 坝轴线上游左右岸坝基处理示意图

（2）坝轴线下游左右岸坝基溶槽底宽超过150cm时，溶槽内直接填筑上游堆石料，逐层按照上游堆石区要求分层压实（如图4所示）。

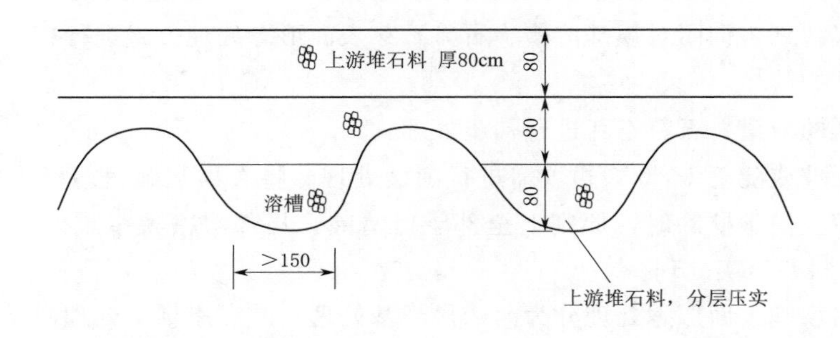

图4 坝轴线下游左右岸溶槽底宽大于150cm坝基处理示意图

（3）坝轴线下游左右岸坝基溶槽底宽小于150cm。其处理方式按照坝轴线上游左右岸坝基处理。

4 大坝库盆填筑技术参数

句容电站主体土建标在招标前，外委进行上水库大坝、库底回填区及下水库黏土铺盖现场碾压及室内试验研究，初步选定招标阶段碾压试验参数。在上库大坝正式开始填筑前，编制碾压试验实施细则，合理安排各填料碾压试验场次、参数，先后开展了47大场125小场碾压试验，组织24次专题会，对试验成果进行评审，并邀请以院士、大师组成特别咨询团进行大坝填筑参数咨询，确定各项填筑参数。具体参数见表1。

表1 上库大坝填筑参数表

序号	填料种类	料源	压实厚度/cm	碾压机具	碾压遍数	行走速度/(km/h)	洒水量/%	检测项目	设计指标	检测频次/m^3
1	上游堆石料	弱、微风化、新鲜白云岩石料	80	32t振动碾	8	0～3	10	孔隙率	≤18%	6万
								颗分	—	
								渗透系数	自由排水	10万

续表

序号	填料种类	料　源	压实厚度/cm	碾压机具	碾压遍数	行走速度/(km/h)	洒水量/%	检测项目	设计指标	检测频次/m^3
2	下游堆石料	弱、微风化白云岩与蚀变闪长玢岩的混合料	80	32t振动碾	8	0～3	适量	孔隙率	17.6%	6万
								颗分	—	
3	过渡料	弱、微风化、新鲜白云岩石料	40	26t振动碾	8	0～3	10	孔隙率	≤18%	5000
				液压平板夯	8	—		颗分	—	
								渗透系数	自由排水	10万
4	反滤料	人工轧制新鲜成品骨料	40	20t振动碾	6	0～3	10	相对密度	≥0.85	1000
				液压平板夯	8	—		颗分	—	
				蛙式夯	8	—		渗透系数	自由排水	5000

5　安全管控措施

为了保证高强度填筑运输下的安全管控，句容电站建立了“一根本、三强化”机制（以道路建设为根本，强化车辆管控、强化驾驶员管控、强化日常管理），单独列支上库主体工程施工道路建设及维护费，库内12km施工道路混凝土硬化，在高峰期200辆车每日运输近3000车次的情况下，有效保障了电站的交通安全。

5.1　以道路建设为根本

句容电站料场开挖以A区、B区、C区为面，各个运输队为点。联合坝面填筑分区、料源需求，并结合现场交通安全运输管理，精确规划每一辆渣土车运输路径及终点，实现料场到填筑面料源运输高效合理。高标准推进临时道路的建设维护，所有道路宽度不小于12m并硬化路面；道路临空侧因地制宜设置波形梁钢护栏、防撞墩及防护坎，防止车辆冲出；靠山侧结合实际采取及时清理大体积边坡挂渣、主动防护网稳定少量碎石、被动防护网挡住零星滚石等措施防止上部落石；同时安装路灯，安排专人维护，为交通安全创造条件。

5.2　强化车辆管理

严把车辆入场关，进场车辆除证件齐全、车况良好外，还需满足出厂期3年内要求，确保车况良好。实行“定人、定岗、定机长”管理，每日出车前驾驶员对车辆进行安全检查，经机长确认无误后，准许上路。车辆安装北斗/GPS定位装置，实时定位跟踪运行轨迹。

5.3　强化驾驶员管理

驾驶员除证照齐全、实际驾龄不低于2年外，还需经驾驶技能考核合格，方可上岗，以确保技能达标。每日出车前，由运输班组负责人检查驾驶员精神状态，防止酒驾及疲劳驾驶。每周由施工项目部领导对运输班组开展安全教育，持续提升驾驶员安全行车意识。

5.4　强化日常监督检查

在场内施工道路安装21处监控摄像头，借助网络，管理人员可通过手机及电脑实时查看场内车辆运行状况。设置8处雷达测速点，同时不定期开展交通安全检查，查处超速、抛洒、强行超车等行为，确保行车安全。

6　质量管控措施

为保证句容电站上水库大坝、库盆施工质量，严格填筑料源管理，现场施工采用“堆饼法”控制层厚，应用数字化大坝系统保证施工参数，制定准填证、准压证等一系列制度规范大坝填筑程序。

6.1　严格料源管理

句容电站上水库大坝填筑可利用料较紧张，上水库库盆、库岸部分区域闪长玢岩脉、断层较发育，岩性复杂。为统筹电站工程开挖与填筑，以填定挖，保证电站工程料源合理应用，成立电站料源管理工作小组，明确料源管理流程，负责协调解决料场料源开挖、鉴定、装运、存放及回采过程中的一系列有关问题。坝体填筑料仓每次爆破后，料源管理小组联合前往掌子面进行查看，确定该炮料源去向，四方现场填写料源去向单，过程中防止有用料浪费，从源头保证大坝填筑质量。

句容电站填筑料源复杂，为保证合理充分利用各种填料，加强料源管控及分析，每月进行统计管控，每季度进行土石方平衡分析，以及不定期复核，保证填筑料源总体可控。

6.2 数字化大坝系统

现场施工对运输车辆采取分区、挂牌管理，根据料源鉴定结果装运，运输车辆悬挂标识牌。采用北斗/GPS定位技术，实现运料车的实时定位，跟踪运料轨迹，对违规操作进行记录，并安排专人指挥运料车辆，防止料源运错。料源运输过程中装设有智能加水站，智能加水站自动识别车辆，自动称量、自动计算加水量、自动加水，有效缩短加水时间，提高车辆通行率。填筑碾压过程数字化大坝系统采用北斗RTK高精度定位技术及智能传感技术，实现现场碾压施工过程的数据采集，跟踪施工过程轨迹，实时计算碾压遍数、振动碾压遍数、碾压速度、激振力等关键指标。施工过程对相关施工参数实时监控，超标自动报警，提高现场施工质量。

6.3 规范填筑程序

现场施工制定填筑前准填证，碾压前准碾证规范填筑施工程序。现场施工推料摊铺采用“堆饼法”进行控制铺料厚度，在大面积填筑施工前，通过测量人员测量控制堆饼厚度，施工过程严格参照。在铺料填筑过程中，现场监理工程师对填料质量、铺料厚度、平整度、加水站加水情况及个别超径石处理等进行全过程管控，发现问题及时督促整改。

7 填筑质量检测

填筑质量检测以第三方土建试验室现场挖坑检测孔隙率及颗分级配为主。同时，应用附加质量法对大坝填筑质量进行大规模（每2000m^{2}一个检测点）无损检测，包含在挖坑检测点的原位检测。附加质量法检测既是对挖坑灌水检测的补充验证，又是对大面积进行质量检测的补充，具有快速、准确、实时和无破坏性等特点，为大坝填筑施工提供了一种便捷实用的重要检测手段。附加质量法检测能够实时、快速测定堆石体密度，发现和揭露堆石体内部缺陷，对不合格部位及时补碾，达到控制大坝填筑碾压施工质量的目的。

8 沉降变形监测

句容电站最大坝高达182.3m，最大坝宽超过600m，上水库应用多重安全监测技术，及时掌握坝体、库盆变形。布置有常规的电磁式沉降仪、水管式沉降仪，同时布置分布式传感光纤监测上水库主坝及库底填筑区的变形，获取堆石体内部的连续变形情况。

8.1 水管式沉降仪

句容电站在上水库主坝0+225、主坝0+330、主坝0+530分别布设1个水管式沉降仪监测断面，其中主坝0+225和主坝0+330断面均布置5层观测条带，依次位于高程154.90m（11个测点）、高程178.60m（12个测点）、高程209.40m（11个测点）、高程231.70m（9个测点）、高程247.00m（2个测点），两个断面测点分布相同，均为45个测点；主坝0+530断面布置1层观测条带，位于高程231.70m，10个测点。

上库主坝坝体沉降随着坝体填筑逐渐增大，呈库盆沉降量最大、次堆石区次之、主堆石区最小的分布规律，分布规律与可研阶段主坝有限元计算成果一致：从各个监测断面变形情况来看，主坝0+330断面沉降量最大，其次为主坝0+225，主坝0+530断面沉降量最小（见图5～图7）。库盆最大沉降量为1077.6mm，位于主坝0+330断面、高程178.60m、坝上0+228，为目前坝高的1.02%；主堆石区最大沉降量为366.6mm，位于主坝0+330断面、高程178.60m、坝下0+30，为目前坝高的0.20%；次堆石区最大沉降量为485.8m，位于主坝0+330断面、高程154.90m、坝下0+72，为目前坝高的0.26%。

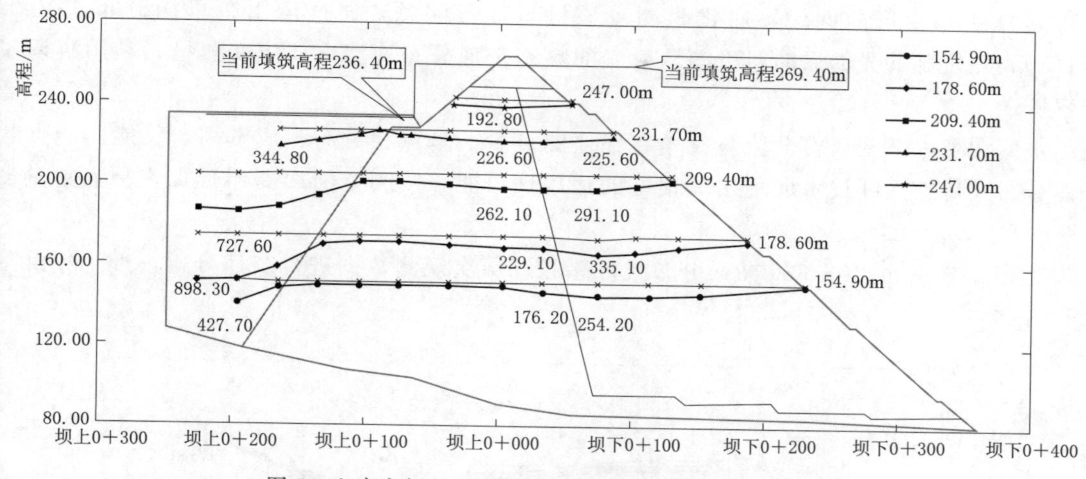

图5　上库主坝0+225断面水管式沉降仪沉降分布图

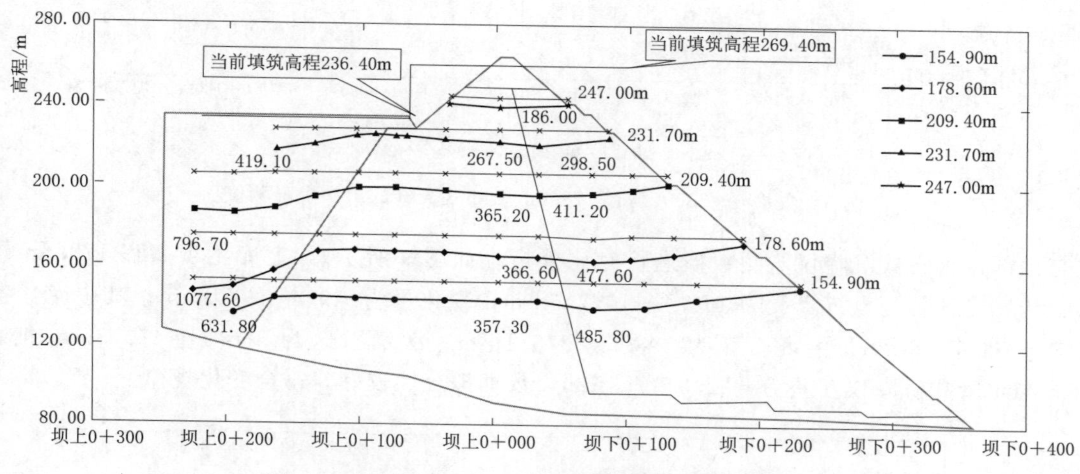

图6　上库主坝0+330断面水管式沉降仪沉降分布图

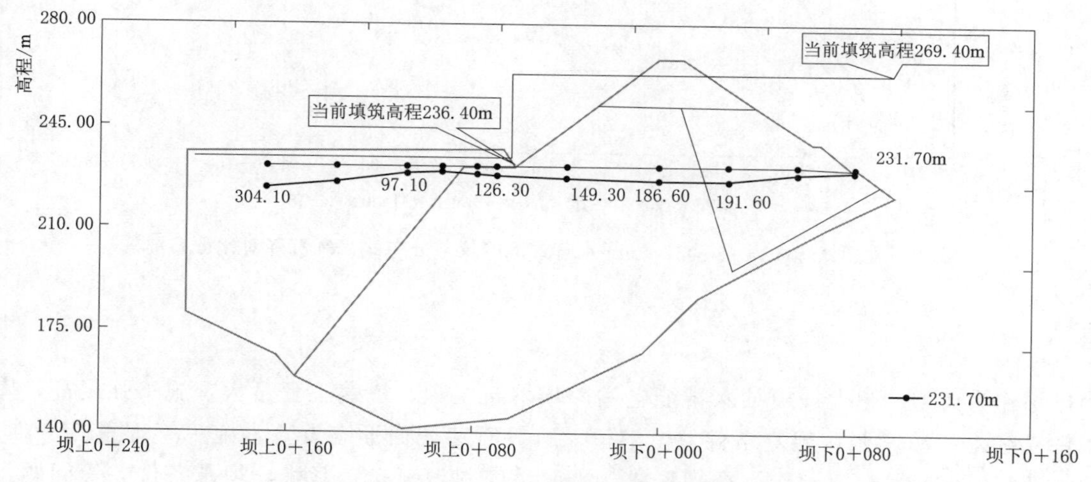

图7　上库主坝0+530断面水管式沉降仪沉降分布图

8.2　分布式光纤监测

针对句容电站坝体及库底填筑量大、填筑高度高，易发生沉降变形等特点，句容电站在主坝高程178.60m、0+330断面，及主坝高程232.00m、平行坝轴线左右岸方向、坝轴线往下游方向布设分布式传感光纤对大坝垂直位移进行监测。将工字钢等连续性较好、强度较大的材料埋入堆石料内部，在埋入材料的适当位置固定应变传感光纤，在较高的坝体自重压力下，工字钢与光纤可以与坝体堆石料同步变形，故可将测量坝体变形的问题，简化为测量该材料变形问题。通过运用布里渊分布式光纤传感原理（BOTDA），测定脉冲光的后向布里渊散射光的频移实现分布式温度、应变测量，利用解调仪对监测数据进行解析。

传统的水库大坝内部变形安全监测技术存在监测点少、呈点状分布、成本高，仅能监测点状数据等局限性，而分布式传感光纤技术展现出了很好的适用性，能够监测全断面变形数据，测点数量多，施工难度低。

对主坝高程178.60m，0+330断面分布式传感光纤历次观测数据进行统计分析，近半年沉降分布如图8所示。

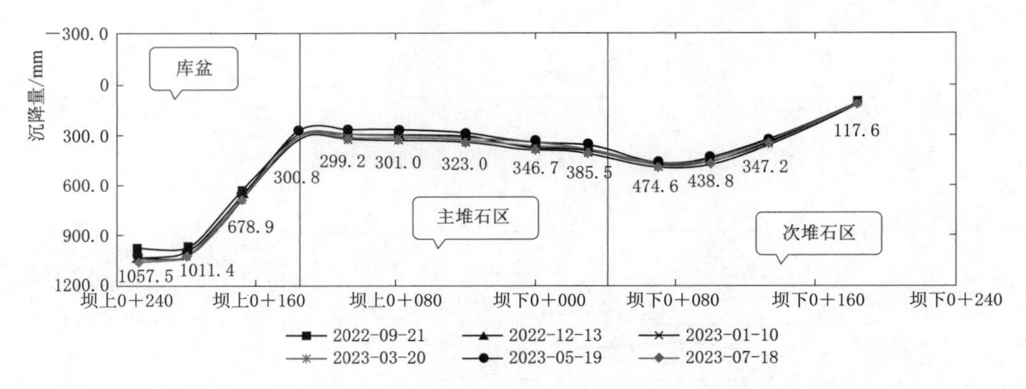

图8　主坝0+330，高程178.6m分布式光纤的历次沉降测值

通过与该部位水管式沉降仪监测数据进行对比分析（如图9所示），上库主坝高程178.6m，0+330断面分布式传感光纤各测点沉降量为298.4～1077.6mm，变化量为−9.4～20.8mm；其中库盆各测点沉降量为683.5～1077.6mm、主堆石区为298.5～376.1mm、次堆石区为360.1～470.3mm、观测房为119.6mm。与水管式沉降仪互差为−22.5～7.3mm，数据拟合性较好，符合变化规律。

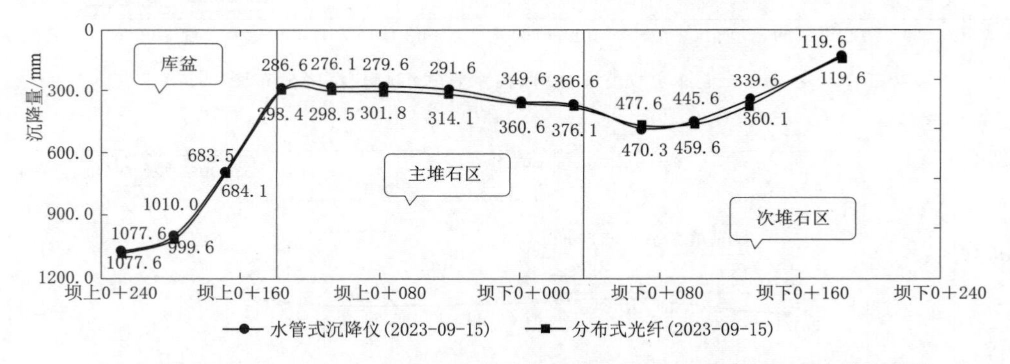

图9　主坝0+330，高程178.6m水管式沉降仪与分布式光纤沉降对比分布图

9　结语

句容电站作为典型的超大规模抽水蓄能电站库坝填筑工程，填筑工程量大，施工强度高，库盆、库岸地质条件复杂，料源紧张，坝基条件差，溶槽、石笋石芽表面形态发育，施工管理重点、难点突出，质量管控难度高。但通过精心组织，合理安排，克服填筑料源复杂、紧张，坝基条件差等问题，句容电站上水库填筑施工积极稳妥推进，曾连续4个月单月填筑突破120万m^3，创下单月填筑量172.3万m^3，创造世界抽蓄施工纪录，对抽蓄大坝、库盆填筑施工具有积极的借鉴意义。

（1）施工过程“以填定挖”，严格执行料源鉴定，合理规划多期填筑施工道路，抢抓有利天气全力推进填筑施工。

（2）招标设计阶段将“临时道路安全防护费”单独列项，施工过程保证安全防护设施投入，成立交叉作业协调管理小组，应用上下多层安全防护措施，保证工程连续安全作业。

(3) 制定并执行料源鉴定、准填证、准碾证、夜巡制度等有效质量管理措施，截至目前验收评定3045个单元，其中优良2993个单元，优良率98.3%，工程质量整体优。

(4) 工程应用数字化大坝系统（智能加水、车辆定位、碾压监测等）、附加质量法检测、分布式光纤监测等先进技术，以先进技术为抓手保证大坝、库盆建设。

(5) 注重技术管理，组建以大师、院士为首的特别咨询团，对大坝、库盆填筑工程遇到的各类难题进行“诊断把脉”。

参考文献

[1] 段玉昌，徐剑飞，梁睿斌，等. 句容抽蓄电站上水库堆石坝及库盆基础处理方式介绍［M］. 北京：中国电力出版社，2019.

[2] 段玉昌，徐剑飞，梁睿斌，等. 附加质量法检测技术在句容抽水蓄能电站堆石坝中的应用［M］. 北京：中国电力出版社，2020.

[3] 何斌，徐剑飞，何宁，等. 分布式光纤传感技术在高面板堆石坝内部变形监测中的应用［J/OL］. 岩土工程学报，2023（3）：627-633.

某抽水蓄能电站安全生产费用结算管理实践

李芝云
（中国水利水电建设工程咨询西北有限公司，陕西省西安市 710100）

【摘　要】 某抽水蓄能电站安全文明施工执行标准化管理，安全生产费用的取费费率高于行业标准。现场安全文明施工措施随工程进展同步实施，但不能及时结算费用，这给此类项目费用结算研究提出新课题。通过分析研究，导致没能及时结算的要因是无结算单价、市场询价频繁等。对此，本文提出了解决方案，包括集中开展主材（设备）询价、测算综合单价等，最终解决了问题，达到快速、及时结算的效果，避免了因费用结算问题对安全措施投入产生的不利影响。

【关键词】 抽水蓄能电站　安全生产费用　结算管理

1　引言

安全生产费用由企业按照规定标准提取，在成本（费用）中列支，专门用于完善和改进企业或者项目安全生产条件的资金。国家要求安全生产费用管理遵循“筹措有章、支出有据、管理有序、监督有效”的原则。企业应足额支付安全生产费用，保障安全生产投入。

建设工程安全生产费用由承包人在合同履行过程中，用于保证安全施工、文明施工，保护现场内外环境和搭拆临时设施等所采取措施的支出。水电工程安全生产费用通常包含在综合单价中，跟随进度款同比例结算。某抽水蓄能电站安全生产费用取费费率为建安工程造价的3%，高于行业标准，在合同工程量清单中单独列项，参照合同变更方式进行结算。筹建期工程开工后，安全文明施工措施项目随工程进展同步实施，但因无结算单价等原因导致没能及时结算费用。安全生产费用结算不及时可能会对其投入产生不利影响，从而引发安全问题。

2　项目简介

某抽水蓄能电站采用施工总承包模式，筹建期工程由上下库连接公路、进场交通洞及通风兼安全洞、营地房建、砂石料加工系统及混凝土生产系统建安及运行、供电、供水、爆破器材库、地下洞室废水处理等工程组成，施工合同总金额7.12亿元。其安全生产费用除房屋建筑类工程按照工程所在地《建设工程清单计价费用定额》规定计列外，其余工程按照建筑及安装工程造价的3%计取，在合同清单“一般项目”中单独计列。

3　合同约定

该工程安全文明施工要求高，执行标准化管理。安全文明施工措施的实施及费用使用等均有明确规定。

3.1　应用范围

施工合同中明确安全生产费用使用范围，包括危险点/源辨识、评价及控制措施的评审、咨询等对外支出性费用，现场安全警示标志的购置、维护费用，临边、临口等专项设置的现场临时安全防护设施设置、维护费用，安全生产适用的新技术、新标准、新工艺、新装备的推广应用支出等30类属于安全文明施工措施费开支的项目和施工用脚手架、电梯、爬梯等施工辅助设施，照明设施、灯具的运行维护费用，易燃易爆物资的存储设施，仓储技术安全措施费等10类非安全生产文明施工措施费开支的项目。

3.2 施工策划

施工承包人需按照有关安全管理规定，编制《安全文明施工管理二级策划或实施细则》，经审批后实施。安全文明施工管理措施策划和安全文明施工设施标准化策划列入主要内容。

3.3 管理要求

安全管理必须满足行业标准及建设单位相关规定，安全设施必须满足建设单位《抽水蓄能电站工程安全生产文明施工设施标准化规定》《工程建设安全文明施工设施达标管理办法（试行）》及《抽水蓄能电站工程安全文明施工设施标准化图册》的要求。

3.4 取费标准

该项目安全生产费用取费分为两类。房屋建筑类工程执行地方《建设工程清单计价费用定额》取费规定，其余工程安全生产费用按照建安工程造价的3%计取。

3.5 费用使用

安全生产费用使用统一执行建设单位的《安全文明施工措施费使用管理办法》，包括安全文明施工措施计划、实施、验收、考核评定等。

3.6 费用支付

合同中安全生产费用总额的70%用于安全文明施工措施项目的投入，经验收合格后按月支付；其余30%根据安全文明施工考核结果按季度支付（安全管理部分占15%、文明施工部分占10%、安全培训部分占5%）。

4 存在问题及对策

4.1 存在问题

项目开工后，各标段工程进展良好，累计已完成建安工程产值1.42亿元，安全文明施工措施项目随工程进展同步实施，但没有完成安全生产费用的结算工作。

4.2 原因分析

4.2.1 结算方式烦琐

经对比，一般水电工程的安全生产费用取费费率为2%，包含在合同清单综合单价中，随进度款同比例结算；本工程的安全生产费用取费费率为3%，在合同清单“一般项目”中单独列项，需参照合同变更方式结算，比一般水电工程结算程序烦琐。

4.2.2 管理制度冲突

建设单位安全管理部门制订的《安全生产文明施工措施费使用、支付实施细则（试行）》规定，安全生产费用结算按综合费率法进行，即：综合费率单价＝材料价＋安装费（现场签证的购置性材料费×30%）。现场《安全文明施工措施验收单》将措施项目按照不同工程部位，以所投入措施项目的人工、材料（设备）、机械进行实物量法计量，不规范。进入进度款结算时，不符合合同管理部门的规定，要求规范计量，参照合同变更原则进行结算，执行该项目《合同变更单价管理办法》。

4.2.3 无结算单价

该工程所有施工标段的合同文件中均无适用的安全文明施工措施项目结算单价。查阅水利水电工程、公路工程、建筑工程、市政工程等8个专业的预算定额及《全国统一安装工程预算定额》，并与主要标段的合同专业人员座谈，了解到由于安全文明施工措施项目涉及种类繁杂，无专项定额且在合同一般项目清单中以总价单独列项，常规定额子目又不能涵盖所实施项目，随进度款结算需先在短期内完成合同组价，并履行完新增单价审批流程，导致管理成本较以往随进度款同比例结算安全生产费用的水电项目上升较多。部分小标段施工单位选择放弃安全生产费用而不愿增加管理力量的投入来配合安全生产费用的管理和结算。

4.2.4 主材/设备询价频繁

根据已形成的结算资料，查阅各标段的合同文件及项目周边《工程造价信息》，安全文明施工措施项目投入的大部分主材/设备在合同文件及《工程造价信息》中无相同或类似的材料价格。由于此类措施项目涉及种类繁多，根据建设单位管理办法，承包人单次采购材料总价超过3000元就必须履行物项限价采购程序，经审批后方可安排采购，管理流程长，工作效率低，管理成本大。

4.3 应对措施

4.3.1 确定基价

安全文明施工措施项目所涉及材料（设备）单价在合同文件中有相同价格的采用合同价；在合同文件中没有但在项目周边《工程造价信息》中已有价格的，采用施工期《工程造价信息》中的价格；在合同文件及造价信息上均没有的，进行市场询价。具体如下。

（1）集中询价。由项目监理机构牵头进行市场询价，先后形成询价函、询价回复函、询价统计表标准格式，征求建设单位同意后发给各施工单位执行，施工单位对已形成的常规类物项进行集中询价。

（2）确定基价。项目监理机构对各施工单位所报询价结果（共736个单价）进行归类统计、分析，并对主要项目进行抽查复核，形成周边市场相关材料（设备）基准价报建设单位审定，最终形成筹建期工程安全文明施工措施项目材料（设备）基价清单表（共137个安措物项单价，均为到货价）。即一次性核定形成筹建期工程安全文明施工措施项目的材料（设备）基价清单，在全工地执行。

（3）限价采购。施工单位根据经建设单位审批的材料（设备）基价表进行限价采购，非特殊情况不再进行询价，市场价格波动幅度超过5%时可以调价。经统计采购情况，基价表能满足常规安措项目限价采购的要求，覆盖率达99%。

4.3.2 确定结算单价

4.3.2.1 确定结算原则

经参建各方充分沟通，结算按照以下原则进行：

（1）施工现场实施的常规类安全文明施工措施项目综合单价由材料（设备）预算价（涉及摊销的按规定计取摊销价）、安装、拆除综合单价（不拆除项目不计取拆除费）、运行维护费（无运维项目不计取运维费）及税金四部分组成，形成措施项目全费用内容。

（2）危险源辨识、评估、外聘安全专家咨询等非常规类对外支付出性安措项目，附相关成果报告及发票，经签认后据实结算。

4.3.2.2 确定主材（设备）预算单价

按照已审定的材料（设备）基价，根据不同工程类别，计取采保费后作为材料预算单价，即：主材（设备）预算单价＝主材（设备）基价＋采保费。

4.3.2.3 测算综合单价

根据安全文明施工标准化图册，对常规类安全文明施工措施项目细分为10大类21小项，分别进行安装、拆除综合单价的测算。测算原则如下：

（1）根据已计量的安措项目验收单，参照地方定额的人工、材料、机械消耗量等进行测算。

（2）由于安全防护类项目多具有高临边、分布零散等特点，筹建期工程地形高差大、施工条件差、人机效率低，经与各参建单位充分沟通确定，涉及此类项目的安装综合单价在测算出的基础上乘以1.2系数。此类项目在测算时已包含拆除费用，其他类项目（如需计拆除项目）按本项目安装综合单价的10%计取拆除费。

4.3.2.4 形成结算单价清单

根据结算原则，统一形成安措物项综合单价结算清单（常规项目21项、非常规项目13项），各标段根据清单进行结算。在后期生产中，持续收集新增安措项目，及时进行组价工作，在结算前完成单价测算，并补入原结算清单执行。

各项措施实施后，对安全生产费用结算进行跟踪调查，施工单位均能根据结算原则及时提交结算资料。对已验收的安措项目结算情况进行统计，结算比例达到97%，效果较好。

5　结语

安全生产费用在保障安全生产中起着重要作用。在国内水电工程施工合同中一般分两种形式出现，一种是包含在合同清单综合单价中，随工程进度款同比例结算；另一种在合同清单中以总价方式单独列项，参照变更方式结算。某抽水蓄能电站筹建期工程受管理制度等因素影响，安全生产费用没能及时结算，不利于安全生产投入，给项目管理工作提出了难题，也为此类项目安全生产费用结算研究提出新课题，经参建各方共同努力，最终将问题有效解决，提高了安全生产费用结算效率，实现了快速结算目的，为项目安全生产投入奠定基础。

参考文献

［1］ 关于印发《企业安全生产费用提取和使用管理办法》的通知（财资〔2022〕136号）［Z］. 财政部，应急部，2022.

柔性测斜仪在地下厂房围岩收敛变形监测中的应用研究

马洪亮[1,2]　王　野[1,2]
（1. 中水东北勘测设计研究有限责任公司，吉林省长春市　130061；
2. 水利部寒区工程技术研究中心，吉林省长春市　130021）

【摘　要】为了探究柔性测斜仪用于地下厂房围岩收敛变形监测的可行性，结合某抽水蓄能电站地下厂房开挖施工安装了2条柔性测斜仪，结合其他监测数据，对开挖期间围岩收敛变形规律进行综合分析。监测成果显示，地下厂房围岩在开挖过程中的变形分布符合高边墙的一般规律，变形过程与现场施工节点基本吻合。研究表明，柔性测斜仪用于地下厂房收敛变形监测，具有观测精度高、观测范围广、监测实时性强的特点，具有较强的推广价值。

【关键词】地下厂房　收敛变形　安全监测　柔性测斜仪

1　引言

地下厂房围岩收敛观测是围岩变形监测项目之一，指应用变形监测设施量测围岩表面两点的相对位移，即收敛值。采用收敛计等传统监测方法存在效率低、精度差、测量环境恶劣等缺点。随着科技飞速发展，地下厂房围岩变形监测技术也随之更新换代：邓人文等采用三维激光扫描技术对白鹤滩左岸地下厂房进行了全域扫描建模，识别、监控潜在的失稳块体；李彪等引入高精度微震监测系统，分析地下厂房的微震时空演化特征，很好地反映了地下厂房施工动态对围岩的扰动情况；张科峰等采用滑动测微计对深圳抽水蓄能电站地下厂房顶拱的变形进行监测，其所测的顶拱变形合理可靠，符合顶拱围岩变形的一般规律。

长期以来，岩土体的变形监测，因地质结构的复杂性以及监测技术的局限性，难以做到实时、高精度的监测。在此情况下，基于MEMS加速度计的柔性测斜仪（也称阵列式位移计）应运而生，其具有高精度、高灵敏性、准分布、安装简单等优点，被广泛应用于边坡岩土体的深层水平位移监测中，而鲜有研究人员将其应用于大跨度地下厂房的围岩变形监测中。本文以某抽水蓄能电站地下厂房为研究对象，选取典型监测断面跟随施工分层开挖分段安装柔性测斜仪，并结合其他仪器的监测结果对地下厂房围岩在开挖施工中的变形规律进行综合分析。

2　工程概况

某抽水蓄能电站总装机容量为140万kW，枢纽主要由上水库、下水库、输水系统、地下厂房及开关站等建筑物组成。正常蓄水位1392.00m，死水位1367.00m。地下厂房系上覆岩体厚度300～480m，采用尾部式布置，洞室群中地下厂房、主变洞、尾闸洞三大主洞平行布置，轴线方向为NW300.66°，间距分别为40m、30m；主厂房开挖轮廓尺寸为162.5m×26.1m×54.5m（长×宽×高）。本研究选取的典型监测断面为厂左0+053（A2-A2剖面），上游、下游边墙揭露的岩体均为花岗闪长岩，灰白色，岩体完整性一般，裂隙较发育，主要发育倾向洞内偏厂右的中陡倾角裂隙，开挖中顺该组结构面发生少量掉块，围岩类别为Ⅲ类。

3　柔性测斜仪的工作原理及特点

柔性测斜仪使用一组密实的微电子机械系统加速度计阵列和经过验证的计算程序来测量2D、3D变形。每个测量单元均安装有3个加速度传感器，当测斜仪的角度出现变化时，通过传感器的加速度值即可计算出测量单元对应轴与重力方向的夹角 θ，再结合测量单元的长度 L，即可计算出该测量单元的位移量。再对各段的单点位移量进行算数求和，即可得到相对于固定端点的位移量，即累计位移量。与多点位移计、收敛测点等传统观测方式相比，具有观测精度高、观测范围广（全断面连续观测）、时效性强（自动采集、上传数据）等特点。

4 监测设施布置

4.1 柔性测斜仪

采用两种方式紧随开挖进度安装柔性测斜仪见图 1：①采用 U 形卡箍及膨胀螺栓固定在围岩表面或喷锚在混凝土表面；②在喷锚混凝土上开挖沟槽，安装仪器、挂尼龙网后回填砂浆。上游侧柔性测斜仪 RCX1、下游侧柔性测斜仪 RCX2 的安装长度分别为 28m（上游侧拱角～高程 845.50m 处）、27m（下游侧拱角～高程 846.50m 处），安装示意见图 2。

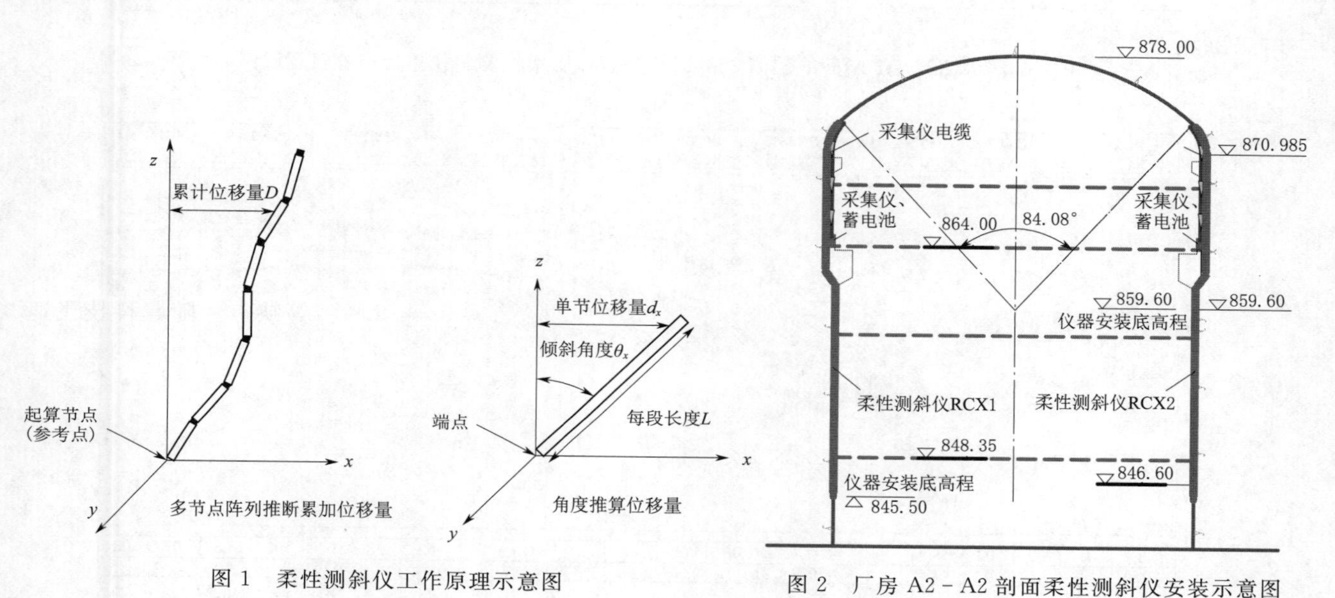

图 1 柔性测斜仪工作原理示意图

图 2 厂房 A2 - A2 剖面柔性测斜仪安装示意图

4.2 其他监测仪器

厂房 A2 - A2 剖面除布设柔性测斜仪外，还布设了其他监测设施，包括四点式多点位移计 8 套（顶拱 3 套、上游侧 3 套、下游侧 2 套）、锚索测力计 5 支（顶拱 1 支、上游侧 2 支、下游侧 2 支，无粘结）、锚杆测力计 3 支（均位于顶拱）、三点式锚杆应力计 5 套（上游侧 3 套、下游侧 2 套）。

5 监测成果对比分析

5.1 柔性测斜仪

柔性测斜仪安装后，选择不受周边施工影响的时段，监测数据能够连续稳定时的测值作为基准值。以最顶部的测点作为起算点（根据相邻的多点位移计监测成果进行零点修正），进而计算出各高程测点的累计位移量。

以下游边墙为典型部位，对主厂房下游边墙围岩在施工过程中的变形规律进行分析。

(1) 如图 3 所示，A2 - A2 剖面高程 858.00m 以上测点在 2020 年 11 月至 2021 年 1 月上旬期间（岩壁吊车梁施工及第Ⅳ层开挖初期时段）变形明显增大，变形规律表现为顶拱处的变形最小，向下逐渐增大，高程越低，变形越大。测点 RCX2 - 20（高程 863.00m）在此期间的累计位移量最大，为 6.40mm，主要为施工扰动引起的变形。

(2) 2021 年 1 月中旬至 3 月下旬期间（第Ⅳ层开挖），由于预裂爆破在仪器安装前即已完成，开挖爆破等因素对变形的影响较小，测点 RCX2 - 20（高程 863.00m）的累计位移量仅变化了 0.03mm。

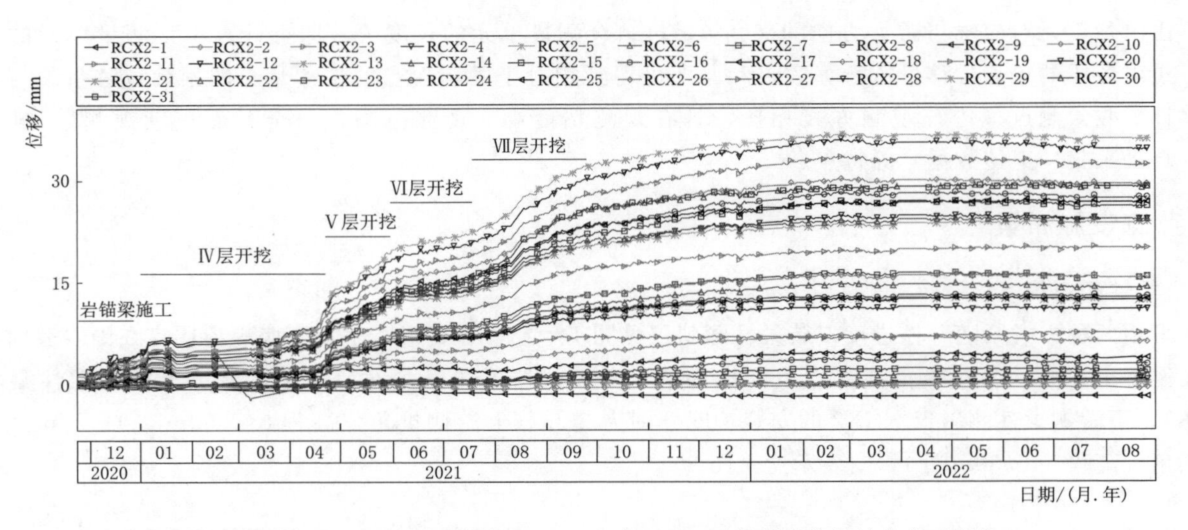

图3　厂房A2-A2断面下游侧858.00m高程以上柔性测斜仪累计位移过程线

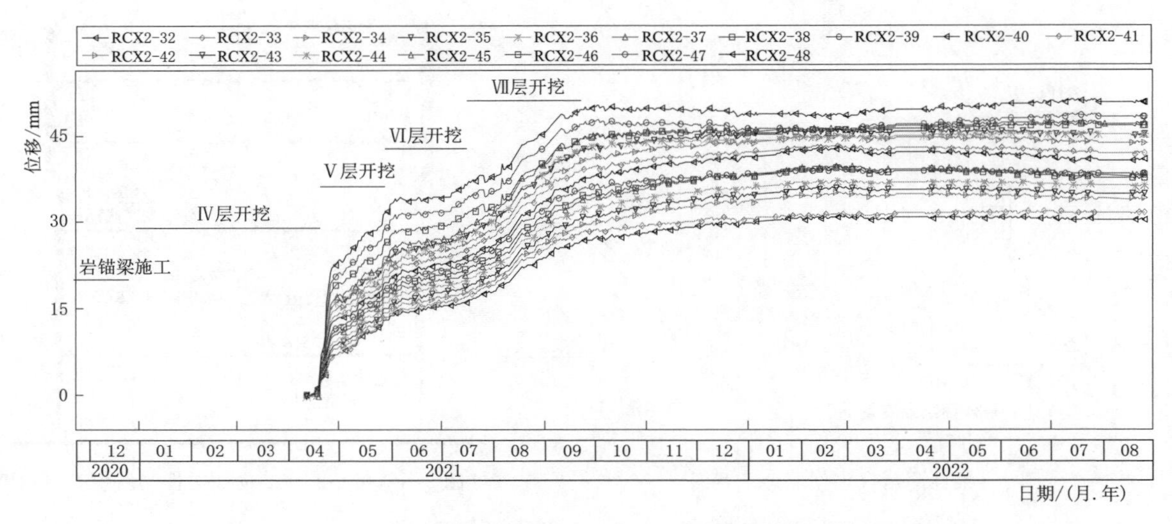

图4　厂房A2-A2断面下游侧849.00～858.00m柔性测斜仪累计位移过程线

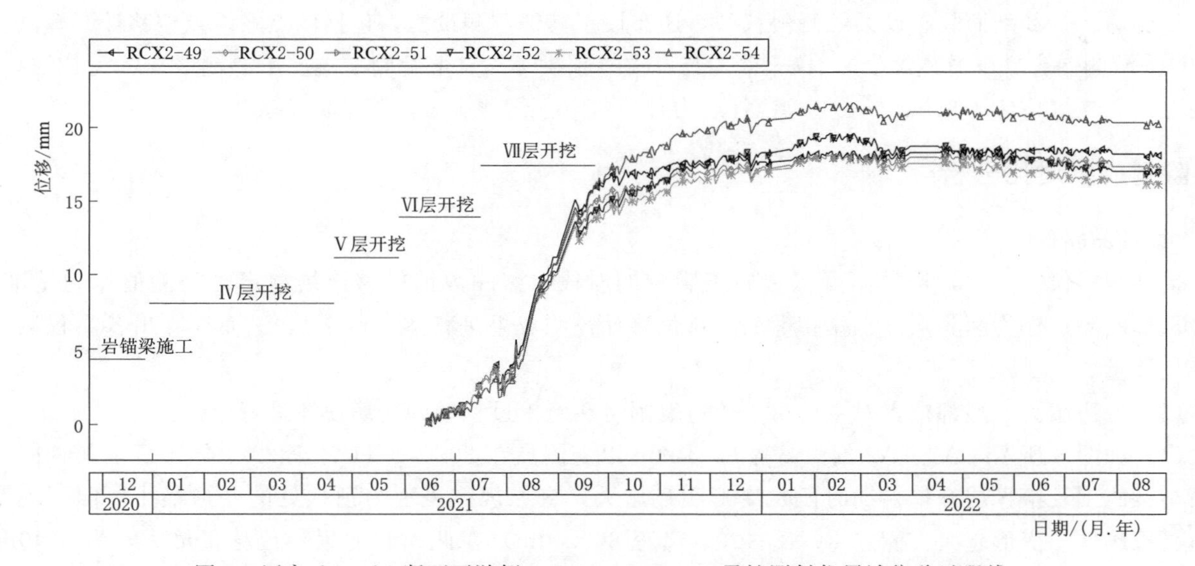

图5　厂房A2-A2断面下游侧845.50～849.00m柔性测斜仪累计位移过程线

（3）2021年4月初至2021年9月下旬期间（第Ⅴ～Ⅶ层开挖），随着边墙的高度增大，受空间效应及开挖卸荷的影响，柔性测斜仪测得的累计位移量增大明显。

（4）2021年9月下旬以后，随着地下厂房开挖的结束，下游侧围岩变形呈现出逐渐收敛的趋势，自2022年2月起基本稳定。截止到2022年8月26日，下游侧围岩测点RCX2－48（高程849.10m）的累计位移量最大，为50.67mm；上游侧围岩测点RCX1－43（高程852.30m）的累计位移量最大，达到了77.62mm。

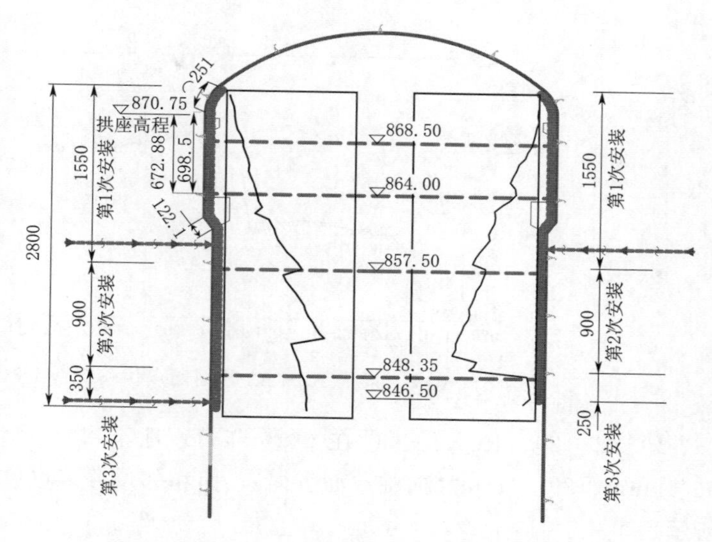

图6　厂房A2－A2剖面柔性测斜仪内部水平位移分布图（单位：mm）

柔性测斜仪测得的围岩变形规律与现场施工的工况基本吻合，在开挖预裂及岩体应力调整期间，变形速率较快（2021年5—9月）；在第Ⅳ层开挖期间，由于预裂爆破早已完成，因此变形趋势平稳；上、下游高边墙的变形分布规律体现为侧拱脚变形较小，越向下变形越大。综合以上分析，柔性测斜仪所测的变形符合地下厂房高边墙的一般变形规律，可为地下厂房的施工、运行提供参考，见图6。

5.2　柔性测斜仪与多点位移计数据对比

对柔性测斜仪安装高程范围内的多点位移计与相邻高程的柔性测斜仪测点的监测结果进行对比分析。多点位移计M4－CF2－4（上游侧高程859.60m）、M4－CF2－5（下游侧高程859.60m）对应部位的柔性测斜仪测点分别为RCX1－28、RCX2－27。

对比两类监测仪器的过程线图7、图8可知，在变形量值方面，高程859.60m相邻位置柔性测斜仪及多点位移计孔口变形量值差别较大，2020年11月至2022年8月期间，柔性测斜仪测点RCX1－28、RCX1－29、RCX1－30向临空面方向的累计位移量分别为47.95mm、51.99mm、56.35mm，而多点位移计M4－CF2－4的孔口位移量仅为1.13mm。

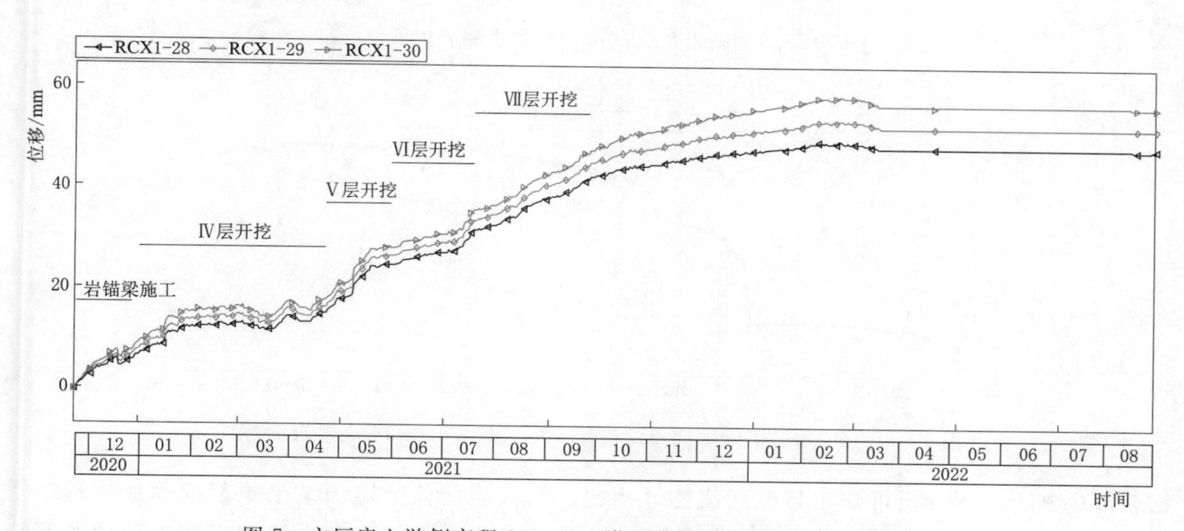

图7　主厂房上游侧高程859.60m附近柔性测斜仪累计位移过程线

在2021年6月前，柔性测斜仪及多点位移计孔口位移变化规律基本一致；而2021年6月后，受第Ⅵ～Ⅶ层岩体开挖的影响，柔性测斜仪的累计位移量仍呈逐渐增大的趋势，而多点位移计的孔口位移在下部岩体开挖扰动等因素影响下变形不明显（2021年6月后未发生明显变化）。

主厂房A2－A2剖面下游侧高程859.60m柔性测斜仪与多点位移计M4－CF2－5的孔口位移变化过程基本一致，各阶段的变形规律与施工工况相符合；变形量值方面相差较大，柔性测斜仪测点RCX2－

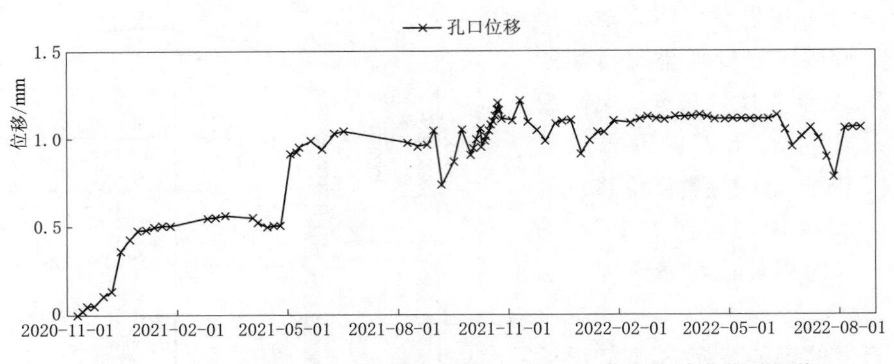

图 8 厂房 A2-A2 断面四点位移计 M4-CF2-4 孔口位移变化过程线

28、RCX2-29、RCX2-30 在 2020 年 11 月至 2022 年 8 月期间的累计位移量分别为 34.69mm、36.19mm、29.11mm（向临空面方向），而相邻位置多点位移计的孔口位移仅为 7.22mm（如图 9、图 10 所示）。

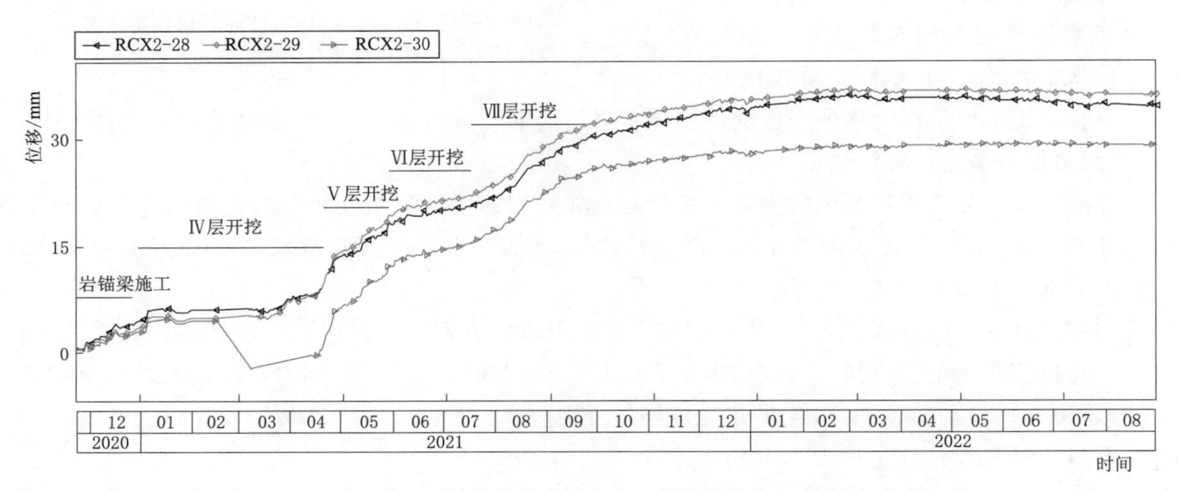

图 9 主厂房下游侧高程 859.60m 附近柔性测斜仪累计位移过程线

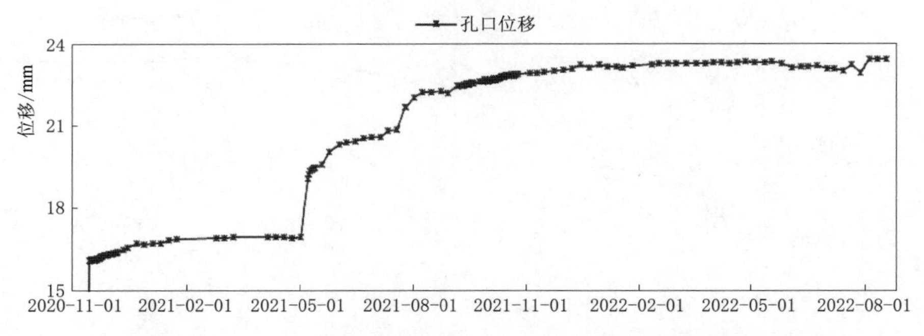

图 10 厂房 A2-A2 断面四点位移计 M4-CF2-5 孔口位移变化过程线

结合现场施工过程分析可知，与多点位移计相比，柔性测斜仪的监测结果更能准确地体现地下厂房围岩的变形情况。个别多点位移计测得的围岩孔口位移值偏小，可能是存在锚固不理想致使监测结果失真的问题。

5.3 柔性测斜仪与锚索测力计数据对比

由于柔性测斜仪安装高程范围内布设有锚索测力计，因此将锚索测力计 PR-CF2-2、PR-CF2-3、PR-CF2-5 的锚索应力变化情况及相邻高程柔性测斜仪测点进行对比，结果显示锚索测力计荷载在 2021 年 9 月前均呈逐渐增大的趋势，2021 年 10 月后测值变化基本稳定，与现场施工过程相吻合，并且与对应高程柔性测斜仪测点的位移变化规律基本一致，进一步印证了柔性测斜仪所测结果的可靠性。典型测点过程线对比情况如图 11、图 12 所示。

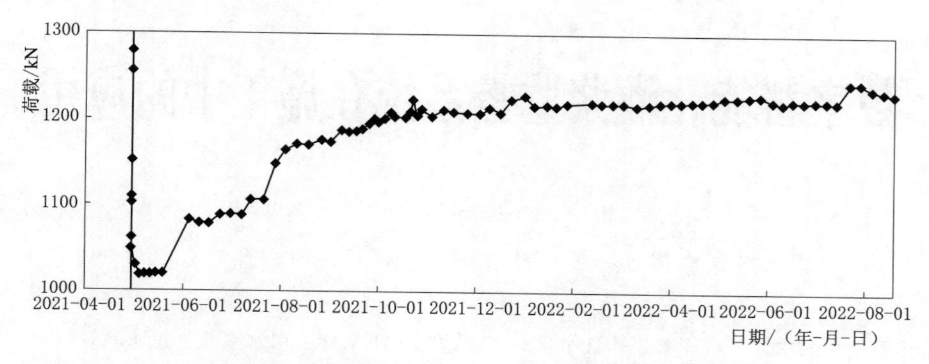

图 11 厂房锚索测力计 PR-CF2-5 荷载变化曲线图

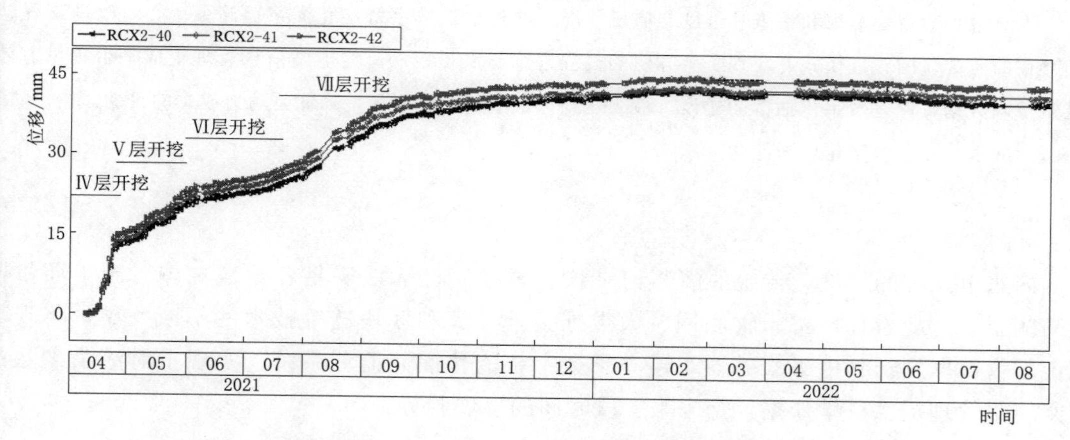

图 12 厂房锚索测力计 PR-CF2-5 附近柔性测斜仪测点累计位移过程线

6 结论

（1）柔性测斜仪所测的变形规律与相邻部位多点位移计、锚索测力计的荷载变化规律相似性较强，且与现场施工工况也基本一致，表明将柔性测斜仪应用于地下厂房围岩变形监测是较为可靠的。而相邻部位多点位移计测得的孔口位移量与之存在较大差异，可能与多点位移计锚固不理想有关。

（2）本研究中的柔性测斜仪监测成果基本能够反映地下厂房的围岩变形规律，对地下厂房围岩开挖施工中的稳定监控起到了重要作用，有效保证了施工安全。为其他抽水蓄能电站的地下厂房大跨度柔性收敛变形监测实施奠定了理论及应用基础，具有较强的推广价值。

参考文献

[1] 邓人文，周家文，韩进奇，等. 基于三维激光扫描的地下洞室危岩体识别与监测技术［J］. 水利与建筑工程学报，2020，18（2）：39-45，58.

[2] 李彪，徐奴文，戴峰，等. 乌东德水电站地下厂房开挖过程微震监测与围岩大变形预警研究［J］. 岩石力学与工程学报，2017（A02）：4102-4112.

[3] 张科峰，高平. 滑动测微计在深圳抽水蓄能电站地下厂房围岩监测中的应用［J］. 水利科技与经济，2016（7）：116-119.

数字智能化灌浆监控系统在施工中的应用

李海洋

（中国水利水电第十一工程局有限公司，河南省郑州市　450000）

【摘　要】 抽水蓄能电站灌浆工程一般工作面分散，主要包括上下水库、引水系统、尾水系统，地下厂房系统等。灌浆类型多，包括回填灌浆、固结灌浆、接缝灌浆、接触灌浆、帷幕灌浆、化学灌浆等，加之灌浆结果的不可见性，施工人员很难直观地跟踪和检查其进度与质量状况。通过引进数字智能化灌浆监测系统，以改进工程施工现场长期存在的粗放化的管理模式，实现了全方位的过程进度与质量控制。为电站信息管理集成平台提供有效、规范的灌浆基础数据，促进数字化抽蓄的建设。最终达到保证灌浆工程质量，降低劳动力成本的目的。

【关键词】 抽水蓄能　数字化　智能化　灌浆

1 引言

随着国内水电工程的发展，传统的灌浆记录仪管理模式已无法满足各参建主体对施工质量监督和管理越来越高的要求。随着计算机、物联网、大数据、云计算和区块链等技术的不断发展，将现场分散的灌浆自动记录仪数据发送到中央服务器，建立了数字智能化灌浆监测系统，实现了对灌浆参数的全面监测，为灌浆施工管理提供科学依据，是未来一段时间的发展趋势。

2 工程概况

河南五岳抽水蓄能电站位于河南省光山县殷棚乡和罗山县定远乡，上水库位于牢山寨北坡近顶部山坳处的牢山林场，下水库利用已建的五岳水库。本工程的开发任务主要是承担河南电网的调峰填谷、调频调相、紧急事故备用等任务。

五岳抽水蓄能电站装机容量为1000MW，安装4台单机容量为250MW的水泵水轮发电电动机组。电站上水库正常蓄水位347.50m，相应库容1131万m^3。下水库利用已建成的五岳水库，水库正常蓄水位89.184m，相应库容9591万m^3。

输水发电系统灌浆工程主要包括：回填灌浆、固结灌浆、帷幕灌浆、接触灌浆、接缝灌浆、超细水泥灌浆、化学灌浆、勘探孔回填封堵等灌浆工作。其中固结灌浆12万m，帷幕灌浆3.6万m，回填灌浆5.6万m^2，接触灌浆0.7万m^2。

3 抽水蓄能电站灌浆施工存在的问题

对抽水蓄能电站灌浆施工管理而言，目前主要存在如下问题：

（1）灌浆施工作业面多且分散，难以及时掌握和控制所有作业点的灌浆过程和进度，无法集中统一管理，施工过程控制难度大。

（2）灌浆工程是隐蔽工程，其工程产品质量难以进行直观地检查。传统灌浆管理模式为事后评价，即借助于分析检查孔资料、施工过程数据和局部影像资料来进行评价，施工过程中只能靠监理人员旁站，对过程数据进行跟踪，但难以实现数据的综合分析。

（3）误操作或违规操作对灌浆施工效果、工程量影响较大，典型的如硬件违规、软件违规、管路连接及现场操作违规，过程中无法通过灌浆数据进行鉴别。

（4）灌浆数据缺乏有效的分析手段，海量的现场原始数据未得到充分挖掘与应用。

4 工程施工关键技术

4.1 无线灌浆监测系统的原理与特点

无线监测系统主要由3部分组成，无线灌浆记录仪作为数据采集发送终端、主要负责数据采集和传送；网络协调器和无线路由器组成无线自组网络，作为现场控制中心主要负责从记录仪上进行数据采集、缓存、转发；中央服务器作为远程控制中心通过GPRS网络与各现场控制中心建立通信。

4.1.1 基本原理

无线监测系统全面运用了网络通信技术、电子测量技术、嵌入式计算机技术、动态软件技术、全触摸屏技术、远程控制及自动化技术等高新技术手段，以SL/T 62—2020《水工建筑物水泥灌浆施工技术规范》、DL/T 5237—2010《灌浆记录仪技术导则》为理论指导，对灌浆过程进行监测与反馈处理。内嵌无线模块的灌浆记录仪为网络端点，是数据的形成和发送者；无线路由器从每个网络端点接收数据，继而向无线网络协调器转发数据，增加无线路由器的个数即可扩大无线网络覆盖范围；无线网络协调器是无线网络的启动者和维护者，GPRS模块设置为信号发射器，将网络协调器上来的数据通过GSM网上传给中央服务器。用户登录中央服务器即可进行远程控制。

4.1.2 系统特点

无线监测系统具有如下特点：

(1) 采用高频段通信，抗通信干扰能力强，点对点直线无障碍条件下的理想通信距离可达1000m。

(2) 以多跳路由模式传输数据，大大增加了无线网络的覆盖面，同时也大大提升了数据通信的可靠性。

(3) 网络节点256个，通过无线网关可以扩展到65536多个节点。

(4) 节点具有随机自动组网和加入、退出网络功能，完全满足灌浆记录仪应用环境的需要。

(5) 用户可以在互联网上登录在线管理系统，实时监控灌浆过程数据，并进行后续数据处理，所有灌浆记录数据均可在线查阅打印，实时完整记录灌浆现场所有施工动态、杜绝人为干扰因素。

(6) 对于不同层级的用户，系统可以根据各方面不同的职责设置不同的用户权限，对服务器上的数据实施不同程度的管理。

4.2 灌浆自动记录仪组成及技术优点

4.2.1 基本组成

由主机、流量计、压力计、密度计、打印机、路由器等组成。

4.2.2 技术亮点

(1) 支持双通道四参数测量——压力、流量、密度、抬动。

(2) 主机内嵌无线网络通信模块，可进行无线联网。即使在无第三方信号的廊道中也可以实现灌浆数据的无线传输到网络数据库中。

(3) 管理人员可随时随地通过公网访问灌浆实时监控网络，监控现场施工情况，并可通过《灌浆数字化系统》对上传数据进行汇总整理。

(4) 用彩色液晶触摸屏配合屏幕软键盘和汉字提示，代替传统的薄膜键盘进行输入和操作，方便实用。

(5) 电源和信号输入端皆带有大功率瞬变抑制电路，可消除浪涌和雷击对设备电路的冲击，保护仪器操作人员人身安全。

(6) 灌浆自动记录仪主机采用ABS工程塑料，绝缘性能好（绝缘数值超过20MΩ），可消除静电、高压电，既能保护设备本身，又能保护操作人员的安全。

(7) 主机所有的插座皆为专门设计的带防水盖防溅结构，所有的信号插头皆为防水防溅航空插头，具有良好的防潮防湿、防溅水、防尘防灰、防静电干扰等保护措施。

(8) 断电保护功能，断电瞬间保护该时刻的全部工作状态及已有数据，来电恢复断电时的全部工作状态和记录数据，继续工作，并记录断电的起止时间。

（9）先进完备的防伪技术。

4.3　系统基本架构

数字化灌浆监测系统是数字化信号加密传输、无线物联网和灌浆数据智能分析三个方面的有机整合，具有现场数据收集，数据远程传输，数据融合分析一体化功能。系统整体包括灌浆数据信息传输系统及灌浆数据采集与分析系统。

（1）灌浆数据信息传输系统灌浆数据信息传输系统灌浆数据信息传输系统按照施工监测对象的分层分布式监控系统进行设计，分层分布式系统是一种集散控制系统（DCS），整个系统可以分为现场控制级、过程管理级和经营管理级，提供从灌浆记录仪原始数据采集到数据传输和信息化管理一体式解决方案，其结构如图1所示。现场管理级主要是现场的传感器，包括流量计、压力计、比重计、抬动仪，主要作用是检测灌浆施工参数；过程管理级主要是灌浆自动记录仪，主要是对过程参数进行记录；经营管理级主要指的灌浆信息系统，它将所有的灌浆资料进行收集，然后对灌浆工程量进行统计、分析、预警与决策。

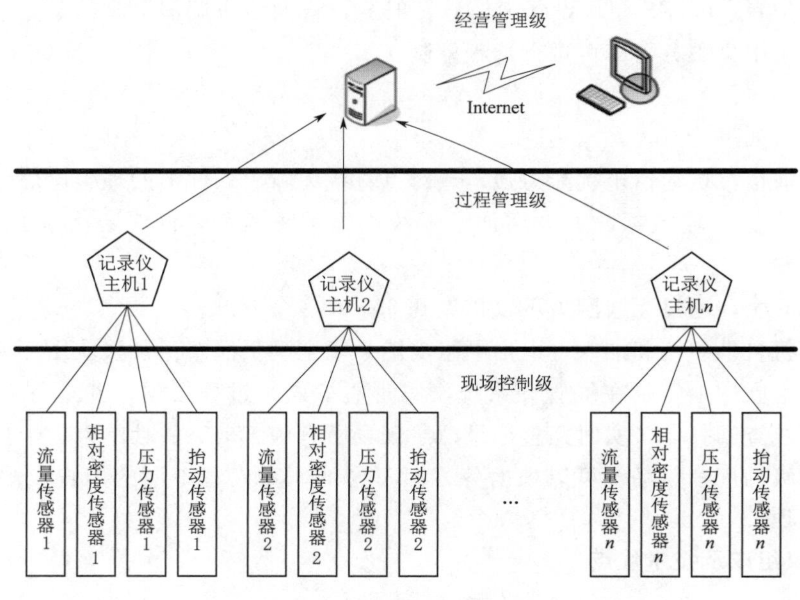

图1　系统整体结构图

（2）灌浆数据采集与分析系统。灌浆数据采集与分析系统基于.NET技术，结合ASP.NET、关系数据库技术、图形图像技术、多线程技术以及Direct3D三维可视化技术，同时考虑到系统的开放性和扩展性，系统采用分层架构的形式，总体结构框架见图2。

本系统集成数据采集系统、数据处理系统、施工监控系统于一体，并结合现场无线传感器网络，封装底层采集数据，将采集的数据第一时间传输至本系统，实现灌浆过程的实时监控；同时数据经过预处理，得到与现场一致的灌浆成果资料（如灌浆施工记录表、灌浆成果一览表）；除此之外，系统在灌浆数据以及设计文件的支持下能实时生成各类统计分析图表、报表以及灌浆信息形象示意图（如灌浆分序统计表、灌浆综合统计表、帷幕灌浆综合剖面图），把握现场施工进度及质量。

4.4　系统实现功能及应用情况

4.4.1　搭建数字化灌浆监控平台

对河南五岳抽水蓄能电站输水发电系统工程中固结、帷幕等全部灌浆部位进行了无线组网和网络传输，实现了网络信号全覆盖。在地下廊道、洞室等无手机信号覆盖的条件下，考虑灌浆施工地点是频繁移动的，将该部位的n台灌浆记录仪组成无线局域网，灌浆记录仪可以随时加入、脱离局域网，数据集中传输到露天发送装置。组网完成后，无论是否存在第三方信号，都使得灌浆作业面的数据能够直接上传到业主指定的服务器，网络能够根据施工情况及时调整部署，根据网络信号强弱调整制式，实现了所

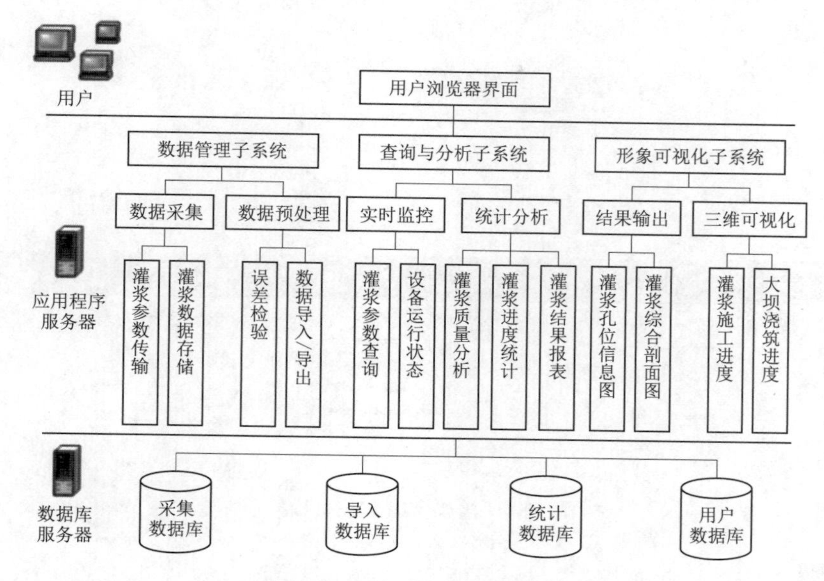

图 2 系统总体结构框架图

有灌浆作业面的灌浆过程集中上传见图 3。

图 3 五岳电站灌浆智能数字化监测系统

4.4.2 实现灌浆数据实时监控

实时监控反映现场所有灌浆部位施工情况，实时动态传输各类灌浆参数以及报警信息，如图 4 所示，可通过任意一台联网设备浏览器，查询到设备号、在线时间、灌浆实时参数、灌浆监测曲线，实现不同工作面同平台展现，大大缩短了现场工程管理链条，提高了工程监管效率。通过以上功能，参建各方可实时监测各个工程部位的灌浆施工情况，对记录数据进行分析，全程监测灌浆施工过程，过程监测率取得了大幅提升。且应用此系统后，仅需对灌浆过程前孔位布设、管路铺设、记录仪连接等进行监督检查，灌浆过程中不需进行现场旁站，大大降低了参建各方监管强度。

4.4.3 实现过程数据查询功能

通过过程数据查询，可以了解具体施工记录过程，并和纸质报表进行对照，快速对施工过程中的异常情况进行查询和处理。可按各种索引查询、孔号查询、排序查询、段次查询等，可查询各种任何施工点在施工过程中的任何时间的各种信息，如灌浆压力、注入率、注入量、累计灌入量、累计灌入水泥量、单米灌入量、透水率，以及各种报警信息、设备运行状况等如图 5 所示。

4.4.4 实现成果报表自动统计分析

通过对已收集数据的统计分析，自动生成各项成果报表，如灌浆孔成果一览表、压水频次曲线图、

图 4　灌浆实时监控页面

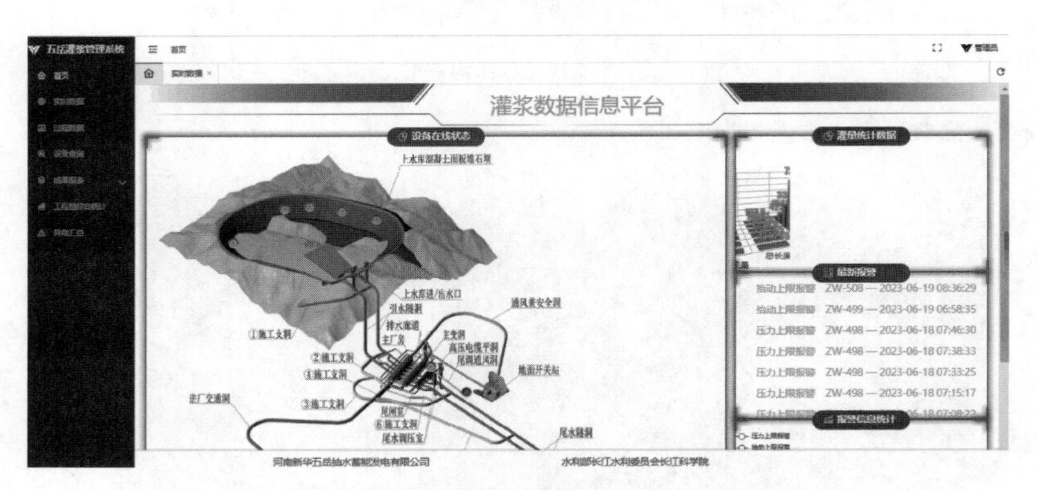

图 5　灌浆过程数据查询页面

综合剖面图、水泥消耗表等，如图 6 所示。

灌浆施工成果一览表

孔号	孔序	段次	灌浆孔段			作业方式	透水率	水泥用量				单位注入量	灌浆压力	开始时间
			自	至	段长			注浆	注灰	废弃	合计			
PS2-1-I-45	1	0	0	32	32	封孔	0	34.2	41.8	22.68	64.48	1.31	0.25	2023-07-17 1
	1	1	2.05	7.05	5	灌浆	0	2268.7	2058.9	25.2	2084.1	411.78	0.5	2023-07-17 0
	1	2	7.05	12.05	5	灌浆	0	1.5	0	0	0	0.00	1	2023-07-17 0
	1	2	7.05	12.05	5	灌浆	0	2469.5	2311.8	0	2311.8	462.36	1	2023-07-17 0
	1	3	12.05	17.05	5	灌浆	0	2915.7	2794.1	45.6	2839.7	558.82	1.5	2023-07-17 0
	1	4	17.05	22.05	5	灌浆	0	2522.1	2334.8	0	2334.8	466.96	2	2023-07-16 2
PS2-1-II-55	2	0	0	31.8	31.8	封孔	0	63.9	77.8	40.28	118.08	2.45	0.25	2023-07-19 1
PS2-1-II-59	2	0	0	31.8	31.8	封孔	0	71	86.8	30.75	117.55	2.73	0.25	2023-07-19 0
PS2-1-II-63	2	0	0	31.7	31.7	封孔	0	52.5	64.3	0	64.3	2.03	0.25	2023-07-18 0
	3	0	0	32	32	封孔	0	107.8	131.6	30.75	162.35	4.11	0.25	2023-07-23 0

图 6　灌浆施工成果一览表

4.4.5　实现异常信息实时报警

根据坝基灌浆施工技术要求，灌浆监控系统设置相应的提醒条件，满足条件时即发送提醒短信，可以及时反馈给施工和监理人员，使之做出相应调整。系统监控报警统计情况见图 7。由现场反馈情况可知，灌前压水无压无回、单耗异常提醒主要由于地质情况较差，灌浆孔段遇到较大渗漏通道造成，抬动报警主要是由于现场钻灌设备距离抬动观测孔较近，设备振动造成抬动检测值异常，以对现场布置进行相应调整。这些灌浆提醒与报警信息及时反馈给现场质检与监理，对报警孔段进行特别关注，采取相应措施，保障了灌浆施工质量。

5　应用和总结

5.1　灌浆施工参数实时监控

灌浆施工参数实时监控其主要的监控参数为灌浆压力、灌浆流量、浆液的水灰比和抬动值。通过灌浆施工数据实时采集与集成方法与技术，实现了这些参数的实时采集并存储在数据库中，构建B/S结构交互式灌浆信息集成与分析系统，在此基础上，保证灌浆能够通过系统实现对各个参数的监控。

图7　异常报警平台

5.2　灌浆数据动态整理与分析

对于灌浆数据的动态整理与分析，通过J2EE程序研发中理想的Struts＋Hibernate技术框架实现灌浆数据动态处理。结合SL/T 62—2020《水工建筑物水泥灌浆施工技术规范》中对灌浆工程竣工验收资料的要求，实现了主要成果图表的动态生成，包括：灌浆施工记录表、成果一览表、分序统计表、工程量统计表和检查孔压水成果表等成果表以及单位注灰量频率曲线图、透水率频率曲线图、透水率与单位注灰量关系图和综合剖面图等成果图。

5.3　基于B/S结构的灌浆信息集成与分析

综合运用数据库管理技术、网络技术、图形处理技术和三维可视化技术等，建立基于B/S结构的灌浆信息集成与分析系统。针对实际灌浆工程的需求，采用模块化原理对系统进行设计。

5.4　实现异常信息实时报警

报警系统所有报警来源于现场真实数据。当报警发生时，首先现场的施工作业人员就会收到仪器设备发出的声光报警，同时系统会向相关的监理，业主推送报警短信，报警内容包括施工部位、报警类型、报警值、报警时间，便于各个参建方联动解决应急情况，同时信息系统后台数据库中，便于工程管理单位备查追踪。

5.5　建立灌浆数字化管理系统

基于B/S架构，采用网络技术、数据库技术和可视化编程技术，建立灌浆数字化管理系统，实现对现场灌浆施工的实时监控、数据整编、数据查询、统计分析、异常预警等功能，实现灌浆施工数据的集中整合管理与共享，实时把握现场施工进度，及时统计整理现场资料，提高灌浆工程质量，为施工方的决策提供技术支持。

6　结语

河南五岳抽水蓄能电站采用数字智能化灌浆监测系统，具有现场数据收集、数据远程传输、数据智能分析等一体化功能，能够实现灌浆实时监控、数据查询、数据统计、图形报表生成等功能，通过实时上传灌浆成果数据，保证了数据的有效性和真实性，并对灌浆相关各类数据进行共享和管理，完成了灌浆过程异常处理、质量巡查以及工程计量统计等工作，该系统将促进现场灌浆施工自动化管理水平，实现五岳电站灌浆数据的无缝对接，总结出一套数字化灌浆监控系统的运用平台，为其他同类电站灌浆管理提供借鉴和参考。

参考文献

[1]　李斌，陈玉荣，孟宪磊，等．基于智能物联的数字化灌浆监测系统在河北丰宁抽水蓄能电站的应用［J］．水电与抽水蓄能，2019，26（4）：21-26.

[2]　饶小康，王晖．基于B/S结构的灌浆数字化系统在水利工程中的应用［J］．长江科学院院报，2013，30（2）：79-83.

五岳抽水蓄能电站地下厂房岩壁吊车梁混凝土施工技术

全书琴

（中国水利水电第十一工程局有限公司，河南省郑州市 450000）

【摘 要】本文通过对五岳抽水蓄能电站岩壁吊车梁施工技术的研究，系统总结了岩壁吊车梁混凝土浇筑施工规划、施工技术、混凝土温控、成品保护等方面内容，分析得出工程采用的新型盘扣式脚手架、免拆模板、冷水机等措施能有效保证岩壁吊车梁的优质快速施工。

【关键词】五岳抽水蓄能电站 岩壁吊车梁 混凝土施工技术

1 引言

岩壁吊车梁是水电站地下厂房的一种特殊结构形式，它通过注浆锚杆将钢筋混凝土梁固定在岩壁上，梁体承受的全部荷载通过锚杆和混凝土与岩台的接触面传递给围岩，地下洞室采用这种承重结构不仅可以缩小厂房跨度，经济社会效益巨大，而且有利于围岩稳定，可以提前安装桥机方便底部混凝土浇筑及发电机组安装。岩壁吊车梁作为厂房桥式起重机的承重结构，其成型质量直接关系到桥机运行的安全。岩壁吊车梁内部钢筋密集、预埋件数量较多，混凝土浇筑振捣相当不易，根据以往地下厂房施工经验，岩壁吊车梁浇筑完成拆模后往往会出现气泡、蜂窝、麻面、错台等外观质量问题，且由于内部和外部多重因素的影响，岩壁吊车梁混凝土出现裂缝的概率较高，极不利于岩壁吊车梁的结构安全。本文以五岳抽水蓄能电站为例，结合现场实际，对岩壁吊车梁浇筑工艺技术进行研究和探讨。

2 工程概况

河南五岳抽水蓄能电站位于河南省信阳市光山县殷棚乡境内，距信阳市直线距离 70km，五岳抽水蓄能电站开发任务主要是承担河南电网的调峰填谷、调频调相、紧急事故备用等任务，安装 4 台单机容量为 250MW 的水泵水轮发电电动机组，电站总装机容量为 1000MW。地下厂房开挖尺寸为 168.6m×26.0m×56.4m（长×宽×高）。其中，岩壁吊车梁混凝土顶面宽为 2.0m，最大高度为 3.2m，上下游各长 144.83m，一期混凝土为二级配 C30W6F8 常态混凝土，混凝土方量 1426.6m^3，钢筋共 196.53t。

3 岩壁吊车梁施工规划

3.1 施工控制点

（1）为保证在浇筑岩壁吊车梁时与岩面有良好的接触，岩壁吊车梁岩壁范围内不允许有喷层存在，在边墙喷混凝土前应做好覆盖处理。

（2）岩壁吊车梁浇筑分缝长度控制在 8～12m，采用跳仓浇筑，跳仓浇筑间隔时间控制在 5～10d。

（3）岩壁吊车梁混凝土采用吊罐入仓，常态混凝土浇筑。

（4）混凝土入仓温度严格控制在 18℃以下，并控制内外温差不大于 20℃。

（5）混凝土浇筑必须连续进行，现场不得中断，单仓一次浇筑完成。

（6）为控制岩壁吊车梁混凝土内外温差，防止表面出现干缩裂缝，岩壁吊车梁混凝土采用塑料薄膜和棉被包裹养护 28d 以上。

（7）混凝土封仓 15d 后方可拆除模板支撑脚手架，浇筑 28d 后方可进行下层开挖放炮。岩壁吊车梁混凝土龄期 7d 之内，其 30m 范围内不允许开挖爆破。

3.2　混凝土分仓

岩壁吊车梁混凝土分仓由于受整体浇筑长度、结构缝、扶壁墙等因素影响，按 8～12m/仓进行分仓：上下游总共 31 仓，其中上游 15 仓、下游 16 仓，上游最大仓号长度 10m，下游最大仓号长度 12m，见图 1。

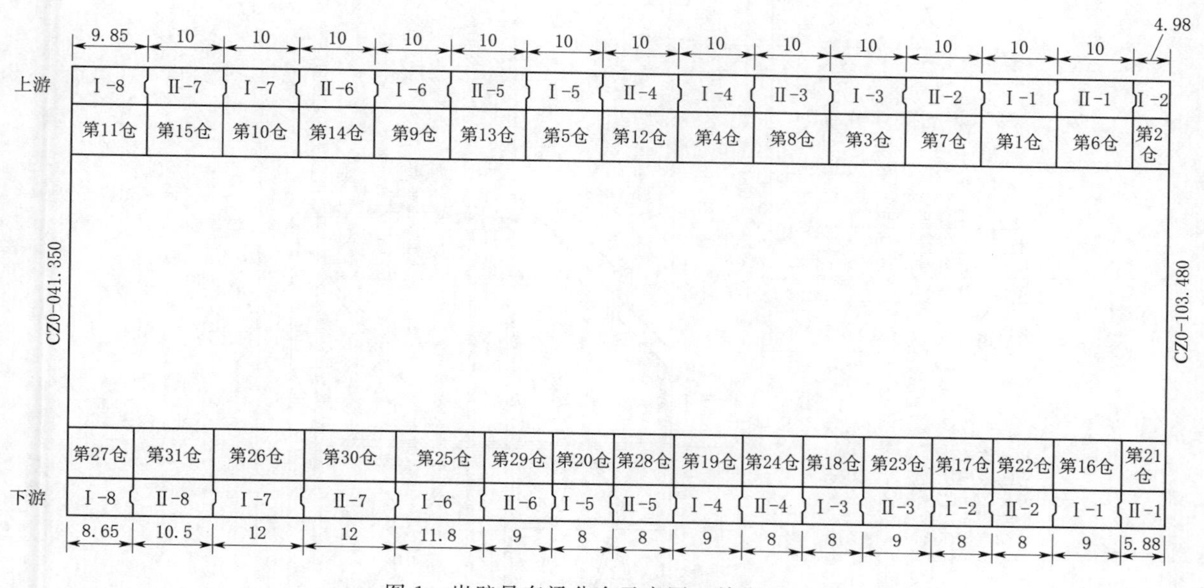

图 1　岩壁吊车梁分仓示意图（单位：m）

4　岩壁吊车梁混凝土施工技术

4.1　岩壁吊车梁施工工艺流程

厂房岩壁吊车梁混凝土施工总体程序如下：厂房第三层边墙预裂爆破完成⟶平台平整、垫层浇筑⟶脚手架搭设⟶底模安装⟶钢筋绑扎及预埋件安装⟶侧模安装⟶堵头模板及键槽模板安装⟶预埋件安装⟶模板校核⟶清仓⟶验仓⟶一期混凝土浇筑⟶一期混凝土养护。

4.2　主要施工工序

4.2.1　施工缝及结构缝处理

两仓混凝土之间设置施工缝，缝面设置键槽，键槽为梯形结构，底面尺寸为 0.7m×0.7m（长×宽）、顶面尺寸为 1.1m×1.1m（长×宽）、深度 0.2m。键槽处设置过缝插筋，插筋为 ϕ25mm 螺纹钢，长度 2.2m，分别伸入施工缝两侧各 1.1m。

在下游侧跨主变运输洞处设置 2 道伸缩缝，缝宽 20mm，缝内填充聚乙烯闭孔泡沫板；伸缩缝内设置 1.2mm 厚止水铜片，填充 12mm 厚沥青麻绳。

4.2.2　垫层混凝土浇筑

在完成岩壁吊车梁第三层预裂爆破后，岩基表面修整至高程 32.00m 形成岩壁吊车梁混凝土浇筑承重支架搭设平台，平台宽度 3.0m，采用 25t 压路机进行垫层区域振动碾压整平，浇筑 20cm 厚 C25 混凝土垫层。

4.2.3　模板及支撑体系选择

岩壁吊车梁混凝土施工模板选用 18mm 厚 WISA 板，模板加固体系为：次楞采用 5cm×10cm 方木，间距 25cm；主楞采用双拼 ϕ48mm 钢管，间距 60cm；采用 ϕ14mm 锥形拉杆加固。

模板支撑脚手架采用盘扣式脚手架，最大搭设高度 3.83m，布设 3 排立杆，立杆横距 0.6m、立杆纵距 0.9m、步距 1.0m，扫地杆距地面 25cm，为增强侧向稳定，脚手架设置连续剪刀撑，在承重脚手架外侧搭设施工脚手架，高度 5.25m，施工脚手架立杆横距 120cm、纵距 90cm、步距 150cm，上部用钢制走道板铺设作业平台，宽度 1.2m。在顶部外围设置 1.5m 防护栏杆，临空侧挂设安全网，见图 2。

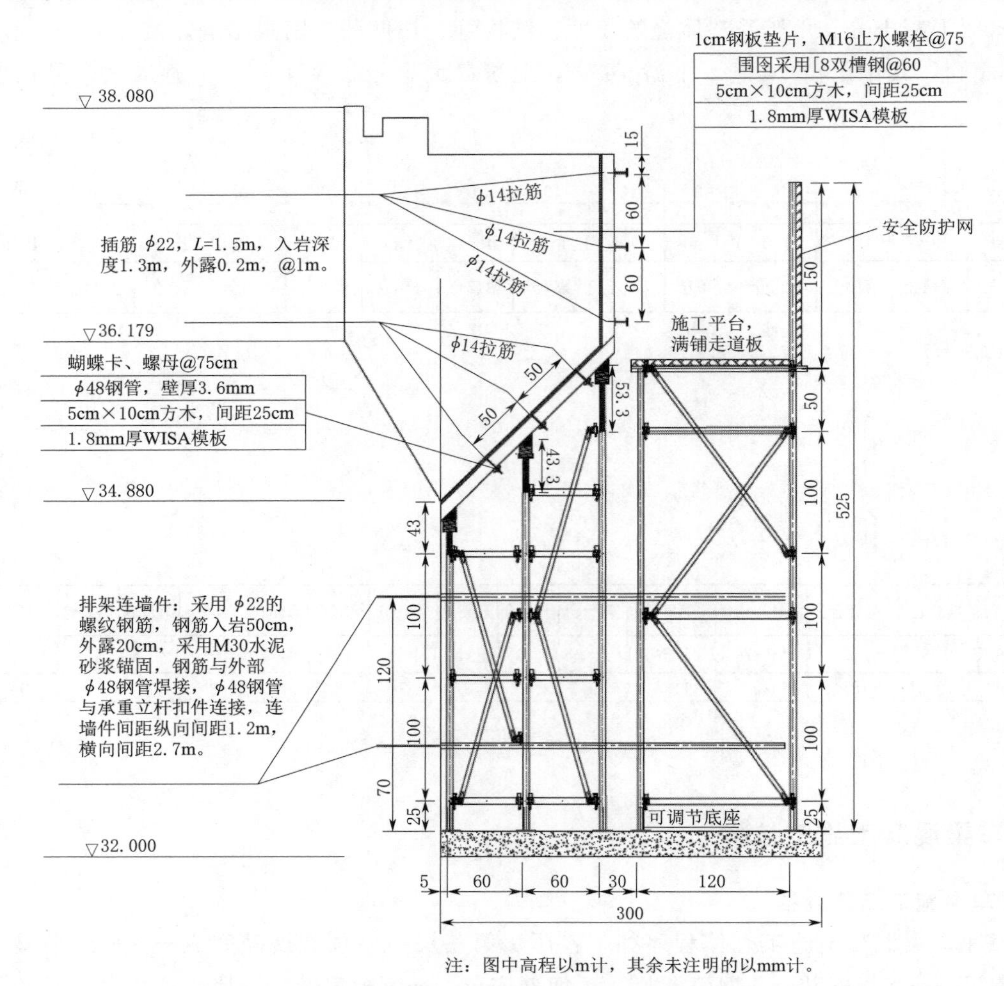

图 2　岩壁吊车梁混凝土浇筑模板支撑体系断面图

4.2.4　钢筋及预埋件安装

岩壁吊车梁钢筋主要由环向主筋、水平分布筋以及竖向箍筋和水平箍筋等组成，按照设计图纸钢筋样式在钢筋加工厂内集中加工，制作完成后利用随车吊装运至工作面，人工按照设计图纸安装，钢筋安装按“先内后外，先弯后直，层次清晰，相互配合”的原则进行，钢筋安装完成后应做到整体不摇荡，不变形，钢筋焊接、绑扎应满足规范要求，钢筋与模板之间设置同强度混凝土垫块。

岩壁吊车梁内部预埋件安装时，由测量人员根据设计蓝图所示放出埋件安装中心线、位置及高程等并设置定位筋精确定位，预埋件通过辅助钢筋与岩壁吊车梁钢筋焊接牢固。

4.2.5　混凝土配合比

为控制岩壁吊车梁混凝土变形和裂缝，岩壁吊车梁混凝土可适当掺加外加剂，来提高混凝土的整体性能，同时掺加适量的粉煤灰能够减少水泥用量，降低水化热，经现场配合比试验，确定岩壁吊车梁混凝土配合比见表 1。

表 1　　岩壁吊车梁混凝土配合比

设计要求	种类	最大粒径/mm	坍落度/mm	配合比参数					每方混凝土材料用量/(kg/m³)							
				水胶比	砂率	粉煤灰	减水剂	引气剂	水	水泥	粉煤灰	人工砂	粗骨料		减水剂	引气剂
													5～20mm	20～40mm		
C30W6F100	常态混凝土	40	80～120	0.43	39%	20%	1.70%	0.50%	144	268	67	691	551	551	5.695	1.675

4.2.6 混凝土入仓及堵头处理

为降低混凝土的水化热，岩壁吊车梁采用低坍落度混凝土浇筑，混凝土入仓采用“吊车＋吊罐”形式。吊罐拟采用25t汽车吊吊运，采用$1m^3$吊罐，自身重量0.35t，每次起吊混凝土重量2.5t，总重量约为2.85t。混凝土浇筑采用分层浇筑法，每层浇筑厚度30cm，每仓设置3个混凝土下料口，孔间距3m，下料口位置钢筋暂不绑扎，搬开一定距离，将下料漏斗伸入混凝土浇筑面内，混凝土下料自由跌落高度不得大于1.5m。

岩壁吊车梁浇筑过程中标准段为每10m一仓，为保证整体浇筑效果和减少浇筑过程中的凿毛和模板拆卸施工，在施工缝堵头位置安装免拆模板，不仅节约施工工期，而且也能保证施工缝处的质量。

4.2.7 混凝土振捣

混凝土振捣采用2台ϕ50mm型振捣棒、振捣器前后两次插入混凝土中的间距，不超过振捣器有效半径的1.5倍（30cm），并插入下层混凝土5cm，顺序依次振捣，方向一致，以保证上下层混凝土结合，避免漏振。每一插点振捣时间为20～30s，以混凝土不再显著下沉，不出现气泡，并开始泛浆时为准。

5 岩壁吊车梁混凝土温控措施

5.1 原材料温度控制

岩壁吊车梁混凝土入仓温度较为严格，浇筑尽量避开高温季节，采用降低混凝土骨料拌制温度、运输保温等措施降低入仓温度，高温季节施工须采用风冷系统保证混凝土入仓温度。五岳抽水蓄能电站地下厂房岩壁吊车梁在10月下旬开始施工，原材料温控措施如下：

岩壁吊车梁混凝土所用骨料，采用砂石加工系统加工质量合格的原材料，并存放在料仓大棚中，防止太阳暴晒，上料采用地弄取料；水泥采用提前1个月储备并已经降至常温，在水泥罐中水泥用完之前禁止中途添加水泥，确保水泥温度稳定；拌和用水降温，采用冷水机将水温降至5℃以下，采用冷水拌和。

5.2 混凝土运输温控措施

混凝土罐车罐体包裹帆布罐衣，在装入混凝土前用冷水湿润罐衣，降低运输中水分蒸发，拌和站至厂房区域在混凝土浇筑期间，在沿线设置交通指挥人员，确保道路运输畅通，尽量缩短运输时间，使混凝土尽快入仓。

5.3 混凝土浇筑温控措施

（1）岩壁吊车梁混凝土浇筑施工安排在夜间低温时段进行施工。

（2）在岩壁吊车梁内部预埋两层冷却水管，采用ϕ25mm PE管。在混凝土浇筑完成后即开始通水，通水时间7d，通水水温为20～30℃（并根据现场实际对通水水温进行微调以更好发挥通水降温作用，混凝土温度与冷却水管进口水温之差不超过20℃）。

（3）仓内埋设智能测温元件，每仓混凝土预埋两个断面测温元件，第一个断面在距端模50cm、第二个断面在该仓跨中位置，每个断面埋设三支感温元件，埋设位置详见图3。岩壁吊车梁开始浇筑～浇后5d，对岩壁吊车梁混凝土进行实时持续监测，总测量时间持续28d。

（4）岩壁吊车梁混凝土浇筑完成后及时对混凝土表面进行洒水养护，在顶面覆盖塑料薄膜和保温棉被，保持吊车梁混凝土表面润湿状态。

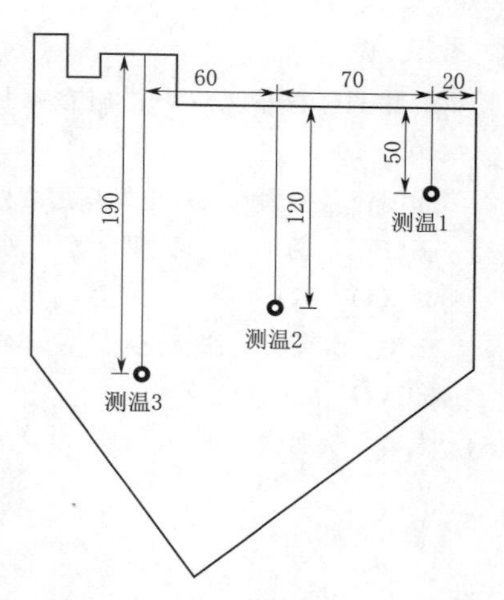

图3 测温原件埋设示意图（单位：cm）

6 岩壁吊车梁混凝土成品保护

6.1 爆破飞石防护

为了防止岩壁吊车梁成型混凝土不受下层开挖爆破飞石的撞击破坏，采取如下保护措施：斜面及直立面模板暂不拆模，待主厂房第Ⅴ层开挖结束后方可拆除；岩壁吊车梁混凝土顶面采用铺设竹胶板和砂袋进行保护。

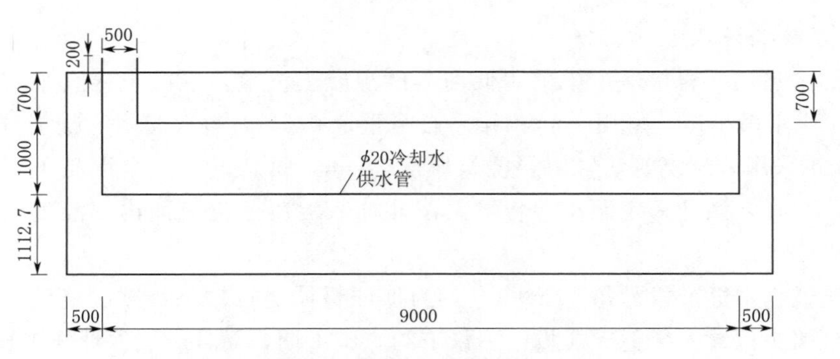

图4 冷却水管埋设示意图（单位：mm）

6.2 爆破质点振动速度控制

岩壁吊车梁浇筑完成后，7d龄期内，禁止周边洞室距离小于50m部位进行爆破作业，重点需控制厂房第Ⅲ～第Ⅵ层爆破开挖对岩壁吊车梁的爆破振动，采取中部拉槽梯段爆破，两侧预留保护层光面爆破的施工方法，每次爆破长度不超过15m，控制单段装药量，必要时采用单孔单响起爆网络。新浇岩壁吊车梁上布设振动监测仪器，做好振动监测，发现异常及时调整爆破参数。

7 结语

五岳抽水蓄能电站地下厂房岩壁吊车梁混凝土浇筑历时41d。经对现场温升实时监测，内部最高温度达57℃，同时间外部最高温度达40.8℃，各个测温点最大温差为19℃，满足规范要求；7d拆模后对混凝土进行外观质量和强度检查，混凝土无裂缝、错台、蜂窝、麻面等现象，7d龄期平均混凝土强度达到30MPa以上，28d龄期平均混凝土强度达到38MPa以上，优质、高效地完成岩壁吊车梁混凝土施工。通过五岳抽水蓄能电站岩壁吊车梁混凝土施工，共总结出以下几点结论可供参考：

（1）岩壁吊车梁混凝土施工支架采用新型盘扣式脚手架，成本低廉，支撑牢靠，安拆简便，施工效率高；钢平台走道安装简易，规范安全；排架整齐划一，文明施工形象好。

（2）施工缝堵头位置安装免拆模板，减少了浇筑过程中的模板拆除和凿毛施工，不仅节约施工工期，而且也能保证施工缝处的质量。

（3）不同温控措施对于岩壁吊车梁的影响不同：控制浇筑温度能降低最高温度，临时保温能显著降低内外温差，通水冷却能显著降低最高温度和内外温差，因此，施工过程中可多措并举进行温控。

（4）信阳及信阳以北地区初冬季节进行岩壁吊车梁混凝土施工，采用冷水机拌和施工用水、水泥提前入罐等措施，能满足混凝土入仓温度要求，可节约风冷降温成本。

参考文献

［1］ 梁胜利，曹军．防裂措施在蓄能电站岩壁吊车梁混凝土施工中的应用［J］．云南水力发电，2021，37（10）：101-106．

［2］ 熊国锋，杨耀．梅蓄电站厂房岩壁吊车梁混凝土浇筑内外温差研究［J］．广东水利水电，2020（10）：61-65．

［3］ 王红军，杨润菊，晏明，等．两河口水电站厂房岩壁吊车梁镜面混凝土施工技术［J］．云南水力发电，2020，36（4）：47-49．

［4］ 王南，吴朝月，张怀芝，等．丰宁抽水蓄能电站地下厂房岩壁吊车梁温控设计研究［J］．水利水电工程设计，2020，39（2）：1-5．

［5］ 朱浩，贺明武，张钊．地下电站岩锚梁裂缝成因分析研究［J］．水电与新能源，2020，34（7）：41-48．

句容抽蓄电站上水库库底土工膜防渗系统设计

孙檀坚　雷显阳
（中国电建集团华东勘测设计研究院有限公司，浙江省杭州市　311122）

【摘　要】句容抽水蓄能电站上水库采用库岸沥青混凝土＋库底土工膜的防渗方案，其中库底土工膜在开挖区选用 HDPE 土工膜，在填筑区选用 TPO 土工膜，在水电工程中尚属首次运用，其技术难度较高，且无成熟经验借鉴。为此，重点介绍该工程中的土工膜防渗技术设计方案及实施情况，总结土工膜防渗技术特点，将为我国土工膜库盆防渗积累宝贵经验，并推动土工膜防渗技术的发展。

【关键词】HDPE 土工膜　TPO 土工膜　沥青混凝土面板　水库防渗

1　引言

在抽水蓄能电站中，水库防渗技术是与工程安全和造价密切相关的主要技术之一。抽水蓄能电站的上水库，一般位于地势较高处，库周地下水位常低于正常蓄水位，库岸山体单薄、构造发育，水库蓄水后与临谷间不存在地下水分水岭，存在外漏风险，因此多采用全库盆或大范围的防渗处理。鉴于上水库地形特点及径流条件，需要采取一定的工程措施进行防渗处理，甚至一些工程依赖其天然条件无法成库，需要进行全库盆防渗处理，如已建的天荒坪、泰安、溧阳工程上水库等。

库盆防渗形式一般采用混凝土面板、沥青混凝土面板、黏土铺盖和土工膜等。混凝土面板在库底填渣体上作为防渗材料时，难以适应较大的地基不均匀沉降，容易产生大量裂缝，修补较困难；沥青混凝土面板防渗可以适应较大的地基变形，但施工复杂、造价昂贵；黏土则受料源的制约，且根据国家环境保护政策，不宜大量开采；土工膜因其优良的变形适应性能、造价低等特点，更适用于高填筑体的表面防渗。

句容抽水蓄能电站位于江苏省句容市境内，上水库主坝最大坝高 182.3m，是世界上在建最高的沥青混凝土面板坝，也是最高的抽水蓄能电站大坝；库盆最大回填深度达 120m，是规模最大的库盆填筑工程，且库坝基础地质条件及填筑料岩性复杂，变形控制和可靠防渗结构是工程关键技术问题。

2　工程概况

2.1　地质概况

上水库位于仑山西南侧大哨沟，东、北、西三面由高程 290.8～400.4m 的山脊及垭口组成，坝址处沟谷呈不对称的 V 形。岸坡总体坡度 25°～40°，发育多条浅蚀的小冲沟，库盆地势不平，高程 100～140m。

上水库库岸扩挖后北库岸和西库岸山体将更为单薄，库外岸坡高陡，库底半挖半填地基；岩性为弱～微风化白云岩类，具弱～中等岩深发育强度，勘探深度内均有溶洞、溶蚀裂隙揭露，白云岩类以弱～微透水性为主；库区断层岩脉发育，横切主、副坝基及北库岸，库周分水岭地下水位和岩体相对隔水层顶板（$q\leqslant 1$Lu）埋深均低于正常蓄水位，上水库蓄水后存在库水外渗的地形地质和水文地质问题。

2.2　上水库总体布置

上水库由主坝、副坝和库周山岭围成。正常蓄水位 267.00m，死水位 239.00m，总库容 1739 万 m^3。主、副坝均采用沥青混凝土面板堆石坝，坝顶高程 272.40m，主坝最大坝高 182.30m，坝顶长度 810m，坝顶宽度 10m。坝体上游面坡比 1：1.7，下游面坡比 1：1.8/1.9。库底高程 237.00m，库底以上的坝体分区自上游至下游依次为沥青混凝土面板、垫层料、过渡料、上、下游堆石料及坝后压坡体；库底以下，上游以反滤料代替垫层料，大坝总填筑方量 1597 万 m^3，库岸沥青混凝土防渗范围约 25 万 m^2。库盆采用半挖半填方式布置，库底最大回填高度约 120m，采用上、下水库开挖的石料、土料、土石混合料、玢岩料等填筑而成，库盆表面采用土工膜防渗。由于库盆采用料源复杂，水库蓄水后变形大，局部基础不均匀沉降将对表面防渗体及连接结构等产生不利影响，因此，对库盆回填区域土工膜防渗布置进行了进一步细化研究设计。其中上水库平面布置及剖面图见图 1、图 2。

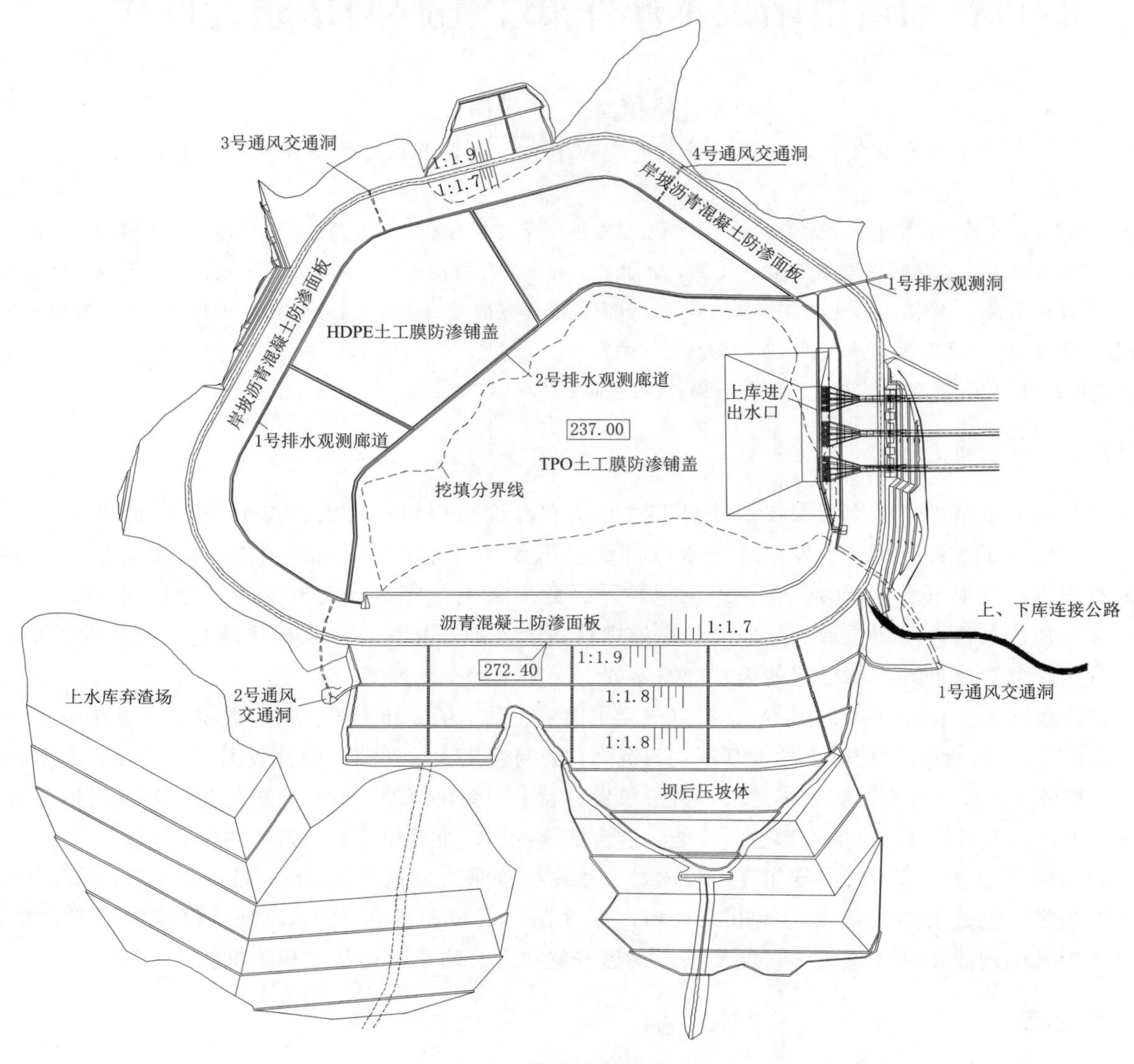

图 1　上水库平面布置图

3　防渗设计

3.1　总体防渗设计

上水库采用库岸沥青混凝土面板＋库底土工膜防渗。库岸沥青混凝土面板采用简式结构，由表面封闭层（2mm 沥青玛瑞脂）、面板防渗层（10cm）、底层整平胶结层（10cm）组成，大坝侧设置 300cm 排水垫层，库岸侧 60cm 排水垫层。沥青混凝土面板底高程 237.00m，顶高程 269.4m（大坝）/271.6m（库岸），总防渗面积约 25 万 m^2。

库底土工膜防渗包括防渗层结构设计和周边连接结构设计。其中库盆开挖区防渗层自上而下依次为土工砂袋压覆、1.5mm 厚 HDPE 土工膜、三维复合排水网（200g/m^2 土工布/排水网/500g/m^2 土工布）、8cm 厚中细砂、52cm 厚垫层料；库盆填筑区防渗层自上而下依次为土工砂袋压覆（或预制块）、1.5mm/2.0cm 厚 TPO 土工膜、三维复合排水网、8cm 厚中细砂、52cm 厚垫层料、过渡料及下部库盆回填料。

库底土工膜与库岸沥青混凝土采用排水廊道连接，沥青混凝土与排水廊道采用搭接方式，搭接长度 1.5m，土工膜与排水廊道采用机械锚固方式，两者之间通过防渗保护盖片压覆，细部结构见图 3。

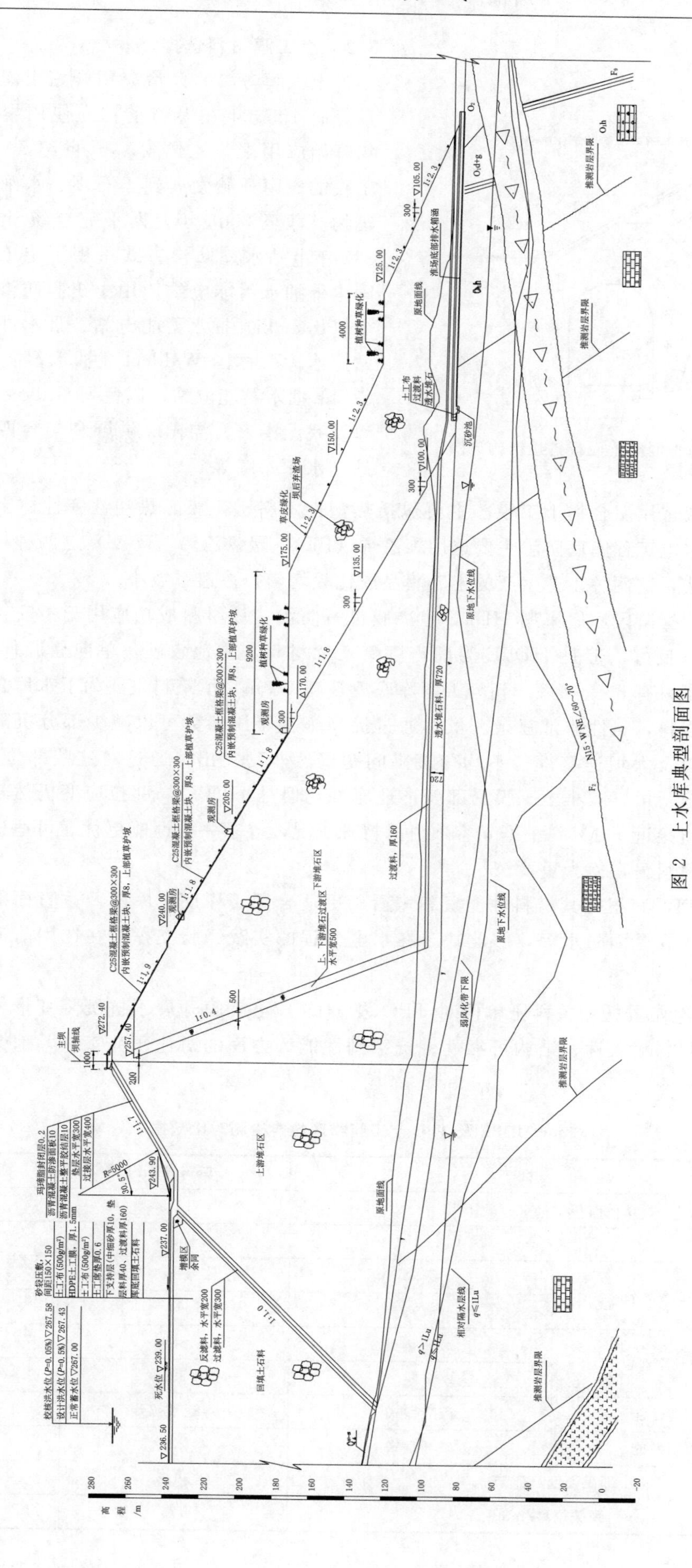
校核洪水位(P=0.05%)∇267.58
设计洪水位(P=0.5%)∇267.43
正常蓄水位∇267.00
死水位∇239.00
∇236.50
∇237.00
∇243.90
R=5000
主坝
坝轴线
∇272.40
∇257.40
1000
200
500
1:0.4
1:1.9
∇240.00
观测房
1:1.8
∇205.00
∇170.00
∇175.00
∇135.00
∇150.00
∇100.00
∇125.00
∇105.00
1:2.3
300
9200
4000
植树种草绿化
草皮绿化
沉砂池
上游堆石区
回填土石料
过渡料，厚160
透水堆石料，厚720
原地面线
原地下水位线
弱风化带下限
相对隔水层线
推测岩层界限
高程/m
280
260
240
220
200
180
160
140
120
100
80
60
40
20
0
−20

图2　上水库典型剖面图

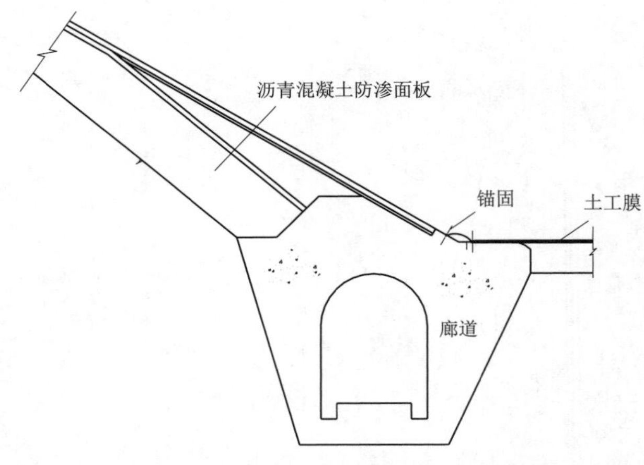

图3 土工膜与沥青混凝土面板搭接结构详图

3.2 土工膜材料选择

土工膜防渗的大量应用开始于灌溉工程，美国垦务局1953年在渠道上首先使用聚乙烯膜，1957年开始应用聚氯乙烯膜。20世纪50年代末期，土工膜的应用开始发展到土石坝、水闸和其他一些建筑物。截至2003年，据不完全统计，世界上共有232座电站水库防渗方式采用了土工膜防渗。其中国内外抽水蓄能电站使用土工膜防渗的有：日本今市（Imaichi）抽水蓄能电站、日本冲绳海水蓄能电站上水库、德国 Waldeck I 抽水蓄能电站、法国 La Coche 抽水蓄能电站、以色列 Gilboa 抽水蓄能电站，以及我国泰安、溧阳、洪屏和句容四座抽水蓄能电站上水库库底等。

水电工程土上一般选用聚合物土工膜，主要包括热塑性塑料土工膜、热塑性弹性体土工膜和热固性橡胶土工膜。国内外水电工程库底防渗主要选用聚乙烯（PE）、聚氯乙烯（PVC）这两种材料，生产工艺采用吹塑法或者压延法，这两种工艺生产的土工膜品质比较均匀，渗透系数小。

句容工程上水库招标阶段库底采用 HDPE 土工膜进行防渗，该材料成功应用于泰安、溧阳抽水蓄能电站中，目前运行状态良好。但是 HDPE 为高密度聚乙烯材料，质地较硬，单向屈服伸长率约11%～13%，双向屈服伸长率只有3%～4%。句容工程库底填筑高120m，填筑料主要为下水库含碎石土料、上库的边角料及风化玢岩料，料性非常复杂。虽然通过提高施工碾压参数可以减少部分沉降变形，但库盆的挖填分界、进出水口及大坝连接部位不均匀沉降问题仍然非常突出，通过对这些部位考虑预留超高、设置增模区等工程措施，可以减小土工膜局部变形适应性，但是 HDPE 局部拉应变仍然较大，进出水口部位土工膜最大应变值接近于1%。根据句容项目的特殊工况，寻求一种性能更优、可适应大尺度沉降变形、便于施工的新型材料显得格为重要。

热塑性聚烯烃（TPO）根据其材料性能资料来看，更适合用于库底、库岸及垂直面的永久防渗，目前在国内市场一般运用在屋面防水等，因此缺乏在水电工程的实践经验支撑，在选用前需进行必要的试验研究和工艺试验。

2022年句容抽蓄电站委托相关科研单位对 TPO 及 HDPE 土工膜开展了抗沉降变形性能、耐高低温性能、焊缝可靠性、材料耐久性、结构可靠性、抗穿刺性能等方面的对比研究工作，部分对比试验数据见表1。

表1 1.5mm HDPE 及 TPO 土工膜物理性能检测对比数据

编号	项目		1.5mm HDPE	1.5mm TPO
1	单位面积质量/(g/m²)		1395	1547
2	厚度/mm		1.504	1.541
3	屈服伸长率/%	纵向	13	32
		横向	12	31
4	断裂伸长率/%	纵向	869	659
		横向	894	766
5	接缝剥离性能	破坏型式	焊缝被拉开	本体破坏
6	接缝剪切性能	破坏型式	本体破坏	本体破坏
7	邵氏硬度（邵D）		56.3	33.2
8	顶破位移/mm		173	213

续表

编号	项　目		1.5mm HDPE	1.5mm TPO
9	刺破位移/mm		23.5	34
10	胀破高度/mm		46.2	56.9
11	渗透系数/(10^{-12}cm/s)		6.8	6.2
12	拉伸屈服强度/(N/mm)		31	9
13	拉伸断裂强度/(N/mm)		44	25
14	耐热老化性能(85℃，90d)/%	断裂强度保持率	86	104
		断裂伸长率保持率	86	106
15	耐紫外线热老化性能(1600h)/%	断裂强度保持率	89	105
		断裂伸长率保持率	85	101

根据表格检测对比数据可看出，TPO相比HDPE的屈服伸长率明显较高，材料更柔性，耐老化性能更优越，因此采用TPO土工膜作为上水库高回填区防渗主体具有更好地适应变形能力、锚固端防渗可靠性及施工质量保证度等优点。

经对比研究，句容工程库盆开挖区选用厚1.5mm HDPE土工膜，总面积约18.5万m^2，回填区选用厚1.5mm土工膜，总面积约28万m^2。

3.3　变形适应性措施

由于TPO土工膜下部为库盆回填料，与锚固的廊道混凝土、开挖基岩面以及主坝上游堆石料的“软硬”程度不同，蓄水后势必在土工膜与进出水口以及沥青混凝土面板锚固部位产生较大的变形梯度，故此处局部的土工膜对于较大变形梯度的适应性是确保防渗体系可靠性的关键。以下措施对控制下支持层的变形，减小土工膜的变形具有一定的作用。

3.3.1　设置过渡条带

从库盆整体变形沉降方面考虑，上水库主坝自上游到下游依次为库盆回填料、反滤料、过渡料、上游堆石料、下游堆石料，其模量系数K值上游堆石料为1099，下游堆石料为760，库盆回填料为375。库盆回填料、下游堆石及上游堆石呈递增趋势，而实际上库盆回填料与上游堆石区直接接触，因此填筑完成后将产生较大的变形梯度。考虑在上游堆石区上游再增加一层过渡带（较库盆回填料参数略好），可有效改善接触部位的变形协调问题，保证土工膜与沥青混凝土搭接部位不产生较大突变。坝体填筑断面如图4所示。

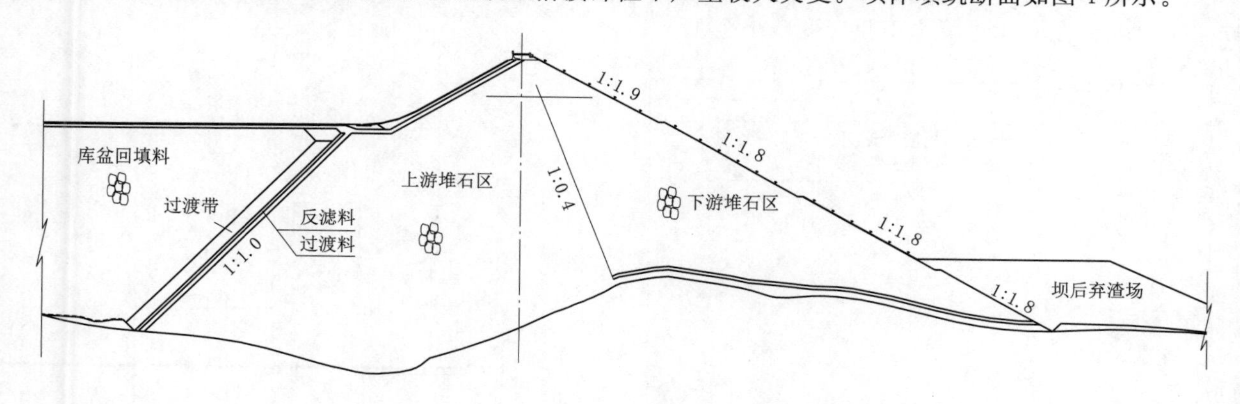

图4　主坝典型断面图

3.3.2　设置增模区及鼓包

从连接结构局部适应性变形方面考虑，由于土工膜较大的变形梯度主要集中在靠近锚固处或挖填分界处的局部较小范围内，并且土工膜局部特殊铺设方式也仅局限在较小的尺寸范围内，因此通过在大坝整体有限元计算模型中切取局部子模型进行计算，保证变形计算分析精度，可实现对土工膜设置增模区及局部改变土工膜铺设方式的精细化模拟。

选取典型主坝断面进行整体建模，建立如图5所示的整体计算模型，并对土工膜锚固部位采用子模型法进行精细化模拟计算，如图6所示。

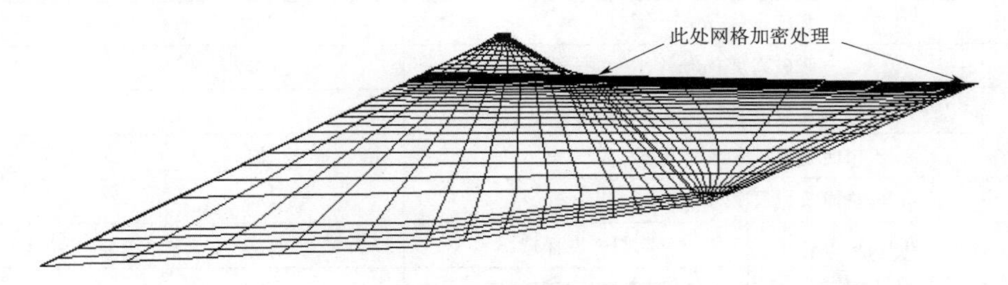

图5 坝体与库盆回填体整体计算模型

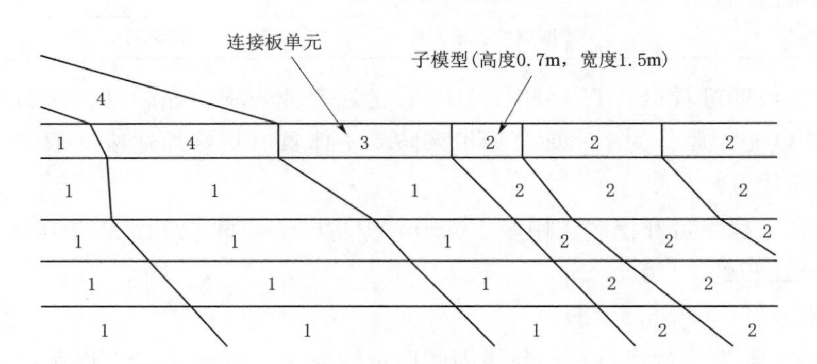

图6 整体模型中子模型位置示意图

1—上游堆石料；2—库盆回填料；3—连接板；4—沥青混凝土面板

计算结果显示，子模型中靠近连接板部位的土工膜最大应变为1.41%，较整体模型计算结构0.47%增大较多，根据图7中子模型中土工膜应变分布曲线与横坐标围成的面积来看，其基本与整体模型面积相当，说明整体模型的计算结果仅是该部位子模型土工膜应变的平均值，实际在更靠近连接板一侧的土工膜应变则要更大。

为了进一步降低锚固处土工膜的局部应变，保证其最大应变在土工膜的承受范围内，在连接板上游侧设置增模区，并在表面设置鼓包，可有效降低土工膜的应变。增模区宽4.5m，深3m，整体模型应变由0.47%降低为0.38%，子模型应变由1.41%降低为1.34%，增模区设置如图8所示。设置鼓包高度0.4m，长1.2m左右，可将土工膜应变减小至1%。

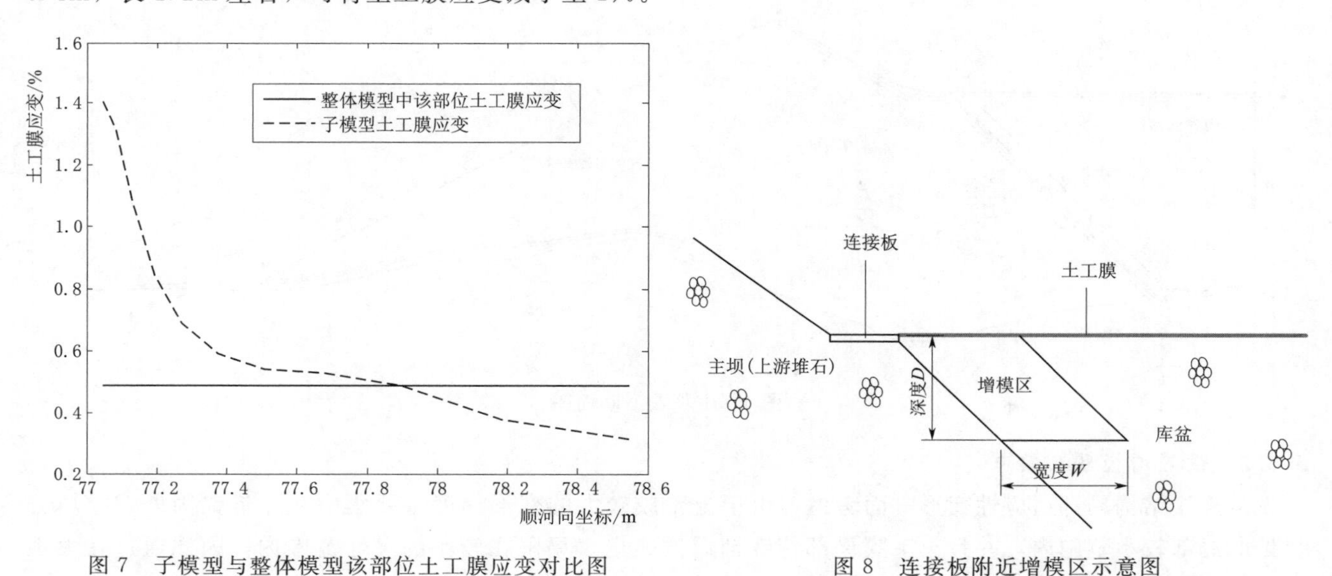

图7 子模型与整体模型该部位土工膜应变对比图

图8 连接板附近增模区示意图

3.4 渗漏排水措施

3.4.1 渗漏排水布置措施

库底填筑区土工膜渗漏水通过基础排水层向下通过主坝坝后排出，开挖区土工膜下支持层除垫层料外，另布置排水花管排入库周排水廊道内，排水廊道汇集库岸面板、库底开挖区土工膜渗水，并通过排水观测洞排出库外，如图1所示。

3.4.2 渗漏计算

土工膜的渗流量包括自身渗漏量及其他渗流量。由于土工膜自身渗透性极低，渗透系数一般为 $10^{-13}\sim10^{-11}$cm/s，因此其自身的渗漏量较小。其他渗漏量主要包括：①土工膜接缝焊黏结不实，成为具有一定长度的窄缝；②施工搬运过程的损坏；③施工机械和工具的刺破；④基础不均匀沉降使土工膜撕裂；⑤水压将土工膜局部刺穿。合理设计可基本不出现后两项缺陷，合理施工可减少前三项的缺陷，人力施工一般较机械施工缺陷少。

结合上水库库底土工膜的面积、承受水头考虑，库底土工膜的单宽平方米渗透量为 2.0×10^{-3}cm^2/s。在库底填筑碎石排水垫层，垫层距排水廊道最长距离为200m，根据达西定律，库底开挖形成向回填区0.2%的开挖坡度，水力坡降按0.2%计。库底垫层的渗透系数 k 按 1×10^{-2}cm/s计，则垫层单米宽排水量为0.12cm^3/s，单位平方米排水量为 6.0×10^{-4}cm^3/s，小于库底面板上每平方米的渗漏量 2.0×10^{-3}cm^3/s。故需在库底布置排水花管，平均间距为50m，管径0.09m，水管每10cm有6个孔。根据明槽恒定均匀流公式计算，长排水管的单宽排水量为4.75cm^3/s，平均单宽平方米排水能力为0.095cm^3/s，远大于库底土工膜单位平方米最大渗漏量 2.0×10^{-4}cm^3/s，故库底布置的排水花管满足要求。

进入廊道的渗水，可按明槽恒定均匀流公式估算排水能力。排水沟的尺寸为30cm×30cm，水力坡降 $J=0.2\%$，排水沟的排水能力为72.3L/s，远大于全库面板总渗水量2.47L/s，故排水廊道满足设计要求。

综合考虑，上水库运行不会产生反向渗水压力，面板运行安全。

4 结语

本文详细介绍了句容上水库土工膜防渗技术整体布置及细部设计，可为类似工程设计土工参考与借鉴。

(1) 根据句容工程特殊的地形地质条件采用全库盆的库岸沥青混凝土面板＋库底土工膜防渗结构，同时选用TPO土工膜作为库盆回填区防渗材料在水电工程中尚属首次，设计难度高、施工工艺复杂，是工程质量控制的关键，可以为类似高填筑库盆水库提供相关设计经验。

(2) 根据国内抽水蓄能电站的发展趋势，上水库多为需要采取全面防渗处理的中小型水库，防渗水头普遍较低，考虑土工膜防渗技术具有显著的经济性，建议在大坝和库岸均采用土工膜防渗的可行性和关键技术问题进行系统研究。

参考文献

[1] 林铭山. 抽水蓄能发展与技术应用综述 [J]. 水电与抽水蓄能，2018，4 (1)：1-4.

[2] 吴关叶，黄维，王樱畯，等. 抽水蓄能电站水库防渗技术 [M]. 北京：中国水利水电出版社，2020.

[3] 胡海涛，赵万强. 库盘土工膜水平防渗在面板堆石坝中的应用 [J]. 水利规划与设计，2017 (2)：104-107.

[4] 朱安龙，张军，张胤. 洪屏电站上水库库底土工膜防渗结构设计 [J]. 人民黄河，2017，39 (3)：95-97.

[5] 王爱林，王樱畯，雷显阳. 某抽水蓄能电站上水库库底土工膜防渗设计 [J]. 岩土工程学报，2016，38 (S1)：10-14.

[6] 石含鑫，胡旺兴，王小平，等. 江苏溧阳抽水蓄能电站上水库蓄水验收设计自检报告 [R]. 中南勘测设计研究院有限公司，2015.

[7] 黄子文，何成财. 库盆深厚覆盖层防渗特性研究及防渗方案选择 [J]. 中文科技期刊数据库 (全文版)工程技术，2021 (6)：171-173.

超长管路沉降仪结合分布式光纤监测技术在面板堆石坝的应用浅述

陈洪春　段玉昌　洪　磊　梁睿斌　徐　祥　李　明

（江苏句容抽水蓄能有限公司，江苏省镇江市　212400）

【摘　要】 江苏句容抽水蓄能电站上水库主坝为堆石坝，最大坝高 182.3m，为世界最高的抽水蓄能电站上水库大坝、规模最大的库盆填筑工程。水管式沉降仪管路最长超过 400m，并首次使用分布式光纤技术监测堆石体横向、纵向变形量。结合设计数值计算结果和监测实测数据，变形趋势和沉降分布规律符合预期，表明分布式光纤技术观测满足高面板堆石坝内部沉降变形监测需要，可以补充传统监测方法的不足。

【关键词】 高面板堆石坝　库盆填筑　沉降监测　超长管路沉降仪　分布式光纤

1　引言

堆石体内部沉降变形监测是整个工程监测的重中之重，一般工程仅采用水管式沉降仪进行横向（顺河向）垂直位移监测。但对于左右岸不对称的情况，有必要进行坝体纵向位移监测，由此可得出大坝堆石体纵向变形的大小和分布规律。

水管式沉降仪是监测堆石坝内部沉降应用最为广泛的仪器，但由于管路路线超长、管路因不均匀沉降而发生局部曲折、进水管管路进入空气等因素影响，在观测过程中经常会遇到排水管回水困难、观测时水位稳定时间过长等问题。本工程采用超长管路沉降仪结合分布式光纤监测技术监测上水库主坝及库底填筑区的变形，可以获取堆石体内部的连续变形情况，验证了分布式光纤监测技术的稳定性、可靠性，最为重要的是可以同时获取堆石体内部横向、纵向的连续变形情况，对反映堆石坝变形规律、反馈设计起到了积极作用。

2　工程概述

江苏句容抽水蓄能电站位于江苏省句容市境内，上水库主副坝为堆石坝，坝坡和库盆边坡采用沥青混凝土面板防渗，库底采用土工膜防渗。主坝采用沥青混凝土面板堆石坝，坝顶高程 272.40m，库盆填筑高程 237.00m，最大坝高 182.30m，坝顶长度 810m，坝顶宽度 10m，最大坝宽 600m，主坝填筑量达 1900 万 m^3，库盆填筑量达 1000 万 m^3，是世界最高的抽水蓄能电站大坝、最大的库盆填筑规模、最高的沥青混凝土面板堆石坝。

上水库主坝填筑材料主要分成库盆填筑区、过渡料区、主堆石区、次堆石区等，上游堆石料、过渡料采用上水库内开采的新鲜弱、微风化白云岩填筑，下游堆石料采用库内开挖的新鲜弱、微风化白云岩与闪长玢岩混合料填筑；库盆填筑料较杂，有土料、石料、土石混合料等。

3　仪器布置方案

上水库主坝沉降变形主要依靠坝体内部的 11 条水管式沉降仪测线、2 套分布式光纤系统进行监测，最远处延伸至库底填筑区。

水管式沉降仪监测断面结合主坝布置、建基面地形条件，选取 3 个监测断面，其中桩号主坝 0＋225、主坝 0＋330 为坝体最大断面，主坝 0＋530 断面靠近主坝中部下游偏右的山体地形。主坝 0＋225 与主坝 0＋330 两个断面分 5 层布置沉降测点，高程分别为 154.90m、178.60m、209.40m、231.70m 和 247.00m，主坝

0+530断面在高程231.70m布置1条测线。各条测线长度在224~430m，其中布置在高程154.90m、高程178.60m的测线长度分别为430m、416m。总长度300m以上测线的部分上游测点采用四点式沉降测点，即增加1支进水管。水管式沉降仪埋设位置如图1~图3所示。

2020年6月，经设计复核计算，给出了主坝在竣工期和正常蓄水位下坝体沉降计算成果，受填筑料差异和主坝上、下游堆石模量系数差异的影响，沉降量呈现以下分布特点：库盆填筑区>坝体次堆石区>坝体主堆石区。此前已埋设的高程154.90m测线全线采用1%坡比，其他测线结合计算分析得出的变形量精确放坡，库盆内填筑料范围内1.70%，坝内轴线以上0.80%，坝内轴线以下1.10%~1.22%，各高程测线的设计坡比如图2所示。

通过对分布式光纤传感监测技术在工程变形监测应用效果的深入调研，首次在高面板堆石坝工程中使用该系统监测主坝沉降变形，在高程178.60m、高程232.00m布设2套分布式光纤监测系统。在主坝0+330断面、高程178.60m与水管式沉降仪并行布置，仅布置横向监测光纤。在高程232.00m布置纵向光纤和横向光纤，测线整体以“丁”字形布置，纵向布设坝轴线0+000、主坝0+70~主坝0+733，横向布置在主坝0+330、坝轴线至下游观测房之间。分布式光纤埋设位置如图1、图2所示。

4 沉降监测仪器施工简介

4.1 超长管路沉降仪埋设安装

4.1.1 仪器选型

通常使用的水管式沉降仪通过三支管路连接测头与坝后观测房内的观测屏，本工程在总长度300m以上管路的上游部分测点采用四点式沉降测点（如图2所示）。

四点式沉降测点采用双进水管，为系统增加1支进水管，两支进水管在测头内具有固定的溢流高度差。使用四点式沉降测点，不仅保证了超长距离管路供水和水头误差消除，同时也可优化观测方法，不必再经过长时间的等待，只要两根测量管的水位高差与水杯溢流高度差相等时，就可以读数。

4.1.2 分段放坡

为尽量缩短实施安装埋设的时间，减少对主体工程的施工干扰，同时又能及时投入正常观测，及时获取到前期变形数据，在坝体次堆石区填筑临近监测基床带底部高程时，提前修建占用工期较长的永久观测房。

水管式沉降仪测线分三段放坡，根据填筑施工进度，依次安装坝内轴线以下测点、坝内轴线以上测点、库盆内测点。在次堆石区填筑高程达到坝轴线处基床带高程以上1m时，坝轴线以下堆石区内部沉降测点开始埋设施工，主要工序：基床带开挖整平⟶铺设管路⟶安装测头⟶充水测试⟶浇筑保护墩⟶回填覆盖，在此过程中将坝轴线以上测点的管路向上游方向牵引并集中保护，坝轴线以上分段施工的方法与此相同。分段施工过程如图4所示。

相比传统的整体放坡、开槽施工方式，分段放坡施工大幅度减少沟槽开挖的工程量，沉降测头底座和保护墩的尺寸大幅度减小，埋设施工效率较高，不影响主体工程施工。

4.2 分布式光纤埋设安装

采用45a型工字钢作为沉降监测辅助装置，现场安装埋设的主要工序：基床带开挖整平⟶安装工字钢⟶铺设光纤⟶检测光纤⟶回填覆盖。为确保安装质量，需要注意做好以下工作：①先对工字钢上下翼缘铺设光纤的位置进行除锈处理，并在当天时间之内完成粘贴光纤的工作；②粘贴光纤可使用AB胶，但胶水太稠、太稀、干燥时间过长情况等不利于固定光纤，使用前对胶水配方需进行试验；③在工字钢上游末端、横向与纵向工字钢连接处等需要转弯的位置，需设置一段冗余光纤，并将冗余光纤盘曲保护，使光纤在工字钢上游末端、直角转弯处等部位平滑过渡，避免急剧转弯造成光纤损坏；④光纤粘贴完成，且胶水干燥以后，测试光缆连通性。前序工作全部完成并且测试无异常情况以后，才能回填覆盖，如图5所示。

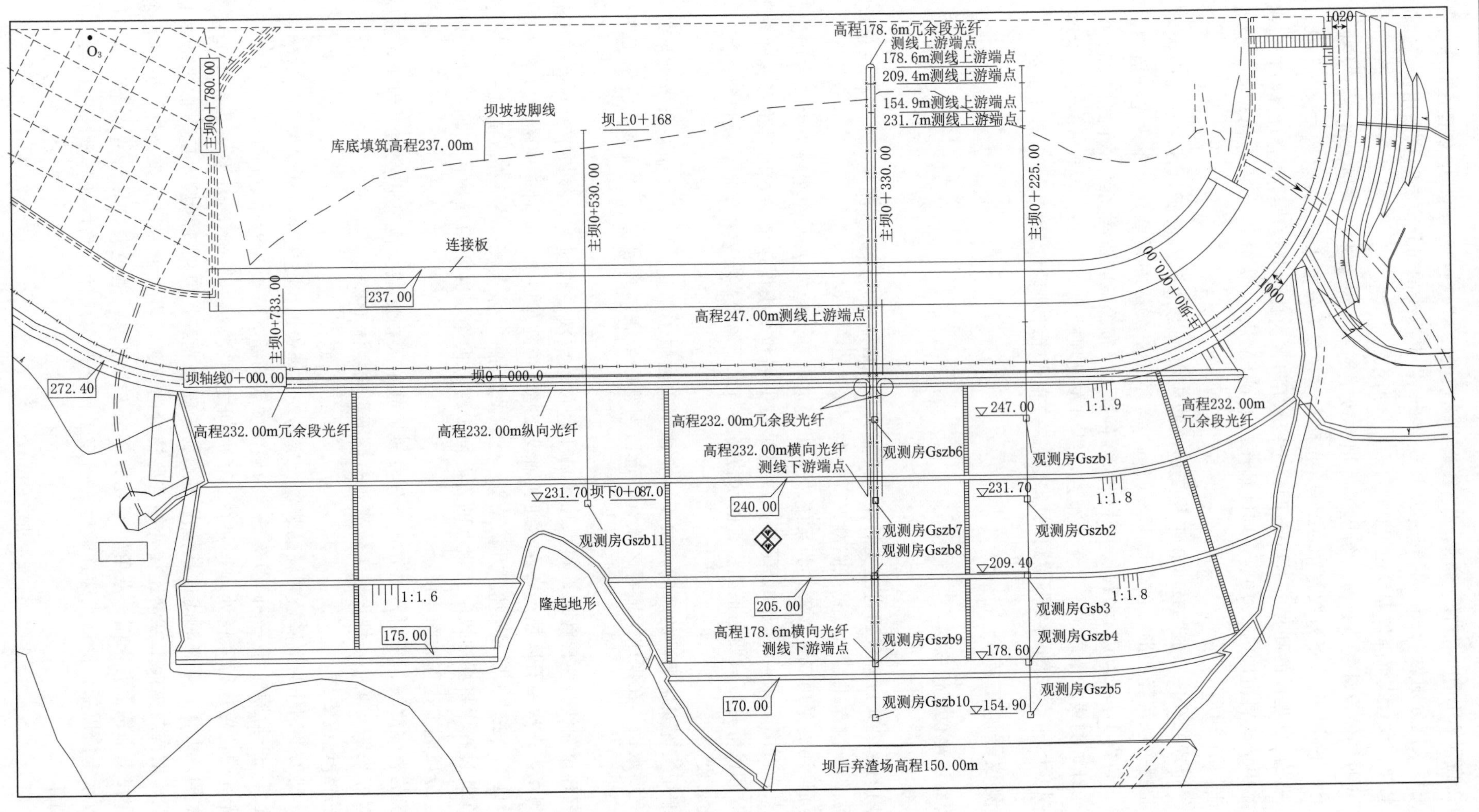

图1 主坝内部沉降监测布置平面图

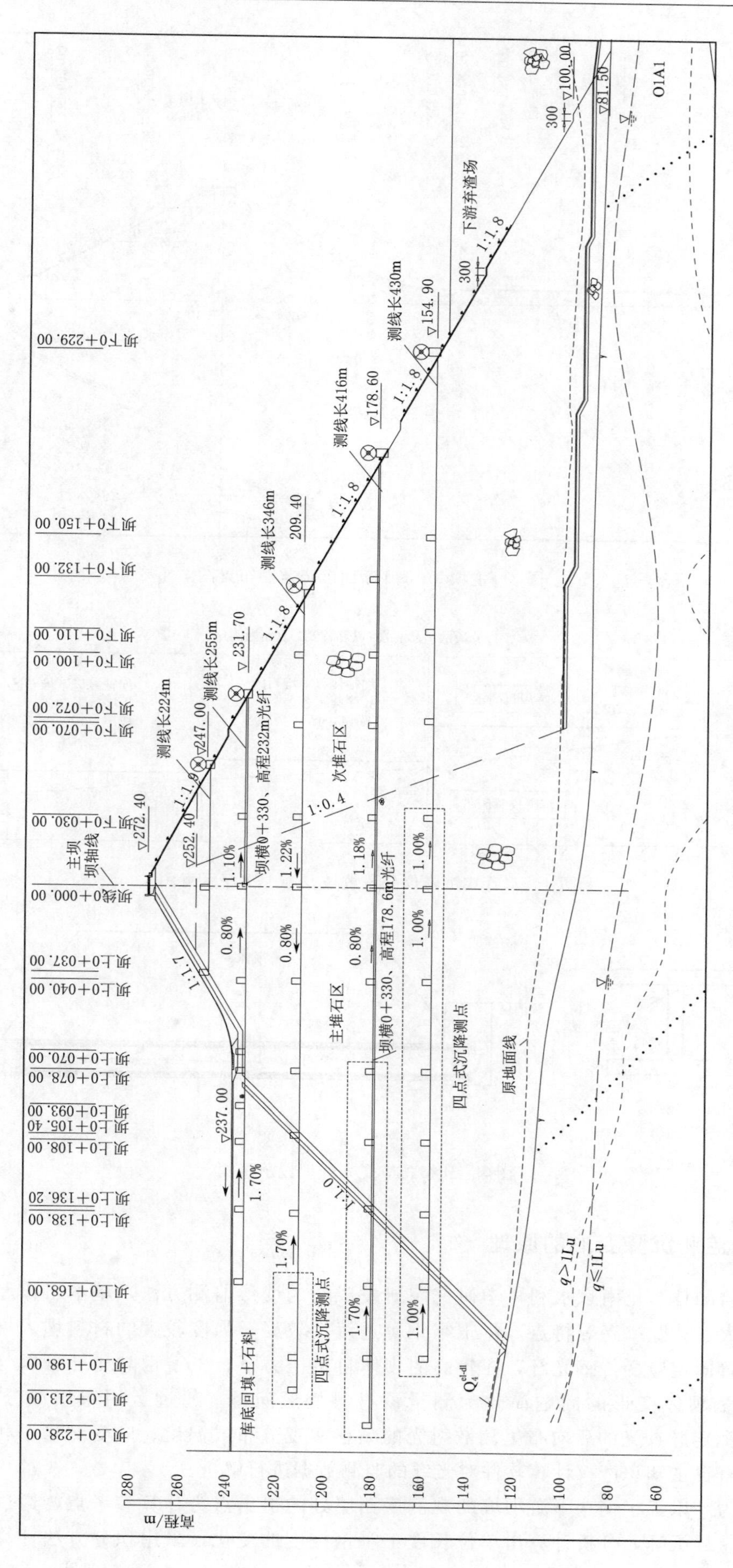

图 2 主坝 0+225、0+330 断面沉降监测布置图

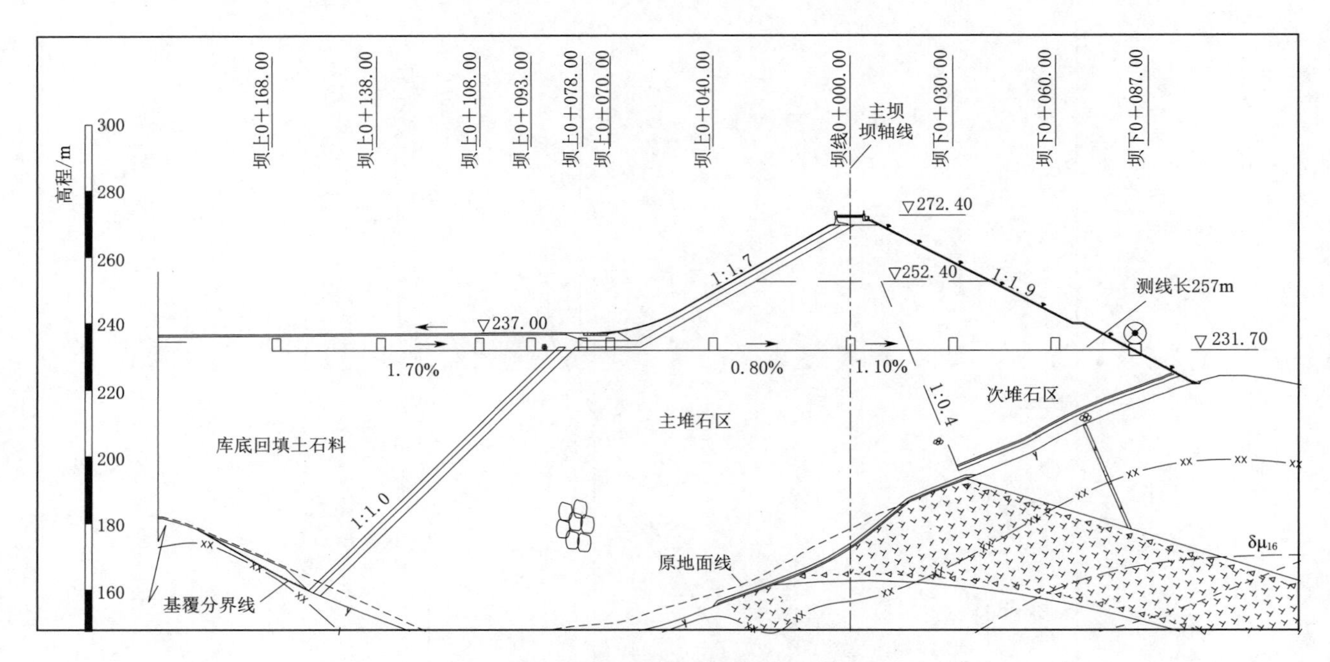

图3　主坝0+530断面沉降监测布置图

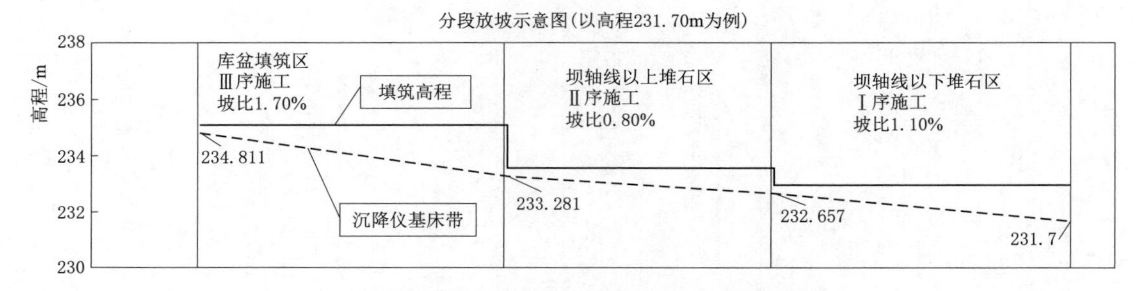

图4　水管式沉降仪分段放坡及施工次序示意图

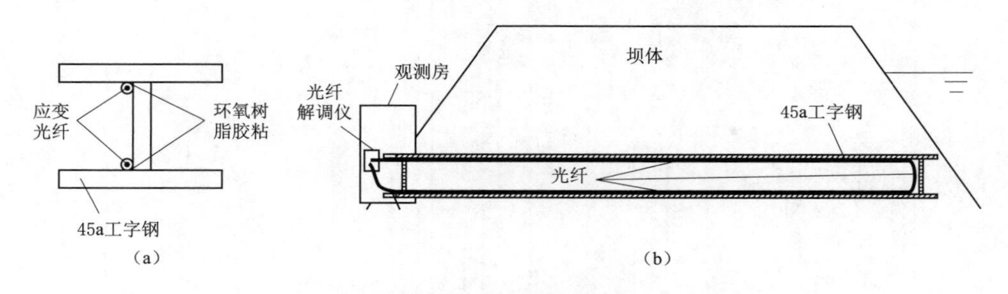

图5　分布式应变光纤埋设示意图

5　分布式光纤监测沉降变形的原理

分布式光纤监测技术是南京水利科学研究院研发成功的变形监测方法，基本工作原理为：针对堆石坝体填筑料粒径大、孔隙率高等特点，将工字钢等连续性较好、强度较大的材料埋入堆石料内部，在埋入材料的适当位置固定应变传感光纤，在较高的坝体自重压力下，工字钢与光纤可以与坝体堆石料同步变形，故可将测量坝体变形的问题简化为测量该材料变形问题。通过运用布里渊分布式光纤传感原理（BOTDA），测定脉冲光的后向布里渊散射光的频移实现分布式温度、应变测量，利用南京水利科学研究院研发的拥有自主知识产权计算软件对光纤的监测数据进行解析。

其计算原理为：以工字钢在下游坝坡的观测房挡墙处的引出点为计算参考点，通过解析单位长度工字钢上下翼缘的差异沉降，分析计算出单位长度工字钢挠度的变化，采用积分方法计算分析测量的应变数据，从而得到堆石坝内部的沉降变形分布。

坝体内部埋设的应变传感光纤为带铠装结构的传感光纤，使用瑞士 OMNISENS 公司产的 Vision Dual 型光纤解调仪测量，应变测量的最小空间分辨率为 0.1m，因而可获取堆石体在光纤分布布设方向的连续变形分布情况。

6 施工期变形监测资料分析

6.1 水管式沉降仪监测成果

截至 2023 年 9 月 20 日，主坝填筑高程为 269.40m，库盆填筑高程为 236.40m。主坝 0+225、主坝 0+330、主坝 0+530 断面各高程沉降量分布情况见图 6～图 8。

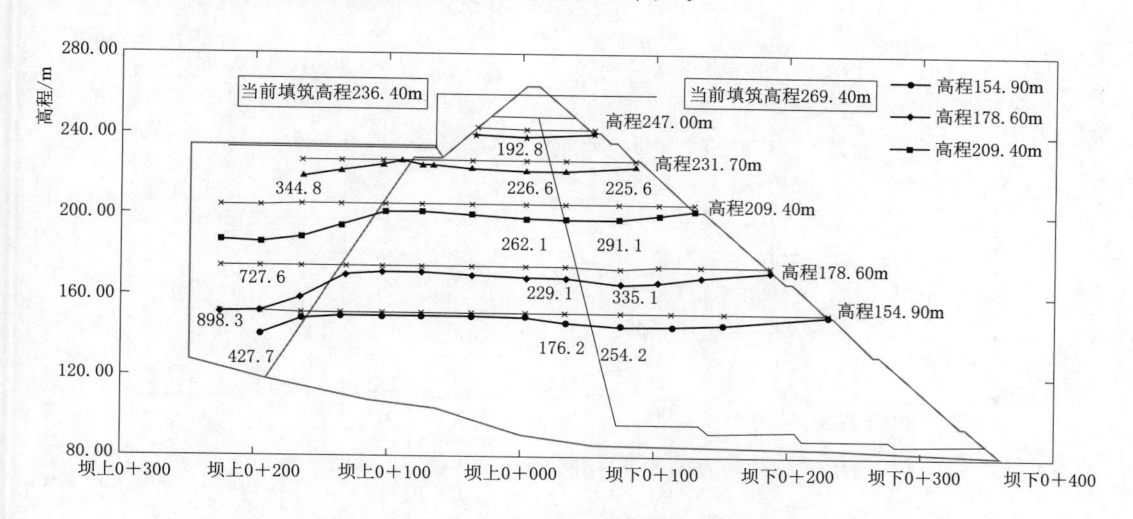

图 6 上库主坝 0+225 断面水管式沉降仪沉降分布图

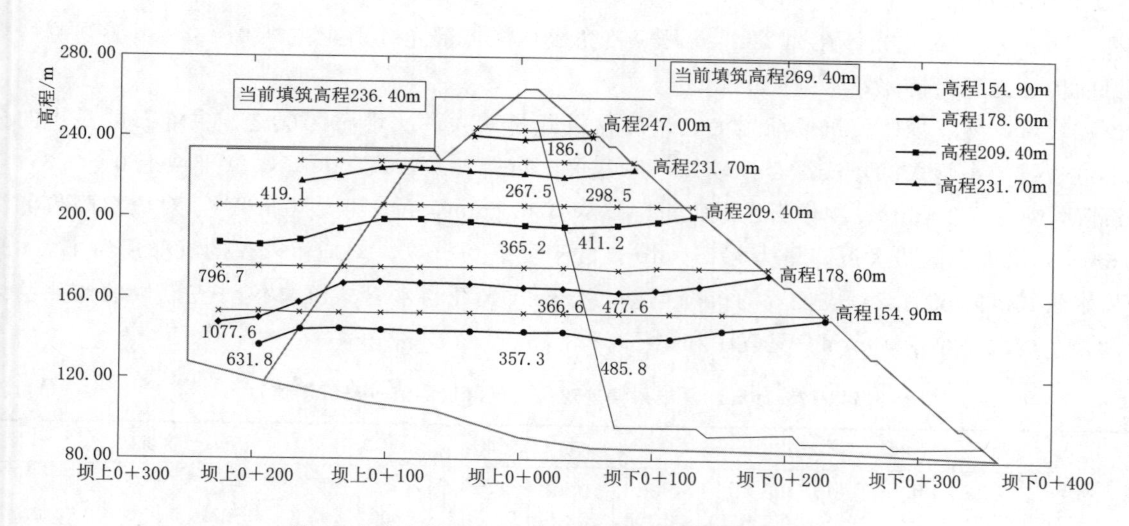

图 7 上库主坝 0+330 断面水管式沉降仪沉降分布图

上库主坝坝体沉降随着坝体填筑逐渐增大，呈库盆沉降量最大、次堆石区次之、主堆石区最小的分布规律，分布规律与可研阶段主坝有限元计算成果一致（见图 9）。从各个监测断面变形情况来看，主坝 0+330 断面沉降量最大，其次为主坝 0+225，主坝 0+530 断面沉降量最小。

库盆最大沉降量为 1077.6mm，位于主坝 0+330 断面、高程 178.60m、坝上 0+228，为目前坝高的 1.02%；主堆石区最大沉降量为 366.6mm，位于主坝 0+330 断面、高程 178.60m、坝下 0+030，为目前坝高的 0.20%；次堆石区最大沉降量为 485.8m，位于主坝 0+330 断面、高程 154.90m、坝下 0+072，为目前坝高的 0.26%。

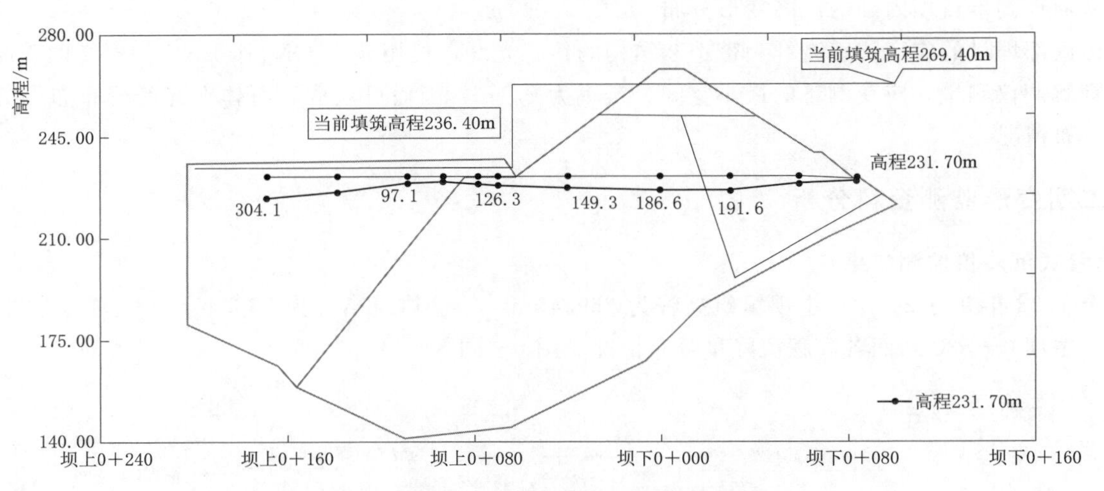

图 8 上库主坝 0＋530 断面水管式沉降仪沉降分布图

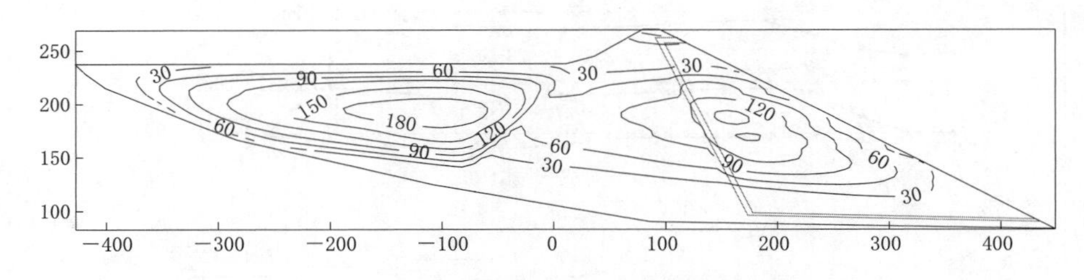

图 9 主坝有限元计算的竣工期沉降等值线图

6.2 分布式光纤监测成果分析

6.2.1 高程 178.60m 光纤

高程 178.60m 分布式光纤在 2021 年 1 月安装完成，将传感光纤引至主坝 0＋330 下游观测房处开始测量，目前传感光纤保持完好、测量正常。

从过程线看，随着坝体填筑逐渐增大，呈库盆沉降量最大、次堆石区次之、主堆石区最小的分布规律，变形过程线与水管式沉降仪符合性较好。库盆最大沉降量为 1077.6mm，位于坝上 0＋228，对应沉降仪的沉降量为 1077.6mm；主堆石区最大沉降量为 376.1mm，位于坝下 0＋030，对应沉降仪的沉降量为 366.6mm；次堆石区最大沉降量为 470.3mm，位于坝下 0＋070，对应沉降仪的沉降量为 477.6mm。

计算水管式沉降仪测点对应位置的沉降偏差，分布式光纤与水管式沉降仪对应点位的监测结果误差为厘米级，平均误差小于 10mm，见表 1 和图 10、图 11。

表 1 高程 178.10m 测量结果偏差对比（沉降仪测值—光纤测值） 单位：mm

观测日期	库盆			主堆区						次堆区			观测房
	坝上 0＋228	坝上 0＋198	坝上 0＋168	坝上 0＋136	坝上 0＋108	坝上 0＋078	坝上 0＋040	坝上 0＋000	坝下 0＋030	坝下 0＋070	坝下 0＋100	坝下 0＋132	坝下 0＋184
2021-03-22	0.8	−3.3	7.8	−12.3	−9.5	−15.1	7.3	−11.1	−7.3	−19.3	−16.0	−9.1	−6.9
2021-06-16	0.0	−1.2	13.2	−10.7	−16.6	5.8	2.9	1.3	−13.0	−4.6	6.4	8.9	2.5
2021-09-06	2.7	20.7	24.8	2.3	−12.8	7.1	17.7	20.9	3.2	22.6	21.2	−0.3	4.6
2022-03-04	−0.3	6.1	9.2	12.7	6.2	−0.5	0.0	20.4	5.2	22.6	13.8	1.5	−0.3
2022-07-21	0.0	−0.3	0.6	−1.8	−13.3	−19.9	−20.2	−16.4	0.5	−16.6	−18.6	−16.2	0.0
2022-09-21	0.0	−0.3	0.6	−1.8	−35.3	−25.5	−5.0	−13.7	0.5	−7.5	−13.5	−12.2	0.0
2022-12-13	7.6	5.4	4.2	3.1	−12.3	−15.3	−3.0	−1.9	4.6	18.7	9.2	8.9	0.1
2023-03-20	1.2	5.4	−1.6	−3.1	−24.4	−24.6	−17.0	6.9	6.2	4.8	−13.0	−10.5	0.7

续表

观测日期	库盆			主堆区						次堆区			观测房
	坝上 0＋228	坝上 0＋198	坝上 0＋168	坝上 0＋136	坝上 0＋108	坝上 0＋078	坝上 0＋040	坝上 0＋000	坝下 0＋030	坝下 0＋070	坝下 0＋100	坝下 0＋132	坝下 0＋184
2023-05-19	0.3	−12.0	−19.6	−16.0	−27.3	−29.7	−21.0	−12.4	−22.7	−10.1	−9.2	−23.2	0.0
2023-07-18	−0.1	−10.4	0.6	−11.8	−22.4	−22.2	−22.5	−11.1	−9.6	7.3	−14.0	−20.6	0.0
2023-09-15	0.0	−0.3	0.6	−1.8	−35.3	−25.5	−5.0	−13.7	0.5	−7.5	−13.5	−12.2	0.0

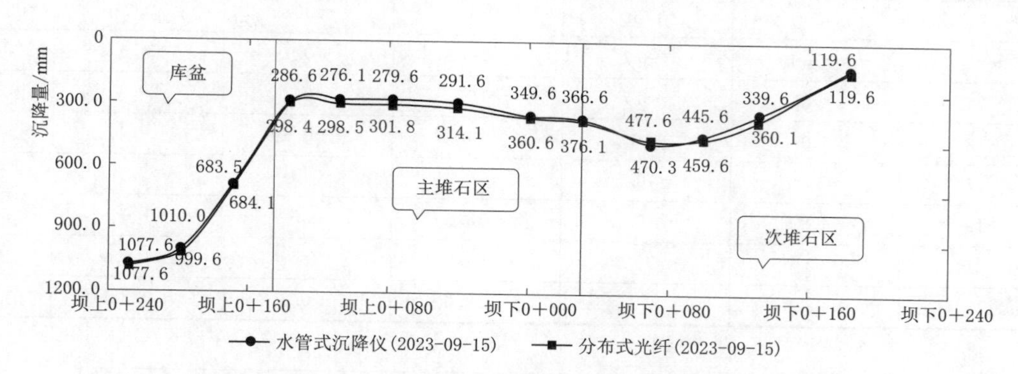

图 10　主坝 0＋330/高程 178.60m 水管式沉降仪与分布式光纤沉降量分布图

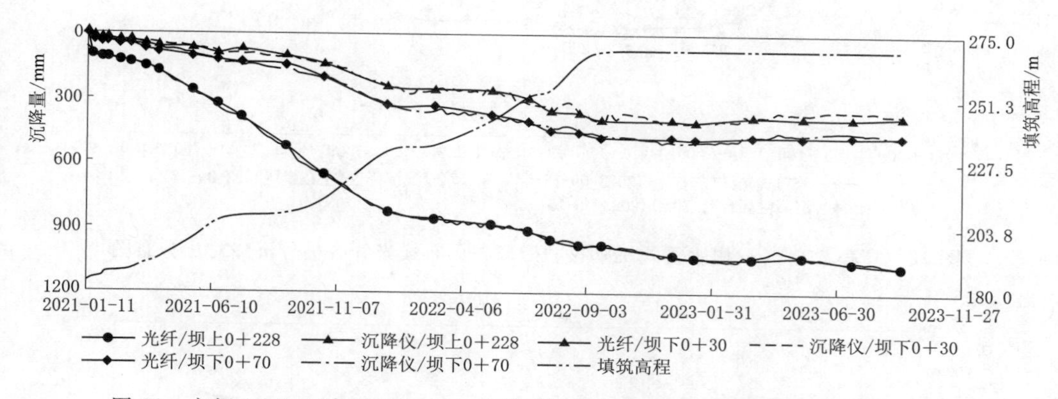

图 11　主坝 0＋330/高程 178.60m 水管式沉降仪与分布式光纤沉降量对比过程线

6.2.2　高程 232.00m 光纤

高程 232.00m 分布式光纤在 2022 年 3 月安装完成，将传感光纤引至主坝 0＋330 下游观测房处开始测量，目前传感光纤保持完好、测量正常。

左右岸方向监测成果：桩号范围主坝 0＋070～主坝 0＋733，纵向位移分布呈自坝左向中部逐渐增加，主坝 0＋225～主坝 0＋330 断面范围的沉降较大，向右岸方向的沉降量逐渐减小，分布规律与水管式沉降仪实测结果基本一致，曲线能够反映在左、右岸方向上坝体沉降的连续分布情况。截至 2023 年 9 月 15 日，在主坝 0＋225、主坝 0＋330、主坝 0＋530 桩号位置沉降量分别为 253.2mm、268.9mm、227.8mm，与相同位置的水管式沉降仪偏差值为−1.7～8.4mm，观测精度满足高面板堆石坝内部沉降监测的需要。

上、下游方向监测成果：桩号范围坝下 0＋000～坝下 0＋079，沉降量最大的位置在坝下 0＋030，与水管线沉降仪的分布规律相同，与水管式沉降仪偏差值在 0.8～16.4mm，观测精度满足高面板堆石坝内部沉降监测的需要。

计算水管式沉降仪测点对应位置的沉降偏差，分布式光纤与水管式沉降仪对应点位的监测结果误差为厘米级，平均误差小于 10mm，见表 2 和图 12、图 13。

表 2　　**高程 232.00m 测量结果偏差对比（沉降仪测值—光纤测值）**　　单位：mm

观测日期	纵向（左、右岸方向）			横向（上、下游方向）		
	坝 0+225	坝 0+330	坝 0+530	坝上 0+000	坝下 0+030	坝下 0+079
2022-04-09	−8.8	−7.0	−1.3	0.0	5.0	0.0
2022-04-16	0.1	−3.7	−9.7	5.1	15.9	8.2
2022-04-23	−3.2	−13.8	−6.7	0.0	9.8	0.0
2022-05-11	1.0	−4.9	−1.1	−4.2	−4.8	−7.7
2022-06-24	1.1	1.6	1.0	0.8	0.0	0.0
2022-07-21	−5.8	−8.7	−16.2	−0.1	14.6	−12.1
2022-09-24	−5.8	−8.7	−16.2	−0.2	29.9	−12.1
2023-01-13	6.0	8.0	1.0	−0.3	27.4	0.0
2023-03-17	−31.7	−10.5	−41.0	0.0	27.9	0.0
2023-05-19	−62.5	−10.7	−33.5	0.0	1.0	0.0
2023-07-21	−63.0	−34.3	−64.9	8.2	1.8	0.2
2023-09-15	−43.9	8.2	−39.0	−0.3	3.8	0.0

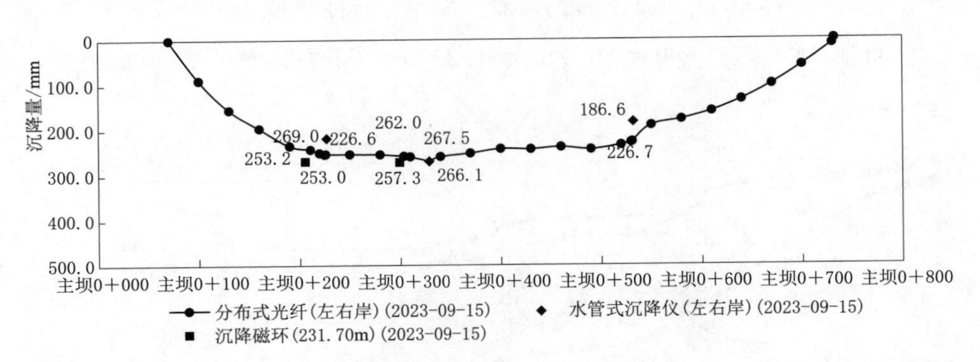

图 12　高程 232.00m 岸水管式沉降仪、磁环与分布式光纤各桩号沉降对比分布图

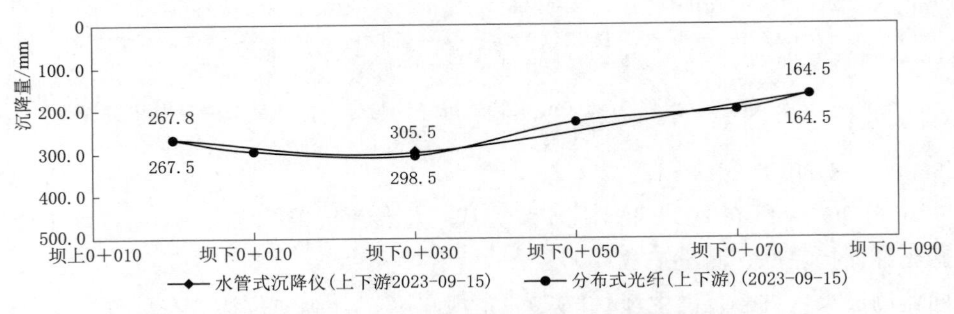

图 13　高程 232.00m 分布式光纤与水管式沉降仪对比分布图

7　结语

依托句容抽水蓄能电站工程，使用超长管路沉降仪结合分布式光纤监测技术监测高面板堆石坝的沉降变形，主要结论包括：

（1）在实施超长管路水管式沉降仪过程中，从仪器选择、分段放坡、施工过程控制、施工细节等方面做出一些改进，实现了快速施工、不影响主体工程的目的，确保了100%仪器成活率和监测资料连续、可靠，获得了参见各方的一致认可。

（2）首次使用分布式传感光纤监测坝体沉降变形，将应变传感光纤固定在埋入坝体的工字钢上，通过测量该材料变形，从而得到堆石坝内部连续的沉降变形分布。光纤监测技术不受监测管路长度限制，对不同物理特性的填筑料具有良好的适应性，通过控制埋入的工字钢等材料的安装方向，可监测坝体内部纵向、横向等方向的变形量，实现堆石体全覆盖监测。

（3）对比可研阶段的设计分析计算成果，水管式沉降仪与光纤监测系统沉降监测的变形规律与设计分析结果一致，同时两者在相同部位的监测数据较为一致，分布式光纤监测系统测量精度满足高面板堆石坝内部沉降监测精度需要。

（4）通过工程实际验证，基于分布式传感光纤技术的高面板堆石坝内部变形监测成果较为理想，测线长度、埋设方向、埋入材料可按需控制，监测数据连续性好，能够有效克服水管式沉降仪等传统点式监测方法的弊端，能够为200m级及以上高面板堆石坝内部变形监测提供实测依据和技术支撑。

参考文献

[1] 邹青，谭志伟，张礼兵．200m级高面板堆石坝安全监测技术调查与总结［C］//高面板堆石坝安全性研究及软岩筑坝技术进展论文集，2014：76-84.

[2] 杨泽艳，周建平，苏丽群，等．300m级高面板堆石坝适应性及对策研究综述［J］．水力发电，2012，38（6）：25-29.

[3] 何斌，徐剑飞，何宁，等．分布式光纤传感技术在高面板堆石坝内部变形监测中的应用［J/OL］．岩土工程学报：1-8［2022-08-09］.

[4] 卞晓卫，蒋剑，余德平，等．超长管路水管式沉降仪在阿尔塔什水利枢纽工程中的应用研究［J］．水利水电技术，2018（A1）：147-150.

[5] 温立峰．复杂地质条件下混凝土面板堆石坝力学特性规律统计及数值模拟［D］．西安：西安理工大学，2018.

[6] 张岩，燕乔，吴长彬，等．超高面板堆石坝应力变形随高度变化规律探讨［J］．西北水电，2010（3）：84-87.

小断面 TBM 施工组合出渣方式研究及应用

晏　凯　张永平

（安徽桐城抽水蓄能有限公司，安徽省桐城市　231400）

【摘　要】TBM 出渣与掘进之间即密切联系而又相互制约，如何对长距离、小断面 TBM 出渣设备进行选型与配置，是影响 TBM 施工效率的重要因素。安徽桐城抽水蓄能电站 TBM 出渣设备采用梭矿车＋连续皮带机＋自卸汽车出渣，有效解决了 TBM 在长距离、小转弯半径隧洞内出渣受限的问题。

【关键词】TBM　出渣设备　连续皮带机　梭矿车

1　引言

TBM（Tunnel Boring Machine，全断面隧道掘进机）是一种快速、高效、安全、机械化程度高的施工方法，主要应用于地铁、水电、交通、矿山、市政等隧洞工程中。

TBM 掘进出渣技术主要包括有轨运输、无轨运输、连续皮带机运输等方法，常用的有轨运输与无轨运输存在成本高、效率低、安全隐患突出、所需人力物力多、受运输坡度限制、运输时间长、工序耽误情况多、设备维保频繁等弊端，且所需作业空间大，如遇受限作业空间的隧洞便不能满足出渣要求；连续皮带机出渣也相应存在弊端，例如隧道转弯半径较小时，存在连续皮带延伸困难、皮带跑偏频繁等问题。本文以安徽桐城抽水蓄能电站自流排水洞与排水廊道工程为例，对长距离、小转弯半径隧洞 TBM 出渣系统进行研究与应用。

2　工程概况

安徽桐城抽水蓄能电站装机容量 4×320MW，额定发电水头 355m。主要枢纽建筑物包括上水库、下水库、输水系统、地下厂房系统和地面开关站等建筑物组成，为一等大（1）型水电工程。

自流排水洞开挖断面采用 ϕ3.53m 圆形断面，长 6120.7m，TBM 掘进机在桩号 ZLD0＋100 处始发掘进，在桩号 ZLD6＋120.7 接厂房下层排水廊道处底板高程 71.5m，平均纵坡 2.2‰，之后继续掘进厂房排水廊道工程。排水廊道分为三层，上层排水廊道整体呈“曰”字形布置，与通风兼安全洞、主变排风洞连通；中层排水廊道整体呈“口”字形布置，与进厂交通洞、主变进风洞和尾闸运输洞连通；底层排水廊道整体呈“Π”字形布置，与地下厂房下部 3 号施工支洞、管路廊道连通。螺旋形排水廊道共长 2450.6m。另有一部分廊道与螺旋形 TBM 法施工廊道平面相交。螺旋形排水廊道开挖断面采用 ϕ3.53m 圆形断面，TBM 掘进机在桩号 PS0＋000 处接自流排水洞终点里程继续掘进，隧道坡度为上坡形式，分别为 1‰、2‰、3.2‰、4.5‰、5‰，地质主要以Ⅱ类、Ⅲ类围岩为主。排水廊道线路总体示意如图 1 所示。

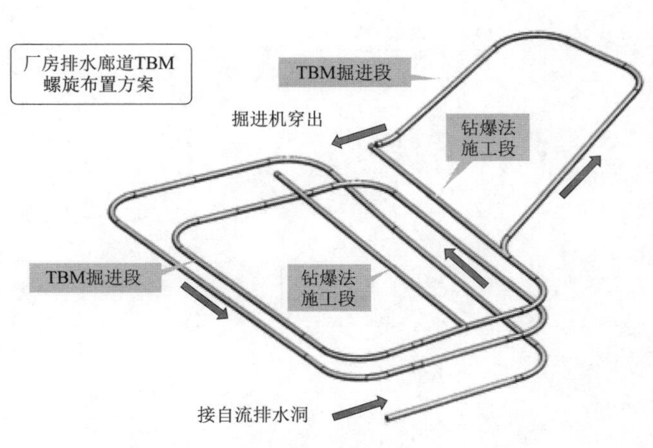

图 1　排水廊道线路总体示意图

3　工程难点

安徽桐城抽水蓄能电站自流排水洞和排水廊道工程采用 TBM 施工，总长 8571.3m，13 处转弯，最大转弯半径 150m，最小转弯半径 30m。

TBM 是集开挖、出渣、支护以及灌浆等多个工序于一身的施工方法，TBM掘进机与出渣设备之间密切联系而又相互制约，任何一个环节配合不当，都会使整个掘进系统阻塞和混乱，造成生产资料的浪费，导致整个工程成本的提高。可见，隧道出渣设备的选型与配置是否合理，对于提高设备利用效率、圆满地完成施工任务、提高经济效益都具有十分重要的意义。如单独选用连续皮带机出渣，在小转弯半径洞段连续皮带易跑偏，且甩渣严重，增加了连续皮带机的维保工作量，对TBM掘进机的连续施工影响较大。如单独选用梭式矿车出渣，对于长距离隧洞易造成TBM掘进机后积渣严重，严重影响TBM掘进效率。

因此需要有一套合适的出渣系统与TBM施工相配套，能够高效地把渣料运出隧道，保证TBM隧道施工的连续性。

4　工程应用

结合桐城电站自流排水洞与排水廊道断面小、距离长、转弯半径小且多的特点，桐城电站运用组合式出渣系统（梭矿车＋连续皮带机＋自卸汽车）解决TBM出渣难题。该出渣系统由两列$10m^3$梭式矿车组合储渣、两列$10m^3$梭式矿车和25t电机车组合转渣、长距离连续皮带机输渣、两辆$9m^3$自卸车洞外运渣等系统组成。从隧洞外沿隧道底部布置矿车轨道至TBM掘进机6号台车后方，用于梭式矿车运输。

储渣梭式矿车通过牵引杆与TBM掘进机6号台车连接，位于TBM掘进机配套皮带下方，主要用于存储TBM开挖渣料，见图2。

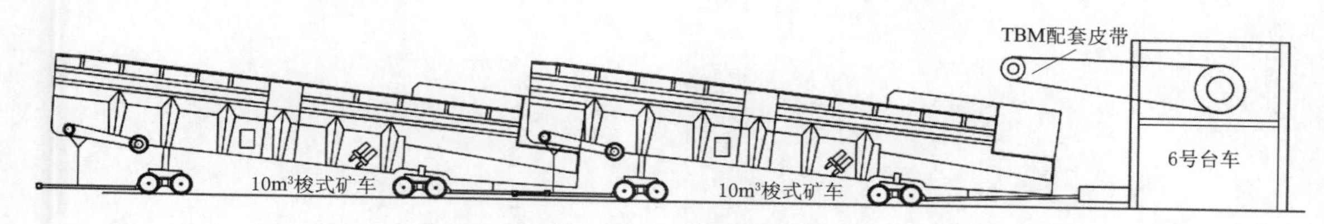

图2　储渣梭式矿车与TBM连接示意图

两列$10m^3$转渣梭式矿车以25t电机车为动力，通过轨道将储渣梭式矿车存储的渣料运至转渣平台处，通过转渣平台将TBM开挖渣料转至连续皮带机上，见图3。

图3　转渣梭式矿车与电机车组合示意图

连续皮带机从自流排水洞洞口沿隧洞侧壁布置至自流排水洞桩号ZLD5＋750处，在该处设置一转渣平台用于转渣梭矿车转运TBM开挖渣料。连续皮带机中间架采用3m一段的模块化设计，通过膨胀螺栓固定于隧洞侧壁上，其下方依靠支撑三脚架相互连接，连续皮带机上配置槽型托辊用于支撑皮带传输。连续皮带机将转渣平台转运至皮带机上的渣料直接输送至洞口，经两辆$9m^3$自卸车进行转运至弃渣场，见图4。

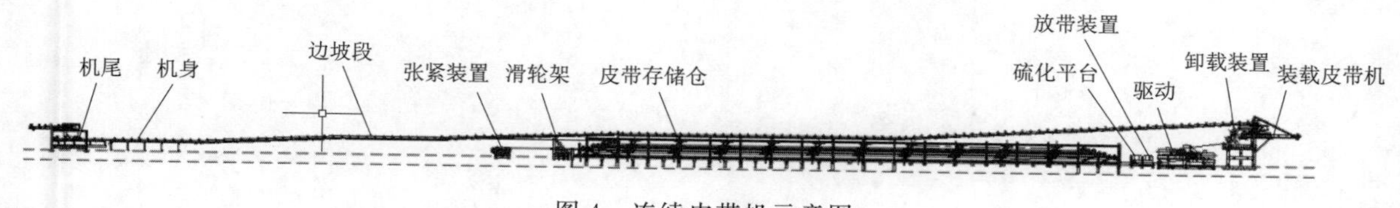

图4　连续皮带机示意图

通过25t电机车牵引两列$10m^3$转渣梭式矿车将储渣梭式矿车内的TBM掘进渣料运输至连续皮带机上，再通过连续皮带机将TBM掘进渣料输送至洞外，实现TBM掘进机在小转弯半径的隧洞内高效掘进，有效解决TBM在长距离、小转弯半径隧洞内出渣受限的问题。

5 结语

安徽桐城抽水蓄能电站 TBM 出渣设备采用梭式矿车＋连续皮带机＋自卸汽车出渣，不仅满足 TBM 施工在小转弯半径洞室运输渣料的需要，且工艺流程简单，工序衔接效率高，成本相对低。

参考文献

［1］ 杨银伟. 超长隧洞 TBM 皮带机出渣系统检修技术与费用研究［J］. 国防交通工程与技术，2023，21（3）：71-75.
［2］ 韩强. 长距离输水隧洞单洞双机 TBM 皮带机出渣系统设计［J］. 陕西水利，2023（1）：151-153.
［3］ 唐建国，彭正阳，张祥富，等. 掘进参数对抽水蓄能电站斜井 TBM 刀盘出渣效率的影响规律［J］. 隧道建设（中英文），2022，42（S2）：29-35.
［4］ 严振林. 小曲线 TBM 隧道出渣用调车平转桥研究及设计［J］. 铁道建筑技术，2022（8）：76-80.
［5］ 王文胜. 地铁 TBM 出渣系统研究及应用［J］. 铁道建筑技术，2022（1）：31-33，70.
［6］ 冉建西，李文新，李鹏. 新疆某输水工程 TBM 连续皮带机出渣速度研究［J］. 水利技术监督，2021（11）：192-195.
［7］ 王新，刘波波. TBM 隧洞施工长距离出渣问题研究［J］. 陕西水利，2018（6）：202-203，206.
［8］ 杨银伟. 超长隧洞 TBM 皮带机出渣系统检修技术与费用研究［J］. 国防交通工程与技术，2023，21（3）：71-75.

安全责任区和风险隐患“网格化”管控模式在抽水蓄能电站工程的应用

楼易承
（浙江缙云抽水蓄能有限公司，浙江省丽水市 323000）

【摘 要】 在“碳达峰、碳中和”目标的新形势下，抽水蓄能行业快速发展，浙江缙云抽水蓄能电站工程处在土建工程与机电安装“双高峰”建设期工程，具有显著代表性，本文以浙江缙云抽水蓄能有限公司作为主要研究对象。该公司坚持党的全面领导，凝聚参建各方合力，全面部署推进安全责任区和风险隐患“网格化”管控模式在工程建设中的创新应用，强化各层级安全责任落实，切实保障电站建设安全平稳局面。

【关键词】 抽水蓄能电站 基建工程 安全管理 责任区 网格化

1 安全管理的背景及现状

1.1 安全高压态势的现实需要

近年来，安全生产监管的高压态势不断强化，随着安全生产十五条硬措施的颁布，要求各级安委会要严格履责，要理直气壮、标本兼治、从严从实、责任到人、守住底线。安全生产人命关天，党的十八大以来习近平总书记多次就安全生产工作作出重要指示，突出强调坚持以人民为中心的发展思想，坚持“两个至上”，统筹发展和安全，始终保持如履薄冰的高度警觉，扎实做好安全生产各项工作。在构建以新能源为主体的新型电力系统，实现“碳达峰、碳中和”目标的新形势下，抽水蓄能行业快速发展，目前浙江缙云抽水蓄能电站（以下简称缙云电站）工程处在土建工程与机电安装“双高峰”建设期，是典型的抽水蓄能电站建设工程，具有显著代表性，故全文以浙江缙云抽水蓄能有限公司（以下简称缙云公司）作为主要研究对象。

1.2 安全生产内涵的理论支撑

墨菲定律表明，如果事情有变坏的可能，无论这种概率有多小，它总会发生。因而从理论上来说，工程建设过程中生产安全事故的发生是必然的，但可以通过安全管理将发生的概率降低，趋近于0。安全管理专家对170万件事故原因进行分析统计，由于人的不安全行为导致的事故，占事故总数88%，由于计划不合理或没有妥善安排工作程序等事故原因占10%，而这一点可以通过人为干预补救，仅2%的安全事故是不可避免因素造成的，见图1。由此可知，通过落实人员安全责任、强化安全意识、抓严抓细习惯性违章，管理好“人”的因素，事故发生的概率就能够无限降低，趋近于0。

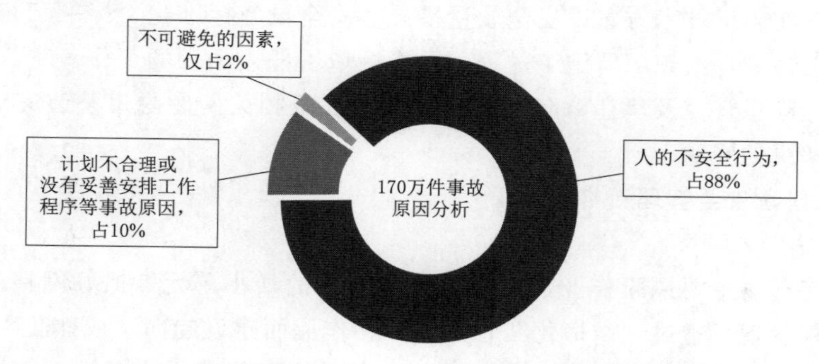

图1 安全管理专家对170万件事故原因的统计分析

1.3 安全管控重点的形势要求

目前国网新源集团处于快速发展阶段，基建单位开工建设项目40余个，日均现场作业人数超过3万人，二级风险作业40余项，现场作业点多线长面广、人员数量多、高风险作业多、建设任务繁重，部分作业人员安全意识淡漠、安全技能水平偏低，安全生产面临严峻考验；缙云电站工程处在“双高峰”建设期，安全生产形势愈加严峻。因此，建立更加完善的安全管控机制、构筑“横向到边、纵向到底”的安全管理体系，是当前形势下安全生产的迫切需要。

2 安全责任区和风险隐患“网格化”管控模式

2.1 理念指引，矢志遵循安全生产总基调

1. 全面分析，明确思路引路指航

为有效解决工程建设中的主要矛盾，引导参建各方充分认识到安全工作的长期性、反复性和复杂性特点，切实降低人身事故风险概率，缙云公司按照“机制为基—系统谋划—试点推动”的思路，系统性部署实施安全责任区和风险隐患“网格化”管控模式在工程建设中的创新应用，强化参建各方各层级安全责任落实。“网格化”管控，顾名思义是将电站各个作业面统筹划分成为网格单元，重点强化风险隐患管控力度和深度，并在此基础上搭建安全责任区，细分责任单位及人员，明确网格职责，转变各方管理思路，变被动为主动，推进管理精细化，有效解决管理界面条块分割、责任缺失、信息屏蔽、相互推诿等问题。

2. 顶层设计，纵深推进机制建设

2021年年初，缙云公司全面开展安全责任区和风险隐患“网格化”管控模式创建工作，第一时间成立工作领导小组，多次召开座谈会，指导专业部门编制实施方案并实施。根据人员变动情况，动态调整5次，目前设置第一责任区（引水系统责任区）、第二责任区（下水库责任区）、第三责任区（地下厂房洞室群责任区）、第四责任区（机电安装责任区）、第五责任区（上水库责任区）等5个责任区。各责任区成员由参建各方领导班子成员、一线部门主任等人组成，凝聚参建各方合力，强化各层级安全责任落实。缙云公司全体班子成员按照责任区分工，深度介入工程管理，严格贯彻国网新源集团工作任务，结合岗位责任清单细化工作目标，扎实履行安全生产“一岗双责”要求，突出中心工作。

3. 多方协同，全面激发攻坚合力

通过设立责任区负责人、区片长、网格长、网格成员及网格区域责任人，以服务工程、及时协调解决工程管理问题为宗旨，充分发挥参建各方各级管理人员效能，狠抓施工过程管控，营造安全生产浓厚氛围。各责任区负责人由缙云公司班子成员担任，全面负责工程安全、质量、进度、投资、环水保等协调管理工作。区片长由缙云公司一线部门主任、副主任担任，负责各责任区的安全、质量、进度、投资、环水保等具体管理协调工作。网格长由监理单位、施工单位班子成员担任，负责主持每日施工例会召开，参加验评资料审查、签证，开展所属责任区日常检查及专项监督检查。网格成员由缙云公司一线部门专责、设计单位副设总、监理单位一线部门主任、施工单位一线部门主任及现场负责人（含分包队伍负责人）组成，全面负责落实施工技术方案、安全质量措施、安全设施标准化、标准工艺等全过程管控工作，结合现场实际明确施工计划，组织部署施工过程。网格区域责任人由现场工作负责人、安全监护人担任，负责落实执行现场风险隐患管控及反违章各项工作要求，汇报相关问题隐患整改完成情况及下一步工作计划，提出需要协调解决的问题。

2.2 体系构建，重点搭建安全管理新格局

1. 统筹把握工作原则

网格区域对应施工现场主要风险作业面，是工程建设中的最小单元，抓好网格区域管理，意味着直抵基层一线、紧抓末梢管理，透过“网格化”管理，带动作业面建设趋向“成熟化”。但“网格化”不是一朝一夕的事，更不是初步构建好体系做“甩手掌柜”就能大功告成，缙云公司深刻认识到，一旦管理松懈，实际问题必然会随着时间推移积攒起来，前期的心血也会付诸东流。为确保工作实效，一是加强

人员管控，各个责任区优先选用骨干人员，同时将更多有能力、有责任心、事业心的人员吸纳进来，坚决摒弃浑水摸鱼；二是加强资源配置，通过强化施工资源配置和施工组织，针对施工关键部位和薄弱环节具有一定的引导性和偏向性，精准把握工程中的疑难杂症；三是加强奖惩实施，通过应用目标导向、效果导向，缙云公司常态化开展调查研判、明察暗访，以实际成绩、群众口碑作为考评依据，结合工程建设安委会例会表彰优秀、敦促不足，形成以“先进”带“后进”的良好氛围。

2. 系统谋划实施路径

通过对各网格区域的纵深管控，统筹谋划匹配现场实际的实施路径，推动事故预防事后向事前转变、安全意识被动向主动转变、管理思维分散向系统转变。一是完善体系建设，各责任区定期组织制度修编、体系建设、安措投入、人员准入及方案编审批管理，夯实安全管理根基；二是紧抓关键环节，重点强化引水斜井、尾调竖井等爆破扩挖、引水钢管安装等高风险作业及易发生群死群伤事故作业面管控，针对性开展施工重难点及屡查屡犯问题治理；三是强化过程管控，常态化开展各类安全监督检查，深化尾水隧洞等偏僻网格区域、管理盲区“扫盲”行动；四是提升应急能力，结合实际开展应急预案修编，完善应急事件处置流程，建立与地方应急保障能力的内外协调、联防联控机制。

3. 持续深化党建引领

为确保“网格化”持续、深入、有效实施，缙云公司坚持将党建工作与工程建设中心工作深度融合，积极发挥党建引领作用，以“党建＋安全”工作为主线，通过设立各责任区安全文明施工党员青年先锋服务队、党员青年示范岗和现场反违章专班，按照“划片区、划部位、划专业”的原则，以服务工程、及时协调解决工程管理问题为宗旨，秉持“协调处理问题上不过夜”的原则，各责任区负责人统筹协调，定期组织参建各方召开现场专题协调会，及时梳理、解决作业中遇到的各种施工难点及违章问题，建立健全反违章工作机制，狠抓施工全过程管控，坚决把各项安全措施落实到岗位、执行到一线，营造安全生产浓厚氛围。

2.3　试点建设，深度探索现场管理支撑点

1. 精准施策，推进“无违章示范区”样板创建

缙云公司通过对以往有效措施、经验梳理基础上，进行系统整合和提升，将分散的管理要求按照场景进行汇总，形成“无违章示范区”。2021 年中，依托各责任区“网格化”管理要求，缙云公司明确了 1 号引水斜井、上库闸门井、排风竖井等 6 个高风险作业面作为“无违章示范区”第一阶段创建目标，细分至各责任区具体推进落实，对现场安全防护、施工用电、风水电及照明设施、警示标志等工作集中化、规范化管理，并对施工现场信号接入应急指挥中心，全程、实时、集中安全管控。缙云公司在年终安委会例会对各责任区推广情况进行点评，引领各责任区形成动态比拼思维，以点带面形成良好的反违章氛围。目前已按计划完成十余个高风险作业面“无违章示范区”创建。

2. 压实责任，建立“惩戒关怀式”安全教育培训

由于施工单位外来工作人员安全意识普遍不高，传统安全教育与现实安全生产的要求不相称，缙云公司建立“惩戒关怀式”安全教育培训（见图 2），各个责任区内部组织对发生违章作业的班组实行“一人违章，全班受教育”“一封家书/平安电话”等措施，通过加强班组责任、亲情责任，建立榜样学习与非正式学习机制，形成耳濡目染、潜移默化的效果，构建良好的安全行为与文化示范性作用，实现从“要我安全”到“我要安全”的转变。

3. 以人为本，深化“机械化换人、自动化减人”

缙云公司积极协调参建各方资源投入，加大成熟、可靠的新工艺、新设备、新技术和新材料应用，提高工程建设本质安全水平。其中，引水系统责任区 6 条斜井均为近 400m，施工难度大、风险高，引进大口径反井钻机、可靠筒绞车提升系统，对运输小车单独设计 13 项安全保障措施，经多轮专家论证，大大提升斜井施工提升系统的安全可靠性；地下厂房洞室群责任区地下洞室 90 余条，洞室密集、尺寸差异大，缙云公司结合工程实际全力推进多臂凿岩台车和挂网支护升降台车组合应用，全面覆盖不同断面洞室施工，有效提升施工质量、降低安全风险。

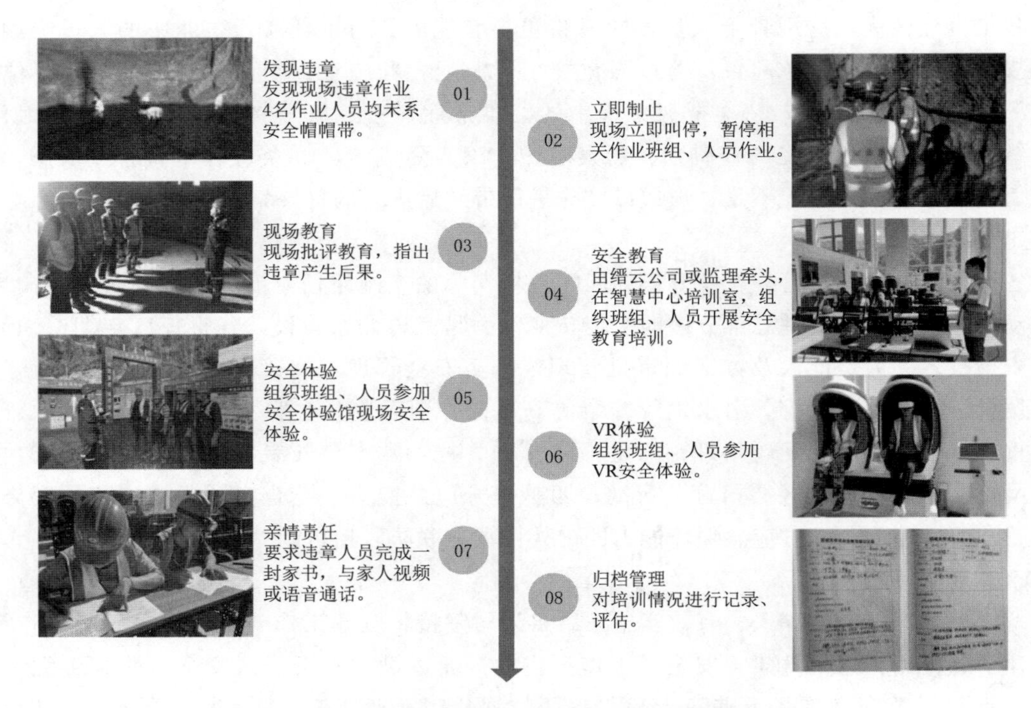

图 2　缙云电站“惩戒关怀式”安全教育培训流程

3　应用成效

3.1　追本溯源，促进各级人员树牢安全理念

1. 纠偏人员安全意识

在复杂多变的工作环境和艰巨的安全生产任务面前，大力推广安全责任区和风险隐患“网格化”管控模式，压紧压实各级管理人员责任意识，通过专题安全日、三级安全交底、班前会等安全活动，以班组安全建设为抓手，积极开展班组长讲安全、安全班组评比，将各项要求切实传递到作业现场，引领现场作业人员不断提升安全素质。

2. 强化落实安全责任

通过搭建安全责任区，明确和落实参建各方的安全责任，理顺各体系“纵向到底”的管理链和自身体系内的“横向到边”的管理环，形成职责清晰、齐抓共管的良好态势，推动“百日安全攻坚行动”“三查一联防”等年度重点工作有效落地。同时不断细化完善工作标准，量化考核体系标准，固化良性机制，促使各方形成合力，形成上下联动、自查自纠的局面。

3. 着力提升风险管控

依托“网格化”划分功能，各责任区重点盯控重大安全风险隐患、重要质量施工项目等关键环节，强化安全准入、风险辨识、作业票、到岗到位等全流程管控工作，提高各级人员对风险辨识、过程管控、应急处置的综合素质。

3.2　以点带面，引领工程本质安全水平提升

1. 综合运用“四个管住”

各责任区紧紧围绕“管住计划、管住人员、管住队伍、管住现场”四个关键点，综合运用管理和技术手段，切实规范施工作业组织管理，不断完善监督、评价、考核、奖惩、退出机制，引导外包队伍主动提升自主安全管理能力，实现作业风险全过程能控在控。

2. 充分发挥创新能力

缙云公司始终坚持创新发展理念，组建青年创新小组，大力推进实践和理论相结合，充分激发创新活力。为降低斜井扩挖风险，引水系统责任区率先开展斜井扒渣机械臂研究应用，项目负责人组织设计

讨论会、推进会10余次，并多次前往厂家实地考察组装效果，于2021年率先试点应用，并根据实际应用效果进行优化，推进更新2.0版本；地下厂房洞室群责任区联合机电安装责任区骨干成员充分分析研判施工作业风险，针对厂房桥机吊装作业施工风险高、交叉作业频繁等问题，完成吊装警示射灯的研究定制工作，有效提升吊装作业安全管控能力；上、下水库责任区开展智能电动无人振动碾等数智化、绿色化转型发展研究；据不完全统计，各责任区组织完成管理、技术创新及专利三十余项，为提高本质安全水平和高质量推进工程建设保驾护航。

3. 深度助力提质增效

在地下厂房洞室群责任区全体成员奋楫笃行、合力推动下，岩壁吊车梁钢筋混凝土施工创抽水蓄能行业施工纪录27d完成，各责任区深受鼓舞，积极开展同台比拼，助力缙云电站工程在降低作业安全风险的同时，创下多个施工纪录；TBM施工创造单班进尺20.378m、日进尺38.38m和月进尺660.518m的施工纪录；斜井施工创造扩挖最高单月进尺115.9m，平均月进尺105.4m的抽水蓄能电站斜井扩挖新纪录；自地下厂房完成开挖支护交面，仅用时10.5个月完成1号机结构混凝土浇筑至发电机层，创新抽水蓄能行业施工纪录。

4 结语

安全是一种责任，更是一种义务，生命重于泰山，丝毫不能松懈。抽水蓄能电站工程建设中往往点多、面广、战线长、参建人员众多且素质普遍不高，安全生产形势复杂严峻。通过安全责任区和风险隐患“网格化”管控模式的应用，引导全体参建人员时刻紧绷安全之弦、保持清醒头脑，牢固树立安全红线、底线思维，促进参建各方形成合力，在守卫安全效益、提升安全水平上主动作为、恪尽职守，为工程建设安全平稳做出积极贡献，为社会经济稳定发展营造良好环境。

参考文献

[1] 郑文博. 国内外建筑工程安全管理主要成就：基于安全事故、安全管理制度及相关文献的研究[J]. 中国安全科学学报，2022，32 (10)：8-17.

[2] 张恩典，毛春梅，谷文博，等. 基于网格化管理的大型灌区工程建设安全管理模式构建[J]. 人民黄河，2022，44 (11)：122-126.

抽水蓄能电站水工建筑物监测智能化管控系统研究与应用

代 龙 吴月超
（中国电建集团华东勘测设计研究院有限公司，浙江省杭州市 311100）

【摘 要】 抽水蓄能电站水工建筑物运行状态进行实时智能管控，是数字化智能型电站的基础。通过数字化模型、自动化设备、智能分析等系统的数据交互应用，对抽水蓄能电站水工建筑物安全状况进行智能化分析推理，实现对水工建筑物安全运行智能管控，达到对抽水蓄能电站群的智能化管理。

【关键词】 抽水蓄能电站 水工建筑物 监测 智能化管控系统

1 引言

1.1 研究背景

水利工程是事关国计民生的重大工程，水工建筑物是水利工程安全有效运行重要基础。水电站大坝上游面、排水建筑、水门口、防震断面等水工建筑物的隐蔽工程都在水中，其安全状况往往直接影响大坝正常安全运行。数据能反映水工建筑物的安全风险，为确保水工建筑物安全，提供数据决策依据。面对如此复杂的数据量，为实时解释和挖掘隐藏安全危险，应利用信息技术整合种类信息。自动化监测技术可有效增强水工建筑物的安全监测能力，提高监测数据准确性。

由于客观条件和运行时间不同，在施工期间实现水工建筑物设施建设安全监测自动化存在一定的困难。主要原因是水工建筑物施工期间作业面较多，现场环境条件比较复杂。施工期间现场用电通过简单的线路和配电箱暂时供电，容易停电，电力稳定性没有保障，电力和通信电缆容易受损，影响水工建筑物系统的正常运行。监控设备通常需要无线通信、自带电源、便携式和移动设备。

水工建筑物安全监控智能控制是利用3D技术和GIS系统技术，做好水工建筑物的视觉化优化工作，用3D模式表示工程建筑物监控状态，利用专家系统进行最新的监测数据综合分析和评价，对水工建筑物和监控自动化收集系统运行状态评估，通过3D模型将结果视觉化。

1.2 研究意义

随着检测感知技术和网络通信信息技术的快速发展和技术发展，物联网和云计算技术的应用在各行各业全面展开。在水利工程领域，传感器监测、应用平台系统等解决方案的先进性、稳定性和信息化的需求越来越高，已经满足对水工建筑物安全监测的需求。从技术角度来看，传统的油压安全监测自动化系统已使用了几十年，其中一些技术和产品已落后，无法满足水工建筑物智能监测的要求。因此，以目前成熟的物联网技术为基础，设计和开发新一代水工建筑物安全监测自动化系统是必需的，这是保障水工建筑物安全的必需条件。根据水工建筑物工程期间水利设施建设安全监测的应用特点，通过智能型在线监测感知技术及装备的研究及应用，通过对监测检测的实时感知、传输、分析、反馈，可以综合掌握水利枢纽工程中安全状态的变化。进一步提高水利设施建设安全信息化和管理水平，实现智能化水利工程建设目标，提供坚实基础，为水利设施建设、安全运行和施工质量管理提供决策支持。作为提高工程建设管理、工程建设和运营管理水平的必要措施，具有重要实用价值和意义。

2 抽水蓄能电站水工建筑物监测智能化管控系统研究

2.1 监测设备智能化

随着传感器智能化水平提高，水工建筑物自动化、智能化监测仪器设备得到了广泛应用。国内多家传感器企业已经直接固化了校正曲线、传感器工厂号码等。不仅可以提高测定准确度，在电缆分离或电缆号码丢失时，可以轻松确认机器号码并复原。

外部变形监测可以使用电子警卫仪和水位仪实现自动化，测量机器人为实现水工建筑安全监测的自动化，已应用于多个项目。北斗系统具有测定3D变形的全天候优点，更适合监测高地岩石大坝的外部变形。合成孔径雷达干涉测定（InSAR）技术应用于地震变形、地表下沉及山体滑坡监测，实现了表面变形的连续测定，为大坝特别是高海拔大坝提供了相当大的优势。双向拉力线自动测定技术可以通过拉力线同时测定水平及垂直位移，因此被广泛使用。自动收集设备包括测量控制系统（MCU）和远程测量终端，随着大型安保监控技术的持续发展，自动收集设备也取得了飞跃的发展，以满足各种环境条件下的自动收集和测量要求。

2.2　建立水工建筑物数字化三维模型

移动测量系统、3D激光扫描仪等技术的使用，可快速构建水库及水工建筑物结构表面的地形的3D激光点云数据。参照设计、地质、施工文件，结合水库、水工结构地下洞及隐蔽工程设施制定实际地形模型。3D视觉化建模相关技术解决了水工建筑物大规模建模的困难和建模准确度低的问题。构建水工建筑剖面模拟模型库、隐蔽工程安全监视的立体切割效果模型，在视觉上全面模拟水工建筑物现状，方便做好水工建筑物的安全运营和管理。

2.3　监测数据智能分析系统

监测数据智能分析系统对水工建筑物进行在线、离线分析及安全评价，分析结构，判断水工建筑物安全状态，具有实质性意义。

2.3.1　水工建筑综合分析推理系统的开发

水工建筑物安全综合分析评价系统采用的方法主要是专家评价法、模糊综合法和模式识别法等。抽水发电站水工建筑物的安全评价不仅包括上、下水库，还包括水库流域、转换系统、地下工厂等独特的水工建筑物。与现有水库相比，对水位、重量及其他方面进行综合分析的经验较少。运营期间的监测指标要对设计指标和运营过程的实际监测数据进行综合分析。该方法通过统计模型或设计值设定安全监测指标，在现有油压结构设计及监测项目的基础上设定适当的推理规则，可快速合理地评价水工建筑物安全状态。水工建筑物监测智能管理系统的组成如图1所示。

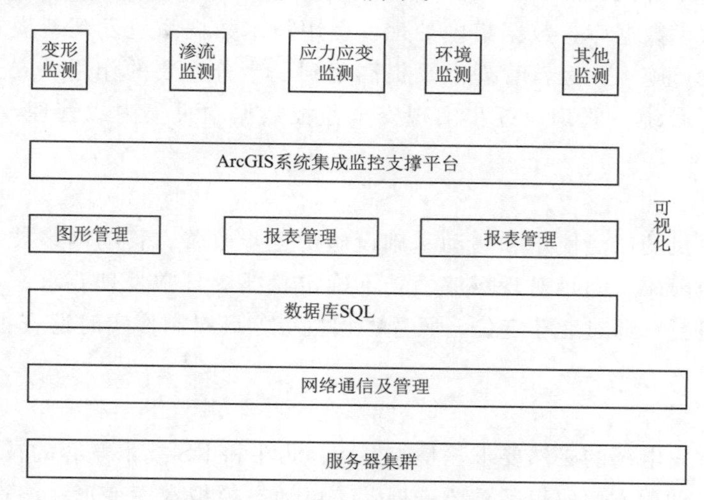

图1　水工建筑物监测智能管理系统组成

2.3.2　综合分析结果查询

综合分析结果查询包括测量分数、测量时间、测量值、模型、速度、环境量、积分状态等。为每个内容提供特定的分类方法或评估水平范围。每个测量点用不同的颜色标记，以区分测量点的状态或异常程度。推理客体的推理结果目录和非正常测量点的推理结果，使用详细规则及推理链条查询。抽水电站水工建筑安全综合分析及推理系统一般以数据库、模型库、知识基础及推理机模型开发为基础。该数据库为枢纽内各建筑的各种监控项目提供各种基本信息和监控数据。模型库为中心内不同建筑的各个部分提供了不同的统计模型分析模块，以区分测量值的正常或不正常特性。

2.3.3 知识库和方法库

知识库用于知识信息的存储，内容一般包括：①枢纽各类建筑物的设计监控指标；②专家知识规则。下游系统所需的监测数据是不同界面通过监测数据库得到，其他的系统界面上传下游系统的分析推理结果。

3 抽水蓄能电站水工建筑物监测智能化管控系统特点及应用

3.1 抽水蓄能电站水工建筑物监测智能化管控系统特点

随着“大云物移智”技术的深入应用，水工建筑物安全监测智能化取得了跨越式发展，现阶段，安全监测智能化系统具有以下特点。

3.1.1 传感器智能化

智能型机器是内置微机或微处理器的测量传感器，具有数据存储、数据传输、逻辑运算判断、自动操作等功能。

3.1.2 接口标准化

国内外多家监测仪器制造企业缺乏共同接口和系统，需要专门设置及调试组，严重妨碍水库安全监测自动化的普及。设定并改善相关技术规范和配置，以提高模块间各种系统设备集成的便利性。

3.1.3 实时诊断

可以通过有线或无线网络进行远程控制、设定参数、解决问题等。使用移动网络技术，可在手机上网的地方，通过3G/4G/5G进行远程数据收集、系统维护、软件升级维护、故障原因及修理方法、测量原因分析。另外，通过短信可以实现建筑物安全警报及故障提示，安保自动监控系统的运营及维护管理非常容易。

3.1.4 电站群信息系统

利用云计算技术，整合管理单位所属流域和水库集团的信息系统，利用大型数据通信技术，通过物联网技术收集整合发电站集群的传感器数据。采用GIS技术、数据集、数据挖掘、远程通信技术，建立发电厂安全监控，为大规模数据库，数据集中处理，运用技术数据系统发现新模式，为最大限度地利用数据资源、保持建筑设计、施工及运营管理水平提高起到了十分重要的作用。安全监控数据收集、分析评估、远程控制，由云平台统一管理，逐步实现安全监控数据中央集中式管理，全流程数据共享应用，数据整合分析评价。

3.1.5 移动化运行管理

近年来，随着智能手机的广泛使用和移动基础设施的逐步改善，移动网络技术迅速发展。移动网络可以克服运营管理的时空障碍，满足对现场突发、不确定状况的日常处理要求。水工建筑物的安全检查可以通过手机应用程序进行。通过北斗定位、照片、相机等，可以制作实时巡查报告，减少巡查业务量，规范巡查路径和程序。

3.1.6 虚拟现实

虚拟现实技术是数字发电厂的必然要求，是与GIS、北斗和RS技术兼容的技术。虚拟现实技术在应用于水工建筑安全监测自动化方面取得了重要进展：①可动态模拟水库变形、渗透的发生；②可利用3D模拟浸水及损失评估；③可利用分布式虚拟现实环境，共同开发虚拟现实的建筑健康诊断系统。

3.2 抽水蓄能电站水工建筑物监测智能化管控系统应用

3.2.1 构建施工期水工安全监测传感物联网

水工建筑物监测智能化管控系统在泵站、水闸等主要部分设置无线收集节点，根据现场通信条件，可在相对适当的位置设置无线通信网关。在建设中可以使用物联网平台进行数据监控，通过无线物联网络，可以很容易地将各种无线收集器的数据传送到数据管理平台，见图2。解决了测量点分散、测量所不稳定性、有线通信网建设不便、建设期间维持管理困难等问题。

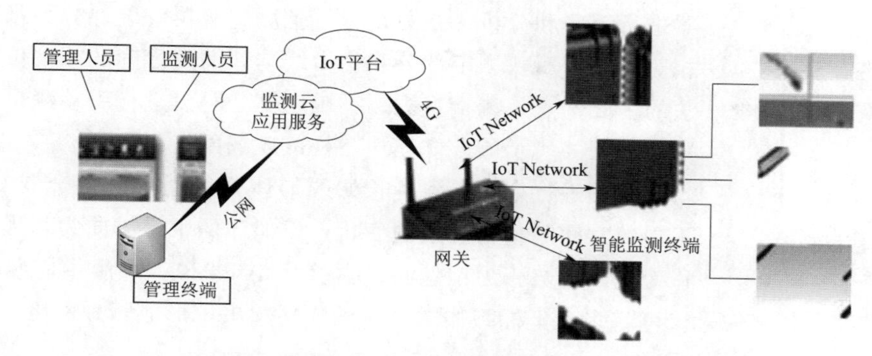

图2 基于物联网的施工期水工安全监测系统总体架构图

3.2.2 实现施工期水工安全监测自动化

水工建筑物监测智能化管控系统开发的无线收集器是便携式的，由内置电池驱动。它们以物联网无线通信为基础，适应有防水防震要求的施工现场。随着施工方面的变化，可随时移动，不影响主体工程的施工。自动监测与现有的手动监测方式相比，大幅提高了监测频率，特别是在重要施工节点，无线加密监控更是十分重要的监测手段。无线加密监控设备捕获数据信息快速、准确，可以大幅提高生产效率和质量，特别是在蓄水初期，水位会迅速上升，只有同步监测才能正确比较和分析其他部位的监测数据。通过监测感知技术，才能实现自动监测，有效降低人工观察劳动强度，提高人工观察安全系数，保障人身安全。

3.2.3 搭建在线监测数据应用软件平台

根据施工期间监测管理要求，开发在线监测数据应用软件，系统的构建三维模型。便携式无线加密监控设备由多种传感器构成，可存储参照值、监测频率信息，将收集的数据转换成监控所需的物理量，将监控数据结果显示为图表，并自动生成监控数据报告。对水工建筑物运行状态信息进行处理，进行相关数据统计、分析和评价，以警报形式提供提示。

3.2.4 研究适用于定波项目的传感通信应用技术

现在有很多适合在物联网构筑监控传感器的无线通信技术。主流技术应用程序分为两种类别。一种是短距离无线网络技术，如 WiFi、Bluetooth、Z-Wave、zigb；另一种是低电力广域网络技术，如 LoRa、NBIoT。NBIoT 和 LoRa 技术基于相关技术的成熟度、工程监测行业的应用效果以及今后的趋势，正在被广泛使用。LoRa 是 Semtech 为了维持与使用 LFM 扩散光谱调制技术的 FSK（频率移动键控制）调制相同的低电力特性而使用的扩散光谱技术。使用了以 1GHz 以下为基础的远距离低电力数据传输（LoRa）芯片。NBIoT 在全球范围内广泛使用，是一项主要针对低电力广域服务（LPWAN）、互联网（IoT）应用程序的新技术。使用授权频带提供多连接、良好的架构、广泛的适用范围、低速、低成本、低电力功能和高网络服务质量保证。NB 物联网主要有 3 个特点：第一，适用范围广。在相同频段，NBIoT 可获得 20dB，并可增加比原来网络多 100 倍的覆盖范围，大幅提高室内覆盖范围。第二，支持多连接。NBIoT 可在指定网络区域内支持 100000 个连接，并提供短时间、优化的网络架构。第三，耗电量低。NB 网络通信终端模块适合长时间在线等待，最长连续 10 年等待时间、低频通信。本项目将根据水利枢纽工程的特点，进行网络测试及选择型研究。

3.3 监测自动化方案实例探讨

由于各抽蓄电站的建筑结构、运营条件及工程环境存在相当大的差异，因此监控项目的设定及监控要求只以工程等级分类为标准。为提高水工建筑物的安全性，以人工检查和表面变形监测为基础，以自动化监测为主要手段实现建筑结构的内部监测。方案重点在水平位移、量压力、扩张接合方向等方面，对水利设施建设、公社建筑物内部变形监测进行了分析和研究。

3.3.1 水平位移监测

水平位移监测通常使用的方法是垂线和张力线。以淮仁二站等大型泵站工程为例，利用光电张力线

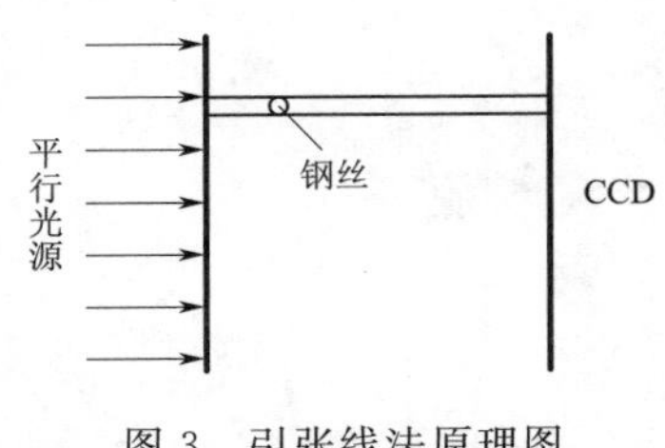

图 3　引张线法原理图

器进行解释和分析。张力线方法是测定机器安装部分和张力线本体之间的相对位移，反映测定部分和张力线本体两端之间的水平位移变化。这种方法的主要优点是测量直观、准确度高，可以进行手动测量。多个坐标仪可采用如图 3 所示的方式连接，构成现场网络。

使用平行束集，将延长的线形体投射到光电耦合器 CCD 上。可以在不同的时间测量物理量的变化，以船体的水平方向为基准获得坐标系的位移变化。光电张力钢丝测量器使用 AC 220V 电源供应装置，测量值使用 RS－485 现场总线输出数字信号。可将多个坐标系如图 4 所示连接起来，形成野外网络。

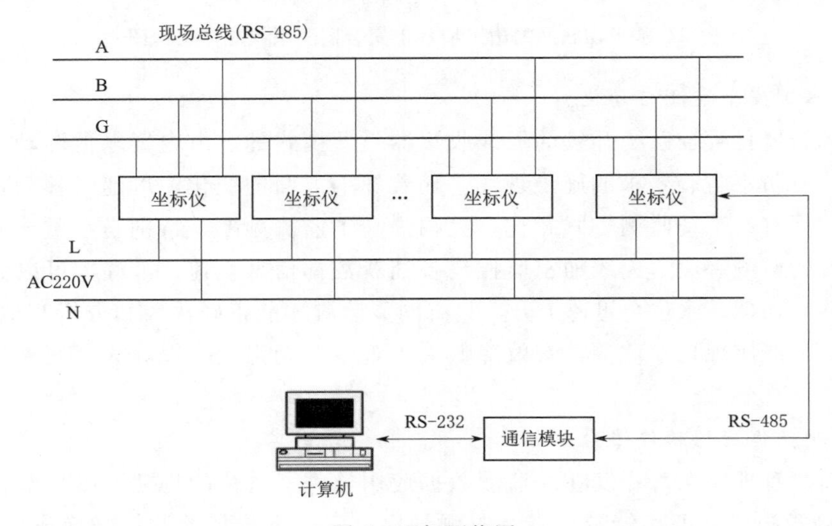

图 4　现场网络图

安装张力线仪器，监测项目会增多，获得的监测数据也会逐渐积累。建立现场网络，将监控数据直接存储到数据库中，通过数据处理系统处理中央集中式数据。利用信息技术从大量数据中发现新模型，提高建筑物的先行建设及运营维护水平。

3.3.2　扬压力监测

渗透监测是水工建筑物安全监测的重要内容。渗透监测是由阳压力、渗透压力、泄漏量等部分构成。本文主要是对抽水站工程的具体情况进行阳压监测。观察渗透压的方法是压力计法和埋设渗透计法。经过多年的运行，压力压管法与人工检测方法相比在检测精度上基本相同或更高，并且检测频率高、更换机器快捷等优点。但也容易产生沉淀物积累、多年运行后无法解读压力管等缺陷。

对于这种情况，将考虑增设渗透计，进一步监视水工建筑物的安全性。在渗透计的具体选型过程中，根据对水工建筑物监测工程等级和配置及泵站结构的分析，初步确定采用振动式渗透计，埋设直径 108mm 钻孔。此外，水工建筑物监测系统的连接电缆必须用软管来保护，并连接到测量探头上的钢丝。埋设时要自上而下进行，并在探头安装过程中使用粗砂密封。埋设过程中要注意机器设备的保护，同时还要考虑防雷、接地等问题。增加渗透压计可以有效地弥补目前负荷压管的不足，提高自动化监测的准确度，增加泵站监测数据频率，为泵站安全运行提供基础数据。

4　结语

综上所述，在水工建筑物基础处理的勘察设计过程中，勘察设计师不仅需要灵活运用行业标准和地质调查报告的多种条款和参数，还需要了解各种工程状况下提出自动化监测方案。从而保证后期的方案更加容易现实，设计成果更加稳定安全。将智能型技术应用于发电站建筑物监控管理系统，结合发电站模型和监控信息，构建了发电站建筑物信息模型和专家系统，以实时监测数据为基础，采用改进的统计数学模型和生产专家系统为基础的综合分析评价方法，可以迅速评价抽水蓄能发电站水工建筑物的安全状态。通过数字化模型、自动化设备、智能分析等系统的数据交互应用，对抽水蓄能电站水工建筑物安全状况进行智能化分析推理，实现对水工建筑物安全运行的智能管控，达到对抽水蓄能电站群的智能化管理。

参考文献

[1] 李毅，张文珍，倪国安. 水工建筑物安全监测自动化技术探讨 [J]. 科技与创新，2022 (21)：25-27.

[2] 张科峰. 静力水准系统在水工建筑物沉降监测中的应用 [J]. 长江技术经济，2022，6 (S1)：137-139.

[3] 陈静. 利用水工建筑物开展罗江水文站流量在线监测的研究 [J]. 四川水利，2022，43 (1)：57-60.

[4] 叶复萌，陈辉，向正林，等. 蓄能电站群水工安全监测信息监控平台研发 [J]. 水利水电技术（中英文），2022，53 (S1)：396-402.

[5] 刘惠江. 新疆齐古水库大坝及水工建筑物运行期监测实践浅析 [J]. 四川水利，2021，42 (1)：126-128.

[6] 鲁道夫·弗拉基米罗维奇·张，戴长雷，王羽，等. 俄罗斯雅库特典型寒区低压水工建筑物结构的监测 [J]. 水利科学与寒区工程，2020，3 (2)：73-76.

大坝筑坝料碾压试验及施工参数研究

李陶磊[1] 刘启明[2] 安江强[1]

（1. 水利水电建设工程咨询北京有限公司，北京市 100024；
2. 浙江磐安抽水蓄能有限公司，浙江省磐安县 322300）

【摘　要】 抽水蓄能电站上下水库大多为面板堆石坝，现行规范规定，在坝体填筑前，需通过碾压试验来论证坝料设计填筑标准的合理性，并通过现场碾压试验，确定满足设计要求的施工碾压参数和填筑工艺。本文对抽水蓄能电站大坝坝料碾压试验进行了总结，对其他工程的碾压试验和碾压施工参数选取有一定的参考价值。

【关键词】 土石坝　筑坝料　碾压参数

1 概述

为了核对坝体设计压实指标、颗粒级配指标的合理性，对该大坝采取碾压试验，总结出可行的填筑施工方案，提出相应的填筑技术措施，指导现场填筑施工，有利于控制大坝填筑施工质量。

2 坝料性能与要求

垫层料分为一般垫层料和特殊垫层料，要求由微风化或新鲜岩石经人工破碎加工而成，要求抗压强度高、碾压密实，连续级配，为面板提供均匀可靠的支承，具有良好的排水性能。

过渡料要求由较新鲜的坚硬岩石加工而成，经薄层碾压压实后具有低压缩性和高抗剪强度，连续级配，并具有自由排水性能。

堆石料要求由级配良好、坚硬的弱风化石料填筑，连续级配。

3 填筑料室内试验

3.1 材质试验成果

碾压试验前，为了充分了解堆石料岩性，室内试验进行了岩石单轴抗压强度、软化系数和吸水率试验，第一阶段、第二阶段岩石材质试验成果见表1、表2。

表1　第一阶段爆破料岩石材质试验成果表

填料类别	单轴抗压强度/MPa			软化系数	岩石吸水率/%	
	组数	干燥	饱和		组数	结果
堆石料	6	46.8～80.4 54.6	28.4～40.6 36.8	0.58～0.82 0.67	4	1.0～2.0 1.6

表2　第二阶段爆破料岩石材质试验成果表

填料类别	单轴抗压强度/MPa			软化系数	岩石吸水率/%	
	组数	干燥	饱和		组数	结果
堆石料	6	26.1～121.8 108.4	16.8～110.6 92.8	0.68～0.96 0.90	4	0.6～1.4 1.1

从两个阶段的岩石强度看，第二阶段岩石强度平均值显著提高，且饱和抗压强度值16.8～110.6MPa，波动范围较大。

岩石密度试验粒径大于5mm的岩石密度采用水中称重法，粒径不大于5mm的岩石密度采用比重瓶法进行，岩石密度根据粗、细料组成比例和粗、细料岩石密度取加权平均值，作为填料孔隙率计算依据。

按 GB 50021—2001《岩土工程勘察规程》以岩石饱和单轴抗压强度分类如下：大于 60MPa 为坚硬岩石；60～30MPa 为中等坚硬岩石；30～15MPa 为较软岩石；小于 15MPa 为软岩石。

由以上可知，现场试验填筑料总体属中等坚硬岩石和坚硬岩石，但岩石变化较大，堆石料中尚夹有少量软弱岩石。

3.2　爆破试验筛分成果

3.2.1　堆石料及过渡料的筛分结果

从爆破料堆不同部位分别挖取爆破料，进行全料颗粒级配试验，验证爆破堆石料是否满足设计级配要求。试验采用现场木筐抬筛，考虑筛分精度，现场仅进行 20mm 以上颗粒筛分，小于 20mm 试样，在现场称取不少于 4000g 送室内烘干后进行含水量和筛分试验，并将细料筛分与现场粗料筛分连接成全料级配曲线。堆石料、过渡料的颗粒级配曲线分别见图 1、图 2。

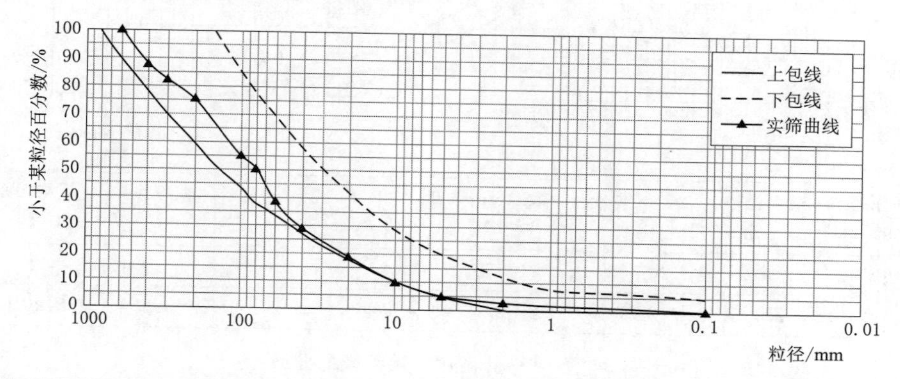

填筑分区名称	最大粒径 /mm	<5mm 含量 /%	<0.1mm 含量 /%	d_{60}	d_{30}	d_{10}	曲率系数 C_c	不均匀系数 C_u
堆石料	800	<20	≤5	—	—	—	—	>10
实测值	600	5.3	0.2	124.1	42.3	10.2	1.4	12.2

图 1　堆石料全料筛分颗粒级配曲线

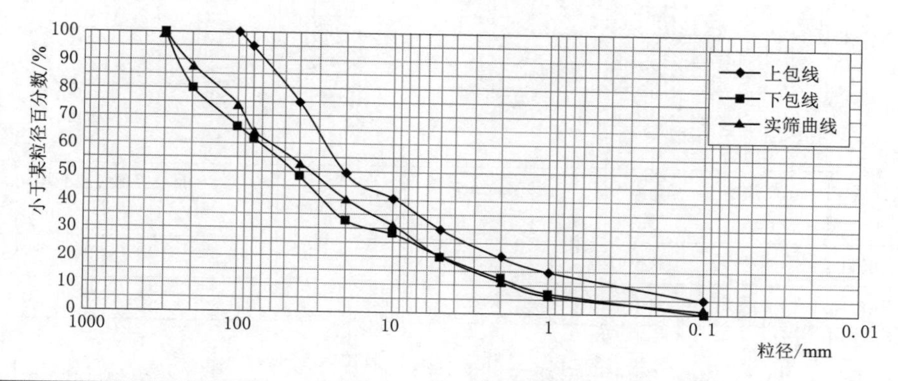

填筑分区名称	最大粒径 /mm	<5mm 含量 /%	<0.1mm 含量 /%	d_{60}	d_{30}	d_{10}	曲率系数 C_c	不均匀系数 C_u
过渡料	300	20～30	≤5	—	—	—	—	—
实测值	280	20.3	1.2	60.0	9.0	1.8	0.8	33.3

图 2　过渡料全料筛分颗粒级配曲线

从堆石料全料筛分颗粒级配曲线看，级配曲线接近下包线，但总体在设计包络线范围内。小于 5mm 的颗粒含量、小于 0.1m 的细粒含量、不均匀系数均符合设计要求。

从过渡料全料筛分颗粒级配曲线看，级配曲线接近下包线，颗粒粒径偏粗，级配曲线仍在设计包络线范围内。小于5mm的颗粒含量、小于0.1mm的细粒含量、不均匀系数均符合设计要求。

3.2.2　垫层料和特殊垫层料的筛分结果

垫层料和特殊垫层料由骨料加工系统生产，取样是从料堆的不同部位挖取混合料，进行全料颗粒级配试验。颗粒级配试验，现场采用木筐抬筛，考虑筛分精度，现场仅进行5mm以上颗粒筛分，小于5mm试样，在现场称取不少于4000g送室内烘干后进行含水量和筛分试验，并将细料筛分与现场粗料筛分连接成全料级配曲线。垫层料的颗粒筛分曲线见图3，特殊垫层料的颗粒筛分曲线见图4。

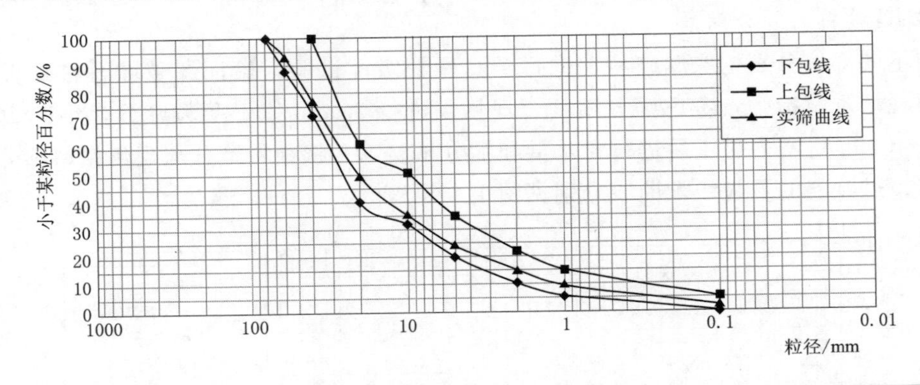

填筑分区名称	最大粒径/mm	<5m 含量/%	<0.1mm 含量/%	d_{60}	d_{30}	d_{10}	曲率系数 C_c	不均匀系数 C_u
垫层料	80	20～35	≤5	—	—	—	—	—
实测值	80	23.7	2.0	26.0	7.5	1.3	1.7	20.0

图3　垫层料全料筛分颗粒级配曲线

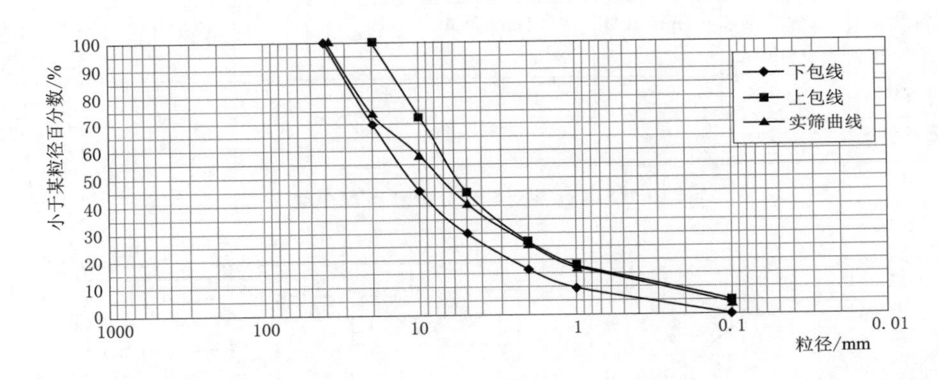

填筑分区名称	最大粒径/mm	<5m 含量/%	<0.1mm 含量/%	d_{60}	d_{30}	d_{10}	曲率系数 C_c	不均匀系数 C_u
特殊垫层料	40	30～45	≤5	—	—	—	—	>15
实测值	40	40.6	4.2	12.0	2.7	0.3	2.0	40.0

图4　特殊垫层料全料筛分颗粒级配曲线

垫层料级配曲线符合设计要求，特殊垫层料细料含量偏多，但级配曲线仍处在设计包络线范围内。小于5mm的颗粒含量、小于0.1mm的细粒含量、不均匀系数均符合设计要求。

4　现场碾压试验

4.1　碾压试验参数

4.1.1　铺土厚度的选择

采用反铲装料、自卸车装卸，在各试验条带范围线内，推土机整平，铺筑层厚度控制误差±10%，并测量高程，以确保填料松铺厚度。堆石料摊铺厚度为80cm、60cm，过渡料、垫层料、特殊垫层料松铺厚度为40cm、30cm。主堆石料、下游堆石料在满足设计级配的要求时剔除大于800mm的石料后作为填筑料，当采用铺料厚度为60cm时，在满足设计级配的要求时剔除大于600mm的石料后作为填筑料；过渡料在满足设计级配要求时剔除大于300mm的石料作为填筑料。垫层料和特殊垫层料采用骨料加工系统生产的骨料作为填筑料。

4.1.2 铺料方法

堆石料、过渡料采用"进占法"填筑，推土机推平。垫层料、特殊垫层料采用"退铺法"填筑，推土机整平。

4.1.3 碾压速度

根据经验，选择2～3km/h的碾压速度。

4.1.4 洒水方法

在试验料摊铺推平之后，用白灰画出试验单元，用洒水车在试验单元内洒水，用流量表控制加水量，加水量按填料体积百分率计算。

4.1.5 碾压试验方法及基本流程

碾压方法采用进退错距法，前进、后退为两遍计，轮压重叠15～20cm。基本流程是：碾压场开辟⟶碾压场压实⟶布设控制点、平整度测量⟶进料推平⟶洒水⟶静碾⟶松铺高程测量⟶碾压⟶沉降测量、压实密度、含水量、级配检测⟶回填试坑⟶碾压⟶基面测量⟶下一场。

4.2 现场碾压试验检查项目及方法

4.2.1 堆石料沉降网点布置与测量

各试验组合均按1.5m×1.5m布置网格测点，用全站仪测量基面、铺填层面及不同压实遍数后，在同一测点上测量高程以计算松铺厚度和不同碾压遍数沉降率。

4.2.2 密度测定

用试坑灌水法测定压实后的干密度。堆石料试坑直径为最大粒径的2～3倍，过渡料试坑直径为最大粒径的3～4倍，垫层料试坑直径不小于最大粒径的4倍，试坑深度均为碾压层厚，套环直径大于试坑直径。

4.2.3 颗粒级配

在每个试验单元内挖3个坑，对坑内的填料进行全级配筛分试验。

颗粒级配试验，现场采用木框抬筛。考虑筛分精度，堆石料、过渡料现场仅进行20mm以上颗粒筛分，小于20mm试样，在现场称取不少于4000g送室内烘干后进行含水量和细料筛分试验，并将细料筛分与现场粗料筛分连接成全料级配曲线。

4.2.4 含水率试验

堆石料、过渡料采用小于20mm试样和大于20mm颗粒试样测定含水率，加权平均计算全料含水率，用烘干法测定；垫层料、特殊垫层料采用小于5mm试样和大于5mm颗粒试样测定含水率，加权平均计算全料含水率，用烘干法测定。

4.2.5 堆石孔隙率计算

压实干密度相应的孔隙率公式：

$$n=1-\rho_d/(G_s\times\rho_w) \tag{1}$$

式中：n 为孔隙率，%；ρ_d 为堆石体干密度，g/cm^3；ρ_w 为水的密度，数值取1，g/cm^3；G_s 为岩石密度，按粗、细料密度加权平均求得。

4.2.6 原位渗透系数测试

原位渗透试验每种填筑料取3点进行现场试坑注水试验。采用单环注水法测定，渗透环直径30cm，并计算近似渗透系数。试验成果见表3。

表3 现场原位渗透检测成果统计表

填料名称	铺料厚度/cm	设计<5mm含量/%	实测<5mm含量/%	实测<0.1mm含量/%	实测干密度/(g/cm³)	渗透系数平均值/(cm/s)
堆石料	60	<20	9.7	0.9	2.15	6.43×10^{-1}
	80	<20	11.3	1.3	2.15	4.62×10^{-1}
过渡料	40	20～30	20.0	1.4	2.15	8.52×10^{-2}
	30	20～30	20.3	1.4	2.15	8.16×10^{-2}
垫层料	40	20～35	24.4	2.1	2.20	4.42×10^{-2}
	30	20～35	24.0	2.2	2.20	4.89×10^{-2}
特殊垫层料	40	30～45	40.1	3.7	2.20	7.68×10^{-3}
	30	30～45	31.7	2.8	2.20	1.92×10^{-2}

根据试验结果，渗透系数的影响因素主要是填料中<5mm颗粒含量、<0.1mm颗粒含量和压实干密度。当填料中>5mm含量大于70%时，粗料形成骨架则渗透较大，当填料中<5mm细料含量大于30%时，细料开始填充粗颗粒空隙。渗透系数主要决定于细料性质，以上试验结果符合一般规律。尤其是特殊垫层料，当<5mm颗粒含量接近设计包络线上限时，实际结果达不到设计渗透系数$\geqslant i\times10^{-2}$cm/s的要求；当<5mm颗粒含量接近设计包络线下限时，渗透系数基本满足设计要求，因此建议施工中垫层料及特殊垫层料级配按照设计包络线下限控制。

4.3 碾压试验成果分析

4.3.1 压实密度与洒水量的关系

最优洒水量选择试验采用堆石料，铺料厚度80cm，26t振动碾碾压10遍，分别洒水0、5%、10%、15%，压实干密度与洒水量成果统计见表4，压实干密度与洒水量关系见图5。

表4 压实干密度与洒水量成果统计表

层厚/cm	碾压遍数/遍	洒水量/%	编号	湿密度/(g/cm³)	含水率/%	干密度/(g/cm³)	平均值/(g/cm³)
80	10	0	10-1	2.04	0.9	2.02	2.03
			10-2	2.07	1.1	2.05	
			10-3	2.05	0.8	2.03	
		5	10-1	2.11	1.6	2.08	2.08
			10-2	2.09	1.2	2.07	
			10-3	2.12	1.9	2.08	
		10	10-1	2.17	2.4	2.12	2.13
			10-2	2.18	2.2	2.13	
			10-3	2.19	2.6	2.13	
		15	10-1	2.17	2.3	2.12	2.13
			10-2	2.19	2.4	2.14	
			10-3	2.18	2.9	2.12	

由成果分析，洒水比不洒水，干密度显著增加，说明洒水效果明显，干密度随洒水量的增加而增加，当洒水为10%时，干密度随洒水量的增加趋于平缓，填料已基本压实，通过挖坑取样所测样品，全料含水率在2.2%～2.9%，说明填筑料已经饱和，再增加洒水量，多余的水通过填筑料空隙流失，对干密度的提高意义不大。

4.3.2 压实密度与碾压遍数的关系

压实密度与碾压遍数关系图分别见图6～图9。

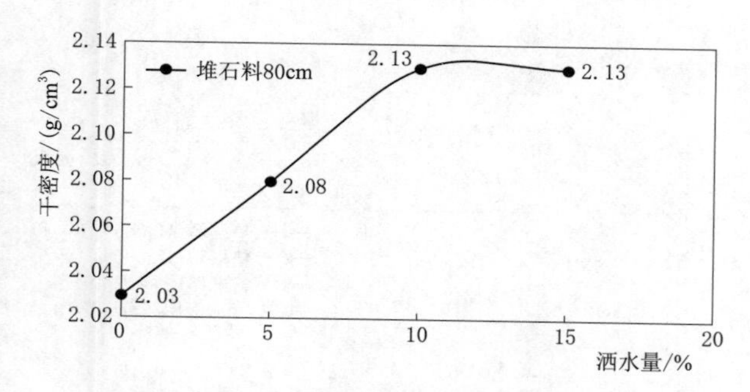

图 5 压实干密度与洒水量关系图

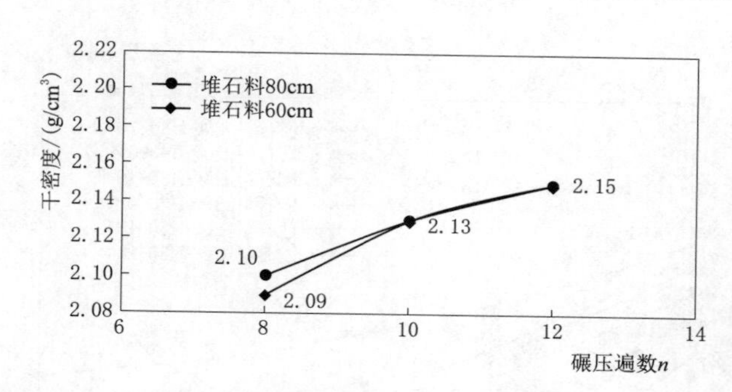

图 6 堆石料干密度与碾压遍数关系图

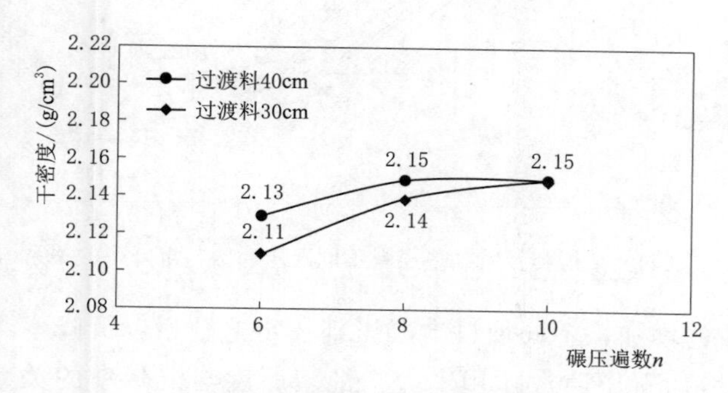

图 7 过渡料干密度与碾压遍数关系图

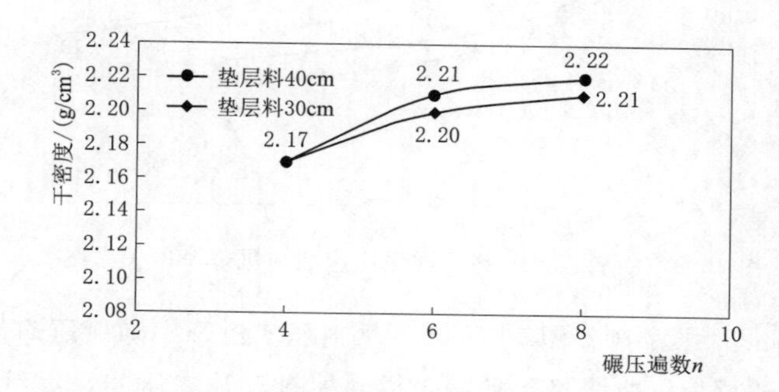

图 8 垫层料干密度与碾压遍数关系图

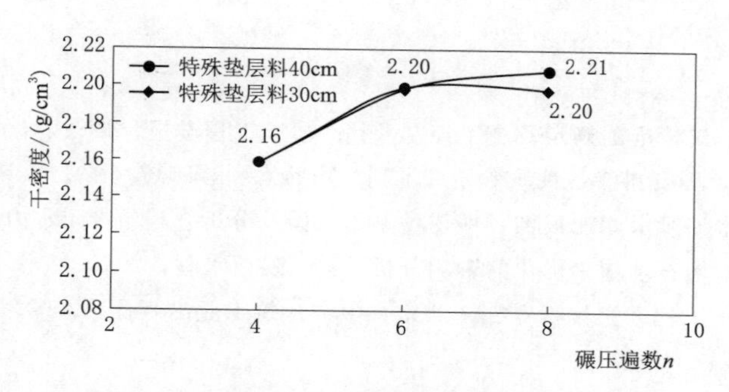

图 9 特殊垫层料干密度与碾压遍数关系图

4.3.3 填料不同碾压遍数、厚度与压实沉降率的关系

碾压遍数与压实沉降率检测结果见表 5。碾压遍数与沉降量的关系曲线见图 10、图 11。

表 5 坝料不同碾压遍数压实沉降率检测成果统计表

填料名称	碾压机具	铺料厚度/cm	洒水量/%	压实沉降率/%				
				4 遍	6 遍	8 遍	10 遍	12 遍
堆石料	20t	80	10	3.84	5.25	6.29	7.06	7.57
		60	0	4.46	6.45	7.62	8.33	8.98
	26t	80	10	4.08	6.25	7.88	9.14	9.69
		60	0	5.15	7.04	8.62	10.01	10.72
过渡料	20t	40	10	6.82	9.83	10.86	11.28	—
		30	0	7.33	10.21	11.42	11.92	—
垫层料	20t	40	5	9.00	11.45	12.25	—	—
		30	0	9.33	12.02	12.82	—	—
特殊垫层料	20t	40	5	9.12	11.90	12.60	—	—
		30	0	9.67	12.45	13.15	—	—

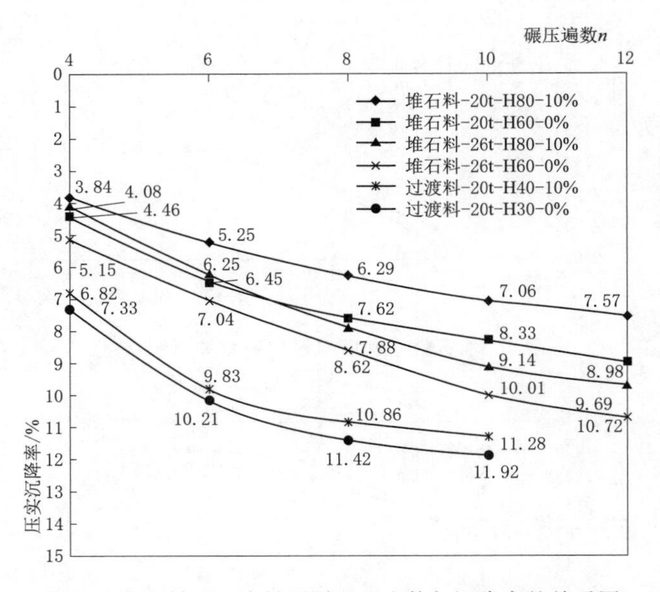

图10 堆石料、过渡料不同碾压遍数与沉降率的关系图

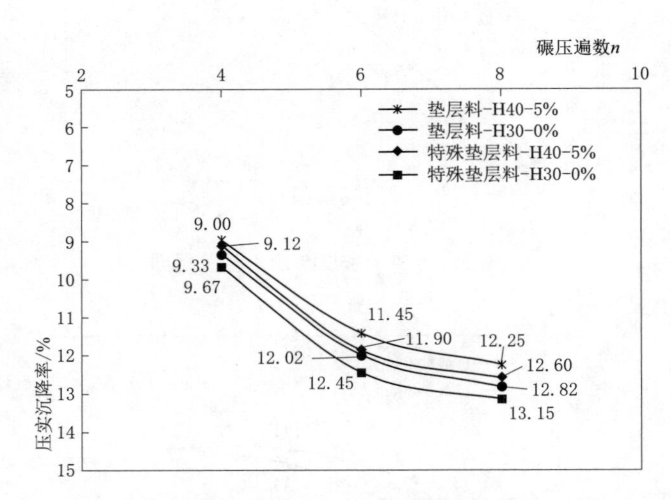

图11 垫层料及特殊垫层料不同碾压遍数与沉降率的关系图

由图10、图11可知，坝料压实沉降率随碾压遍数的增加，不同坝料当碾压到一定遍数后，沉降率逐渐减小，曲线趋于平缓，说明坝料已基本压实，继续增加碾压遍数作用不大。铺填厚度与沉降率的关系有一定影响，结果显示厚度越薄其沉降率越大。

参考文献

[1] 史彦文. 大粒径粗粒坝料填筑标准的确定及施工控制［J］. 岩土工程学报，1982，4（4）：78-93.

[2] 何乔意. ATS水电站填筑砂砾石料渗透性试验研究［J］. 陕西水利，2018（A01）：165-166.

[3] 何愈明，陈霓，龙宜伟. 水泊渡水库面板堆石坝现场碾压试验及分析［J］. 贵州水力发电，2004，18（2）：4.

[4] 刘文娜. 坝料孔隙率对面板堆石坝施工优化的影响分析［J］. 陕西水利，2016（5）：2.

[5] JGJ 72—2004 高层建筑岩土工程勘察规程［S］. 北京：中国建筑工业出版社，2004.

磐安电站下库进/出水口检修闸门井开挖及支护施工方案研究

姚航政 王文辉 周夷清 郦肖雪
（浙江磐安抽水蓄能有限公司，浙江省金华市 321000）

【摘 要】本文介绍了浙江磐安抽水蓄能电站下库进/出水口检修闸门井的开挖施工方法，采用“正井法”自上而下进行全断面开挖，开挖前首先完成锁口锚杆及锁口混凝土施工，开挖采取 CMJ17HT 液压掘进钻车钻孔，周边光面爆破，支护跟进施工，钻爆、出渣、支护等工序交替进行。可望对其他的竖井开挖工程有借鉴之处。

【关键词】闸门井 开挖 支护 方法

1 概述

1.1 工程概述

浙江磐安抽水蓄能电站位于金华市磐安县，距金华市、绍兴市和杭州市的直线距离分别为 95km、116km 和 150km，距离 500kV 吴宁变电站约 54km，接入系统便利，送受电条件较好。电站为日调节纯抽水蓄能电站，装机容量 1200MW（4×300MW），工程开发任务为承担浙江电网的调峰、填谷、调频、调相及紧急事故备用等任务，电站建成后，可提高浙江电网的调峰能力，缓解调峰压力，改善供电质量，保障电网安全、稳定、经济运行。

本电站枢纽工程主要建筑物由上水库、下水库、输水系统、地下厂房和地面开关站等组成，按装机容量确定为一等大（1）型工程。

下库进/出水口检修闸门井位于岸坡山体内，由井身、闸室、渐变段等组成，见图 1、图 2。闸门孔口尺寸为 6.2m×7.5m（宽×高），底板高程为 387.38m，闸门检修平台高程为 431.50m，与环库公路相连。

闸门井：井身开挖断面为不规则圆形，顺水流向长 8.4m，垂直水流向宽 11.0m，高 45.62m，井壁采用钢筋混凝土衬砌，衬砌厚度为 1.0m；设有一个直径为 1.6m 的通气孔，上部设启闭机房。

闸室段：顺水流向长 11.2m，内腔横断面尺寸为 6.2m×7.5m（宽×高），衬砌厚 1.5m。

闸门井段下游侧为 6.2m×7.5m 矩形隧洞，长 42.65m，底坡 7%；闸门井段上游为长 12m 的渐变段，由矩形 6.2m×7.5m 渐变成洞径 7.5m 的圆形，采用钢筋混凝土衬砌，厚 1.0m。

1.2 工程地质和水文条件

闸门井平台开挖高程为 431m，井深约 48m，闸门井中心间距 27.5m。

根据地表地质测绘及勘探揭示，地表覆盖层浅薄，厚度一般小于 1m，上部全、强风化层缺失，弱风化上段下限埋深 8m，进出水口开挖后，闸门井后缘坡高约 47m，平台建基面主要为弱风化下段含砾晶屑熔结凝灰岩、角砾熔结凝灰岩，岩石质量指标 RQD 均值 44%，岩体较破碎～完整性差，闸基岩石质量分级为Ⅲ1 类。

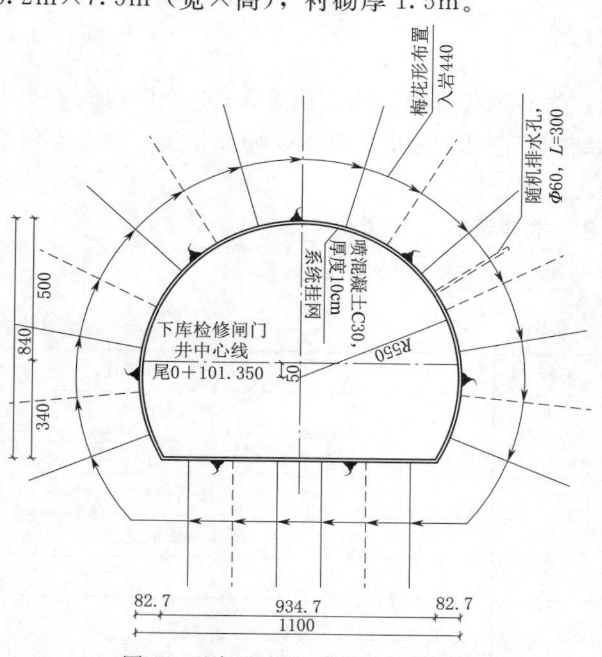

图 1 下库进出水口闸门井断面图

根据 YK12 钻孔揭示，井深围岩岩性较复杂，由含砾晶屑熔结凝灰岩、角砾熔结凝灰岩夹凝灰岩等组

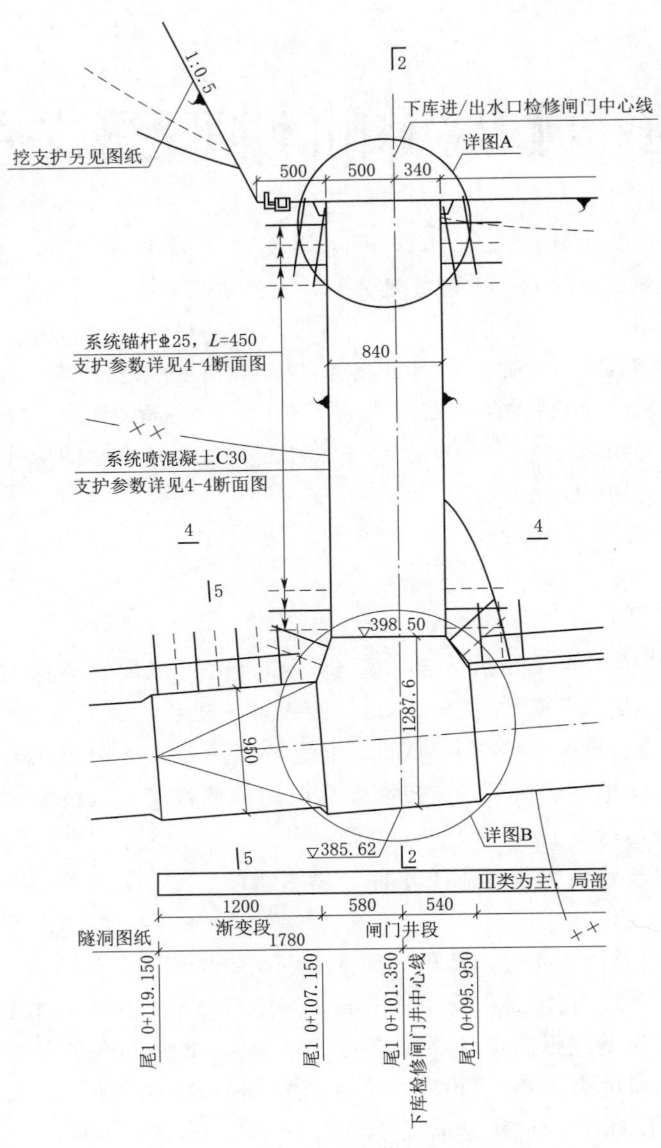

图2 下库进/出水口闸门井剖面图

成，为弱风化下段，岩石质量指标RQD均值44%，岩质坚硬，岩体完整性差，局部较破碎，主要呈次块状结构，围岩以Ⅲ1类为主，局部Ⅳ类；地下水位埋深11.10m（高程429.18m），位于闸门井建基面高程以上。

1.3 主要设计工程量

闸门井主要工程量见表1。

表1 **闸门井主要工程量表**

编号	项目名称			单位	工程量
1	石方井挖			m^3	5618
2	挂网喷C30混凝土			m^3	234
3	挂网钢筋			t	9
4	锁口圈梁混凝土			m^3	73
5	系统锚杆	$\phi25$	$L=4.5m$	根	951
6		$\phi28$	$L=6m$	根	373
7	石方洞挖			m^3	10612

续表

编号	项目名称			单位	工程量
8	挂网喷 C30 混凝土			m^3	504
9	挂网钢筋			t	7
10	超前小导管			根	370
11	钢拱架			t	18
12	系统锚杆	$\phi 25$	$L=4.5m$	根	1633
13		$\phi 28$	$L=6m$	根	94

2　施工布置

2.1　施工道路

闸门井施工通道合同文件利用下库右岸环库路施工道路。前期施工因右岸环库公路未通，利用 Q1 标拌和站至下库进出水口临时道路、库内原 S323 省道到下库中转料场。因道路及相关标段原因导致无法出渣时将渣料暂存至下库进出水口闸门井平台处，后期进行二次转运至下库中转料场。

尾水隧洞（尾 0＋053.500～尾 0＋139.150）施工通道利用 Q1 标拌和站至下库进出水口临时道路、库内原 S323 省道到下库中转料场。

2.2　施工供风

（1）闸门井井深及尾水隧洞施工用风设备主要为 YT－28 手风钻，供风由闸门井洞口空压站集中供风，采用 DN80mm 供风钢管接引至井内，端头段采用橡胶管布置联通管路接用风设备。闸门井施工用风用 2 台 $20m^3/min$ 空压机。采用空压机进行集中供风。

（2）随竖井开挖供风管道利用井壁系统锚杆并采用角钢设置抱箍与风管周边焊接并最终与系统锚杆端头焊接固定，固定点间距 3m。

（3）供风管用绿色识别，安装时做到平、直、顺、通，以减小管路沿程阻力和局部阻力，配备专人对现场施工供风管进行管理、维护、检修。

2.3　施工供电

闸门井施工用电主要为通风用电、排水用电、照明用电，总用电负荷较小。

闸门井施工用电由高程 431.2m 平台设置的 630kVA 箱式变压器进行供电，附近二级配电柜接引，采用自制电缆挂钩悬挂在井壁、洞壁上沿拱脚线敷设至施工面。施工供电符合一机、一闸、一漏的保护要求，严格按三相五线制接线，后期将变压器转入井内。

2.4　施工照明

在闸门井竖井平台各设置 3 个固定的节能灯进行照明，井内全部采用条形灯带照明，灯带敷设方案如下：

条形灯带布置在井壁，灯带固定在钢丝绳上，每隔 15m 布置一个短插筋，以保证钢丝绳敷设的线性平顺，灯带电源从沿线照明线路上接引。

2.5　施工通风

竖井开挖深度 32.7m，距离较短，考虑采用自然通风，为及时消除闸门井竖井开挖爆破后的烟尘，采用人工持特制的喷头从上而下洒水降尘。喷头由钢管加工成花管的形式，确保喷出的水流成雾状，这样既能快速覆盖整个开挖面，又能避免喷出的水量过多在底部汇集的现象发生，便于减少通风、排烟时间，缩短开挖循环时间。加强对有毒性有害气体的检测，直至检测合格才能下井施工。

2.6　施工供水及排水

施工用水一期利用 $\phi 50mm$ 的 PE 管由附近的冲沟内接引或采用洒水车供水。施工用水二期利用业主提供的 1 号水池进行供水。

2.7 井口增设挡水坎及防护围栏

闸门井开挖施工期间，为防止施工期外部雨水汇水流入闸门井竖井开挖工作面，同时避免施工人员及检查人员行走至竖井周边时脚部碰触杂物坠落井内危及井内施工安全，特待闸门井井口锁口混凝土浇筑完成后，紧贴锁口圈梁混凝土外侧位置布置一圈C20混凝土挡水坎，挡水坎高50cm，宽30cm。施工期间防止各单位人员、施工人员靠近竖井坠落隐患，以挡水坎为基础并在井圈混凝土施工时预埋ϕ22mm插筋，L=50cm，预埋30cm，外露20cm上部焊接固定护栏立柱，护栏立柱基础同时由挡水坎包裹确保稳定，周边护栏采用ϕ48mm钢管制作，高度1.5m，水平杆两道，上下间距50cm；立柱间距1.2m，所有护栏采用喷红白漆，同时悬挂安全警示牌。具体施工详见图3。

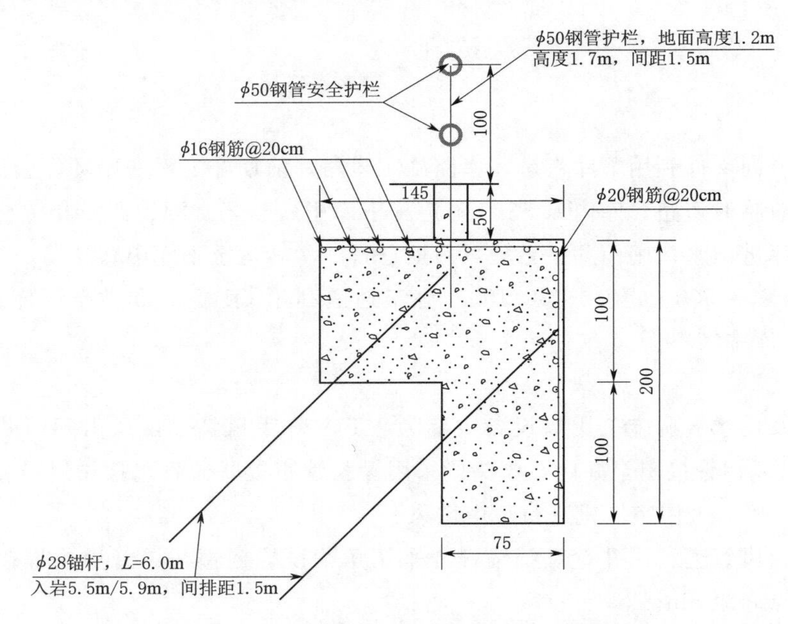

图3 井口增设挡水坎及防护围栏布置图

3 主要施工工艺技术

3.1 总体施工方案

根据总体施工进度及安排，即将启动事故闸门井开挖，闸门井采用“正井法”自上而下进行全断面开挖，开挖断面面积77.87m^2，开挖前首先完成锁口锚杆及锁口混凝土施工，开挖采取CMJ17HT液压掘进钻车钻孔，周边光面爆破，支护跟进施工，钻爆、出渣、支护等工序交替进行；PC90反铲在井内装3m^{3}集料斗，35t汽车吊运至井外渣料临时堆存，再由装载机装20t自卸汽车出渣，下一循环爆破前采用汽车吊将反铲吊离井外。

闸门井井身段采用“正井法”自上而下开挖，为Ⅰ期开挖，开挖至高程398.50m，开挖深度（全长）为32.70m。高程398.50m以下闸室段与上下游渐变段一起开挖，为Ⅱ期开挖。

3.2 闸门井开挖施工工艺

3.2.1 施工技术准备

（1）做好施工测量工作，放样闸门井开挖轮廓线、中心线、走向，将以上结果报监理单位复核检查。

（2）根据设计图纸、地质情况、爆破材料及钻孔机械等条件，完成爆破开挖设计施工方案编制、方案评估及爆破手续办理。

（3）图纸会检：设计施工图纸下发后，由总工程师立即组织各职能部门进行图纸会审，并与招标文件工程量清单进行对比，充分熟悉闸门井结构尺寸及开挖支护参数，对与招标文件有差异的工程项目及时与监理工程师沟通协调。

（4）技术交底：施工方案经评审通过后，技术部门立即编制作业指导书及安全技术交底，向工区、班组、作业人员进行安全技术交底。技术交底详细、具有针对性、指导性，所有参会人员须领会安全技术交底精神和内容、签字确认，并留存影像资料形成书面交底记录。

3.2.2　竖井开挖方法

3.2.2.1　施工测量

闸门井开挖施工前，由测量人员利用全站仪，根据已复测的测量控制点，按照设计施工图纸对闸井中心线、开挖周边轮廓线和必要的高程腰线点进行测量放点，每一次测量点放样完成后，均由测量人员开出测量放线单，并向施工技术人员现场交接测点，并将测点利用红油漆醒目标出。

3.2.2.2　井口开挖

根据设计施工图纸，闸门井井口设置有一圈锁口圈梁混凝土，锁口圈梁为直角梯形结构，顶宽1.0m、底宽0.5m、高1.5m，结合闸门井平台开挖岩石揭露情况，闸门井井口岩石以Ⅳ类、Ⅴ类围岩为主，拟利用液压破碎锤配合反铲直接开挖，如遇局部无法开挖岩石段，利用YT-28手风钻钻孔爆破开挖，周边孔采用光面爆破。闸门井井身开挖2.0m后，进行锁口圈梁混凝土的施工。见图4。

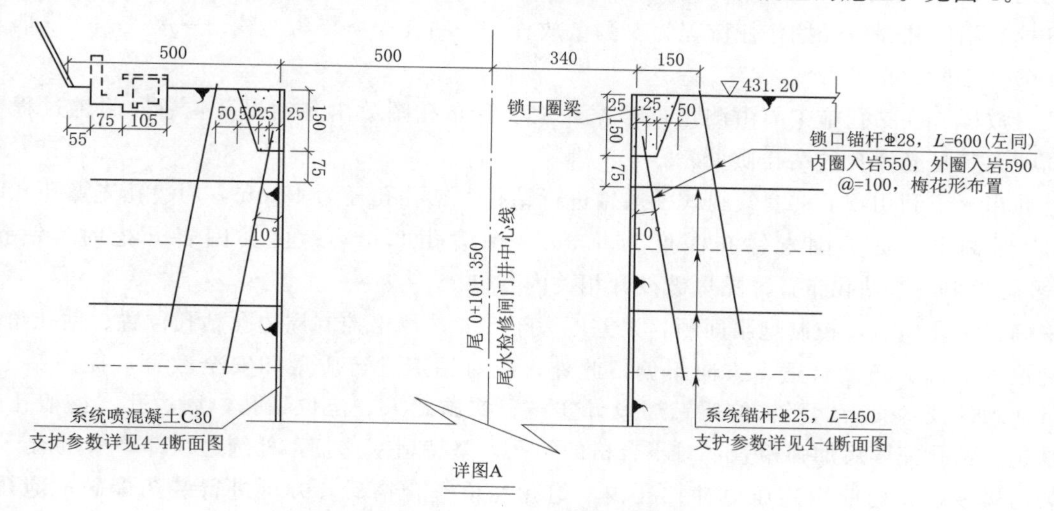

图4　闸门井井口开挖范围示意图

3.2.2.3　锁口锚杆及圈梁施工

井口开挖完成后，按照设计施工图纸由测量队对锁口锚杆位置进行测量放点，利用YT-28手风钻进行锁口锚杆的钻孔施工，钻孔严格控制孔向，达到设计深度后，进行清孔，并报请现场监理进行验孔，验孔合格后方可进行锚杆安装。

锚杆安装采用先注后插法施工，砂浆在现场采用砂浆搅拌机拌和，拌和时严格按照监理工程师批准的砂浆配合比进行；砂浆应拌和均匀，随拌随用，一次拌和的砂浆应在初凝前用完，并严禁石块杂物混入；注浆前用高压风将锚杆孔吹净，以确保孔内没有积水和虚渣；注浆至孔口20～30cm时停止注浆并立即插锚杆，有水的钻孔必须将砂浆注满后方可插入锚杆；锚杆安装完毕后，在砂浆凝固前，不得敲击、碰撞和拉拔锚杆。

锁口锚杆施工完成后，进行锁口圈梁钢筋安装，钢筋在钢筋加工厂加工，加工完毕后，运至施工工作面，钢筋安装必须严格按设计图纸要求进行绑扎，间、排距误差符合设计及相关技术规范要求；钢筋主要采用绑扎连接和焊接。当采用绑扎连接时，搭接长度为$40d$；当采用双面焊时，搭接长度为$5d$；采用单面焊时，焊缝长度为$10d$。

锁口圈梁混凝土衬砌模板主要采用钢模板，利用钢管作为横向、竖向围檩，依靠焊接在锚杆上的拉筋进行固定。

混凝土利用10m³混凝土罐车，从HZS120混凝土生产系统内运输至施工作业面，利用溜槽入仓。

浇筑时按照由远及近的原则进行入仓，分层铺料厚度控制在35cm，混凝土振捣使用ϕ50mm电动插入式振捣器振捣，平仓后要立即振捣，杜绝以平仓代替振捣的现象。振捣次序按梅花形排列布置，振捣间距为振捣器振动作用有效半径的 1.5 倍。作业时，按间距逐点进行振捣，并应插入下层混凝土约 5～10cm。每点振捣时间以 15～20s 为宜，以混凝土不再显著下沉、不出现气泡、开始泛浆时为准，要防止漏振、过振。

混凝土浇筑完成后，结合气温情况采用土工布覆盖或洒水养护，待混凝土强度达到设计强度的 70%以上时，方可进行锁口圈梁以下闸门井井身段的开挖。

3.2.2.4 井深开挖

闸门井开挖采用全断面自上而下钻爆施工，Ⅳ类围岩单循环进尺为 1.5m，Ⅲ类围岩为 2.0m。井内利用液压掘进钻车钻孔，楔形掏槽，周边井壁光面爆破，数码雷管连线，数码雷管起爆。

由 35t 汽车吊吊运 PC90 反铲至开挖作业面，直接进行开挖。开挖时人工配合反铲将渣料装入 $3m^3$ 渣斗内，配备两个 $3m^3$ 渣斗，循环使用。渣斗装满后由汽车吊垂直运输至井口外临时渣料堆放位置卸料，开挖渣料利用 $3m^3$ 装载机装 20t 自卸车出渣。每层开挖完成后按照设计图纸要求及时进行系统支护，然后再向下开挖。闸门井爆破开挖作业流程为：测量放样⟶钻孔⟶装药连线⟶爆破⟶排烟及安全撬挖⟶出渣。

(1) 测量放样。在钻孔施工前由测量员根据爆破设计布孔图放出各钻爆孔位置。施工过程中，控制好钻孔方向，尤其是光爆孔的钻孔质量。

(2) 钻孔由人工利用 YT-28 气腿式手风钻进行钻孔。钻孔孔径为 42mm，周边孔光爆孔孔距不得大于 50cm，楔形掏槽，Ⅲ类围岩钻孔深度为 1.8m（掏槽孔 2.0m）；Ⅳ类围岩开挖时，钻孔孔深为 2.3m（掏槽孔 2.5m）。钻孔布置详见爆破设计相关内容。

施工中确保钻孔质量，控制炮眼间距，误差不大于 5cm。严格控制周边孔钻孔位置、钻孔角度及钻孔方向，做到位置准确、角度合适、方向不偏。此外，应对钻工进行质量和安全教育，提高钻工的素质，施工前进行详细的技术交底，严格按照钻爆设计实施；实施定人、定位钻孔，周边孔、掏槽孔由经验丰富的钻工承担。钻孔完毕后加强检查，对不合格的钻孔，坚持堵塞重打，杜绝边顶部严重超挖。

(3) 装药爆破。装药前用高压风冲扫孔内，炮孔经检查合格后，方可进行装药爆破；炮孔的装药、堵塞和引爆线路的连接，由考核合格的炮工严格按批准的钻爆设计进行施作，装药严格遵守爆破安全操作规程。

光爆孔用小药卷捆绑于竹片上间隔装药，掏槽孔、扩槽孔和其他爆破孔装药要密实，堵塞良好，严格按照爆破设计图（爆破参数实施过程不断调整优化）进行装药、用数码雷管起爆联结起爆网路，最后由炮工和值班技术员复核检查，确认无误，撤离人员和设备，炮工负责引爆。

爆破网路采用数码雷管起爆网路，根据爆破设计，不同部位的炮孔内装填的数码雷管设置延时段位，组成并簇连起爆网路，按掏槽孔⟶辅助孔⟶周边孔⟶底板孔的顺序分段爆破。

爆破作业施工过程中必须重点做好相关工作面的协调工作。距离井底 10m 范围进行爆破作业时，导流泄放洞洞内其他工作面施工作业人员及重要设备必须提前退出，爆破完毕，确认安全后再进行施工。

(4) 排烟及安全撬挖。在每茬炮爆破后，立即利用特制的洒水花管进行排烟降尘。排烟后，由经验丰富的撬挖工清撬残留在井壁的松动岩块，确保施工安全。

(5) 出渣。利用 35t 汽车吊吊运 PC90 反铲到开挖作业面，人工配合反铲将渣料装入 $3m^3$ 渣斗内，配备两个 $3m^3$ 渣斗，循环使用。渣斗装满后由汽车吊垂直运输至井口外临时渣料堆放位置卸料，开挖渣料利用 $3m^3$ 装载机装 20t 自卸车出渣。

3.2.2.5 爆破设计

闸门井井身爆破开挖区域采用全断面爆破施工。爆破开挖施工采用中间楔形掏槽孔 0＋主爆＋周边井壁采用光面爆破的方式进行爆破。周边光爆孔采用 ϕ32mm 药卷，线状间隔不耦合装药弱爆破，导爆索起爆、竹片绑扎；掏槽孔及主爆孔采用 ϕ32mm 乳化炸药，连续装药，数码雷管起爆分段起爆。

掏槽孔共布置 12 个，间距为 70～78cm，主爆孔共布置 2 排，周边孔间距不大于 50cm。Ⅲ类围岩开挖按照单循环进尺1.5m，Ⅳ类围岩按照单循环进尺2.0m进行钻孔爆破。

3.3 支护施工工艺

根据围岩情况支护紧跟开挖面进行。支护工程施工时间根据围岩情况确定，首先要保证施工安全，然后再按照均衡施工的原则安排。在Ⅳ类围岩区，初喷混凝土、锚杆、钢支撑等初期支护在爆破出渣后及时施工，以确保施工安全。在围岩好的洞段，滞后掌子面安排系统支护施工，系统支护与开挖平行进行，不占直线工期，这样既有利于保证安全，又能安排均衡生产，具体延后支护洞长根据现场揭露围岩确定。

闸门井及洞身支护主要包括小导管、系统锚杆、钢拱架及挂网喷混凝土等。

4 结论

磐安电站下库进/出水口检修闸门井开挖与支护工程是一项永久性综合工程，针对其工程量大、地位重要，具有多洞交叉施工、多工序平行施工的特点，本文从施工总布置、施工程序等方面进行了完整的、科学合理的布置，从而有效保证了施工的有序进行和施工进度处于整体受控状态，为此类项目的程序化施工提供了系统的分析与研究。

对于洞室开挖施工质量控制难度大的问题，本文自始至终贯穿了“精细化施工”的指导思想，试图贯彻一种“以精细施工保工序质量、以工序质量保工程质量”的思想，力图达到以过程控制保精品工程的效果，在“工程精品化”思想和方法上提供了一些可供借鉴的思路。

参考文献

[1] GB 50164—2011 混凝土质量控制标准 [S].
[2] NB/T 10096—2018 电力建设工程施工安全管理导则 [S].
[3] DL/T 5083—2019 水电水利工程预应力锚固施工规范 [S].
[4] DL/T 5181—2017 水电水利工程锚喷支护施工规范 [S].
[5] DL/T 5389—2007 水工建筑物岩石基础开挖工程施工技术规范 [S].
[6] DL/T 5407—2019 水电水利工程竖井斜井施工规范 [S].
[7] DL/T 5099—2011 水工建筑物地下开挖工程施工技术规范 [S].

旭龙导流洞底板混凝土配合比设计及防裂研究

王　雷
（中国水利水电建设工程咨询北京有限公司，北京市　100024）

【摘　要】导流洞底板混凝土一般为高强度等级、大体积混凝土，作为导流过水冲刷面混凝土，对耐久性能要求较高，混凝土施工中裂缝的控制尤为重要。本文通过对金沙江上游旭龙水电站导流洞工程底板混凝土在浇筑过程中出现的问题进行研究分析，采取了相应的措施，保障了混凝土浇筑最终产品的质量。经试验室对混凝土配合比进行了多次优化，使混凝土具有低绝热温升、高极限拉伸特性，提高混凝土自身抗裂及耐久性能。同时，现场进一步加强温控、施工过程控制、养护等一系列措施，取得了较好的防裂效果。

【关键词】导流洞　底板　混凝土　配合比设计　优化　防裂

1　引言

在工程项目实际施工过程中，导致现浇钢筋混凝土出现贯穿裂缝的原因有很多，施工技术、建筑材料以及设计方案等均可能导致贯穿裂缝产生。对引发混凝土出现贯穿性裂缝的问题进一步研究，同时，采取有效的干预措施是十分必要的。

旭龙水电站导流洞工程底板分块尺寸为15m×12m，厚度从0.6～2.0m不等，从2022年7月开始正式浇筑，在混凝土浇筑初期，混凝土浇筑后7d出现不同程度的裂缝，裂缝长度在1～12m不等，裂缝宽度在0.1～0.3mm不等。经分析判断，出现通仓裂缝的主要原因是温度和约束作用引起的，初步判定为温度裂缝，表面出现的不规则裂缝主要为养护不到位造成的收缩裂缝。出现裂缝后，组织召开专题会讨论分析，并联合项目技术部门积极采取应对措施，主要从混凝土配合比优化和施工养护两方面着手采取防裂措施。

2　概述

旭龙水电站工程开发任务以发电为主，是西电东送骨干电源点之一。坝址多年平均流量990m^3/s，多年平均径流量313亿m^3。水库正常蓄水位2302.00m，死水位2294.00m，设计洪水位2303.42m，校核洪水位2305.89m，总库容约8.47亿m^3。装机容量2400MW，多年平均年发电量约103.19亿kW·h。枢纽工程由混凝土双曲拱坝、泄水建筑物、右岸地下引水发电系统及过鱼设施等组成。混凝土双曲拱坝最大坝高213m，右岸地下厂房安装4台600MW水轮发电机组。

旭龙水电站施工导流采用河床一次拦断全年围堰、隧洞导流的方式，在左岸布置2条导流洞，“高低、大小”布置，导流洞总长2759.85m。在高洞靠山侧布置1条生态供水旁通洞，洞长266.47m。

本标段主要工程量：土石方明挖118.83万m^3，石方洞挖82.92万m^3，土石方填筑9.77万m^3，混凝土26.43万m^3，防渗墙3100m^2，防渗帷幕8878m。

3　混凝土配合比设计

3.1　混凝土配合比设计技术要求

混凝土配合比设计技术要求见表1。

表1　混凝土配合比设计技术要求

强度等级	抗冻等级	抗渗等级	级配	设计坍落度/mm	限制最大水胶比	设计极限拉伸值/10^{-4}		使用部位
						28d	90d	
$C_{90}40$	F100	W6	二	140～160	0.40	≥0.85	≥0.90	导流洞底板

3.2　混凝土配合比设计

3.2.1　原材料

混凝土原材料是影响混凝土抗裂性能及耐久性的主要因素，严格控制所有进场原材料品质。

所采用的水泥为P·MH42.5水泥，水泥的初凝时间为229min，终凝时间为298min，标准稠度为25.6%，3d、7d、28d的抗折强度分别为5.1MPa、6.5MPa、8.4MPa，3d、7d、28d的抗压强度分别为22.9MPa、28.6MPa、45.4MPa，3d水化热为244kJ/kg，7d水化热为273kJ/kg。

粉煤灰为F类Ⅱ级粉煤灰，细度（45μm方孔筛）为18.9%，烧失量为6.3%，含水量为0.1%，需水量比为99%，三氧化硫为0.73%，游离氧化钙为0.56%。

外加剂采用聚羧酸高性能减水剂（缓凝型），减水率为32.6%，骨料为导流洞洞挖料花岗岩加工的水洗机制砂和碎石，砂的细度模数为2.86，石粉含量为13.8%，混凝土原材料的品质均符合DL/T 5144—2015《水工混凝土施工规范》相关规范要求。

3.2.2　混凝土配合比

初始混凝土配合比水胶比为0.37，砂率为42%，粉煤灰掺量为20%，混凝土单方用水量为148kg，总胶材为400kg；优化后配合比水胶比为0.36，砂率为41%，粉煤灰掺量提高到25%，通过外加剂厂家调整减水剂性能，适当提高了减水剂的减水率，混凝土单方用水量降为140kg，总胶材为389kg，优化后单方混凝土总胶材减少了11kg；根据混凝土拌和物性能试验检测，实测混凝土含气量为3.5%～5.3%，平均值为4.8%，实测混凝土容重为2420kg/m^3；根据混凝土力学性能指标检测，混凝土7d强度为24.8～28.5MPa，平均值为27.2MPa，达到设计90d龄期的69.8%，28d强度为38.9～44.3MPa，平均值为42.3MPa，达到设计90d龄期的85.2%，90d强度为45.8～53.6MPa，平均值为47.8MPa，达到设计90d龄期的112%；根据混凝土耐久性能指标试验检测，混凝土抗渗指标检测结果均≥W6，混凝土抗冻指标检测结果均满足设计F100指标要求，28d极限拉伸值为（0.86～0.87）×10^{-4}，90d极限拉伸值为（0.93～1.08）×10^{-4}，各项指标均满足设计要求，见表2。

表2　　推荐混凝土配合比

序号	强度等级	坍落度/mm	水胶比	砂率/%	外加剂掺量/%		粉煤灰掺量/%	混凝土材料用量/(kg/m^3)								水泥品种等级
					减水剂	引气剂		水	水泥	粉煤灰	砂	小石	中石	减水剂	引气剂	
1	C_{90}40W6F100	140～160	0.37	42	0.7	0.005	20	148	320	80	786	434	652	2.800	0.020	P·MH 42.5
2	C_{90}40W6F100	140～160	0.36	41	0.7	0.005	25	140	292	97	775	446	670	2.723	0.019	

3.3　混凝土绝热温升试验

混凝土绝热温升试验是在绝热条件下，测定混凝土在胶凝材料水化过程中的温度变化及最高温升值，以指导混凝土浇筑温度控制及采取有效的养护措施。

绝热温升试验模拟现场实际浇筑情况，采用浇筑成型1m×1m立方体混凝土块，混凝土与模板四周采用保温板进行隔热处理，内部测温探头布置分3层设置，上部测温探头埋设在0.75m处，中间测温探头埋设在0.50m处，下部测温探头埋设在0.25m处，每层平行设置3支测温探头，分别设置在0.25m、0.50m、0.75m处。设备采用JDC-2型建筑电子测温仪，电子测温探头。

混凝土拌和物及温度测定：①混凝土拌制过程同施工混凝土；②混凝土拌和物性能同施工混凝土；③混凝土入仓及振捣同施工混凝土；④测定混凝土入仓初始温度，前24h，每0.5h测定一次，24h后每1h测定一次，7d后每3～6h测定一次，试验历时28d。

绝热温升试验成果分析：上部（埋设高度为0.75m）混凝土最高温在42.7h，温度为58.9℃，混凝土绝热温升值为46.3℃；中部（埋设高度为0.50m）混凝土最高温在48.8h，温度为56.8℃，混凝土绝热温升值为44.7℃；下部（埋设高度为0.25m）混凝土最高温在51.9h，温度为52.6℃，混凝土绝热温升值为40.7℃；混凝土平均最高温在47.8h，混凝土平均温度为56.1℃，混凝土平均绝热温升值为43.9℃。

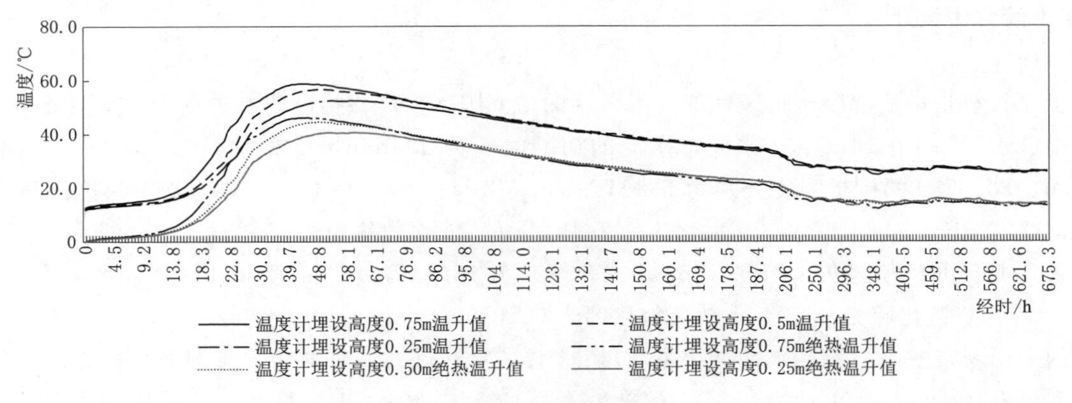

图1　混凝土绝热温升试验

不同部位混凝土温度差异值：上部跟中部相差2.1℃，上部跟下部相差6.3℃，中部跟下部相差4.2℃，温度平均相差4.2℃。

混凝土升温变化趋势：第1d平均温升25.7℃，第2d平均温升17.9℃，第3d开始降温－2.5℃。

混凝土降温变化趋势：从出现最高温度（47.8h）第1d（71.8h）后，第1d平均降温2.9℃；第2d平均降温4.8℃；第3d平均降温5.1℃；第4d平均降温3.7℃；第5d平均降温3.1℃；第6d平均降温3.0℃；第7d平均降温3.1℃；第8d平均降温1.9℃。

4　混凝土配合比优化

4.1　粉煤灰

粉煤灰是人工火山灰质掺合料，具有火山灰活性。混凝土掺粉煤灰可以改善混凝土和易性、延长混凝土凝结时间、减小混凝土泌水率、提高混凝土抗渗性、降低绝热温升和干缩变形等。粉煤灰的分类是根据它含游离氧化钙的含量来分的，可分为F类（低钙灰）、C类（高钙灰）和复合灰。高钙粉煤灰通常是指火力发电厂采用褐煤、次烟煤作为燃料而排放出的一种氧化钙成分较高的粉煤灰，是一种既含有一定数量水硬性晶体矿物又含有潜在活性物质的材料。与普通粉煤灰相比，高钙粉煤灰粒径更小，用作水泥混合材或混凝土掺合料具有减水效果好、早期强度发展快等优点，但它水化热高，且含有一定量的游离氧化钙，如果使用不当，用作水泥混合材及混凝土、砂浆掺合料可能会造成体积安定性不良等一系列后果。

F类粉煤灰通常是由燃烧无烟煤或烟煤所得，具有火山灰性能，C类粉煤灰通常是由燃烧褐煤或次烟煤所得，其CaO含量一般大于10%，C类粉煤灰除具有火山灰性能外，同时显示某些胶凝性，C类粉煤灰其本身具有一定的水硬性，可作水泥混合材。F类灰比C类灰使用时的水化热要低，C类粉煤灰不利于温控混凝土水化热控制，因此，本工程采用F类粉煤灰。经试验论证后，粉煤灰掺量由20%提高到25%，单方用量由80kg变为97kg。

4.2　降低水泥用量

旭龙水电站导流洞工程底板混凝土水泥采用中热水泥，经多次室内试验论证，水泥单方用量由320kg降至292kg。

4.3　温控措施

旭龙水电站导流洞工程混凝土为温控混凝土，且底板浇筑混凝土为C_{90}40W6F100混凝土，为控制混凝土水化热，拌和站加装了骨料风冷、制冰装置等措施，以减小混凝土温升，控制混凝土裂缝的发生，提高工程质量。

5　混凝土生产过程质量控制

5.1　生产过程质量控制

旭龙水电站导流洞工程采用HZS120自落式搅拌机，为保证混凝土生产过程中各种原材料的计量准确，计量系统必须每个月定期对各称量系统进行校正。混凝土搅拌时间根据混凝土拌和物拌和均匀性试验进行选定。在气温较高时，在运输车遮盖或保温设施上采取洒水降温措施，以减小混凝土在运输过程中由于温度过高造成坍落度的过大损失。

保证混凝土的均匀性是非常重要的，混凝土拌和物的稳定性是混凝土均匀性的前提条件，然而，保证混凝土拌和物稳定的前提条件又是细骨料含水率的稳定性。用稳定性较差的混凝土不可能浇筑出均匀的混凝土构件，从保证混凝土工程的施工质量来说，混凝土拌和物的均匀性是一个非常重要的性能。

混凝土拌和物正常生产检测的主要项目为：混凝土温度、坍落度、坍落度损失率、扩展度、棍度、泌水情况、含砂情况、黏聚性、含气量、拌和时间、水胶比、称量偏差、凝结时间、拌和密度等指标，检测频率按照 SL 677—2014《水工混凝土施工规范》进行。

5.2 施工过程质量控制

在混凝土工程施工中，混凝土浇筑工艺也是影响工程质量的关键因素，必须要在技术规范指导下有序完成各道工序。操作人员的专业能力和工作经验也是影响工程质量的重要因素，混凝土摊铺顺序、铺料厚度、振捣工艺非常关键，振捣操作是否规范也是后期裂缝成因的重要决定因素。在实际操作中，作业人员未按照工艺进行施工，未达到相关技术规范，会影响浇筑的混凝土整个结构的质量，为后续出现裂缝埋下质量隐患。

5.3 养护过程质量控制

混凝土本身对温度变化非常敏感，养护对于混凝土工程来讲是影响质量的关键工序，是混凝土工程不可缺少的一部分，养护不仅仅是洒水、保湿等简单的工序。然而，在实际工程中，养护常常不被重视，养护工作的重要性以及现场养护的措施和方法被忽视，养护的主要目的是通过在混凝土强度增长期间防止混凝土水分流失来保持混凝土的持续湿润。

一般情况下，混凝土养护采取常温水养护的方式，但该地区施工用水为河流中抽取的雪山融化水，水温较低，刚浇筑的混凝土正在发生水化热反应的过程中，混凝土温度在不同的时间段内发生不同的变化，直接用冷水喷洒较高温度的混凝土可能会引起“热冲击”，容易造成混凝土面的温度差，反而不利于混凝土裂缝的控制，养护用水不应比混凝土表面温度低 5℃，另外，必须避免混凝土的交替润湿和干燥，因为这会导致体积变化，也可能导致表面出现龟裂纹和裂缝。

在旭龙水电站导流洞工程混凝土浇筑过程中，采取的养护方式为混凝土收面后，混凝土表面采取保湿和保温养护措施，混凝土收面后及时采用薄膜覆盖，上面再采用土工膜覆盖。

6 优化成效

通过混凝土原材料的各个源头控制，混凝土配合比的优化，以及混凝土的拌制、运输、浇筑、养护等各个环节的严格控制。根据混凝土绝热温升试验，有效地指导了混凝土浇筑温度控制及采取有效的养护措施。浇筑的混凝土成品有了很大的改善，底板混凝土优化后未出现裂缝，有效地控制了混凝土裂缝的发生。

7 结语

混凝土质量控制是各个环节相互衔接的过程，混凝土从配合比原材料到施工的每一个环节都可能会出现问题。在旭龙水电站导流洞工程混凝土施工过程中，结合地区自然条件因素，通过混凝土原材料优选、配合比优化、改善混凝土性能、提高混凝土的工作性、加强混凝土生产过程控制、改进施工工艺及加强养护控制等方面均采取了一系列的综合措施，保证了施工质量，取得了良好的混凝土抗裂效果。

参考文献

[1] DL/T 5144—2015 水工混凝土施工规范 [S].

[2] DL/T 5055—2007 水工混凝土掺用粉煤灰技术规范 [S].

[3] GB/T 51028—2015 大体积混凝土温度测控技术规范 [S].

岩溶地区抽水蓄能电站地下厂房开挖施工管理实践

陈洪春　梁睿斌　段玉昌　徐　祥　洪　磊　李　明
（江苏句容抽水蓄能有限公司，江苏省镇江市　212416）

【摘　要】 句容抽水蓄能电站位于苏南宁镇山脉岩溶地区，溶洞、断层、蚀变岩脉发育，地下厂房Ⅳ、Ⅴ类围岩整体占比 56%；厂房洞室群埋深浅，存在管道—溶孔—裂隙含水层与地表联通，暴雨后高峰期渗水量达 $1260m^3/h$。句容抽水蓄能电站地下厂房地质复杂程度、防渗及排水系统复杂程度、跨度、支护强度均位居国内外抽水蓄能电站前列。厂房顶拱层采用先开挖两侧边导洞、后开挖中隔墙（眼睛法）的施工程序；厂房最底层以尾水隧洞为施工通道提前完成开挖，节约直线工期 2 个月。

【关键词】 句容抽水蓄能电站　岩溶地区　地下厂房　开挖施工

1　引言

岩溶地区抽水蓄能电站地下厂房开挖面临溶洞、断层、涌水等地质难题，施工安全风险大，围岩变形控制难度大。句容抽水蓄能电站地下厂房在国内抽水蓄能行业首次采用全封闭防渗加分层排水系统设计；在开挖施工过程中形成了“先行防渗、超前排水、科学论证支护设计及施工方案、应用监测及数值仿真分析成果优化设计指导施工、注重地质缺陷勘探及处理”等围岩变形综合控制技术。

2　工程概况

句容抽水蓄能电站地下厂房，位于输水线路尾部，上覆岩体厚度约为 144～160m。厂房内安装 6 台水泵水轮机组，单机容量 225MW。主副厂房洞与主变洞平行布置，间距 40m。主副厂房洞开挖尺寸 246.5m×27.0m（25.5m）×57.5m（长×宽×高），主变洞开挖尺寸 239.15m×18m×22.15m（长×宽×高），见图 1。

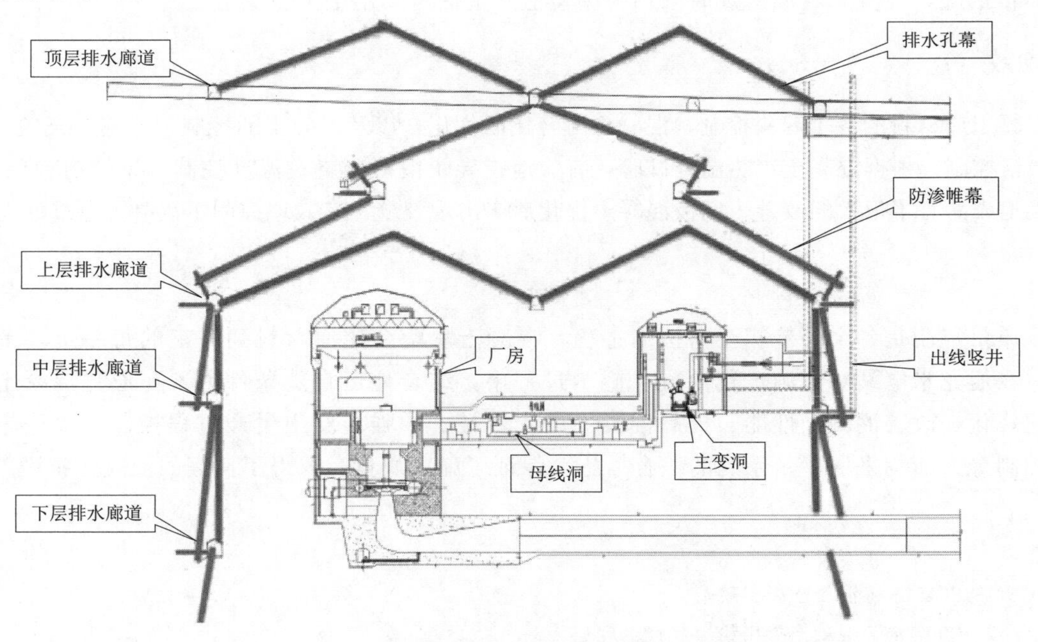

图 1　地下厂房洞室群布置图

3 厂房地质条件

句容抽水蓄能电站地下厂房岩性主要为震旦系灯影组细晶白云岩、内碎屑白云岩，寒武系幕府山组上段含磷白云岩、炮台山组硅质白云岩夹泥质白云岩，以及燕山期闪长玢岩脉。弱～微风化白云岩饱和抗压强度35～55MPa，为中硬岩。厂房开挖揭露11条断层、50余组裂隙、7个典型块体、4条规模较大闪长玢岩脉；探明5处较大规模隐伏溶洞，洞径3～11m，距离上游边墙3～7m，充填可塑性黏土，溶洞探测及处理均较为困难，见图2。厂房Ⅳ、Ⅴ类围岩整体占比56%，其中，顶拱Ⅳ、Ⅴ类围岩整体占比53.7%，岩锚梁岩台（上游侧）Ⅳ、Ⅴ类围岩占比达81.9%。幕府山组和炮台山组地层软弱夹层和薄层状缓倾角层面发育，岩体破碎。闪长玢岩脉具有蚀变、膨胀特性，开挖揭露时呈微风化状，强度较高，暴露于空气后快速蚀变，膨胀、崩解成全风化状；现场原位观察表明开挖揭露15d蚀变深度达0.35m，室内试验表明玢岩试块在干湿循环环境下34d大部分崩解。厂区岩体透水率以小于3Lu为主，存在管道—溶孔—裂隙含水层，地下水活动受结构面、溶蚀裂隙控制，存在岩溶水渗漏问题，暴雨后最大涌水量1260m^3/h，局部断层存在涌泥现象，地下水排泄、补给条件复杂。

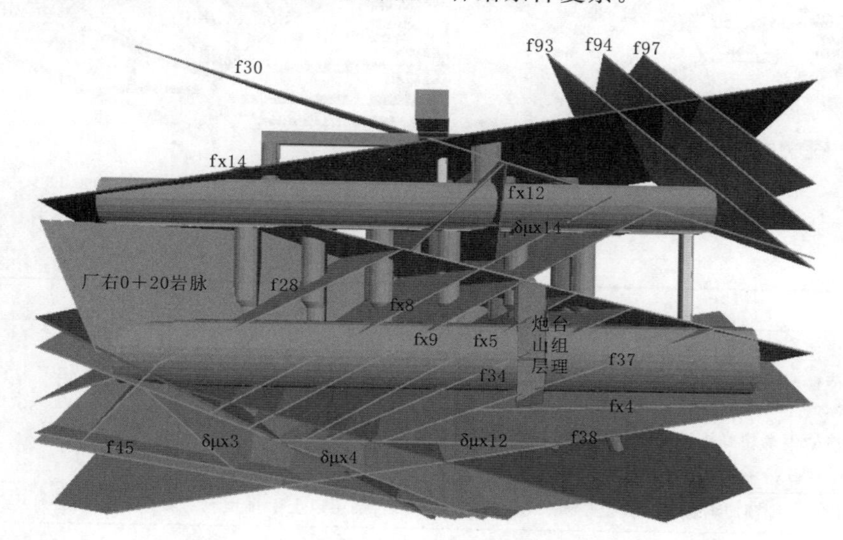

图2 厂房顶拱高程岩性及构造分布图

4 厂房防渗排水及支护设计

4.1 防渗排水设计

防渗排水系统围绕岩溶通道和降雨补给两大特点，遵循“堵排结合，堵排并重”的原则进行布置，在国内抽水蓄能行业首次采用全封闭防渗加分层排水系统设计，见图1。布置4层排水廊道及1层灌浆廊道；对地下厂房顶部及四周设置“人”字形全封闭的防渗帷幕及排水孔幕。防渗帷幕延伸至底层排水廊道高程以下15m，减少地下水通过厂房底部绕渗流量。布置分层排水系统，采取高处引排、逐层分流的措施，将地下厂房洞室群渗水从顶层排水廊道、上层排水廊道有序排出，疏解厂房集水井排水压力。顶层排水廊道渗水自流排出洞外，上层排水廊道渗水经通风兼安全洞抽排至洞外，中层、下层排水廊道渗漏水汇流至厂房集水井抽排至洞外。厂房集水井布置6台550m^3/h长轴深井泵以及2台600m^3/h应急潜水泵，总排量达4500m^3/h，排水量居国内抽水蓄能电站之最。

4.2 支护设计

句容抽水蓄能电站地下厂房采用喷纳米掺聚丙烯粗纤维混凝土＋挂钢筋网＋顶拱钢筋拱肋＋预应力锚杆＋普通砂浆锚杆＋预应力锚索系统支护，见图3、表1。岩锚梁全洞段增加钢筋混凝土附壁墙结构，附壁墙采用预应力锚索、预应力锚杆、砂浆锚杆锁定，见图4。发电机层以下边墙全部采用钢筋混凝土护壁，部分洞段增加锚筋桩支护。厂房及主变洞支护预应力锚索1000余根、预应力锚杆6600余根、水泥砂浆锚杆 25000 余根、锚筋桩 300 余根、钢拱肋 230 余 t。纳米掺聚丙烯粗纤维混凝土，抗弯强度 6MPa，劈裂抗拉强度 4MPa，显著高于常规喷混凝土，在保障复杂岩溶地质条件下厂房安全开挖、蚀变岩脉快速封闭方面起到了较好效果。

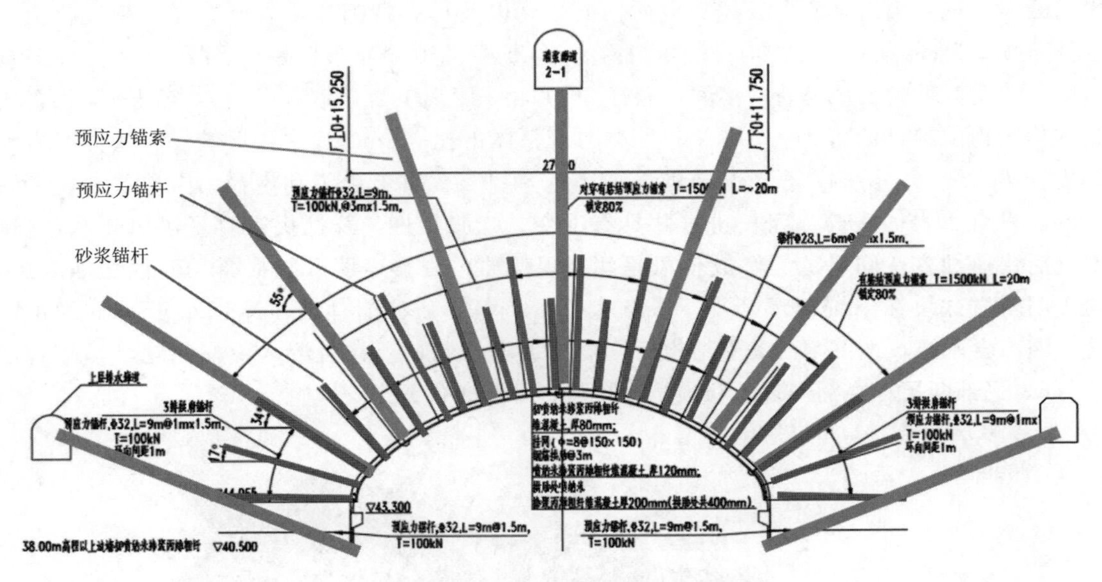

图 3　厂房四类围岩典型支护图

表 1　　　　**厂房四类围岩系统支护参数表**

部位	支 护 参 数
顶拱拱肩	初喷纳米掺聚丙烯粗纤维混凝土，80mm 厚； 预应力锚杆 C32，$L=9$m，$T=100$kN@2.4m×1.2m；普通砂浆锚杆 C28，$L=6$m，@2.4m×1.2m，交错布置； 挂钢筋网（$A=8$@150mm×150mm），钢筋拱肋@2.4m； 喷纳米掺聚丙烯粗纤维混凝土，厚 120mm（拱肋部位，厚 320mm）； 7 排预应力锚索 $T=1500$kN，$L=20$m，环形间距@4.8m
	拱肩部位：3 排预应力锚杆 C32，$L=9$m@1m×1.2m；岩锚梁以上 1 排预应力对穿锚索
边墙	初喷纳米掺聚丙烯粗纤维混凝土，厚 50mm； 岩梁上部： 两排预应力锚杆 C32，$L=9$m，@1.5m×0.75m； 普通砂浆锚杆 C28/C32，$L=6/9$m@1.5m×0.75m。 岩梁下部～水轮机层： 预应力锚杆 C32，$L=9$m，@1.5m×0.75m，普通砂浆锚杆 C28/C32，$L=6/9$m@1.5m×0.75m； 交错布置； 上游侧 1 排普通预应力锚索 $T=1500$kN，$L=20$m； 下游侧 1 排与主变洞对穿锚索 $T=1500$kN，$L=42$m； 水轮机层以下： 普通砂浆锚杆 C28/C32，$L=6/9$m@1.5m×0.75m； 锚筋桩 3C28@4.5m，$L=9$～15m@4.5m。 挂钢筋网（$A=8$@150mm×150mm）复喷纳米掺聚丙烯粗纤维混凝土，厚 100mm
端墙	初喷纳米掺聚丙烯粗纤维混凝土，厚 50mm； 普通砂浆锚杆 C28/C32，$L=6/9$m@1.2m×1.2m； 挂钢筋网（$A=8$@150mm×150mm）复喷纳米掺聚丙烯粗纤维混凝土，厚 100mm

5　厂房开挖施工

5.1　施工方案

厂房开挖程序上采取“薄层开挖，随层支护”的原则，共分 7 层开挖，见图 5。顶拱层采用两侧边导洞错开前进，中隔墙跟进开挖的施工程序，及时形成承载拱，快速地控制顶拱破碎岩体的变形，两侧边

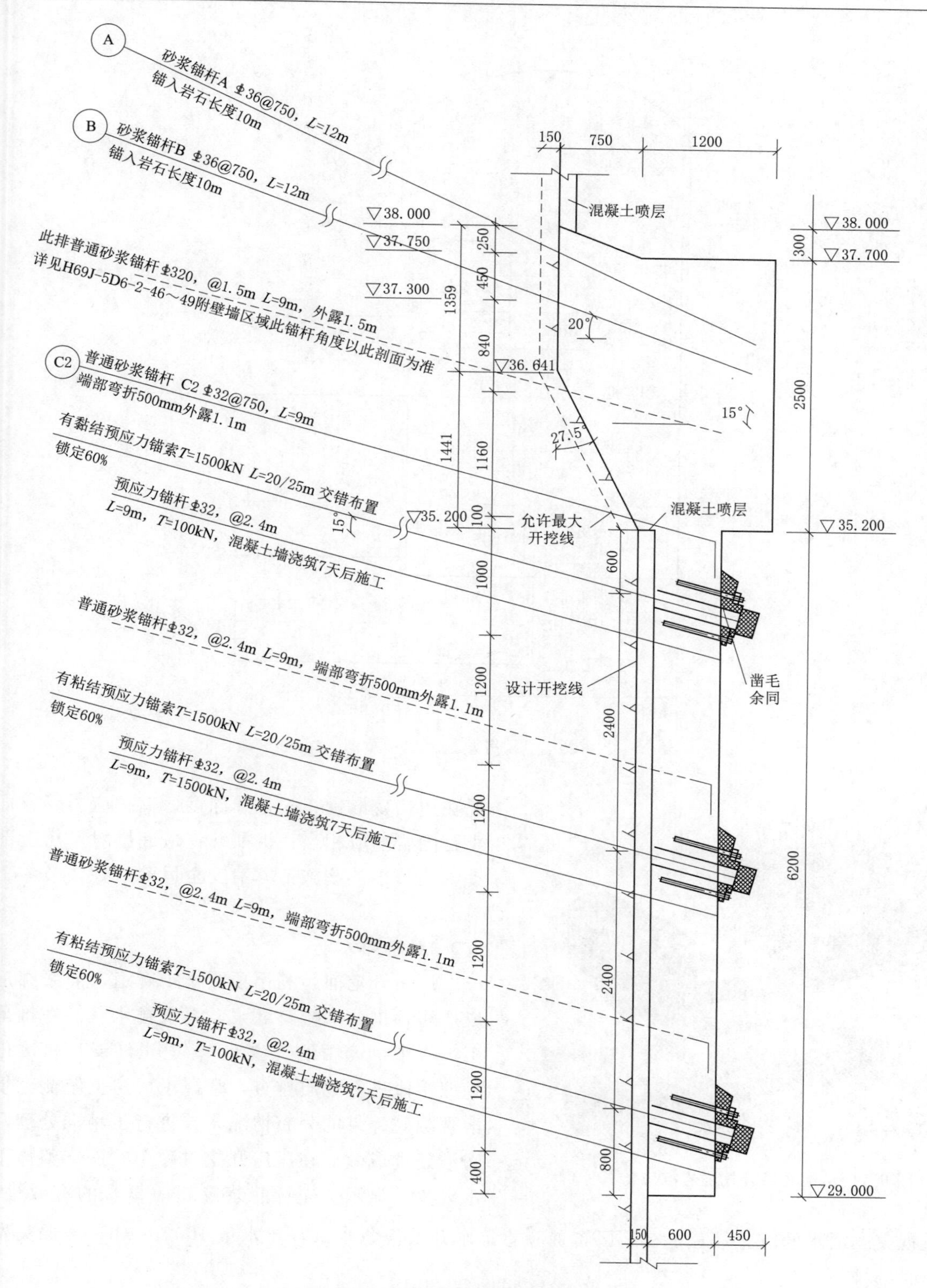

图 4　岩锚梁典型结构设计

导洞完成支护、监测数据无异常方可进行中隔墙开挖，上游边导洞领先下游边导洞不小于 30m，中隔墙开挖滞后边导洞不大于 30m，确保了厂房顶拱开挖施工安全。岩锚梁层采用中部掏槽、岩台保护层光面爆破开挖施工程序，第Ⅲ～Ⅵ层采用边墙预裂爆破、梯段开挖施工程序。

在岩锚梁层开挖期间，以尾水隧洞为施工通道提前完成最底层开挖及底板垫层混凝土施工，运用玻璃纤维锚杆做好最底层顶拱临时支护，保障了最底层提前开挖施工安全，减少厂房开挖直线工期 2 个月。数值仿真分析结果显示，见图 6，在做好最底层支护情况下，提前开挖最底层工况和从上向下逐层开挖工

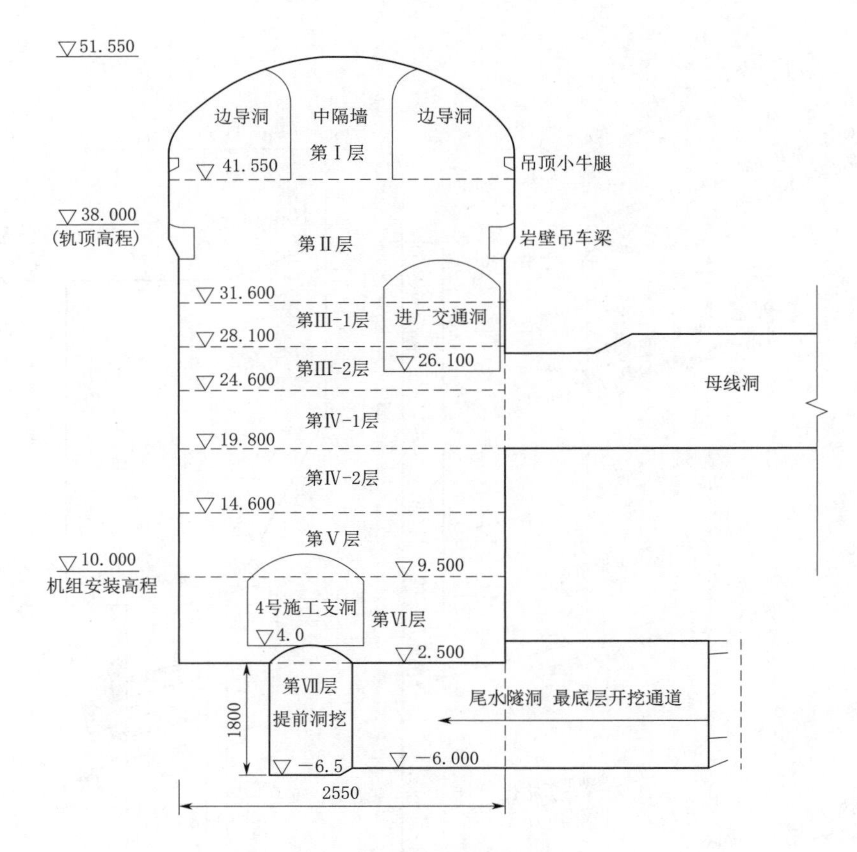

图 5 厂房开挖分层示意图

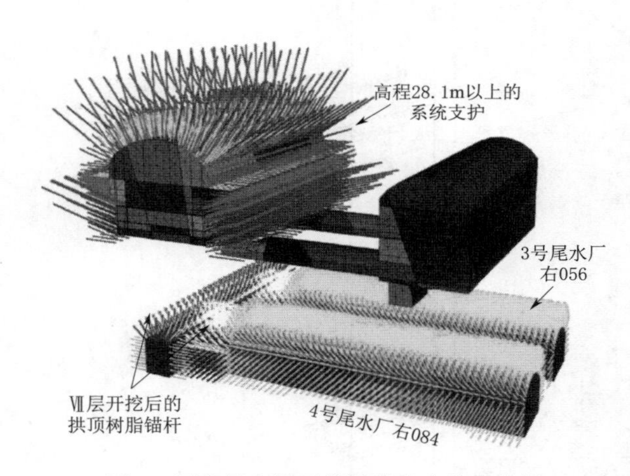

图 6 厂房最底层开挖围岩响应仿真分析

况在边墙变形量、松弛圈深度、支护应力等方面差异较小，围岩响应相当；提前开挖最底层对厂房上部结构扰动影响较小。该施工方案安全风险可控，节约工期效益显著。

5.2 超前排水

厂房开挖前，利用顶层排水廊道、灌浆廊道先行完成厂房顶拱防渗帷幕灌浆、系统排水孔。在帷幕灌浆施工过程中，运用地震波 CT、电磁波 CT 和钻孔声波等物探手段进行地质排查，掌握了厂房上游侧充填黄泥岩溶裂隙破碎带的分布情况，并进行了精准处理，保障了防渗处理成效。在厂房开挖过程中，围岩整体干燥，渗水较少，显示了先行灌浆及超前排水的有效性。此外，充分重视突发涌水的应急处置，在厂区布置应急集水井及应急水泵，排水量 $1000m^3/h$，确保突发涌水时能够及时抽排。

5.3 地质查勘及预警预报

厂房开挖过程中，综合运用钻孔、孔内电视成像、孔内声波、孔内电磁波 CT、地表瞬变电磁法、地震波 CT、高密度电法、探地雷达等探测手段进行地质查勘及地质预警预报，探明厂房 4～6 号机组段上游隐伏溶洞分布，见图 7；句容电站参建各方坚持建设、设计、监理、施工四方“一爆一会商”制度，每一爆破开挖循环均进行现场查勘，确保了及时掌握和反馈地质条件信息。

5.4 爆破设计

厂房顶拱边墙光面爆破，爆破参数根据围岩类别优化调整，光爆孔深 1.5～3.2m、间距 40cm，线装

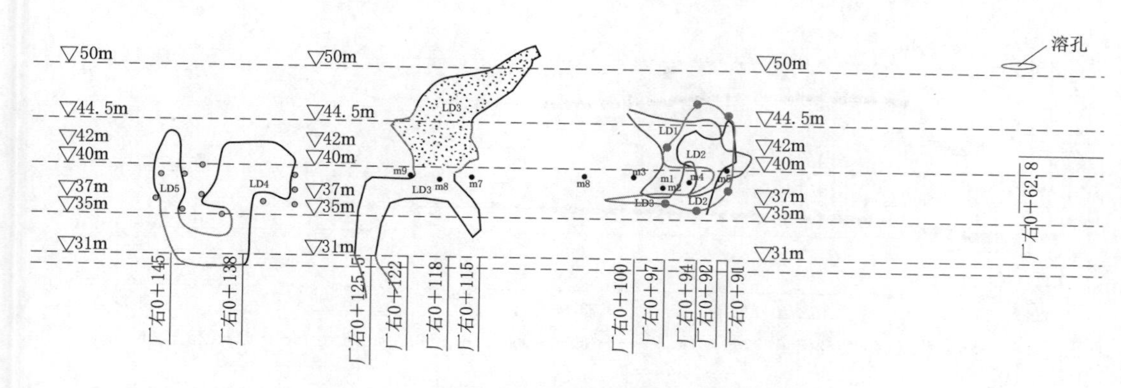

图 7　厂房上游隐伏溶洞分布立面图

药密度 143～167g/m；岩锚梁岩台光面爆破孔间距 30cm，线装药密度 70～90g/m；第Ⅲ～Ⅵ层边墙预裂爆破孔深 10～12m，间距 0.8m，线装药密度 480g/m。

5.5　安全监测

句容抽水蓄能电站主副厂房共安装 60 套多点位移计、44 套锚杆应力计（不含岩锚梁）、37 台锚索测力计，监测围岩内部变形及应力变化情况。仪器测值反应的围岩变形、受力规律与爆破开挖过程相符。截至 2023 年 9 月，厂房顶拱最大变形 6.23mm，边墙最大变形 25.94mm，地下厂房系统围岩总体稳定，变形控制在同类地质条件工程中处于领先水平。具体监测情况如下：

厂房顶拱变形测值在－0.14～6.23mm，月变化量在－0.05～0.06mm，顶拱最大变形位于厂右 0＋140 断面 Mcf－0＋140－1，见图 8；厂房边墙变形在－5.40～25.94mm，月变化量在－0.13～0.19mm，边墙最大变形位于厂右 0＋088 断面高程 16.5m Mcf－0＋088－7，见图 9。

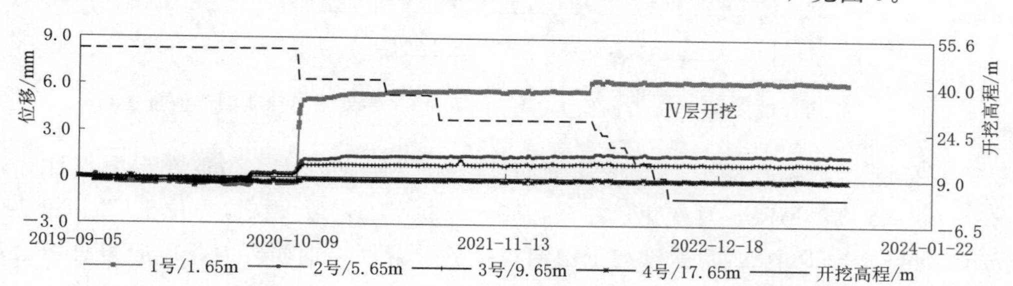

图 8　厂房顶拱层厂右 0＋140 断面 Mcf－0＋140－1 多点位移计测值过程线

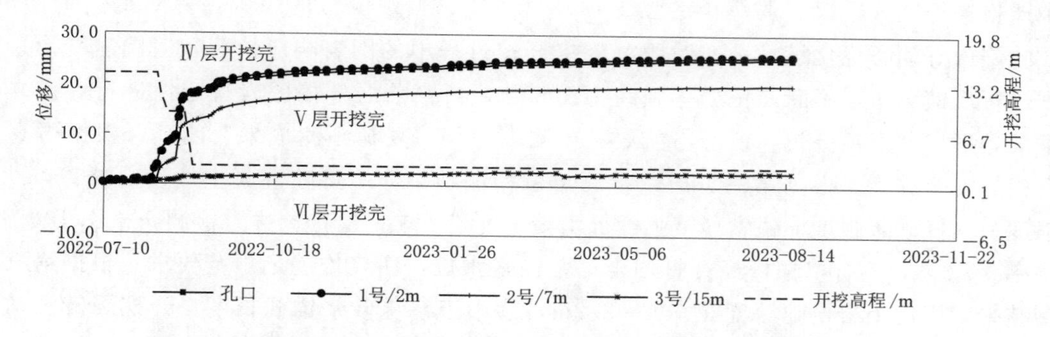

图 9　厂房边墙厂右 0＋088 断面 Mcf－0＋088－7 多点位移计测值过程线

厂房锚杆应力测值在－34.15～386.28MPa，月变化量在－3.58～8.26MPa，最大拉应力位于厂右 0＋000 断面下游边墙高程 25.0m Rcf－0＋000－12，见图 10。其中 300MPa 以上测点占比 13.6％，200～300MPa 测点占比 4.5％，100～200MPa 测点占比 18.2％，50～100MPa 测点占比 18.2％，50MPa 以下测点 45.5％。总体锚杆应力值不大。

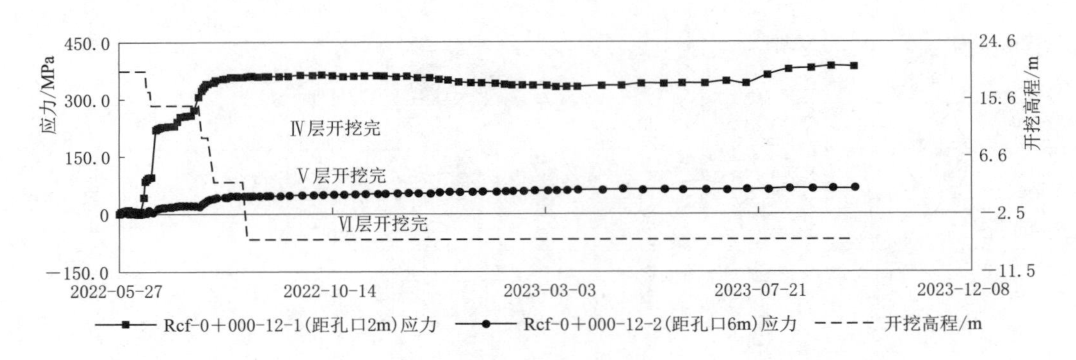

图 10　厂房边墙厂右 0+000 断面 Rcf-0+000-12 锚杆应力计典型测值过程线

厂房锚索测力计测值在 816.3～1431.3kN，月变化量在－6.0～11.1kN，损失率在－31.35%～15.52%，最大荷载位于厂右 0+040 上游边墙高程 31.5m DPcf-0+040-1，见图 11。其中应力损失率小于－20%的占比 2.7%，－20%～－10%的占比 16.2%，－10%～0%的占比 32.4%，0%～10%的占比 45.9%，大于 10%的占比 2.7%。总体锚索应力损失率处于正常范围。

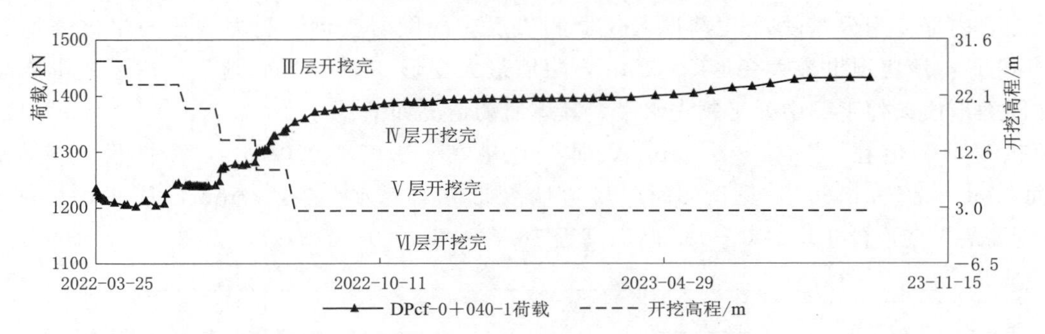

图 11　厂房边墙厂右 0+040 断面 DPcf-0+040-1 锚索测力计典型测值过程线

厂房岩锚梁共安装 33 套锚杆应力计、18 支钢筋计、20 支压应力计、20 支单向测缝计。岩锚梁锚杆应力测值在－16.03～234.85MPa，月变化量在－4.32～7.34MPa，最大拉应力位于厂右 0+118 断面上游侧高程 37.3m RMys-0+118-2，目前已趋于稳定；接缝开合度、钢筋应力、压应力总体稳定，无明显变化。

5.6　开挖支护及检测情况

施工中严格执行“短进尺、弱爆破、强支护、早封闭、勤观测”的原则，针对揭露的溶洞、断层、岩脉等地质缺陷做好动态优化设计；实时跟踪厂房开挖过程中的围岩响应情况，对围岩变形、应力、应变监测数据进行反馈分析，不断修正岩体和结构面参数，对当前层开挖围岩稳定性进行评价并预测下层开挖响应情况，形成“反馈分析—评价当前层—预测下一层—复核预测成果”闭环，根据仿真分析成果优化设计、指导安全施工。根据第三方质量检测单位检测结果，厂房喷混凝土厚度合格率均大于 90%，喷混凝土强度、锚杆砂浆强度、锚索净浆强度等均满足规范要求；锚杆拉拔力检测合格率 100%，无损检测一次合格率 99.6%，不合格锚杆经补打均合格；锚索张拉、注浆均满足规范要求。根据第三方物探检测单位检测结果，厂房围岩松弛深度在 0.4～2.2m，远小于系统砂浆锚杆长度，开挖爆破振动速度满足规范要求。

5.7　地质缺陷处理

5.7.1　溶洞处理

数值仿真分析结果显示，对探明的 5 处较大规模隐伏溶洞如不作处理，将对厂房整体稳定及岩锚梁稳定构成不利影响。由于溶洞充填黏土，充填密实、黏性强、力学强度低，经高压水枪冲洗难以脱落，钻孔灌注混凝土、固结灌浆均无法起到混凝土置换、提高岩体稳定性的效果。从厂房边墙开挖导洞处理溶洞距离近，但对厂房施工干扰大，安全风险高，经方案比选，选择从上层排水廊道开挖导井，清除溶洞黏土并回填混凝土处理。见图 12。

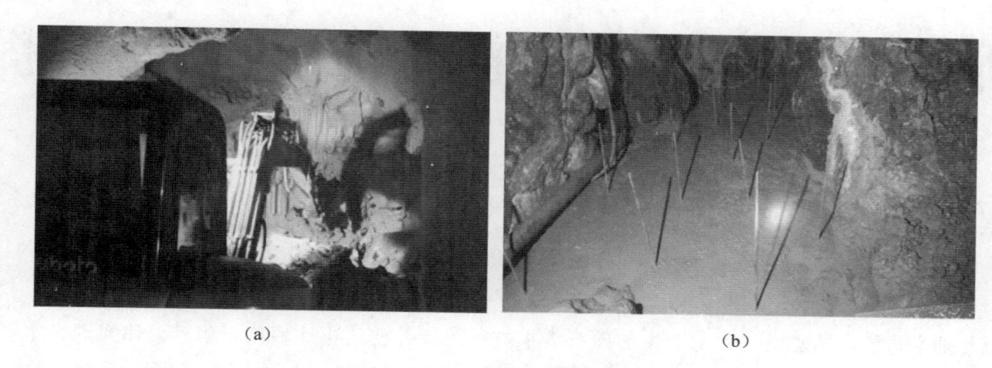

(a) (b)

图 12 溶洞黏土清理及混凝土回填

5.7.2 闪长玢岩脉处理

副厂房至 1 号机组段开挖揭露 $\delta\mu\times 4$、$\delta\mu\times 16$、$\delta\mu\times 17$ 闪长玢岩脉，规模较大，沿顶拱向上游边墙延伸，揭露长度达 130m，局部宽度 2～8m。施工中采用对岩脉刻槽＋喷纳米掺聚丙烯粗纤维混凝土快速封闭＋钢筋混凝土置换＋增设预应力锚杆和锚索（锚筋桩）等措施进行了处理。见图 13。

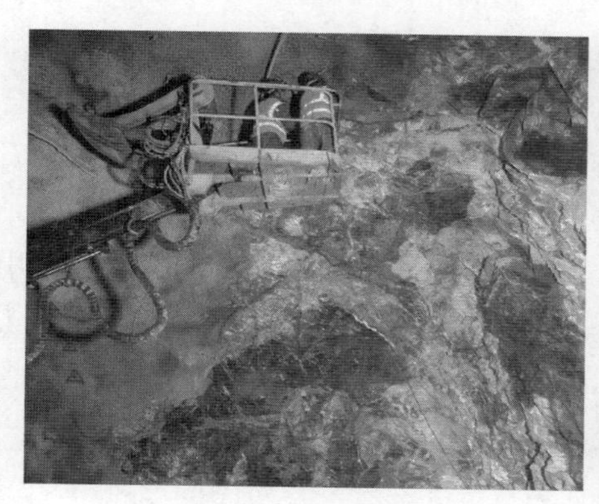

图 13 副厂房拱肩岩脉刻槽及混凝土置换

5.7.3 安装场段薄层岩体处理

厂房安装场段泥质白云岩薄层状缓倾角层面发育，工程性状较差。开挖前，通过灌浆廊道对该区域顶拱以上 15m 范围进行了预固结灌浆，提高顶拱围岩的整体性和稳定性。

6 结语

2022 年 10 月，句容抽水蓄能电站地下厂房完成开挖施工，历时 3 年，克服溶洞、断层、涌水、蚀变闪长玢岩脉、软弱夹层等地质难题，地下厂房系统围岩总体稳定，变形控制在同类地质条件工程中处于领先水平；总结提炼形成岩溶地区抽水蓄能电站地下厂房综合防渗技术、围岩变形综合控制技术，论证并实践厂房最底层提前开挖施工方案，对同类地质条件工程具有较好参考价值。

参考文献

[1] 王仁坤，邢万波，杨云浩. 水电站地下厂房超大洞室群建设技术综述 [J]. 水力发电学报，2016 (8)：1-11.

[2] 李洪涛. 大型地下厂房施工程序及开挖方法研究 [D]. 武汉：武汉大学，2004.

沂蒙抽水蓄能电站砂石废水处理工艺改造及思考

王一鸣[1]　兰汉春[2]　杨子强[1]

（1. 中国电建集团北京勘测设计研究院有限公司，北京市　100024；
2. 中国电建集团建筑规划设计研究院有限公司，北京市　100024）

【摘　要】 对抽水蓄能电站建设过程中产生的砂石废水进行处理并使之再次回用于生产，使实现废水“零排放”已成为清洁能源建设行业的探索新方向。本文以沂蒙抽水蓄能电站砂石废水处理站为依托，开展工艺改造，并对工艺改造前后进行对比分析，得到以下结论：①工程项目在设计之前应对砂石废水进行多次模拟试验，从而确定固体悬浮物（SS）的准确浓度；②“沉淀池＋旋流净化器＋板框压滤”工艺不仅对高浓度砂石废水有着显著的处理效果，且更加高效节能。

【关键词】 抽水蓄能电站　砂石废水　工艺改造

随着“碳中和，碳达峰”目标的提出，抽水蓄能电站的建设也迎来了新机遇。在抽蓄建设过程中，砂石骨料生产必然会产生大量洗砂废水，这些洗砂废水如不经过处理直接排入河道，不仅会影响河道水质，还会淤塞河道。因此，将洗砂废水通过一定方式进行处理后再循环利用，最终实现砂石废水“零排放”，已成为水电建设行业环境保护领域的重点探索对象。本文以已改造的沂蒙抽水蓄能电站砂石废水处理站为依托，对工艺改造前后砂石废水处理效果进行比对分析，为砂石废水处理及循环利用提供一定参考和借鉴。

1　工程简介

沂蒙抽水蓄能电站位于临沂市费县薛庄镇，总装机容量为120万kW。该电站砂石废水处理站处理能力为480m³/h。砂石废水处理站的废水主要有洗砂废水及混凝土搅拌废水，主要污染物经检测后均为固体悬浮物（SS），其中：砂石废水的SS浓度≤50000mg/L、混凝土搅拌废水SS浓度≤5000mg/L。该部分废水经处理站处理后，SS浓度满足DL/T 5098—2010《水电工程砂石加工系统设计规范》中SS≤100mg/L后全部回用于洗砂料加工系统生产。

2　原砂石废水处理工艺流程及运行结果分析

2.1　工艺流程概述

砂石废水处理采用了传统的“机械预处理＋高效旋流净化器＋机械板框压滤脱水”处理工艺。当砂石废水中颗粒粒径＞0.2mm时，废水由水渠引入砂水分离器分离出大颗粒后，经引水渠进入调节池；当颗粒粒径≤0.2mm时，则经引水渠直接进入调节池；调节池内废水经提升泵站提升进入混凝反应器，加入混凝剂、助凝剂充分混合、絮凝后进入旋流净化器处理，处理后的中水进入中水池备用；污泥经提升进入板框压滤间脱水后用卡车运走。砂石废水处理站配备54m×11.6m×6m事故池1个，用于应对紧急情况发生。

原砂石废水处理工艺流程详如图1所示。

2.2　工艺单元及技术参数

1. 污水提升井

污水提升井是废水集水井，有效容积需满足最大单泵600s的抽水量，经计算得出集水井有效容积约为40m³。

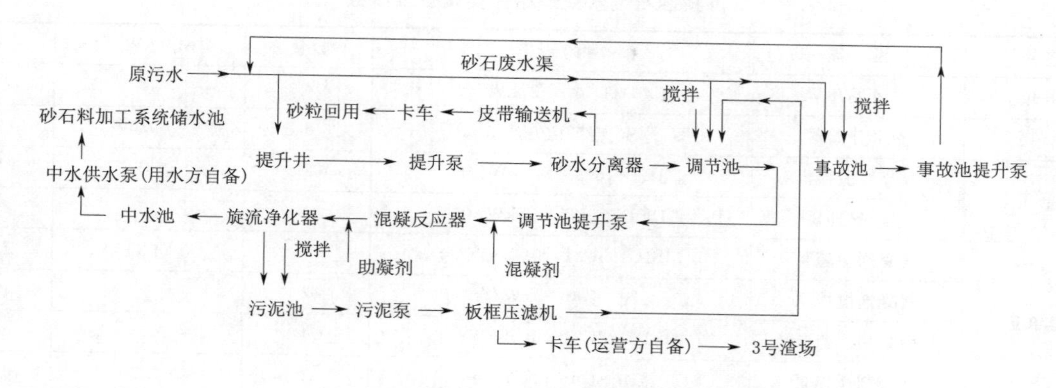

图1 原砂石废水处理工艺流程图

2. 砂水分离器

砂水分离器作为预处理设备，可分离出粒径≥0.2mm的颗粒，不仅减少大颗粒悬浮物在后续单元池内沉积的可能性，还有效得减轻了后续处理单元的负荷。砂水混合液从分离器顶部输入水箱，混合液中容重较大的如砂粒等将沉积于槽形底部，在螺旋的推动下，砂粒脱水后经排砂口卸至盛砂桶，水则从溢流口排出。

3. 调节池

调节池使进水废水充分混合，待水质与水量稳定后，再进入旋流分离器。调节池有效容积为250m³，内设潜水搅拌机，防止悬浮物沉积。

4. 加药装置

加药装置采用ZJY-1000型全自动加药装置，添加絮凝剂和助凝剂等药剂，由计量泵向絮凝混合器内精确投加。

5. 混凝反应器

混凝反应器是废水和混凝剂混合反应的反应器，混合反应时间约30s，絮凝时间30min。内部专门设置的混合搅拌叶片使废水和复合混凝剂充分混合。

6. 旋流净化器

该设备为废水处理核心设备，旋流净化器上中部为钢制圆柱体，下部为钢制锥体。调节池废水经泵提升至高效污水净化器中，在废水提升泵出口管道上设置混凝混合器，混凝混合器前后分别投加絮凝药剂和助凝药剂，砂石废水在管道中完成混凝反应，然后进入净化器中，经离心分离、重力分离及污泥浓缩等过程从净化器顶部排出经处理后的清水，清水进入中水池后回用。

7. 中水池

用于储存处理之后达到回用标准的废水。中水池停留时间1h，有效容积500m³。

8. 污泥池

旋流净化器的排泥，在污泥池储存，污泥池同时起到泥量调节作用。污泥池有效容积为100m³，约为反应器1h的排泥量，内置搅拌器。

9. 板框压滤机

板框压滤机主要用于污泥脱水，脱水后的泥饼不仅减少了污泥体积，而且减轻了污泥处置的工作量。由泵将污泥池中悬浮泥浆液压入滤室，直至充满。混合液流经过滤布，固体停留在滤布上，并逐渐在滤布上堆积形成过滤泥饼。而滤液部分则渗透过滤布以清液的形式回流进调节池。

10. 事故池

当系统出现故障时，事故池作为应急措施储存废水，待故障排除后，再抽取事故池中废水进行处理。为节约用地，仅考虑单系统24h存储量，经计算得出有效容积约2900m³，见表1。

表1 沂蒙砂石废水处理站主要设备及参数

工　艺	设　备	型号/规格	数量	功率/(kW/台)	说明
污水提升井单元	一级提升泵	150DZJ-28　37kW/台	4	37	2用2备
砂水分离单元	砂水分离器	SF型　$120m^3/h$	4	0.75	
调节池单元	调节池搅拌机	JBJ-1500　7.5kW/台	2	7.5	
	原水提升泵	100DZJ-37　55kW/台	4	55	2用2备
加药装置单元	絮凝剂加药泵	MS1C165C31　0.37kW/台	4	0.37	2用2备
	絮凝剂搅拌泵	JBJ-900　3kW/台	2	3	1用1备
	助凝剂加药泵	MS1C138C31　0.37kW/台	4	0.37	2用2备
	助凝剂搅拌泵	JBJ-600　2kW/台	2	2.2	1用1备
旋流净化器单元	混凝混合器	$250m^3/h$	2	—	—
	旋流净化器	$250m^3/h$	2	—	—
中水池单元	中水供水泵	WQ2520-614　110kW/台	2	110	1用1备
污泥池单元	污泥池搅拌机	JBJ-1500　5.5kW/台	2	5.5	1用1备
	污泥提升泵	50ZJY-450　45kW/台	4	45	3用1备
板框压滤机单元	板框压滤机	X10AZ500-1500-UB 过滤面积 $500m^2$　12.1kW/台	4	12.1	3用1备
事故池单元	事故池提升泵	150DZJ-28　37kW/台	2	37	1用1备
	事故池搅拌机	JBJ-1500　7.5kW/台	4	7.5	

2.3 砂石废水处理系统运行情况及结果分析

2.3.1 运行情况

工程运行前期，砂石废水处理系统出水水质满足设计出水要求。但随着工程全面开工，砂石废水原水水质变化明显，来水SS浓度越来越高，当砂石废水进水SS浓度达到70000mg/L时，出水开始无法满足设计出水的回用标准限值。由于原水浓度持续较高，导致处理站各处理单元泥沙淤积明显，各单元无法正常运转。

2.3.2 运行结果分析

经现场检测，砂石骨料加工系统实际产生的废水含砂量高达10万mg/L，远超设计进水水质标准限值的5万mg/L。经分析可知，砂石废水原水中固体悬浮物（SS）浓度远超设计值是导致出水水质不达标的主要原因。因此，亟须在有限的场地内对现有处理站进行工艺改造，确保砂石废水处理站出水水质达标。

3 砂石废水站工艺改造及运行情况

3.1 改造方案及说明

3.1.1 改造方案

废水处理系统改造后工艺流程详见图2，根据原水水质情况，将事故池改造为四级沉淀池，原水先进入四级沉淀池，依场地情况新建5号、6号沉淀池，4号沉淀池出水依次自流进入5号、6号沉淀池，6号沉淀池中增设潜水排污泵，4号、6号沉淀池出水引向原处理系统或砂石骨料加工系统。新增机械清砂操作平台，通过机械清砂淀池中泥沙。

3.1.2 运行情况说明

根据废水来水情况，通过闸、阀的设置来控制砂石废水处理系统的运行工况，其中沉淀池第一级、第二级增加进水口，设渠道闸门；第一级与第三级用管道相连，第二级与第四级用管道相连，管道中设闸阀。

当4号沉淀出水满足回用标准，则开启阀门01、阀门05、阀门09，其余阀门关闭，中水直接提升回用；当4号沉淀池出水不满足回用标准，6号沉淀池出水满足回用标准，则开启阀门01、阀门06、阀门07、阀门09开启，其余阀门关闭，中水直接回用；4号沉淀池出水不满足回用标准，6号沉淀池出水也不

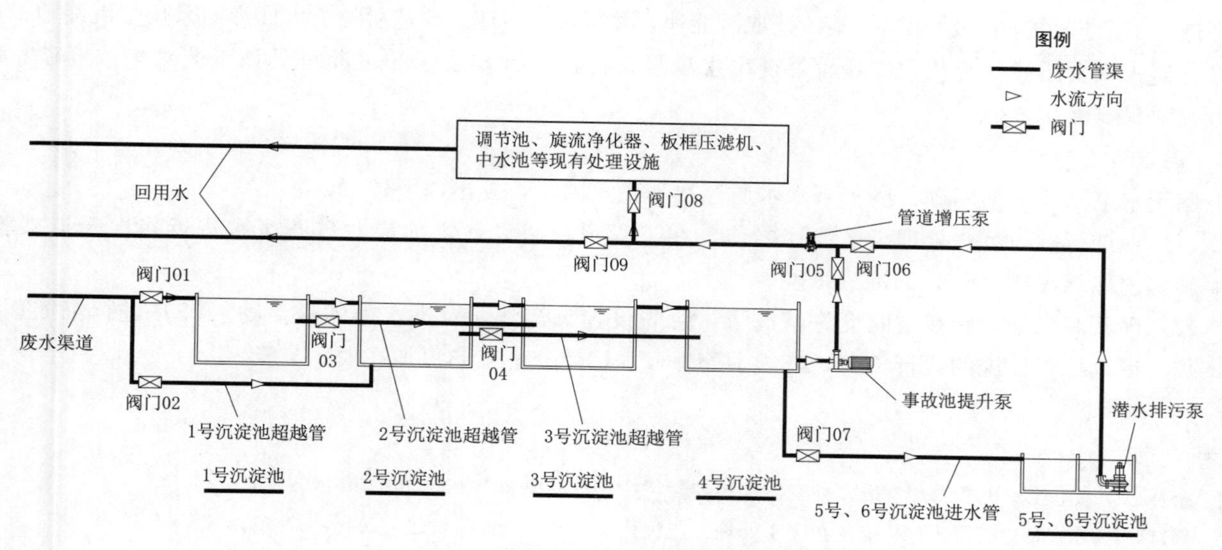

图 2 废水处理系统改造后工艺流程图

满足回用标准，则开启阀门 01、阀门 06、阀门 07、阀门 08，其余阀门关闭，6 号沉淀池出水再进入原砂石废水处理设施处理。

改造方案采用机械清砂方式对各沉淀池进行清理。当 1 号沉淀池达到清砂标准，关闭 01 阀门，开启阀门 02，废水直接进入 2 号沉淀池，其他阀门按清砂之前开闭情况保持不变，此时开始 1 号池清砂作业；当 2 号沉淀池达到清砂标准，阀门 01、阀门 03 开启，阀门 02 关闭，使废水越过 2 号沉淀池，直接进入 3 号沉淀池，其他阀门按清砂之前开闭情况保持不变，此时开始 2 号池清砂作业；3 号沉淀池达到清砂标准，阀门 01、阀门 04 开启，阀门 02、阀门 03 关闭，使废水越过 3 号沉淀池，直接进入 4 号沉淀池，其他阀门按清砂之前开闭情况保持不变，此时开始 3 号池清砂作业；当 4 号、5 号、6 号沉淀池达到清砂标准，阀门 01、阀门 05、阀门 08 开启，其余阀门关闭，开动 4 号沉淀池搅拌机，废水经泵提升至原有砂石废水处理系统，从而达到清理 4 号沉淀池的目的，与此同时，可通过机械清理 5 号、6 号沉淀池。

3.1.3 日常运维管理要求

(1) 沉淀池清理周期应根据实际情况确定，为避免后期淤积，泥沙淤积接近进水口就应开始清砂工作。

(2) 沉淀池应及时清砂且应清理干净。以预留沉淀空间，保证沉淀效果。

(3) 清砂装车过程中，沉淀池内水较多时，可用临时水泵抽送至次级沉淀池。

(4) 定期对清砂设备进行维护，确保不因设备原因拖延清砂时间。

3.2 改造后运行情况

本工程沂蒙砂石废水处理站经改造后的设计及实际进、出水 SS 浓度情况详见表 2，实际运行出水达到设计回用标准限值的要求。因此，对砂石废水处理站进行“沉淀池＋旋流净化器＋板框压滤”的工艺改造是有效的。

表 2 沂蒙砂石废水处理站 SS 浓度情况 单位：mg/L

SS 浓度	设计值	临界值	实际值	改造后值
SS 进水浓度	≤60000	70000	100000	≥70000
SS 出水浓度	＜100	100	45000	＜100

4 结论与建议

4.1 结论

针对原沂蒙砂石废水处理站实际进水 SS 浓度与设计进水浓度值偏差极大的情况，对原有污水处理站处理进行了工艺改造——将原事故池改造成沉淀池，并增设沉淀池。改造后的废水处理站采用“沉淀池＋旋流净化器＋板框压滤”工艺，实施后处理出水满足设计出水标准要求。由此可见该工艺对高浓度砂石废水处理效果显著。

4.2 建议

鉴于水电站施工期间砂石废水来水水质存在不稳定因素，提出以下建议：

（1）在进行砂石废水处理工艺设计之前，在工程项目在设计之前应对砂石废水进行多次模拟试验，从而确定固体悬浮物（SS）的准确浓度。

（2）砂石废水处理站在空间允许情况下，可先设置沉淀池，对进水固体悬浮物（SS）进行沉淀预处理，减少后续处理设施的运行负荷，节约了处理成本，使处理工艺更加高效、节能。

参考文献

[1] 余祥忠．水电工程中砂石冲洗废水处置方式的探讨［J］．给水排水，2005，31（4）：59-61.

[2] 郭辉，陈雯．水电工程砂石系统生产废水处理工艺优化研究［J］．人民长江，2016，47（8）：72-75.

[3] 张俊德，李生亮．杨房沟水电站上铺子沟砂石系统废水处理工艺［J］．人民长江，2016，47（20）：43-44.

[4] 毛华，李占彪，王海云．里底水电站砂石加工系统废水处理工艺设计及应用［J］．云南水力发电，2017，33（2）：104-106.

[5] 许昌永，郑权．倮打塘人工砂石加工系统废水处理工艺改进和应用［J］．四川建材，2016，42（11）：199-200.

厚板结构在抽水蓄能电站厂房中的运用

陈泓宇[1]　李开明[1]　张沛潇[1]　马　程[2]
（1. 中国南方电网储能股份有限公司，广东省广州市　510590；
2. 西北农林科技大学，陕西省咸阳市　712100）

【摘　要】 抽水蓄能电站可实现高水头、高转速、频繁双向运行等功能，但其在运行过程中不可避免地会引发厂房结构的振动。早期蓄能电站厂房大多采用传统的板梁柱结构，在各种振源作用下出现了较多的结构问题，如板、梁出现结构性裂纹，板、梁、柱联节点损伤严重等，给厂房结构带来较大安全隐患。厚板结构的出现改变了这种状况，它具有整体性及连接性好、耗能能力强的特点，抗振性能显著高于板、梁、柱厂房结构。本文结合部分电站厂房结构的振动大小与损伤现状，分析了厚板结构在抽水蓄能电站厂房结构中的抗振作用同时提出采用厚板结构的电站厂房抗振能力大幅提高，并发现传统的板梁柱框架结构振动允许标准已经不再适用于厚板结构。

【关键词】 抽水蓄能电站　厂房抗振　厚板结构

1　引言

抽水蓄能机组虽具有高水头、扬程、转速和工况运行复杂等特点，但其带来的振动问题会较常规水电机组更为突出。抽水蓄能电站厂房的主体结构通常是一个由钢筋混凝土楼板、梁和柱组成的框架结构。目前，国内的抽蓄电站地下厂房楼板结构主要采用厚板和板梁两种结构形式，其中板梁结构质量轻便且抗弯刚度大；厚板结构层顶布置灵活，施工方便。朱胜等对梁板和厚板两种结构形式的自振特性和机组振动载荷下的振幅进行对比研究，发现梁板结构的自振频率高于厚板结构。李幼胜等发现抗振能力随楼板厚度的变化而变化。上述研究并未对厚板结构的抗振性能以及标准进行深入研究。因此，有必要研究厚板结构的抗振性能以及抗振标准。本文通过现场实测、原型监测与有限元计算相结合的方法，研究了多座蓄能电站厂房结构的抗振性能，获取了许多不同形式厂房结构的现场实测数据寻找蓄能电站地下厂房的振动规律，并提出新的厂房厚板结构的抗振标准。

2　问题提出

随着蓄能电站陆续建成投产，抽水蓄能电站地下厂房振动的问题也逐渐暴露出来。而抽水蓄能电站高水头、高转速、双向频繁动作等特征，致使蓄能电站的振动问题更加突出。

地下厂房结构振动一直是困扰抽水蓄能电站正常运行的一个重要问题。机组频繁的过渡过程会产生较大的水力脉动和机械振动，并通过机组支撑结构和大体积混凝土传递至电站厂房结构，随着运行年限累积效应的增加，对电站厂房结构的安全运行带来较大挑战，给电站的运行带来较大安全隐患。

传统电站厂房结构一般是以机墩风罩为主，板、梁、柱和大体积混凝土为辅组成的复杂建筑结构。实践证明抽水蓄能电站机组运行时，板、梁、柱结构已经不能有效的承担各种动力荷载作用，随着运行时间增加，梁和板之间会产生裂纹和裂缝如裂、节点破损等问题，梁柱与牛腿节点出现严重损伤也有发生。

厂房结构的抗振性能与厂房结构的动力特性密切相关，其固有频率与振源主频的比值决定振动的大小。受技术水平的制约，蓄能电站地下厂房结构抗振设计仍停留在一个较低的水平，抗振性能与动力特性关系在现有的厂房抗振设计中基本没有体现；到目前为止也没有相关的规范对地下厂房的抗振设计给出相关条款，并提出合理化的建议和措施；涉及结构的抗振问题，仅仅采用加大动力系数法处理。

中国南方电网储能股份有限公司与武汉大学工程结构振动研究所合作，通过现场实测、原型监测和有限元计算相结合的方法，研究了多座蓄能电站厂房结构的抗振性能，获取了许多不同形式厂房结构的现场实测数据寻找蓄能电站地下厂房的振动规律，并提出新的厂房厚板结构的抗振标准。

3　蓄能电站厂房结构的变化

1988 年 3 月，南方电网首座抽水蓄能电站立项建设。由于是第一座蓄能电站，厂房设计基本沿用普通的板、梁、柱框架结构，厂房建筑以机墩为核心形成厂房结构体系。图 1 为板、梁、柱结构形成的地下厂房节点示意图。运行数十年，厂房结构出现损伤，梁和板出现大量裂缝，图 2 为损伤加固后结构示意图。设计人员结合此前板、梁、柱结构缺陷，开始采用厚板结构。图 3 为厚板结构和对应的节点图。实际上，这还不是真正意义上的厚板结构，它采用了厚度为 60cm 的混凝土楼板，各构件节点的处理上采用了连续性好的浇筑方法，上下游边墙与围岩的连接也采用在围岩内预留钢筋作为厂房钢筋混凝土边墙的基础。根据十几年实际运行情况看，该厚板结构的强度显著提高，巡视厂房没有发现明显的裂纹。

图 1　板梁柱结构

图 2　损伤后板梁柱结构

图 3　早期的厚板结构

图 4　厚板结构

21世纪20年代，抽水蓄能电站进入大规模建设阶段，此时蓄能电站厂房结构基本采用厚板结构（含暗梁），并形成了以机墩和风罩为主，板、柱为辅的全新的蓄能电站地下厂房结构体系。由于运行时间较短，短期内看不出明显的瑕疵。但可以预计目前采用的厚板结构是当下抗振性能最佳的结构形式。图4为采用厚板结构后某蓄能电站地下厂房示意图。

4 厚板结构的抗振特点

抗振性能良好的建筑物一般具有以下特征：①结构的整体性好，要求建筑物体形规则、建筑平面和立面均匀，减少截面突变；②结构的连续性好，要求建筑物刚度分布均匀、节点过渡均匀，减小搭接；③结构的耗能性好，要求组成建筑物的各构件的延性或耗能能力好。

4.1 厚板结构的整体性

好的抗振建筑物一定是整体性很好的结构。建筑结构的抗振性能与它的结构布置和布局密切相关。一般来讲，布置合理、布局简单的建筑物整体性就好，如果建筑布置特别复杂，就容易在结构上形成薄弱环节产生应力集中。好的抗振结构平面简单、立面变化均匀，竖向尽量等强。板、梁、柱结构因为构造原因，增加了梁和板之间的不均匀及不等强的情况，节点处更是将三种不同形式的构件强连接在一起，若板梁尺寸设计偏小，易形成地下厂房最薄弱的部位。厚板结构缓解了这种情况，解决了板、梁之间的不均匀性，消除了板、梁、柱节点处因应力集中而产生的薄弱环节。

蓄能电站地下厂房采用厚板结构后，明显提高了厂房结构的整体性。与板、梁、柱结构对比，厚板结构取消了梁（采用暗梁）并明显加厚了楼板的厚度，一般厚度取80～100cm。这样消除了板与梁、梁与柱的连接问题，仅有厚板与柱的连接，有效减小了厂房结构强度和刚度突变。结构的连续性是保持结构整体性的重要手段之一。从蓄能电站厂房的施工过程可见，蓄能电站厂房结构浇筑过程基本是一种连续不间断地从地下廊道到发电机层的施工过程，由于采用厚板结构，没有了板和梁的过渡，浇筑到每层楼板平面时可以一次成型，即大大减轻了施工强度又获得了良好的抗振性能。在板和柱的连接点，也是连续的布置板和柱的钢筋，然后一次成型将板、柱连接处的节点现浇成为一个整体，厚板与机墩、厚板与风罩的连接也是采用现场同时浇筑的方式进行。

反观板、梁、柱结构，在浇筑到每层楼板时，首先需要在板、梁处分别立模，而在板、梁、柱节点处施工更加复杂，有时不得不采用牛腿来过渡，破坏了厂房结构的整体性和连续性。板、梁、柱结构承受交变力时，按照“弱梁强柱”的抗振设计理念，梁必须承受更多的弯曲应力，因此振害发生时，梁一定会先于其他构件破坏或破坏更严重。

4.2 厚板结构的连接性能

大量振害数据和振害实例情况表明，振动导致建筑物破坏时，大多情况下发生在结构各构件的连接点，或者结构构件的搭接部位。如搭接在牛腿上的梁脱落，高架桥从桥墩上脱落等，都是属于这类破坏。究其原因，在这些部位缺乏安全可靠的有效的连接。实际上这些部位是不同形式构件的连接部位，也是建筑结构均匀性较差的地方，应力突变也容易在这里发生。由于结构均匀性被破坏，应力集中问题也比较突出，振动发生时这里一般也是整座建筑物的能量相对聚集并释放的位置。一旦振动产生的能量超过标准，这些部位首当其冲的发生破坏。

采用厚板结构后，情况发生了明显的变化。由于厚板内已含有暗梁，厚板即具有楼板的功能又兼备梁的作用，板、梁、柱结构中板与梁连接处形成的结构不均匀性基本已经完全消除。在厚板结构中由于取消了梁，板与柱的连接点处产生的结构不均匀性也已得到大大的缓解。从结构抗振设计看，厚板结构已经明显改善厂房整体结构的连接性能，并改善了厂房整体结构的连续性和均匀性。从厂房结构的施工程序看，由于厚板结构已经取消了普通的梁，厂房施工过程是一个从尾水管至发电机层不间断的浇筑过程，首先按层高顺序布置配筋，在楼板的暗梁处按配筋计算书和梁的受力特征配置正弯钢筋（原梁部位）、反弯钢筋（节点处）。施工中模板拼装强度也大大降低。这种施工方法也获得施工单位的大力推崇。另外，采用厚板结构后，由于板的反面也十分平整，有利于电站其他辅助设施如各类线、缆、管的布置与铺设。

4.3　厚板结构的耗能延性

一座建筑物是否抗振，主要取决于结构所能吸收和耗散振动能量的能力，振动能量大小等于结构承载力与结构变形的乘积，结构吸收和耗散能量的能力主要表现在结构和构件的延性上，定义为结构最大允许变形与结构的屈服变形之比。结构的变形承载力较低但具有较大延性的结构，一定吸能和耗能能力较强，虽然较早损伤，但可以承受更大的变形，通过吸收能量来避免破坏；强度高塑性差的脆性结构，吸收能量能力差，一旦超过强度极限很快就会破坏。如果仅从材料的力学性能看，板、梁、柱结构和厚板结构都以钢筋混凝土为主，从构件本身的承载力和强度看，两者因为采用相同的材料应该是接近的，但是从吸收振动能量看，两者会有较大差异，因为当结构在振动力作用下发生变形时，大体积混凝土厚板结构产生变形，肯定需要输送更多的振动能量。蓄能电站中柱是承受竖向力主要构件，厚板不承担主厂房的各类竖向力，更多起消耗厂房结构振动能量的作用。

对于板、梁、柱结构，主要依赖构件的强度来抵御振动引起的损伤，因此增大强度是此类建筑物提高结构抗振能力的基本途径，由于板、梁、柱结构本身的连接性、耗能性较差，特别是部分局部应力集中区域，对单个构件的强度和刚度提出更高要求；而为了保证结构的整体性，对其他构件也会提出相同的要求，这样就可能增加厂房土建的成本。因为使大体积厚板产生变形必须需要消耗更多的振动能量，采用厚板结构可以更好地利用厚板吸收能量的能力来提高地下厂房结构的抗振能力。

综上所述，从常规的板、梁、柱结构到厚板结构转变过程看，蓄能电站地下厂房结构的整体性、连续性、耗能性有了明显提高。

4.4　厚板的其他特性

厚板类似于大体积混凝土，大体积混凝土对于振动波具有很好的过滤作用，特别对过滤高频振动波效果更加明显。蓄能电站振源中水流与叶片相互干涉产生的“涡流”是蓄能电站普遍可见的振动源，由于蓄能电站机组转速高，叶片数量多（一般 10 片以上），由此产生的振源频率一般都在 50Hz 以上甚至更高。采用厚板结构对这类振源有明显的吸振过滤作用。

如果结合结构动力特性进行抗振设计，当振源频率远大于结构自振频率时，应该考虑质量抗振，即通过增加结构质量的方式实现抗振目标。显然采用厚板结构有利于蓄能电站地下厂房抗振。

4.5　厚板结构缺点

（1）厚板结构属于无梁结构，因此无法做到抗振设计中的“强柱弱梁”结构体系，而且采用厚板后无形之中降低了板的刚度，因此对厂房结构中位移承载竖向力的柱的强度和刚度提出更高要求。

（2）振动对建筑物作用的大小，一般与建筑物的质量成正比，质量大，振动作用就大。与板、梁、柱框架结构比较，厚板结构的重量明显大于前者，因此在振动力作用下产生的响应也会更大，对抗振不利。

（3）采用厚板结构后，结构总体质量增加，自重较大。无梁楼板整体刚度较有梁楼板弱很多，为确保施工质量，模板必须在混凝土强度达到 100％才可拆除。这样可能会影响施工进度。

5　电站厂房结构振动分析

5.1　厂房结构安全评估标准

目前国内外还没有建筑物振动安全评价标准，一般引用日本烟中元弘给出的评价标准：结构安全范围加速度允许值 $1.02m/s^2$、开始破坏 $>10.2m/s^2$。根据 GB 50011—2010（2016 年版）《建筑抗震设计规范》，7 度地震地面加速度 $1.0m/s^2$；8 度地震地面加速度 $2.0m/s^2$。我国电站厂房结构抗震设计基本按 7 度或 8 度地震设防。如果抗振设计加速度按 7 度或 8 度设防取值，则与烟中元弘给出的评价标准基本吻合。

笔者进行了部分水电站厂房结构振动监测，它们既包括框架结构形式厂房，也有厚板结构形式厂房。根据这些厂房结构现场实测资料，给出了它们的振动最大加速度以及它们的损伤现状，表 1 为实测结果。

根据实测结果可见，采用框架结构的厂房如五强溪、广州蓄能水电厂A厂等，加速度最大值都接近$6m/s^2$，如果按照烟中元弘的标准进行评判，基本符合裂纹开始的条件。但是观察厚板结构，厂房楼板的加速度值也在$2\sim5m/s^2$，从运行情况看没有发现任何瑕疵。通过这些实测结果说明，以前采用的建筑物振动评价标准已经不适用目前蓄能电站广泛采用的厚板结构了。相对板、梁、柱结构而言，厚板结构的抗振能力已大大提高，相应的振动加速度评判标准也相应提高。实际上，近期在一些电站的厂房振动测试时，发现特殊工况下楼板瞬态振动加速度值已经达到$20m/s^2$以上，结构仍然完好无损，建议厂房厚板楼板的加速度值在$5m/s^2$。

表1 **各种厂房结构楼板振动结果**

电站名称	结构形式	楼板最大振动加速度/(m/s^2)	结构外观现状	工况
五强溪水电厂	框架结构	X：2.386 Y：5.861 Z：3.813	主副厂房连接处开裂，结点损伤	正常发电
广州蓄能水电厂A厂	框架结构 板厚<60cm	X：3.472 Y：4.251 Z：5.665	裂缝较多	抽水停机
广州蓄能水电厂B厂	厚板结构 板厚80cm	X：2.553 Y：3.125 Z：3.351	正常	抽水停机
惠州蓄能水电厂	厚板结构 板厚60～80cm	X：3.951 Y：4.232 Z：4.712	噪声较大，无明显裂纹	8号机组 发电开机
深圳蓄能水电站	厚板结构 板厚100cm	X：3.331 Y：3.125 Z：3.568	正常	发电开机
海南蓄能水电厂	厚板结构 板厚100cm	X：2.912 Y：4.151 Z：3.331	正常	发电开机
阳江蓄能水电厂	厚板结构 板厚100cm		正常	
梅州蓄能水电厂	厚板结构 板厚100cm	X：3.423 Y：4.444 Z：4.571	正常	发电开机

注 X为厂房轴线方向；Y为上下游方向；Z为厂房楼板垂直方向。

6 结论

（1）地震荷载作用下对厚板结构抽水蓄能厂房的动力作用已经不是蓄能电站抗振设计的主要矛盾。蓄能电站地下厂房抗振设计的重点主要是，蓄能电站频繁的过渡过程产生的振动响应以及特殊运行工况（甩负荷、动水关球阀等）产生的动力响应。这些工况虽然运行时间短暂，但产生的振动能量对蓄能电站地下厂房结构的影响是不能忽略的。

（2）与传统的板、梁、柱结构比较，厚板的整体性、均匀性、连续性、耗能性都得到不同程度的提高，可以明显提高蓄能电站地下厂房结构的抗振能力。

（3）多座厂房结构现场实测数据表明，在相同的动力作用下，厚板结构的振动响应允许值明显大于板、梁、柱结构。

参考文献

[1] 王明辉. 水电站地下厂房振动特性与抗振设计分析研究［D］. 大连：大连理工大学，2015.

[2] 吴娴，马震岳．水电站地下厂房楼板结构设计对振动特性的影响规律［J］．水利与建筑工程学报，2016，14（3）：177-181，191.
[3] 尚银磊．大型抽水蓄能电站厂房振动相关问题研究［D］．北京：中国水利水电科学研究院，2016.
[4] 李幼胜，何永清，熊涛，等．大型抽水蓄能电站不同楼板结构形式的动力特性研究［J］．水电能源科学，2014，32（4）：76-80，33.
[5] 朱胜，伍鹤皋，肖平西，等．水电站厂房结构梁板柱系统动力特性研究［J］．水利水电技术，2017，48（9）：112-116.
[6] 宋思露，李同春，赵兰浩，等．某抽水蓄能电站地下厂房结构体系抗振研究［J］．水电能源科学，2019，37（4）：88-91，151.
[7] 广州大学工程抗震研究中心．广州蓄能水电厂A厂振动测试报告［R］．广州，2010.
[8] 武汉大学工程振动研究所．五强溪水电厂主厂房结构振动试验报告［R］．武汉，2013.

清原抽水蓄能电站尾闸室岩锚梁开挖施工技术研究

余　健　刘　蕊

（中国电建集团北京勘测设计研究院有限公司，北京市　100024）

【摘　要】 清原抽水蓄能电站岩锚梁岩台爆破开挖是尾闸室最为关键且难度最大的环节，在开挖过程中采用精细化分区、岩台光面爆破、岩锚梁下拐点预加固等措施，确保岩锚梁开挖面平整度、半孔率及断面超欠挖均达到预期效果，其成果为国内同类型电站岩锚梁开挖施工提供了工程实例和技术经验。

【关键词】 抽水蓄能电站　尾闸室　岩锚梁　施工技术

1　工程概况

清原抽水蓄能电站（简称清蓄电站）位于辽宁省清原满族自治县境内，为一等大（1）型工程，规划6台单机容量300MW竖轴单级混流可逆式水泵水轮机组，总装机容量1800MW，枢纽建筑物由上水库、输水系统、地下厂房发电系统、下水库等组成。尾水事故闸门室位于主变室下游边墙47.75m处，由1个上室、6个竖井段、1个集水井、1个副厂房组成。尾水事故闸门上室为城门洞形结构，开挖尺寸为194.95m×10.4m（8.8m）×20m（长×宽×高），岩锚梁位于尾闸室Ⅱ层开挖范围内，岩锚梁全长174.9m、宽1.45m、高2.2m，施工通道利用尾闸运输洞末端进入。

2　地质条件

清蓄电站尾闸室地表高程539～569m，洞室上覆岩体厚度约246～323m。洞室围岩为微新花岗岩，岩体结构为次块状～块状结构，岩体较完整。断裂构造不发育，裂隙主要发育NW、NEE、NNE三组。裂隙主要以陡倾角为主，其中NNE向裂隙中有部分缓倾角裂隙发育。陡倾角裂隙在上室上、下游边墙和竖井段易产生局部不稳定块体，在边墙和竖井段局部出现掉块；上室顶拱岩体由于缓倾角类型的切割，产生局部掉块或块体塌落，易形成较大的岩体光面，施工时应重视缓倾角裂隙对洞室顶拱的影响，及时采取随机支护措施。洞室围岩以Ⅲ类为主，局部为Ⅱ类，围岩局部稳定性差，洞室开挖后易产生局部掉块，洞室开挖后对局部不稳定块体及时采取随机支护处理。洞室位于地下水位线以下233～277m，岩体为微弱透水，洞室开挖后主要以渗水或滴水为主，局部裂隙发育部位可能会集中出水，但水量不大。

3　开挖施工程序

3.1　岩锚梁开挖施工顺序

尾闸室岩锚梁开挖以中部拉槽预裂爆破超前，随后进行中部拉槽$Ⅱ_{1-1}$层、$Ⅱ_{1-2}$层梯段爆破，采用手风钻钻水平孔抬炮开挖，中槽超前上下游边墙预留保护层50m以上。上、下游边墙预留保护层采用手风钻钻垂直孔梯段光面爆破，错距跟进。中部拉槽梯段爆破循环进尺为5m，边墙保护层循环进尺15～20m。中部拉槽开挖施工完成50m后可进行上、下游边墙预留保护层施工。首先搭设垂直孔样架并进行岩台上部边墙竖直光爆孔②及保护层竖直光爆孔③的钻设。垂直光爆孔②造孔完成后插入ϕ40 PVC管进行保护。之后进行保护层$Ⅱ_{2-1}$爆破开挖，保护层$Ⅱ_{2-1}$施工1～2个爆破循环后搭设一期样架进行保护层竖直光爆孔④的钻设，并进行保护层$Ⅱ_{2-2}$爆破开挖。保护层开挖完成后搭设岩台斜孔样架进行岩台光爆孔⑤钻设，最后分段进行岩台$Ⅱ_3$层开挖施工，岩锚梁开挖分层如图1所示。

3.2　施工程序

岩锚梁的开挖是尾水事故闸门室开挖施工的重点与难点，特别是岩台的开挖成型，对岩锚梁的受力

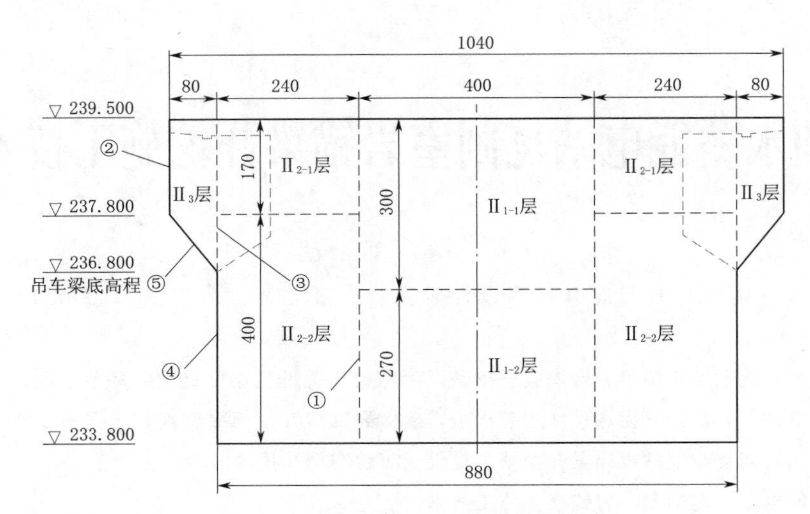

图1 尾闸室岩壁吊车梁开挖分层图（单位：cm）

条件有直接影响，开挖中必须确保岩台成型良好。岩锚梁保护层竖直光面爆破孔④按照超挖 0.0～8.0cm 进行控制，样架底口高程 237.80m，孔底布置在岩壁吊车梁下拐点以下 300cm 处，对应高程为高程 233.80m，钻杆进尺长度 4m，孔向与竖直方向夹角 1.2°。岩壁吊车梁岩台竖直光爆孔②按照高程 237.80m 超挖 8cm 控制，样架底口高程 239.50m，孔向与竖直方向夹角 2.7°，底孔高程 237.75m，孔深按超深 5cm 进行控制，钻杆进尺长度 1.75m。岩锚梁岩台斜面光爆孔⑤开孔位置对应高程 236.82m，孔向与水平方向夹角 48.6°，钻杆进尺 1.30m，如图 2 所示。

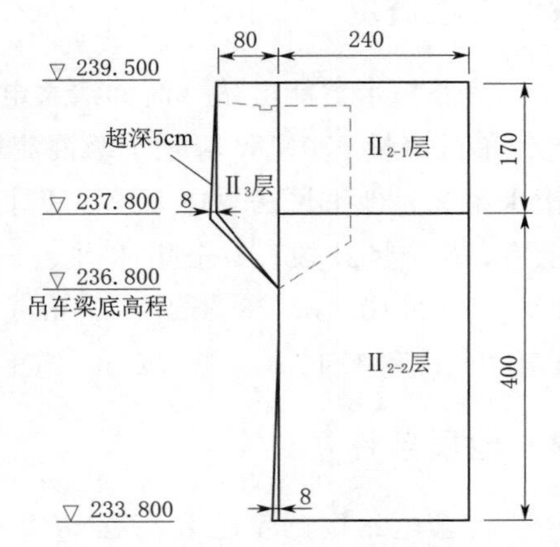

图2 尾闸室岩壁吊车梁岩台开挖造孔控制图（单位：cm）

4 开挖施工方法

4.1 爆破试验

为保证岩锚梁开挖质量，在岩锚梁施工前，通过爆破工艺性试验确定合理爆破参数、适宜的开挖分段，用于指导岩锚梁开挖施工。为达到本次工艺性试验目的，爆破工艺性试验时完全模拟岩锚梁开挖结构形式、光爆孔布置方式、样架结构进行试验，试验区选择典型地质断面和不良地质断面进行。试验段通过使用不同线装药密度进行爆破试验，现场实施中可根据具体地质条件动态优化爆破设计参数，提高开挖面爆破半孔率和平整度，有效降低爆破振动对围岩的不利影响，如图 3 所示。

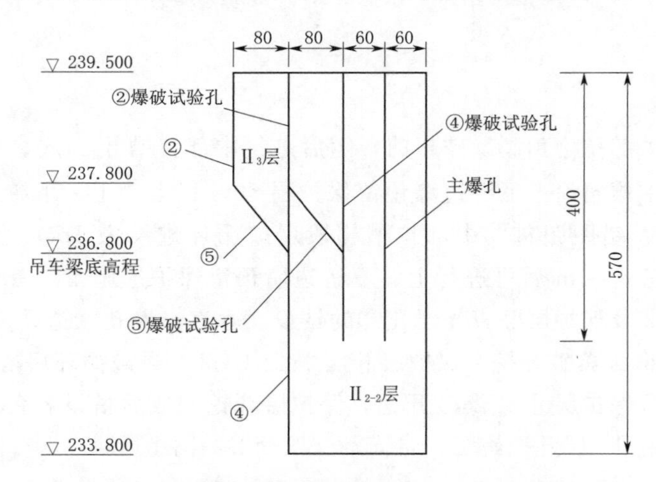

图3 尾闸室岩壁吊车梁爆破工艺性试验布孔图（单位：cm）

首先在Ⅱ$_{2-2}$保护层上进行爆破试验孔④的爆破试验，爆破试验孔④的孔距定为35cm，孔深4m，通过改变线装药密度进行三次爆破试验。爆破试验孔④的爆破试验完成后，进行爆破试验孔②、⑤的爆破试验，爆破试验孔②、⑤的孔距定为35cm，并结合④号爆破试验参数及爆破效果，通过改变线装药密度进行两次爆破试验。最终通过对爆破试验的爆破效果进行综合对比，确定的岩锚梁光面爆破最优参数见表1所列，光面爆破孔采用YT-28手风钻钻孔，孔位、孔斜、孔向、孔深采用样架严格控制。

表1　尾闸室岩锚梁光面爆破基本参数表

炮孔类型	钻孔参数			装药参数		
	孔径/mm	孔深/m	孔距/cm	药径/mm	单孔药量/g	线装药密度/(g/m)
竖向光爆孔②	42	1.7	35	32剖半	133.33	83.3
竖直光爆孔④	42	4.0	35	32剖半	267	72.1
斜向光爆孔⑤	42	1.28	35	32剖半	100	83.3

岩壁吊车梁岩台竖向光爆孔②孔径42mm、净孔距35cm、线装药密度83.3g/m；保护层竖直光爆孔④孔径42mm、净孔距35cm、线装药密度72.1g/m；岩台斜向光爆孔⑤孔径42mm、净孔距35cm、线装药密度83.3g/m。岩锚梁光爆孔的装药结构见图4～图6。

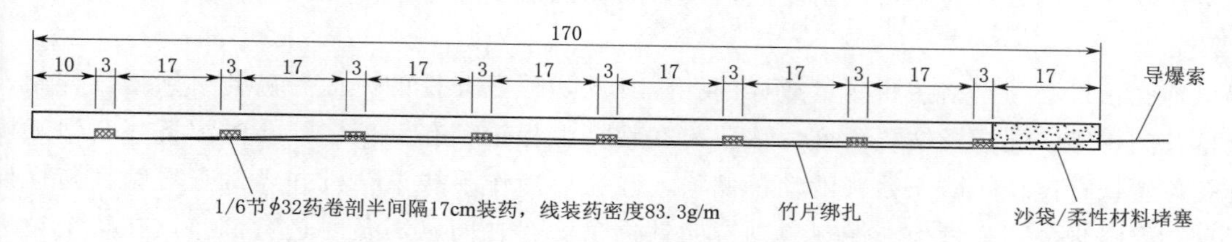

图4　尾闸室岩锚梁②号竖向光爆孔装药结构（单位：cm）

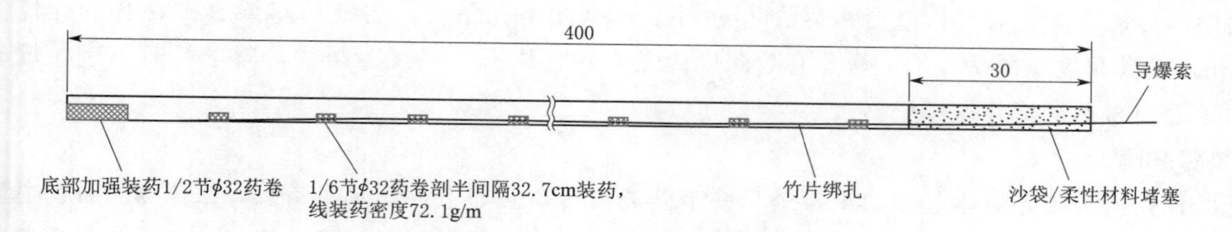

图5　尾闸室岩锚梁④号竖直光爆孔装药结构（单位：cm）

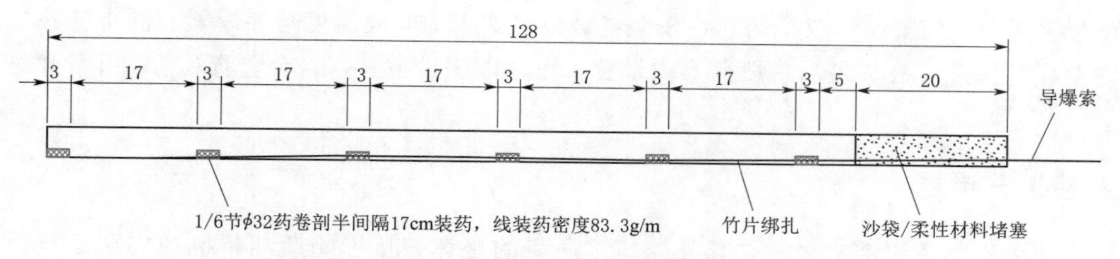

图6　尾闸室岩锚梁⑤号斜向光爆孔装药结构（单位：cm）

4.2　测量放线

岩锚梁开挖施工放样所采用测量点均以控制网点为基础。施工放样前，将施工区域的平面、高程控制点、轴线点、测站点等测量成果，以及工程部位的设计图纸中的各种坐标、方位、几何尺寸等数据进行计算、校核并编制成放样数据手册供放样使用。周边光爆孔放样时，采用设站导线控制点测出轮廓点附近任意点的坐标，利用计算器编程计算任意点与设计的差值，调整后再测量，直至调整至设计线为止。开挖后及时测量开挖断面，用于指导修规、验收。岩锚梁光面爆破孔必须逐孔放样，记录孔口高程、孔距，样架搭设完成后测设样架导向管顶口及底孔桩号、高程、孔距，用以控制样架设计角度、钻孔深度。钻孔过程中测量及时抽查样架是否移动、倾斜，防止样架因固定不牢靠导致移位、造成钻孔偏移。

4.3 样架搭设

岩锚梁样架分二期布置，岩锚梁岩台顶部竖直光爆孔样架及保护层竖直光爆孔样架为一期样架、岩壁吊车梁岩台斜孔样架为二期样架。样架均采用 ϕ48mm 钢管制作，主管两端管口内套加限位器，导向管与排架、排架与支腿斜撑之间均由扣件连接，导向管安装完成后需测量放样其顶口及底孔桩号、高程、相邻孔中心距离，控制钻孔深度、插入角度符合试验要求，样架位置测设完毕后利用锚筋连墙件及斜撑进行加固。岩台光爆孔造孔严格执行换钎制度，首次开孔采用短钎，再换为长钎，终孔钻杆长度＝光爆孔设计孔深＋导向管长度＋钎尾长度。岩壁吊车梁施工中，采用激光定位技术放样，钻孔方位角采用地质罗盘控制，仰（倾）角用几何法控制，轮廓光爆采用密孔打眼、隔孔装药等方式确保光面爆破质量以及岩台成型效果。

4.4 钻孔工艺

岩锚梁开挖均采用 YT－28 手风钻钻孔，保护层的主爆孔以孔间排距、孔深及装药量为质量控制要点，其目的为光爆孔提供可靠的临空面同时不破坏光爆效果。保护层光面爆破孔以孔间排距、孔向、孔深、装药结构、装药量、联网起爆方式为质量控制要点，其目的为岩壁吊车梁斜孔钻设及岩台处半孔成“三点一线”创造有利条件。岩台处竖直光面爆破孔、斜向光面爆破孔以孔间排距、孔向、孔深、装药结构、装药量、联网起爆方式为质量控制要点，其目的保证岩壁吊车梁开挖的半孔率、平整度及超欠挖质量标准。

岩锚梁炮孔钻设必须严格按照测量放样的孔位开孔，分段开挖的光面爆破孔必须搭设样架、利用样架控制光爆孔间排距、孔深及钻孔角度。钻孔前在钻杆上标记钻孔深度，开孔时配备一名钻工按照测量放样的开孔位置扶杆定位，防止钻头滑动、偏移，开孔后操作手扶正钻机并经常查看钻杆与样架导向管之间是否存在卡滞现象，如发生卡滞现象则说明钻进角度存在问题需及时进行调整，在整个钻进过程中配备一名钻工实时检查样架稳定情况，是否发生滑动、偏移、倾斜，钻杆进尺至孔深标记处立即停止钻孔、利用高压风水吹孔，经检查合格后方可进行下一个光爆孔钻设。岩壁吊车梁爆破钻孔的孔位偏差为±20mm，钻孔角度偏斜为±3°，炮孔有效深度内无岩粉、块石、泥浆等杂物，对于暂时不进行爆破施工的部位，采用布条封堵并做标记。

4.5 装药联网

光爆孔孔内采用导爆索起爆，末端最后一节药卷设置 1 发非电毫秒延时雷管，采用薄竹片绑扎实现间隔装药；主爆孔孔内采用毫秒微差导爆管起爆，每孔设置 2 发非电毫秒延时雷管，孔外采用导爆管按照设计分段将光爆孔、主爆孔连接在一起，形成起爆网路。岩壁吊车梁光爆孔炸药采用 2 号岩石乳化炸药，采用 ϕ32mm 药卷剖半并切割制作成小药卷，按照爆破设计要求的间隔宽度与导爆索一同绑扎在竹片上，统一送入孔内至设计深度，孔口最后一段药卷内设置 1 发非电毫秒雷管，岩台竖直孔与斜孔导爆管连接一同起爆。

5 开挖质量工艺措施

岩锚梁是尾闸室的主要结构之一，其开挖施工质量的好坏直接影响后期桥机的安全运行。岩锚梁开挖前应借鉴类似工程的施工经验，通过现场爆破试验不断总结经验，调整和优化爆破参数，并采取有效的控制爆破技术，以达到上拐点边墙、斜台和下拐点边墙三面炮孔三线合一且相邻两孔间岩面完整，无明显的爆破裂隙的良好开挖效果。

5.1 钻孔角度控制

确保钻孔在同一平面内且互相平行是保证光面爆破质量的前提，是确保岩壁梁开挖质量的重点控制措施。垂直孔钻孔垂直度采用垂线球方法进行控制，钻孔设备采用手风钻，当钻孔完毕后，在孔内插入一个两倍与孔深长度的标杆，量测标杆外露部分的垂度即为钻孔垂度。斜孔钻孔角度控制在实施钻孔作业时难度较大，涉及垂直方向上的岩台斜面角度及岩台斜面内的角度控制。垂直方向上的岩台斜面角度控制采用钢架管搭设钻机平台的方法，钻机平台的角度与高度采用测量放线及木制三角样板的方法，岩台斜面内角度控制采用木制直角样板进行。

5.2　岩锚梁下拐点预加固

为了防止岩锚梁下拐点开挖爆破成型出现掉块或超挖现象，影响开挖整体成型质量，在第二层保护层Ⅱ$_{2-2}$开挖揭露后，对岩锚梁下拐点进行加强支护，该措施在国内多个电站岩锚梁的开挖施工中已得到应用，常规方法采用的有普通砂浆锚杆、槽钢或角钢焊接贴壁围护。鉴于岩锚梁下直面边墙实际开挖平整度不足，采用槽钢或者角钢焊接效果不佳，因此在清蓄电站尾闸室岩锚梁下拐点增设砂浆锚杆采用锁口方式进行预加固。具体在岩锚梁下拐点以下20cm处增设1排锁口砂浆锚杆，砂浆锚杆ϕ22@75cm，间隔布置，L=3.0m，入岩2.85m。

5.3　岩台临时支护

第二层保护层Ⅱ$_{2-2}$开挖后，揭露的岩台保护层Ⅱ$_3$临时边墙岩体裂缝呈现扩张趋势，且岩石长期暴露容易产生风化，存在岩石碎裂、顺层滑落的风险。同时岩锚梁岩台保护层Ⅱ$_3$厚度仅为80cm，开挖后应力的释放容易造成岩台的碎裂脱落。因此在Ⅱ$_{2-2}$保护层开挖形成后，应及时对岩台保护层临时边墙采取喷护厚度为5cm的C30素混凝土进行临时封闭，可有效防止岩台保护层临时边墙岩石表面在爆破后产生松弛卸载，以及周围的爆破振动对岩锚梁岩层造成再次扰动破坏。

6　质量评价

清蓄电站尾闸室岩锚梁施工过程中进行了3次爆破仿真试验，并在实际开挖中依据地质条件的变化和爆破效果动态调整优化爆破参数。施工过程中采取密孔打眼、隔孔装药、多循环、小进尺，并严格控制单次起爆装药量，使爆破引起的围岩松动及超欠挖满足设计要求。岩壁吊车梁开挖质量检测成果见表2，从表中统计的数据可知，尾闸室岩壁吊车梁超欠挖得到有效控制，无欠挖情况，爆破半孔率及不平整度质量控制指标均满足要求。

表2　　尾闸室岩壁吊车梁开挖质量检测统计表

工程部位		半孔率/%			不平整度/cm			超欠挖/cm		
		最小值	最大值	平均值	最小值	最大值	平均值	最小值	最大值	平均值
竖向孔	上游侧	53.8	97.5	94.8	3.1	15.8	7.5	4.5	40	12.5
	下游侧	62.3	98.1	95.1	2.5	14.1	7.1	4.2	35	11.8
斜向孔	上游侧	45.1	96.5	93.9	3.2	14.9	7.7	5.5	45	13.1
	下游侧	69.5	99.5	96.5	2.8	12.9	6.9	4.9	37	12.2

7　结论

清蓄电站岩锚梁岩台爆破开挖是尾闸室最为关键且难度最大的环节，通过对爆破试验、测量放样、造孔工艺、装药结构及爆破网络等质量工艺的精细化管控，岩锚梁开挖断面超欠挖、不平整度、残留炮孔半孔率等质量控制指标达到了预期效果，实现岩台设计开挖轮廓成型规整，满足电站安全稳定运行要求，充分说明了尾闸室岩锚梁的开挖规划、爆破设计、施工方法、工艺参数的选择是科学合理的，其成果为国内同类型工程岩锚梁开挖施工提供了工程实例和技术经验，具备借鉴和参考意义。

参考文献

[1]　宋国炜，张建华，石卫兵．地下厂房岩锚梁开挖试验研究［J］．工程建设，2012，44（2）：43-45．
[2]　任少铭，曾志全．小湾水电站地下厂房开挖技术［J］．水力发电，2008，34（8）：43-45，52．
[3]　刘松柏，王梓凌．水电站地下厂房岩锚梁开挖技术［J］．土工基础，2010，24（4）：1-3．
[4]　杨平，王雪红．自一里水电站地下厂房开挖施工［J］．水利水电施工，2010（5）：18-20．
[5]　师锋民，李文华．溪洛渡左岸地下电站岩锚梁开挖施工［J］．人民长江，2008，39（14）：96-98．

竖井吊炮法在抽水蓄能电站中短竖井开挖施工中的应用

文 臣 张天丰

（中国水利水电建设工程咨询北京有限公司，北京市 100024）

【摘 要】竖井常见于抽水蓄能电站建设中，比如调压井、事故闸门井、检修闸门井等，其开挖施工方法也比较多，有全断面一次向下开挖、反井钻机法、吊炮（VCR）法等施工方法。每种方法都有其各自优缺点及适用范围，本文主要介绍吊炮法在金寨抽水蓄能电站竖井开挖施工中的应用的技术方案，以及结合工程实际与其他方案的对比，供类似工程施工参考。

【关键词】中短竖井 开挖 吊炮法 抽水蓄能电站

1 概述

金寨抽水蓄能电站上库进/出水口事故闸门井位于进/出水口下游检修平台内，共两个，平台高程598.70m。单个井深35m（高程563.70m以下为引水洞正洞开挖范围），开挖断面为不规则方形（六边形），闸门井开挖断面10.2m×7.3m，中轴线分别与1号、2号引水隧洞引0+103.5m相交，石方井挖4848m^3。其地质条件以二长片麻岩、角闪斜长片麻岩、混合片麻岩为主，偶有黑云角闪片麻岩等，具碎斑状结构，片麻状、条纹状构造，出露厚度约932～1431m，2号事故闸门井井身均为Ⅲ类围岩，1号事故闸门井井身以Ⅲ类围岩为主，部分井身段为Ⅳ类围岩。

吊炮法开挖分三部分进行：为先导井开挖后正井扩挖，导井采取深孔分段爆破开挖方法，导井自上而下一次完成钻孔，再自下而上分段爆破；导井贯通后，再自上而下扩挖。

2 方案施工规划

由于上库进出水口受供水供电延迟、上下库连接道路不具备通行条件、导流洞过流延迟、节假日停工、火工产品停供和迎检文明施工、安全学习以及暴雪、持续强降雨、雨雾天气等客观因素的影响，工期总体滞后，根据现场实际情况采用了吊炮法开挖施工。即上库事故闸门井先导井开挖后正井扩挖，导井采取深孔分段爆破开挖方法，即开挖ϕ3.0m导井采取自上而下一次完成钻孔，再自下而上分段爆破，从引水洞内完成出渣；导井贯通后，再自上而下扩挖，开挖渣料自导井溜至引水洞内出渣。开挖分三部分进行。

第一部分：闸门井口段开挖。根据反铲作业范围，井口段垂直方向开挖深度5m，开挖前首先完成锁口锚杆支护，之后采用CM351液压钻钻掏槽及崩落孔，周边采用手风钻钻光爆孔，进行光面爆破。上部2m反铲开挖装自卸车运输，下部3m反铲先倒运至井口平台，再二次装自卸车出渣，见图1。每层开挖深度控制在2m，每层开挖完成后及时进行系统喷锚支护。

第二部分：导井开挖（吊炮法）。导井采取深孔分段爆破开挖方法，即开挖直径ϕ3.0m导井采取自上而下一次完成钻孔，自下而上分层爆破，从引水洞内完成出渣。钻孔角度为90°，且由测量采取用全站仪按照爆破设计精确布孔。钻孔采取直眼掏槽，设置空心孔。导井开挖直径ϕ3.0m，可有效保证扩挖时溜渣空间，避免堵孔；自下而上分层爆破，渣料顺利下落至引水洞内，确保爆破效果，分层垂直高度2.1m。人工装药、堵孔均在闸门井上部作业，自孔口下吊绳到底部隧洞，采用吊绳将沙袋或土袋提升至孔底位置拉紧固定，封堵孔底。根据岩石情况计算装药量，自孔口采用吊绳下放到孔底位置。下堵孔及上堵孔采用吊绳自孔口将沙袋下方至装药位置。

第三部分：全断面正井扩挖。导井开挖贯通，之后进行全断面正井扩挖，每开挖一循环及时进行周

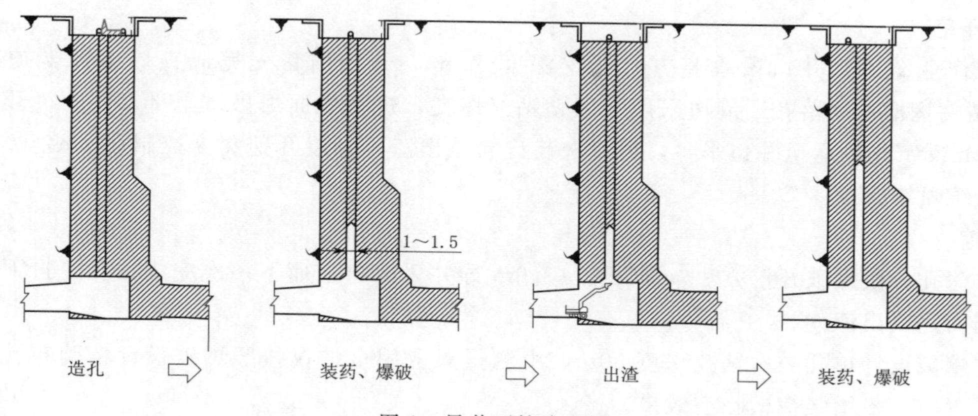

图1　导井开挖流程图

边围岩喷锚支护。人员上下通过采用在左侧设置爬梯。井口布置15t吊车，主要是运输支护材料及小型钻机、电焊机设备，严禁载人和负荷较大设备。全断面井身扩挖单循环进尺2m，周边光面爆破，爆破开挖严格控制孔径及装药，以减小块石粒径，进一步确保开挖渣料顺利由导井溜至引水洞内，洞内装载机装渣运出洞外，见图2。为确保施工安全，在全断面开挖过程中采用钢筋网遮盖导井井口，周边与插筋固定。爆破后人工扒渣排险均配置安全带，将安全绳系于井壁锚杆上。

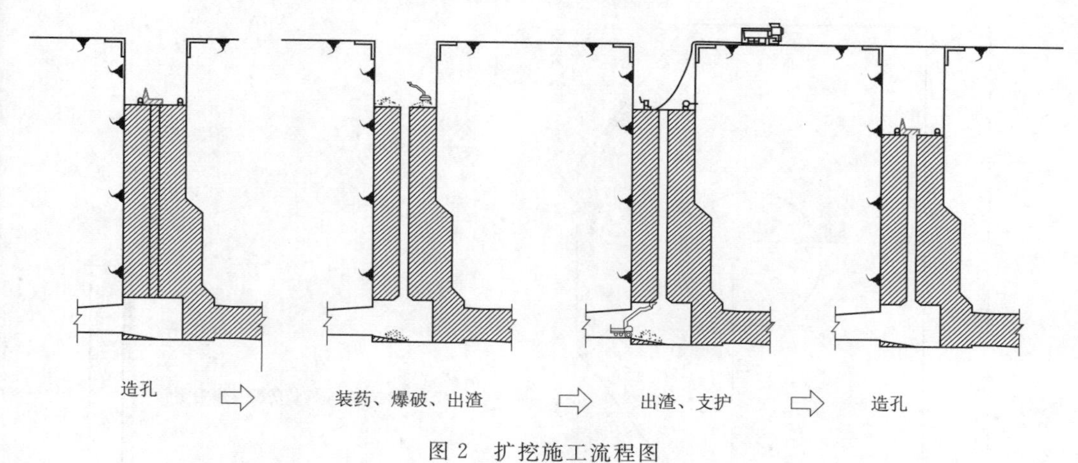

图2　扩挖施工流程图

3　施工方案实施过程

3.1　测量放样

闸门井开挖施工前，由测量人员利用全站仪，根据已复测的测量控制点，按照设计施工图纸对导井钻孔放样、闸门井中心线、开挖周边轮廓线和必要的高程腰线点进行测量放点，每一次测量点放样完成后，均由测量人员开出测量放线单，并向施工技术人员现场交接测点，并将测点利用红油漆醒目标出。

3.2　锁口锚杆施工

导井开挖前首先完成井口段锁口锚杆施工，按照设计施工图纸由测量队对锁口锚杆位置进行测量放点，利用CM351钻机进行锁口锚杆的钻孔施工，钻孔严格控制孔向，达到设计深度后，进行清孔，并报请现场监理进行验孔，验孔合格后方可进行锚杆安装。

锚杆安装采用先注浆后插杆法施工，砂浆在现场采用砂浆搅拌机拌和，拌和时严格按照监理工程师批准的砂浆配合比进行；砂浆应拌和均匀，随拌随用，一次拌和的砂浆应在初凝前用完，并严禁石块杂物混入；注浆前用高压风将锚杆孔吹净，以确保孔内没有积水和虚渣；注浆至孔口20～30cm时停止注浆并立即插锚杆，有水的钻孔必须将砂浆注满后方可插入锚杆；锚杆安装完毕后，在砂浆凝固前，不得敲击、碰撞和拉拔锚杆。

3.3 井口段开挖

根据反铲作业范围，井口段垂直方向开挖深度5.0m，开挖前首先完成锁口锚杆支护，之后采用CM351液压钻钻掏槽及崩落孔，周边采用手风钻钻光爆孔，进行光面爆破。上部2m反铲开挖装自卸车运输，下部3m反铲先倒运至井口平台，再二次装自卸车出渣。每层开挖深度控制在2m，每层开挖完成后及时进行系统喷锚支护。

3.4 导井开挖

导井采取深孔分段爆破开挖方法，即开挖ϕ3.0m导井采取自上而下一次完成钻孔，自下而上分层爆破，从引水洞内完成出渣。

导井根据爆破设计单孔一次钻孔深度30m，由测量采取用全站仪按照爆破设计精确布孔。钻孔采取直眼掏槽，设置空孔，增强掏槽临空效果。

导井开挖直径3.0m（与闸门井相对位置关系见图3），可有效保证扩挖时溜渣空间，避免堵孔；自下而上分层爆破，渣料顺利下落至引水洞内，确保爆破效果，分层垂直高度2.1m，见图4。人工装药、堵孔均在闸门井上部作业，采取吊绳下放竹片绑定的药卷，保证顺利将炸药送至爆破层段孔内，避免反井作业，大大保证人员安全，每层渣料堆至引水洞内，最后由装载机出渣，效率提高。由于每次爆破孔内要上、下堵孔，为保证堵孔效果，采用吊绳将沙袋或土袋提升至孔底位置拉紧固定，封堵孔底。上堵孔及下堵孔采用吊绳自孔口将沙袋下方至装药位置。

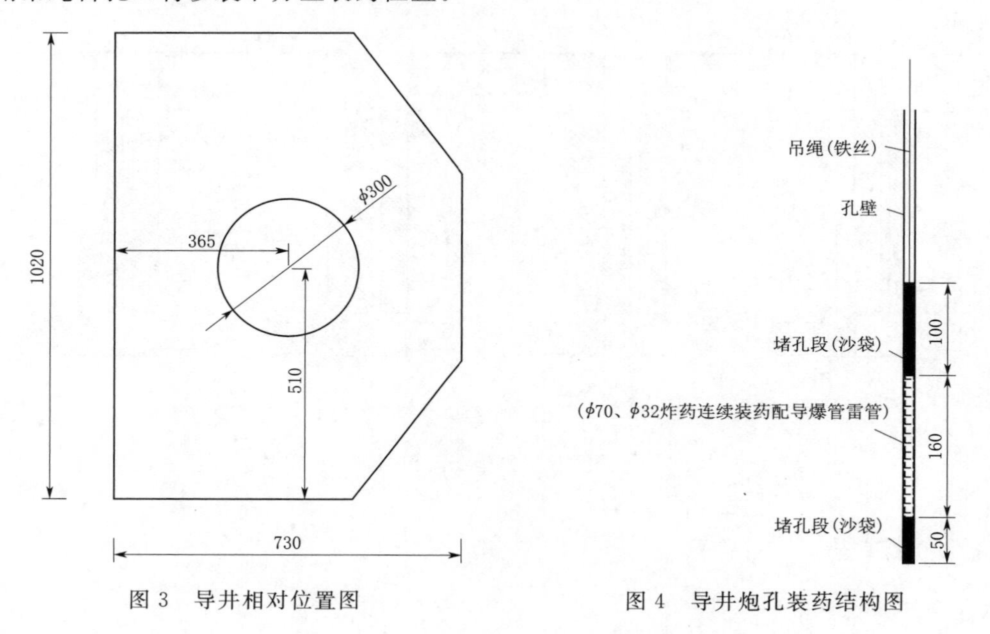

图3 导井相对位置图　　图4 导井炮孔装药结构图

爆破后大部分石渣溜至引水洞内，洞内装载机装自卸车运输。导井爆破开挖作业流程为：测量放样——►钻孔——►分层装药连线及爆破——►出渣。

（1）测量放样。在钻孔施工前由测量员根据爆破设计布孔图放出各钻爆孔位置。控制好钻孔孔位及方向。

（2）钻孔。QZJ-100B潜孔钻机钻孔。钻孔孔径为90mm，直眼掏槽，增加辅助掏槽孔，一次钻至与引水洞贯穿，对100B潜孔钻机采用钢管架精确控制定位，严格控制钻孔垂直度，避免较大偏离甚至超设计开挖线情况发生；钻孔布置详见图5以及后续爆破设计相关内容。

（3）装药连线。自下而上分层爆破，分层垂直高度2.1m。为保证堵孔效果，采用吊绳将沙袋或土袋提升至孔底位置拉紧固定，封堵孔底，同样方法采用吊绳自孔口将沙袋下放至装药位置封堵孔口，底部堵孔封堵50cm的沙袋，上堵孔长度1.0m，掏槽孔采用ϕ70mm乳化炸药，崩落孔及周边孔采用ϕ32mm乳化炸药，药卷采取竹片连续绑扎，通过吊绳下方至装药层，由于孔深较深，每个孔雷管采取导爆管沿至孔外。现场施工过程中，严格按照爆破设计进行装药连线。

（4）爆破、排烟。导井开挖爆破作业施工过程中引水洞洞口作业面设障，禁止人员设备进出，待导井爆破完成后，自然通风排烟。

（5）出渣。先导井自下而上分段爆破，为避免落石伤人、损坏设备，设备及人严禁出现在爆破面正下方，等石渣堆积至引水隧洞洞顶时，从侧面由装载机装渣，自卸车运输。

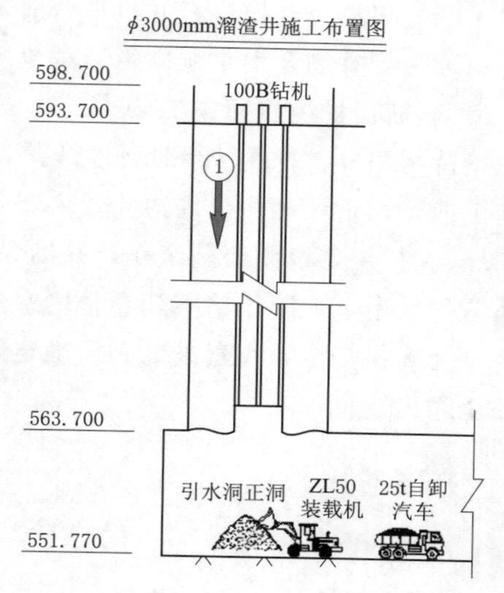

图5 导井施工布置图

3.5 全断面扩挖

全断面正井扩挖，每开挖一循环及时进行周边围岩喷锚支护。人员上下通过在左侧设置爬梯。井口布置25t吊车，主要是运输支护材料及小型钻机、电焊机设备，严禁载人和负荷较大设备。全断面井身扩挖单循环进尺2m，周边光面爆破，爆破开挖严格控制孔径及装药，以减小块石粒径，确保开挖渣料顺利由导井溜至引水洞内，洞内装载机装渣运出洞外。为确保施工安全，在全断面开挖过程中采用盖板遮盖导井井口。爆破后人工扒渣及排险均配置安全带，将安全绳系于井壁锚杆上。

扩挖爆破开挖作业流程为：测量放样⟶钻孔⟶装药连线⟶爆破⟶排烟及安全撬挖⟶出渣⟶支护。

（1）测量放样。在钻孔施工前由测量员根据爆破设计布孔图放出各钻爆孔位置。施工过程中，控制好钻孔方向，尤其是光爆孔的钻孔质量。

（2）钻孔由人工利用YT-28气腿式手风钻进行钻孔。钻孔孔径为42mm，周边孔光爆孔孔距不得大于50cm，钻孔角度90°，平行于闸门井井轴线，钻孔深度为2.83m；钻孔布置详见后续爆破设计相关内容。

施工中确保钻孔质量，控制炮眼间距，误差不大于5cm。严格控制周边孔钻孔位置、钻孔角度及钻孔方向，做到位置准确、角度合适、方向不偏。此外，应对钻工进行质量和安全教育，提高钻工的素质，施工前进行详细的技术交底，严格按照钻爆设计实施；实施定人、定位钻孔，周边孔、掏槽孔由经验丰富的钻工承担。钻孔完毕后加强检查，对不合格的钻孔，坚持堵塞重打，杜绝边顶部严重超挖。

（3）装药连线。现场施工过程中，严格按照爆破设计进行装药连线。在施工过程中进行生产性爆破实验，确定相关爆破参数。炸药采用乳化炸药，周边光爆孔用线状间隔不耦合装药弱爆破，导爆索起爆、竹片绑扎；崩落孔采用ϕ32mm药卷连续装药，塑料导爆管分段起爆，见图6。

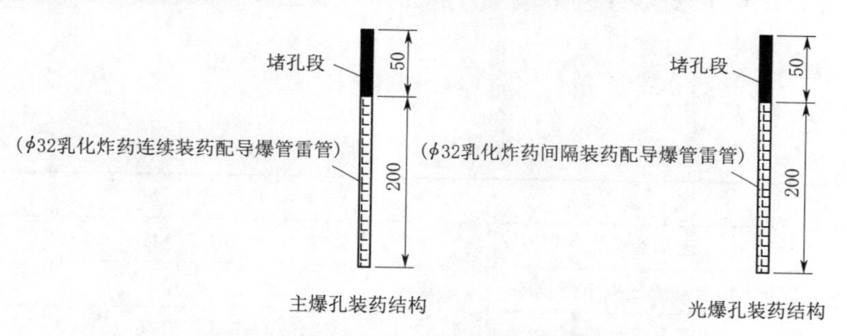

图6 全断面扩挖施工炮孔装药结构

（4）爆破。爆破作业施工过程中必须重点做好与引水洞开挖作业面的协调工作，爆破过程中引水洞与施工支洞交叉口小里程范围内严禁人员设备进出作业，爆破及出渣完毕后，为防止闸门井内渣物意外坠落，采取在岔口设置开挖阶段的钻爆台车进行防护。

（5）排烟及安全撬挖。在每茬炮爆破排烟后，由经验丰富的撬挖工清撬残留在井壁的松动岩块，确保施工安全，多余石渣通过安全操作平台通道溜至洞内。清撬时，要求钻工站在清撬部位对面，人员必须佩戴好安全帽及安全绳。

（6）出渣。开挖渣料井口平台清理渣料由人工扒渣及排险均配置安全带，将安全绳系于井壁锚杆上。渣料通过导井溜至引水洞内由装载机装运至洞挖，再装自卸车运至坝后弃渣场。

3.6 全断面扩挖贯通施工

待闸门井扩挖约3m时暂停开挖，进行测量精确放线，扩挖贯通施工采用一次爆破进行贯通。在钻孔施工前，测量精确测出周边孔及主爆孔的孔位及孔深，钻孔严格按照测量数据进行钻孔，钻孔孔底预留20cm保护层，以便装药工作，并确保开挖轮廓满足图纸要求。若在钻孔过程中，没有预留保护层，在装药前先采用炮泥制作堵塞药卷，堵塞药卷先将底部贯通孔进行堵塞，然后再进行装药工作。

为确保安全，在爆破前必须确定闸门井与平洞段交叉位置支护是否牢固、稳定，避免在爆破后产生安全隐患。

4 方案对比

4.1 工期比较

4.1.1 反井钻施工时间统计

（1）反井钻机开钻前的准备时间一般为12～15d，主要是主机基础混凝土浇筑、主机就位、二期混凝土浇筑、沉渣池砌筑等。

（2）ϕ216mm导孔施工一般10m/d，以本工程35m长的竖井为例，ϕ216mm导孔耗时约3.5d。

（3）ϕ216mm钻头拆下至安装ϕ1.4m钻头结束耗时约1d。

（4）ϕ1.4m导井扩挖一般5m/d，以本工程35m长的竖井为例，ϕ1.4m导井扩挖耗时约7d。

（5）反井钻拆除耗时约3d。

（6）人工钻爆扩挖至3.4m，每天（工作16h）两个钻爆循环，进尺6m，以本工程35m长的竖井为例，人工导井扩挖耗时约6d。

根据以上分析统计，35m长的竖井反井钻机从准备工作至设备拆除约耗时约35.5d。

4.1.2 导井（吊炮法）施工时间统计

（1）导井（吊炮法）开钻前的准备时间一般为1～2d（钻机定位、供风管道布设、照明布置）。

（2）ϕ3.0m导井布设20个孔，单孔长度为35m，潜孔钻机10m/h，单孔造孔用时3.5h，合计造孔需要用时约4d（16h/d），

（3）爆破作业单次爆破高度为2.1m，每天可3次（6.3m），爆破合计用时5.5d。

根据以上分析统计，35m长的竖井（吊炮法）施工从准备工作至设备拆除约耗时约11.5d。

4.2 造价比较

造价对比见表1。

表1 造价对比

施工方法	设备名称	施工成本/元	成本
反井钻机	反井钻机	4000元/m×35=140000	224400
	准备工作（基础混凝土浇筑等）	10000	
	施工人员6人	300元/d×6人×35.5=63900	
	一次扩挖3.4m	300元/m×35=10500	
吊炮法	潜孔钻机	1000元/m×35=35000	133900
	火工产品及零星材料	1000元/m×35=35000	
	施工人员6人	300元/d×6人×35.5=63900	

根据以上统计分析，反井钻机法施工成本合计22.44万元，导井吊炮法施工成本合计13.39万元，仅为反井钻机法的59.67%。

综上所述，实施性施工方案与原投标方案相比较，实施性施工方案具有施工进度快，施工成本低等优点。

5　总结

对于中短竖井，吊炮法（VCR）法无疑是可以考虑的一种快速施工方法，相对于反井钻机法可能投入成本更低，但由于涉及爆破作业，安全风险高于反井钻机施工方法，在施工中安全管控尤为关注，同时导井爆破钻孔精度也需得到保证，孔向偏差不能太大。总之，在确保安全和钻孔精度的前提下，吊炮法（VCR）法在中短竖井开挖施工中是一种高效且成本较低的一种施工方法，值得在类似工程中推广使用。

参考文献

[1]　闻宇辉．压力管道竖井开挖支护技术［J］．云南水力发电，2020，36（4）：32-36．
[2]　李成强．老挝南欧江六级电站放空洞竖井吊炮法开挖支护施工技术［J］．水利建设与管理，2015，35（3）：8-11．
[3]　黄文洪．VCR法在周宁抽水蓄能电站小直径、短竖井开挖中的应用［J］．福建水力发电，2020（1）：43-45．
[4]　陈小勇，陈金，周冠荣．仙居抽水蓄能电站下水库事故闸门井深井开挖技术［J］．水利水电技术，2015，46（5）：54-56．

水电站大洞径超长斜井扩挖施工技术

马琪琪

（中国水利水电第六工程局有限公司，辽宁省沈阳市　110000）

【摘　要】在抽水蓄能电站施工中，针对大断面斜井开挖，采用绞车牵引无轨胶轮车运输；牵引潜孔钻车上下，配合手风钻凿孔；牵引挖掘机上下，进行扒渣。基本实现了全程作业机械化施工，不但提高了生产率，而且减轻了工人的劳动强度，减少了工作面作业人员的安全隐患，为斜井安全高效施工提供了技术保障。

【关键词】大洞径　超长斜井　扩挖施工　全程机械　施工技术

1　引言

传统的斜井扩挖施工，一般采用有轨运输方式，人工扒渣作业；井内物资、材料及小型施工设备运输困难，存在安全风险。例如：工作面爆破后，轨道无法紧跟工作面铺设（轨道与掌子面安全距离一般为30m），车辆不能最大限度到达工作面，打钻前后风、水管、风钻等设施准备及回撤工作时间长，且运输车不能行驶至上弯段上部进行材料装车，工人作业强度大。轨道运输系统中的重型道轨铺装是在斜面上施工，难度系数大，危险程度高，占用时间长，而采用无轨胶轮车运输可以解决斜井道轨铺装难的问题。

抽水蓄能电站大洞径超长引水压力斜井扩挖，每个工程都会定为高风险等级。为了改善传统工法中井内运输线路长、施工难度大，人工作业劳动强度高、进度缓慢等现象，查找分析斜井安全快速扩挖施工的关键问题，提出解决方案，是目前大口径超长斜井开挖急需解决的关键技术。

将目前的大口径超长斜井扩挖的有轨运输优化为无轨运输较好地解决了这一难题，获得了国家实用专利，中电建科技二等奖。其工艺主要为：施工中控制运输通道平整度，做好无轨胶轮运输车胶轮设计选型，控制运行速度，从扒渣挖掘机、液压钻车上下行走安全技术措施研究等多方面入手，重点解决运输胶轮车车在斜井弯段进行材料装车的技术方案。

无轨胶轮运输车提升系统研制成功，还可在斜井混凝土衬砌及灌浆施工过程中应用。

2　荒沟抽水蓄能电站引水斜井工程简介

荒沟抽水蓄能电站引水斜井包括1号、2号两条斜井，每条斜井由上平段、上斜井段、中平段、下斜井段和下平段组成。每段斜井包括上弯段、斜井直线段和下弯段。引水上斜井的上下弯段分别与上平段和中平段相连；引水下斜井的上弯段与引水中平洞相连，下弯段与引水下平洞相连。1号、2号引水上斜井长度为229.19m，1号引水下斜井长度为384.73m，2号引水下斜井长度为388.55m，引水上下斜井开挖角度均为50°，开挖断面均为圆形，直径7.9m，衬砌后直径为6.7m的圆形断面。

引水压力下斜井桩号0+751.41m～1+007.98m，该段属Ⅱ、Ⅲ类围岩，断层部位为Ⅵ类围岩。Ⅱ类围岩为新鲜白岗花岗岩，岩质坚硬、完整，围岩整体基本稳定；Ⅲ类围岩为微风化白岗花岗岩，节理较发育，此段围岩稳定性较差，围岩为新鲜的白岗花岗岩，岩质坚硬，节理不发育，岩体完整，洞壁干燥，在开挖过程中存在中度岩爆现象。

3　引水斜井扩挖施工

3.1　引水斜井总体方案设计

荒沟电站引水斜井均采用TR－3000型反井钻机施工导井，先钻设ϕ311mm导孔，再通过钻机反提扩挖钻头，形成 $\phi 2.4$m 的溜渣井。溜渣井施工完成后，由上至下一次扩挖到 $\phi 7.9$m 的设计断面。开挖作业采用潜孔钻车配合手风钻凿孔，周边孔光面爆破，工作面扒渣作业采用挖掘机扒渣，将渣扒进溜渣孔，溜到斜井底部，通过装渣机装汽车，运到洞外弃渣场。

在井内布置一台无轨胶轮运输车运送作业人员和材料、工器具；运输车设计采用 1 台 2JPM－1.2/0.8P 型提升绞车进行牵引，该车由单个滚筒左右侧缠绕双绳，绞车运行时双牵引钢丝绳同时受力，目的是增加设备运行安全性。施工中如一根绳出现极端破坏时，另一根绳仍可承担全部提升负荷（起到防坠保护），同时还可以方便运输车在上弯段进行材料装车，提高生产效率，加快施工进度。斜井内靠右侧安装一条人行爬梯，作为备用行人通道。另布置 1 台 2JZ－16/800 型凿井绞车牵引挖掘机和潜孔钻车入井内作业面，两种设备不同时运行，该绞车由双滚筒缠绕双绳，具备断绳保护的功能。

在上井口变坡点沿洞宽布置 $\phi 48$mm×3.5mm 钢管焊制的开闭式防护栏杆，车辆通过时打开，其他时间均处于关闭状态，栏杆下部设置踢脚板，起到遮挡杂物的作用，防止杂物滑落到斜井内，保证井下作业人员的安全。

3.2　提升系统布置设计

斜井导井施工完成后，斜井扩挖采用自上而下施工成井。为了满足斜井扩挖时人员、材料、设备井内运输及工作面作业安全防护，井口布置运输车提升系统，通过绞车、导向轮动定滑轮组减载导向进行提升。

在上平台设计位置安装绞车各自独立的永久导向轮，导向轮固定在拖梁上，拖梁采用前后、高低错位的方式布置，以错开提升钢丝绳安全出绳距离要求。横梁材料使用 20a 工字钢焊成格构梁，横梁两端各布置 C22mm×4m 锁梁锚杆，利用锚杆焊接托架对横梁进行悬吊加固。

斜井提升系统包括绞车、运输车、钢丝绳、导向轮、动定滑轮组、连接装置、限载防险自控装置组成。通过绞车、钢丝绳牵引运输设备，运输车负责作业人员、施工材料、风水管路、工器具的运输（人员和材料严禁混运），提升采用 2JPM－1.2/0.8P 型提升绞车，提升能力为 10t，运输车自重为 3.5t，设计载重 2t。扒渣使用的挖掘机自重为 8t，潜孔钻车自重为 3t，且不同时使用，采用 1 台 2JZ－16/800 型双滚筒 16t 凿井绞车提升，通过动定滑轮组减小牵引力，牵引钢丝绳采用 $\phi 30$mm 钢丝绳，强度等级 1870N/mm^2，钢丝绳型号为 18×7，安全系数均满足规范和业主安全规定和要求。挖掘机及潜孔钻车作业时使用绞车牵引下放至工作面，结束作业后上提至井口平洞内放置。为保证中平洞洞内运输空间，绞车靠平洞左侧布置，使用双绳提升车辆，一根钢丝绳负责提升另一根做安全绳，当提升绳意外断绳时，安全绳可以满足全部提升需求，保证在出现意外情况下能够保证运输车辆的运行安全，经分析计算，各项安全指标均满足规范要求，引水斜井施工系统布置示意图见图 1。

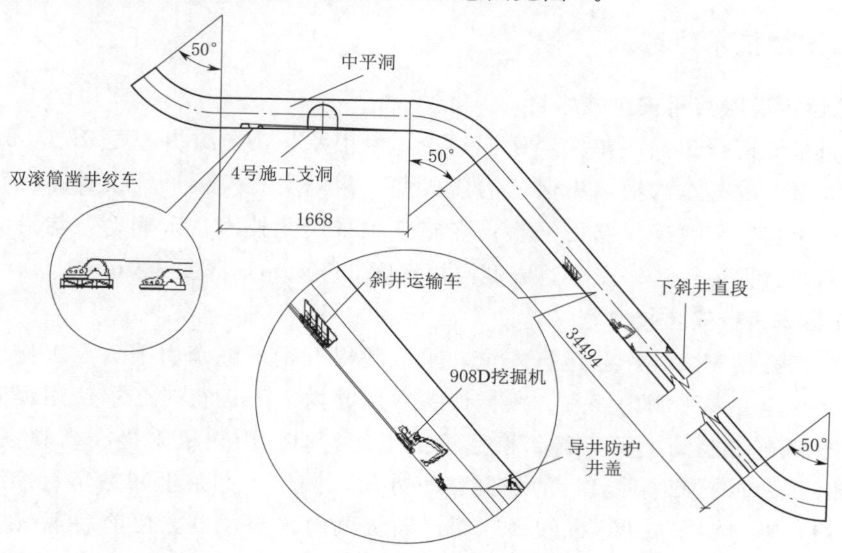

图 1　引水斜井施工系统布置示意图

3.3　无轨运输车辆设计

提升运输车采用2JPM－1.2/0.8P型提升绞车提升，绞车电控系统预设有限速控制，无密码不可调整装置，速度上限值为30m/min，DL/T 5407—2009《水电水利工程斜井竖井施工规范》；绞车制动系统设计为常闭式，采用滚筒液压抱闸制动与电机液压抱闸制动相结合的制动方式，绞车起动时利用液压系统联动松开抱闸，绞车停止运转时抱闸自动关闭，突然断电时抱闸随即自动关闭。

实用新型专利运输车设计为无轨胶轮型钢结构车辆，底盘使用国产东风141型汽车后桥改装，前后两根轴，四个行走轮均为双轮（高强度实心胶轮），以保证车辆使用可靠性。运输车底盘使用20b工字钢焊制而成，车长5m，宽2.2m，车厢使用δ5mm钢板焊制，车辆前部（下面）车厢设计为载物区域，后部（上面）车厢设计为载人区域，两个区域中间设计隔挡，车辆车厢周圈上部设计有防护栏杆，车厢能够有效防止运输过程中材料滑落。运输车所有焊接位置焊缝要进行满焊，焊缝后进行无损探伤检测，并做好日常检查工作，运输车限载8人，限重2t，运行过程中严禁超员超载、人货同载。在运输车底盘四个角设置有水平导向轮，通过可调杆件联动行走轮，自动调整行走轮左右摆动角度，该装置在行驶过程中保证了运输车运行过程的安全通畅。

采用无轨胶轮运输方式，为井内人员及材料提供运输服务，是具有专利技术的无轨胶轮运输车。该设备在斜井使用过程中，体现了对路面适应性强的特点；由于是双绳牵引，并配置了动定滑轮组和限载防险装置，制定了定期检查和日常巡检保养制度，安全性得到了保障，整个施工期间未发生一起安全事故。同时运输车可以到达斜井上弯段及工作面，甚至平洞内，极大地方便材料、工器具的装运，减轻工人的劳动强度。

3.4　引水斜井扩挖施工方法

在斜井扩挖施工前，先进行钻设应力释放孔，释放岩石内部应力，同时将岩石进行喷水湿润，防止岩爆发生，在扩挖过程中，进行一炮一支护原则，保证扩挖施工安全；斜井扩挖采用潜孔钻车配合YT－28型手风钻钻孔，人工装药，采取微差起爆网络形式，采用2号岩石乳化炸药。洞内周边钻孔直径为ϕ42mm，采用YT－28手风钻钻孔，药卷直径ϕ32mm，钻孔深度3.0m，周边采用光面爆破，隔段装药控制药量；崩落孔钻孔直径为90mm，采用潜孔钻机钻孔，药卷直径ϕ70mm，钻孔深度3.5m，循环进尺2.4m。爆破施工中，严格控制岩石大块率，加密炮孔，以防止渣块过大而堵溜渣井。

钻爆作业中，使用手风钻配合液压潜孔钻车施工，与过去习惯做法的采用人工手风钻钻爆，人工扒渣相比，提升了钻孔效率与质量，减少了安全风险。爆破后工作面使用挖掘机进行扒渣，实现了扒渣机械化，与人工扒渣效率相比，循环时长大大缩短，减少了扒渣人员的投入，对工期的控制起到重要作用。

4　引水斜井施工安全技术研究

4.1　挖掘机与车辆运行道路整平安全技术

为解决挖掘机与车辆运行道路平整，经研究讨论，沿引水压力斜井井壁底部3.5m范围内开挖成平底，对沟槽两侧喷混凝土成行车沟槽，为保证沟槽成型，两侧支立模板，且在底部胶轮车运行范围内将超挖基层使用喷混凝土料垫平，确保路面平整；在施工中采用此技术，车辆上下均沿沟槽运行，有效地提高车辆运行的可靠性，保证了运输安全。成型沟槽宽度3500mm，深度300mm。

4.2　挖掘机、潜孔钻车运行安全技术

为保证挖掘机或潜孔钻车入井作业运行安全，采取了提升钢丝绳牵引下放至工作面，闲置时间段利用提升钢丝绳牵引上提至井口平洞内停靠；机械设备在斜井内上下运行时必须使用提升双钢丝绳牵引配合，严禁单独使用车辆自带驱动上下运行。挖掘机上下运行时，由司机乘坐在驾驶室内操作机械行走。潜孔钻车上下运行时，为便于操作手灵活的控制钻车方向，操作手亦乘坐在钻车上控制钻车行走，在钻车上加装乘人座，乘人座与钻车底盘夹角近似50°，人员侧向乘坐，以方便前后观察钻车运行情况并操作，从而提高运行灵活性、安全性。

凿井绞车行驶速度为7m/min，操作手控制机械设备上下运行时，控制设备行驶速度要与绞车提升速

度匹配，行驶过程中让提升钢丝绳始终牵引受力，不允许超过绞车提升速度单独行走。挖掘机与潜孔钻车上下运行时由操作手利用对讲机指挥井口绞车司机，发现问题及时指挥凿井绞车司机停车，故障消除后方可正常运行。掌子面开挖成平底，以利于机械设备作业安全，机械上下运行及作业期间派专人进行监护，负责看护机械作业安全。

挖掘机自身焊制有单独的牵引环，为满足双绳牵引的本质需求，在原车底盘牵引环临近位置加装一个牵引环，原机采用设计为δ20mm 钢板，现采用δ16mm 钢板（材质 Q235 钢）两块并焊在挖掘机底盘上，对连接环与机体相连边打坡口进行满焊，以提高焊接可靠性。经实践证明，采取了以上技术，有效地解决了挖掘机或潜孔钻机入井作业运行安全。

4.3 工艺应用范围

由于该工艺一次性投入较大，洞内设计开挖体型需改造，设备的利用率不高，故适用于工期较紧的大洞径、超长斜井扩挖。

5 结论

随着国内抽水蓄能电站大规模上马，施工技术的日趋成熟，无轨胶轮提升运输系统配合机械化作业工法取得了阶段性成果，并首次在荒沟抽水蓄能电站长斜井扩挖中成功应用。实现了超长斜井机械化施工作业，保证了施工安全，加快了施工进度，保证了施工质量，取得了良好的经济效益和社会效益，是一种安全实用且快速扩挖的斜井施工技术，为后续抽水蓄能电站大洞径超长引水系统，压力斜井扩挖施工提供了参考。

参考文献

[1] 金小勇，刘林元，侯晓斌. 探析抽水蓄能电站斜井扩挖施工控制［J］. 城市建设理论研究，2016（9）：11.
[2] 邹辉. 浅谈抽水蓄能电站长斜井开挖施工技术［J］. 四川建材，2016（3）：205-206.
[3] 周丰，刘文贤. 抽水蓄能工程斜井开挖支护施工技术［J］. 水电施工技术，2016（2）：6-16.

五岳抽水蓄能电站深竖井提升系统的设计与选型

李　闯
（中国水利水电第十一工程局有限公司，河南省郑州市　450000）

【摘　要】五岳抽水蓄能电站引水主洞竖井井深255m，开挖断面为直径9.4m圆形，其施工深度大、提升速度快、升降频繁、作业空间有限、施工周期长、工序多，为保证竖井安全、高效施工，两条引水竖井提升系统选择门式起重机载物＋矿用绞车载人相结合的方式进行深竖井施工。

【关键词】深竖井　提升系统　门式起重机　矿用绞车

1　工程概况

五岳抽水蓄能电站位于河南省光山县殷棚乡和罗山县定远乡，工程规模为二等大（2）型，电站装机容量为1000MW，安装4台单机容量为250MW的水泵水轮发电电动机组。引水系统采用两洞四机布置，引水主洞2条，由上平段、上弯段、竖井段、下弯段、下平段五部分组成，其中竖井段深255m，开挖洞径9.4m，顶部埋深80～100m。洞室围岩主要为微风化～新鲜的花岗岩，上覆岩体强～弱风化深度15～20m。竖井段洞室Ⅱ、Ⅲ、Ⅳ类岩体所占的比例分别为22%、73%、5%。为了满足竖井扩挖及衬砌时材料、设备井内运输，需要在井口布置竖井提升系统，结合竖井提升能力需求、周围场地布置和以往项目施工经验，五岳抽水蓄能电站引水竖井采用“门式起重机载物＋矿用绞车载人”相结合的方式组织施工。

2　提升需求

根据引水竖井施工阶段需求，在开挖阶段需要吊运手风钻、火工用品、小型反铲、锚杆、钢筋网片、喷射混凝土等材料至井下工作面，同时需要布置升降系统用于施工人员上下，根据DL/T 5407—2019《水电水利工程竖井斜井施工规范》3.4.4条，“竖井施工起吊系统设计应满足扩挖机械、支护设备、衬砌台车、灌浆平台等最大荷重要求”。施工过程中需进行工作盘、材料、工器具及设备的运输，工作盘的自重及材料、工器具的重量为最大6.5t，山推PC60小型反铲的重量为6.0t，安全系数按1.5倍进行计算，6.5t×1.5＝9.75t，载物提升可选用10t门式起重机布置在引水竖井井口平台上方进行提升；竖井施工单班作业人员按9人计，单次人员上下按9人考虑，平均每人按照100kg计算，人员总重量0.9t，载人罐笼自重1t，总重量约1.9t，根据规范要求牵引能力不应小于总牵引力的2.0倍，现场需布置提升能力不小于3.8t的矿用绞车用于人员上下。

3　提升系统的选择

考虑到施工的安全性、施工速度、载人载物的需求，引水竖井提升系统由分设的载物提升系统和载人提升系统组成，载物提升系统采用1台箱式双梁门式起重机，规格型号为MG10t-10.2m-5m＋280m，额定最大起重量10t，起升高度为5m（轨上）＋280m（轨下），主要由下横梁与支腿组合件、2根主梁、10t起重小车、供电系统、爬梯、行走机构等组成。

引水主洞竖井段载人提升系统主要由卷筒、钢丝绳、电动机、稳车、定滑轮、载人罐笼等组成。采用1台矿用提升绞车作为提升系统，规格型号为JTP-1.6×1.2P，额定最大起重量4.5t；一台稳车作为罐笼升降轨道，规格型号为JZ-5/400，尺寸为2.16m×1.82m×1.20m（长×宽×高），额定最大起重量4.5t；一个载人罐笼作为人员提升载体，规格型号为GLS1/6/1/1，尺寸为1.30m×0.98m×2.44m（长×宽×高）。

4　提升系统的布置与安装

载物提升系统（门式起重机）布置于引水竖井上方，在井壁两侧扩挖轨道运行空间，两条轨道间距为10.2m，门式起重机在井口可前后移动，详见图1。载人提升系统（矿用绞车）布置于引水竖井上平段洞壁左侧，距竖井井口31m，在井口设置稳车和门架式作业平台，门式起重机、矿用绞车、稳车及其他施工机械具体平面布置见图2。

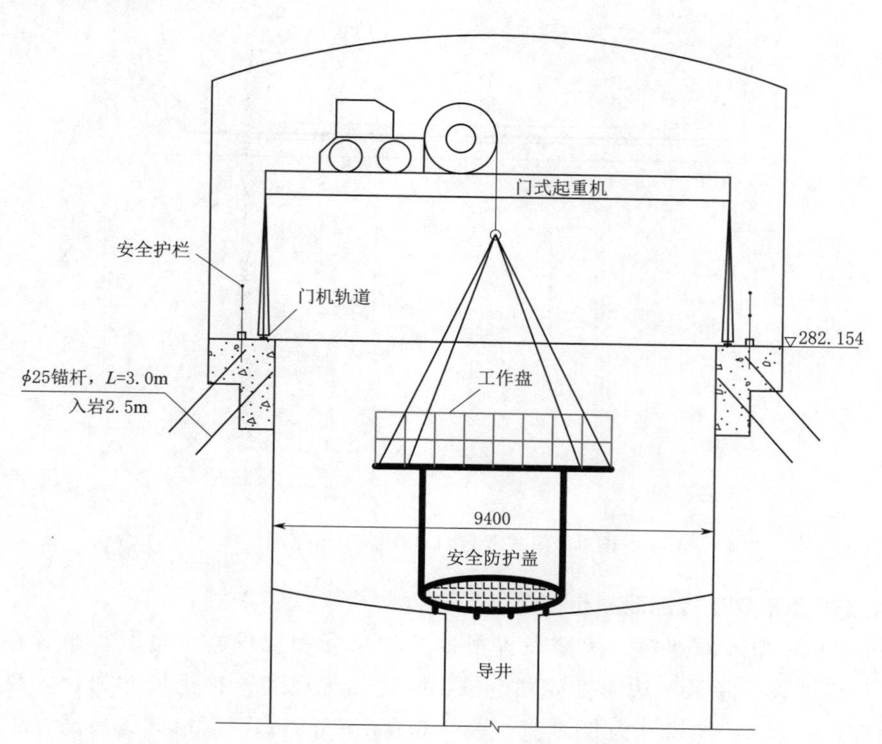

图1　提升系统安装平面布置图

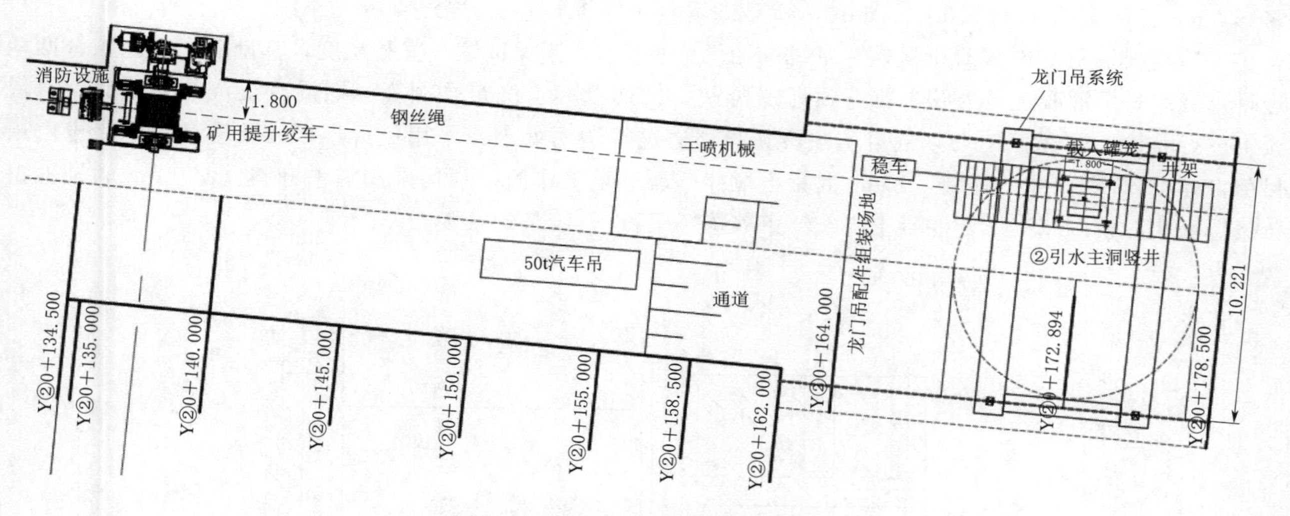

图2　竖井提升系统安装平面布置图

4.1　井口防护及门式起重机轨道混凝土施工

反井钻机反拉ϕ2.0m导井贯通后，在导井顶部铺设ϕ3.5m的安全防护井盖，对井口进行全封闭防护后进行门式起重机基础施工。10t门式起重机布置在引水竖井井口平台上，根据实际门式起重机的跨度浇筑基座混凝土，门式起重机基座采用C30钢筋混凝土结构，厚145cm，基座混凝土应坐落于硬质岩石上。待基座混凝土强度达到设计强度，方可安装门式起重机轨道。轨道坐落在工字钢上，工字钢通过

ϕ25mm、L＝3m 锚杆与基座混凝土连接固定。门式起重机基础布置见图 3。

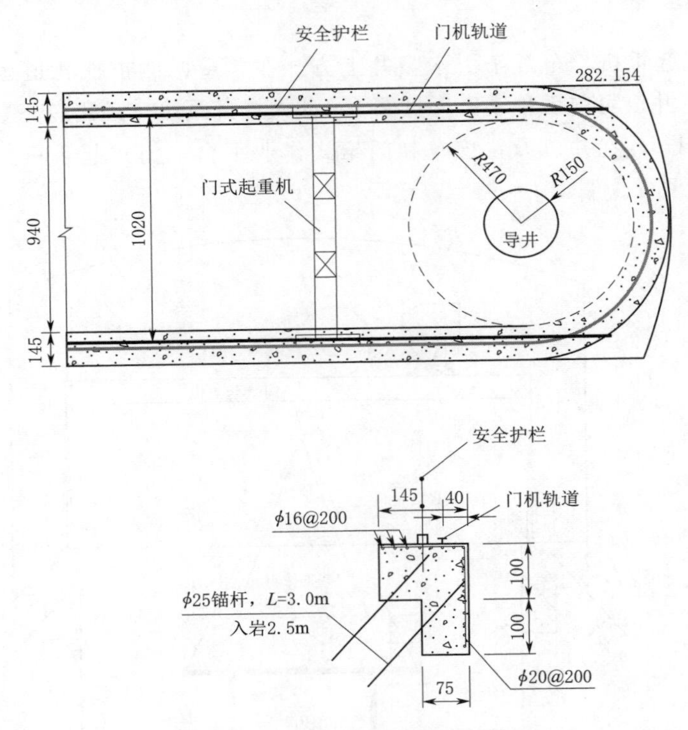

图 3　门式起重机基础施工示意图

4.2　矿用绞车基础部位开挖及基础混凝土施工

载人提升系统绞车电机、减速箱、滚筒设施根据结构尺寸和现场施工情况，布置在距引水竖井井口约 31m 的洞左侧，根据设备参数，边墙处放置电机、减速箱等设施，扩挖尺寸为长×高＝6.0m×4.0m，底板部位放置滚筒等设施，扩挖尺寸为长×宽×高＝6.0m×3.5m×2.0m（底板高程下挖 2.0m）。边墙扩挖结束后按照引水上平段支护参数进行支护，锚杆采用 ϕ22mm、L＝3.0m、间排距 1.2m×2.4m、外露 0.1m，挂网钢筋 ϕ8@200×200mm，喷 C25 混凝土厚 10cm。

绞车基础采用 C30 混凝土浇筑，基础断面图详见图 4，为保证绞车安装精度，基础混凝土施工分两期进行，浇筑一期混凝土时为绞车所有预埋螺栓预留二期混凝土浇筑孔洞。一期混凝土浇筑完成后，对混凝土进行养护 7d，然后对二期混凝土预留孔洞周边进行凿毛处理或采用免拆模板。绞车基础混凝土由项目部自建 HZS90 拌和站拌制，10m^3 混凝土搅拌车运输至工作面，现场采用溜槽卸料，ϕ50mm 软轴振捣棒振捣密实。绞车基础二期混凝土浇筑结束养护 7d 后进行绞车的安装工作。

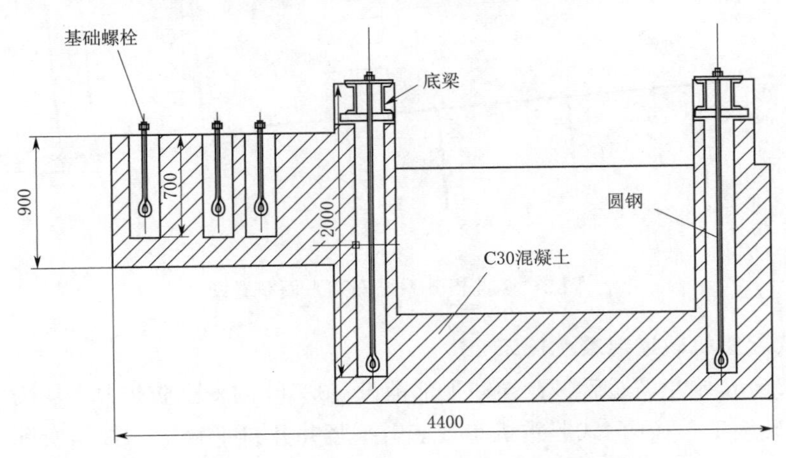

图 4　矿用绞车基础示意图

4.3 安装设备的选型

根据门式起重机和矿用绞车的参数，门式起重机安装最大件单元重量是门架，重量11.12t，安装高度8m；矿用绞车总质量16t，结合施工现场场地情况，同时满足安全和使用方便，吊装操作灵活，工作效率等要求选用一台50t汽车吊卸车用于拼装支腿的平台、爬梯、栏杆。50t汽车吊卸车为徐工牌50K-2，最大额定起重量为50t，主臂全伸长43.5m，起升速度0～150m/min，经查表计算，50t汽车吊，半径5.5m，臂长18m时，起重量为23.5t，满足门式起重机和矿用绞车安装要求。

整个门架最大吊装重量为11.12t，采用单机吊装，布置4个吊点，每个吊点设置1根钢丝绳，单根钢丝绳最大受力为27.8kN。按现场吊装两钢丝绳夹角60°，7倍安全系数计算，钢丝绳拉力应为194.6kN。按照GB 8918《重要用途钢丝绳》选择18NAT-6×36IWR-1870ZS钢丝绳，破断拉力为216kN，卸扣采用4个4.9t卸扣，能满足吊装要求。

4.4 门式起重机提升系统和矿用绞车提升系统的安装

安装前应会同安装制造单位的代表一起开箱，按照随机所带的装箱单，清点核对所交货物与装箱单所列的零件数量是否相符，随机文件是否齐全，核对完毕后，作出记录，由三方代表当场签字。

在现场门式起重机准备工作完成，现场具备安装条件后，由专业厂家开始进行门式起重机架体、安全装置、钢丝绳、吊钩滑轮、配电装置、其他附件等安装作业，安装完成后，进行整机检查、通电、调试及试运行。

待门式起重机提升系统安装完成后开始提升绞车的安装，提升绞车由专业厂家到场进行安装，主要安装流程为：施工准备⟶卷筒、轴承装置及底梁安装⟶减速器安装⟶盘形制动器安装⟶主机安装⟶深度指示器安装⟶电机制动器安装⟶电控安装⟶电控调试。

4.5 门式起重机及矿用绞车试验

4.5.1 门式起重机试验

门式起重机安装完毕后，在现场进行自检试验，自检试验包括空载试验、静载试验和动载试验。空载试验主要检查天车和大车行走情况、启动和刹车情况、钢丝绳走线等。

在空载试验完成后进行相应的静载试验和动载试验，静载试验时把小车停在主梁跨中，先起升额定荷载，再起升1.25倍额定荷载离地面100mm处，停悬10min后卸去荷载，检查主梁是否有永久变形，焊接是否开裂，反复数次后，若一切正常，作动载试验。

静载试验合格进行动载试验，起升1.1倍额定荷载，使起升机构和运行机构反复运转、启动、制动。检查各机构制动器、电气控制应灵敏、准确、可靠，主梁振动正常，机构运转平稳，卸载后各机构无损伤和变形。

4.5.2 矿用绞车试验

（1）空运转试验。矿用绞车安装完成后需进行空运转试验和负荷运转试验，在提升机各部件调整结束后，可进行空运转试验，空运转时间为1h（正、反转各连续运转30min），检查各部分情况是否正常。试验前，先将深度指示器传动装置与之轴断开，以免碰坏减速、过卷开关和自整角机限速装置上的零件。

（2）负荷运转试验。提升机空负荷试验合格后，可将钢丝绳和提升容器挂上，调整每一根钢丝绳长度，同时相应的将深度指示部分做出减速、停车、过卷点等有关标记后，最后确定深度指示器的减速、过卷、限速等正确位置。

加载负荷要逐级增加，按25%、50%、75%的额定负荷各运转1h，满负荷运转为2h。满负荷试验前，应检查减速器的齿面接触情况，如达到要求，才可进行满负荷试验，在满负荷试验时，相应调整工作油压，全面检查各部件有否残余变形或其他缺陷，着重检查工作制动的可调性、安全制动的减速度、各机电联锁的可靠性。

5 附属设施施工

为满足现场停电及其他应急需求，在竖井井壁侧竖向设置一道60cm宽封闭式人行爬梯，作为应急条件下施工人员上下竖井时的通道，间隔15m设置一歇息平台。竖井全长敷设安全绳，人员经爬梯通行，必须佩戴止坠器，止坠器与安全绳连接。

人行爬梯由∠50×50×5cm角钢焊接而成，宽60cm，踏步采用∠50×50×5cm角钢焊接，每跨高20cm。每隔1.5m间距，采用ϕ22mm，长度3m插筋打入井壁锚固，锚固长度2.8m（如遇系统锚杆可利用系统锚杆固定，系统锚杆ϕ25mm，$L=4.5$m），固定爬梯于竖井井壁上。在人行爬梯外侧设置护笼，采用ϕ16mm的圆钢制作，护笼箍筋与纵向筋间距均为30cm，护笼宽70cm。每隔15m设置一处休息平台，休息平台宽0.7m，长1.2m，平台支撑采用1排ϕ25mm的钢筋，间距15cm，入岩锚固长度2m，长3.0m，平台底铺设3mm花纹钢板，护栏采用ϕ48.3mm的焊管＋ϕ16mm的圆钢制作而成，高120cm。爬梯顺着开挖面进行顺延，在距离掌子面3～6m以内采用活动挂式爬梯，便于爆破时拆除。

6　安全保证措施

（1）门式起重机安装前应对井口进行全封闭安全防护，吊装作业现场设置警示标识，并安排专人在场指挥。

（2）门式起重机到场后，应对门式起重机的结构、尺寸、材料和构配件数量进行验收，防止出现大型构件进场后无法安装的问题。

（3）试验及施工过程中应密切注意门式起重机结构和矿用绞车各个部分情况，做好交接班安全检查，各项安全指标符合要求后，方可开启设备进行施工。

（4）门式起重机设备用于材料、设备运输，矿用绞车用于人员上下，防止出现人材机混运现象，有效防范安全事故。

（5）提升系统安装完成后及时完成周边场地清理和井口防护设施施工，防止出现高空坠落和高空坠物事故。

（6）合理规划竖井施工风、水、电布置，确保提升系统安全升降和施工过程安全。

（7）提升系统施工吊装作业和施工用电频繁，特种作业人员必须持证上岗，施工前做好所有人员的安全教育和安全技术交底工作。

7　结语

五岳抽水蓄能电站采用“门式起重机载物系统＋矿用绞车载人系统”相结合的方式进行竖井施工提升，该系统可解决竖井载人、载物提升系统分开布置，移动式门机可实现材料一次卸车并吊运至井内，减少二次倒运。经施工期运行情况来看，该提升系统稳定可靠、技术成熟、安全系数高、施工故障率低、成本合理，解决了国内抽水蓄能点站深竖井施工安全问题，该系统适用于提升高度大、升降频繁、安全要求高等竖井施工。该提升系统的成功应用，为项目实现安全、快速竖井开挖提供了保证，为类似工程提供了经验借鉴，可在国内外类似工程进行推广应用。

参考文献

［1］　王文超，彭运河．超深竖井提升设备设计选型研究［J］．水利水电施工，2016（1）：47－49．

［2］　才俭峰．500m级深竖井提升系统设计［J］．湖南水利水电，2018（5）：8－11．

抽水蓄能电站建筑装修装饰材料的选择与应用

贺书财
（中国电建集团北京勘测设计研究院有限公司，北京市　100024）

【摘　要】“双碳”目标背景下，抽水蓄能电站建设进入了快速发展阶段，随着用户审美水平的提高，其工程的视觉效果开始越来越多地被重视，建筑材料在很大程度上影响和决定着最终的装修效果。本文对抽水蓄能电站工程建筑装饰装修的特点、与建筑物理的关系、所涉及的装修材料进行了详细的分析和探讨，对建筑装修材料的选择与应用及提高装修的水平提供一定的借鉴作用。

【关键词】装修装饰材料　选择　应用

1　装修装饰材料的正确选择

1.1　设计原则

抽水蓄能电站装饰装修工程应本着“以人为本，安全可靠、简洁实用，节能降耗、节约资源”的指导思想，装修总体风格表现为稳重、大方、简洁、明快，满足“环保、经济、功能适用、美观协调”的原则。

（1）从电厂运营与管理、人员操作、设备维护的要求考虑，装修材料应选择满足防火、防水、防腐、防辐射等要求。

（2）从部位及环境因素考虑，地下厂房洞室群采取设置防潮墙、防水砂浆、防水涂料等多重辅助手段达到机电安全运行的要求。

（3）从电站工艺特点考虑，电气设备要求运行环境干燥、防火、抗静电、无尘、无污染。

（4）从消防及验收的角度考虑，主变室、配电室、中控室等重要机电设备房间部位的装修材料的燃烧性能等级应为A级。

（5）从工业卫生要求考虑，需要采取隔声、吸声等防噪措施，满足员工卫生健康要求。

（6）从环保要求考虑，注意所选材料的环保性与可再生性，降低资源耗损，达到保护环境的效果。

1.2　考虑因素

建筑材料品种繁多，性质各异，在使用上差别很大，对建筑材料要做到深入了解、自如运用及不断开拓，就必须对材料的组成、结构及性能空间的关系有本质的、理性的了解。

（1）建筑材料的组成。例如，石膏、石灰和石灰石的主要成分分别是$CaSO_4$、CaO和$CaCO_3$，因此石膏、石灰易溶于水，且耐水性差，而石灰石则有良好的耐水性。

（2）建筑材料不仅考虑外观基本要求：质感、颜色、光泽、纹理等，还应考虑材料的物理、化学和力学方面的基本性能。建筑材料的物理性质：密度、孔隙率、亲水性和憎水性、耐水性、抗渗性、抗冻性、导热性等。建筑材料的力学性质：强度与等级、弹性与塑性、脆性与韧性、硬度等。

（3）对于室外装饰材料，需要耐大气侵蚀性、不易褪色、不易沾污、不泛霜的材料。对于室内材料，应优先选用环保型和不燃烧材料，不应使用在施工工程中会挥发有毒成分和在火灾发生时会产生大量浓烟或有毒气体的材料。

（4）建筑材料的使用环境。气凝性材料只能在空气中硬化，也只能在空气中继续保持或发展其强度，如建筑石膏、石灰等。水凝性胶凝材料不仅能在空气中，而且能更好地在水中硬化，保持并发展其强度，如各种水泥。气凝性胶凝材料一般只适用于地上干燥环境，而水凝性胶凝材料则可在地上、地下或水中使用。

2 装饰装修材料与建筑物理

在进行抽水蓄能电站建筑装饰装修设计的过程中，需要综合考虑要热、光、声等多方面的需求，从多个角度出发，对建筑材料进行研究和制作，提高建筑的质量和整体观感。研究建筑室外气候通过建筑围护结构对室内热环境的影响，室内外热湿作用对围护结构的影响。通过建筑设计上采取的相应措施，合理地解决建筑保温、防热、防潮、节能等问题，最终达到改善室内热环境和提高围护结构耐久性的目的。

2.1 热环境

室外热环境是指作用在外围护结构上的一切热物理量的总称，是由太阳能辐射、大气温度、空气湿度、风、降水等因素综合组成的一种热环境。建筑所在地的室外环境通过外围护结构将直接影响室内环境，为使所设计的建筑能创造良好的室内热环境，必须了解当地室外热环境的变化规律及特征，以此作为建筑热工设计的依据。室内热环境是指由室内空气温度、空气湿度、室内风速及平均辐射温度等因素综合组成的一种热物理环境。

2.2 光环境

人类从外界得到的信息大约有80%来自视觉，对于设计师来讲，良好的光环境在建筑功能和艺术上是十分重要的。由于玻璃和其他透光材料的可见光透射比直接影响自然采光的效果和人工照明的能耗，一般情况均不采用可见光透射比过低的玻璃和透光材料。房间内表面的反射比对提高照度有明显的作用，可降低照明能耗。因此，室内顶棚、墙面、地面宜采用浅色装饰。设计时必须将内部光环境放在一个非常重要的位置，使光环境在建筑内部环境中得到有效的表现与应用。从物理角度而言，光环境与装修材料具有非常密切的联系，与材料所处的环境可以相互融合。设计时必须选择具有针对性的材料，使建筑设计呈现出整体的美感效果。例如，亚光类装修材料适合建筑装修的大面积使用，使整个建筑的风格更加自然柔和。

2.3 声环境

研究显示，当噪声在60dB时，人耳能够比较清晰地分辨出来。噪声对听觉有损害，还能引起心血管系统等疾病。噪声＞45dB(A) 影响睡眠；＞55dB(A) 使人不适；＞75dB(A) 使人心烦意乱，工作效率降低。建筑材料表面接收到不同频度的声波信号时，在材料微孔的过滤作用下，声波会出现一定的分散，振动内部的空气，声音的能量会被微孔表面的空气运动摩擦与黏滞阻力消耗。不同的波长与频率是不同声音的声波特色，因此，建筑材料因组成材料的不同，会产生不用的吸声性，通常情况下，材料表面的深度较大并且开口与中空连接时，吸声能力较强。

3 装饰装修材料具体分析与应用

3.1 绝热材料

建筑绝热材料是一类轻质、疏松、多孔、导热系数小的材料，主要类型有保温材料、防火材料等。

(1) 保温材料作用是减少建筑物内外温度差异，降低能耗，提高室内舒适度。常见的保温材料有挤塑聚苯板、岩棉板、玻璃棉板等。本着对国家和人民生命财产安全高度负责的态度，地面建筑物外墙外保温材料应选用A级保温材料，推荐采用有饰面无机保温防火复合板，它是以岩棉板、发泡陶瓷保温板、泡沫玻璃保温板等不燃无机板材为保温材料的复合板。无机保温防火复合板吸水率低、不会产生热膨胀或收缩；对建筑物提供有效的保温节能、防火等多种性能；不吸湿，耐老化，性能长期稳定。

(2) 防火材料作用是防止火灾发生或减少火灾对建筑物的损害。硅酸钙板、纤维增强水泥板是最为常用的防火材料，其优点是防火、防潮、耐磨，主要用于电缆桥架、通风管等设备管线穿墙、穿楼板处，还可用于建筑物出口通道、走廊等处的吊顶，能确保火灾时人员的安全疏散，并保护人们免受蔓延火势的侵袭。

3.2　吸声材料

吸声材料作用是改善室内收听条件、消除回声以及控制和降低噪声干扰等。根据吸声原理和方式，吸声材料一般具有三种结构形式：多孔吸声材料、空腔共振吸声结构、薄膜、薄板共振吸声结构。

（1）在地下厂房中，工作人员听到不只是由设备发出的直达声，还听到大量的从各个界面反射来的混响声。如果在其顶棚和墙面上布置吸声材料，使反射声减弱，操作人员听到的是由设备发出的直达声，而那种被噪声包围的感觉将明显减弱，这种方法称为“吸声降噪”。发电机层的墙面装修材料推荐采用：多孔吸声铝板、复合蜂窝铝板。多孔吸声铝板不仅兼顾了铝板的优良特性，而且还具备防火、吸声、防潮、耐久等优点，对于工作人员的健康防护有一定作用。复合蜂窝铝板具有优于普通单铝板的强度和抗震性，每块板都可以单独拆卸，复合结构本身具有吸声功能，为了加强吸声效果，可选用穿孔的蜂窝铝板。

（2）空气压缩机房、空调机房、通风机房等有噪声设备房间部位的墙面装修材料采用穿孔吸声复合板，吊顶装修材料采用非石棉纤维增强硅酸钙板、无石棉纤维增强水泥加压板、穿孔铝合金板等。

3.3　吸湿材料

吸湿材料作用是改善结露的潮湿程度、降低结露的可能性。吸湿性多孔材料的特点具有许多小孔和微孔，其比表面积非常大，因此具有优异的吸湿性和保水性。

（1）主变洞的顶拱有时出现渗水现象，渗水跌在主变通风层的楼面上，导致地面比较湿滑，建议采用陶土防潮砖作为楼面表面的装修材料，利用多孔材料对水分具有吸附冷凝和呼吸作用，具有一定的吸湿、吸水能力，当其表面有水珠时，它将吸收表面的水分，从而减少楼面的湿滑。

（2）地面建筑物的外墙夏季经常会出现泛潮、内表饰面脱落的结露现象，防止结露的措施是尽量提高室内物体的表面温度、控制室外空气于物体表面的接触将是最有效的途径。采用蓄热系数小的材料作表面材料，蓄热系数小的材料其热惰性小，当室外空气温度升高时，材料表面温度也随之紧跟着上升，就减少了材料表面和空气之间的温度差，从而减少了表面结露的机会。

3.4　防水材料

防水材料是防止渗透、渗漏和侵蚀的材料的统称，按其主要原料可分为沥青防水材料、橡塑防水材料、水泥防水材料、金属防水材料四种。防水材料作用是防止水分渗透到建筑物内部，避免建筑物受潮、发霉、冷凝等问题。

（1）地面排风机房由于室内外冷热交替属于高湿房间，围护结构内部出现表面冷凝现象，通常都是材料的蒸汽渗透系数出现由大变小的界面且界面温度比较低的情况。设计时采取相应的措施：一是设置防水层；二是增设吊顶，有组织地排除滴水；三是使用机械方式，加强内表面处的通风，防水水滴形成。

（2）副厂房至变副厂房的交通廊道墙面和顶拱涂料装修完后，内表面出现霉变现象，主要原因是围护结构热桥部位内表面温度低于空气露点温度，空气中过高浓度的湿气在遇到过冷的物体表面，发生凝聚现象而产生水珠，长期接受水分的渗透，从而导致诱发漆膜表面出现霉菌。另外，通风尚未投运。设计时对此部位应做保温处理，装修可采用聚合物水泥防水装饰涂料，同时通风应尽早投入运行，避免围护结构内表面霉变，保证室内健康的卫生环境和围护结构的耐久性。

（3）出线廊道推荐采用水泥基渗透结晶防水涂料，该材料有独特的自我修复功能，与混凝土结构结合紧密，凝固后看不到裂缝，通过基材在混凝土表面形成防护外衣，活性物质能够以水为载体向混凝土渗透和迁移，并以结晶沉淀、离子络合等方式对混凝土进行裂缝修复和密实化处理。

3.5　墙体材料及砂浆

墙体的材料有砖、砌块、板材。地下厂房洞室群砌体材料常采用蒸压灰砂砖、蒸压粉煤灰砖；地面建筑物的内、外墙砌体常采用蒸压加气混凝土砌块，其主要成分为水化硅酸钙、氢氧化钙等，氢氧化钙遇水后易于溶解，故不得用于建筑物防潮层以下的外墙。

板材主要有石膏板、纤维增强水泥平板、GRC空心轻质墙板、钢丝网水泥夹心板等，这些板材重量轻、强度高、防火、隔声等优点。GRC轻质隔墙板主要采用低碱度水泥、耐碱玻璃纤维、轻质填加料和填加剂混合浇筑而成，是一种预制非承重轻质多孔隔墙条板。地下主厂房发电机层以上、副厂房、主变洞及其他洞室均可以采用GRC轻质隔墙板，发电机层以下部位不适宜采用，发电机层以下部位机电管路多、大、重，墙体需要承受较大的重量，而它暂时无法满足机电管路的承重要求。

建筑砂浆由胶凝材料、细骨料、水等材料配制而成，主要用于砌筑建筑物的内外表面的抹面等。抹面砂浆分为抹灰砂浆、防水砂浆、装饰砂浆。地下厂房洞室群靠岩壁侧房间防潮墙面：一是面层可采用涂料饰面，需要在找平层和涂料饰面层之间设置防水层，可选择聚合物水泥防水砂浆；二是面层可采用地下防水饰面砂浆，防水饰面砂浆应与卷材或防水涂料复合使用。防水饰面砂浆是集防水、防潮、抗裂防霉和饰面等多功能于一体的新型建筑材料。

3.6　门窗、玻璃

选择防火门时，位于走道和楼梯间等处的防火门应在门扇上设置不小于200cm^2的防火玻璃小窗，空调机房、通风机房应采用防火隔声门，地下厂房洞室群的防火门材质建议选用不锈钢。严寒地区地面建筑物、进厂交通洞洞口的外门必须设门斗。寒冷地区面向冬季主导风向的外门必须设置门斗或双层外门，其他朝向外门宜设置门斗或采取其他减少冷风渗透的措施，外门均采用保温门。

建筑玻璃包括平板玻璃、安全玻璃、特种玻璃等。地下副厂房值班室与发电机层之间相邻外墙，为了便于观察发电机层，采用复合防火玻璃窗，是由两层及两层以上玻璃复合而成，并满足相应耐火性能要求的特种玻璃。地面建筑物在玻璃的在选择上增加玻璃层数形成的空气层，真空玻璃隔声效果好，并具有良好的保温隔热作用，加大了透光部分的保温能力，常使用断热桥铝合金中空玻璃窗。

3.7　建筑涂料

一般将用于建筑物内墙、外墙、顶棚、地面的涂料称为建筑涂料，还包括功能性涂料及防水涂料等。功能性涂料包括防水涂料、防火涂料、防霉涂料等。建筑涂料按主要成膜物质的化学成分可分为有机涂料、无机涂料、复合涂料。

无机涂料是碱金属硅酸盐水溶液和胶体二氧化硅为主要粘结剂的水分散液，具有良好的耐水、耐碱、耐污染、耐气性能。对环境无污染，使用寿命长和优异的防腐性能，是符合环保要求的产品。无机涂料属于A级不燃烧材料，在楼梯间、前室、走道和重要机电设备房间的室内装修得到大力推广。

真石漆是一种效果类似大理石、花岗岩等石材的仿石漆涂料，主要是由天然石粉、高温染色骨料、高温煅烧骨料与乳液等助剂所组成。由于天然石材属于无机物，加上真石漆是以水作为稀释的溶剂，因此符合无毒无污染涂料的条件。同时，它的耐污性和防水性较好，能够很好地抵御水分渗入墙体。真石漆不仅耐久耐雨、无毒环保，而且较石材轻、附着力强，不会像石材整体脱落，有效保障安全。在建抽水蓄能电站地面建筑物外立面装修大多采用真石漆结合分隔缝的做法，使建筑立面具有高级质感。

3.8　装饰石材

装饰石材分为天然石材和人造石材，天然石材包括花岗石和大理石。花岗石矿物组成主要是石英和长石，主要化学成分是SiO_2，强度高，吸水率小、耐酸性和耐磨性及耐久性好，抗风化性能好。常用于室内外墙面及地面的装饰，发电机层的楼面面层可采用花岗石。

大理石主要矿物成分是方解石和白云石，属于中硬石材，主要化学成分是$CaCO_3$，易被酸腐蚀，在空气中遇CO_2、SO_2、水汽、酸性介质，易风化与溶蚀，一般不宜用于室外装饰。

3.9　建筑陶瓷

建筑陶瓷是一种无机非金属固体材料，其特点是耐磨性高、强度高、防潮、防火、耐高温、耐腐蚀。陶瓷包括釉面砖、陶瓷墙地砖、仿石砖、卫生陶瓷等。地下副厂房的地下值班房、开关楼副厂房的通信设备室楼面做法采用架空活动地板，面层材料均采用防静电瓷砖。防静电瓷砖是一种特殊瓷砖在烧制过程中加入防静电功能粉体进行物理改性，防静电性能非常稳定，在地板下面增加铺设铝箔或铜箔能更好地增强导电性。

3.10　金属装饰材料

装饰用的金属材料有装饰用钢板和铝合金制品。装饰用钢板包括普通不锈钢、彩色压型钢板等。

（1）发电机层踢脚、楼梯栏杆及护板采用不锈钢材料，设备基础周边采用不锈钢材料封边、收口。地下厂房洞室群靠岩壁侧房间防潮墙处的检修门采用不锈钢材料制作。地面、墙面、顶棚变形缝采用不锈钢或铝合金盖板。

（2）铝镁锰金属屋面板，是采用铝、镁、锰合金板为原材料，重量轻；强度高，结构性能稳定，使用安全可靠；耐老化、耐腐蚀；具有良好的防水性能；绿色环保，可循环回收利用，是理想的绿色环保建筑材料，进厂交通洞顶拱建议采用铝镁锰合金压型板作为吊顶材料。

4　结语

装修材料的选择与应用是设计师的使命，正确认识建筑材料的性能，挖掘其在空间中的表现潜力，打破传统的思维模式，利用现代的装饰技术及构造方法，将其自身所蕴含的生命力和表现力作为设计创作的源泉。

在抽水蓄能电站装饰装修设计时，需要根据建筑物理因素及结构体型，科学合理地选择装修材料，将装修理念进行充分的融合，实现建筑装修的绿色化、环保化、生态化。不仅能展现出工业建筑的整洁、优雅，还能提高工作人员生产效率，最终实现建筑安装的可持续发展，使建筑工程风格设计取得科学、合理的设计效果。

由于抽水蓄能电站工程布置较为复杂，本文仅从主要部位进行分析，如有未明确部位的装修材料的选择与应用，可根据工程情况参考类似部位选择相匹配的材料。如有不妥之处，希望各位专家指正。

参考文献

[1]　张思璐. 水电站地下主厂房装饰装修材料浅析 [J]. 水电站设计，2021（2）：94-96.
[2]　廖德钦. 惠州抽水蓄能电站地下厂房装修设计探讨 [J]. 广东水利水电，2008（7）：82-85.
[3]　林志旺，陈张华. GRC轻质隔墙板在蓄能电站地下厂房系统建筑装修中的应用 [C]//抽水蓄能电站工程建设文集，2016：610-612.
[4]　魏萍，李国选，李军，等. 小浪底水电站地下厂房布置及装饰设计 [J]. 人民黄河，2000（12）：30-31.
[5]　阎新坡，刘德泉. 建筑装修装饰材料的选择与应用 [J]. 居舍，2018（31）：21，74.
[6]　刘继英. 室内设计中建筑装饰材料的应用探究 [J]. 门窗，2022（10）：4-6.
[7]　李琪伟. 浅议工业建筑设计中的节能和环保措施 [J]. 中国科技信息，2011（15）：44.

抽水蓄能电站双岩锚梁混凝土同期浇筑技术研究

贾 晋 王兰普
（河北丰宁抽水蓄能有限公司，河北省承德市 068350）

【摘 要】 地下厂房岩锚梁是桥式起重机运行时的受力结构，是地下厂房系统开挖的重点和最难点。针对丰宁抽水蓄能电站地下厂房岩石为粗粒花岗岩、节理裂隙切割明显、厂区出露有断层及节理裂隙密集带，边墙陡倾角裂隙发育、工期及岩锚梁部位开挖质量要求高等特点，在岩锚梁岩台以上保护层部位采用“直孔和斜孔光面爆破一次开挖”方法，上下游岩锚梁同期浇筑，减少了爆破对岩壁的扰动，确保了岩壁开挖成型质量。

【关键词】 抽水蓄能电站 岩锚梁混凝土 技术 质量

1 工程概况

河北丰宁抽水蓄能电站工程一、二期同期共建，是世界上装机容量最大的抽水蓄能电站，两期工程主厂房洞总开挖尺寸为414.0m×25.0m×55.5m（长×宽×高），安装场布置在主厂房洞中部。二期工程主厂房洞由7～12号主机间、2号主副厂房组成，呈“一”字形布置，洞室总长度为171.5m，2号主副厂房布置在7～12号主机间左端。7～12号主机间开挖尺寸为151.5m×25.0m×55.0m，2号主副厂房开挖尺寸为20.0m×25.0m×51.0m。二期工程主机间内安装6台300MW竖轴单级混流可逆式水泵水轮机组，机组安装高程为966.0m。二期主厂房上下游边墙设置有岩壁吊车梁（简称岩锚梁），桩号是：厂左0+205.91～厂左0+358m；岩锚梁开挖上拐点高程为994.319m，下拐点高程为993.02m，梁顶高程为995.55m。

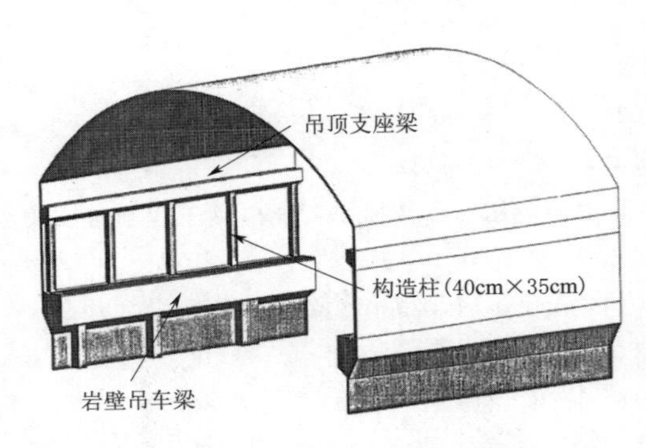

图1 二期工程主厂房岩锚梁及吊顶支座梁结构示意图

岩锚梁上部设计有构造柱及吊顶支座梁，见图1。其中，构造柱共68根，断面尺寸为35cm×40cm，高392cm，间距450cm；吊顶支座梁位于构造柱上部，长152.09m，混凝土顶部高程1000.600m，底部高程999.470m，宽75cm。

地下厂房岩锚梁混凝土（含贴壁柱及吊顶支座梁）施工主要项目包括：接地埋设、钢筋制安、轨道预埋件安装、桥机滑线埋件安装、排水钢管安装、岩锚梁混凝土浇筑等。根据设计蓝图，岩锚梁混凝土为C30二级配常态混凝土。

岩锚梁及吊顶支座梁一期混凝土为C30混凝土，二级配，按照清水混凝土质量标准控制；岩锚梁混凝土浇筑时混凝土浇筑体内最高温度不得超过40℃；混凝土入仓温度应严格控制在5～18℃，且低于环境温度3℃以下；混凝土浇筑体内外温差应不大于20℃；混凝土浇筑体的降温速率不大于1℃/d。

2 岩锚梁混凝土浇筑

2.1 施工程序

对于同一段施工而言，混凝土开仓前，相应的岩锚梁锚杆施工及质量检测、岩台地质缺陷处理施工完成，并将岩锚梁斜岩台岩面清理、冲洗干净，为整体提升岩锚梁混凝土浇筑质量水平，在岩锚梁混凝土浇筑脚手架底部浇筑15cm厚C20垫层混凝土，作为脚手架的垫层，脚手架立杆底部铺设方木，其上搭设脚手架、安装顶托及型钢三脚架，利用脚手架为平台进行岩锚梁混凝土钢筋绑扎和预埋件的安装，钢筋绑扎及预埋件安装完成后安装底模，然后安装侧面模板、堵头模板以及键槽，验仓通过后即进行混凝土浇筑，混凝土采用吊车配合吊罐入仓，浇筑完成后立即对混凝土表面洒水养护，内部通水冷却，混凝土7d龄期后拆模，同一段岩锚梁混凝土施工流程如图2所示，在长度方向上，各工序流水作业。

为便于质量管控，缩短工期，充分利用资源等考虑，丰宁电站岩锚梁混凝土浇筑采用上下游同期跳仓浇筑。具体浇筑流程如图2所示。

2.2 模板施工

岩锚梁混凝土为清水混凝土，采用定型钢模板浇筑，侧面钢模板采用槽钢背枋加固。为了达到清水混凝土质量要求，仓内不设拉筋，只在底模下方和侧模上方设两排拉筋，拉筋必须加密，上下拉筋采用ϕ20mm拉筋与厂房系统锚杆焊接固定，拉筋间距75cm。底部模板采用承重脚手架及型钢三脚架支撑，调节顶托微调。混凝土仓内不设任何拉筋，以保证混凝土整体外表的整洁美观，模板安装前需根据使用部位进行加工，保证模板拼合严密，拐角部位的边口采用刨床加工成坡口。键槽部位采用免拆模板，钢筋加密加固；堵头模板采用木模拼装，ϕ12mm拉筋固定于厂房系统锚杆上或岩锚梁钢筋上，ϕ48mm钢管纵横向背牢。键槽采用木模制作成定型模板，用铁钉和背管固定，键槽接缝插筋需要穿透模板，如图3所示。

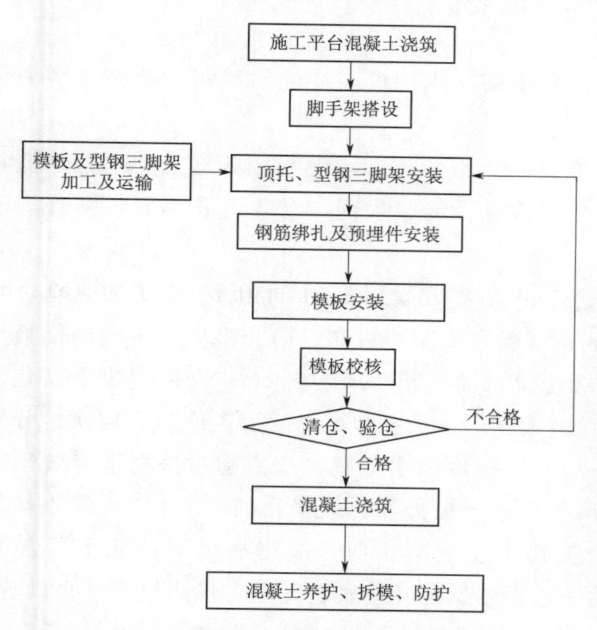

图2　地下厂房岩锚梁浇筑施工流程图

图3　混凝土钢模

2.3 钢筋绑扎

岩锚梁内的钢筋尺寸相对较大，结构较为复杂，质量要求高，施工难度大。钢筋的连接方式主要为焊接，焊接接头应满足在同一连接段内的接头面积不超过50%的要求。当岩锚梁底部模板安装后，清除模板上的杂物，测量先放出混凝土高程线及边线，安装架立钢筋，然后才能进行岩锚梁体内钢筋的安装。岩锚梁内的钢筋分布较为复杂，所以钢筋安装必须经过精心考虑，认真把关，防止出错。

（1）钢筋加工。混凝土浇筑施工前，由工程技术人员根据设计图的结构尺寸，结合混凝土浇筑分仓及钢筋安装要求，对各施工部位的结构钢筋填写下料单，交钢筋加工厂加工。

加工好的钢筋，按下料单编号并挂牌标识，不同编号、规格的钢筋不得混杂堆放，若加工好的钢筋暂时不能使用，必须采取妥当的成品保护措施，防止钢筋污染或锈蚀。

（2）钢筋绑扎。钢筋绑扎前，根据现场条件先设置样架，样架必须准确、稳定，并在钢筋样架上按施工图的间排距参数画出绑扎位置，再按“先主筋、后分布筋”的顺序依次安装、校正和固定。安装、校正完毕的钢筋应连接成片、成网，并与锚杆焊接牢固，防止移位、变形。

（3）钢筋连接及接头。根据施工图要求，钢筋接头采用焊接连接。钢筋焊接作业在施工现场进行，采用单面焊接，焊接长度不小于10d（d为钢筋直径），每个断面上的接头率不超过钢筋总数的50%，接头必须间隔分布，如图 4 所示。

图 4　钢筋绑扎检查

2.4　混凝土浇筑

(1) 仓面冲洗。开仓前，对仓面进行彻底的清洗，采用高压水冲洗，冲洗的残渣、杂物自堵头位置排出仓外。

(2) 混凝土拌制与运输。岩锚梁混凝土为 C30 二级配清水混凝土，水泥采用普硅水泥，为降低水化热，适当掺入粉煤灰，粉煤灰采用Ⅰ级，外加剂采用羧酸系高性能减水剂，混凝土采用 $8m^3$ 搅拌运输车运至现场。

(3) 混凝土入仓、振捣。混凝土采用 16t 吊车配合 $1m^3$ 吊罐或采用 $1.2m^3$ 液压反铲人工入仓，溜槽输送混凝土入仓，溜槽朝向斜岩台一侧，溜槽间距 2m，送料速度不应过高，防止混凝土飞溅到模板上形成结痂，影响混凝土外观质量。混凝土分层铺料，连续浇筑，铺筑厚度 30～50cm。仓内混凝土高差以不大于 50cm 为原则，保证两侧模板受力均匀，防止产生过大变形。平仓和振捣两道工序应有层次地分别进行，严禁以振捣代替平仓。振捣器宜垂直插入混凝土中，按顺序依次振捣，应不超过振捣器有效半径的 1.5 倍（一般控制在 50cm），振捣器距模板的垂直距离不应小于振捣器有效半径的 1/2，并不得直接与钢筋及预埋件等接触，更不得与 PVC 模板表面接触，振捣上层混凝土时，应将振捣器插入下层混凝土 10cm，以保证上下层混凝土的结合紧密。为确保振捣质量，减少混凝土表面气泡，采用组合式振动方案：即首先采用普通振捣器振动 60s，第一次振捣完成后，采用高频振捣器对靠近模板部位的混凝土再补振 20s。

(4) 养护。混凝土浇筑完成后要及时养护，养护的时间不少于 28d，拟在岩锚梁上部厂房系统锚杆上布置一条 ϕ20mm PE 花管，在模板拆模前，采用冷却通水的出水管与养护花管连接，利用冷却通水的出水进行洒水养护，以减少通水与混凝土表面的温差；拆模后，混凝土面包括塑料薄膜，以保湿养护为主，见图 5。

图 5　混凝土浇筑及养护

(5) 拆模。混凝土浇筑完成后，混凝土强度达到设计值75%后方可拆除底模板，先拆堵头模板，再拆定型钢模和PVC模板，模板拆除后，用绳索逐块吊下，不得直接向下丢掷，拆模后清除模板上的残留混凝土，对局部变形部位及时进行校正、修补并堆放整齐。

(6) 施工缝及伸缩缝处理。施工缝在下一仓混凝土浇筑前应先进行凿毛处理，并将缝面上的混凝土屑冲洗干净。

2.5 温度控制

根据丰宁电站当地的气候特点及施工时段，温度控制措施分两部分：

(1) 高温季节温度控制措施：

1) 运输过程控制，尽量缩短运输时间，减小运输过程中太阳直射影响。

2) 混凝土浇筑尽量选在温度较低时段，开浇时段尽量安排在夜间。

3) 合理控制混凝土浇筑分层厚度及间歇时间。

4) 浇筑过程在混凝土内部铺设冷却水管，通冷水降温。

5) 混凝土浇筑后表面铺设麻袋洒水保水养护连续保持湿润状态，加速散热过程。

混凝土浇筑完成后立即进行通水冷却，冷却用水采用施工供水系统的水，每2～4h更换一次方向，持续冷却通水时间初步拟定为3～5d，通水量按照18L/min，具体将根据进、出水温及预埋温度计的监测数据决定。为了保证通水效果，冷却水进水、出口后量测温度，冷却水出水口水温控制在35℃及以下，若出水口温度大于35℃，可采取加大通水流量、加快进出水口的换水次数，确保混凝土内外温差不大于20℃。进、出水口温度测量频率：浇筑完成后在混凝土达到最高温度前，每2h测一次，达到最高温度后，每4h测一次，混凝土降温速率趋于稳定后，一般1d一次，7d以后一周一次，共监测28d。

(2) 低温季节温度控制措施：

1) 在砂仓底部布设供暖管道，采用暖气供暖。

2) 拌和系统设置保温棚，保温棚内布设2t供热锅炉，集中供暖保证拌和系统温度满足要求。

3) 在保温棚打井取水，并修建蓄水池，蓄水池通过锅炉加热，通过拌和强度计算拌和用水需求确定，拌料前，提前储备拌和用水。

4) 拌和用水温度超过60℃时，应改变拌和加料顺序，将骨料与水先拌和，再加入水泥，以免水泥假凝。

5) 通过实验适当延长混凝土拌和时间，同时控制混凝土出机口温度不得低于5℃。

6) 混凝土运输车罐体采用加厚保温被进行保温，接料前用热水湿润后倒净余水，减少混凝土的热损失。

7) 在地下厂房交通洞洞口设置两道保温门，避免冷空气流通，导致工作面温度过低。

8) 浇筑时的温度不低于5℃。冬季搅拌混凝土时，骨料不得带有冰雪和冻结团块。严格控制混凝土的配合比和坍落度，投料前，先用热水或蒸汽冲洗搅拌机，投料顺序为骨料、水、搅拌，再加水泥搅拌，时间应较常温时延长50%，施工过程中采用封闭施工、洞内加温，提高洞内温度，提高混凝土强度提升，减少施工难度，提升作业效率。

图6 岩锚梁混凝土保温

2.6 岩锚梁混凝土后期防护

混凝土拆模后，用保温被沿清水混凝土面铺设，用作混凝土表面防护，防止爆破飞石损坏混凝土面。保温被用ϕ20mm，横向钢筋串联，利用前期混凝土模板拉筋固定在厂房系统锚杆和锁口锚杆上，侧面和底面保温被间用铁丝绑扎固定。顶部采用保温被覆盖防护，如图6所示。

岩锚梁混凝土浇筑前应先进行厂房Ⅳ层预裂，混凝土浇筑完成28d龄期内不允许在混凝土周边30m范围内进行爆破作业，28d龄期后的爆破作业应根据厂房爆破振动安全监测数据严格控制单响药量，保证岩锚梁混凝土不因爆破振动扰动破坏。根据设计图纸要求，岩锚梁混凝土28d强度后质点振动速度不得大于7cm/s。在岩台开挖期间，进行爆破振动监测，反演k、α值，以确定厂房下层开挖爆破时的最大单响药量。

3 结语

岩锚梁混凝土施工是抽水蓄能电站后期地下厂房施工的基础，岩锚梁是桥机的运行平台，服务于后续地下厂房土建施工、机电安装等工程建设，因此要严格把控施工质量，岩锚梁混凝土施工更是施工关键中的关键。丰宁电站二期厂房岩锚梁混凝土采用上下游同期浇筑，充分利用施工资源，跳仓浇筑，严格控制施工工艺及质量，混凝土表面平整，光滑，色泽一致，无蜂窝麻面，结构稳定，混凝土浇筑质量优良，达到设计预期效果，可为后续抽水蓄能电站岩锚梁施工提供借鉴。

参考文献

［1］ DL/T 5144—2015水工混凝土施工规范［S］.
［2］ DL/T 5150—2017水工混凝土试验规程［S］.
［3］ GB 50086—2015岩土锚杆与喷射混凝土支护工程技术规范［S］.

环境敏感区大方量花岗岩无爆破开挖技术

张 帅[1]　董书礼[2]　王栋林[2]
（1. 浙江缙云抽水蓄能有限公司，浙江省丽水市 323000；
2. 中国水利水电第十四工程局有限公司，云南省昆明市 650000）

【摘　要】缙云抽水蓄能电站地面开关站为一级建筑物，开挖后边坡高度 41.3m，地形上陡下缓，上、下游两侧发育常年流水冲沟，覆盖层较厚，岩石多为强～弱风化钾长花岗岩。开关站边坡开口线以上存在多处孤石，同时清泉山庄多栋建筑物紧邻开关站施工区域，若采用传统的钻爆法施工，钻爆作业产生的爆破振动、飞石、粉尘、有害气体等对周边环境存在较大影响，存在较大安全隐患。为了消除传统爆破开挖带来的环保和周边建（构）筑物稳定性问题，该项目首次在抽水蓄能电站一级建筑物岩质边坡开挖施工中采用无爆破切割法施工，并形成了适合于岩质边坡开挖的切割施工工艺。

【关键词】开关站边坡　一级建筑物　无爆破切割　边坡开挖稳定性

1 概述

1.1 工程概况

缙云抽水蓄能电站位于浙江丽水市缙云县境内，工程枢纽建筑物主要由上水库（坝）、下水库（坝）、输水系统、地下厂房及地面开关站等组成。地面开关站为整个水电站的控制中心，是其重要的地面建筑物。地面开关站布置在佛堂坑左岸河边，清泉农庄对面，与清泉山庄直线距离 40m，场地高程 438.70m，边坡开挖最大高度 41.3m，场地尺寸 120.00m×40.00m（长×宽）。

1.2 地质概况

山坡覆盖层普遍发育，为坡积含碎、块石粉质黏土，层厚约 1.0～4.0m，往沟边缓坡地带逐渐变厚，达 5.0～13.0m，地表多见滚石分布，直径 0.5～1.5m 不等，个别达 2m 以上，下伏基岩为燕山晚期侵入的钾长花岗岩；站址全～强风化层不厚，地表岩石多为弱风化，全风化层下限埋深 0.8～8.60m，最深达 13.1m，厚度 0.55～5.40m；强风化岩下限埋深 8.8～9.95m，厚 0.20～－4.70m；弱风化下限埋深未揭穿，一般大于 40m，弱风化岩石质量指标 RQD 一般 57%～88%，属完整性差～较完整岩体；地下水位埋深一般 2.30～15.60m，高程 429.0～468.1m。站址区未发现大的断层通过，节理（裂隙）较发育，优势结构面主要以 NW 向陡倾角节理组为主，NEE 向次之，主要有以下几组：①N30°～40°W，NE∠60°～70°，面平直粗糙，延伸较长，间距 0.5～2m，铁锰渲染；②N50°～60°W，SW∠70°～80°，面起伏粗糙，延伸长；③EW，N∠30°～40°，面较平直，延伸较长，在地形上星光面；④N60°～70°E，SE∠60°～70°，面起伏粗糙，延伸长。

2 施工工艺

2.1 施工流程

无爆破切割技术流程如图 1 所示。

2.2 施工方法

高程范围 438.70～468.70m 采用切割开挖，切割开挖总共高度 30m，高程 468.70m 以上岩体水平埋深在 4.0m 以下，采用破碎锤和反铲开挖。其中高程 468.70～453.70m 范围内岩体节理发育，石材经济效益较低，为提高施工速度，采用圆盘锯切割成条，液压破碎锤破碎的施工方式。在高程 453.70m 以下，右侧约 3 万 m^3 由于断层破碎带的影响，岩体较为破碎，采用圆盘锯切割，液压破碎锤破碎的施工方式进行开挖。左侧约 2 万 m^3 岩体计划采用圆盘锯网状垂直切割，绳锯底部切割分离的方式进行切割。边坡切割方式分区如图 2 所示。

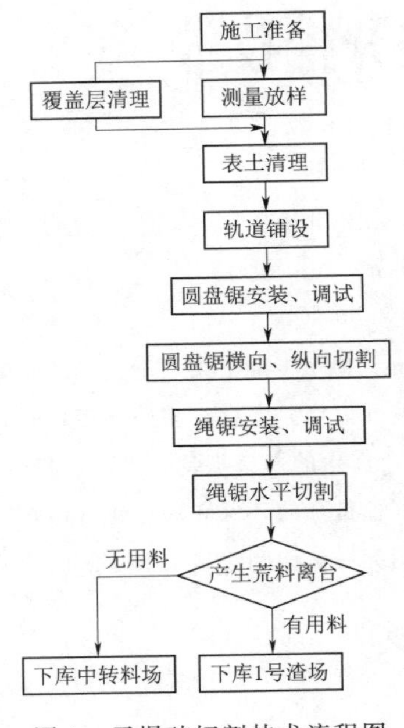

图 1 无爆破切割技术流程图

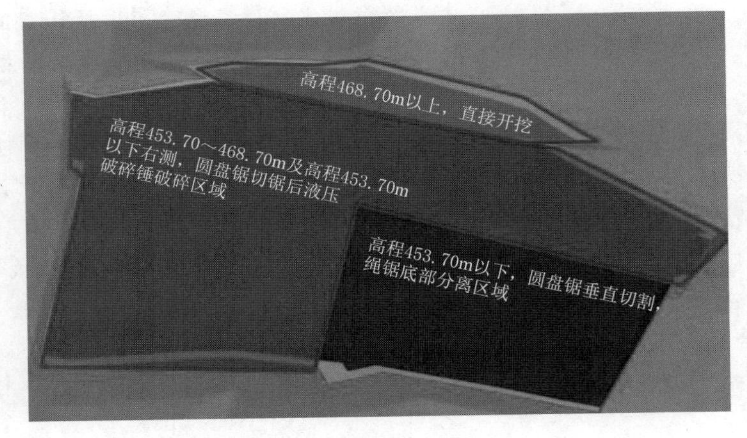

图 2 边坡切割方式分区

1. 圆盘锯切割工艺

（1）垂直分离工艺环节：采用圆盘锯垂直切割，为了减小台阶对坡形影响，垂切割高度初始按 0.95m 考虑，后期调整为 1.25m。

（2）完整荒料分解工艺环节：采用绳锯切割底面的方式分离块体，绳锯切割效率约为 8.0m^2/h。

（3）荒料分解完成后运输及堆积：荒料分解完成后，采用叉车将荒料装至 20t 平板车上，运至指定场地进行存放。

（4）松散荒料运输环节：因为地质因素造成岩体的破碎，不能形成有效石料，采用破碎锤进行破碎，运送至指定料场。

2. 绳锯底部分离切割工艺

施工准备⟶金刚石串珠就位⟶导向轮安装⟶绳锯切割⟶施工完成。

（1）施工准备：施工前根现场情况提前做好技术、设备等各项施工准备。

（2）由于采用绳锯进行底部切割，绳锯串珠绳可以从垂直切割缝放入，不需要另外钻孔，切割缝采用钢钎插入固定，方式切割缝变形卡住串珠绳。

（3）根据水平切割任务的需要，在距切割面 1～3m 处铺安轨道，轨道要自前向后铺接，采用枕木垫平轨道，使轨道处于牢固的水平状态，经水平尺测量达到标准后安装绳锯机。

（4）将绳锯安装于轨道上，接通电源和操作台，空载前后移锯试运转无误后，将绳锯机移至导轨前端，按垂直切割要求需要，将主机驱动轮回转至所需要的状态。根据切割任务的需要，选择合理位置安装立式导轮或水平导轮，并牢固将其固定在岩体上。

（5）根据切割任务需要，选择合适长度的串珠绳，将串珠绳按橡胶隔断所标箭头方向与锯切运转相同的方向穿绳，水平切割按绳锯机运转方向，将串珠绳箭头所指方向穿入进绳孔，自出绳孔中穿出。

（6）荒料切割完成后，采用叉车将荒料装至自卸平板车上，运至指定场地进行存放。

圆盘锯切割图如图 3 所示，绳锯切割图如图 4 所示。

3. 施工废水处理

圆盘锯切割过程中，需不断地往圆盘锯上洒水，起到圆盘锯和岩石面的摩擦力、降尘等作用，提高了施工功效，防止灰尘对环境的污染。单台矿山圆盘锯切割施工废水达 5～10m^3/h，考虑切割石材会产生

图 3　圆盘锯切割

图 4　绳锯切割面

岩石粉末和废水，废水中含有较大比例的岩粉，无其他有害成分，经净化处理可以满足达标排放要求。针对现场施工场地狭小特点，作业面的废水通过污水管抽至现场废水处理收集池、净化和再利用工艺流程。

4. 切割开挖岩体的应力应变状态分析

通过现场试验和数值模拟方法，对切割岩体强度、应力-应变进行监测和分析，结果表明采用切割施工方案，对切割面两侧岩体的强度基本没有影响，有效避免了爆破冲造成的岩石松动圈，特别是对于开关站边坡这样节理较为发育的岩体，避免了爆破造成岩体松动崩塌的问题。应力和变形结果表明，岩体的卸荷应力和变形量都较小，边坡稳定性好，监测成果如图 5 所示。

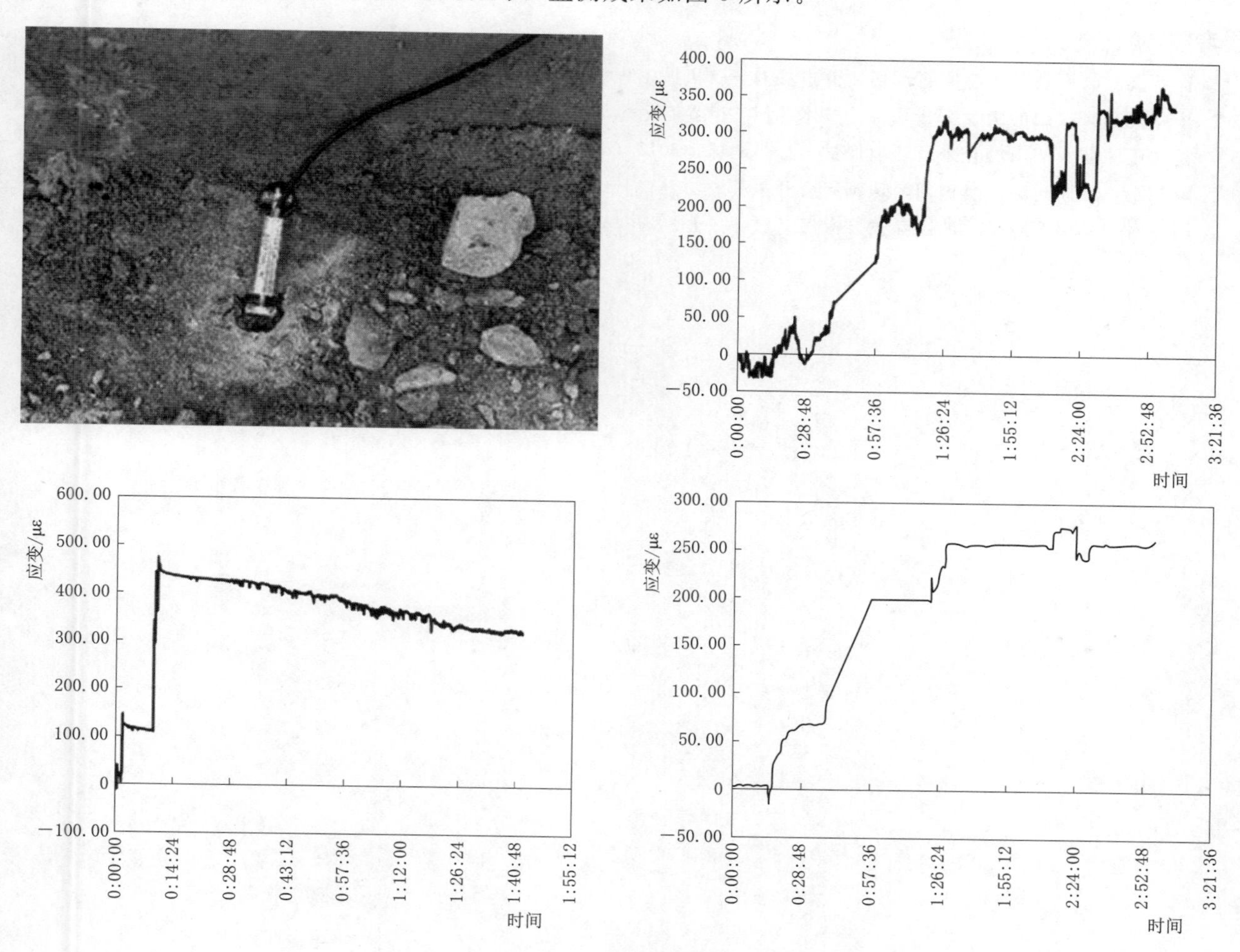

图 5　现场应变监测

5. 原石和弃料综合利用

采用圆盘锯结合绳锯切割技术，对完整岩体开采块状荒料，运输至指定存储场地，经过二次加工后，形成景观石和道路建设的路缘石等高经济效益石材，不能形成荒料的开挖石料直接采用振动锤进行破碎成碎块状和荒料加工后的废弃料，由运输车运送至指定渣场，然后由碎石设备二次加工成可以利用的混凝土骨料。

3 结语

缙云抽水蓄能电站地面开关站首次将无爆破切割技术应用到高边坡开挖施工，总结了边坡切割开挖工艺，积累了工程经验，为无爆破切割开挖方法在抽水蓄能行业的推广奠定了基础。无爆破开挖在环境影响、施工安全、边坡稳定性、经济效益、社会效益等方面具有较大优势：

（1）无爆破切割施工不会产生烟尘、有毒气体和粉尘等危害，仅产生少量含有石粉的废水，废水经沉淀处理后可以重复利用，不会对外部环境产生影响。施工噪声较小，不会产生较大振动，对周边建筑物及构筑物稳定性不会产生影响，适合环境敏感地区和邻近建筑物边坡工程的施工，环境效益显著，极大降低对周边环境和人员的危害。

（2）无爆破切割施工不会产生大的振动，不会引起山顶接近极限平衡状态孤石的失稳，保障施工安全。

（3）切割面平整，提高开挖质量，增加边坡的形态观赏性，不会产生爆破冲击波，对周边岩体基本没有扰动，切割面两侧岩体基本不受损伤，不会形成爆破松动圈，有利于边坡的稳定性和施工安全性。

参考文献

[1] 徐西鹏．岩石材料的金刚石锯切研究进展 [J]．机械工程学报，2003，39（9）：17-22.
[2] 李魁．露天矿山的圆盘锯开采工艺技术 [J]．世界有色金属，2018（8）：2.
[3] 甘文雨．露天矿山的开采及环境保护 [J]．地球，2015（6）：316-316.
[4] 陈礼干，廖原时．圆盘锯与串珠锯组合开采石材方法 [J]．石材，2009（8）：18-24.
[5] 廖原时．露天石材矿山的圆盘锯开采工艺技术 [J]．石材，2017（8）：7.

荒沟抽水蓄能电站地下厂房岩壁吊车梁荷载试验专项监测

马洪亮[1,2] 彭立斌[1,2]
(1. 中水东北勘测设计研究有限责任公司，吉林省长春市 130061；
2. 水利部寒区工程技术中心，吉林省长春市 130021)

【摘 要】为了保证荒沟抽水蓄能电站地下厂房岩壁吊车梁荷载试验的安全，对地下厂房开挖阶段吊车梁监测成果反映的锚杆应力超限问题进行成因分析，制定了分两个阶段进行荷载试验的方案，并开展专项监测。通过对比分析锚杆应力、接缝开合度、围岩变形等监测数据，认为斜拉锚杆与系统锚杆应力规律性较好，测值较小，斜拉锚杆、剪切锚杆、系统锚杆在试验过程中均发挥了作用。试验表明岩壁吊车梁在吊装重物工况下是稳定安全的。

【关键词】地下厂房 岩壁吊车梁 荷载试验 安全监测

1 工程概况

1.1 工程概况

黑龙江省荒沟抽水蓄能电站位于黑龙江省牡丹江市海林市境内，主要由上水库、输水系统、地下厂房系统、下水库等建筑物组成，属于一等大 (1) 型工程，电站装机容量 1200MW，4 台机组，单机容量为 300MW。

深埋式地下厂房布置于输水隧洞中部的山体内，埋深 300～310m。主厂房开挖尺寸 143.70m×25.00m×53.80m（长×宽×高），副厂房开挖尺寸 19.50m×25.00m×45.60m，主厂房洞开挖全长 163.20m，岩壁吊车梁以上跨度为 26m，厂房布置两台 250t 桥机，厂房与主变室间岩体厚度 38.20m。

围岩为新鲜白岗花岗岩，岩质坚硬、完整，纵波波速达 5.0～5.3km/s，岩体变形模量 23.7～30.1GPa。岩体中节理不甚发育，多呈闭合状态，结构面无明显不利组合，岩体稳定条件较好岩体新鲜完整，实测最大主应力值 12.2～13.38MPa，为Ⅱ类围岩，开挖中有岩爆现象。

岩壁吊车梁结构主要包括梁体（高 2.83m、宽 1.75m）、上部两排斜拉锚杆、下部一排受压锚杆。岩壁夹角 $\alpha=30°$，两排斜拉锚杆倾斜角分别为 $\beta_1=25°$、$\beta_2=20°$，上部两排受拉锚杆 $\phi36$@700mm，锚杆长度为 9.0m，入岩深度 7.5m，受压锚杆 $\phi32$@700mm，锚杆长度为 9.0m，入岩深度 7.5m。锚杆采用 HRB400 钢筋。

1.2 地下厂房开挖过程

地下厂房开挖工程于 2016 年 6 月 25 日开工，分 7 层逐层进行开挖，见图 1。岩壁吊车梁位于第Ⅱ层（高程 159.50～168.60m），于 2017 年 3 月 16 日进行开挖，6 月 17 日完成开挖，7 月 15 日完成支护，8 月 6 日开始

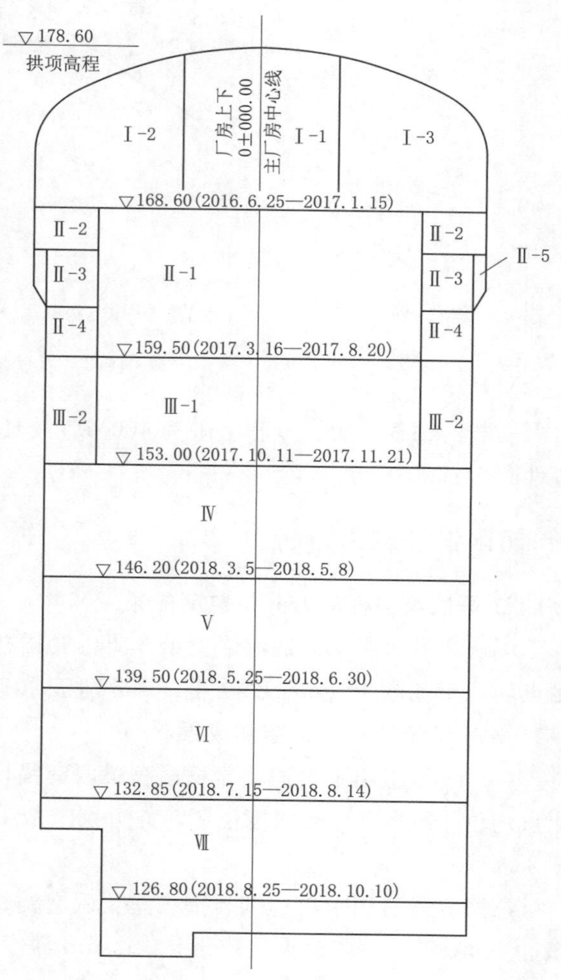

图 1 地下厂房分层开挖及施工进度图

岩壁吊车梁混凝土浇筑，8 月 30 日完成岩壁吊车梁混凝土浇筑，10 月 11 日进行第Ⅲ层开挖。地下厂房开挖工程于 2018 年 10 月 10 日全部完成。

1.3 安全监测布置

主厂房岩壁吊车梁锚杆应力监测共布置 5 个监测断面，桩号为：厂右 0－040m、厂左 0＋000m、厂左 0＋024m、厂左 0＋048m、厂左 0＋072m。

为监测斜接锚杆应力，每个断面上下游边墙各布置 2 套 4 点式锚杆应力计，4 个测点孔内深度分别为 0.5m、2.0m、4.0m、6.0m，共布置锚杆应力计 20 套、80 个测点。

同时布置 38 支测缝计监测岩壁吊车梁与边墙裂缝开度、20 支裂缝计监测岩壁吊车梁混凝土变形、40 支钢筋计监测岩壁吊车梁混凝土钢筋应力、10 支接触压力计监测岩壁吊车梁与岩台间接触压力，见图 2。

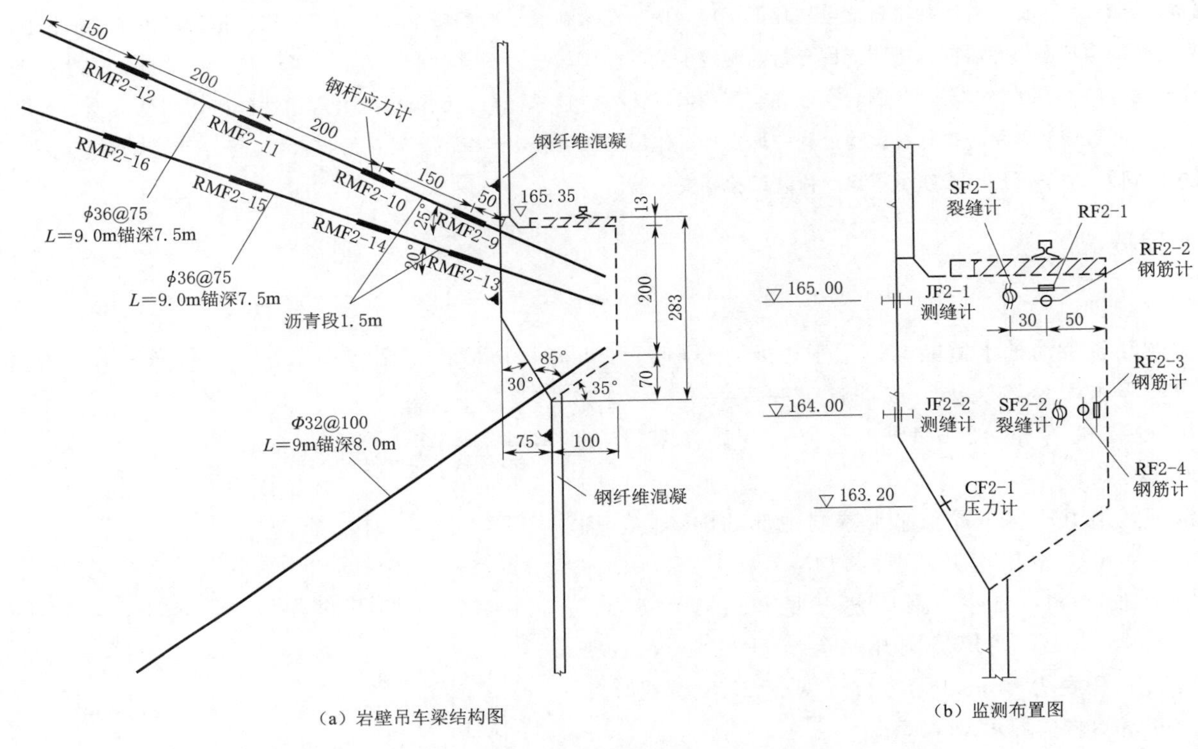

图 2 岩壁吊车梁结构及监测布置图

安装的锚杆应力计量程上限为 400MPa，具备 20％的超量程能力（即超过 480MPa 后应力测值仅供趋势性参考）。

2 超限锚杆应力分析

2.1 2 号机组锚杆应力分析监测成果

厂房 2 号机组下游边墙岩壁吊车梁两套锚杆的应力测值于 2017 年 12 月 25 日同时超过 400MPa，超限测点均位于孔内 4.0m 深度位置，并分别于 2018 年 6 月 28 日、2018 年 8 月 24 日相继失效，见图 3。

2.2 3 号机组锚杆应力监测成果

厂房 3 号机组下游边墙岩壁吊车梁两套锚杆的应力测值于 2018 年 7 月 12 日同时超过 400MPa，超限测点均位于孔内 4.0m 深度位置，并分别于 2018 年 9 月 21 日、2018 年 9 月 25 日锚杆应力相继回落，见图 4。

厂房 3 号机组上游边墙岩壁吊车梁两套锚杆的应力测值分别于 2018 年 8 月 31 日、2018 年 9 月 13 日超过 400MPa，超限测点均位于孔内 2.0m 深度位置，并分别于 2018 年 9 月 21 日、2018 年 9 月 25 日锚杆应力相继回落，见图 5。

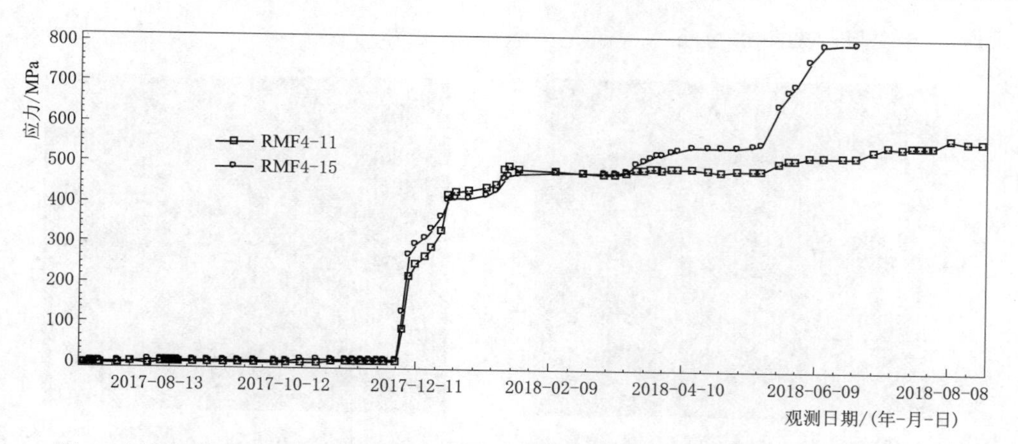

图 3　厂房 2 号机组下游边墙岩壁吊车梁锚杆压力测值过程线（桩号厂房左 0＋048m）

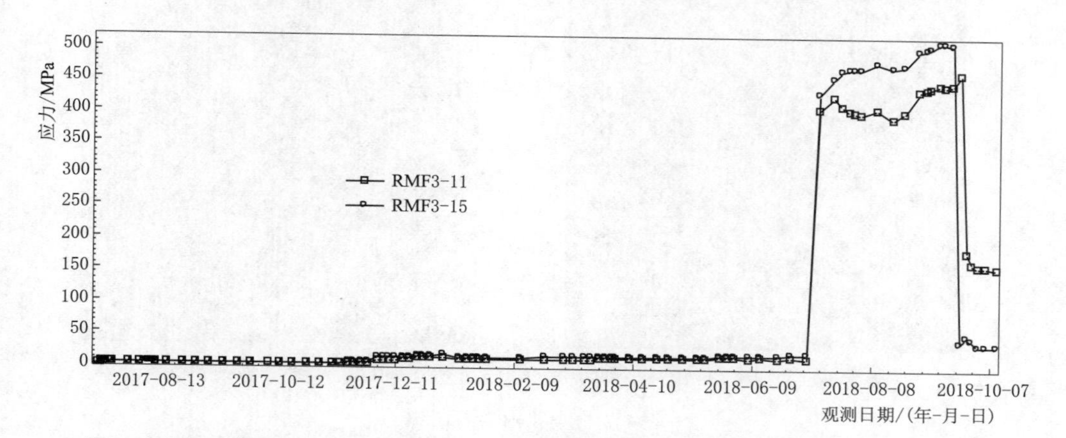

图 4　厂房 3 号机组下游边墙岩壁吊车梁锚杆压力测值过程线（桩号厂房左 0＋024m）

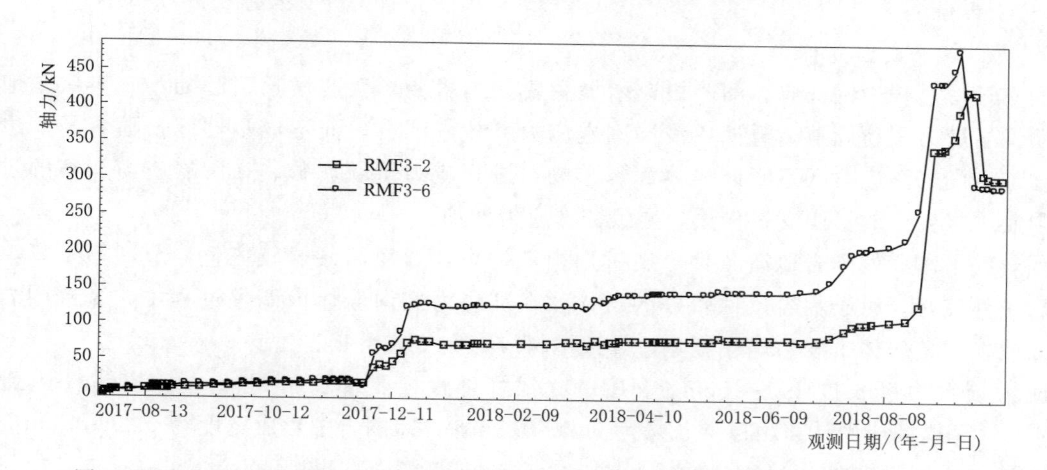

图 5　厂房 3 号机组上游边墙岩壁吊车梁锚杆压力测值过程线（桩号厂房左 0＋024m）

2.3　围岩外观检查

针对 2 号、3 号机组段岩壁吊车梁锚杆应力测值超过 400MPa 的情况，有针对性地对其附近围岩进行检测。在桩号厂房左 0＋023.00m、0＋025m、0＋047m 及 0＋049m 处布置检查孔，采用孔内数字成像技术检查该部位的围岩情况。

检查成果表明，围岩岩体整体上较完整，局部有完整性差段及较破碎段，未发现明显的宽度较大的张开裂隙。桩号厂房左 0＋022.9m 和 0＋025.1m 高程 166.30m 孔内岩石图像显示 3.4～3.6m 深度位置岩石破碎，与超标锚杆应力计位置一致（锚杆应力计锚头位于孔内 4m，相对于边墙深度为 3.6m）。桩号厂房左 0＋046.9m 和 0＋049.1m 高程 166.30m 孔内岩石图像显示该部位锚杆应力计所在位置围岩整体性较好，未见明显张开裂隙，见图 6。

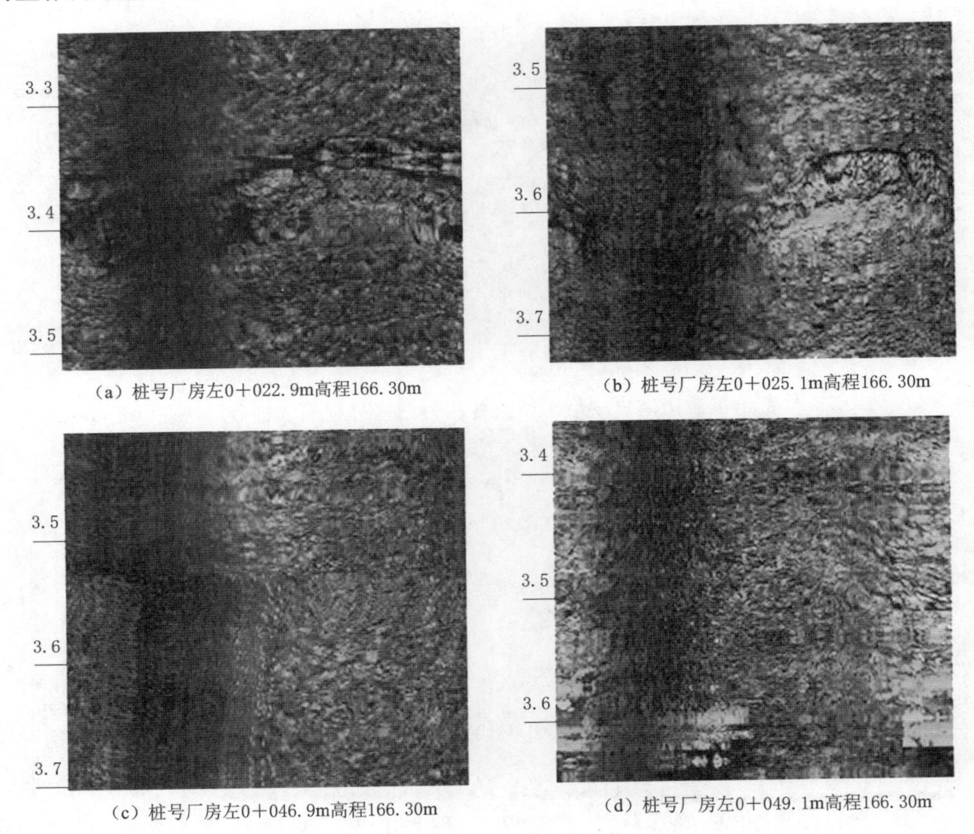

(a) 桩号厂房左0+022.9m高程166.30m
(b) 桩号厂房左0+025.1m高程166.30m
(c) 桩号厂房左0+046.9m高程166.30m
(d) 桩号厂房左0+049.1m高程166.30m

图 6 检查孔内岩石图像

2.4 综合分析评价

1. 锚杆应力超限成因分析

地下洞室开挖过程中锚杆应力测值快速增加主要是围岩变形快速增长引起的，其实质是地下洞室逐层开挖边墙围岩应力重新调整。开挖后浅层围岩应力释放，围岩表面形成塑性区，随着洞室边墙开挖深度的不断增加，围岩高应力区不断向岩体深部移动，进行应力重新调整。在围岩应力调整的过程中，锚杆发挥了限制围岩变形的锚固支护作用，导致锚杆应力增加。

本工程岩壁吊车梁处围岩地质条件为新鲜白岗花岗岩，岩质坚硬、较完整，节理不发育，属于Ⅱ类围岩，围岩条件较好。对于围岩条件较好的岩体，在高应力区向岩体内调整过程中，受到围岩挤压，极易在节理面或在完整岩体中发生爆裂裂隙，导致锚杆应力突变式增长。

锚杆应力计自由区长度 10～15cm，HRB400 锚杆弹性模量 2×10^5N/mm^2，当锚杆达到屈服极限 400MPa 时，计算锚杆应力计自由区伸长量为 0.2～0.3mm，即围岩中形成宽度为 0.2～0.3mm 的微裂隙或变形，锚杆应力即可达到 400MPa。

对 2 号、3 号机组下游边墙岩壁吊车梁受拉锚杆应力测值过程线及围岩岩体数字成像检测结果进行对比分析，判断围岩在孔深 4m 附近可能发生过爆裂裂隙，导致锚杆应力计在该处测值超过 400MPa，即锚杆在孔深 4m 处应力超过 400MPa，可能发生了屈服。参考类似工程经验，在地质条件好高应力区地下工程中，锚杆易发生屈服情况。综合分析认为，岩壁吊车梁处检查孔内岩体较完整，多点位移计观测围岩变形趋势平稳，说明锚杆伸长量有限，虽然锚杆应力超过屈服极限，但未超过抗拉极限，测值变化过程表明，锚杆没有发生破断。

2. 锚杆应力发展过程分析

2 号机组下游边墙岩壁吊车梁受拉锚杆应力过程线显示，锚杆应力计后期已失效，分析其原因是监测仪器长期在超仪器量程限值条件下运行而造成仪器钢弦松脱停振。

3 号机组上下游边墙岩壁吊车梁受拉锚杆应力过程线显示，锚杆应力过程线呈现先期上升后期有回落的现象。锚杆应力增加上升原因主要是随着洞室边墙开挖深度的不断增加，围岩高应力区在不断地向岩体内移动，在围岩应力调整的过程中，锚杆发挥锚固支护作用限制围岩变形，锚杆应力上升。再次开挖后，围岩高应力区向岩体内调整过程中逐渐远离锚杆应力计，当锚杆应力计整体脱离高应力区时锚杆应力降低。当围岩高应力区不再向岩体内调整时，锚杆应力超限产生屈服变形钢弦受激振动频率降低，也会出现锚杆应力降低。综合分析认为，锚杆应力计工作性态是正常的。

3　吊车梁荷载试验方案

3.1　荷载试验流程

根据主厂房岩壁吊车梁承载运行条件及安全监测要求，荷载试验按两个阶段进行。

第一阶段，负荷按 25%、50%、66%、75%、100%、110%、125%七级逐级加载进行，主起升 66%（165t）及以下大车动载在厂房内全行程进行，主起升 66%（165t）以上的动载在厂左右 0±000 到厂房右 0～048.6 进行，主起升静载试验在安装间厂右 0－040m 桩号进行，试验过程中同步进行岩壁吊车梁安全监测，当监测成果有超警戒指标出现异常情况时，则立即停止试验。

第二阶段，根据第一阶段岩壁吊车梁安全监测成果，经分析评估后，负荷按 78%（195t）、90%（225t）、100%（250t）、110%（275t）四级逐级加载进行，每级完成后根据安全监测分析评估结果，进行下一级荷载试验。该阶段试验在厂房全行程安装间观测断面和 4 号机观测断面进行。

3.2　专项监测

对荷载试验过程中各种负荷工况下吊车梁内及附近围岩内的变形、应力等进行监测，通过分析监测数据掌握吊车梁安全状况，评价梁体结构和体型设计的合理性，是地下厂房岩壁吊车梁荷载试验的一项重要工作。

根据荷载试验方案，确定试验期间专项安全监测流程为：2018 年 12 月 9—12 日进行地下厂房、岩壁吊车梁相关监测仪器鉴定，确定现场监测控制指标、预警指标；13 日进行试验前联合调度现场演练，确定监测断面停车位置；14 日进行试验前基准值观测；16—24 日进行岩壁吊车梁荷载试验专项监测。

4　监测成果分析

4.1　监测仪器鉴定结果

本工程地下厂房监测采用的监测仪器是振弦式仪器，振弦式仪器是利用钢弦受力后其固有频率发生变化的原理制成的传感器，通常采用内置测温电阻来修正温度对振弦式监测仪器测值的影响。为了确保试验过程中监测数据的可靠性，依据 DL/T 1271—2013《钢弦式监测仪器鉴定技术规程》对现场监测仪器进行鉴定，内容包括历史数据分析评价、现场检测评价和综合评价。

通过对地下厂房系统 7 类监测仪器 479 个测点进行现场检测、历史数据分析、综合评价一系列鉴定工作，结果表明其中 458 个测点工作状态正常，仪器完好率 95.62%，满足荷载试验岩壁吊车梁专项监测要求。

4.2　斜拉锚杆应力监测成果分析

荷载试验过程中，岩壁吊车梁斜拉锚杆应力随负荷吨位增加同步增大，但增幅较小，最大增量 3.44MPa，卸荷后锚杆应力基本回弹至初始状态，所有测点未出现异常或超限测值。所有测点中 1 号、5 号、9 号、13 号测点位于锚杆的端头自由段，其他测点位于锚固段，个别位置锚固段锚杆应力增量较自由段显著，说明岩壁吊车梁与岩壁整体性较好，见图 7。

4.3　系统锚杆应力监测成果分析

岩壁吊车梁荷载试验过程中，2 号机上游边墙桩号厂左 0+015.45m 高程 172.00m 系统锚杆（RMFB4－1）1.5m 深位置锚杆应力增加 6.52MPa，卸荷时锚杆应力部分回弹，受荷载试验影响效果明显。该部位在岩壁吊车梁上部 7m 左右，说明该仪器已在吊车梁荷载试验影响范围内，其他系统锚杆应力变化较小，

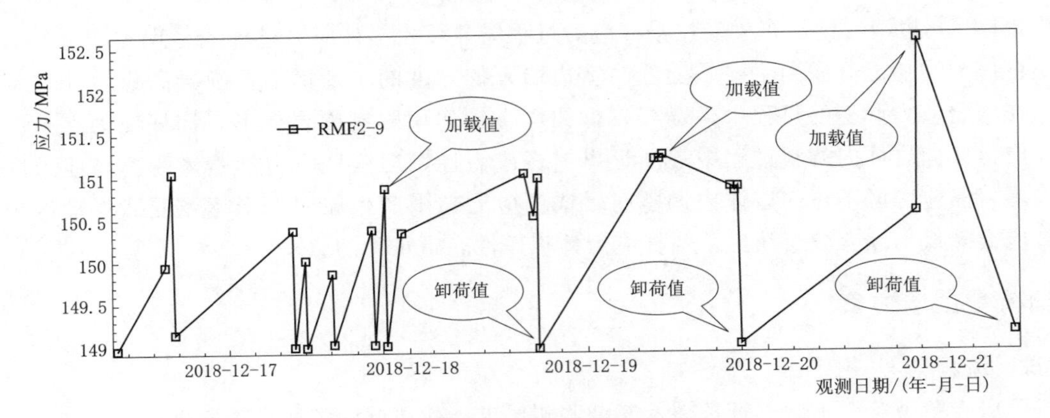

图7　加载过程中斜拉锚杆应力典型测值过程线

所有测点未出现异常或超限测值，见图8。

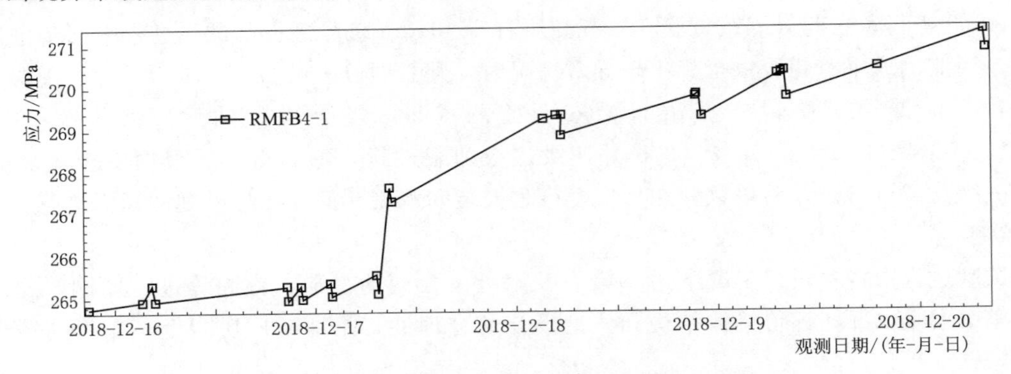

图8　加载过程中系统锚杆应力典型测值过程线

4.4　接缝开合度监测成果分析

荷载试验过程中，吊车梁与岩壁间接缝开合度无明显变化，所有测点未出现异常或超限测值，说明吊车梁与岩壁整体性较好。

4.5　围岩变形监测成果分析

荷载试验过程中，地下厂房上、下游边墙围岩变形增量较小，最大为0.1mm，见图9。

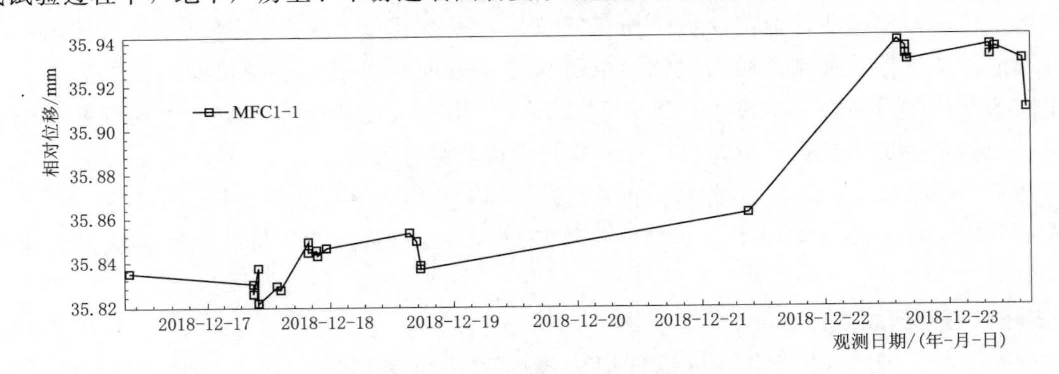

图9　加载过程中围岩变形典型过程线

4.6　岩台压力监测成果分析

荷载试验过程中，岩壁吊车梁与岩台间接触压力无明显变化，所有测点未出现异常或超限测值，说明岩壁吊车梁、斜拉锚杆、剪切锚杆联合使用，梁体与岩壁已形成一体，整体性较好。

4.7　综合评价

本工程岩壁吊车梁荷载试验过程中，通过8d持续监测，取得了各级荷载加载过程中吊车梁内及附近围岩内完整的监测数据资料，满足岩壁吊车梁锚杆应力、接缝开度、围岩变形等观测项目分析要求。

第一阶段试验完成后，岩壁吊车梁斜拉锚杆应力、系统锚杆应力规律性较好，测值较小，接缝开度、围岩变形、接触压力无明显变化。经分析研判，认为岩壁吊车梁的整体性较好，斜拉锚杆、剪切锚杆、系统锚杆在加载过程中均发挥了作用，具备实施第二阶段试验的条件。

第二阶段试验完成后，斜拉锚杆自由段锚杆应力最大增量为3.44MPa，锚固段锚杆应力最大增量2.35MPa（深度4m），围岩系统锚杆应力最大增量6.52MPa，围岩变形、接缝开合度、接触压力无明显变化。锚杆应力延续第一阶段的变化规律，其他监测成果与第一阶段基本一致，进一步验证了岩壁吊车梁整体的完整性及围岩的稳定性。试验表明岩壁吊车梁在吊装重物工况下是稳定安全的。

5　结语

基于荒沟抽水蓄能电站地下厂房开挖阶段岩壁吊车梁锚杆应力计监测成果，对锚杆应力超限问题进行了成因分析及发展过程分析，确定了岩壁吊车梁荷载试验分两阶段进行，并加强安全监测、实时分析、及时反馈的试验方案。

荷载试验过程中为保证岩壁吊车梁结构安全的万无一失，做到了荷载试验与安全监测同步进行，安全监测与分析评估预警同步进行，分析评估与反馈同步进行，最后利用监测分析评估成果指导下一级荷载试验，做到了“监测—分析—评估—反馈—试验”整个工作流程的安全闭环。

参考文献

[1]　马雨峰，何军，王兰普，等．大型地下厂房岩壁吊车梁锚杆应力突变机理分析［J］．人民长江，2022（S02）：129-134.

[2]　赵振军，上官瑾，刘洁．白鹤滩水电站左岸地下厂房岩壁吊车梁荷载试验监测分析［J］．水利建设与管理，2021（11）：23-27.

[3]　王洪岩，张习平，李志．安全监测技术在大华桥水电站地下厂房岩壁吊车梁荷载试验的应用［J］．水力发电，2019（6）56-59.

[4]　王洪岩，张岳，杨豪．安全监测技术在地下厂房岩壁吊车梁荷载试验的应用［J］．大坝与安全，2012（3）：20-24.

吉林敦化抽水蓄能电站上水库施工导流方案研究

海显丽　郭　兴

（中国电建集团北京勘测设计有限公司，北京市　100024）

【摘　要】吉林敦化抽水蓄能电站地处北纬44°附近，该地区每年冬季都出现不同程度的冰情，平均封冻期132d，多年平均最大河心冰厚0.93m。电站上水库采用开挖和筑坝方式兴建，挡水坝为沥青混凝土心墙堆石坝，心墙底部设混凝土基座，基座下部进行固结灌浆和帷幕灌浆处理；上水库流域面积2.4km²，多年平均径流量123万m³；为节省工程投资，通过分析上水库水文气象、地形地貌和水工建筑物特点，研究提出了经济合理、技术可行的上水库挡水坝施工导流方案。

【关键词】严寒地区　小流域面积　施工导流　方案研究

1　工程概况

敦化抽水蓄能电站位于吉林省敦化市北部，上水库位于海浪河源头洼地上，靠近西北岔河和海浪河的分水岭，下水库位于牡丹江一级支流珠尔多河源头之一的东北岔河上。本工程为一等大（1）型工程，规划装机容量1400MW，装机4台，单机容量350MW。枢纽工程主要由上水库、水道系统、地下厂房系统、下水库和地面开关站及中控楼等组成。

上水库位于海浪河源头区樱桃沟内，采用开挖和筑坝方式兴建。上水库工程主要包括沥青混凝土心墙堆石坝、库区清理、环库公路及库区防渗处理等。上水库沥青混凝土心墙坝顶高程1395.00m，坝顶宽8m，最大坝高54m。

工程区地处北纬44°附近，每年冬季都出现不同程度的冰情。初冰日期最早在10月15日，最晚在11月23日。稳定封冻最早出现在11月12日，最晚在12月8日。上水库流域面积2.4km²，多年平均径流量123万m³，设计径流年内分配成果见表1，24h及3d设计洪量见表2，坝址处设计洪峰流量见表3，坝址处水位-库容关系曲线表见表4。

表1　上水库设计年径流成果表

频率/%	1月	2月	3月	4月	5月	6月	7月	8月	9月	10月	11月	12月	年均
	设计径流年内分配/万m³												
10	1.18	1.05	3.22	18.04	27.01	28.33	53.76	18.56	11.21	8.47	4.30	1.86	177
5	1.30	1.17	3.57	19.98	29.91	31.37	59.53	20.55	12.42	9.38	4.76	2.06	196
2	1.46	1.31	4.01	22.43	33.57	35.21	66.82	23.07	13.94	10.53	5.35	2.31	220

表2　上水库设计洪量成果表

时间	频率/%						
	0.1	0.5	1	2	5	10	20
	设计洪量/万m³						
24h	60.9	47.7	42.0	36.1	28.2	22.7	17.5
3d		56.8	47.8	41.7	33.1	26.8	

表3　上水库坝址处设计洪峰流量成果表

频率/%	0.1	0.5	1	2	5	10	20
设计洪峰流量/(m³/s)	54.5	39.4	33.0	26.8	18.9	13.2	8.0

表 4　上水库水位-库容关系曲线表

水位/m	库容/万 m^3	水位/m	库容/万 m^3	水位/m	库容/万 m^3
1357	0.39	1365	12.32	1373	85.19
1359	2.35	1367	19.46	1375	133.97
1361	4.71	1369	29.96		
1363	7.66	1371	52.49		

2　施工导流方式选择

上水库库区流域面积较小，坝址以上自然集水面积为 2.4km^2，坝址区汛期径流量很小，汛期洪水主要由暴雨形成，经综合分析水工建筑物特点、水文资料及施工总进度等因素，对上水库施工导流方式进行了导流隧洞、导流明渠与抽排结合方式、涵管导流进行了比较。

2.1　导流方案拟定

1. 导流隧洞方案

根据地形条件和枢纽布置，导流隧洞布置在左岸，导流洞断面型式采用城门洞形，导流洞断面尺寸为 2m×2.5m（宽×高），洞身长 566.81m，引水渠进口高程 1362.00m，导流隧洞进口高程 1367.00m，出口高程 1343.00m，隧洞底坡 4.98%。导流隧洞 0+076.35～0+111.23m 段岩石为Ⅲ类，初期支护为喷射混凝土，随机锚杆；其余洞段为Ⅳ～Ⅴ类，初期支护为钢筋网喷射混凝土，加系统锚杆，二次支护采用全断面混凝土衬砌，衬砌厚度为 40cm。上游围堰堰顶高程为 1369.00m，最大堰高为 5.0m，顶宽 6.0m，围堰上、下游坡均为 1∶1.5。围堰堰体及堰基覆盖层均采用高喷灌浆防渗，灌浆孔入岩 1m，最大墙高约 11m。导流隧洞方案导流建筑物主要工程量及投资见表 5。

表 5　导流隧洞方案导流建筑物工程量及投资

序号	项　目	单位	工程量
土石围堰	土石填筑	m^3	29563
	高喷灌浆	m	2520
导流隧洞	土石方明挖	m^3	36419
	石方洞挖	m^3	4459
	进出水口和叠梁门混凝土	m^3	950
	喷混凝土	m^3	442
	混凝土衬砌	m^3	1316
	钢筋	t	158
	回填灌浆	m^2	1503
	锚杆（l=1.5m）	根	996
	封堵混凝土	m^3	66
投资合计		万元	1007.21

2. 涵洞导流方案

初期和中期由上游围堰或坝体临时断面挡水，坝基涵洞导流，后期涵洞进口下闸进行涵洞封堵，堵头长度 30m。坝下涵洞按无压流设计，断面采用城门洞形 2.0m×3.0m（宽×高），洞长 358m，进口段明渠长 227m，进口高程为 1367.00m，出口高程为 1334.50m，涵洞经过坝体防渗线处高程 1337.0m。K0+000.0～K0+294.1m 段底坡 10.3%，K0+294.1～K0+703.0m 段底坡 6.1‰。涵洞采用全断面钢筋混凝土衬砌，衬砌厚度为 0.6m。上游土石围堰堰顶高程为 1371.00m，堰高 10m。迎水面边坡坡度为 1∶1.75，背水坡坡度为 1∶1.5，堰体及堰基采用高喷灌浆防渗。涵洞导流方案导流建筑物主要工程量及投资见表 6。

表 6 涵洞导流方案导流建筑物主要工程量及投资

建筑物	项　目	单　位	工程量
上游土石围堰	石渣填筑	m^3	45344
	高喷灌浆	m	2717
涵洞	土方明挖	m^3	5353
	石方明挖	m^3	91584
	涵洞混凝土	m^3	2572
	封堵混凝土	m^3	178
	进水口混凝土	m^3	1140
	U 型铜止水	m	32
	橡胶止水	m	375
	顶部回填灌浆	m^2	72
	接缝灌浆	m^2	146
	止浆片	m	21.8
	干硬性水泥预缩砂浆	m^3	1
	闭孔泡沫板	m^2	240
	钢筋	t	180
	叠梁门	m^3	12
投资合计		万元	1306.48

3. 明渠导流方案

初期导流由上游土石围堰挡水，导流明渠泄流。坝体填筑截断导流明渠后，由上游围堰挡水，机械抽排导流。导流明渠布置在坝址左岸，导流明渠长 640.73m，渠 0＋000.00～0＋405.80m 为缓坡，渠底高程为 1372.00～1371.90m，渠 0＋405.80～0＋640.73m 为陡坡，渠底高程为 1371.90～1345.00m，平均纵坡为 12.8％，断面尺寸为 2m×2.5m（宽×高）。上游围堰堰顶高程 1378.00m，最大堰高 16.0m，顶宽 6.0m，围堰上游边坡坡比为 1：1.75，下游边坡坡比为 1：1.5。围堰高程 1371.00m 及以上堰体采用土工膜防渗土石围堰，高程 1371.00m 以下堰体和堰基采用高喷灌浆防渗，围堰基础覆盖层厚度约 9m，灌浆孔入岩 1m，最大灌浆深度约 19m。考虑大坝坝址附近樱桃沟底坡坡降较大，下游可不设围堰。导流建筑物工程量及投资见表 7 和表 8。

表 7 明渠方案导流建筑物工程量及投资

建筑物	项　目	单　位	工　程　量
上游土石围堰	石渣填筑	m^3	64000
	高喷灌浆	m	2910
导流明渠	土方明挖	m^3	2543
	石方明挖	m^3	22891
	浆砌石	m^3	700
	明渠回填量	m^3	1200
投资合计		万元	555.14

根据上水库各月 $P=10\%$ 径流量选取抽排设备并估算抽排费用见表 8。

表 8 抽排水量及费用

设备及型号	流量/(m^3/h)	扬程/m	总排水量/m^3	台数	台时数/h	投资/万元
300S58A	720	49	297.32	5	1033	97.7

因此，明渠方案总投资初估为：555.14＋97.7＝652.84（万元）。

2.2 导流方案比较分析

2.2.1 导流隧洞方案

（1）对坝体永久运行无影响，施工期可稳定下泄流量。

（2）存在冬季冰冻对隧洞造成堵塞等不利的影响。

（3）导流隧洞方案技术上可行，但投资相对较高。

（4）洞身断面较小，仅能采用小型机械进行开挖与支护施工，且开挖与混凝土衬砌无法同步进行，施工条件较差。

2.2.2 涵洞导流方案

（1）涵洞开挖边坡高达20～30m，施工难度较大。

（2）存在冬季冰冻对隧洞造成堵塞等不利的影响。

（3）涵洞埋于土石坝下，构成坝体的一部分，如发生沿洞渗漏、洞壁开裂或空蚀等任何局部破坏，将危及大坝的安全。

（4）涵洞导流方案技术上可行，但投资较高。

2.2.3 抽排导流方案

（1）机械抽排期间须配备足资源（主要是水泵和电源），并做好可能出现的各项风险预案。同时，可以充分利用围堰拦蓄库容，降低水泵运行功率。

（2）抽排导流方案围堰拦蓄的水量，一部分可作为坝体施工用水，同时通过与坝体下闸蓄水相协调，可减少水泵抽水量，降低抽水费用。

（3）抽排导流方案在冬季抽水存在一定难度，但采取措施或利用围堰拦蓄库容可解决冬季抽排问题。

（4）抽排导流方案技术可行，经济合理。

3 明渠方案冬季抽排的可行性分析

3.1 冰情对冬季抽排方式的影响分析

根据冰情资料统计，最大河心冰厚1.48m。考虑采用抽排导流方式，库内为静水，结冰厚度将进一步加大，根据一般工程经验及北方水库、湖泊等资料分析，冰冻一般仅存在于水库表面，在冰凝结到一定厚度后，由于上部形成冰层遮盖，将减少下部热量损失，当水库水深较深时，几乎没有将整个河道或水库从上至下冻穿的情况发生。

本工程大坝上游围堰及进/出口预留岩埂顶高程1372.00m，堰前水深约11m，采用抽排导流方式时，可在冬季将抽排管道适当下探，设置于冰封厚度以下进行抽排，并做好外露管道的保温，基本可实现冬季抽排。

3.2 围堰拦蓄库容对冬季抽排的影响分析

考虑冬季冰情对抽排将造成一定影响，冬季施工导流可考虑充分利用围堰的拦蓄库容。本工程冬季进行抽排的时段为11月至次年4月。根据冰情资料统计，按最不利情况，假设河道最早从10月15日开始结冰，最迟解冻日期在4月21日，最迟终冰日期在4月27日。按照结冰后水库即不再进行抽排的方式考虑，自10月15日至次年4月27日按照10%频率围堰堰前入库径流量约为31.6万m^3，小于围堰堰前1372.0m高程以下库容33.9万m^3。若在入冬前排空围堰前蓄水，可充分利用围堰堰前库容，将整个冬季径流全部蓄至水库内，待水库解冻后再进行抽排，也不会淹没进/出水口基坑。

3.3 基坑淹没对工程影响分析

根据工程施工总进度安排和控制发电工期项目分析，本工程冬季不进行地面工程施工。若冬季发生超标准洪水、或入冬未能排空水库蓄水且冬季未能及时抽排，对大坝工程不会造成影响，最直接影响是会淹没进/出水口基坑及引水事故闸门井下部，由于有引水隧洞岩塞洞段的保护，引水系统洞内及厂房施工不会造成影响。因此，即使若冬季发生超标准洪水、冬季不采取抽排或抽排无法实施，淹没基坑产生的影响非常有限，仅需要在解冻后增加一次基坑抽水和清理。

4 结论及建议

通过以上分析，涵洞方案和导流隧洞方案技术上可行，但存在冬季冰冻堵塞，开春过流不畅的风险，且投资均较高，涵洞方案也对永久坝体运行存在一定安全风险。采用导流明渠和水泵抽排相结合的导流方式不仅节省工程投资，且在入冬前排空水库蓄水，冬季利用围堰拦蓄库容，可不进行抽排；若冬季发生超标准洪水，基坑淹没对工程的影响也非常有限，也可以考虑适当加高预留岩坎高度，降低淹没风险。因此，推荐采用明渠与抽排结合的导流方案。

参考文献

[1] NB/T 10072—2018 抽水蓄能电站设计规范［S］.

运 行 及 维 护

抽水蓄能项目内部审计中工程与财务审计结合应用研究

朱 琳[1] 陈 前[2] 汪 鹏[3]

（1. 国网新源控股有限公司抽水蓄能技术经济研究院，北京市 100761；
2. 重庆蟠龙抽水蓄能电站有限公司，重庆市 401420；
3. 华北电力大学，河北省保定市 071003）

【摘 要】“十四五”时期，为实现“双碳”目标，抽水蓄能项目快速发展得到前所未有关注。通过实施基建工程和财务审计，可以强化审计监督力度，规避隐患风险，实现控本降耗。本文针对抽水蓄能项目实际，系统研究工程审计和财务审计含义及结合使用，以期对抽水蓄能电站发展提供一定借鉴。

【关键词】 抽水蓄能 工程审计 财务审计

1 引言

实现“碳达峰、碳中和”目标，新能源大规模替代化石能源，抽水蓄能项目作为当前技术最成熟、全生命周期碳减排效益最显著，经济性最优，且最具大规模开发条件的调节电源，加速建设抽水蓄能项目是必然。大中型抽水蓄能电站项目从筹建期工程开工到项目竣工投产，建设周期一般长达 5～8 年，与一般建筑与工业建设项目相比，抽水蓄能项目具有建设周期长、施工作业面广、涉及专业种类多、隐蔽工程量大等特点，建设过程管理风险不言而喻。作为“企业医生”的内部审计，被越来越多的项目所采用。

内部审计是一种独立、客观的确认和咨询活动，旨在增加价值和改善组织的运营。它通过应用系统的、规范的方法，评价并改善风险管理、控制及治理过程的效果，帮助组织实现其目标。在《审计署关于内部审计工作的规定》（审计署令第 11 号）第二十二条中明确指出，审计机关在审计中，特别是在国家机关、事业单位和国有企业三级以下单位审计中，应当有效利用内部审计力量和成果，对内部审计发现且已经纠正的问题不再在审计报告中反映。对企业内部审计部门而言，如何采取有效的审计模式，及时提出审计意见和建议，发挥内部审计功能，对促进建设部门规范管理，保障建设资金的合理使用，提高建设项目投资效益具有重要意义。

2 工程审计与财务审计的含义

工程审计是指审计机构依据国家的法令和财务制度、企业的经营方针、管理标准和规章制度，对工程项目的工作，用科学的方法和程序进行审核检查，判断其是否合法、合理和有效，以及发现错误、纠正弊端、防止舞弊、改善管理，保证工程项目目标顺利实现的活动。包括两大类型：工程造价审计和竣工财务决算审计。造价审计指按照国家或行业建筑工程预算定额的编制顺序或施工的先后顺序，逐一对全部项目进行审查。竣工财务决算审计是建设项目正式竣工验收前，由审计人员依法对建设项目竣工决算的正确性、真实性、合法性和实现的经济效益、社会效益及环境效益进行的检查、评价和鉴证。

财务审计要检查资产负债表、损益表、现金流量表、合并报表等是否编报齐全，对报表中反映的会计期间财务状况、经营成果以及资金变动情况与其他会计期间进行分析对比，验证报表附注说明是否真实，其目的是揭露和反映企业资产、负债和盈亏的真实情况，查处企业财务收支中各种违法违规问题，维护国家所有者权益，促进廉政建设，防止国有资产流失，为政府加强宏观调控服务。

3 工程审计与财务审计结合

工程审计主要关注控制工程进度、降低工程成本、保障工程质量、提高投资效益；财务审计主要关注资金、负债、损益及效益等方面。如将工程审计与财务审计进行有机结合，将会有以下几个优点：

（1）提高审计效率。工程审计与财务审计能够在概算、预算和工程造价等多个方面进行配合，实现对整个工程项目活动的全过程监督，并提高审计工作的效率。除此之外，还能保证从不同的专业角度来审视和分析出现的问题，将双方的审计结果进行综合，从而有效处理单独开展审计时无法解决的问题，达到事半功倍的效果。

（2）规避审计盲区。通常情况下，工程审计人员与财务审计人员各自发挥自身优势，解决审计过程中遭遇的疑难问题。工程领域的疑难问题，工程审计人员可以发挥其优势进行解决；财务领域的疑难问题，财务人员可以发挥其优势进行解决。将工程审计与财务审计结合应用，有助于解决审计中遭遇的综合性问题。工程审计人员与财务审计人员应该增强相互之间的交流和沟通，做到取长补短，从而有效地规避审计盲区。

（3）突出审计重点。投资审计涉及的资金大、部门多、环节多、人员多，时间跨度大。财务审计与工程审计结合后，由于二者专业视角不同，双方共同关注的问题、疑点、线索，往往就是审计的重点、难点，抓住这些疑点、线索，进行重点审计，可以达到事半功倍效果。财务审计与工程造价审计人员，由于所处角度不同，专业有别，对同一现象或问题会有着不同的信息反馈，通常在自己擅长领域反而会熟视无睹，所以在工程造价审计中发现的财务收支领域的疑点问题，往往就是财务审计的重点，反之亦然。财务审计与工程造价审计人员及时交流、沟通，往往会发现问题疑点。

4 工程审计与财务审计结合的应用

国网新源公司2005年成立后，陆续从国家电网公司所属的网省公司接收了一批抽水蓄能电站基建项目，包括宝泉、西龙池、白莲河、泰安、琅琊山、宜兴、张河湾、桐柏、回龙、松江河、小孤山等项目。项目划转完成后，公司第一时间组织审计中介机构开展基建工程的全过程跟踪审计，审计覆盖面达100%。截至2013年年底，已全面完成上述基建工程的竣工结算和决算审计。其中，桐柏、泰安、琅琊山、宜兴和白莲河项目获国家优质工程奖。

2005—2013年期间，公司还组织开工建设了蒲石河、响水涧、仙游、仙居、洪屏、基里隆Ⅲ期、敦化、丰宁、丰满大坝重建等基建工程项目。公司在开工初期采购选取中介机构开展了全过程跟踪审计，审计覆盖面达100%。

公司全面贯彻执行对基建工程进行全过程跟踪审计的思路，加大资源投入，积极转变管理理念，推动审计创新，对全过程跟踪审计进行逐步完善，力求跟踪审计与项目管理有效结合，注重发挥审计预防、揭露和抵御功能，实现内部审计的免疫功能和增加价值理念。目前，基建工程全过程跟踪审计逐步形成了国网新源公司的特色模式。

在工程决策阶段、招投标阶段、工程施工阶段、工程竣工阶段及后续运行阶段这五个阶段抽水蓄能项目工程审计与财务审计结合应用如下：

（1）工程决策阶段审计。工程决策阶段是控制项目投资的源头和前提保证，审计主要是针对工程项目的合规性、合法性、有效性及真实性进行。因此，工程审计人员与财务审计人员应根据各自专业技术，依据各自的法令、法规，分工结合，审查概预算是否依照国家规定的编制方法、定额、标准编制，是否由有资质的单位编制，是否按规定程序报批，初步设计的内容是否符合规定，手续是否齐全，有无擅自扩大建设规模设计和提高建设标准等问题。

（2）招投标阶段审计。在抽水蓄能项目招投标审计中，工程审计人员需要核查基建项目的勘察设计、概预算、施工图设计、工程施工、设备采购等应当公开招投标的是否进行了公开招投标，中标单位是否按相关规定交纳履约保证金，对招标文件、投标文件、评标文件、合同等内容进行审核，分析招投标程序是否规范。财务审计应对招标文件中进度款付款办法、计价取费依据、结算办法等内容进行审查，对投标文件中工程量清单、结算标价与投标报价一致性等内容进行审查，挖掘违法违规问题。

（3）工程施工阶段审计。在施工阶段，工程审计人员需要对工程进度、工程质量及工程投资控制进行审查，审查和评价工程项目管理环节内部控制及风险管理的适当性、合法性和有效性；工程管理资料依据的充分性和可靠性；工程建设五制执行情况；工程项目进度、质量和投资控制的真实性、合法性和有效性等内容。

财务审计需要对建设期各项税费的提取和缴纳情况、财务付款依据资料的完备性、检查会计核算的准确性、会计基础工作的规范性、往来账款管理情况进行检查，保证资产入账的完整性、及时性，账实相符。两者有机结合，可以及时掌握资金预付情况，防止因少付款项或多付款项的发生而影响工程的正常进展。

（4）工程竣工阶段审计。在竣工决算阶段，财务审计可以检查“竣工工程概况表”“交付使用资产明细表”中的各项投资支出，并分别与概预算数相比较，分析节约或超支情况，分析投资支出偏离概预算的主要原因，检查工程项目结余资金及剩余设备材料等物资的真实性和处置情况。

工程审计可以检查所编制的竣工决算是否符合工程项目实施程序，有无将未经审批立项、可行性研究、初步设计等环节而自行建设的项目编制竣工工程决算的问题；检查有无将不具备竣工决算编制条件的工程项目提前或强行编制竣工决算的情况。两者相结合，是保障建设资金合理、合法使用，正确评价投资效果，促进总结建设经验，提高建设项目管理水平的重要手段。

（5）后续运行阶段。抽水蓄能项目建成后的运营阶段一般包括日常运行的维护、定期检修及技术改造，每年均会产生技改、专项维修等费用，涉及采购、报废、施工、环保等多个环节。工程审计人员可以对技改或维修的必要性进行审核，财务审计人员可以对财务支出进行审核，两者结合起来可以避免发生资金浪费现象。

5 国网新源公司基建工程全过程跟踪审计的效用

面对公司基建工程“点多、面广、时长、投资大”的特点（“点多”即基建工程项目多；“面广”即项目分布在多个不同的省份；“时长”即建设周期长，一个项目建设工期短则四五年，长则八九年；“投资大”即各个基建项目的投资少则30亿元，多则超100亿元），公司全面实施基建工程全过程跟踪审计，目前跟踪审计已取得积极成效，在规避工程建设风险、规范工程管理、降低工程造价、提高企业依法治企水平等方面，最大限度地发挥了内部审计的监督、评价服务职能。

通过实施基建工程全过程跟踪审计，将管理审计与工程审计有机融合、同步实施，可以不断拓展基建工程审计检查范围和业务领域，提高审计监督检查覆盖面，逐步消除监督检查的盲区和空白点，做到审计业务全面覆盖建设单位所有业务，形成对重要岗位、重点领域、关键环节的有效管理和监督。通过对审计检查发现问题的整改，不断纠偏堵漏，逐步提高建设单位依法治企水平。

一是通过全过程跟踪审计，有利于严格贯彻和执行国家对建设工程相关的审计、建筑、招投标等法律法规，维护一切法规的权威性及执行法规的严肃性，避免政策法规理解和执行的偏差。

二是通过全过程跟踪审计，有利于监督检查建设单位内部控制及有关管理制度。建设单位认真执行经批准的投资计划，严格遵守建设程序，实施对建设项目可行性研究和评价，防止乱上项目、擅自开工建设，避免出现投资决策失误，降低建设项目决策风险。

三是通过全过程跟踪审计，有利于监督建设工程的各行为主体单位。建设、施工、监理、招投标代理、工程咨询及项目管理等单位，由于所处地位及出发点不同，不可避免地会发生矛盾或冲突，通过跟踪审计及时协调，使之各方求同存异、顾全大局、发挥其整体管理效益作用，并降低因多方矛盾激化引发的风险。

四是通过全过程跟踪审计，有利于防弊纠错，维护经济秩序。通过全过程跟踪审计，对工程建设中存在的问题针对性提出审计意见，及时予以纠正，对于舞弊、违纪、违规行为予以揭露；对于建筑工程中的不正之风采取响应的措施予以制止，以维护正常的经济秩序，保证投资的合理使用，促进廉政建设。

实施基建工程全过程跟踪审计，可以提高建设项目工程造价审计的质量和效率。在事前，要对建设工程预算进行审计，通过审计对单项工程或单位工程的造价及建设工程总造价在事前进行总体了解和把握，为投资决策提供较为可靠的依据，防止因预算编制上的原因而导致项目投资的超支问题。在事中，要对建设工程在施工过程中的态势审核把关，包括对工程款支付的审核，对施工变更、费用签证、材料价差认定的把关，促进施工的正常进行，并防止各种隐患的发生。在事后，要做好建设工程决算审计，充分利用事前、事中审计的资料进行汇总分析，为决算审计提供真实、合法的资料，提高建设工程决算审计质量和水平。

在实际审计工作中，一方面，加大对基建项目完工结算的审计力度，有效遏制了基本建设项目造价过高、建设单位超付大额工程款等问题；另一方面，严格把住基建项目结算审计的各个关口，特别是严格把住竣工结算中可能发生的高估冒算、隐蔽工程和易于发生弄虚作假等环节，有效地堵塞了基建工程项目中存在的“跑、冒、滴、漏”现象，认真地维护了建设单位的经济利益。近 3 年，公司在工程结算审计环节，通过完工结算审计定案，2011 年审减工程投资 1265 万元，2012 年审减工程投资 1436 万元，2013 年审减工程投资 2575 万元。通过全过程跟踪审计，提高了基建工程的投资效益，有效降低了工程造价。

6 结语

建设项目投资审计立足将传统单一的财务审计与工程审计相融合，不仅注重审查工程项目建设程序履行的规范性、竣工结算的正确性、费用开支的合规性和财务收支的真实性，还综合运用工程管理、工程经济和财务管理等知识，对项目前期决策、现场管理、过程控制和投资效益进行定性和定量分析，以拓宽审计领域，实现优势互补、资源整合，最大限度地提高审计工作效能，促进建设部门规范管理，保障建设资金的合理使用，提高建设项目投资效益。

在内部审计中，对基建工程实施全过程跟踪审计，应将审计工作贯穿于建设项目全过程，把握立项、设计、施工、竣工、结算、决算等各个阶段的特点，抓住重要节点和重点环节，以点带面实施全过程跟踪审计，对建设项目全过程经济技术活动的真实性、合法性和有效性进行监督，充分发挥内部审计的“免疫系统”功能，在有效控制工程造价、促进项目管理和提高投资效益的同时，力促基建工程依法合规建设。

参考文献

[1] 胡宏刚，朱琳，李秀霞. 全过程跟踪审计在蓄能电站建设中的实践与效用分析 [J]. 水电与抽水蓄能，2016 (6)：113 - 116.

[2] 王晓. 电力基建工程财务审计中几点问题的探讨 [J]. 现代商业，2009 (30)：218.

[3] 曹春梅. 怎样把好工程竣工结算审计关 [J]. 内蒙古科技与经济，2005 (5)：69 - 70.

[4] 欧涛. 重大基本建设项目内部全过程跟踪审计的基本步骤和内容 [J]. 经济师，2006 (11)：239 - 240.

SFC 水电导率传感器信号故障缺陷分析与处理

王金龙　侯婷婷　金清山　任　刚　梁晓龙
（河北张河湾蓄能发电有限责任公司，河北省石家庄市　050300）

【摘　要】 通过对一起 250MW 抽水蓄能机组 SFC 水电导率传感器信号故障缺陷原因的分析与处理，确定了故障产生的机理，对存在的问题进行了整改，并总结今后工作过程中的注意事项及预控措施。

【关键词】 SFC　水电导率　去离子水

1　概述

国网新源张河湾电站地处于河北省石家庄市井陉县测鱼镇，是一座安装了 4 台可逆式水泵水轮电动发电机组，单机容量 250MW，总装机容量 1000MW 的日调节纯抽水蓄能电站，以一回 500kV 输电线路接入河北南网，承担调峰、调频、调相和事故备用等作用。

静止变频启动装置（SFC）根据电机转子位置或机端电压信息，以频率逐渐升高的交流电压加到电机定子上，产生超前于转子磁场的定子旋转磁场，通过该磁场的相互作用，将电机转子加速到设定转速。张河湾电站安装配置 1 套静止变频器，用于全厂 4 台机组抽水调相、抽水工况启动。

2　故障经过

2.1　故障前运行方式

500kV 张廉线路运行；5002、5003 开关运行；1 号、2 号、3 号、4 号主变压器空载运行；1 号、2 号、4 号机组停机备用，3 号机组抽水方向启动。

2.2　故障后运行方式

500kV 张廉线路运行；5002、5003 开关运行；1 号、2 号、3 号、4 号主变压器空载运行；1 号、2 号、4 号机组停机备用，3 号机组继续抽水方向启动。

2.3　事件经过

2022 年 7 月 20 日 8：49，接调度指令执行 3 号机组抽水启动，启动过程中 SFC 水电导率传感器报警动作，1s 后复归；SFC 拖动 3 号机组过程中，SFC 去离子水电阻率报警动作，由于电阻率只达到报警值，故 SFC 继续拖动 3 号机组抽水启动。

监控报警信息如下所示：

08：50：34　3 号机组选择 SFC 拖动操作（厂站上位机启动）。

08：51：39　3 号机组被拖动刀闸在合闸位置（SOE33）动作。

08：51：42　3 号机组换相刀闸在抽水方向位置（SOE68）动作。

08：51：58　附属厂房公用 SFC 系统输入开关合闸位置动作。

08：52：07　附属厂房公用 SFC 通信：SFC 系统报警动作。

08：52：07　附属厂房公用 SFC 通信：SFC 水电导率传感器报警动作。

08：52：08　附属厂房公用 SFC 通信：SFC 水电导率传感器报警复归。

08：52：11　3 号机组充气压水控制操作成功（LCU 本机调用启动）。

08：52：20　附属厂房公用 SFC 系统输出开关 OCB01 在合闸位置动作。

08：52：27　3 号机组检测到蠕动信号 RVSTON（SOE325）动作。

08：52：28　附属厂房公用 SFC 通信：SFC 去离子水电阻率报警动作。

3 缺陷处理

3.1 情况梳理

SFC 水电导率传感器报警动作主要存在以下可能原因：

（1）SFC 水电导率传感器本体故障。

（2）经查阅资料，SFC 去离子水电导率突变超过 0.2μS/m，SFC 水电导率传感器故障动作。

3.2 问题排查

SFC 冷却回路中包含去离子水泵、去离子水温度传感器、去离子电导率传感器、去离子水电导率表、去离子水控制电磁阀、去离子水处理罐、缓冲罐、水（普通水）/水（去离子水）平板式热交换器及普通水回路中的三通阀等设备。

SFC 外循环冷却由低压供水冷却去离子水，用平板式热交换器进行热交换；SFC 内循环冷却为去离子水冷却晶闸管及其他设备，去离子水由两台互为备用的水泵提供循环动力，经过水泵后，进入电导率的测试元件 PE285，对去离子水的电导率和温度进行检测。若去离子水电导率处于正常范围，则去离子水控制电磁阀 VSO30 下侧导通，流过晶闸管，经过 FM100 监测去离子水流量，完成一次循环；若去离子水电导率数值偏高，则去离子水控制电磁阀 VSO30 上侧导通，使部分去离子水进入净化回路，经过去离子水处理罐 DO030（该装置装有塑胶材料可以去离子），从而降低电导率，使去离子水电导率符合要求，再通过一个膨胀型的压力容器 TE040、水泵，再次进入电导率的测试元件 PE285，若电导率仍不符合要求，继续通过去离子水处理罐 DO030，直至电导率正常，流过晶闸管，经过 FM100 监测去离子水流量，完成一次循环；若去离子水的温度升高，来自 PR282 的信号调节三通阀的位置，增大常规冷却水的流量，达到降温的目的，见图 1。

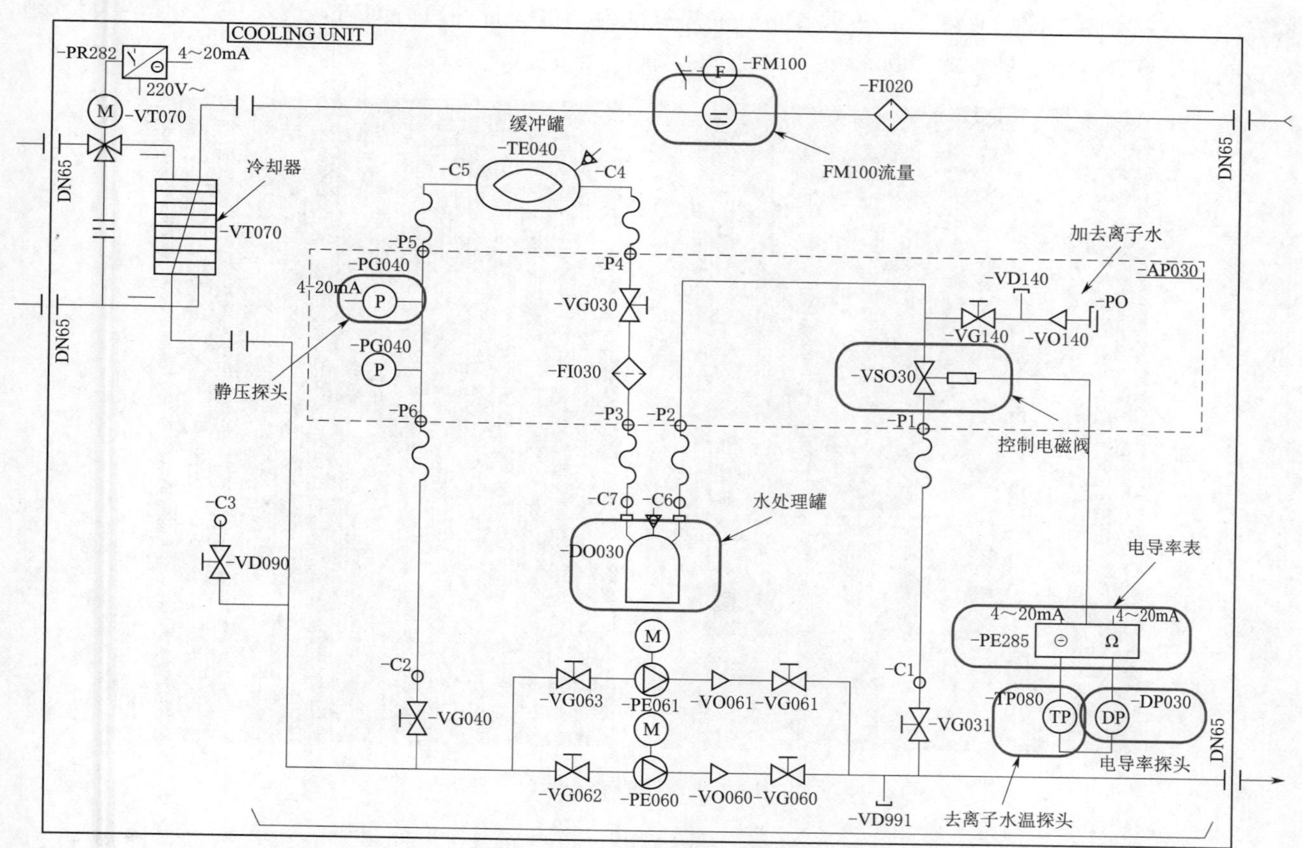

图 1　SFC 冷却回路示意图

缺陷发生后，首先对 SFC 水电导率传感器进行更换。更换后进行启动试验，当去离子水冷却水泵启动时，仍然出现 SFC 水电导率传感器报警动作，故排除 SFC 水电导率传感器本体故障。

随后对去离子水电导率进行测量，发现当去离子水冷却水泵启动时，SFC 去离子水电导率突变超过 0.2μS/m，且去离子水电导率超过 1.5μS/m（高电导率报警值），SFC 水电导率传感器故障动作。故需排查出导致去离子水电导率升高的原因。见图 2。

由于去离子水控制电磁阀（三通阀 VSO30）控制不同电导率情况下的去离子水的流向，若去离子水控制电磁阀故障，则会引起去离子水电导率升高。更换去离子水控制电磁阀后，经过一段时间运行去离子水电导率未见降低，故排除去离子水控制电磁阀故障。见图 3。

图 2 更换 SFC 水电导率传感器

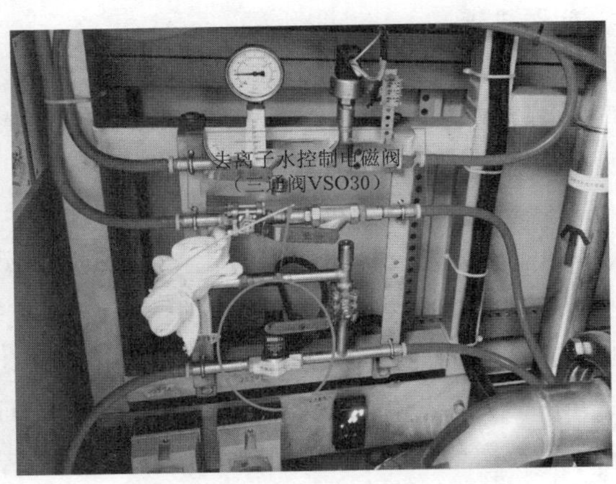

图 3 更换去离子水控制电磁阀

去离子水处理罐 DO030 中装有塑胶材料可以去离子，从而降低电导率。当去离子水处理罐 DO030 去离子的能力降低时，则会使高电导率的去离子水进入冷却回路中。更换去离子水处理罐 DO030 及更换新的去离子水，更换完成后去离子水电导率处于正常范围内，当运行一段时间后，去离子水电导率再次升高，故需排查去离子水处理罐 DO030 去离子的能力降低。见图 4、图 5。

图 4 更换新的去离子水

SFC 外循环冷却由低压供水冷却去离子水，用平板式热交换器进行热交换；SFC 内循环冷却为去离子水冷却可控硅及其他设备。当平板式热交换器出现内漏时，则会使普通水渗漏至去离子水回路导致去离子水电导率升高。关闭 SFC 外循环冷却回路中的供水阀及旁通阀，测量平板式热交换器的保压情况。SFC 去离子水初始压力为 1.2MPa，经过 1h 的静止，SFC 去离子水压力降低为 1.06MPa，可以确定为

图 5　更换去离子水处理罐 DO030

SFC 水（普通水）/水（去离子水）平板式热交换器存在砂眼内漏情况。见图 6。

图 6　平板式热交换器压力测量前后对比

拆下 SFC 水（普通水）/水（去离子水）平板式热交换器，发现回路中滤网上存在杂质；拆下普通水回路中的三通阀，发现三通阀阀体内壁上存在杂质；拆开 SFC 冷却水过滤器，发现过滤器内部淤泥与杂质较多，过滤器内壁的污垢较厚，已经严重影响过滤效果。见图 7～图 9。

对 SFC 水回路中滤网进行更换、对三通阀阀体内壁上的杂质进行清理、对 SFC 冷却水过滤器内 6 个滤芯取出后进行清洗、对内壁的污垢进行清除，并更换新的平板式热交换器，将全部设备进行回装。见图 10～图 12。

随后进行启动试验，去离子水电导率在正常范围内；在一段时间内多次进行启动试验，去离子水电

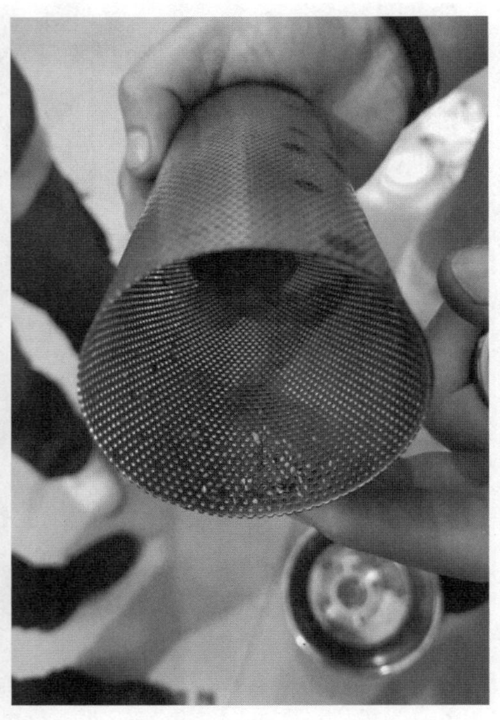

图 7　滤网与热交换器上存在的杂质

导率均保持在正常范围内，设备运行正常，缺陷消除。

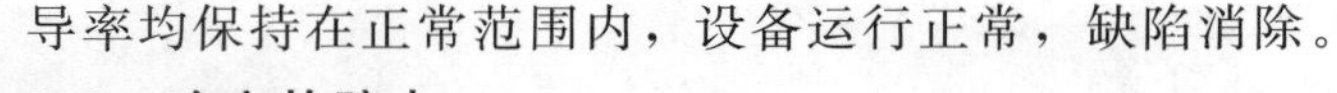

3.3　确定故障点

通过对平板式热交换器保压情况的测量，判断为平板式热交换器存在内漏为本次故障的直接原因，普通水渗漏至去离子水回路使去离子水电导率升高，当去离子水冷却水泵启动时，SFC 去离子水电导率突变超过 0.2μS/m，SFC 水电导率传感器故障动作。

图 8　三通阀阀体内壁上的泥沙与杂质

4　预控措施

为避免 SFC 辅机间隔长时间启动时去离子水电导率数值上升过高，导致电导率高越限报警，防止电导率过高时造成击穿晶闸管的风险，对去离子泵和去离子电磁阀的定值进行修改，保证去离子水电导率升高时 SFC 辅机可以提前自启动降低去离子水电导率值，使电导率保持在低位运行，保证 SFC 系统的安全稳定运行。

实施前：去离子泵启动值为 1.1，停泵值为 0.9；去离子阀开阀值为 1.0，关阀值为 0.85。

实施后：去离子泵启动值为 0.6，停泵值为 0.2；去离子阀开阀值为 0.55，关阀值为 0.15。

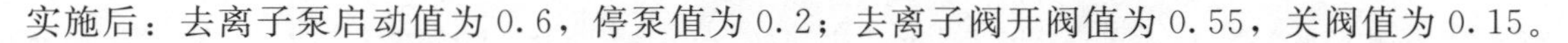

5　结论

本次 SFC 水电导率传感器信号故障缺陷发生的根本原因为 SFC 冷却水过滤器经过长时间运行，内部累积了大量泥沙及杂质污垢，过滤能力较差，导致 SFC 外循环冷却回路的水中也含有大量杂质，在经过长期与平板式热交换器进行热交换，导致平板式热交换器被腐蚀，平板式热交换器内部出现内漏，普通水渗漏至去离子水回路使去离子水电导率升高。

图 9　SFC 冷却水过滤器内部淤泥与杂质

图 10　清理后的 SFC 冷却水过滤器

图 11　新热交换器安装

图12 全部设备安装完毕

参考文献

[1] 龙福海，黄嘉，郭旭东，等. 张河湾电站SFC控制器电源模块故障缺陷分析及处理［J］. 水电站机电技术，2020（12）：35-36.

[2] 庞伟，王帆. 抽水蓄能电站在电网运行中的地位与作用［J］. 水电自动化与大坝监测，2015（6）：1-4.

[3] 王涛，温佩佩，刘旭阳，等. 数字化工业电视系统在抽水蓄能电站的应用［J］. 水电站机电技术，2020（12）：58-60.

河北丰宁抽水蓄能电站“建设项目电子文件归档和电子档案管理”试点研究与实践

何颖珊　穆小红　万海军　贵春颖　金艳红
（河北丰宁抽水蓄能有限公司，河北省承德市　068350）

【摘　要】随着信息技术的飞速发展和广泛应用，大量电子文件随之产生，档案管理方式逐步从传统的纸质管理向数字化管理转变，档案事业发展面临着前所未有的机遇和挑战。为推进电子文件归档和电子档案管理工作，国家档案局于2018年起分批组织开展“建设项目电子文件归档和电子档案管理”试点工作，河北丰宁抽水蓄能电站作为首批5家试点项目之一，于2023年9月第一家通过国档局验收。本文主要针对河北丰宁抽水蓄能电站试点研究成果进行了阐述。

【关键词】抽水蓄能工程　电子文件归档　电子档案管理　试点研究

1　项目背景

伴随信息技术的快速发展和广泛应用，建设项目信息化水平不断提高，档案管理方式逐步从传统的纸质管理向数字化管理转变，档案事业发展面临着前所未有的机遇和挑战，各类信息系统的广泛应用，产生了大量的电子文件，建设项目电子文件在线归档和电子档案“单套制”管理已成为建设项目信息化管理的“最后一公里”。

为进一步贯彻落实国家档案局、国家发展改革委联合印发的《建设项目电子文件归档与电子档案管理暂行办法》（档发〔2016〕11号），推动“建设项目电子文件归档和电子档案管理”试点工作健康有序发展，提升建设项目电子文件和电子档案管理效率，2018年6月，国家档案局确定选取河北丰宁抽水蓄能电站（以下简称丰宁电站）为“建设项目电子文件归档和电子档案管理”首批5家试点项目之一，开展电子文件归档和电子档案管理试点研究工作，于2023年9月第一家通过国档局验收。

2　面临的问题

丰宁电站一期工程于2013年5月29日开工建设，二期工程于2015年9月23日开工建设，首批两台机组（1号机、10号机）于2021年12月30日投产发电，最后一台机组计划于2024年投产。电站的建设规模大、建设周期长、参建单位多，叠加两期并行建设，导致项目档案收集、管理工作难度较大。

2.1　项目文件标准不统一

抽水蓄能电站涉及往来函件、试验检测、质量验评、日志、旁站、结算、图纸等多类项目文件，多数类别目前尚无标准规范要求，参建单位在项目文件编制过程中，由于执行标准不同、人员技术能力不同，使得项目文件形成的格式、填报内容等不统一。

2.2　项目文件收集难度大

项目文件伴随着业务工作过程实时产生，审批手续繁杂，各参建单位、各部门之间存在信息壁垒，增加了收集难度，且多数工程技术人员更加注重工程进度，对档案不够重视，相关项目文件很难及时收集，存在“事后集中补填”的现象。

2.3　项目文件形成质量低

项目文件多由各参建单位一线人员手工填写、线下流转，且项目文件种类繁多，专业性较强，而现场人员水平参差不齐，导致漏填、误填、与标准格式不一致等情况时有发生。

2.4 档案进度管控难度大

在抽水蓄能电站工程建设过程中，多数参建单位缺乏档案管理与工程进度同步管控的意识，对各类项目文件形成的进度和质量既缺乏全局性掌控，又缺乏细节性审视，导致存在不真实、不规范的情况。

2.5 业档系统贯通难度大

丰宁电站档案管理采用的是国家电网公司统一部署在内部网络的数字档案馆系统（以下简称档案系统），现场施工采用的是部署在区域网络、自行研发的数字化电站工程管控系统（以下简称业务系统），两个系统之间没有实现信息对接，电子文件归档不便捷。

3 试点研究目标

基于丰宁电站在建设过程中，运用信息化技术和手段，产生大量电子文件的需求，提出符合电子文件归档与电子档案管理规范化、科学化的要求，探索影响和制约电子文件归档和电子档案管理的关键技术和解决方案，研究适应电站建设需要的建设项目电子文件归档与电子档案管理系统功能需求，实现以丰宁公司为主体，面向各参建单位，涵盖电子文件生成、流转、归档和电子档案移交、保管、利用等全流程的全程控制或局部突破。

4 试点研究保障措施

4.1 组织保障措施

成立以档案主管领导为组长、档案部门与工程管理部门协同配合、各相关参建单位协同参与、业务系统研发单位北京勘测设计研究院有限公司和档案系统研发单位紫光软件系统有限公司为信息系统技术支撑的项目工作组，明确各方职责，有序开展试点工作。

4.2 管理措施

一是研究管理思路，对丰宁电站工程建设进展和数字化电站工程管控系统开发情况进行调研，确定试点工程范围和试点系统模块。二是研究业务系统中工程管理模块与档案模块的对接方式，确保实现档案前端管控，确实做到“预立卷”。三是研究业务系统安全性保障措施，包括系统登录、签章应用等方式，有效保障电子文件安全性和准确性，推动电子文件归档合法合规性进程。

4.3 技术保障措施

一是开发电子签章认证系统，开展签名备案，单一签名与业务系统登录账号唯一对应，规范电子文件编、审、批流程，保障电子档案真实、完整、有效。二是完成业务系统中标准化单元工程质量验评表单配置，完善档案“预立卷”模块，档案信息与工程管理模块数据条目相对接，实现项目电子文件自动归集“预立卷”。三是在工程区无线专网信号网络覆盖范围内，各参建单位相关人员使用电脑 PC 端、移动 App 终端操作生成单元工程质量验评电子文件，对所生成的元数据定期备份。

5 试点成果

5.1 确定试点范围

（1）对丰宁电站建设进展情况和数字化电站工程管控系统开发情况进行现状调研，确定试点范围。

（2）在抽水蓄能电站建设中，形成的单元工程质量验评类项目文件数量大、类别多，占竣工档案的65%～70%，且涉及参建单位多、人员多，来源范围广，但规范性相对较差、填报效率低，且审签全流程环节较多，具有极强代表性，因此选取单元工程质量验评表单作为试点项目电子文件类别。

（3）试点工程部位先期选取部分土建工程开展单元工程质量验评电子文件开展试点，完成电子签章认证系统研发后，在机电安装工程全面进行试点实施。

5.2 明确抽水蓄能电站建设项目电子文件归档范围、保管期限和电子档案分类体系

（1）结合丰宁电站建设实际情况，并在国网新源集团在建抽水蓄能电站深入调研其概况及相关材料。

（2）编制印发《抽水蓄能电站工程项目电子文件归档范围》，共 14 大类 140 项，逐项对应有保管期

限、形成单位、归档责任单位，同时明确了电子文件形成方式，确保电子档案完整性。

5.3　规范项目电子文件标准化

（1）梳理各类项目文件规程规范，研发单元工程质量验评标准化表单，规范签审流程。

（2）结合丰宁电站建设进度情况，分批次对单元工程质量验评表单相关标准进行细化梳理。

（3）分批次完成标准化电子表单研发，规范统一表单格式、填报内容、填报要求等，累计研发 367 套 2540 张单元工程质量验评标准化表单，见图 1。

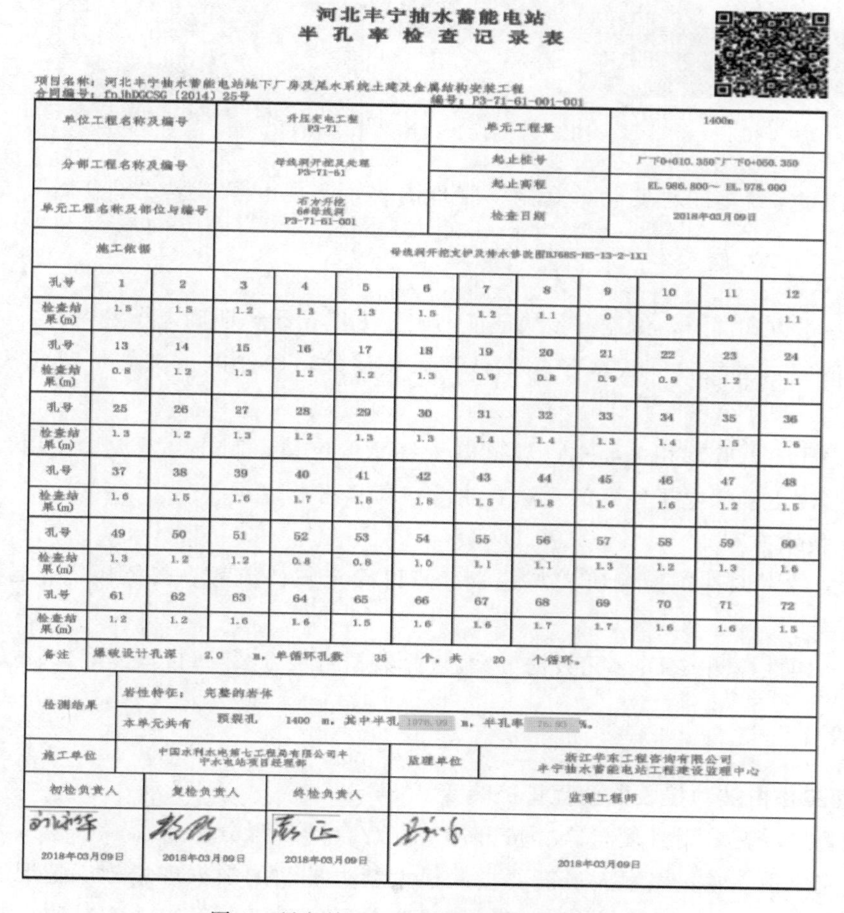

河北丰宁抽水蓄能电站
半 孔 率 检 查 记 录 表

项目名称：河北丰宁抽水蓄能电站地下厂房及尾水系统土建及金属结构安装工程
合同编号：fnJhDGCSG〔2014〕25号　　编号：P3-71-61-001-001

单位工程名称及编号	升压变电工程 P3-71	单元工程量	1400m
分部工程名称及编号	母线洞开挖及处理 P3-71-61	起止桩号	厂下0+010.350~厂下0+050.350
		起止高程	EL.986.800～EL.978.000
单元工程名称及部位与编号	石方开挖 6#母线洞 P3-71-61-001	检查日期	2018年03月09日
施工依据	母线洞开挖支护及排水修改图BJ68S-HS-13-2-1X1		

孔号	1	2	3	4	5	6	7	8	9	10	11	12
检查结果(m)	1.5	1.5	1.2	1.3	1.3	1.5	1.2	1.1	0	0	0	1.1
孔号	13	14	15	16	17	18	19	20	21	22	23	24
检查结果(m)	0.8	1.2	1.3	1.2	1.2	1.3	0.9	0.8	0.9	0.9	1.2	1.1
孔号	25	26	27	28	29	30	31	32	33	34	35	36
检查结果(m)	1.3	1.2	1.3	1.2	1.3	1.3	1.4	1.4	1.3	1.4	1.5	1.6
孔号	37	38	39	40	41	42	43	44	45	46	47	48
检查结果(m)	1.6	1.5	1.6	1.7	1.8	1.8	1.5	1.8	1.6	1.6	1.2	1.5
孔号	49	50	51	52	53	54	55	56	57	58	59	60
检查结果(m)	1.3	1.2	1.2	0.8	0.8	1.0	1.1	1.1	1.3	1.2	1.3	1.6
孔号	61	62	63	64	65	66	67	68	69	70	71	72
检查结果(m)	1.2	1.2	1.6	1.6	1.5	1.6	1.6	1.7	1.7	1.6	1.6	1.5
备注	爆破设计孔深 2.0 m，单循环孔数 35 个，共 20 个循环。											

检测结果	岩性特征：完整的岩体		
	本单元共有 预裂孔 1400 m，其中半孔 [illegible] m，半孔率 [illegible] %。		
施工单位	中国水利水电第七工程局有限公司丰宁水电站项目经理部	监理单位	浙江华东工程咨询有限公司 丰宁抽水蓄能电站工程建设监理中心
初检负责人	复检负责人	终检负责人	监理工程师
2018年03月09日	2018年03月09日	2018年03月09日	2018年03月09日

图 1　研发单元工程质量验评标准化表单

（4）结合工程管理相关规范及细则，梳理项目文件签审流程，在业务系统中在线进行各级编、审、批签审，留存审批全流程记录，并纳入元数据封装包，实现电子档案“程序规范、要素合规”，见图 2。

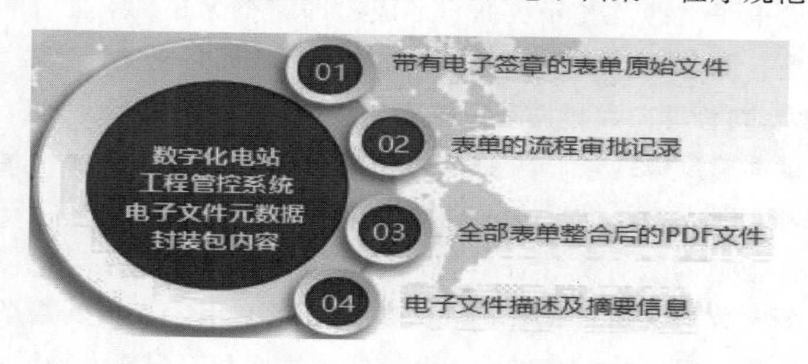

图 2　业务系统中电子文件元数据封装包内容

5.4　完善、改造业档系统功能

（1）在业务系统中开发档案“预立卷”模块，与质量管理模块建立对应链接关系，电子文件生成时按内置规则，自动生成电子档案信息，通过“四性”检测后可一键归档。

（2）研究业务系统与档案系统安全性保障措施，规范系统登录、签章应用等方式，确定数据接口方案，在归档、移交接收和长期保存环节分别开展真实性、完整性、可用性、安全性共103项“四性”检测，打通数据传输通道，见图3。

环节	归档环节	移交接收环节	长期保存环节
系统	数字化电站工程管控系统 数字档案馆系统	数字档案馆系统	数字档案馆系统
检测项	共检测：36项 ➤真实性13项 ➤完整性10项 ➤可用性6项 ➤安全性7项	共检测：35项 ➤真实性14项 ➤完整性9项 ➤可用性6项 ➤安全性6项	共检测：32项 ➤真实性12项 ➤完整性8项 ➤可用性6项 ➤安全性6项

图3 “四性”检测环节、项目

（3）改造提升档案系统电子档案“单套制”管理内容，实现电子档案“单套制”安全、长期保管和提供利用。

5.5 规范电子签章认证

（1）开展电子签章方式调研，编制CA认证证书配置方案，研究明确电子签章CA认证系统与数字化电站工程管控系统的集成方案，完成电子签章认证系统研发，确保电子文件形成合法合规、电子档案“来源可靠”。

（2）编制印发电子签章管理相关要求，规范电子签章的申请、制作、发放、使用、注销等环节的管理要求和流程，在制度上确保电子签章的合法有效性和真实性。

5.6 研究制定相关技术方案

（1）推进电子文件“四性”检测研究与探索，研讨确定归档流程、归档接口、封装格式和“四性”检测等工作内容。

（2）编制完成《四性检测方案》《元数据方案》《元数据封装方案》《接口方案》《电子签章技术方案》。

6 试点研究成效

6.1 推动档案管理工作由被动接收向全程管控转变

丰宁电站档案管控一直采用月度检查、按分部/单位/合同工程分级审核验收模式，日常督促施工单位按照档案目录树完成预立卷，档案人员需要投入很大精力被动的根据现场施工情况开展工作，利用业务系统在线填报、生成单元工程质量验评电子文件，档案人员可以在系统中实时监控到各参建单位的填报信息和工程进展情况，除可大力提升生成、审批速度外，登录人员信息、时间、操作内容、审批环节等均留存有痕迹，可实现对电子文件从形成、办理、传输、保存、利用等全过程管理，可确保其始终处于受控状态，能够有效保证电子文件及其元数据自形成起即完整无缺、审批合规、未被非法更改，生成的表单整洁美观、字迹清晰，能实时反映现场施工面貌，可有效提高现场工作效率。

6.2 推动档案管理工作由资料管理向大数据利用转变

项目档案的质量可直观准确反应现场施工质量，原始的档案管理工作仅仅是对纸质档案的保管和提供利用，缺乏对档案内容和数据的深入统计和分析，采用在线生成电子文件进行档案资料收集与管理，既可以将档案管理工作者从烦琐的纸质文件资料管理中解放出来，大幅度节约项目建设人工、物资、时间等成本，也可以更高效的实现档案信息化管理和大数据分析利用，直接从繁杂的数据背后挖掘潜在的价值，更便捷地实现档案信息互通、数据共享，为公司经营发展和工程建设提供强有力的佐证依据。

7 结语

电子文件归档和电子档案“单套制”管理是信息化社会飞速发展的必然趋势，接下来，丰宁公司将总结试点经验，进一步拓展电子文件在线归档范围，在建设项目档案信息化道路上继续创新探索，不断优化提升扩大试点项目应用推广覆盖面。

参考文献

[1] 何颖珊，王艳，穆小红，等. 丰宁电站电子文件归档实践 [J]. 中国档案，2022 (8)：58-59.
[2] 何颖珊，焦利民，万海军，等. 基于数字化电站工程管控系统推动电子档案“单套制”归档研究与探索 [C]//抽水蓄能电站工程建设文集 2021，2021.
[3] 焦利民，赵玉凯，丁世奇，等. 数字化技术在丰宁抽水蓄能电站中的应用 [C]//抽水蓄能电站工程建设文集 2020，2020.

区块链技术对抽水蓄能工程项目档案管理工作的应用展望

次 鹏

（中国电建集团北京勘测设计研究院有限公司，北京市 100024）

【摘 要】 区块链技术作为新型数字化技术，为抽水蓄能电站工程项目档案管理开辟了新的优化路径，本文从区块链的概念及特性和抽水蓄能工程项目档案特点出发，挖掘两者的关联性和应用前景，简述了区块链技术在抽水蓄能电站档案管理应用中的优越性和区块链技术应用于抽水蓄能工程项目档案管理的效益。对区块链技术在抽水蓄能工程项目档案领域的进一步应用进行了展望。

【关键词】 区块链 电子档案 节点 时间戳 智能合约

2021年9月，国家能源局发布《抽水蓄能中长期发展规划（2021—2035年）》。规划指出，到2025年，我国抽水蓄能投产总规模较“十三五”期间翻一番，装机容量达到62GW以上；到2030年，抽水蓄能投产总规模较“十四五”期间再翻一番，装机容量达到120GW。大量项目上马，势必产生大量工程项目档案。工程项目档案是抽水蓄能工程的有机组成部分，每个电站从立项、审批、招投标、勘察设计、施工、监理、生产准备到竣工投产全过程直接形成的工程项目档案繁多。随着信息科技的进步与网络技术的革新，电站档案文件的存储载体由传统的纸张、磁盘等逐步演变发展为电子文件和电子数据，电子档案已开始逐步替代纸质档案成为新的记录形式，在抽水蓄能工程领域中承担重要作用。如何确保电子档案信息真实、完整、安全、可用是抽水蓄能电站档案管理的重点与难点，区块链技术为该问题的解决带来了一种全新的思路与方案。

1 区块链技术的概念及特性

1.1 概念

区块链是一种利用块链式数据结构来验证和存储数据，采取分布式记账节点和共识算法来帮助数据的生成与更新，依靠由自动化脚本代码组成的智能合约来编程和操作数据的一种全新的分布式基础架构与计算范式。它利用有序的链式结构存储数据，凭借共识机制验证与更新数据，通过智能合约完成执行程序，采用密码学技术保障数据安全。技术内部按照数据层、网络层、共识层、合约层与应用层进行不同的工作分配，形成具备去中心化、不可篡改、可溯源、开放化与匿名化的独有特质。并结合法律、伦理、经济规律等社会科学逻辑，形成了一套系统的去中心化数据记录、验证与存储体系。

1.2 区块链的运行特征

区块链网络以区块作为基础元素，每个区块数据都被全网广播与记载。区块在生成之时被“烙上”了时间戳，其作用是通过主链连接下一个区块。区块主链记录了所有的交互信息，承担数据存储任务，期间通过运用分布式记账（P2P）网络技术实现去中心化与开放性目的，凭借时间戳服务保障了数据信息的不可篡改与可追溯，以哈希算法去验证数据的真实性与完整性，依靠共识机制促使系统各节点达成共识统一，引入非对称加密技术保障了交互节点匿名与隐私安全。通过诸项子技术的整合，区块链确保数据的安全、真实及涉及主体的可靠性，以技术手段保障了去中心化前提下各个节点主体能够自由、信任、平等、开放地交互。

1.2.1 去中心化

去中心化是区块链最重要、最核心的特征，意味着没有中心平台对区块的创设、运行和维护负责，不存在中心化的硬件或管理机构，全网节点的权利义务相同，身份地位平等。系统中的数据本质是由全网节点共同维护的。由于每个区块链节点都必须遵循同一规则，而该规则的运行基础是技术理性而非情感信任，不需要权威机构或是第三方中介对此提供信任背书。

1.2.2 不可篡改

区块信息一旦经过验证，确认上链后，就会“烙上”时间戳，得到永久保存，通常情况下是无法进行篡改的。除非拥有强大算力，同时操控系统中51%以上数量的节点，否则在单个或者少数节点的“账本”上对数据与哈希值的修改不会影响主链的真实与完整性。数据记载上链后几乎不能改动，区块链的共识算法确保了修改其上数据的极其苛刻的条件，这是正常算力所达不到的能力门槛。

1.2.3 溯源性

区块链从构成原理上看是一个区块的区块头中包含前一个区块的哈希值，节点根据哈希运算和共识机制不断挖掘和验证下一个区块，一个个区块按照时间顺序排列成链状，称为区块链。其内部首尾相连，区块环环相扣，无法修改，构成不可篡改性的同时也使得其形成了另一特征，即溯源性。

1.2.4 开放性

区块链（公有链）不设门槛，系统处于的是一种绝对的开放状态，所有的交互信息都以统一的数据形式为所有参与节点共同记载与维护，任何参与节点都可以通过公开的API接口查询区块链上的账本信息，因此整个系统呈现出高度的透明性和开放性，链上之间的节点是的关系处于一种平等的状态，任意一个节点都可以挖掘区块并参与广播和验证。

1.2.5 匿名性

区块链上的节点交互活动不需要第三方节点或是中心平台进行信用背书，基于技术信任和数字逻辑的信任无需公开身份，系统中的每个参与节点都有权利进行匿名化交互。参与交互活动的节点仅需通过地址传递信息，即便相关的交互信息被获取也不能据此逆推出交互节点的真实身份，为交互的隐秘性、安全性提供了重要保障。

2 抽水蓄能工程项目档案特点

2.1 参建单位众多

抽水蓄能电站工程项目档案与建筑行业、火电行业甚至传统水电行业都不尽相同，且涉及内容更加复杂。抽水蓄能电站参建单位包括建设单位（一般是1家或多家）、设计单位（一般是1家或多家）、监理单位（一般是1家或多家）、施工单位（一般是多家）。建设单位主要职责是负责电站安全、质量、进度、投资、环境保护、合同、信息、职业健康管理及全方位综合管理协调；设计单位主要工作是为配合建设单位进行项目施工规划报告编制，筹建期、准备期、主体施工期、完建期等电站工程项目招标设计及施工图设计阶段的所有勘察、设计、科研工作；监理单位主要工作为从招标文件评审、施工准备，直至各项目按工程建设合同规定全部完成，至缺陷责任期结束、工程竣工验收的全部过程的监理工作；施工单位其主要职责为完成抽水蓄能电站上水库、输水系统、地下厂房系统、下水库、机电安装及筹建期工程等全部施工内容的施工，保证安全、质量、进度、投资、环水保等目标要求，并按期交付使用。且作业种类多，包括土建工程建筑施工、运输作业、施工机械作业、机电安装工程施工、机组调试等作业内容。一般参建单位涉及几十家，各参建单位所承建的项目工期长短不同、规模大小不同、开展实况不同、档案管理人员及业务水平不同，这些特点致使项目档案形成周期长、来源广、档案管理层级复杂、电子文件种类繁杂、形成的电子档案数量众多。

2.2 抽水蓄能工程建设周期长

一座抽水蓄能电站建设受地形影响，前期选址工作较困难，并且需要建设水库、厂房和水坝等配套设施，前期资金投入非常高，建设难度较大。根据抽水蓄能工程建设的不同阶段，一般分为项目建设准备阶段、招标设计与招标采购阶段、征地移民阶段、施工组织阶段和工程验收与总结阶段5个。

项目建设准备阶段：安排部署工程总平面布置审查、施工组织设计、分标报告、招标设计报告、工程建设管理总体策划等各项准备工作。招标设计与招标采购阶段：主要组织开展工程相关设计单位、施工单位、监理单位及设备的招标采购工作。征地移民阶段一般在项目核准后，立即启动征地移民工作。施工组织阶段：各基建项目单位组织承包商进场，组织施工图的发放和设计交底、图纸会审等工作；基建项目单位、监理单位按规定要求，及时做好分项工程、分部工程（子分部工程）、单位工程（子单位工程）等质量验收评定工作，及时收集、整理、归档工程项目档案资料。工程验收与总结阶段：合同工程施工完工后，及时组织合同工程验收和完工结算，依据国家有关规定完成截流验收、蓄水验收、机组启动验收等。在工程项目建设完成后，及时向政府有关主管部门申请竣工验收。并组织开展工程达标投产与创优工作、工程建设管理总结等工作。

从上述5个阶段的管理内容来看，抽水蓄能工程建设管理周期长、任务重，协调组织工作量大，工程项目档案内容繁杂，靠传统的档案管理方式需投入大量的人力资源。各参建方档案管理人员不足和结构性缺员状况日益突出，直接影响了抽水蓄能电站工程项目档案管理水平。

3 区块链技术在抽水蓄能电站档案管理应用中的优越性

区块链技术具有去中心化、公开透明、集体维护、全程可溯源等特点，在该技术的加持下，可以无需经过任何中心信任机构，建立一个高度安全可靠的系统，任何用户都可经互联网利用共识机制、点对点记账、智能合约、非对称加密等技术达成信用共识。

3.1 利用区块链技术构建互信环境

长久以来，建设单位要求各参建方根据工程进度，按照单位工程（子单位工程）、分部工程（子分部工程）、分项工程的进行归档，对参建方是否及时完整归档心存疑虑，双方一直存在不信任的状态，双方就归档问题的博弈往往是零和博弈，参建方可能利用建设单位对其信息掌握不全面而不及时归档或不完整归档，建设单位因此对参建方产生不信任，双方就信息交互上很难达成共识。区块链以其哈希函数算法和非对称加密等技术，推动了信任制度的变革升级，以其特有的信任机制，让双方信息交互“去信用化”，即无需可信任的环境下，就可以完成身份、数据等信息的传输、验证和共享，让电子文件归档过程中的信任从基于“人”的信任转化为基于“机器”的信任，构建公允的互信体系，解决双方不信任的问题。

区块链各项技术特性为区块链电子档案应用场景营造了公开透明的应用环境。具体来说，区块链的去中心化特性使抽水蓄能电站各参建方（每个节点）拥有平等的地位，为区块链技术公开透明性的实现定下了总基调。区块链的含义在狭义上可以理解为分布式大账本，其中便蕴含着区块链技术的基础运行原理。区块链就是将每个参建方的信息数据通过共识机制储存在区块链的所有节点中以保证数据的准确性和安全性。同时，各参建方因其平等的地位而拥有同样的权利、履行着储存其他参建方数据的义务。因此，从整体来看，电子档案信息在抽水蓄能电站区块链系统中是公开透明的、安全的以及不易被篡改的。

3.2 利用区块链技术建立统一数据标准，整合多方数据，实现信息共享

智能合约机制内嵌在区块链系统中，承担着系统中数据处理的关键环节。智能合约机制作为区块链技术的应用优势之一，可提前为归档交易的实现预设电子文件数据标准，一旦归档交易符合电子文件数据标准系统会自动规范地执行合约协议，保证交易公正有序进行的同时也增加了交易方之间的互信度。区块链依靠其技术特点，将各参建方档案数据上链，数据访问的全程留痕、数据共享的有序关联。在区块链技术应用下，各参建方的归档数据列表一目了然，申请共享的渠道也更加通畅。建设单位在档案验收工作中，可以快速申请和调用所需档案数据，打破各参建方间信息壁垒，实现档案数据快速高效共享，提高工作效率。在档案数据共享使用过程的同时，还可以相互交叉验证档案数据的真实性，实现信息共享。

3.3 利用区块链技术建立电子文件验真追溯平台

可追溯性是由去中心化和不可篡改共同作用形成的特性。区块链中的数据按照时间顺序呈分布式储存，数据区块经本环节的验证并以唯一可辨认的哈希值形式传输到下一区块，保存到下一区块的数据链

中。因此，只要掌握区块唯一标识和时间区间就能快速查询追溯到档案数据的源头和输入输出变化。区块链技术中的档案的基础数据层封装了时间戳，时间戳的主要功能就是可以将记录在区块链数据区块中的档案数据赋以时间标志，实现数据以时间为顺序的依次排列。因此，利用区块链技术可以为抽水蓄能工程项目档案数据进行验真和追溯来源。

4 区块链技术应用于抽水蓄能工程项目档案管理的效益

4.1 有利于工程项目档案实现协同管理

就抽水蓄能工程项目档案管理而言，协同是指对工程档案的形成与管理机构进行时间、空间和功能结构的重组，使其能够协同作战，打破以往孤立、封闭的工作局面，形成共同运转的协调工作机制，最大限度地发挥各机构资源优势，高效实现管理目标。具体来讲，工程档案协同管理，就是依据各机构在工程档案形成、管理、利用中的角色地位，合理划分档案管理职责，科学安排档案管理内容，使各机构间能够合作有序、协调一致地完成对抽水蓄能工程项目档案的全过程管理，实现一体化的管理要求。

区块链系统去中心化的特性，能够使抽水蓄能电站各参建方的节点都在相对独立且平等地运行，不存在中心节点的权利高于系统内其他节点的情形。因此，区块链系统形成一种“共治”的稳定运行状态，若其中任意一方被恶意攻击，其他参建方节点不会瘫痪仍能保持区块链档案管理应用系统稳定运行。意味着去中心化的特征可以保证档案系统相对稳定、高效运行。同时，借助区块链技术，可以简化了工程项目档案的管理流程，促进了抽水蓄能电站各参建方都参与工程项目档案管理和共同治理。使得档案形成机构、管理机构和利用机构间建立起协作互利的关系，使它们为共同的目标而进行合作互通，通过对各种资源最大限度地开发和利用，来追求最大程度的增值和效益，最终达到协同共治管理的应用效应。

4.2 有利于提高工程项目档案的共享效果

区块链技术的应用，实现了档案数据多方融通，不再需要借助于第三方平台，点对点沟通促进了工程项目档案数据在抽水蓄能电站各参建方之间流通和共享。各方可根据档案数据利用需求在区块链上即能够查询、访问和应用工程项目档案数据。区块链技术去中心化的特性实现了多元中心，在档案数据共享时，可以进行点对点设置，针对建设单位和各参建方设置不同权限，并对各层级角色权责范围进行明确。另外，借助于区块链档案数据共享平台，能够将区域链技术的优势更好地发挥出来，进一步丰富抽水蓄能工程项目档案数据资源。

4.3 有利于大幅压减工程项目档案的管理成本支出

区块链档案管理智能合约可以根据建设单位成本管理的自身需求，从相应的区块链节点上自动化获取工程项目档案数据。从而更好为建设单位压减工程项目档案的管理成本，提高工作效率。首先，区块链技术具有去中心化、透明可追溯的特点，建设单位和各参建方可以利用区块链进行点对点的交易，降低信任成本。其次，智能合约是区块链技术的一种衍生产物，是一个计算机协议，可以用来数字化地验证和执行一个合同的内容，是一种储存在区块链系统中的合约，当处理的信息满足合约中规定的条件时，合同就会自动执行。区块链档案应用系统可以保证每个参建方的档案数据自动更新并保持一致，当区块链档案应用系统被写入智能合约时，智能合约可以保证每个节点自动写入新的数据。建设单位可以通过区块链档案实时监控档案流转环节，通过自动化生成的档案管理报告，甄别未及时归档或不归档的作业，及时提醒参建方及时归档，在单位工程完成后，及时检查验收归档情况，在不影响区块链档案管理系统正常运行的情况下，及时调整节点数量，减少了抽水蓄能电站各参建方档案管理过程不必要的操作流程，不仅实现了信息化，还实现自动化，避免了区不必要的管理成本支出。

5 结语

2019 年 10 月，中共中央政治局就区块链技术发展现状和趋势进行集体学习。习近平总书记在主持学习时强调，区块链技术的集成应用在新的技术革新和产业变革中起着重要作用。要抓住区块链技术融合、功能拓展、产业细分的契机，发挥区块链在促进数据共享、优化业务流程、降低运营成本、提升协同效率、建设可信体系等方面的作用。抽水蓄能电站作为电力系统的“稳定器”“调节器”“平衡器”，在构建新型电力系统中有着独特定位。建设单位和各参建方今后加强核心技术攻关，加快生产和管理技术革新，加快科技成果转化的历史使命更加迫切。区块链技术可以为抽水蓄能电站工程全生命周期的信息管理搭建可靠的平台，优化工程项目档案管理，形成档案健康可持续发展的格局，更好地服务建设单位和各参建方绿色低碳转型发展。

参考文献

[1] 周建平，杜效鹄，周兴波．面向新型电力系统的水电发展战略研究［J］．水力发电学报，2022（7）：106-115.
[2] 苏玮，杨绣宁，庞文迪．基于区块链的重大建设项目档案数字资源库构建探究［J］．信息系统工程，2023（10）：91-94.
[3] 刘文娟．基于区块链技术的档案信息化与数据安全管理［J］．兰台内外，2023（24）：14-15.

抽水蓄能机组导叶端面间隙调整方法及设置原理

晁新刚
（浙江宁海抽水蓄能有限公司，浙江省宁海县 315600）

【摘 要】 导叶在抽水蓄能机组中起到截断水流、调节转速、调节功率等作用。合适的导叶端面间隙可以保证导叶在运行中不与顶盖及底环抗磨板接触，防止导叶损坏。本文介绍了典型的导叶端面间隙的调整方法及原理。

【关键词】 导水机构 导叶 端面间隙 止推轴承

1 导叶止推轴承结构介绍

导叶在抽水蓄能机组中通过改变自身位置来引导水流按一定方向进入转轮，同时通过改变导叶间开度大小来调节水轮机的流量和出力，在机组未并网前，改变导叶开度可以调节转轮转速从而满足并网条件，另外，导叶也可以完全关闭，截断进入水轮机的水流，使得通过水轮机的流量为零。导叶属于转动部件，与其配合的一般为上、中、下 3 个导轴承以及 1 个止推轴承。3 个导轴承起到限制导叶径向运动的作用。止推轴承有 3 个作用：

（1）承受导叶自身重量（数百公斤），限制导叶轴向向下位移。

（2）限制导叶的轴向向上位移。

（3）为导叶周向转动提供一定的间隙。

导叶的止推轴承结构见图 1 和图 2，导叶自身重量由图 1 中上轴套承担，导叶通过提升螺栓、盖板、拐臂、止推环、下抗磨板、上轴套依次将自身重量转嫁给顶盖。导叶上浮时，所受到的水推力由图 2 中压环承担，压环通过螺栓转嫁给上轴套，上轴套再转嫁给顶盖，同时通过止推环与上抗磨板之间的设计间隙来允许导叶有一定的上浮裕度，满足导叶转动的需求。

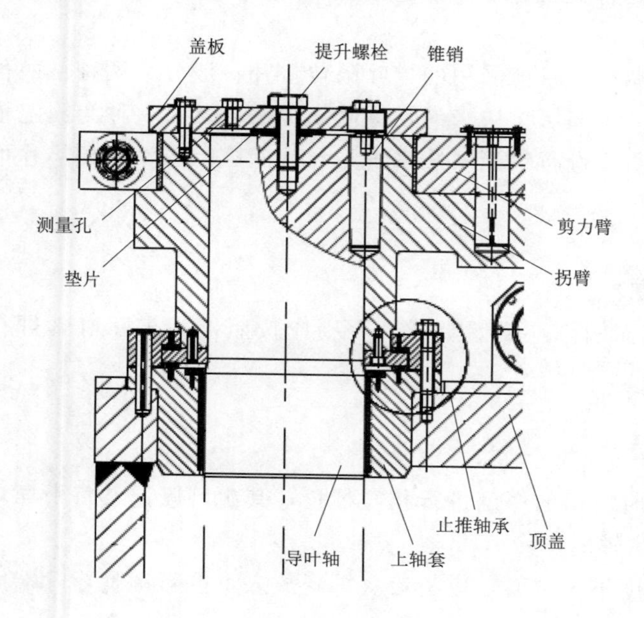

图 1 导叶的止推轴承结构

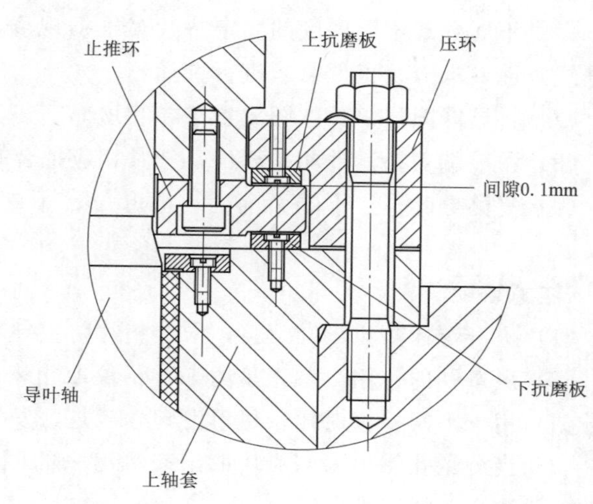

图 2 导叶的止推轴承结构详图

2 导叶端面间隙调整

为了便于导叶转动过程中不与顶盖底环抗磨板发生剐蹭，同时满足设计的导叶漏水量，机组设计阶段会在导叶与顶盖和底环之间留出一定间隙，这些间隙称为导叶端面间隙，其按照位置具体分为导叶上端面间隙与导叶下端面间隙，在安装阶段通过相关施工工艺严格把控导叶上、下端面间隙的大小。后续运行阶段，需定期测量导叶端面间隙，如有不满足设计要求情况需及时调整，当出现上、下间隙不满足但总间隙仍在设计范围内的情况时，采取与安装阶段相同的调整办法，但当出现由于电站水质、空化空蚀等原因导致导叶端面磨损，使得导叶总端面间隙大于设计要求的情况时，这时将会吊出导叶对其进行修型或者吊出底环在底环下加垫等减小导叶总端面间隙，而后在进行导叶上、下端面间隙的调整。

本文以某抽水蓄能电站安装阶段导叶端面间隙调整过程为例，着重介绍导叶端面间隙在机组安装阶段的调整办法。

2.1 调整目标

导叶上端面间隙设计值为 0.4～0.5mm，下端面间隙为 0.2～0.3mm，上、下端面总间隙为 0.6～0.8mm。其总端面间隙与顶盖、底环、导叶的设计结构尺寸以及加工公差和实际加工情况有关，此类结构的导叶端面间隙在设计阶段基本原则是上大下小。具体原因，详见下文分析。

2.2 调整方式

由于导叶自重的原因，导叶起初吊装就位落在底环上后，未调整之前，导叶下端面理论间隙为 0。因此，调整的基本方法是：利用图 1 中提升螺栓调整导叶端面间隙，利用塞尺测量导叶上、下端面间隙。导叶端面间隙调整工序一般安排在导叶上轴套以及拐臂安装完后进行，与盖板安装同时进行，具体操作步骤如下：

（1） 在导叶顶部放置大小合适的铅条。

（2） 将盖板压在铅条上方，并用对应的把合螺栓把紧盖板。

（3） 缓慢拧紧提升螺栓，将导叶逐渐从底环上提起，提升期间不断使用塞尺对导叶上、下端面间隙进行测量，导叶上下端面间隙符合要求后，停止拧紧提升螺栓。

（4） 使用端盖上测量孔，测量端盖至导叶端部距离，减去端盖测量位置的厚度，计算出铅条的厚度。

（5） 旋松提升螺栓并拆下，旋松盖板把合螺栓并将盖板拆下。取出相应的铅条并做标记，测量其厚度，并与刚才的厚度核对。

（6） 根据铅条的厚度对导叶限位垫片厚度进行调整。目前采用的导叶限位垫片一般分为两种：一种为不锈钢层撕垫片，单层厚度薄，可根据现场实际撕去多层垫层来满足导叶间隙需求；另一种为固定垫片，提供不同数量不同厚度的固定垫片，根据现场实际进行组配安装来满足导叶间隙需求。两种垫片可根据经济性要求以及工期需求进行选择。

（7） 将导叶限位垫片按图放置于导叶顶部。

（8） 回装端盖及其他相关部件，把紧相应把合螺栓。

（9） 复测导叶上、下端面间隙，导叶上、下端面间隙应满足要求，否则应按照上面步骤对其进行调整。

2.3 注意事项

（1） 提升螺栓防止导叶下沉，限位垫片防止导叶上窜。

（2） 测量孔的作用，首先是用来与铅块取出来时测出的厚度进行相互校核，其次可以记录每个导叶的数据，用于下次检修对比，尽早发现导叶是否发生轴向位移。

（3） 当测量孔测出来与铅块取出来测出来的厚度不一致时，应将铅块重新放入，重新调整导叶端面间隙，并测量铅块厚度。

2.4 调整方式优缺点及改进建议

（1） 优点：

1）调整螺栓位于顶盖，操作空间大，调整时比较方便。

2）仅使用提升螺栓即可将导叶提起，结构简单可靠。

(2) 缺点：使用垫片限制导叶上浮量，而垫片厚度需用铅块配合来确定，存在测量误差。因此，实际调整时，往往需要多次调整，而且每次调整时，都需要拆除盖板，回装后再复测间隙，重复工作量较大。

(3) 改进建议：主要问题是垫片的厚度难以精确，因此可以将垫片改为顶丝，在盖板上开螺纹孔，加装带备帽的顶丝，使用顶丝顶住导叶轴顶部，再用备帽锁死。

这种方式改进后，导叶被提升螺栓固定限位，限制下沉量，利用顶丝限位，限制上浮量。

3 导叶端面间隙设置原理分析

3.1 导叶上下端面间隙设置原因

一般导叶端面间隙设置为上面间隙大，下面间隙小。这样设置的原因，一般认为导叶在水流作用下产生浮力，这种上浮导致上端间隙减小，下端间隙变大，进而使得导叶上下端间隙基本一致。导叶上浮量一般设计为 0.1mm（即导叶的止推间隙），导叶上端面间隙为 0.4mm，下端间隙 0.2mm，导叶上浮后，上下端间隙均为 0.3mm，达到了导叶上下端面间隙均匀的目的。

3.2 导叶上浮产生的条件

导叶上浮的力其实就是导叶在高压水中收到的浮力，也就是导叶上下端面受到高压水压力的差值。

导叶本身为对称结构，如图 3 所示，在下轴套以及中轴套密封未破坏情况下，导叶上下端面受高压水压力的面积相等，在导叶高度范围内的水压强差所产生的水压力差不足以克服导叶自身重量，因此，此情况下，导叶不会产生上浮情况。

如果要让导叶受到的浮力大到足以克服自身重力，则必须使得导叶下端受到足够大的水压力，当上下水压强差因导叶尺寸结构等原因无法有较大改变时，则可以通过改变导叶下端的受力面积来实现，因此当以下两者情况同时出现时：①导叶下端轴承密封损坏，高压水进入导叶下端轴底面（图 3 中黑色三角区域）；②导叶下端排水孔堵塞（见图 3），导致漏水无法顺利排走，在导叶下端轴底部与底环间的空腔内形成高压水腔，使得导叶下端受力面积大大增加，当空腔内水压逐渐增强，导叶受到向上的力足以克服导叶自身重量加导叶上端面受到向下的力，此时导叶就会上浮直到被垫片限位。

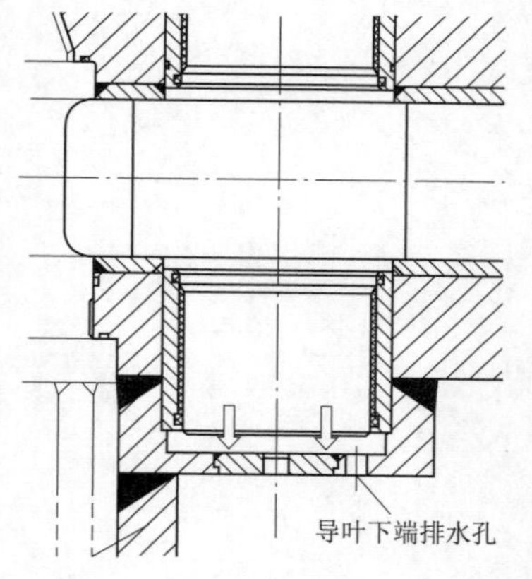

图 3 导叶下端排水孔

3.3 导叶上浮的原因分析

正常运行时不会出现上述现象，导叶的上浮应是其他原因引起。

对比其他抽水蓄能电站导叶止推轴承，某些电站将止推轴承设置在导叶底部的底环上，即导叶为类似伞式结构，这些电站的导叶间隙为上小下大。

理论上这些电站在导叶上浮时，上部间隙更小，下部间隙更大，但其这样设置的原因为高压水进入转轮室，会导致顶盖底面受到高压水压力，发生向上形变，底环下沉（针对底环未埋入混凝土的机组），导叶随着止推轴承及底环一起下沉，而导叶上端间隙变大，而导叶上浮的空间有限，所以能够保证机组正常运行时上下间隙趋向均匀。

综合上述分析，可以判断导叶端面间隙受到自身上浮、顶盖上浮、底环下沉等因素影响。因此得出推论，此类导水机构止推轴承设置在顶盖上且底环埋入混凝土中的机组在正常运行情况下导叶上浮原因为：高压水进入转轮室，由于底环埋入混凝土，底环下沉量可以忽略，此时顶盖受到向上水压力发生向上形变，带动导叶止推轴承向上位移，止推轴承带动导叶上浮，导叶上端面间隙不变，下端面间隙变大，上下间隙趋向均匀。故此类结构机组导叶上浮的本质原因推断为正常运行阶段顶盖的轻微形变。

4 结语

导叶端面间隙调整是水泵水轮机检修及安装的重要内容，影响着整个机组安装及检修的质量，因此深入理解导叶端面间隙的设置原理及调整方法，对机组安装及检修非常重要。关于导叶上浮的理论，本文提出了有别于传统思路的新想法，对导叶上浮这一问题提出了新的思路，有利于对该问题的深入分析。本文主要从实际的设备安装及检修出发，侧重于结合实践经验与设计思路进行相关分析，但缺乏相关严谨的计算结果及试验数据支撑，后续仍需要在这一方面进行相关计算、试验以及归纳统计。

参考文献

[1] 国网新源控股有限公司．水电厂运维一体化技能培训教材：高级［M］．北京：中国电力出版社，2015.
[2] 华东天荒坪抽水蓄能有限责任公司．天荒坪电站运行 20 周年总结［M］．北京：中国电力出版社，2018.
[3] 冯伊平．抽水蓄能运维技术培训教程［M］．杭州：浙江大学出版社，2016.
[4] 李浩良，孙华平．抽水蓄能电站运行与管理［M］．杭州：浙江大学出版社，2013.

洪屏抽水蓄能电站下水库大坝安全监测成果分析

刘　佳　马洪亮　刘　枫　王　野
（中水东北勘测设计研究有限责任公司，吉林省长春市　130021）

【摘　要】大坝定期检查是保证大坝安全运行的重要举措，本文通过对洪屏抽水蓄能电站下水库大坝变形、渗流、应力应变等安全监测资料成果进行分析，对下水库大坝运行性态做出了评价，并提出了建议，为电站首次定检结论提供了可靠的数据支撑，对大坝的后期运行管理及维护具有一定的指导意义。

【关键词】抽水蓄能　大坝定检　安全监测

1　工程概况

江西洪屏抽水蓄能电站位于江西省靖安县三爪仑乡境内，紧靠江西省用电中心，距南昌市、九江市、武汉市直线距离分别为65km、100km和190km。电站一期装机容量1200MW，安装4台单机功率300MW的立轴混流可逆式蓄能机组，为周调节纯抽水蓄能电站，在电网系统中担任调峰、填谷、调频、调相作用和事故备用等任务。

电站枢纽建筑主要包括上水库、下水库、输水系统、地下厂房洞室群等，属一等大（1）型工程。电站上水库主坝为混凝土重力坝，上水库西副坝和西南副坝为钢筋混凝土面板堆石坝，下水库大坝为碾压混凝土重力坝。

下水库大坝坝顶高程185.50m，坝顶长度181.25m，坝顶宽度7m，最大坝高74.5m，正常蓄水位181.00m，死水位163.00m，设计洪水位（$P=0.2\%$）183.29m，校核洪水位（$P=0.05\%$）184.11m。

2　下水库大坝安全监测布置

洪屏抽水蓄能电站下水库大坝设置有环境量、变形、渗流、应力应变、温度等监测项目，各类监测仪器及数量见表1。

表1　下水库大坝安全监测设施统计表

监测类别	监测项目	仪器名称	仪器数量	单位
环境量	上游水位	水位计	1	支
	气温	气温计	1	支
	库水温	温度计	5	支
变形	坝顶水平位移	引张线	9	条
		倒垂线	3	条
		正垂线	1	条
	坝体垂直位移	水准点	18	个
		双金属标	1	套
	接缝变形	测缝计	17	支
渗流	扬压力	测压管	12	个
	坝体渗压	渗压计	14	支
	渗流量	量水堰	5	个
	绕坝渗流	绕坝渗流孔	11	个

续表

监测类别	监测项目	仪器名称	仪器数量	单位
应力应变及温度	坝体应变	应变计	6	支
		无应力计	6	支
		锚索测力计	18	套
	闸墩钢筋应力	钢筋计	24	支
	坝体温度	温度计	29	支

3 下水库大坝安全监测成果分析

本次监测资料分析时段为仪器安装以来截至 2022 年 12 月 31 日，在测值可靠性分析的基础上，采用比较法、作图法及特征值统计法等对监测资料进行深入分析，以变形监测和渗流监测项目为分析重点，从测值的变化规律、分布情况、特征值大小等方面综合评价大坝的运行性态。

3.1 坝顶水平位移监测成果分析

坝顶水平位移采用引张线法进行观测。坝顶布置 1 条引张线，每个坝段布置 1 个测点（EXxk1～EXxk9），引张线固定端位于主坝右岸观测平洞内，挂重端位于主坝左岸观测平洞内，左右岸观测平洞内分别布置一条倒垂线。位移符号规定：向下游为正，向上游为负。

监测结果显示，水平位移测值主要受库水位和环境温度影响呈年周期性变化，水位升高，坝体向下游位移，反之向上游位移，温度升高，坝体向上游位移，反之，向下游位移，如图 1（a）所示；沿坝轴方向各测点位移主要表现为“中间大两端小”的分布规律，如图 1（b）所示。引张线各测点测值主要呈向下游位移，河床中部坝段位移量最大，向下游最大位移量为 14.51mm，发生在 EXxk6 测点（2019 年 1 月 2 日），对应当日平均库水位为 179.36m；其次为测点 EXxk3、EXxk5 向下游最大测值分别为 14.29mm、14.13mm，均为河床中部坝段；各测点最大年变幅在 4.54～11.01mm（EXxk5）。总体上看，各测点测值变幅不大，变化趋势平稳，坝顶水平位移符合混凝土坝变形规律，未见异常。

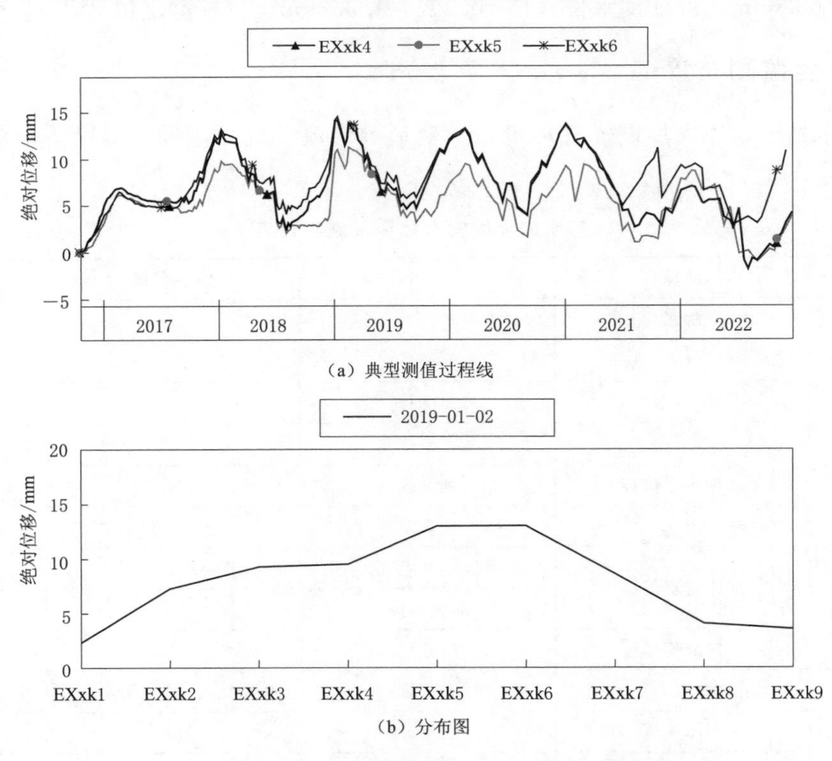

（a）典型测值过程线

（b）分布图

图 1 下水库大坝坝顶顺河向位移典型测值过程线和分布图

3.2 坝顶和坝基垂直位移监测成果分析

坝顶垂直位移采用精密几何水准法进行观测。坝顶水准测点设置在引张线测点旁，共布置9个水准测点（LDxk1～LDxk9）。在左右岸灌浆平洞内各布设1个水准工作基点，利用下水库的精密水准网进行校测。坝基水准测点设置在坝体基础廊道内，每个坝段布置1个测点，共布置9个水准测点。在5号坝段基础廊道内设1个双金属标，作为坝基垂直位移观测基准点。位移符号规定：向下为正，向上为负。

监测结果显示，坝顶各测点垂直位移受温度变化影响较为显著，呈年周期性变化，一般温升时测点呈上抬趋势，温降时测点呈下沉趋势，如图2（a）所示，沿坝轴方向各测点位移主要表现为"中间大两端小"的分布规律，如图2（b）所示。廊道各测点垂直位移的变化规律无明显周期性变化，受温度变化影响不显著。当前坝顶和廊道内测点沉降稳定。坝顶各测点最大沉降量为6.50mm，发生在6号坝段LDxk6测点（2019年3月12日），最大上抬量在为3.87mm之间，发生在3号坝段LDxk3测点（2018年9月16日），廊道各测点最大沉降量为2.13mm。总体上看，下库大坝坝顶和廊道垂直位移量值均较小。

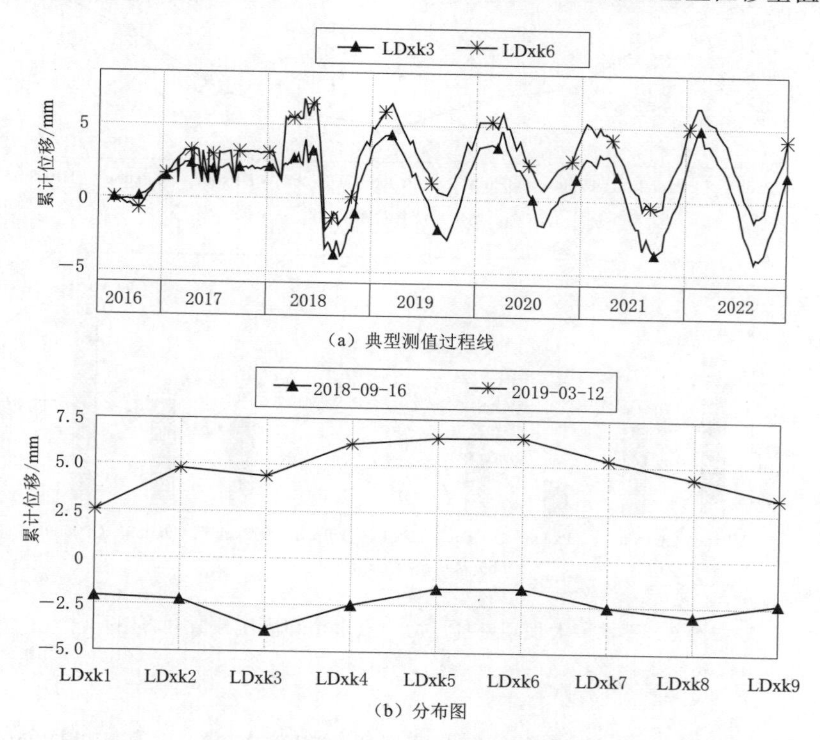

（a）典型测值过程线

（b）分布图

图2 下水库大坝坝顶垂直位移典型测值过程线和分布图

3.3 坝基和坝间接缝变形监测成果分析

在1～9号坝段坝基混凝土与基岩接触面上各布置一支单向测缝计，共9支（Jxkbj1～Jxkbj2）；在1～5号坝段间按高程方向布置1～2支单向测缝计，共8支（Jxk1～Jxk5、Jxk8～Jxk10）。下库大坝共计安装测缝计17支。位移符号规定：接缝张开为正，闭合为负。

监测结果显示，坝基和坝间接缝开合度测值过程线呈年周期性变化，一般在每年2—3月达到最大值，6—9月达到最小值；坝基接缝最大实测开度为1.35mm，坝体接缝最大实测开度为2.98mm。坝基和坝间接缝开度测值均较小，测值均在稳定的区间内变化，接缝变形稳定。

3.4 渗流监测成果分析

渗流监测项目内容主要包括坝基扬压力、坝体渗透压力、绕坝渗流、坝体及坝基渗漏量。

3.4.1 坝基扬压力

坝基扬压力布置1个纵向监测断面，布置在排水帷幕线上，每个坝段布置1个测压管，共计9个测点（UPxdb1～UPxdb9）。

监测结果显示，大坝蓄水过程中，随着水位的增加，各测点渗压水位出现不同程度的上涨，大坝正式运行以后，各测点渗压水位均在稳定的区间内小幅变化。各测点渗压水位从纵向分布来看，河床坝段的渗压水位较低，岸坡坝段渗压水位较高，如图 3（a）所示。

选取枯水期非降雨时段且坝上高水位的时间点（2022 年 2 月 1 日，库水位 180.3m）计算扬压力测孔的渗压系数。经计算，河床坝段各测点最大渗压系数为 0.12（UPxdb4），小于设计参考值 0.25；岸坡坝段除 UPxdb9 测点外，其他测点最大渗压系数为 0.24（UPxdb1），小于设计参考值 0.35，9 号坝段 UPxdb9 测点渗压系数为 0.36，略超设计参考值 0.35，鉴于设计提供的参考值有一定的富裕度，因此分析认为大坝整体稳定，如图 3（b）所示。

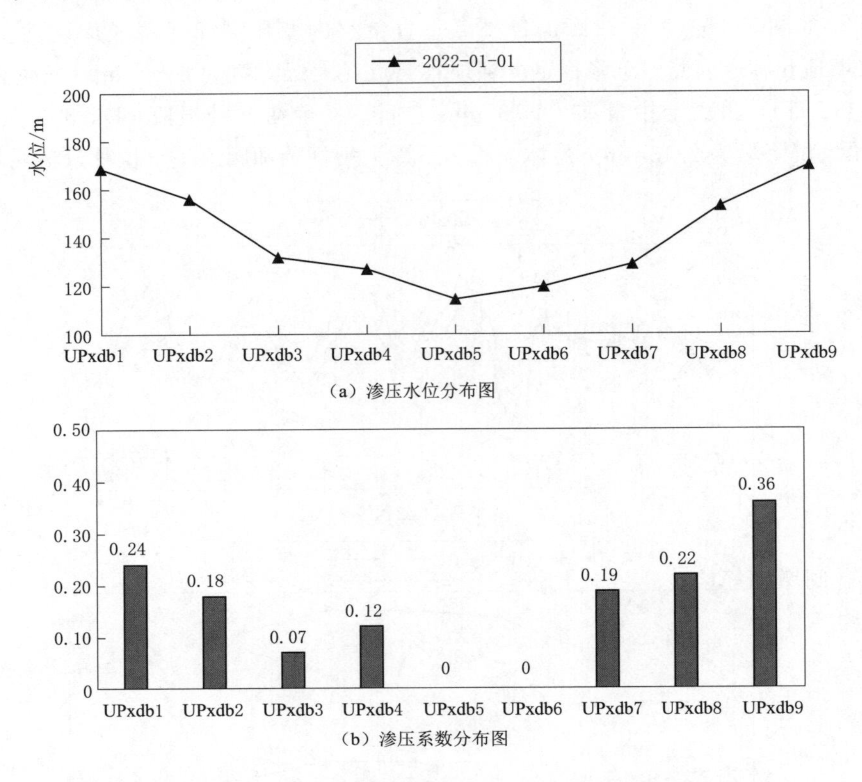

图 3 下水库大坝坝基扬压力测点水位和渗压系数分布图

3.4.2 坝体渗流

为监测碾压混凝土层间的接触渗流情况，在 4 号坝段高程 131.00m、高程 118.50m 各布置 2 支渗压计，5 号坝段高程 143.00m、高程 121.00m、高程 112.50m 各布置渗压计 2 支，7 号坝段高程 123.00m、高程 115.00m 各布置 2 支渗压计。

监测结果显示，各测点渗压水位变化与下库坝上水位存在不同程度的相关性，靠近上游侧的测点渗压水位高，但从变幅上来讲，渗压水位年变幅基本在 0.5m 以内，说明坝体渗流整体处于稳定状态。

3.4.3 绕坝渗流

为监测水库蓄水后两岸坝肩山体绕渗情况及两岸帷幕防渗效果，在两岸灌浆平洞帷幕线后布置绕坝渗流孔。左岸布置 4 孔（UPxkb8～UPxkb11），右岸布置 7 孔（UPxkb1～UPxkb7）。

监测结果显示，选取枯水期坝上高水位且当日变幅较大时间点（2021 年 12 月 29 日），各测点渗压水位与库水位变幅比值最大值为 0.133（UPxkb3），比值均较小，说明左右岸基本不存在绕渗现象，具体见表 2。

3.4.4 渗流量

下库大坝渗漏量按坝体和坝基分区布置量水堰，采用直角三角堰进行观测。

监测结果显示，大坝渗漏量与气温呈明显的负相关性，温度升高，渗流量减少，温度降低，渗流量增多，与降雨量和坝上水位相关性不明显。大坝最大总渗漏量为 8.81L/s（2018 年 2 月 23 日），小于设计参考值 20L/s。总体来讲，大坝渗漏情况稳定。

表2 下水库大坝绕渗孔水位变幅与库水位变幅比值成果表

测点	位置	时间（2021年12月29日）		变幅/m	水位变幅比值
		低水位/m	高水位/m		
下水库坝上水位	右岸坝肩山体	177.87	180.42	2.55	—
UPxkb1	右岸坝肩山体	183.34	183.26	−0.08	−0.031
UPxkb2	右岸坝肩山体	160.85	161.00	0.15	0.059
UPxkb3	右岸幕后	158.74	159.08	0.34	0.133
UPxkb4	右岸幕后	156.39	156.60	0.21	0.082
UPxkb5	右岸幕后	135.25	135.29	0.04	0.016
UPxkb6	右岸幕后	144.32	144.35	0.03	0.012
UPxkb7	左岸坝肩山体	125.61	125.72	0.11	0.043
UPxkb8	左岸坝肩山体	175.15	175.16	0.01	0.004
UPxkb9	左岸幕后	183.71	183.70	−0.01	−0.004
UPxkb10	左岸幕后	172.16	172.24	0.08	0.031
UPxkb11	右岸坝肩山体	160.06	160.38	0.32	0.125

3.5 应力应变监测成果分析

为了解溢流表孔闸墩的钢筋应力情况，在边墩、中墩共布置钢筋计24支；选取5号坝段布置混凝土应力应变观测断面，在理论计算应力较大的部位布置四向应变计组，在应变计组旁0.5m处，布置相应的无应力计，共布置四向应变计6组。

3.5.1 闸墩钢筋应力

监测结果显示，闸墩钢筋应力以压应力为主，测值呈年周期性变化，与温度呈明显的正相关性，较温度滞后2～3个月，最大实测拉应力为105.52MPa（Rxkbd-6-4，2021年11月18日），如图4（a）所示，冬季钢筋拉应力减小（压应力增大），最大实测压应力为91.68MPa。从钢筋计测值变化趋势看，各测点钢筋应力变化平稳，表明结构内力处于稳定状态。

3.5.2 坝体混凝土应力应变

监测结果显示，坝体混凝土主要呈受压状态，测值主要呈年周期性变化，与温度呈明显的正相关性，混凝土最大实测拉应变为172.13$\mu\varepsilon$（S4xk1-1，2022年8月27日），如图4（b）所示，最大实测压应变为755.61$\mu\varepsilon$。从应变计测值变化趋势看，测值变化整体稳定，表明混凝土结构内力处于稳定状态。

4 结语

通过对洪屏抽水蓄能电站下水库大坝安全监测资料分析可以得出以下结论：①大坝坝顶、坝基和结构缝变形规律符合混凝土坝的一般变形规律，变形量值均在合理的范围之内；②大坝坝基和坝体渗流均处于稳定状态，未出现异常的增大趋势，9号坝段UPxdb9测点渗压系数（0.36）略超设计参考值0.35，鉴于设计提供的参考值有一定的富裕度，分析认为大坝整体稳定，不存在抗滑稳定的风险，但应持续关

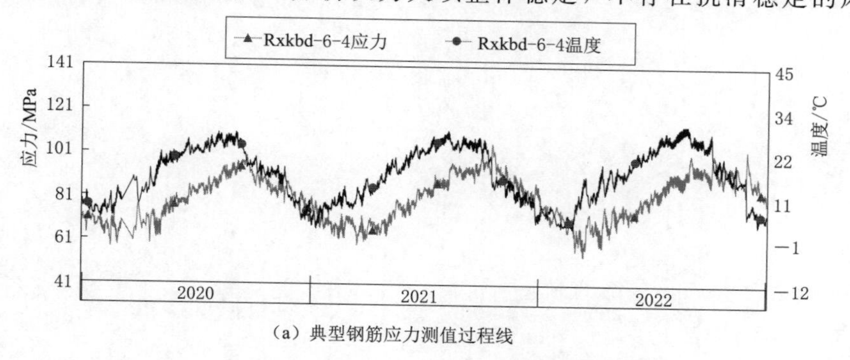

（a）典型钢筋应力测值过程线

图4（一） 下水库大坝应力应变典型测值过程线

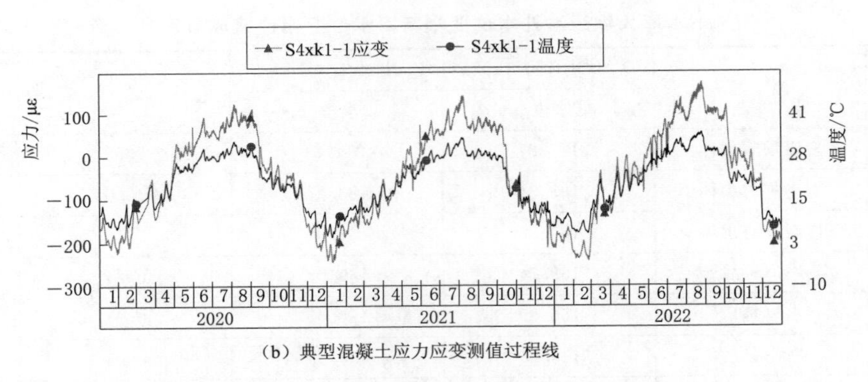

（b）典型混凝土应力应变测值过程线

图 4（二） 下水库大坝应力应变典型测值过程线

注测值的变化趋势，若进一步发展应及时采取措施；③大坝结构应力应变测值呈年周期性变化，变化规律正常，说明结构内力整体处于稳定状态；④综合分析认为，大坝整体运行性态正常。

参考文献

［1］ 刘浩，郑晓红．洪屏抽水蓄能电站上水库大坝安全监测设计及蓄水初期监测成果分析［J］．大坝与安全，2017（5）：26－34．

［2］ 刘精敏．江西省洪屏抽水蓄能电站简介［J］．华中电力，1998（2）：66－67．

张河湾电站机组蜗壳及尾水管排水操作优化

梁晓龙　金清山　赵雪鹏　李金研　李永杰
（河北张河湾蓄能发电有限责任公司　河北省石家庄市　050300）

【摘　要】机组因流道消缺或大修时，需要运行人员进行蜗壳及尾水管排水操作将蜗壳及尾水管排空，以便于水轮机及流道检修；尾水管排水时间越久，留给机组检修及调试的时间就会越短，尤其是对于检修工期只有一天且需要尾水管排水的定检工作，时间就更加紧迫，将会影响机组检修及调试的工作质量，给安全生产带来隐患；运行人员经过充分探讨、多方面优化，力求缩短蜗壳及尾水管排水操作时间，减轻操作人员工作负担，加快检修工作进度。

【关键词】操作　操作人员　蜗壳及尾水管

1　引言

张河湾公司总装机容量100万kW，安装4台25万kW的单级混流可逆式水泵水轮机组，以一回500kV线路接入河北南部电网，设计年发电量16.75亿kW·h，年抽水用电量22.04亿kW·h，电站综合效率为0.76。蜗壳及尾水管排水操作是为蜗壳内水轮机部件及流道检查的安全措施，故蜗壳及尾水管操作一直是机组D及以上检修的常规操作，另外若机组非检修期间出现蜗壳内水轮机部件及流道异常时，亦需要紧急进行蜗壳及尾水管排水操作，对其进行检查。因此，急需优化蜗壳及尾水管排水操作，力求缩短蜗壳及尾水管排水操作时间，减轻操作人员工作负担，加快检修工作进度。

2　现状

2022年3—12月，对电站4台机组蜗壳及尾水管充排水操作时间进行统计见表1、表2。

表1　2022年3—12月电站4台机组蜗壳及尾水管排水时间统计表

项　目	机　组			
	1号	2号	3号	4号
充排水总次数	2	3	2	2
操作时间总耗时/min	698	1012	682	678
每次操作时间平均耗时/min	349	337	341	339
平均耗时/min	341			

表2　各环节耗时统计

序号	主要项目名称	单个用时/min	操作量	总用时/min
1	开关拉开挂牌上锁	0.6	7	4.2
2	排污阀关闭挂牌上锁	0.5	8	4
3	主要进出口阀门关闭挂牌上锁	1	15	15
4	中压气隔断阀关闭挂牌上锁	2	2	4
5	蜗壳排水阀关闭挂牌上锁	3	1	3
6	球阀检修密封锁锭投入	3	16	48
7	盘型阀开启挂牌上锁	6	1	6
8	启排水泵排水	150	1	150

续表

序号	主要项目名称	单个用时/min	操作量	总用时/min
9	落尾水事故闸门	45	1	50
10	排水泵停泵后残余水排尽	25	1	25

根据统计数据分析，平均排水操作用时5.6h。主要用时来源可分为：阀门操作、锁锭操作、排水、落闸门等。

3　优化方向

经讨论分析，优化的方向主要为以下两方面。

3.1　优化操作顺序

常规的操作思路是：先操作电源和控制方式；再操作所有可能来水侧阀门和投入球阀修密封锁锭；再落下尾水事故闸门；最后开启检修排水泵相关阀门进行排水。经讨论分析发现，常规操作中，落下尾水事故闸门和排尽蜗壳及尾水管的水占用时间最多且落门和排水泵排水期间只能等待，另外蜗壳及尾水管最大的来水侧便是上、下库来水以及主轴密封压力钢管取水源；而其他阀门操作的作用是防止有来水的可能，且来水量极少。因此可以充分将落门过程时间和排水泵排水过程时间充分穿插利用。

以4号机组为例，原操作内容中先操作所有可能来水侧阀门和投入球阀修密封锁锭（操作票第19步至第100步）；再落下尾水事故闸门（操作票第101步至第102步）；最后开启检修排水泵相关阀门进行排水（操作票第109步至结束第152步）。

经优化后的操作票：①将“落下尾水事故闸门”提前至检查项之后，操作部分可能来水侧阀门之前（操作票第45步），“检查闸门尾水检修闸门在‘关闭’位置”按照操作经验放在（操作票第81步），利用自动落尾水事故闸门的时间（大约50min），可以穿插操作14个阀门；②将“启排水泵”提前至切断上库（关闭球阀）、下库（落下闸门）来水以及主轴密封压力钢管取水源（关闭相应两个阀门）之后，操作剩余可能来水侧阀门和投入球阀修密封锁锭之前（操作票第100步）。见图1～图3。

110	100	投入4号机球阀=U04+MG10-MYV04检修密封10号锁锭	
111	101	落下尾水检修闸门=D02+ZM05	
112	102	检查4号机尾水检修闸门=D02+ZM05在“关闭”位置	
113	103	拉开尾水双向门机控制箱电源开关=S41+BF13-GS105	
114	104	锁上尾水双向门机控制箱电源开关=S41+BF13-GS105	
115	105	拉开下库4号启闭机控制盘（1）电源开关=S41+BF13-GS102	
116	106	锁上下库4号启闭机控制盘（1）电源开关=S41+BF13-GS102	
117	107	拉开下库4号启闭机控制盘（2）电源开关=S42+BF13-GS102	
118	108	锁上下库4号启闭机控制盘（2）电源开关=S42+BF13-GS102	
119	109	检查1号机尾水管检修排水阀=U01+PM10-AA400在“关闭”位置	
120	110	检查1号机尾水管检修排水阀=U01+PM10-AA400锁锭在“投入”位置	
121	111	检查2号机尾水管检修排水阀=U02+PM10-AA400在“关闭”位置	
122	112	检查2号机尾水管检修排水阀=U02+PM10-AA400锁锭在“投入”位置	
123	113	检查3号机尾水管检修排水阀=U03+PM10-AA400在“关闭”位置	
124	114	检查3号机尾水管检修排水阀=U03+PM10-AA400锁锭在“投入”位置	
125	115	退出4号机尾水管检修排水阀=U04+PM10-AA400锁锭	
126	116	打开4号机尾水管检修排水阀=U04+PM10-AA400	
127	117	投入4号机尾水管检修排水阀=U04+PM10-AA400锁锭	
128	118	打开4号机蜗壳排水阀=U04+PM10-AA911	
129	119	锁上4号机蜗壳排水阀=U04+PM10-AA911	
130	120	打开4号机蜗壳1号手动排气阀=U04+PM10-AA451	
131	121	打开4号机蜗壳2号手动排气阀=U04+PM10-AA452	
132	122	检查检修排水出口总阀=C01+PM13-AA006在“全开”位置	
133	123	检查1号检修排水泵进口阀=C01+PM11-AA001在“全开”位置	
134	124	打开1号检修排水泵出口阀=C01+PM11-AA003	
135	125	启动1号检修排水泵=C01+PM11-AP001	
136	126	检查1号检修排水泵=C01+PM11-AP001运行正常	

图1　原操作票截图

45	落下尾水检修闸门=D02+ZM05
46	关闭4号机主轴密封压力钢管侧检修取水阀=U04+MF10-AA422
47	锁上4号机主轴密封压力钢管侧检修取水阀=U04+MF10-AA422
48	关闭4号机主轴密封冷却水供水总阀=U04+MF10-AA423
49	锁上4号机主轴密封冷却水供水总阀=U04+MF10-AA423
50	关闭4号机迷宫环供水总阀=U04+MF10-AA411
51	锁上4号机迷宫环供水总阀=U04+MF10-AA411
52	关闭4号机主轴密封冷却水旋流器排污阀=U04+PA10-AA414
53	锁上4号机主轴密封冷却水旋流器排污阀=U04+PA10-AA414
54	关闭4号机主轴密封1号冷却水过滤器排污阀=U04+PA10-AA416
55	锁上4号机主轴密封1号冷却水过滤器排污阀=U04+PA10-AA416
56	关闭4号机主轴密封2号冷却水过滤器排污阀=U04+PA10-AA418
57	锁上4号机主轴密封2号冷却水过滤器排污阀=U04+PA10-AA418
58	关闭4号机1号技术供水过滤器排污电动阀进口阀=U04+PA10-AA017
59	锁上4号机1号技术供水过滤器排污电动阀进口阀=U04+PA10-AA017
60	关闭4号机2号技术供水过滤器排污电动阀进口阀=U04+PA10-AA027

图2 优化后的落闸门操作

81	检查4号机尾水检修闸门=D02+ZM05在“关闭”位置
82	拉开尾水双向门机控制箱电源开关=S41+BF13-GS105
83	锁上尾水双向门机控制箱电源开关=S41+BF13-GS105
84	检查1号机尾水管检修排水阀=U01+PM10-AA400在“关闭”位置
85	检查1号机尾水管检修排水阀=U01+PM10-AA400锁锭在“投入”位置
86	检查2号机尾水管检修排水阀=U02+PM10-AA400在“关闭”位置
87	检查2号机尾水管检修排水阀=U02+PM10-AA400锁锭在“投入”位置
88	检查3号机尾水管检修排水阀=U03+PM10-AA400在“关闭”位置
89	检查3号机尾水管检修排水阀=U03+PM10-AA400锁锭在“投入”位置
90	退出4号机尾水管检修排水阀=U04+PM10-AA400锁锭
91	打开4号机尾水管检修排水阀=U04+PM10-AA400
92	投入4号机尾水管检修排水阀=U04+PM10-AA400锁锭
93	打开4号机蜗壳排水阀=U04+PM10-AA911
94	锁上4号机蜗壳排水阀=U04+PM10-AA911
95	打开4号机蜗壳1号手动排气阀=U04+PM10-AA451
96	打开4号机蜗壳2号手动排气阀=U04+PM10-AA452
97	检查检修排水出口总阀=C01+PM13-AA006在“全开”位置
98	检查1号检修排水泵进口阀=C01+PM11-AA001在“全开”位置
99	打开1号检修排水泵出口阀=C01+PM11-AA003
100	启动1号检修排水泵=C01+PM11-AP001
101	检查1号检修排水泵=C01+PM11-AP001运行正常
102	检查2号检修排水泵进口阀=C01+PM12-AA001在“全开”位置
103	打开2号检修排水泵出口阀=C01+PM12-AA003
104	启动2号检修排水泵=C01+PM12-AP001

图3 优化后的启排水泵操作

在保障操作票正确、安全的前提下，经过以上两次优化，可以缩减70min。

3.2 优化操作工具

经操作人员反映和调查分析，发现球阀检修密封锁锭位置靠近墙面基础，位置狭小且有高有低，不便于操作；使用时间已长达15年，由于地下厂房潮湿，检修密封锁锭存在锈蚀卡涩现象；投退工具为市面上70mm的扳手多为重型扳手，存在重量大携带不便、操作费时费力等问题，且存在高空作业、空间狭窄等使用环境，开口扳手操作时易脱手，存在安全隐患。

图4～图6为张河湾电站球阀检修密封锁锭投退的三种常用工具，其中图4扳手为钢板切割，开口形

式，重量较轻，存在扳手手感较差，外观粗糙，易脱手、安全性较差等问题；图 5 为现有管钳，操作时存在管钳过重，需双手持卧，每次操作均需调整扳手开口大小，高空作业使用存在困难，操作费时等问题；图 6 同样为自制扳手，由钢管及四方头组成，每次转动螺栓均需重新对好螺栓孔，操作费时。以上三种都是现有操作工具，实际使用中各有优缺点，都存在使用不便，安全性较差，操作费时费力的问题，亟需缩短球阀检修密封锁锭投退时间，并提高操作安全性。

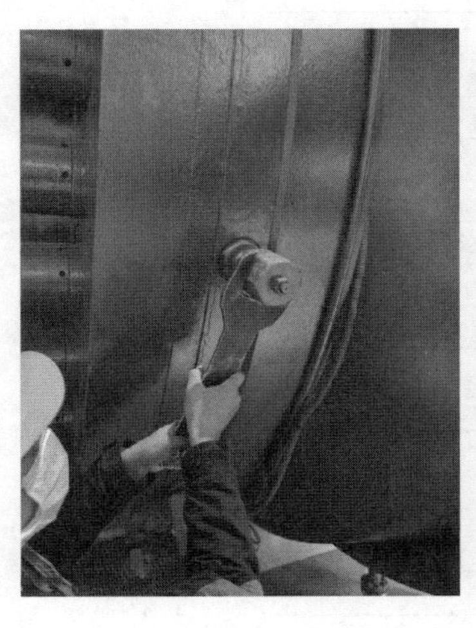

图 4

图 5

图 6

图 7、图 8 为设计出的适合球阀检修密封锁锭投退的专用扳手，棘轮头在保证强度的情况下通过切削边缘、打孔减轻重量，把手为焊接钢管，并套上护套，最终重量为 2.5kg 完美平衡了实用、美观、便利与安全性的需求，缩短了投退锁锭操作时间，解决了实际问题。经实际操作检验可以缩短人员操作 20min。

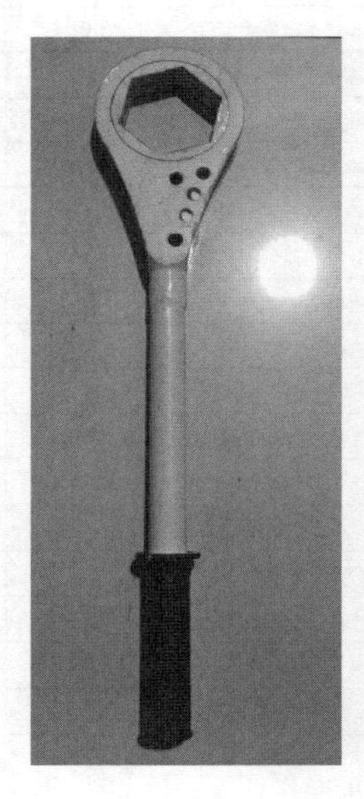

图 7

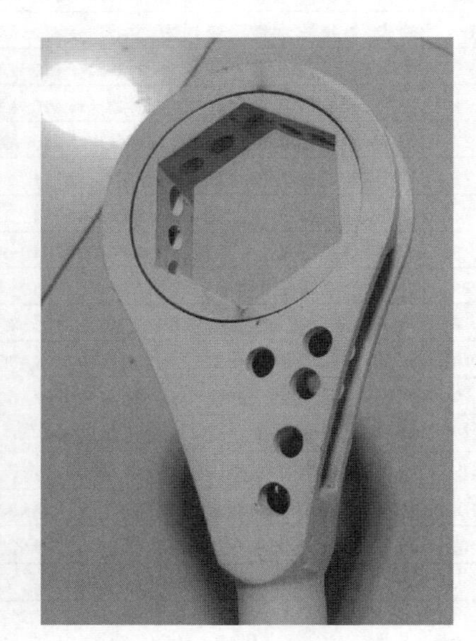

图 8

4　结论

通过对操作顺序和操作工具的优化，经 2023 年 9 个月的实践，确实切实有效的缩短了蜗壳及尾水管排水操作时间，减轻操作人员工作负担，加快检修工作进度；进而有效缩短张河湾电站检修工期，充分提高机组利用小时数；在河北南网中发挥更大的价值。也为张河湾电站其他费时费力的常规操作提供了参考价值；为同类型电站、有同类型工作的单位提供了典型操作经验。

浅析铁磁谐振原理及限制措施

赵福万　冯汉扩
（河北丰宁抽水蓄能有限公司，河北省丰宁县　068350）

【摘　要】 本文结合某大型抽水蓄能电站10kV电磁式电压互感器柜熔断器多次熔断及电磁式电压互感器开裂的问题，根据互感器的磁饱和特性，分析了消除铁磁谐振和限制铁磁谐振过电压的集中有效方法。

【关键词】 铁磁谐振　谐振过电压　磁饱和特性　消除铁磁谐振

1　引言

电压互感器在正常工作条件下，三相基本平衡，电网中性点对地位移电压很小，但在电压互感器突然合闸、电网中单相接地突然消失等情况下，会造成电磁式电压互感器的三相对地电压也随之变化，出现过电压使电压互感器铁芯饱和，电感量降低，与线路对地电容形成的振荡回路就可能激发起铁磁谐振。

2　故障分析

2.1　故障经过及现象

2019年4月21日8时12分，某大型抽水蓄能电站巡视人员在日常巡检中发现配电室主10kV主进线柜显示C相电压为0，但A、B两相的电压均正常，母线TV柜显示三相电压均为正常，分析后判断此故障原因为电磁式电压互感器C相熔断器熔断。停电更换C相一次侧熔断器，送电后三相电压均显示正常。但是随后故障现象再次出现，经查看得知C相熔断器再次熔断，故障处理过程中将主进线柜内的电磁式电压互感器拉出后检查，三相电磁式电压互感器外表都出现了贯穿性裂纹，裂纹宽度约0.5mm（见图1）。根据故障的报警记录初步判断由于谐振过流热膨胀使得互感器胀裂，但是更换新互感器后于2019年5月12日该部位互感器竟然再次出现贯穿性裂纹。

图1　电压互感器

2.2　故障报警及原因分析

一期配电室（Ⅰ母和Ⅱ母）和二期配电室（Ⅲ母）故障报警信息见表1。

表1　故障报警信息

一期配电室（二期配电室出线柜）			二期配电室（3号主进线柜）		
报警时间	报警信息	幅值/V	报警时间	报警信息	幅值/V
04.20 07:40	25Hz过电压报警	102.7	02.01 15:32	50Hz接地报警	35
04.21 15:29	17Hz谐振报警	25.9	03.16 09:41	50Hz接地报警	96
04.23 16:10′18″	17Hz谐振报警	31.9	03.16 09:42	50Hz接地报警	96
04.23 16:10′59″	17Hz谐振报警	61.5	04.21 07:59	50Hz接地报警	34
04.23 16:12	17Hz谐振报警	57.9	04.21 15:16	50Hz接地报警	34
05.11 16:41	17Hz谐振报警	27.2	04.23 16:09	17Hz谐振报警	38

续表

一期配电室（二期配电室出线柜）			二期配电室（3号主进线柜）		
报警时间	报警信息	幅值/V	报警时间	报警信息	幅值/V
05.11 16:54	17Hz 谐振报警	24.7	05.11 16:51	25Hz 过电压报警	113
05.11 17:00	50Hz 过电压报警	103.1	—	—	—
05.11 17:14	17Hz 谐振报警	19	—	—	—
05.12 11:44	17Hz 谐振报警	38.7	—	—	—
05.12 11:45	17Hz 谐振报警	21.5	—	—	—

现场对开裂的 TV 的一次绕组和二次绕组的阻值进行测量，发现一次绕组（A－N）阻值和二次绕组（1a－1N，2A－2N，da－dn）阻值无明显异常。现场配置了微机消谐装置，消谐装置可实时监测 TV 开口三角形电压 17Hz、25Hz、50Hz、150Hz 四种频率的电压分量，当零序电压持续大于 30V 小于 110V 时，报接地故障，当零序电压持续大于 110V 时，消谐装置消谐元件动作，如果消谐元件动作三次后电压值还是大于 110V，报过压报警，不再进行消谐。

根据相关报警信息，分析判断造成 TV 柜熔断器多次熔断原因如下：

（1）现场频繁发生低频谐振，谐振频率在 16.7～25.4Hz。电压互感器工作频率为 50Hz，从 $XL=2\pi fL$ 可得，当频率 f 降低时，电压互感器感抗下降，一次绕组经中性点到大地之间会形成很大的低频饱和电流。也就是在系统中频繁出现 17Hz/25Hz，三分/二分低频谐波，会产生瞬间的低频电流，造成熔丝熔断，烧损 TV。

（2）系统频繁发生接地故障。当系统发生单相接地时，非接地相的电压升高到线电压，一旦接地故障消失，非接地相的电压又由线电压恢复到正常的相电压水平。电磁式电压互感器在较高的线电压时充电的电荷只有通过高压绕组，经原来的中性点导入大地。在这瞬变的充放电过程中，高压绕组中将会流过低频冲击电流，造成一次熔丝熔断。

3 铁磁谐振特点

图 2 中分别画出了 $R=0$ 时电感和电容上的电压随电流变化的曲线 $U_L=f(I)$，$U_C=f(I)$。显然，$U_C=f(I)$ 是一条直线。铁芯电感上的电压 U_1 在铁芯未饱和前，$U=f(I)$ 基本是直线；铁芯饱和后，电感下降，$U=f(I)$ 不再是直线。因此，产生基波铁磁谐振的必要条件是在正常运行条件下，有

$$\omega L>\frac{1}{\omega C}$$

式中：L 为铁芯电感未饱和时的电感值；ω 为基波角频率；C 为电路电容值。

只有满足以上条件，伏安特性曲线 $U_L=f(I)$ 和 $U_C=f(I)$ 才可能有交点。从物理意义上可理解为：当满足以上条件，在电感未饱和时，电路的自振频率低于电源频率，当谐振时线圈中的电流增加，电感值下降，使回路自振频率正好等于或接近电源频率。若忽略回路电阻，从回路中元件上的压降和电源电势相平衡的条件可以得到 $E=U_L+U_C$。

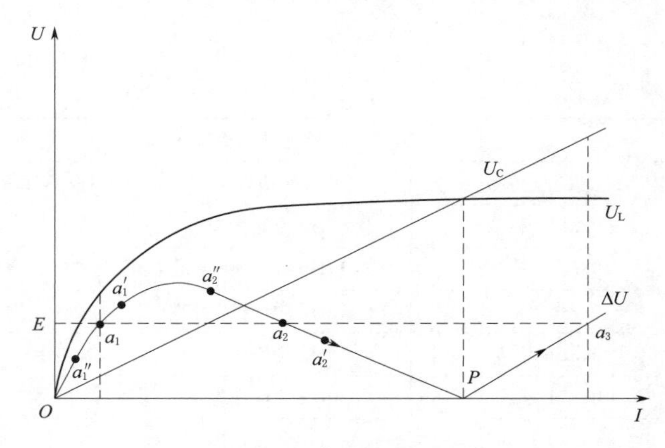

图 2 串联铁磁谐振电路特殊曲线

4 电磁式电压互感器饱和引起的谐振过电压

在中性点不接地系统中，为了监视三相对地电压，在发电厂、变电站母线上接有 Y_0 连接的电磁式电压互感器，如图 3 所示。网络对地参数除了电力设备和导线的对地电容 C_0 之外，还有电压互感器的励磁电感 L。正常运行时电压互感器励磁阻抗很大，所以网络对地阻抗是容性，三相基本平衡，电网中

性点的位移电压很小。但系统出现某些扰动，使电压互感器三相电感饱和程度不同时，电网中性点就有较高的位移电压，可能激发谐振过电压。常见的使用电压互感器产生严重饱和的情况有：电压互感器的突然合闸，使某相或两相出现巨大涌流；限流瞬间单相弧光接地，使健全相电压突然升至线电压，而故障相在接地消失时，又可能引起电压突然上升，在这些暂态过程中也有很大的涌流；其他形式的电压升高等都可能引起电压互感器的铁芯饱和。

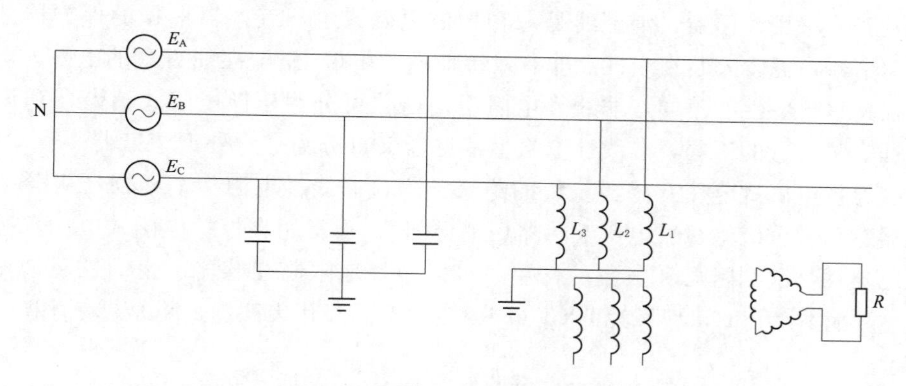

图 3　电压互感器接线原理图

由于电压互感器三相电感饱和程度不等，会出现电压互感器一相或两相电压升高，也可能三相电压同时升高。与此同时，电源变压器绕组电动势 E_A、E_B、E_c 则不变，它们是由发电机正序电动势所决定的。整个电网对地电压的变动表现为电源中性点位移，所以这种过电压现象又称为电网中性点的位移现象。

如图 4 所示，中性点有位移电压时的三相向量图，中性点位移电压为 E_0，在此情况下 $I_A+I_B+I_C=0$，三相电路平衡，互感器 B、C 两相饱和呈感性阻抗，A 相电压低呈容性阻抗。两相对地电压升高，一相降低，这与系统内出现单相接地的现象是相仿，但实际上并不是单相接地，所以称为虚幻接地现象。显然，中性点位移电压 E_0 越高，相对地电压也越高。既然过电压是零序电压引起的，只取决于零序回路的参数，所以可以判定，导线的相间电容、改善功率因数用的补偿电容器组、电网内负载变压器及有功和无功负载对这种过电压都不起任何作用。它们都是接在相间的，而线电压是由电源决定的固定不变的。

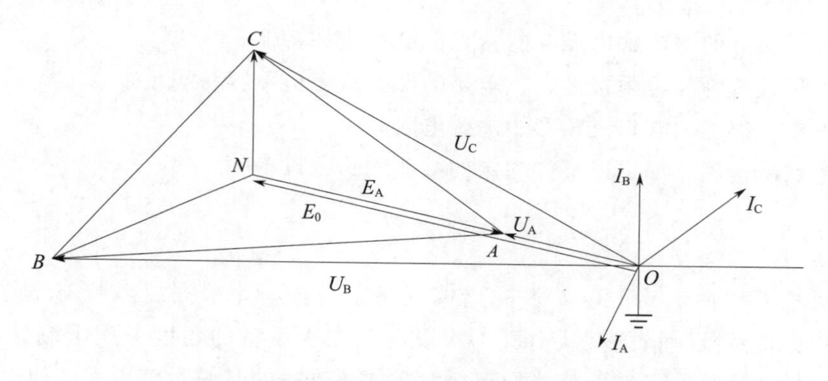

图 4　中性点有位移电压时三相电压相量图

若电源中性点直接接地，则互感器绕组分别与各相电源电动势连接，电网内各点电位被固定也就不会出现中性点位移电压，因而就不会出现过电压。

在中性点经消弧线圈接地的情况下，消弧线圈的电感 L_p 比互感器的励磁电感 L 小，零序回路中 L 被 L_p 所短接，所以 L 的变化不会引起过电压。但是，中性点直接接地或经消弧线圈接地的电网，由于操作不当，也会临时形成局部电网为中性点不接地的方式运行，这样就有可能引起过电压。

我国长期以来的试验研究和结果表明，基波和高次谐波谐振过电压很少超过 $3U_{xg}$（U_{xg} 为最高运行相电压），因此除非存在弱绝缘设备，一般是不会有危险的。但经常发生互感器喷油冒烟、高压熔丝熔断等异常现象和引起接地指示的误动作。对于分次谐波谐振来说，由于受到电压互感器铁芯过饱和的限制，过电压一般不超过 $2U_{xg}$，但励磁电流增加很大，会引起熔丝熔断或者使互感器本身烧毁。

5　电磁式电压互感器消除铁磁谐振过电压方式

5.1　一次消谐装置

一次消谐装置普遍采用消谐器，消谐器是一种抑制电磁式电压互感器谐振的保护器件，采用非线性电阻材料制作的消谐器，通常安装在中性点非有效接地系统中采用 Y_0 接线方式的电磁式电压互感器的中性点与地之间。根据材料特性的不同，非线性电阻型消谐器可分为压敏电阻式消谐器和流敏电阻式消谐器两种类型。根据安装位置的不同，非线性电阻型消谐器又可分为“户外型消谐器”和“户内型消谐器”两种类型。根据被保护电磁式电压互感器绕组的绝缘类型，非线性电阻型消谐器还可分为“全绝缘式电压互感器用消谐器”和“分级绝缘式电压互感器用消谐器”。通常用在保护电磁式电压互感器一次侧的非线性电阻消谐阻尼器件，起到阻尼和限流的作用，可以很好地限制互感器产生的铁磁谐振。现在市场上的一次消谐装置主要材料为 SiC，型号为 LXQ 或 RXQ 系列（L 代表裸露，XQ 代表消谐）。

5.2　二次消谐装置

微机消谐装置大多采用单片微机作为核心，对 TV 开口三角电压（即零序电压）进行循环检测。在正常工作情况下，装置内的大功率消谐元件处于阻断状态，对系统无任何影响。当 TV 开口三角电压大于相应电压值时，说明系统出现故障，装置对电压互感器开口三角电压进行数据采集、分析，并判断出当前的故障状态；装置可实时监测 TV 开口三角电压 17Hz、25Hz、50Hz、150Hz 等频率的电压分量。发生故障时可以区分过电压、铁磁谐振以及单相接地，并给出相应的报警信号；如是谐振故障，可迅速启动消谐元件进行消谐；并配有通信接口把故障信息传送至有关部门，实现远动控制。如果是某种频率的铁磁谐振，迅速启动消谐元件，产生强大阻尼，从而消除铁磁谐振。如果是过电压或接地，装置给出相应的报警信号。对于各种故障，装置可以分别给出报警信号和显示、并自动记录、存储有关故障信息，并上报给上位机。

由于谐振过电压持续时间长，要达十分之几秒以上，甚至可能长期存在，因此不能用普通阀型避雷器限制。为了消除和限制铁磁谐振过电压，在中性点非直接接地系统中，可采取下列措施消除铁磁谐振过电压：

（1）选用励磁特性较好的电磁式电压互感器，提高过饱和特性。

（2）中性点接地形式改为经电阻接地，让电路的谐振状态更不容易满足。

（3）在电磁式电压互感器的开口三角形中加装电阻。

（4）采取临时的倒闸措施，如退出事先规定的某些线路或设备等。

6　结语

本文主要通过对某大型抽水蓄能电站铁磁谐振现场事故分析，根据故障状态下铁磁谐振的电路图，得到限制铁磁谐振的原理及限制措施，从电气一次设备和二次设备的角度考虑限制铁磁谐振的措施。目前完全消除铁磁谐振的方法尚在研究，只能做到在发生铁磁谐振的时候对破坏程度加以限制，保护设备。

参考文献

[1]　刘俊．浅议中性点不接地系统铁磁谐振产生原因及消谐措施［C］//重庆市电机工程学会 2008 年学术会议论文集，2008：456-458.

[2]　易成星，杨伟，朱文艳．电压互感器铁磁谐振过电压的研究［J］．电工电气，2013（9）：20-23.

[3]　张宏江．变电站 6kV 系统铁磁谐振分析［J］．祖国（建设版），2013（7）：198-199.

[4]　赵吉东．配电网几种消谐措施的对比［J］．西北电力技术，2004，32（4）：125-126.

[5]　河北英瑞电气有限公司．一种铁磁谐振消除装置：CN201921152104.9［P］．2020-02-14.

防水力自激振的方案设计与实践

唐代饶[1]　王晶晶[2]
（1. 国网新源集团有限公司湖南分公司平江项目，湖南省平江县　414501；
2. 国网新源集团有限公司湖南分公司黑麋峰电站，湖南省长沙市　430104）

【摘　要】水力自激振现象是水电站安全的威胁之一，国内多家水电厂曾出现过水力自激振现象，国家电网公司于2019年发布了相应的反事故措施与技术规范。各抽水蓄能电站结合本厂实际情况，新增或完善了防自激振的保护功能及信号点位，实现了实时监测水力自激振的情况。在水力自激振发生的前期能迅速响应，破坏水力特性从而消除水力自激振，提高抽水蓄能电厂运行的安全性。

【关键词】抽水蓄能　水力自激振动　自动控制　计算机监控系统

1　引言

随着抽水蓄能电站项目建设成为国家能源战略的重要组成之一，抽蓄电站的安全稳定运行能力也变得日益重要。近20年来，2003年广蓄、2007年天荒坪抽蓄、2014年桐柏抽蓄，均发生过不同程度的水力自激振情况。水力自激振动问题已提出多年，如今，设备厂家在设计与制造上还无法根本解决该问题，同时，运行单位的安装、电站运行人员对此问题认知深度也不够深入。水力自激振动常见于球阀工作密封异常之时，一旦密封出现问题，水力自激振的概率将会大大提高。根据《关于印发引水系统水力自激振动事故预控措施及现场处置指导意见的通知》，某抽水蓄能电站新增了防水力自激振设施，以及相应的上位机监控画面。通过计算机监控系统的辅助，在遵循“提前预控、尽早判断、快速处置”的原则下，对水力自激振现象发生的初期能科学有效地开展预控和现场处置工作。

2　项目实施背景

2.1　水力自激振的定义

水力振动可分为强迫振动引起的水力共振与自激振动两类。前者是在外界的扰动频率等于或接近于引水管道系统的某一阶的自由振动频率时，产生的水压力振荡；后者则因为水力系统本身是不稳定的，任何引入该系统的压力或流量的微小扰动都将导致随时间而不断增强的振动，即自激振动。

2.2　产生原因

当球阀处于关闭状态时，工作密封的投、退发生异常（在球阀密封投入状态下时若存自由状态或投入力减弱或密封不严、密封投退操作腔有串压的情况），投退压力若扰动，球阀密封出现反复位移。球阀密封渗漏量变化，管道中的水压力就会不断振荡，从而造成整个管道系统发生自激振动。

2.3　后果

水力自激振动表现为球阀前压力钢管压力呈振幅逐渐增大的周期性波动（见图1），最大水压可达两倍静水压力，同时球阀本体及与压力钢管相连管路伴有明显晃动及异常，严重的可能造成引水系统爆裂。

2.4　文件要求

根据《防水力自激振动全过程反措要求（试行）》和《水力自激振动保护技术规范（试行）》两份文件。将文件要求分为数据要求、逻辑与画面要求及管理制度要求。分述如下。

2.4.1　数据要求

（1）应实时监测压力钢管压力值，并以模拟量接入监控系统。

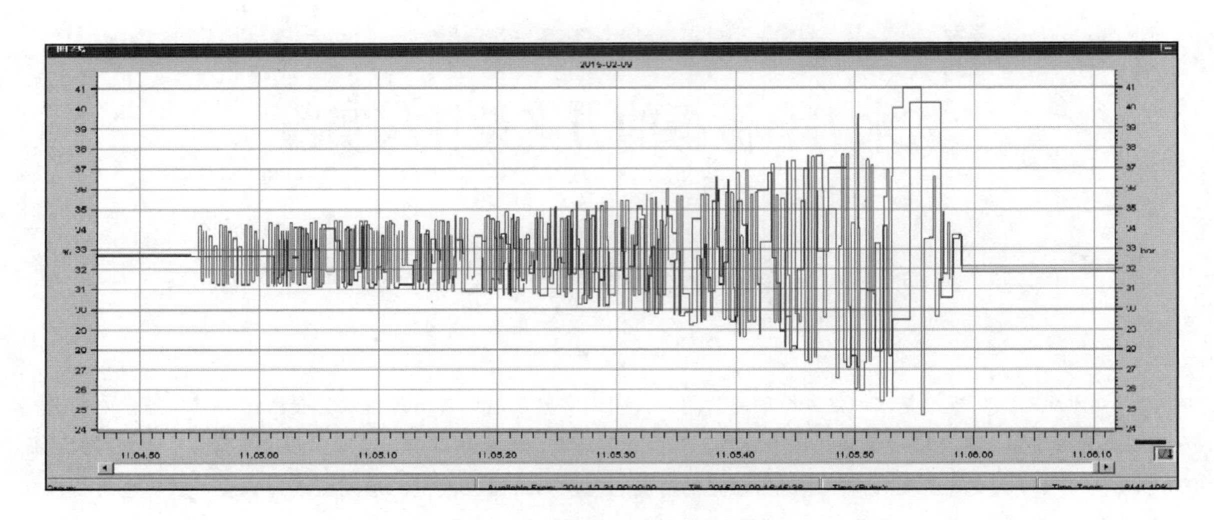

图 1　某厂水力自激振时压力脉动情况

(2) 应实时监测球阀工作密封投入、退出腔压力值和压差值，压力值和压差值以模拟量接入监控系统。某厂球阀只有工作密封投入腔，无退出腔，因此只需实时监测球阀密封投入腔压力值。

(3) 应实时监测球阀本体位移量，并以模拟量接入监控系统。

(4) 应实时监测球阀工作密封位置，并以开关量接入监控系统。

2.4.2　逻辑与画面要求

(1) 在监控系统中设置水力自激振动保护逻辑。

(2) 在监控画面中增加水力自激振保护画面。

2.4.3　管理制度要求

(1) 在监控系统中设置自动处置流程，并制定远方及现地手动处置流程。

(2) 对水力自激振保护装置及流程每年应定期试验；对水力自激振保护装置的设备设施应进行定期维护和检修；同时将定期试验、维护和检修相关要求纳入本单位运检规程。

(3) 根据实际情况制定切实可行的防水力自激振应急预案，并组织定期演练。

3　项目施工流程

3.1　施工流程

整个流程大致为：项目准备、开工办理、作业计划、作业实施、作业风险管控、作业质量管理、项目验收、竣工、结算和资料归档等 7 个步骤，见图 2。

3.2　施工步骤

3.2.1　设置球阀上游压力钢管的压力变送器

原安装有 1 个压力变送器，且压力钢管压力值已接入监控系统，满足要求，见图 3。

3.2.2　设置球阀上游工作密封投入腔的压力变送器

测压管路仅有 1 个用于指示密封水是否投入的压力开关。对原密封腔测压水路进行改造，增加了 1 个分流器，在分流器上增设 1 个压力变送器，监视球阀工作密封投入腔的压力值，并通过电缆接入监控模拟量采集板，见图 4。由于某厂的球阀工作密封无退出腔，所以未设置退出腔压力变送器及投、退腔压差变送器。

3.2.3　设置球阀位移量监测的传感器

在球阀本体处设置沿水流方向、垂直水流方向的 2 个一体化电涡流传感器，实时监测球阀位移，位移量以模拟量的形式接入监控系统，见表 1。

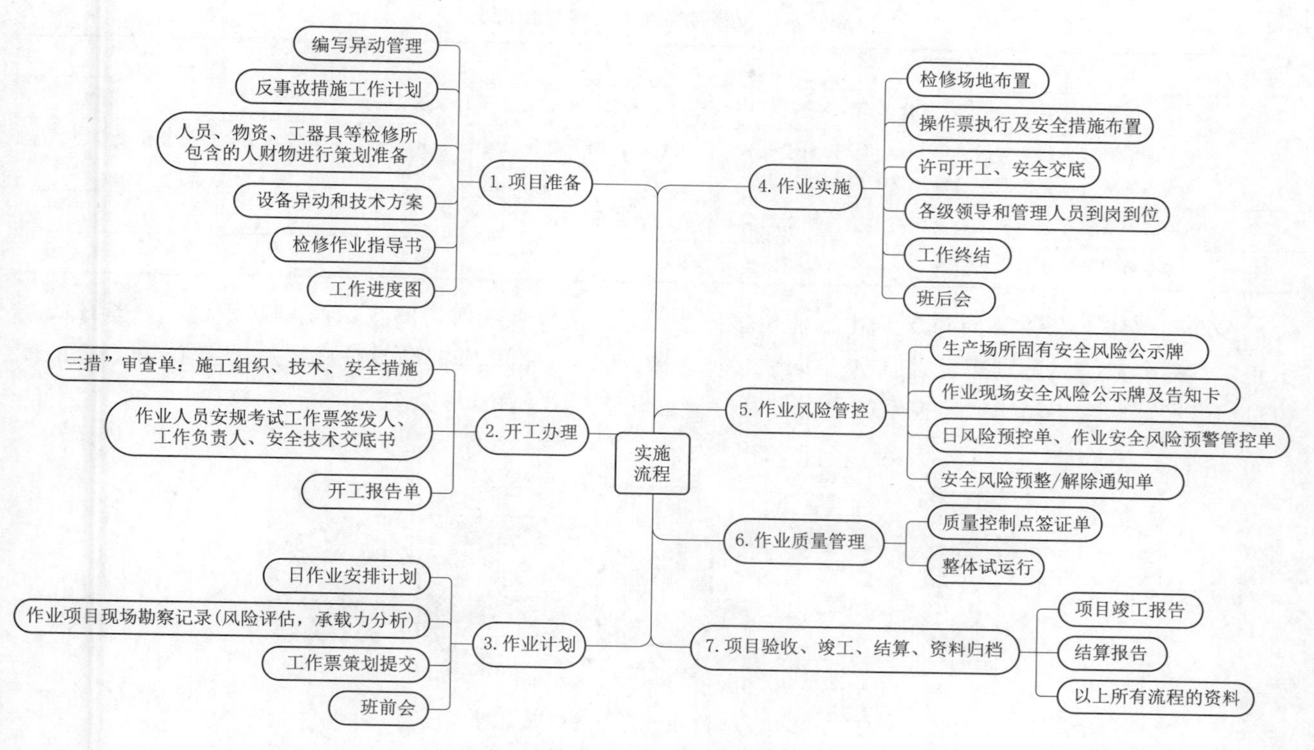

图 2　实施流程细节

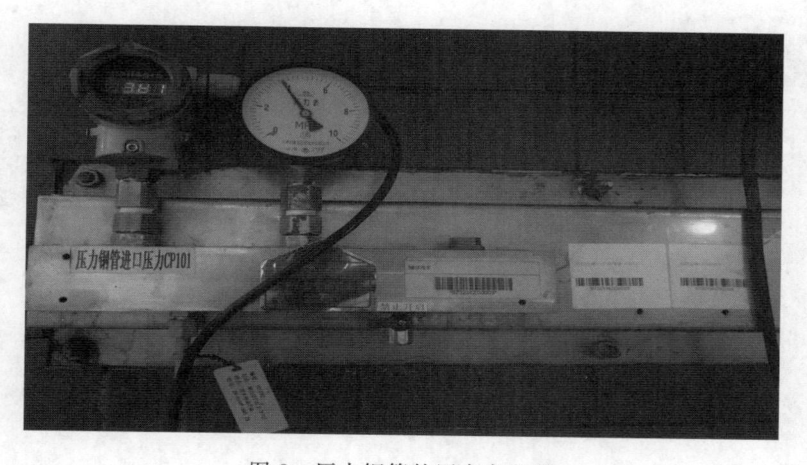

图 3　压力钢管的压力变送器

图 4　工作密封投入腔的压力变送器

表 1　　　　球阀本体位移传感器设置实施步骤表

步骤	设　　置
1	将 OD-Y911801 高精度一体化电涡流传感器列入年度备品备件采购计划，预计采购 10 个
2	在传感器到货前，利用机组 D 修和 C 修机会完成 4 台机组球阀端子箱至现地 LCU 电缆铺设，L 形挡块制作以及焊接安装，待传感器到货后，实地考察后确定支架安装高度等
3	请监控系统厂家专业人员到场对上位机画面和信号点进行增设和修改
4	传感器安装完成后进行试验，确认符合反措的相关要求

在球阀本体上安装 X 向和 Y 向电涡流位移传感器，从监控系统取一路备用的 24V 电源，送至球阀端子箱，然后分成二路分别送至 X 向和 Y 向位移传感器，24V 直流电压经位移传感器输出为 4～20mA 的模拟量信号经球阀端子箱送入监控系统中二对模拟量输出节点，见图 5～图 7。

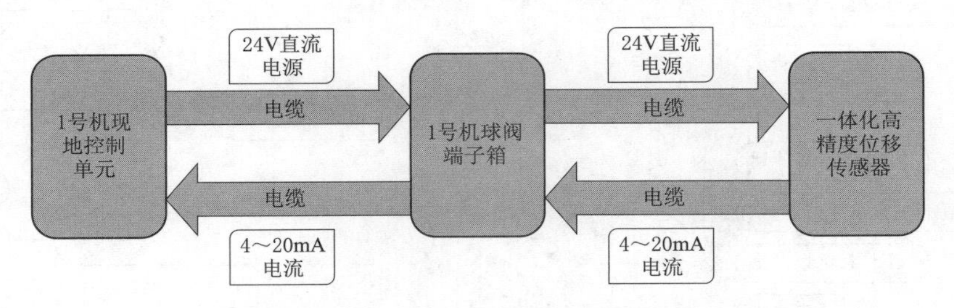

图 5　球阀位移系统控制原理简图

(a)

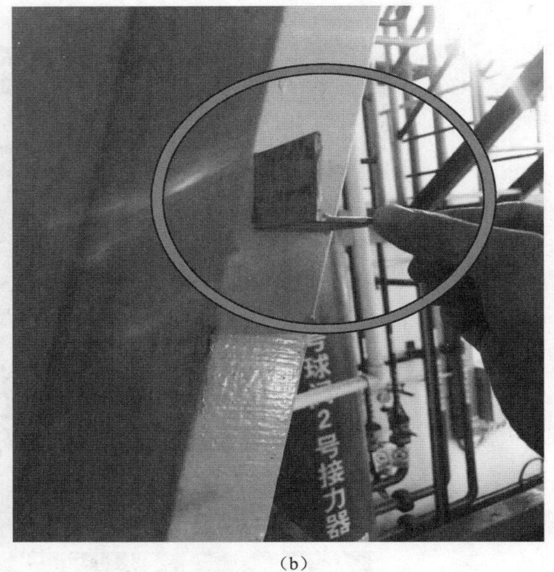

(b)

图 6　球阀位移传感器挡块及挡块安装位置

3.2.4　设置位置开关的监视继电器

原已设置球阀工作密封位置检测开关，3 个位置检测开关间隔 120°均匀分布在球阀本体下游密封处，每个位置检测开关设置一个监视继电器，其开关量送至监控系统用于判断工作密封实际位置，见图 8。

3.2.5　设置水力自激振动保护画面

将球阀工作密封投入腔压力、工作密封位置、压力钢管压力及球阀本体位移监测信号都集中在水力自激振动保护画面中。

3.2.6　设置水力自激振动保护逻辑

水力自激振动保护逻辑文件要求见表 2、图 9、图 10。

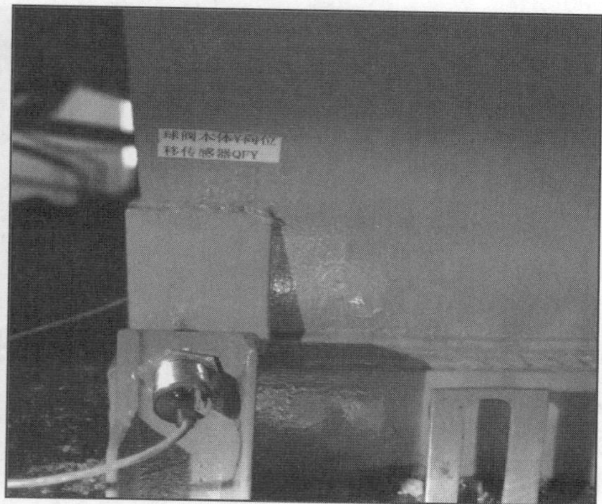

图 7　最终布置效果

图 8　指示密封位置开关的继电器

表 2　**监控水力自激振保护逻辑文件要求**

序号	保 护 逻 辑
1	当压力钢管压力值达到压力钢管最大静水压力的 120%（4.62MPa），发报警信号
2	球阀全关状态下，球阀工作密封投入压力变送器测值异常（大于 4.62MPa）时，发报警信号
3	机组处于停机或调相工况下，球阀工作密封投入信号丢失时，发水力自激振报警信号
4	在 20s 时间内发生 3 次及以上压力钢管内压力超设定值或发生 3 次及以上工作密封投入位置蠕动，发水力自激振二级报警信号，在机组停机工况时将自动退出球阀工作密封，机组处于调相工况时自动执行机组正常停机流程
5	在水力自激振监控画面中增加一键退出工作密封按钮，紧急情况时中控室值班人员直接退出球阀工作密封

4　核心工艺

整个项目中的核心工艺主要是关注二次配线；二次接线（GB 50171—2012《电气装置安装工程》《盘、柜及二次回路接线施工及验收规范》）；支架焊接前要先开动火工作票；电缆敷设（GB 50217—2016《电力电缆敷设规范》）；程序修改规范，见图 7。

5　现场管控

项目风险表见表 3。

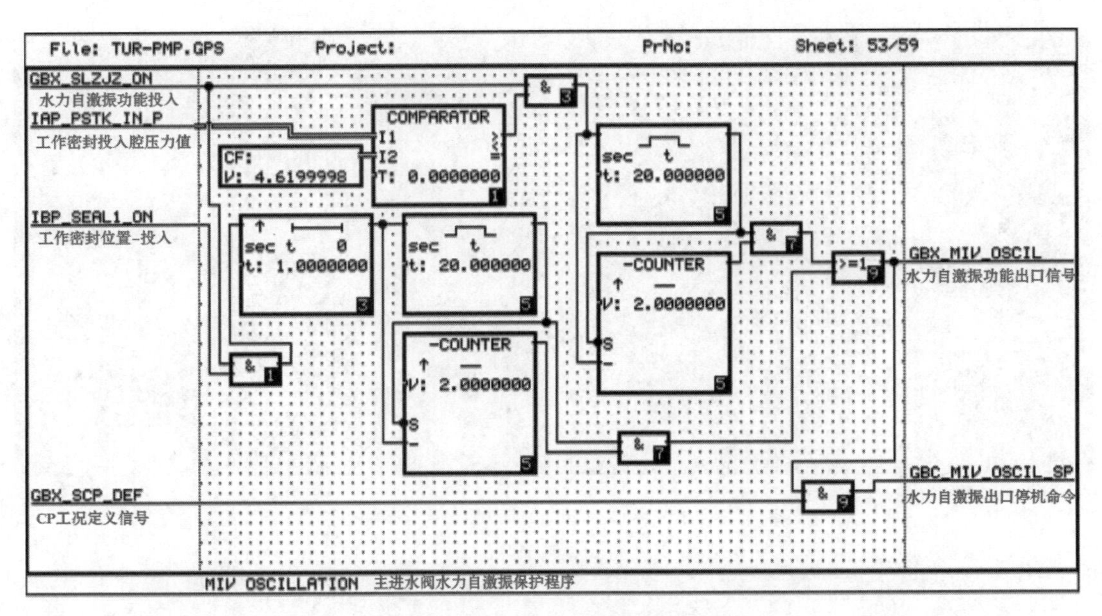

图 9　水力自激振保护逻辑程序图

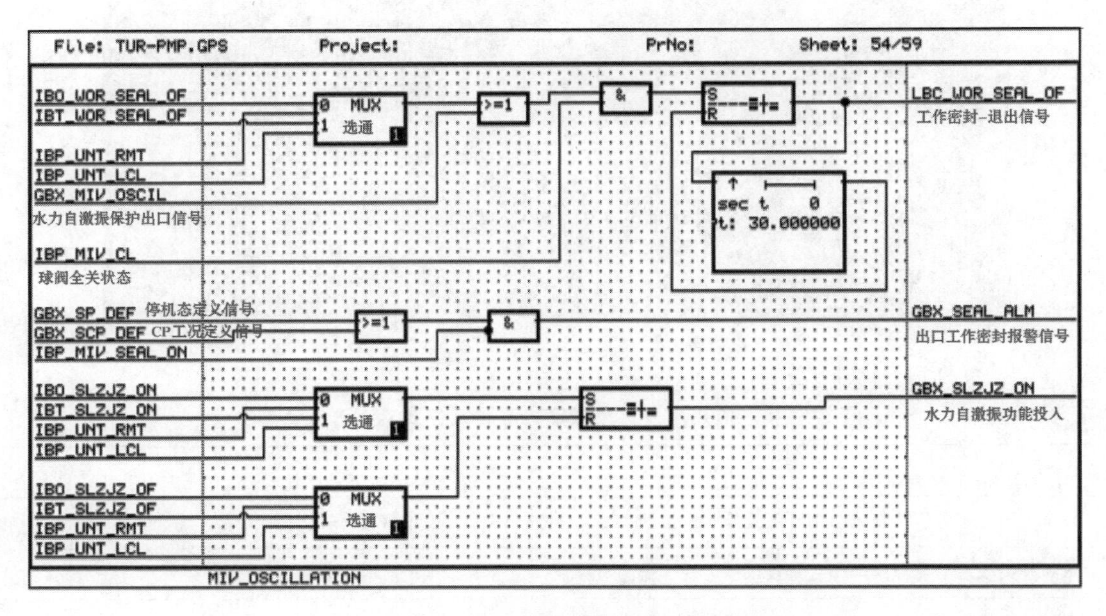

图 10　水力自激振保护逻辑程序图

①安装端子 ⟶ ②安装行线槽 ⟶ ③测量导线 ⟶ ④剪线 ⟶ ⑤套标志管 ⟶ ⑥布线 ⟶ ⑦扎线 ⟶ ⑧分线 ⟶ ⑨剪线头 ⟶ ⑩剥线头 ⟶ ⑪冷压接端头 ⟶ ⑫接端子
　　　　　　　　　　　　　　　　　　└⟶ ⑪热搪锡 ⟶ ⑫接端子

图 11　二次配线核心工艺

表 3　　　　项 目 风 险 表

项目名称	存在风险	应对措施
探头支架焊接	起火	严格执行动火作业相关要求
电缆铺设	高处坠落	（1）高处作业按规定系好安全带 （2）电缆铺设全程设专人监护
修改监控程序	误改程序	（1）工作中应有专人监护 （2）反复确认修改后的程序无误后方可调试

现场管控方面主要是焊接防起火、防高坠、程序误改三大块风险。作业时应当严格执行安规，开工前做好安全交底，落实各项安全作业环节，避免违章操作。

6 修后试验与成效分析

6.1 试验内容

在监控画面中，分别投入和退出水力自激振功能，点击“退出工作密封”按键，验证功能是否正常。

6.2 成效分析

防水力自激振各数据统计见表 4。

表 4 防水力自激振各数据统计

时间	1 号 机				3 号 机			
	球阀 X 位移 /mm	球阀 Y 位移 /mm	压力钢管压力 /MPa	工作密封投入腔压力 /MPa	球阀 X 位移 /mm	球阀 Y 位移 /mm	压力钢管压力 /MPa	工作密封投入腔压力 /MPa
8 月	0.22～0.27	0.25～0.26	3.44～3.78	3.60～3.82	0.24～0.27	0.06～0.07	3.40～3.77	3.50～3.74
时间	2 号 机				4 号 机			
	球阀 X 位移 /mm	球阀 Y 位移 /mm	压力钢管压力 /MPa	工作密封投入腔压力 /MPa	球阀 X 位移 /mm	球阀 Y 位移 /mm	压力钢管压力 /MPa	工作密封投入腔压力 /MPa
8 月	0.17～0.26	0.33～0.54	3.44～3.77	3.50～3.83	0.39～0.40	0.38～0.39	3.43～3.77	2.60～3.70

分析结果：从统计情况来看该月份 4 台机均正常，未出现自激振动，见图 12。

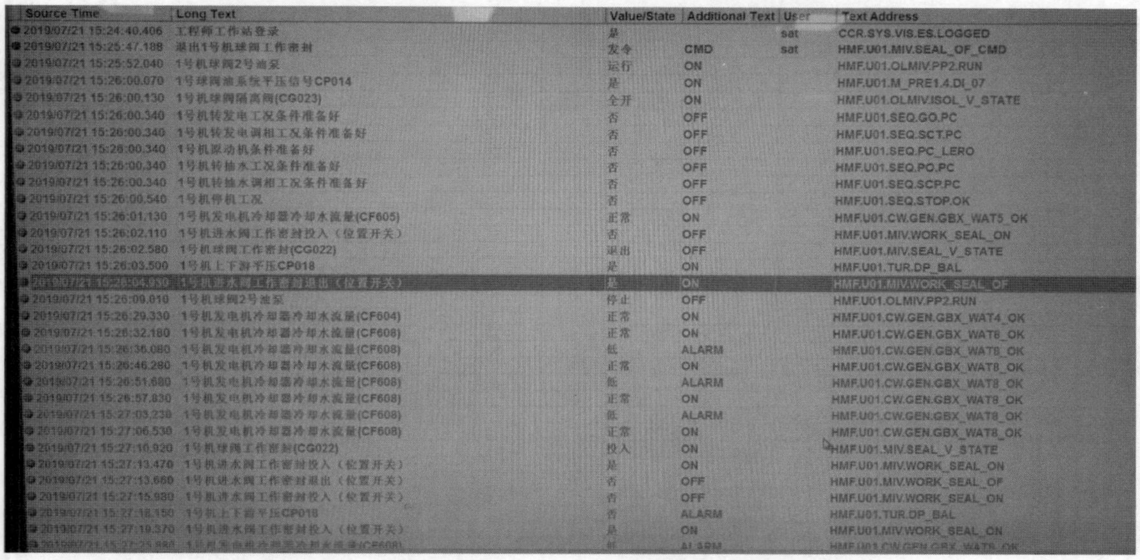

图 12 1 号机退工作密封试验监控记录

7 总结与展望

该厂在防水力自激振的增设项目实施过程中，值得总结的有如下几点：

第一，由于原设计未设置球阀位移监测，所以暂无位移数据积累，通过前期观察机组正常运行时球阀位移值变化小于 1mm，并且考虑传感器存在 0.2～0.4mm 的死区，因此将 3mm 设置为暂定的位移量报警值，后续根据实际情况与实际的成效分析再优化调整。

第二，考虑适当地降低球阀前压力钢管压力值报警的定值，这主要是为了更早的发现问题。因为球阀前压力钢管的压力值在机组正常发电抽水时，测值非常稳定，一般来说不会突变，因此考虑将报警值设为比压力钢管最大静水压力稍高即可。这需要后续积累数据进一步优化调整定值。

现在每年新建的抽水蓄能电厂较多，那么对于其他抽水蓄能电厂来说，可供参考的有三点：第一，当电站由基建阶段转入运行阶段后，宜对前台值守人员进行“水力自激振现象防范”的专项培训；第二，要从值守，维护，后勤保障等多个方面来完善“防水力自激振现象发生”的应急预案；第三，要根据相关要求定期组织演练。

参考文献

[1] 叶复萌，朱渊岳，樊红刚，等．抽水蓄能电站复杂管系的自激振动研究 [J]．水力发电学报，2007 (4)：135-140.

[2] 曹永闯，赵颖，宗怀远，等．抽水蓄能电站水力自激振动保护设计策略研究与应用 [J]．水电站机电技术，2020，43 (8)：9-11.

[3] 周建旭，索丽生，胡明．抽水蓄能电站水力-机械系统自激振动特性研究 [J]．水利学报，2007 (9)：1080-1084.

[4] 卢彬，胡立昂，钱力，等．防止蓄能电站球阀自激振的应用实例 [J]．水电站机电技术，2018，41 (12)：74-76.

[5] GB/T 15468—2006 水轮机基本技术条件 [S]．中国国家标准化管理委员会，2006.

[6] GB 50217—2016 电力电缆敷设规范 [S]．国家质量监督检验检疫总局，2008.

[7] JJG 52—2013 弹性元件式一般压力表、压力真空表和真空表检定规程 [S]．国家质量监督检验检疫总局，2013.

[8] JJG 644—2003 振动位移传感器检定规程 [S]．国家质量监督检验检疫总局，2004.

[9] DL/T 619—2012 水电厂自动化元件（装置）及其系统运行维护与检修试验规程 [S]．国家能源局，2012.

[10] Q/GDW 1544—2015 抽水蓄能电站检修导则 [S]．国家电网公司，2016.

[11] 孙逊，蒋池剑，赵锋．桐柏抽水蓄能电站球阀密封自激振荡分析及抑制 [J]．水电与抽水蓄能，2018，4 (6)：75-78.

基于ISM的抽水蓄能企业员工软实力影响因素研究

朱 琳[1] 范 岚[2] 汪 鹏[3]
(1. 国网新源控股有限公司抽水蓄能技术经济研究院，北京市 100761；
2. 北京中兴物业管理有限公司，北京市 100761；
3. 华北电力大学，河北省保定市 071003)

【摘 要】“十四五”是碳达峰的关键期、窗口期，将构建清洁低碳安全高效的能源体系，控制化石能源总量，实施可再生能源替代行动，构建以新能源为主体的新型电力系统，而抽水蓄能是新型电力系统的重要组成部分。为加快抽水蓄能开发建设，提升企业员工的软实力十分重要。本文选取解释结构模型（ISM）作为抽水蓄能企业员工软实力影响因素的定量分析方法，实现对影响因素的层次化结构化分析，为制定措施提供帮助。

【关键词】 抽水蓄能企业 软实力 ISM

1 引言

2021年3月19日，国家电网有限公司在京召开发布会，发布服务碳达峰碳中和构建新型电力系统加快抽水蓄能开发建设重要举措。国家“十四五”规划和2035年远景目标纲要指出，要构建现代能源体系，加快抽水蓄能电站建设和新型储能技术规模化应用。

抽水蓄能是目前技术最为成熟的大规模储能方式，是以新能源为主体的新型电力系统的重要组成部分。加快发展抽水蓄能是保障电力安全和能源安全的必然选择，是保障新能源健康发展的有效途径，是带动产业链发展、服务“六稳”“六保”的重要抓手。为落实国家电网公司服务“碳达峰、碳中和”行动方案，构建以新能源为主体的新型电力系统，加快抽水蓄能开发建设十分重要。因此，非常有必要研究如何提升抽水蓄能企业的软实力，特别是抽水蓄能企业员工的软实力。

2 抽水蓄能企业员工软实力内涵

对于抽水蓄能企业员工而言，软实力是综合能力的体现。由于我国抽水蓄能企业尚处于快速发展期，预计2030年我国抽水蓄能装机将达到1亿～1.2亿kW，抽水蓄能规模的持续扩大能够促进新能源快速发展。预计到2030年，抽水蓄能可新增消纳新能源5000亿kW·h以上。

这要求抽水蓄能企业必须具备正确的理解和执行等能力，也就是优秀的软实力。“以人为本”，抽水蓄能企业优秀的软实力来自抽水蓄能企业员工优秀的软实力。基于软实力的最新理论和抽水蓄能企业的特征对抽水蓄能企业的员工软实力构成进行了定义，软实力包含：学习力、思考力、创新力、策划力、执行力、管控力、亲和力和感染力，简称“八力”。

3 结构模型及其建模技术

3.1 结构模型

结构模型是以有向图或矩阵形式描述系统各要素之间关系的一种系统模型。通过结构模型可以分析系统要素选择是否合理，系统要素之间的相互影响状况，要素及其关系变化对系统总体的影响。它以定性分析为主，有向图或矩阵一般不表示量的概念，它是介于系统的数学模型和文字描述形式之间的一种分析方法。

设系统的要素集为$S=(s_1,s_2,\cdots,s_n)$，刻画要素集S中每两个要素之间关系的模式称为定义在集合S上的二元谓词，记为W；在集合S上由二元谓词W定义的二元关系集记为$R(W)$，即$R(W)\triangleq\{\langle x,y\rangle|$

$W(x,y)\}$，结构模型就是集合 S 与 $R(W)$ 的总称，记为 $\{S,R(W)\}$ 或简记为 $\{S,R\}$。谓词 W 反映要素之间的一种明确关系，如因果关系、影响关系、波动的传导关系、隶属关系、包含关系、前后关系等。

用节点表示 S 中的元素，用结点间的有向弧线表示 $R(W)$ 中的元素，这样产生的有向图表示为 $G \triangleq \langle S,R \rangle$，有向图与结构模型之间一一对应。

结构模型 $\{S, R\}$ 的邻接矩阵 **A** 定义如下：$A \triangleq (a_{ij})$，其中

$$a_{ij}=\begin{cases}1 & \langle s_i,s_j\rangle \in R \\ 0 & \langle s_i,s_j\rangle \notin R\end{cases} \tag{1}$$

邻接矩阵是布尔矩阵，它们的运算遵守布尔代数的运算法则，即，若 $A=(a_{if})_{n\times n}$，则

$$A\cup B=(a_{ij}\cup b_{ij}),A\cap B=(a_{ij}\cap b_{ij}),AB=(\bigcup_{k=1}^{n}a_{ik}b_{kj}) \tag{2}$$

其中，有向图 $G=\{S, R\}$ 中，对于 s_i，$s_j \in S$，若从 s_i 出发经过若干条有向弧线到达 s_j 有一条通路，则称 s_i 可达 s_j。结构模型 $\{S, R\}$ 的可达矩阵 P 按如下定义：它的元素规定为

$$p_{ij}=\begin{cases}1 & s_i \text{ 可达 } s_j \\ 0 & s_i \text{ 不可达 } s_j\end{cases} \tag{3}$$

一般认为每一个节点均自身可达，所以可达矩阵的主对角线元素均为1。

可以证明，邻接矩阵 A 与可达矩阵 P 之间存在如下关系：

（1）存在正整数 k，使得

$$P\neq(A\cup I)^{k-1},\ P=(A\cup I)^{k}=(A\cup I)^{k+1}=\cdots \tag{4}$$

式中：I 为单位矩阵。

（2）一个邻接矩阵可以得到唯一一个可达矩阵，反过来，一个可达矩阵可对应几个不同邻接矩阵。

3.2 解释结构模型（ISM）

一般物理或工程系统，往往可以直接得到邻接矩阵，基于邻接矩阵可建立系统结构模型。对于社会经济现象的复杂系统，其要素往往具有抽象性，它们之间的关系在很大程度上取决于建模者的主观认识。在开始建模时，很难全面把握要素之间的直接关系（邻接关系）。为解决复杂系统的结构建模问题，美国学者J. Warfield于1973年提出解释结构模型化技术（Interpretative Structural Modeling，ISM）。这种结构建模方法在复杂系统研究中发挥着非常重要的作用。

ISM模型化技术的研究步骤如下：

形成意识模型。根据建模目的，利用谓词来定义结构模型所基于的二元关系。依据系统所设计到的专业理论和经验，对系统及其要素进行分析，在思维意识中逐步形成关于系统结构中要素及其关系的初步知识，即意识模型。系统的有关理论或经验中涉及的要素可达关系往往只是全部可达关系的一部分，其余的可达关系从已知可达关系和传导关系推断出来，因此，意识模型的成果本质上仍可由邻接矩阵表示。

可达矩阵的建立。除已知各结点自身均可达外，还需要把另外 $n(n-1)$ 个可达关系表示为可达矩阵的相应元素，其中 n 为系统要素集的元素个数。在此过程中，建模者先根据意识模型按式（1）写出邻接矩阵，再按公式计算可达矩阵。

运用规范方法或实用方法，以可达矩阵为基础建立递阶结构模型，用多级递阶有向图来表示模型的结构。

根据系统涉及的理论和经验等知识，对多级递阶有向图进行解释，得到解释结构模型。将解释结构模型与已有的意识模型进行比较，如果不相符合，返回步骤1对有关要素及其二元关系和解释结构模型进行修正。

4 抽水蓄能企业员工软实力的意识模型

通过对解释结构模型的研究和学习，原有的意识模型得到修正，见表1。经过反馈、比较、修正，最

终得到一个令人满意、具有启发性和指导意义的结构分析结果。

表 1　抽水蓄能企业员工软实力的意识模型

要素编号	要素名称	要素含义及对其他要素影响的说明	所影响的要素
1	抽水蓄能企业员工软实力	该要素是系统分析研究的主要目标，所以把它作为系统的一种要素	—
2	学习力	所谓学习力就是学习动力，学习毅力和学习能力三要素。同时它也是思考力（3）和创新力（4）的基础，对两者具有直接的影响	3，4
3	思考力	思考力就是知识结构、思维深度、思维高度、思维广度和思维速度的综合。抽水蓄能企业属于技术密集型、资金密集型企业，其生产与管理各个环节都需要慎重决策，仔细思考，因此思考力对于抽水蓄能企业员工软实力的提升具有关键作用。同时是策划力（5）的基础，对其具有直接影响	5
4	创新力	创新力是抽水蓄能企业实现可持续发展的原动力之一，它贯穿于企业战略、产品服务、技术、组织体系、产品营销等方面。它是抽水蓄能企业员工软实力的关键影响因素之一	1
5	策划力	策划力是思考力的进一步升华，是对思考出来的多种方案进行统筹决策的一种能力。抽水蓄能企业策划力体现在企业发展战略、电网规划、电能营销、电网检修方案的制定等。策划力是执行力（6）的基础，对其有一定影响	6
6	执行力	执行力是指贯彻战略意图，完成预定目标的操作能力执行力对亲和力（8）和感染力（9）的提升具有直接影响	8，9
7	管控力	管控力顾名思义就是企业的管理控制能力，主要是指企业采取各种措施用以确保实际运行与计划要求保持一致的能力。对执行力（6）具有一定影响	6
8	亲和力	亲和力是比喻使人亲近、愿意接触的力量。抽水蓄能企业的亲和力体现在公司亲和力、产品亲和力、员工亲和力三个层面。其对感染力（9）具有直接影响	9
9	感染力	感染力就是能引起别人产生相同思想感情的力量。对于企业就是希望通过自己的企业文化使员工以及社会大众能产生感知反应	1

4.1　邻接矩阵与可达矩阵

从表 1 中的意识模型得到一个关系集 $R(W)$，见表 2，这是下一步建立邻接矩阵的基础。

表 2　软实力要素系统的关系集

要素编号	被影响要素	要素编号	被影响要素	要素编号	被影响要素
1	—	4	1	7	6
2	3，4	5	6	8	9
3	5	6	8，9	9	1

根据表 2 所述各要素及直接影响的要素，可将上述 9 个要素之间的直接关联关系按公式（1）建立邻接矩阵 A，见表 3。

表 3　抽水蓄能企业员工软实力要素系统的邻接矩阵

要素编号	1	2	3	4	5	6	7	8	9
1	1	0	0	0	0	0	0	0	0
2	0	1	1	1	0	0	0	0	0
3	0	0	1	0	1	0	0	0	0
4	1	0	0	1	0	0	0	0	0
5	0	0	0	0	1	1	0	0	0
6	0	0	0	0	0	1	0	1	1
7	0	0	0	0	0	1	1	0	0
8	0	0	0	0	0	0	0	1	1
9	1	0	0	0	0	0	0	0	1

对邻接矩阵 A 按公式（4）进行计算，得到可达矩阵 M，$M=(A\cup I)^7$，$k=7$，见表 4。

表 4　　抽水蓄能企业员工软实力影响要素系统的可达矩阵

要素编号	1	2	3	4	5	6	7	8	9
1	1	0	0	0	0	0	0	0	0
2	1	1	1	1	1	1	0	1	1
3	1	0	1	0	1	1	0	1	1
4	1	0	0	1	0	0	0	0	0
5	1	0	0	0	1	1	0	1	1
6	1	0	0	0	0	1	0	1	1
7	1	0	0	0	0	1	1	1	1
8	1	0	0	0	0	0	0	1	1
9	1	0	0	0	0	0	0	0	1

阶层划分是将所有要素划分为不同的层次，以便于决策者在要素分析时有轻重、主次的框架。受要素 S_i 影响的集合定义为要素 S_i 的可达集合 $R(S_i)$。影响要素 S_i 的要素集合定义为要素 S_i 的先行集合 $T(S_i)$。如果 $R\cap T=R$，则 $R(S_i)$ 为最高级要素。从可达矩阵开始，按上述原则，先找到它的最高级要素集 L_1，再将它们从可达矩阵中划去，然后再找出新矩阵中的最高级要素 L_2，逐步可以将不同要素划分出层次。按上述划分方法可将模型中所有要素划分为 7 个阶层，见表 5。

表 5　　对抽水蓄能企业员工软实力影响要素进行阶层划分后的可达矩阵

要素编号	1	4	9	8	6	5	7	3	2
1	1	0	0	0	0	0	0	0	0
4	1	1	0	0	0	0	0	0	0
9	1	0	1	0	0	0	0	0	0
8	1	0	0	1	0	0	0	0	0
6	1	0	1	0	1	0	0	0	0
5	1	0	1	1	0	1	0	0	0
7	1	0	1	0	1	0	1	0	0
3	1	0	1	0	1	1	0	1	0
2	1	1	1	1	1	1	0	1	1

4.2　递阶结构有向图及其解释

根据表 5 所示矩阵，画出阶层结构，如图 1 所示。

图 1 表明：学习力是提升抽水蓄能企业员工软实力的最基础因素，思考力次之，策划力和管控力属于同一层次，两者直接作用于执行力，执行力是影响亲和力和感染力的因素，亲和力对感染力也具有直接的影响，创新力和感染力是对软实力具有直接影响的因素。

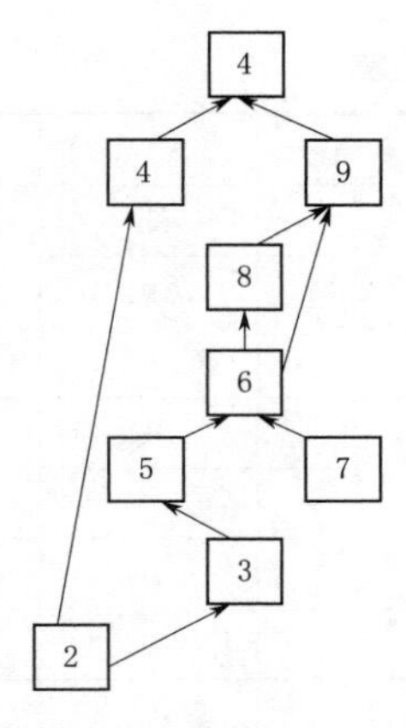

图 1　抽水蓄能企业员工软实力要素的系统结构

5　结论

本文基于软实力的最新理论和抽水蓄能企业的特征对抽水蓄能企业的员工软实力构成进行了定义，并运用修正解释结构模型（ISM）的方法将抽水蓄能企业员工软实力同“八力”之间的结构关系进行了层次结构分析，从而有的放矢地进行员工管理与提升。抽水蓄能企业员工应着重提升学习能力、专业技能来促进企业整体软实力的提高。对抽水蓄能企业提高管理能力具有实践意义，对全方位提升人员软实力具有较强实用价值。

参考文献

[1] 乌云娜，卞青．基于ISM模型的风电建设项目费用控制影响因素分析［J］．武汉理工大学学报（交通科学与工程版），2012，36（2）：258－261.

[2] 张守建．基于ISM模型的标准信息化影响因素分析［J］．哈尔滨工业大学学报，2010，42（8）：1306－1310.

[3] 苏菊宁，石传芳．基于ISM的制造企业物流模式选择影响因素分析［J］．工业工程，2009，12（4）：6－10.

某抽蓄电站主变冷却器动力电源故障缺陷处置技术分析

王奎钢　毛思宇　洪佳辉　谢寅骋
（浙江磐安抽水蓄能有限公司，浙江省金华市　321000）

【摘　要】某抽水蓄能电站主变冷却器有两路 400V 动力电源供电，分别取自本台机组自用配电盘Ⅰ母和Ⅱ母，两路电源互为备用，在机组工况转换启动过程中，由于辅机设备启动电流过大，拉低机组自用盘电压，导致主变冷却器控制柜内部的动力电源电压监视继电器报警，引发主变冷却器全停故障。经分析讨论，采取调整设备运行方式以及电压监视继电器整定值等技术手段，解决了该问题。

【关键词】机组自用盘　机组启动　主变冷却器控制柜　抽水蓄能电站

1　前言

某抽蓄电站 1～4 号主变冷却器动力电源共有两路，每一回路都设置有电压监视装置，当回路电压低于设定值或高于设定值，并且延时内无法自恢复时，自动切换至备用回路供电。由于电站主变冷却器动力电源频繁故障，导致电源来回切换进而接触器频繁动作，造成油泵的频繁启停，大大缩短了使用寿命。

最严重工况时，当两路电源都发生故障，主变冷却器动力电源丢失，会造成冷却器油泵和主变冷却器全停故障，导致主变油温快速升高，容易造成设备事件，严重影响电站主变的安全稳定运行，因此要保证主变冷却器控制柜的供电可靠性至关重要。通过分析主变冷却器动力电源频繁切换原因，提出改进措施，达到了消除该缺陷的目的。

2　故障背景和现象

2.1　事件经过

2022 年 8 月 8 日某抽蓄电站晚上发电开机顺序为 1、3、2，19：48 2 号机组在发电开机过程中，监控报“2 号主变冷却器动力电源 2 故障”“（SJ30）2 号主变控制柜Ⅱ段电源故障”，10s 后电源恢复正常，监控报警条见表 1。

表 1　监控系统报警条

19：48：12	监控报“2 号主变冷却器动力电源 2 故障”
19：48：14	监控报“（SJ30）2 号主变控制柜Ⅱ段电源故障”
19：48：14	监控报“（SJ30）2 号主变控制柜Ⅱ段电源运行复归”
19：48：14	监控报“（SJ30）2 号主变控制柜备用电源投入”
19：48：22	监控报“2 号主变冷却器动力电源 2 故障复归”
19：48：26	监控报“（SJ30）2 号主变控制柜Ⅱ段电源故障复归”
19：48：26	监控报“（SJ30）2 号主变控制柜Ⅱ段电源运行”
19：48：26	监控报“（SJ30）2 号主变控制柜备用电源投入复归”

2.2　设备运行状态

4 号机组停机稳态，1 号、3 号机组在发电稳态，1 号机组 1 号技术供水泵运行，2 号机组 2 号技术供水泵启动过程中。

3 故障处置情况

值守人员汇报运维负责人相关情况并通知班组，班组安排设备主人进厂检查，现场查看 2 号主变冷却器控制柜液晶屏报警条（图 1）跟监控系统报警一致，故障时 2 号主变控制柜动力电源 2 故障灯点亮，切换至控制柜备用电源Ⅰ工作，10s 后复归，现场检查主变冷却器控制柜三台冷却器均正常工作，冷却水电动阀在打开位置，冷却器潜油泵在开启状态，用万用表测量主变控制柜 2 号交流动力电源开关进线侧电压在 392V，无其他异常情况，汇报班组及运维负责人相关情况后，判断主变冷却器可继续正常使用。

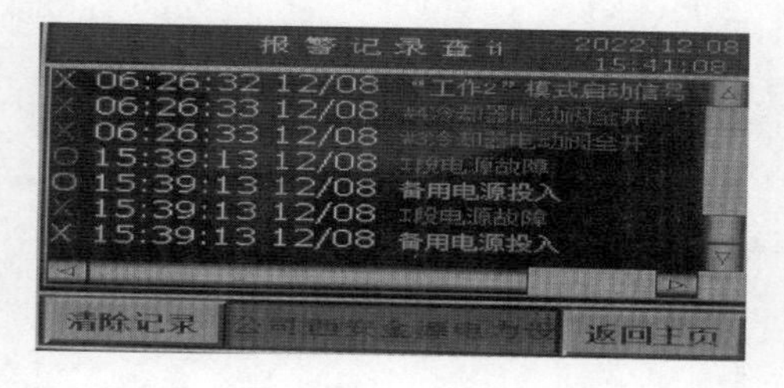

图 1 报警记录查询

4 故障原因分析

4.1 分析可能出现的原因

查看主变冷却器控制柜信号回路图和主变冷却器控制柜交流电源回路图，分为二次与一次逐一进行排查，根据信号回路图（图 2），动力电源 2 故障灯 HY6 点亮的条件为中间继电器 K2 的辅助常闭触点为闭合状态，从而导通此回路，推断原因（1），根据交流电源回路图（图 3），推断导致 K2 继电器未动作的原因（2）（3）（4），根据机组自用盘所带负荷（图 5），推断原因（5）。

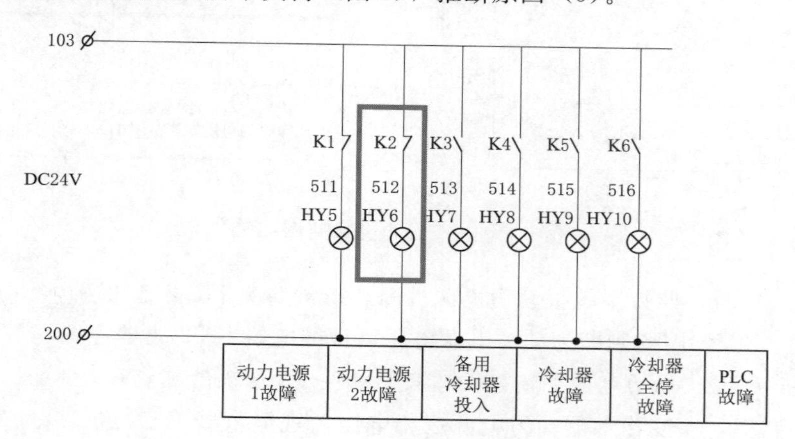

图 2 信号回路图

综上所述分析以下几点可能性：

（1）主变冷却器控制柜中间继电器 K2 线圈未励磁。

（2）主变冷却器动力电源三相电压监视继电器 KV2 故障。

（3）电压继电器开关 F2、动力电源 2 闭锁回路投用开关 F4 偷跳的可能性。

（4）自用盘引出线到主变冷却器控制柜由于电缆长距离输电导致线路电压下降。

（5）机组在工况转换过程中由于机组自用盘下所带负荷同时启动引起母线电压下降。

4.2 缺陷原因排查

4.2.1 主变冷却器控制柜中间继电器 K2 线圈未励磁

2 号机组停机态时，将 2 号主变冷却器控制柜电源切换至Ⅰ段，将 2 号主变冷却器控制柜中间继电器 K2 取下进行校验，测量线圈电阻值为 0.654Ω，动作电压为 13.52V，返回电压为 3.68V，在此过程中用万用表检测所有常开、常闭触点均正确动作，重复三次均检测合格，排除 2 号主变冷却器控制柜中间继电器 K2 故障。

4.2.2 主变冷却器动力电源三相电压监视继电器 KV2 故障

为验证电压监视继电器是否存在故障，现场将 2 号主变冷却器动力电源 2 电压监视继电器 KV2 的整

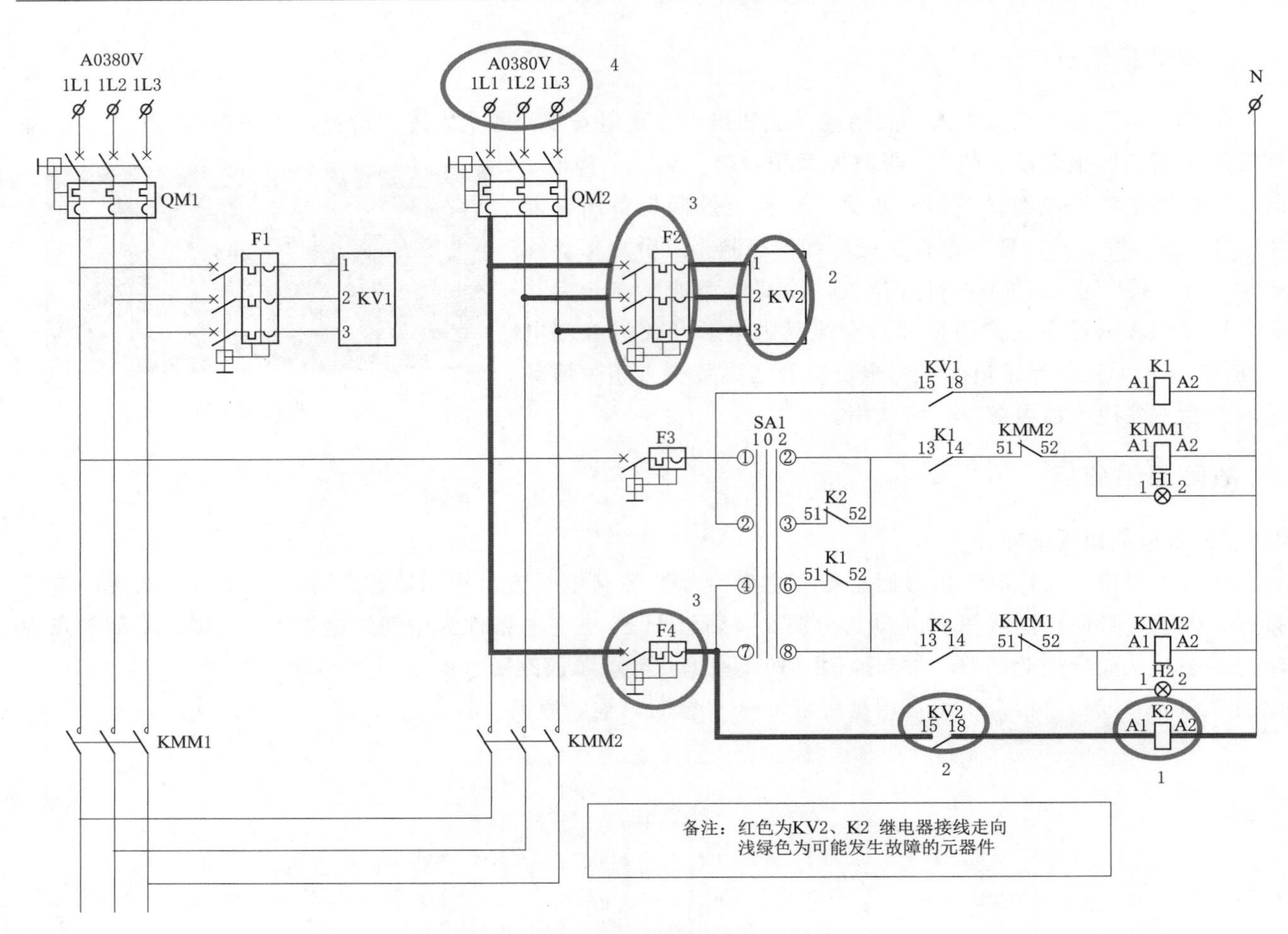

图 3　交流电源回路图

定值越低限调整为 330V 时，监控系统报动力电源故障，正常情况下是不会报警，使用万用表测量现场实际动力电源的电压为 390V，因此判断为动力电源电压监视继电器 KV2 故障。

4.2.3　电压继电器开关 F2、动力电源 2 闭锁回路投用开关 F4 偷跳的可能性

根据交流电源回路图，主变冷却器动力电源三相电压监视继电器 KV2 经开关 F2 取自 QM2 的下端，而切换回路Ⅱ段经开关 F4 取自交流回路电源Ⅱ的 A 相，现场查看断路器 F2、F4 在合闸状态，排除断路器偷跳的可能性。

4.2.4　自用盘引出线到主变冷却器控制柜由于电缆长距离输电导致线路电压下降

用万用表测量 2 号机组自用盘Ⅱ引出线至 2 号主变冷却器控制柜电源三相电源电压为 394V，而 2 号主变冷却器控制柜动力电源Ⅱ进线电压为 392V，经测量电压波动较小，故排除由于长距离输线造成电压降低。

4.2.5　机组在工况转换过程中由于机组自用盘下所带负荷同时启动引起母线电压下降

如图 4 所示为 1 号、2 号机组自用盘Ⅰ母和Ⅱ母分别取自 1 号、2 号自用变，根据 2 号机自用盘母线接线图（图 5）列出所带重要负荷分配表（表 2），机组在启动过程中，1 号机自用变下的 1 号机Ⅰ母和 2 号机Ⅱ母下所带的辅机同时启动，瞬时负荷较大，特别是当技术供水泵启动时，启动电流较大，会拉低自用配电盘的电压。

表 2　　机组自用盘重要负荷情况分布

序号	负荷名称	额定功率/kW	数量
1	交流高压注油泵	18.5	1
2	制动吸尘装置	5	1
3	加热器	2	6

续表

序号	负荷名称	额定功率/kW	数量
4	主变空载冷却水泵	15	2
5	调速器压力油泵	55	3
6	球阀压力油泵	110	2
7	机组技术供水泵	280	2
8	总计	485.5	

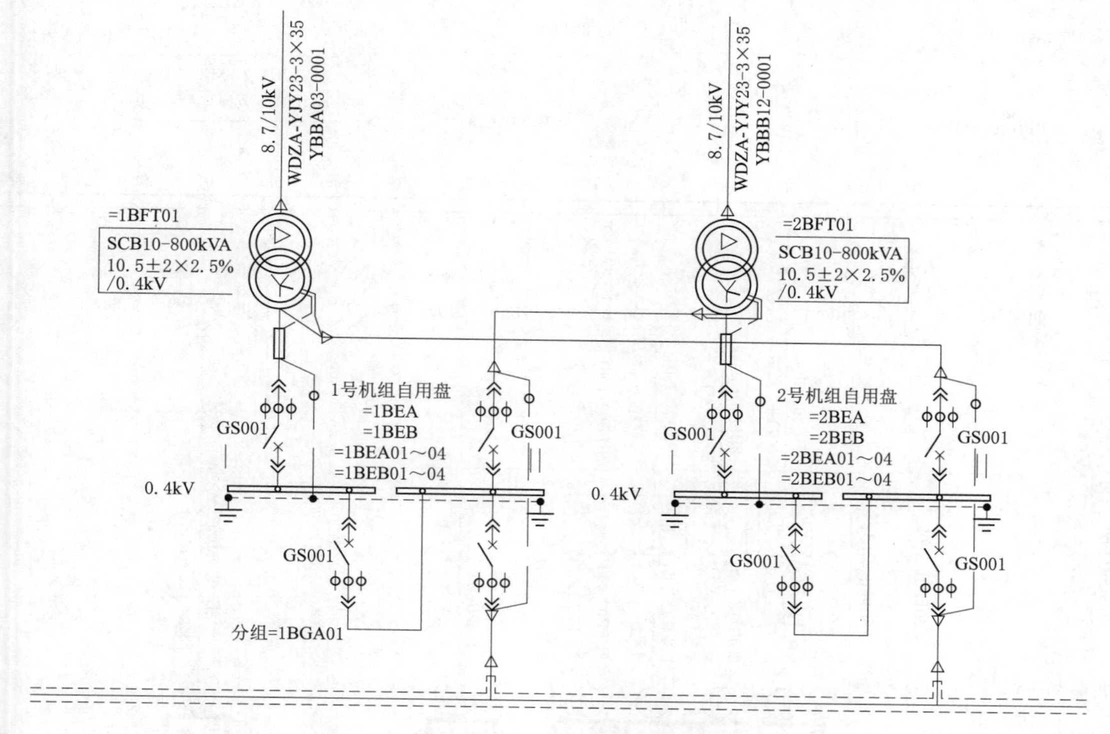

图4 1号、2号机组自用变

监控系统查询2号机自用盘电压曲线发现，此时的2号机自用盘Ⅱ母电压被拉低至347.79V（图6），1号机自用盘Ⅰ母电压被拉低至357.07V（图7），持续时间约为10s。

进一步分析机组启动时的监控报警条信息发现：19：48：08监控系统发出启动2号机2号技术供水泵命令，19：48：12监控系统报2号机2号技术供水泵运行，持续时间4s。与2号主变Ⅱ段电源故障报警时间和2号机自用盘电源被拉低至347.79V时间一致。

用钳形电流表对技术供水泵的软启动器的进线端进行测量，技术供水泵的启动电流高达1470A，查看技术供水泵铭牌得知其额定功率为280kW，换算额定容量为311kVA，自用变的额定容量为800kVA，占机组自用变额定容量的39%，此时1号机在发电稳态，通过监控系统查看自用盘所带负荷，如吸排油雾装置、碳粉收集装置、辅助设备、集电环室内风机等负荷在运行，特别是1号机1号技术供水泵在运行状态，仅两个技术供水泵的功率占用了机组自用变额定容量的78%。综上分析，初步怀疑是由于技术供水泵的启动，导致机组自用盘的电压被拉低。

为验证是否为机组技术供水泵启动导致的机组自用盘电压被拉低，手动启动2号机2号技术供水泵，通过监控电压曲线分析可见，2号机自用盘Ⅱ母电压被拉低至350V，1号机组自用盘Ⅰ母电压被拉低至356V。由于抽水蓄能机组频繁启动，技术供水泵启动时电流较大，导致技术供水泵运行时开关温度升高，触头部位产生烧蚀变形（图8、图9）。因此，可确认是由于2号机2号技术供水泵启动，导致2号机自用盘Ⅱ母电源被拉低，进而导致2号主变Ⅱ段电源故障报警，同时挂在自用盘下的调速器和球阀压力油泵的电压监视继电器也会报警，进一步进行了验证。

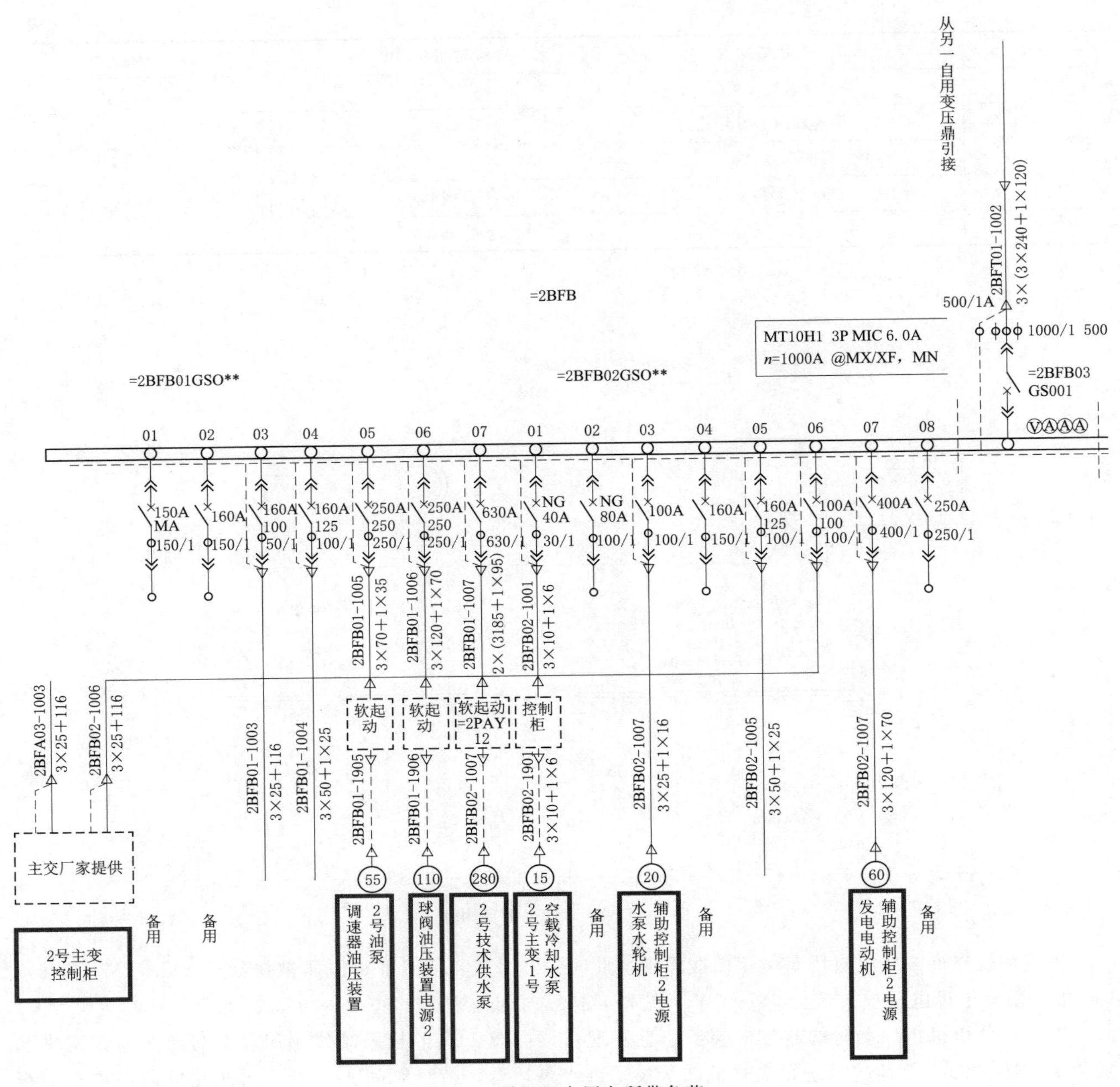

图5 2号机组自用盘所带负荷

5 故障总结与处理措施

5.1 故障总结

（1）2号主变冷却器控制柜中继电器运行时间长达5年之久，精确度下降导致对三相交流电压信号监视失准，造成2号主变冷却器控制柜动力电源频繁切换。

（2）以1号机组和2号机组为例，当1号机组1号技术供水泵在运行时，额定电流为484A；此时，如果2号机组2号技术供水泵启动，瞬时启动电流达1470A，两者加在一起的电流为1954A，超变压器额定电流的1.7倍运行，当变压器超负载运行时，输出电流增大，由于变压器的内阻存在，导致输出电压降低。仙居电站4台机组全部是同样的配置，因此1号、2号、3号、4号机组自用变存在同样的问题。

5.2 处理措施

（1）通过修改主变冷却器控制柜电压监视继电器定值为350V，延时设置为5s，躲过机组自用盘下降的最低电压值，从目前来看这种方式可以有效避免故障报警的发生。

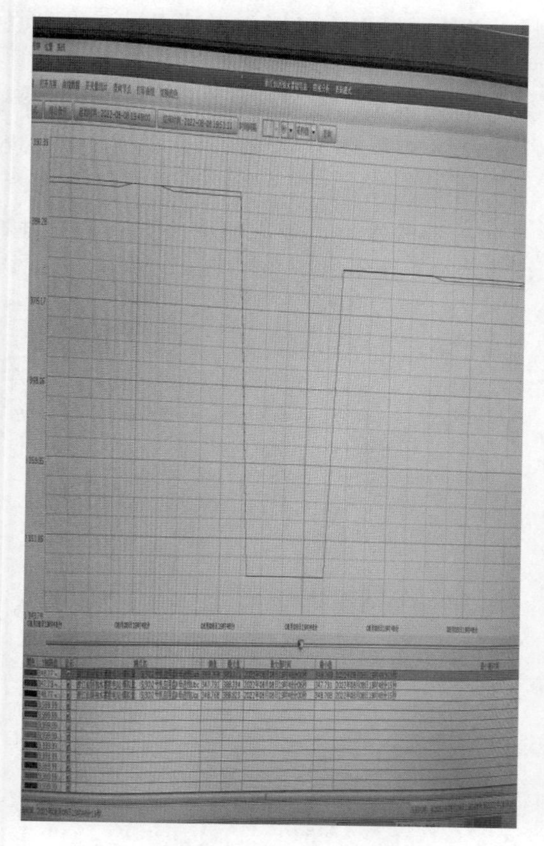

图 6　2 号机Ⅱ母自用盘进线电压

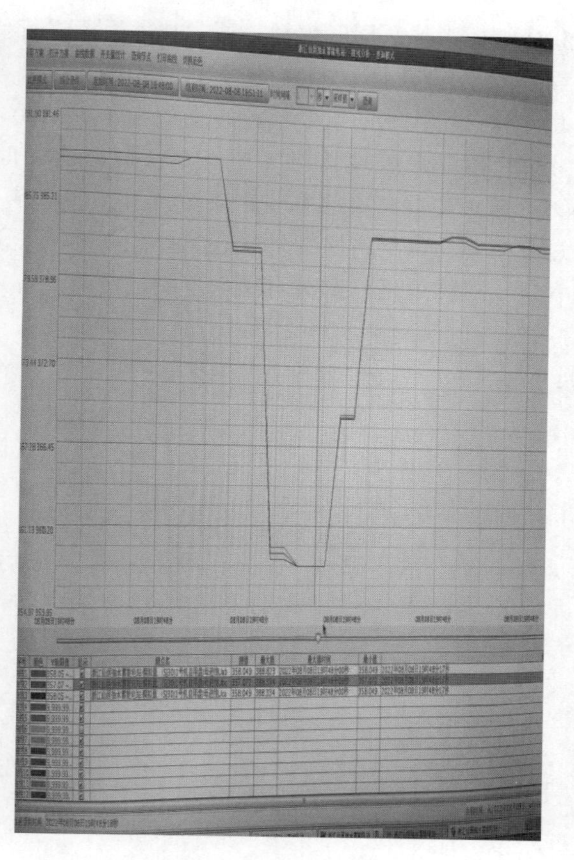

图 7　1 号机Ⅰ母自用盘进线电压

图 8　动触头烧蚀情况

图 9　静触头烧蚀情况

（2）通过分析可以看出，主要是由于 2 号主变和 4 号主变控制柜电压监视继电器运行已长达 5 年之久，精确度下降导致对交流电压信号监视失准。运维人员对主变控制柜电压监视继电器进行更换，同样机组调速器油泵、球阀油泵电源也存在相同的问题，在机组定检时对所有的继电器进行检验，判断继电器是否可以继续使用。

（3）由于 3 号主变为 2021 年新更换的主变，其控制柜动力电源电压监视继电器也为全新型号的设备，因此没有该故障。1 号主变目前尚未出现报警，考虑该型号电压监视继电器的耐用性和易损情况，建议待配件采购到位后，进行替换。

6　总结提升

（1）优化技术供水泵的软启动参数，降低启动时的电流，或根据技术供水泵所提供的流量大小，可以将技术供水泵更换为小型的泵，以便在机组启动时降低对自用盘电压的冲击。

（2）在监控系统中优化机组启动时，辅机设备的启动逻辑，不让同一台自用变供电的技术供水泵及调速器和球阀压力油泵同时启动，通过技术手段进行优化，这样虽然可以有效避免动力电源故障的报警，但修改程序可能会跨过一些我们想不到的闭锁逻辑具有两面性，可能会增加其他潜在的隐患。

（3）计算自用变下的重要负荷容量的大小并留出一定空间的裕量，通过技改的方式更换大容量的自用变，计算自用变最极端情况下所有负荷同时启动时的电流总和达 1600A，换算为自用变额定容量为 1100kVA，从根本上解决此类型的缺陷。

通过分析对比以上措施的优缺点，要想从本质上避免此故障的发生，最优的解决方法是通过增大自用变的容量，这样就可以解决自用盘下所带负荷设备报警的问题，从而增加设备的使用寿命。

张河湾电站导叶玻璃纤维自润滑轴套安装经验简述

赵雪鹏　金清山　韩明明　杜志健　朱传宗
（河北张河湾蓄能发电有限责任公司，河北省石家庄市　050300）

【摘　要】在水泵水轮机中，导叶作为机组重要设备之一，在检修时需要更换轴套以保证转动可靠性。本文介绍了张河湾电站导叶轴套设计结构，通过导叶玻璃纤维自润滑轴套安装经验的介绍，为其他机组的检修提供借鉴和参考。

【关键词】导叶　自润滑　轴套　液氮冷却

1　引言

张河湾电站是一座日调节纯抽水蓄能电站，地处河北省井陉县测鱼镇，距石家庄市直线距离为53km，公路里程为77km，靠近负荷中心，乘车1.5h即可到达市区。电站主体工程于2003年12月6日正式开工建设，2009年2月20日电站4台机组全部投入商业运行。电站主体工程由上水库、下水库、地下厂房、拦沙坝、排沙明渠和输水系统组成。共安装有4台25万kW单级混流可逆式水泵水轮机组，总装机容量100万kW。

对于水轮机稳定运行来讲，导叶轴套型式非常关键，作为一种新型材料，玻璃纤维自润滑轴套在大型水泵水轮机张河湾机组上得到了应用。本文以张河湾电站机组导叶轴套更换为例，重点对自润滑轴套的结构特点进行介绍，并通过现场反复试验，总结了适合地下厂房现场环境的安装工艺和注意事项，提高了现场施工效率，进一步保证机组安全稳定运行。

2　导叶轴套结构特点

张河湾公司导叶装配有上、中、下三个自润滑轴套，轴套材质均为非金属复合材质。其中上和中轴套安装在导叶上套筒内部（见图1和图2），导叶下轴套安装在导叶下套筒内部（见图3和图4），所有轴套均使用液氮冷冻安装入位，以满足与轴颈间隙配合的要求。

3　自润滑轴套介绍

3.1　材质介绍

张河湾公司导叶装配的3个自润滑轴套均为自润滑玻璃纤维轴套材料（HPM材料）。通过特殊的缠绕技术生产，具有高强度的承载能力，滑动层含有固体润滑剂，确保了潮湿环境和偏载情况下的抗摩擦性能。滑动层由环氧树脂基质中连续缠绕PTEE和高强度纤维构成，并且在结构中嵌入了固体润滑剂，目的是确保良好的摩擦特性。外层是玻璃纤维增强的树脂基质，提供非常高的承载能力，见图5、图6。

3.2　收缩量计算

按照过盈配合标准DIN 7190计算收缩量，公式如下（含义见表1）：

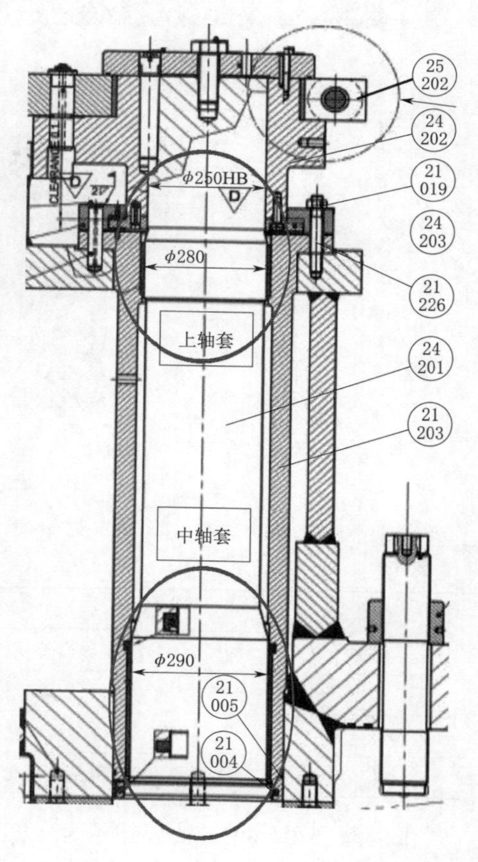

图1　上、中轴套装配示意图

图 2　上轴套照片

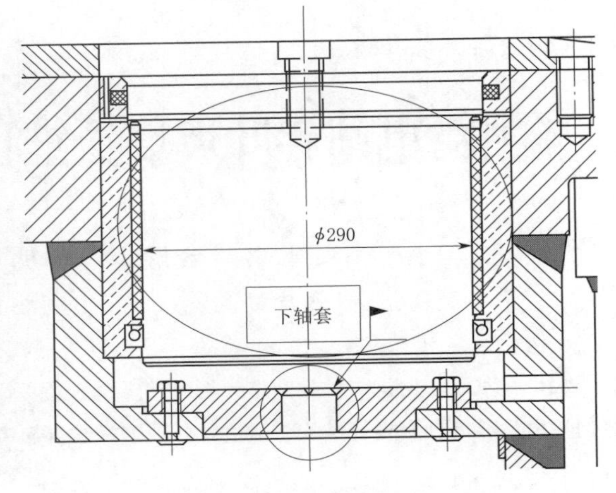

图 3　下轴套装配示意图

图 4　下轴套照片

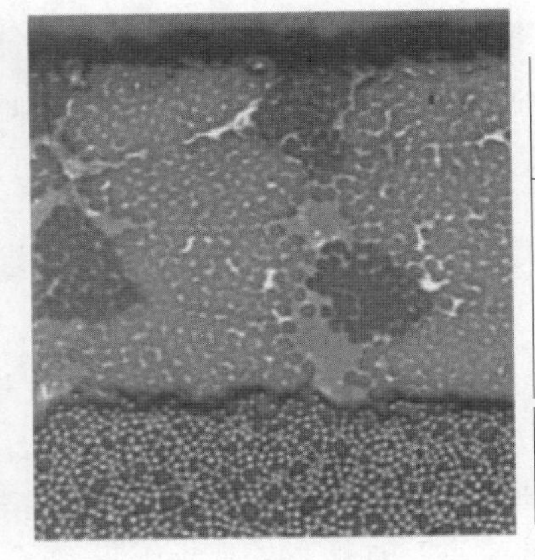

图 5　轴套材料示意图

图 6　轴套实物图

$$S=0.8\times\alpha\times\Delta T\times D$$

表 1　　**收缩量公式含义**

符号	含　义	数　值	单位
D	轴套外径	根据现场实际	
α	材料收缩系数	12.6×10^{-6}	K^{-1}
ΔT_{CO2}	干冰温度变化量	理论值 80	K
ΔT_{N2}	液氮温度变化量	理论值 210	K

张河湾公司导叶上轴套外径为 276mm，中轴套和下轴套外径为 306mm，使用液氮冷却后收缩量分别达到 0.58mm 和 0.64mm，满足现场安装需求。

4 施工过程与注意事项

4.1 施工过程

清扫：将导叶套筒清扫干净以免阻力增大，也防止带入物或毛刺在安装过程中划伤座孔和轴套。

摆放：清扫后的导叶套筒要固定摆放，防止倾倒。

加温：抽蓄电站为地下厂房结构，环境温度较低，安装前需要对轴套进行适度加热，从而增大安装孔径座孔和轴套准备，可以使用火焰加温或将套筒转移至户外阳光直射的地方自然升温，实践证明套筒温度达到 25°～30°，可以保证轴套安装顺利进行。在安装过程中，早上套筒温度低，安装不顺利。中午就可以顺利安装。

冷冻：通过液氮对轴套进行冷却，确保轴套全部浸没在液氮中至少 30min，当轴套尺寸不再变化或液氮内部没有气泡产生为止。实际操作过程中，轴套在液氮保温桶里不冒气泡，就可以调头冷冻并也不再冒气泡就可以顺利安装，整个过程时间一般在 15～20min，见图 7、图 8。

图 7 液氮冷却过程中

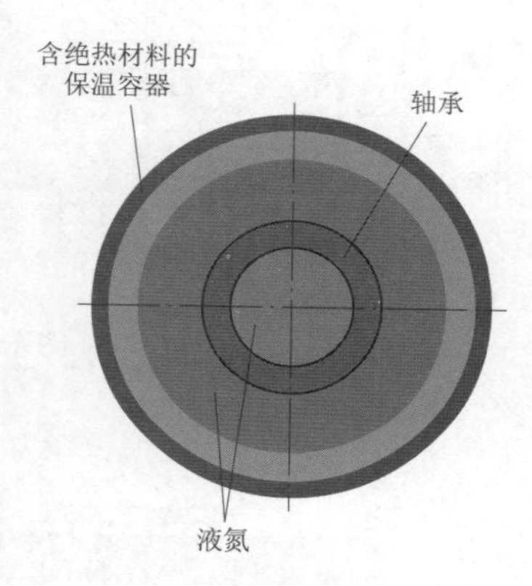

图 8 液氮冷却示意图

装配：取出轴套时需要带好手套防止冻伤。套筒和轴套先清扫干净。安装时间控制在 15s 之内，正常情况下，冷冻后的轴套在自重作用下，使用橡胶锤轻微用力即可安装到位，见图 9、图 10。

图 9 套筒安装新轴套后

图 10 套筒安装新轴套前

4.2 安装过程异常情况处置

当遇到轴套冷却后，无法顺利装入的情况，在确保轴套不被损坏的前提下，可以使用其他辅助安装流程，具体方法如下：

（1）进一步对安装座孔进行加热（至 50℃），使孔径增大。

（2）如果以上操作仍旧无法使轴套顺利装入，需要使用压力机或敲击锤，对轴套施加额外的压入力。但是，在此过程中，务必确保不要损坏轴套，重外力不是直接施加在轴套端面，需要加做工装。可以在轴套端面放置工装衬板（木质或金属，最好同径圆形），使压入力施加在衬板上，进而传导给轴套。在压入的初始阶段，确保轴套和座孔的同轴度，避免倾斜导致的安装阻力增大等问题；如果使用敲击锤进行安装，尽量选择橡皮锤或木锤，且敲击力度适中，同时，轴套端面周向受力尽量均匀，使轴套垂直装入，避免发生偏斜。

4.3 注意事项

1. 安装过程中防止轴套偏心

在无偏心情况下运转的轴套受到的载荷均匀分布于整个纵轴上，轴偏心会使接触面减少，并使轴套所受压力分布向轴套的一端偏移，当偏心严重时，接触面减少为抛物线形式，严重偏心造成的集中边缘载荷可能会使轴套受损，如果边缘压力造成的应力接近或超过材料的耐压强度，就可能发生破裂，见图 11～图 13。

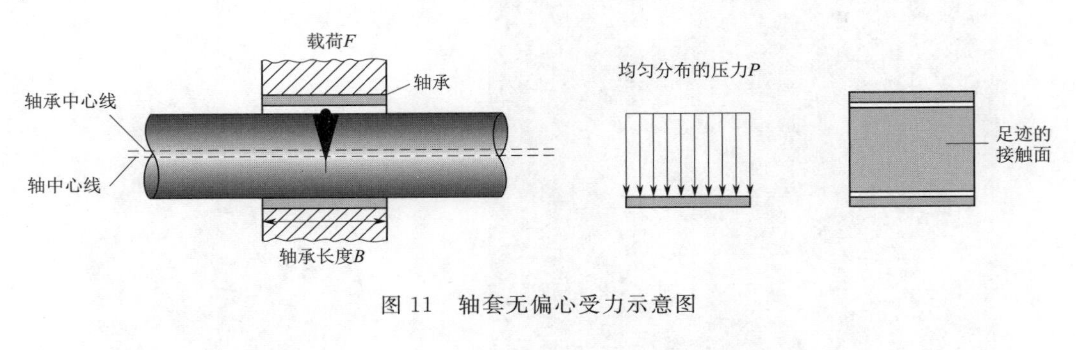

图 11　轴套无偏心受力示意图

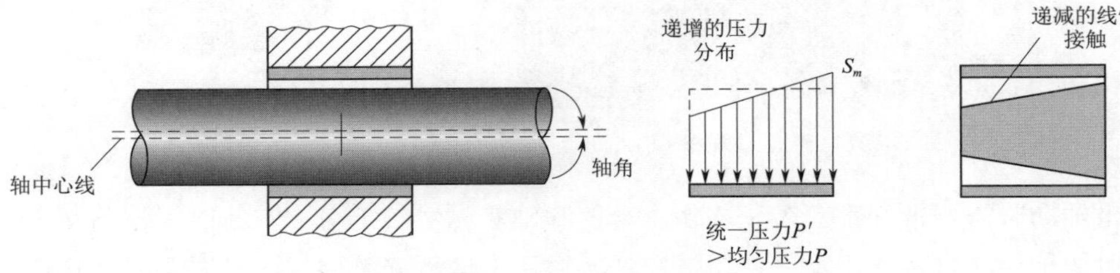

递增的压力
分布
S_m
轴中心线
轴角
统一压力P′
>均匀压力P
递减的线性
接触

图 12　轴套轻微偏心受力示意图

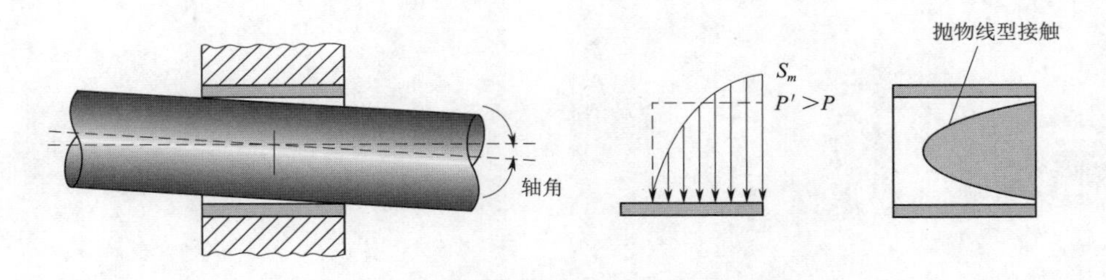

图 13　轴套严重偏心受力示意图

2. 液氮使用时注意事项

使用过程中要经常检查。可以用眼观测也可以用手触摸外壳，若发现外表挂霜，应停止使用；特别是颈管内壁附霜结冰时不宜用小刀去刮，以防颈管内壁受到破坏，造成真空不良，而是应将液氮取出，让其自然融化。

液氮冷装过程防止人员冻伤，遵守液氮使用安全管理规定。操作时应有合格的防护措施，双手勿裸露，防止液氮飞溅后碰到皮肤或眼睛引起冻伤。

5 结语

本文借助张河湾电站大修整体更换导叶轴套的施工机会，对自润滑玻璃纤维轴套材料（HPM 材料）的施工工艺进行了总结，详细介绍了施工过程、异常情况处理及其他相关注意事项，确保了轴套的顺利安装。新轴套投入运行后，导叶转动灵活，无异常摩擦和漏水等现象，达到了预期的效果。

参考文献

[1] 李成家. 水轮机导叶轴套材质及特点 [J]. 青海电力，2001 (2)：8-9，7.
[2] 胡广恒. 广州蓄能水电厂 B 厂机组导叶轴套选型研究 [J]. 水力发电，2014 (11)：50-51，97.
[3] GB 50231—2009 机械设备安装工程施工及验收通用规范 [S].
[4] 刘功亮，胡德江，王慷. 水电站水轮机导叶轴套加工工艺简析 [J]. 水电站机电技术，2020 (43)：25-27.

某抽水蓄能电站1号机推力轴承RTD故障原因与处理

于　爽　魏子超　王　雷　闫川健
（河北丰宁抽水蓄能有限公司，河北省承德市　068350）

【摘　要】某抽水蓄能电站1号机2021年12月30日投入商业运行，自2022年1月15日起，推力瓦、推力及下导油槽及冷油温度RTD先后出现断线、跳变等问题，经排查初步确定推力及下导油槽内RTD电缆破损，截至2022年2月24日，共有9个推力瓦12个RTD、推力油槽冷油及热油2个RTD先后故障，电站利用定检对推力及下导油槽透平油排空进行检查，确定了推力轴承RTD故障原因、处理方案。

【关键词】推力轴承　RTD　油流　刮油板　处理

1　引言

某抽水蓄能电站位于河北省承德市丰宁满族自治县境内，南距北京市180km，东南距承德市170km，是目前世界上装机容量最大的抽水蓄能电站，总装机容量3600MW（12×300MW），共有10台定速机组及2台可变速机组，电站的供电范围为京津及冀北电网，在京津及冀北电网中担任调峰、填谷、调频和事故备用等功能，2021年12月30日，首批机组（1号、10号）正式投产发电。

该电站1号机组共12个推力瓦，发电电动机推力及下导轴承共用同一个油盆，采用强迫油循环水冷方式进行冷却，推力瓦RTD、推力及下导油盆RTD电缆经油盆内环型笼式桥架汇总至竖直桥架处，经接驳装置外引至盘柜端子排，自2022年1月15日起，1号机组推力瓦、推力及下导油槽及冷油温度RTD先后出现断线、跳变等问题，截至2022年2月24日，共有9个推力瓦共12个RTD、推力油槽冷油及热油2个RTD故障。

2　推力轴承的结构及作用

2.1　结构

1号机组推力轴承的结构主要包括：推力瓦、镜板、绝缘油挡、弹性油箱、推力瓦RTD、推力外循环油槽冷油及热油RTD、推力瓦限位装置、推力轴承座、支撑环、内轴承盖等部件，见图1，发电电动机推力及下导轴承共用同一个油盆，推力及下导轴承采用油冷却器，冷却器布置于机坑外侧，采用强迫外循环水冷的循环方式对推力外循环油槽内热油进行冷却降温，镜板与主轴采取螺栓把合的形式，机组运行的时候镜板在主轴的带动下旋转，推力瓦在前后限位装置固定、弹性油箱的水平调整情况下与镜板产生相对位移，镜板与推力瓦之间通过油膜进行润滑。

2.2　RTD的作用

该电站推力轴承RTD即PT100温度传感器，PT100是铂热电阻，推力瓦RTD分为单支和双支，单支RTD通过电缆线将温度量直送监控，双支RTD一路通过电缆线将温度量直送监控；另外一路将温度量送至测温仪表柜参与温度显示。通过在推力瓦本体两侧、推力外循环油槽内设置冷油及热油RTD，帮助运行人员及维护人员了解机组停机及运行时推力瓦及油槽的实际温度，通过实际温度的变化趋势可以判断机组设备健康状况，及时解决可能存在的缺陷。

3　1号机推力轴承RTD故障情况

根据1号机组推力轴承RTD故障情况对故障部位及故障时间进行统计，见表1，便于开展相关分析。

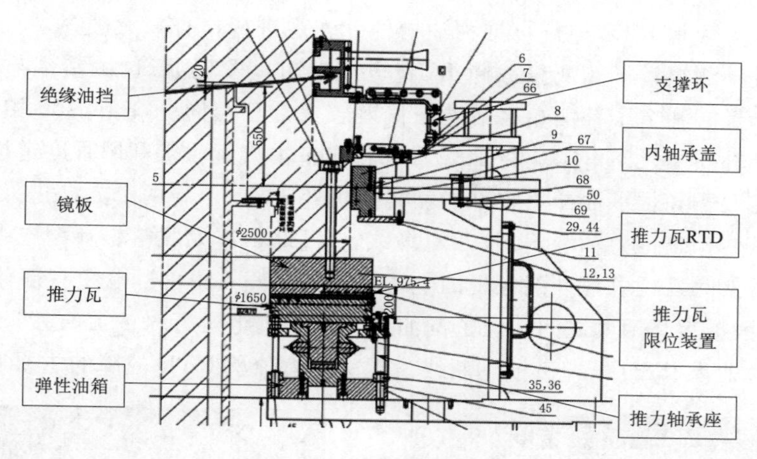

图1 推力轴承装配放大图

表1 1号机推力轴承RTD故障时间

1号机推力轴瓦 RTD		
序号	发电方向出油边（单位：日期）	抽水方向出油边（单位：日期）
1号推力瓦	Z63	Z75（2022.2.9故障）、X8（2022.1.29故障）（双支）
2号推力瓦	Z64	Z76
3号推力瓦	Z53、X5（双支）（2022.2.9故障）	Z65（2022.2.4故障）
4号推力瓦	Z54（2022.2.1故障）	Z66
5号推力瓦	Z55（2022.1.24故障）	Z67（2022.2.3故障）
6号推力瓦	Z56（2022.1.29故障）	Z68（2022.2.6故障）
7号推力瓦	Z57	Z69（2022.1.27故障）、X7（2022.1.24故障）（双支）
8号推力瓦	Z58	Z70
9号推力瓦	Z59（2022.1.20故障）、X6（2022.1.20故障）（双支）	Z71
10号推力瓦	Z60	Z72（2022.2.13故障）
11号推力瓦	Z61	Z73
12号推力瓦	Z62	Z74（2022.1.27故障）
说明：标注红色为故障RTD，其余RTD目前正常。		
序号	RTD	
1	热油温度 Z52（2022.1.15故障）	
2	冷油温度 Z51（2022.1.24故障）	
说明：油槽油温RTD共两个都有故障，目前对推力外循环管路油温RTD进行监视。		

4 原因分析

产生推力瓦RTD及推力外循环油槽内冷油及热油RTD故障的原因有以下几方面：

（1）机组运行时温度较高造成推力轴承RTD故障。

分析：推力轴承RTD故障时对故障相邻推力瓦、其他导轴承瓦温、机组振摆检查，数据正常，排除机组温度真实升高情况。

（2）推力瓦RTD及推力外循环油槽内冷油及热油RTD温度反馈回路存在端子松动问题，造成温度量反馈不正确。

分析：机组停机后对推力轴承故障RTD的温度反馈回路进行检查，无端子、接线松动，将故障RTD的接线解开后重新接上监控显示无变化，排除端子松动造成推力轴承RTD故障。

（3）推力轴承RTD电缆破损或断线造成RTD故障。

分析：①现场对推力轴承 RTD 电缆（推力油槽外）外观进行检查，无破损，机组停机后在 1 号机监控盘柜、推力及下导轴承测温端子箱测量故障 RTD 电缆电阻，发现 RTD 测量端与补偿端电阻普遍存在开路、短路等问题且测量端和 2 个补偿端之间电阻偏差较大，正常同一个 PT100 铂热电阻的电缆在同一环境下，测量端和 2 个补偿端之间电阻应在 100～130Ω 且基本接近。②利用月度定检对推力轴承 RTD 故障进行检查，机组推力及下导轴承油槽上腔排油，将下机架 $+Y$、$-Y$ 两个方向进人门打开，在完成落油孔临时封堵后进入油槽内检查推力轴承 RTD 及电缆线，RTD 本体无脱落、环型电缆架及 RTD 电缆无破损，检查至竖直电缆桥架时发现电缆外侧包裹的整体软管被冲坏并脱落、电缆有部分（5 只）已经冲断且脱落，见图 2、图 3，因推力瓦两两之间装设了刮油板，造成机组运行时油流直接冲击油槽外壁，故推力油槽油流冲击造成推力轴承 RTD 电缆破损、断线为此次推力轴承 RTD 故障的主要原因。

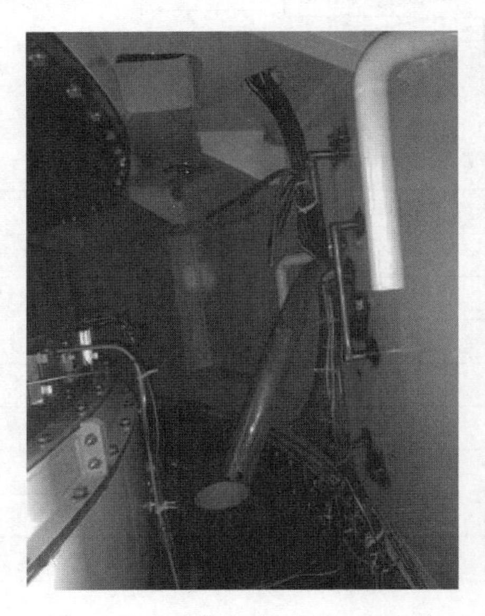
图 2　推力油槽内破损的 RTD 电缆

图 3　推力油槽内破损的 RTD 电缆

5　处理方案

5.1　推力轴承故障 RTD 拆除流程

（1）首先利用扳式滤油机将推力及下导轴承油盆上腔油排至 3 号机调速器回油箱内，油量大约 $10m^3$。

图 4　推力轴承 RTD 拆除过程中

（2）拆除推力轴承所有 RTD 在推力及下导轴承测温端子箱接线，拆除过程中注意核对编号，同时监控核查除了推力轴承瓦温以外有无其他温度丢失，避免出现误拆，见图 4。

（3）用废旧已擦拭干净的硅钢片将 12 个推力及下导油槽内 ϕ240mm 落油孔进行临时封堵，避免杂物落入下腔油盆内，将推力瓦 RTD、油槽油温 RTD 本体拆除，将推力轴承接驳装置拆除，笼式桥架拆除，将固定电缆的绑扎带剪开并收集，将所有旧的 RTD 电缆拆除后搬运至风洞外，同时对推力及下导油槽内进行细致检查，确保无绑扎带、电缆、线夹、螺栓等原安装物品。

5.2　推力轴承 RTD 重新安装流程

（1）用防火布在推力及下导轴承油盆焊接区域进行临时防护，将槽盒与垫条用 M8 单头螺栓在每段槽盒头尾临时固定，放置在推力及下导轴承油盆内开展预装工作，见图 5、图 6，采用氩弧焊方式对垫条外侧进行段焊固定，拆除槽盒，对垫条内侧段焊固定，见图 7、图 8，垫条焊接前注意推力轴承 RTD 电缆穿线进口地方两个垫条间隔在 150mm。

图 5　槽盒及垫条预装（一）

图 6　槽盒及垫条预装（二）

图 7　垫条焊接完成（一）

图 8　垫条焊接完成（二）

（2）按照推力轴承 RTD 电缆大体敷设路径对 ϕ8mm 金属丝进行氩弧焊点焊固定，焊接完成后及时清理剩余焊条、防火布焊渣等杂物。

（3）安装新的推力轴承 RTD 及电缆，推力轴承 RTD 出瓦后，温度计铠装丝至油槽底部，电缆用绑扎带每间隔 150mm 固定在高顶管路、ϕ8mm 金属丝上面，尖角区域在电缆外侧包裹 1mm 厚度的橡胶板，见图 9～图 12，避免油流冲击造成电缆磨损，侧壁电缆从底至顶全部用橡胶板包裹、绑扎带固定（间隔 150mm），线夹与垫条通过 M6 单头螺栓把合压紧电缆，上述螺栓全部采用弹簧垫圈止动，见图 13～图 16。

（4）封堵推力及下导油槽内穿电缆孔，封堵板由底座和夹板构成，底座焊接在机架上，夹板分为两瓣，夹紧引线防止其窜动，见图 17。

（5）封堵推力及下导油槽内穿电缆孔，封堵板由底座和夹板构成，底座焊接在机架上，夹板分为两瓣，夹紧引线防止其窜动。

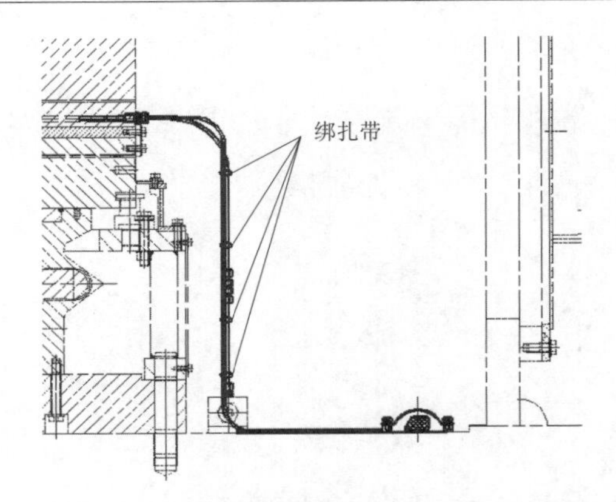

图 9　RTD 电缆固定示意图

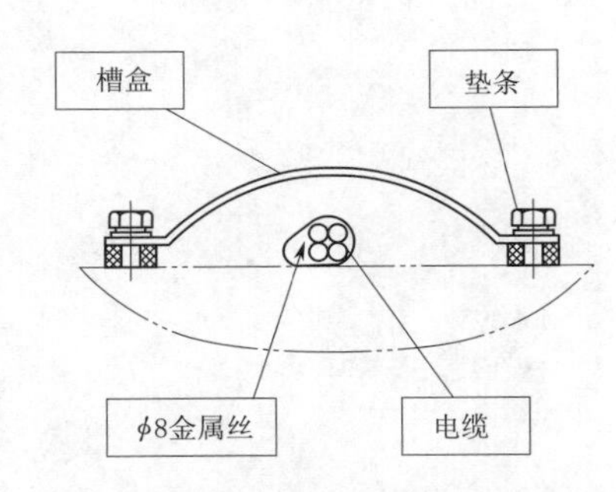

图 10　环型槽盒、垫条、电缆固定示意图

图 11　RTD 电缆固定实图

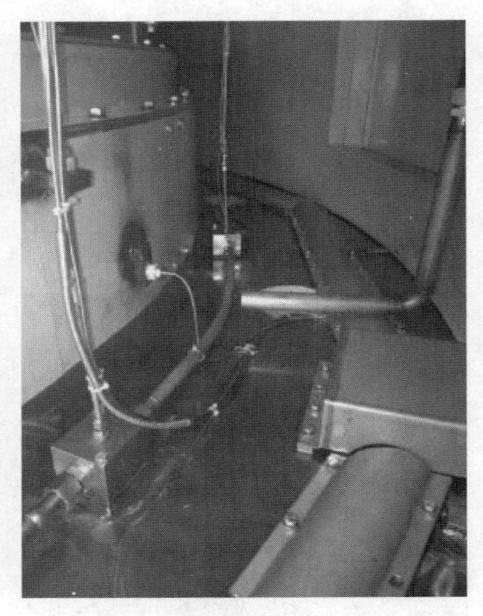

图 12　RTD 电缆固定实图

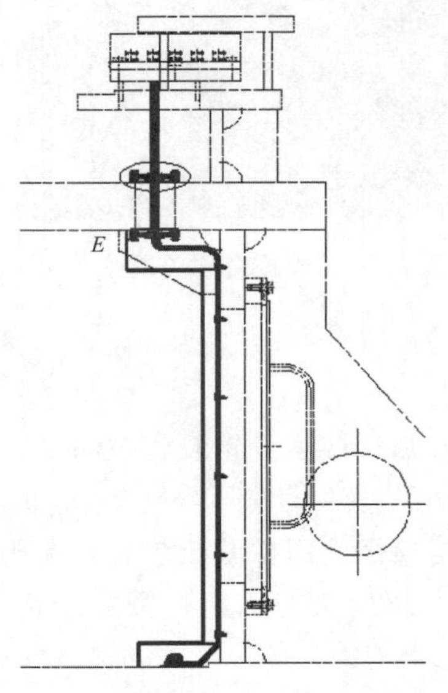

图 13　侧壁电缆固定示意图

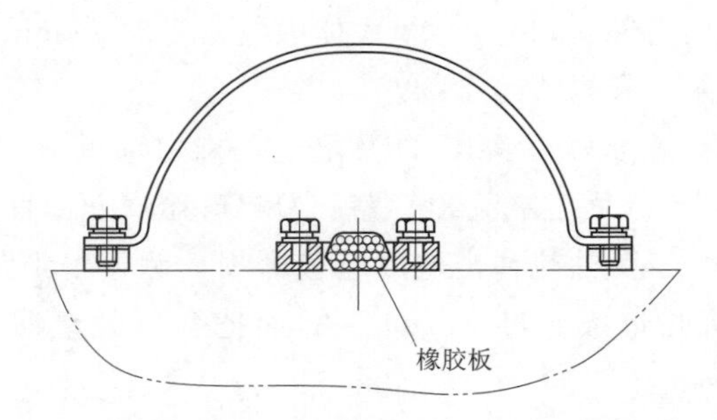

图 14　侧壁槽盒、垫条、电缆固定示意图

(6) 将新推力轴承 RTD 的线全部接至推力及下导轴承测温端子箱处，要求每接一处监控核查信号、位置是否正确，全部验证完成后间隔半个小时检查监控、测温仪表柜各个推力瓦温度最大最小差值不得高于 1.5℃，无问题后将推力轴承 RTD 固定螺母把紧，轻微拉拽电缆无松动。

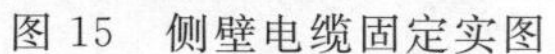

图 15 侧壁电缆固定实图

图 16 侧壁槽盒、垫条、电缆固定实图

（7）验收组对推力及下导轴承油槽内仔细进行检查，确保无遗留物后封堵推力及下导轴承油槽进人门。

（8）推力及下导油槽内注油 190mm，风洞内已清理，物品已清点无遗留物，人员已撤离，机组隔离措施恢复。

6 结语

1 号机推力轴承 RTD 采取以上措施后，经发电、抽水调相、抽水试转累计 1h 无异常问题，推力轴承温度显示正常，归调后机组按每天两抽两发频次运行，截至目前未发生类似问题，其他机组按此方案实施后运行无问题。表明上述处理方法得当，采取的措施准确，推力轴承 RTD 防护处理方法，具有一定新颖性，不足之处是关于推力及下导油槽内油流紊乱无法短时间解决，需要结合主机厂、设计院的意见开展研究、改造。

图 17 安装完成后的封堵板、接驳装置下护罩

参考文献

[1] 刘平安，武中德. 三峡发电机推力轴承外循环冷却技术 [J]. 大电机技术，2008（1）：7-10.

[2] 王书枫，王艳武. 溧阳抽水蓄能电站发电电动机推力及下导轴承外循环冷却系统设计 [J]. 大电机技术，2016（1）：13-15.

[3] 蒋牧龙，杨仕福，欧阳宁东，等. 溪洛渡巨型水轮发电机组推力轴承性能测试研究 [J]. 装备制造与教育，2019（4）：18-21.

安全监测专业的质量管理创新与数字技术应用

高　强　聂海成　贾　磊
（中国电建集团北京勘测设计研究院有限公司，北京市　100024）

【摘　要】 抽蓄电站工程项目在国家基础设施建设中扮演着至关重要的角色，其安全运行对于国家能源供应和社会稳定至关重要。安全监测专业在项目中具有关键性作用，直接关系到工程质量、人员安全和环境保护。因此，本文旨在深入研究抽蓄电站工程项目中安全监测专业的质量管理，特别关注数字化BIM技术的应用，以确保在工程项目中实现其价值。

【关键词】 抽水蓄能　安全监测　质量管理　管理创新　数字技术

1　质量管理的背景

1.1　背景与意义

抽蓄电站工程项目作为国家电力基础设施建设的支柱产业，其安全运行对国家能源供应和社会稳定至关重要。安全监测专业在项目中的角色愈发重要，不仅关乎工程质量，还直接关系人员安全和环境保护。随着抽蓄电站工程项目的不断发展，质量管理成为确保项目成功实施的关键因素。

1.2　研究目的与方法

本文旨在深入研究抽蓄电站工程项目中安全监测专业的质量管理，特别关注BIM技术的应用。通过综述、案例和技术应用的探讨，探讨质量管理策略、技术应用和实际操作经验，以提高抽蓄电站工程项目中安全监测专业的管理水平。同时，还旨在总结过去的经验，分析当前的挑战，并提出未来发展的建议，助力抽蓄电站工程项目中安全监测专业的质量管理取得更大的进展。

2　质量管理的策略

在抽蓄电站工程项目中，制定明确的质量管理策略对安全监测专业至关重要。

质量管理策略应根据项目的特定需求和目标进行制定，包括工程规模、环境条件、监测设备的选择及人员等。

核心原则包括明确质量目标、建立质量控制体系、制定监测计划和流程等。

质量目标的制定应反映监测数据的准确性、时效性、可靠性以及监测设备的稳定性等关键方面。

质量控制体系的建立包括明确组织结构、职责分配、流程和程序、培训。

监测计划和流程制定包括明确监测范围、数据采集、数据处理和分析、预警条件、报告和沟通等要点。

2.1　质量管理的原则

2.1.1　质量至上

在电力工程项目中，把质量置于首要位置，确保工程的可靠性和安全性。将质量放在首位，制定明确的质量目标，建立有效的质量控制体系，以及积极采取措施来提高工程质量。

2.1.2　预防为主

强调采取预防措施，减少质量问题的发生。在项目中，这包括风险评估、设备。

2.1.3　客观评估

建立明确的质量标准和规范，通过客观数据评估工程质量。监测和记录数据，使用数据分析工具检测问题，为工程提供客观的质量评估，以及为未来项目提供经验教训。

2.1.4 以人为本

将员工培训和发展放在核心位置，确保他们具备必要的技能和知识。此外，鼓励积极的工作文化，促使员工积极参与质量管理和问题解决，以建立高效的团队，确保工程质量。

2.2 质量目标的定制

质量目标的制定是质量管理的第一步。针对安全监测专业，质量目标应当明确反映监测数据的准确性、时效性、可靠性以及监测设备的稳定性等关键方面。具体的质量目标包括：

（1）监测数据的准确性要求，如误差范围应在多少内。

（2）监测数据的时效性，例如数据应在多长时间内上传和处理。

（3）监测设备的可用性和稳定性，要求设备故障率低于多少。

这些目标将指导后续的质量控制体系和监测计划的制定。

2.3 质量控制体系的建立

质量控制体系是贯穿整个抽蓄电站工程项目的关键组成部分。为确保监测专业的质量管理，需要建立一个完善的体系，包括以下要素：

（1）组织结构：明确负责监测质量管理的组织结构，包括质量部门、监测团队和相关职责。

（2）职责分配：明确各个团队成员的职责和任务，确保每个人都清楚自己的责任。

（3）流程和程序：建立监测数据采集、传输、处理、分析和报告的标准化流程和程序，确保一致性和可追溯性。

（4）培训：培训监测团队成员，确保人员具备必要的技能和知识，掌握监测及测量技能并通过相关的认证。

2.4 监测计划和流程的制定

制定监测计划和流程是将质量目标和质量控制体系具体落实到实际操作的关键步骤。监测计划应当包括以下要点：

（1）监测范围：明确定义监测的范围和监测点，包括监测的参数和位置。

（2）数据采集：制定详细的数据采集计划，包括采集频率、采集方法和设备的选择。

（3）数据处理和分析：建立数据处理和分析流程，确保数据的准确性和时效性。

（4）预警条件：明确定义预警条件，如何识别异常数据和问题，以及何时触发预警。

（5）报告和沟通：规定监测数据的报告方式和频率，以及与相关方的沟通机制。

这些计划和流程将帮助项目团队有序地执行质量管理策略，确保监测专业的质量目标得以实现。

2.5 质量管理策略的制定

2.5.1 风险评估与优先级

为确保质量管理策略的高效执行，必须进行详尽的风险评估，并明确以下方面的具体内容：

（1）设备故障风险评估：基于历史数据和设备特性，确定监测设备可能的故障模式和潜在原因。例如，传感器老化、电源不稳定、通信故障等。

（2）数据中断风险评估：分析数据传输链路，确定可能导致数据中断的因素。包括网络故障、设备故障、自然灾害等。

（3）风险优先级划分：根据风险的潜在影响和发生概率，将风险划分为高、中、低三个优先级。高优先级的风险需要优先处理，中低优先级的风险则按计划进行管理。

2.5.2 预警条件的明确定义

为确保质量管理策略的高效执行，明确以下情况下的预警条件内容。

设备故障预警条件：设备故障预警条件包括但不限于以下情况：

（1）传感器输出值偏离正常范围。

（2）设备自检未通过。

（3）数据传输中断超过设定时间阈值。

(4) 电源电压异常。

数据异常预警条件：数据异常预警条件包括但不限于以下情况：

(1) 温度监测数据超过阈值。

(2) 位移监测数据异常波动。

(3) 数据缺失或冗余。

环境变化预警条件：环境变化预警条件根据具体监测项目而定，包括气象数据、地质数据等，例如：

(1) 温度急剧下降或上升。

(2) 异常降雨或气压变化。

监测数据时效性预警条件：监测数据时效性预警条件包括但不限于以下情况：

(1) 数据上传延迟超过预设时间。

(2) 数据处理时间超过预定时限。

2.6 技术应用与自动化

2.6.1 实时数据采集与监测

为确保质量管理的高效性，宜采用自动化数据采集措施：

(1) 自动数据采集：监测设备采用自动化技术，每隔一段时间自动采集数据，并通过以太网或卫星实时传输至数据中心。

(2) 实时监测：数据传输是实时的，确保监测数据能够及时反映监测点的状态。

2.6.2 数据分析与预警系统

实时数据分析：监测数据实时传入数据分析系统、自动执行数据分析，包括：

(1) 使用滑动窗口等算法检测数据异常。

(2) 应用数据模式识别及AI技术进行趋势分析。

自动预警系统：一旦满足预警条件，系统将自动发出警报，同时记录并通知相关人员，包括：

(1) 发送短信和电子邮件通知。

(2) 触发声音警报。

2.6.3 BIM技术的整合

为进一步提升质量管理水平，整合了BIM技术，BIM模型与监测数据关联：监测数据与BIM模型关联，实现了对工程实际情况的精确模拟和分析，包括：

(1) 在BIM模型中显示实时监测数据。

(2) 通过BIM模型展示监测点位置和数据趋势。

模型更新机制：定期更新BIM模型，以反映工程的实际状态变化，包括：定期对比监测数据和BIM模型，进行更新和修正。

2.7 持续改进与经验总结

2.7.1 持续监测和评估

为确保质量管理策略的不断改进，实时监测质量指标，对数据准确性、问题解决速度、预警效果等关键指标进行实时监测，包括：

(1) 数据准确性监测：定期进行数据校验，检查传感器是否正常工作，汛期、蓄水期及极端天气等增加监测检查频率。

(2) 预警效果评估：对预警响应时间和准确性进行监测和记录。

持续反馈机制：建立持续反馈机制，收集项目团队的反馈意见，用于改进优化，包括定期召开会议，听取项目团队反馈。

2.7.2 标准化和规程的更新

技术标准更新：跟踪最新监测技术和国际标准，确保质量管理策略符合最新要求，包括：

(1) 持续关注国内外监测技术的发展。

(2) 及时更新监测设备和系统的固件和软件。

流程改进：根据项目经验和反馈，不断改进数据采集、处理、分析和报告流程，具体包括：

(1) 优化数据传输和处理流程，提高效率。

(2) 定期进行流程审核，识别并解决潜在问题。

2.7.3 经验总结

成功实践总结：总结成功的监测实践，包括技术创新和高效运营，包括详细记录成功案例，包括问题解决的具体方法，供其他项目参考。

问题解决经验：记录并分析问题解决的经验，以避免未来重复的错误，包括：

(1) 问题解决的时间线和过程。

(2) 针对性的解决方案和改进措施。

3 质量管理的转型升级

数字化技术的引入为水利水电工程质量管理带来了革命性的改进。尽管传统的安全监测软硬件具有一定的功能，但数字化技术通过实时数据集成、可视化模型与监测以及高级数据分析等方面的综合性和创新性，使其成为水利水电工程质量管理的创新工具。这一技术提供了更全面的数据和更高级的决策支持，有助于改进工程质量管理和风险控制。

3.1 实时三维建模与监测

实时集成传感器数据：数字化 BIM 技术实现了传感器数据与三维模型的实时集成，这些传感器可以包括水位、温度、位移传感器以及材料应力传感器等。这些数据的实时集成使管理者能够迅速发现问题并做出相应的反应，提高了工程质量的及时性。

可视化模型与监测：数字化 BIM 技术不仅能够实时反映数据，还可将数据与可视化模型相结合，以便工程管理者更清晰地了解工程状态。例如，在水坝工程中，管理者可以直观地查看水位升高的实时三维模型，以及可能的问题区域，从而更好地管理水利工程的质量和安全。

3.2 高级数据分析与预测

数据分析应用领域：数字化 BIM 技术通过数据分析可应用于水流预测、水位趋势分析、结构稳定性评估等多个领域。例如，通过历史水流数据的分析，可以预测未来水流变化，有助于优化水电站的发电调度和水资源管理，提高水电工程的效益。

风险识别与提前预警：数字化 BIM 技术通过高级数据分析还可以识别潜在的风险，例如水坝的结构安全问题或水质异常。系统可以设定预警条件，一旦触发，会自动向工程管理者发送警报，帮助他们及时采取措施，提高工程质量管理的智能性。

3.3 信息共享与协作

跨部门协作：数字化 BIM 平台允许不同部门的团队之间实时协作，包括设计、施工、监管和维护团队。这种协作方式有助于及时解决问题、优化设计以及确保工程质量的一致性。

可视化共享：数字化 BIM 技术不仅将数据集成，还可将数据以可视化的方式共享。工程管理者可以通过数字化平台直观地查看设计图纸、施工计划、监测数据等信息，有助于更好地协调和监督工程过程，提高工程质量管理的透明度。

3.4 决策支持工具

虚拟仿真与方案评估：数字化 BIM 技术提供虚拟仿真工具，工程管理者可以数字化模拟不同决策对工程质量的影响。例如，在水电站项目中，可以数字化模拟不同维护策略对设备寿命的影响，从而选择最佳维护方案，提高工程质量和可维护性。

预测性分析与优化：数字化 BIM 技术数字化分析历史数据，实现对工程决策的数字化优化。通过数据驱动的预测性分析，工程管理者可以提前识别问题，制定解决方案，从而降低工程风险。

4 结论与未来展望

4.1 结论

本文深入探讨了抽蓄电站工程项目中安全监测专业的质量管理，特别关注了数字化BIM技术的应用。在质量管理策略方面，明确了核心原则，包括质量至上、预防为主、客观评估、以人为本。质量目标、质量控制体系和监测计划等方面的制定将有助于提高工程项目中安全监测专业的管理水平。

在技术应用方面，探讨了实时数据采集与监测、高级数据分析与预警系统以及数字化BIM技术的整合。这些技术的应用将有助于提高工程质量的及时性和智能性，减少风险，为工程项目的成功实施提供有力支持。

4.2 未来展望

未来，随着技术的不断发展，抽蓄电站工程项目中安全监测专业的质量管理将面临新的挑战和机遇。以下是一些可能的发展方向：

（1）智能化监测系统：随着人工智能和物联网技术的不断进步，智能化监测系统将成为未来的趋势。这将使工程团队更容易实时监测和管理项目，减少人为错误和风险。

（2）大数据分析：大数据分析将为工程项目提供更多的决策支持。通过分析大规模数据集，工程团队可以更好地了解工程进展，并预测潜在问题。

（3）可持续性和环境保护：未来的工程项目将更加注重可持续性和环境保护。安全监测专业将不仅关注工程质量，还将关注项目对环境的影响，以确保可持续发展。

参考文献

[1] 庞剑. BIM在电力工程中的应用 [J]. 冶金丛刊，2017（12）：167-168.

[2] 陈扬. 电力工程质量管理研究 [J]. 建筑设计管理，2008（5）：26-28.

[3] 邓社军. 中小型水利工程施工质量控制及评价方法研究 [D]. 扬州：扬州大学，2007.

[4] 范建春. 电力工程施工安全管理及质量控制分析 [J]. 中国新技术新产品，2014（10）：63-64.

抽水蓄能电站数字化与智能化建设探讨

李　达　商　磊
（河北丰宁抽水蓄能有限公司，河北省承德市　068350）

【摘　要】 文章以某电站为例，对抽水蓄能电站的数字化与智能化建设问题进行了研究，首先介绍了抽水蓄能电站数字化与智能化的概念以及意义，随后对抽水蓄能电站的数字化与自动化建设现状进行分析，继而阐述了抽水蓄能电站在数字化与智能化方面面临的关键技术不足、运营维护难度较大、建设资金不足等困难，最后提出了加强抽水蓄能电站的数字化与智能化关键技术创新、做好电站运营管理和维护、加强资金投入等对策建议。

【关键词】 抽水蓄能电站　数字化　智能化

1　引言

抽水蓄能电站作为重要的水利水电工程，在蓄洪、发电方面发挥着重要作用。在如今的数字化时代下，需要利用数字化和智能化技术来加强其数字化和智能化建设。近年来，我国建设了许多抽水蓄能电站，积极利用先进技术来提升电站能力，如今的电站建设技术已经处于世界领先水平。然而，与西方发达国家相比，我国的抽水蓄能电站部分技术方面还缺乏核心优势，部分抽水蓄能电站在数字化和智能化建设方面人才还相对比较欠缺，缺乏市场化运营，电站的投资回报周期长，对社会资金的吸引力比较弱。在此背景下，有必要采取措施来加强抽水蓄能电站的数字化与智能化建设，因此本文以某电站为例，对抽水蓄能电站的数字化与智能化建设问题进行研究，希望提出改善对策，以促进抽水蓄能电站的数字化与智能化发展，不断提高抽水蓄能电站的运行效果，为我国的经济发展和新时代社会主义建设提供条件。

2　抽水蓄能电站数字化与智能化概述

2.1　抽水蓄能电站数字化与智能化的概念

抽水蓄能电站的数字化与智能化是指在抽水蓄能电站的建设过程中，基于自动化、信息化、网络化等理念和技术来建设电站系统，使用数字孪生技术、BIM 正向设计技术，将数字化、智能化等技术融合在一起，从而使得智能电站更加安全、高效、低碳、环保的一种电站系统建设思路和理念。随着科技的创新与发展，在抽水蓄能电站的建设中，通过数字化与智能化的技术应用和理念贯彻，可以使抽水蓄能电站包含更多的新技术，从而使其控制和运行更加智能化、现代化，信息展示更加可视化，可以发挥其发电、蓄能、抽水等作用，更方便对抽水蓄能电站的运营管理和维护，提高其生产效率。

2.2　抽水蓄能电站数字化与智能化建设的意义

加强抽水蓄能电站的数字化与智能化建设，是适应如今信息化时代下技术变革所带来的新机遇，是贯彻国家关于水利水电工程建设的总体目标与方案的重要举措，是推进数字化与智能化时代下水利水电工程建设的重要行动，是促进我国水利水电工程现代化的重要实践；有助于节约抽水蓄能电站的建设成本，做好后期管理和维护，提高管理和运行效率；通过数字化的分析，能对抽水蓄能电站运行过程中的各种数字信息进行智能化统计和展示，有助于进行智能化控制，既可以节约管理和运行成本，同时也可以在后期维护过程中，及时发现风险点，排查安全隐患，做好电站的维修和维护，提高管理效率。此外，通过抽水蓄能电站的智能化和数字化建设，也有助于将新技术应用到抽水蓄能电站建设中，倒逼电站相关技术改革和创新，加强技术研发，强化技术应用，不断提升我国在抽水蓄能电站方面的建设水平。

3 抽水蓄能电站数字化与智能化建设现状——以某抽水蓄能电站为例

某抽水蓄能电站采用投入框架式伺服压力机、升降式龙门自动埋弧焊接设备、翘板式多头同步自动焊接系统等新型智能化设备和系统，来解决国内传统压力钢管生产中的问题。该电站采用绿色节能技术和智能化技术施工，利用数字化技术来管理和进行信息展示，在工程施工中使用自动化机械进行施工，施工建设完成之后可以进行可视化呈现，有助于及时了解电站的运行情况，可以进行智能控制。该电站地下厂房布置了六台300MW的可逆式水轮发动机组，工程建设期间使用压力钢管总数达到1400多节约1.89万t。整个电站枢纽包括上水库、下水库、输水系统以及地下厂房等。在电网的调峰、调频、填谷、调相以及事故备用等方面发挥着重要作用，对于利用新能源来缓解电力紧张的局面意义重大。

4 抽水蓄能电站数字化与智能化建设亟待解决的问题

抽水蓄能电站在数字化与智能化建设中面临许多困难，主要体现在关键技术创新不足，在抽水蓄能电站建设完成之后的后期运营维护难度非常大，建设资金投入不足，不利于抽水蓄能电站发挥最佳作用。

4.1 关键技术有待提升

抽水蓄能电站方面的数字化与智能化关键技术创新不足，是我国抽水蓄能电站在数字化、智能化建设方面存在的突出问题。首先，虽然我国大力鼓励和促进科技创新，与抽水蓄能电站相关的数字化技术也在不断推出，有一些技术在抽水蓄能电站建设中也得到了一定的应用，但是与发达国家在抽水蓄能电站方面的技术更加先进，与之相比我国的技术相对还比较落后。例如，其中虽然我国也在研发大型抽蓄机组关键技术，但是部分核心技术还需要进口。其次，如今的芯片技术在抽水蓄能电站中得到了广泛应用，然而水力电网芯片国产化道路依然漫长。另外，在抽水蓄能的电站机组安装、设计、制造、调试等方面的关键技术应用还比较落后，特别是其中的轴承设计技术、高精转轮平衡技术、计算机监控技术等技术推广应用滞后，仅是在部分电站中进行了应用，未来还有较大的提升空间，这与我国在抽水蓄能电站方面的关键核心技术创新不足有着密切的关系。

4.2 运维难度大

在抽水蓄能电站建设完成之后，相关的运营维护和管理难度比较大，在利用数字化和智能化技术来进行运营管理时，需要进行设施设备的维护，需要有高精尖技术人员，而且与一般的水电站相比，抽水蓄能电站的运营管理维护难度比较大，对于工作人员的技术要求、工作经验的要求比较高，但是我国有的抽水蓄能电站在后期维护方面缺乏专业人才，未能及时检修，导致电站的功能无法得到充分发挥，降低了抽水蓄能电站的运行效果。而且，抽水蓄能电站通常是建设在水力资源非常丰富的地区，而这些地区通常是路途比较遥远、交通不是特别方便的偏远地区，难以吸引高精尖技术人员到此地工作，造成抽水蓄能电站进行后期运营管理和维护十分困难。而在抽水蓄能电站的建设过程中，要想运用数字化和智能化技术，也必须依靠高素质人才。因此如何做好后期的运营管理和维护，就成了抽水蓄能电站数字化、智能化建设中的重要问题。

4.3 建设资金投入不足

抽水蓄能电站的建设通常需要大量的资金，但是在抽水蓄能电站建设过程中，资金的来源渠道往往是政府投资或者国有企业进行投资建设，缺乏对社会资金的吸引，缺乏充分的资金投入，导致有的抽水蓄能电站无法按照事先的规划和设计要求进行设计，不利于抽水蓄能电站的数字化和智能化建设。在抽水蓄能电站的运营管理中，通常需要依靠先进的技术和充裕的资金支持，但是由于我国的抽水蓄能电站建设，很多都是在国家层面或者地方政府层面进行立项和设计、建造，在后期管理、维护和电力销售方面，通常也是依靠国有企业来完成，并由政府进行电力价格管控，缺乏市场化的运作，在建设效益方面比较有限，投资回报周期非常长，这会影响抽水蓄能电站的建设效果，使得抽水蓄能电站对于社会资金的吸引力比较有限。因此如何筹集更多的资金用于抽水蓄能电站的数字化和智能化建设，成了抽水蓄能电站建设中的重要难题之一。

5 加强抽水蓄能电站数字化与智能化建设的对策建议

为了促进抽水蓄能电站的数字化与智能化建设，需要加强关键技术创新，做好抽水蓄能电站建设之后的运营、维护和管理，同时要多渠道筹措资金，做好后期维护管理，不断提高抽水蓄能电站的智能化和数字化建设效果。

5.1 加强数字化与智能化关键技术创新

需要持续加强抽水蓄能电站相关的数字化和智能化关键技术创新，持续提高技术创新水平，从而为抽水蓄能电站的数字化与智能化建设提供技术支持和保障。首先，需要持续对标发达国家关于抽水蓄能电站方面的技术，组织专业团队进行技术攻关，加强技术创新，不断提高抽水蓄能电站的数字化和智能化技术能力。特别是在抽水蓄能的大型机组技术创新与抽水蓄能电站相关芯片技术、并网技术，以及相关的设计、制造、安装、调试技术等都需要不断创新，确保在抽水蓄能电站智能化方面的核心技术优势。其次，需要不断加强新技术在抽水蓄能电站建设中的应用，将数字化与智能化技术与抽水蓄能电站的建设施工和运营结合起来，不断提高抽水蓄能电站的建设水平。

5.2 做好抽水蓄能电站的运维管理

需要做好抽水蓄能电站建设完成之后的运维和管理工作。首先，不仅需要重视抽水蓄能电站的设计建造，而且需要重视在建造完成之后抽水蓄能电站的管理和维护，安排专门的技术人员来对抽水蓄能电站进行维护和管理，利用数字化和智能化技术来进行抽水蓄能电站运行过程中的数字分析，了解电站的运行状况和效果。其次，在抽水蓄能电站建设过程中，需要优化管理方式，结合抽水蓄能电站建设区域的特点，解决其建设中的地域偏远问题，尽量为工作人员提供更加优越的待遇，留住优秀人才，可以招聘相关专业的海归人才、国内 985 和 211 院校的专业人才，鼓励其进行技术创新，组织技术攻关。在运营维护的过程中，需要做好公司人员的沟通与考核，加强人才的持续培养和培训，做好相关的数字化和智能化的工作探讨，在工作中进行研究，加强技术应用，为抽水蓄能电站的数字化、系统化建设提供条件。要完善管理机制，强化责任落实，为抽水蓄能电站的数字化建设提供机制保障，提升技术能力。

5.3 多渠道筹措抽水蓄能电站建设资金

需要为抽水蓄能电站的数字化与智能化建设提供充分的资金，这就需要多渠道筹集资金，加大市场化改革，解决抽水蓄能电站建设中的资金问题。首先，需要完善资金预算。抽水蓄能电站的数字化和智能化建设需要采购先进设备，有的是国产设备，有的是需要进口的设备，需要有专业技术人员，做好工程建设施工安排和工程规划设计等，涉及的流程比较长，需要的资金比较多，因此需要做好资金预算，预留充分的资金用于抽水蓄能电站的数字化与智能化建设。其次，需要尽可能拓展多渠道资金。除了政府投资和国有企业自身的资金之外，还需要充分利用社会资金参与，可以采取公开招聘的方式来吸引社会资金参股，优化股权设计方案，通过股权计划来吸引社会资金，从而丰富某抽水蓄能电站的数字化建设资金。最后，需要持续加强市场化运作，推进市场化改革。在抽水蓄能电站的规划设计和建设中，可以根据抽水蓄能电站的规模、目标等情况来决定该电站的股权设计，对于区域性的小型电站，可以完全采取市场化运作的方式，由社会资金参与建设，政府部门只需要进行审批即可。在电站运营、销售、定价等方面都可以遵循市场化原则，适当缩短电站的投资回报期限，提高抽水蓄能电站的吸引力，从而持续加强数字化建设。

6 结语

在如今的数字化时代，需要利用数字化和智能化技术，来加强抽水蓄能电站的建设，不断提高抽水蓄能电站的运行效率。本文以某抽水蓄能电站为例，对抽水蓄能电站的数字化与自动化建设问题进行了研究。经过研究发现，我国的抽水蓄能电站不断进行现代化升级改造，新建设了许多抽水蓄能电站项目，积极利用新技术来提升抽水蓄能电站的数字化和智能化程度。然而依然存在一些问题，主要体现在数字化与智能化方面的关键技术创新不足，在电站建设完成之后的运营管理和维护难度比较大，相关的建设资金投入不足，不利于更好地发挥抽水蓄能电站的效果。为此，需要持续加强抽水蓄能电站的数字化与智能化技术创新，追赶甚至超越发达国家的新技术，通过创新来促进抽水蓄能电站的数字化与智能化建设，同时需要加强抽水蓄能电站自动化建设中的运营管理和维护工作，多渠道筹措资金，积极推进市场化改革，从安全性、经济性、数字化、智能化等方面来对抽水蓄能电站进行综合评价，不断优化抽水蓄能电站建设，提高我国水利水电工程的建设效果。

参考文献

[1] 罗胤，郝国文，曹永闯．抽水蓄能电站运行工况数字化动态规划模型研究［J］．自动化与仪器仪表，2022（10）：38-41.

[2] 刘学山，黄宇飞，史云吏，等．“双碳”目标下抽水蓄能电站机械化智能化建设研究［J］．中国电力企业管理，2022（27）：78-80.

[3] 叶宏，孙勇，阎峻，等．数字孪生智能抽水蓄能电站研究及其检修应用［J］．水电能源科学，2022，40（6）：201-206.

抽水蓄能电站数字化建设实践与思考

何 铮 朱 溪
（浙江仙居抽水蓄能有限公司，浙江省仙居县 317300）

【摘 要】本文通过某在运抽水蓄能数字化建设实践以及对抽水蓄能行业数字化建设情况的研究，对抽水蓄能电站数字化架构进行了介绍，并按照其架构，分别介绍了其感知层配置情况，网络层建设思路与拓扑结构，平台层的数据集成情况及超融合服务器的拓展应用场景，应用层的开发思路及已建设实践的情况。通过抽水蓄能数字化建设实践，对抽水蓄能电站数字化建设发展前景进行思考，为后续抽水蓄能电站数字化建设提供参考。

【关键词】抽水蓄能 数字化 实践

1 引言

抽水蓄能电站具有调峰、填谷、调频、调相、储能、事故备用和黑启动等多种功能，是当前技术最成熟、经济性最优、最具大规模开发条件的电力系统绿色低碳清洁灵活调节电源，与风电、太阳能发电、核电、火电等配合效果较好。加快发展抽水蓄能，是构建新型电力系统的迫切要求，是保障电力系统安全稳定运行的重要支撑，是可再生能源大规模发展的重要保障。根据《抽水蓄能中长期发展规划（2021—2035 年）》，到 2025 年，抽水蓄能投产总规模 6200 万 kW 以上；到 2030 年，投产总规模 1.2 亿 kW；到 2035 年，形成满足新能源高比例大规模发展需求的，技术先进、管理优质、国际竞争力强的抽水蓄能现代化产业。抽水蓄能的规模化建设和投产必然带来人力资源急速增长的需求，尤其是在运电站有经验的技术人员的流失，呈现青黄不接的现象。很多电站也开展了数字化智能化研究，形成了不少成果。由于成果的碎片化，虽然对数字化电站的建设起到一定的借鉴作用，但没有形成系统性的建设思路。本文在数字化抽水蓄能电站探索实践过程中，形成了一些数字化抽水蓄能电站建设思路。

2 数字化电站架构分析

某在运抽水蓄能电站通过几年的数字化建设，初步形成了“感知层、网络层、平台层、应用层”四层级的数字化电站技术架构（如图 1 所示），前两层主要作为电站数字化硬件部署的实现层级，后两层主要作为电站业务应用的实现层级。

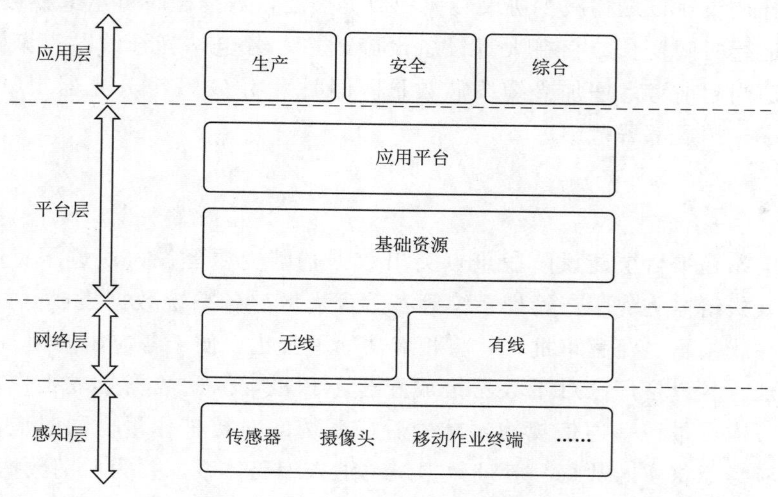

图 1 某在运抽水蓄能数字化电站技术架构

3 感知层建设实践

感知层是电站比较关注的层级，这直接关系将要监测分析的物理量。某在运抽水蓄能电站在机组感知方面，设置红外成像装置感知转子引线温度，设置高速相机感知转动部位变化，设置分解气体检测感知绝缘破坏，设置声音阵列感知风洞内异常声音，设置智能摄像头感知水轮机重要螺栓变位等；在主变压器感知方面，设置电流检测装置感知铁芯夹件接地电流，设置红外成像装置感知变压器顶部温度，设置智能摄像头将油位模拟信号转换为数字信号；在GIS感知方面，设置压力传感器感知各间隔气体压力，设置微水检测装置感知各间隔含水量；在出线场感知方面，设置红外成像装置感知各出线设置温度，设置电流检测装置感知避雷器泄漏电流；在大负荷开关感知方面，设置无线测温装置感知大负荷开关与母排连接部位温度；在安全感知方面，设置人脸识别摄像头对重要区域实施准入并对陌生人进行识别，设置异常行为识别摄像头对违章行为识别，部署近400个摄像头对电厂各部位进行监视。

在上述实施过程中，机组内风洞感知装置要承受较为高温、大风压等恶劣的工作环境，转动部件上方设置安装可靠性直接影响机组安全运行，大负荷开关无线测温装置持续工作时间等均是值得注意的部分。市场上的智能感知设备多以机器人应用为主，但机器人在抽水蓄能地下厂房复杂环境中，应用场景较为受限，且前期投入和后期维护的成本都巨大，按设备区域合理布置智能摄像头、气体分析装置、声纹识别装置等是更为理性的选择。

实践过程中，感知层建设中通常存在以下两个问题：一是感知层供应商天然扩张及排他倾向，有基于自身设备的感知层、网络层、应用层解决方案，基于电站数字化平台二次开发的意愿较低；二是重部署轻运维，未将感知信息及时纳入电站运维分析体系中。在后续电站数字化建设过程中可提前策划加以克服。

4 网络层建设实践

某在运抽水蓄能电站在网络层建设方面采用了在安全方面较为保守的数据传输方案。生产Ⅰ区、生产Ⅱ区、信息管理大区通过横向隔离装置区隔，数据单向流通。数据无线传输采用无线虚拟专网，发送端与接收端设置加密、解密装置，部署于电站不同区域的小系统通过正、反向隔离装置进行数据传输控制，各摄像头经物联网防火墙接入。

在实施过程中发现，生产Ⅰ区的数据在向管理信息大区传输过程中，由于涉及不同系统间协议转换、生产Ⅰ区和生产Ⅱ区数据经过2次转发、经过横向隔离装置2次数据摆渡等因素影响，生产Ⅰ区与管理信息大区有数秒的延时。考虑到上述因素，因此在建设对延时敏感度较高的值守辅助决策应用时，按《国家能源局关于印发电力监控系统安全防护总体方案等安全防护方案和评估规范的通知》（2015年36号文）中三角结构对网络拓扑调整。该结构减少协议转换和数据摆度，数据延时可达毫秒级。

在运电站随生产运行时间变长，存在大量设备设施改造，各电站光纤线芯逐渐不足。在投运电站数字化改造过程中，可适当超前考虑增加光缆线芯数量。同时采用OLT＋分光器＋ONU全光网络布置方案，增加线芯使用效率、拓展部署范围。

5 平台层建设实践

某在运抽水蓄能电站在平台层建设阶段重点突出数据基础资源建设，通过配置超融合服务器硬件设施，实现计算机监控、机组监测、生产管理系统等各管理大区、各系统数据集成（如图2所示）。同时根据应用中经常使用的在线编辑、流程审批等，将相应功能平台化，便于各应用调用。

在实施过程中发现，各设备厂家对于数据集成配合不积极，因此数据集成工作应在电站建设时期尽早策划。策划阶段需考虑尽量统一通信规约，减少后期系统间对接工作量，同时应尽早制定数据编码规则，编码规则制定时应考虑将实时数据、管理数据统一纳入编码体系，并为后期数据调整留下裕量。

超融合服务除作为数据库服务器外，可使用其虚拟服务器功能，将电站信息管理大区原有服务器迁

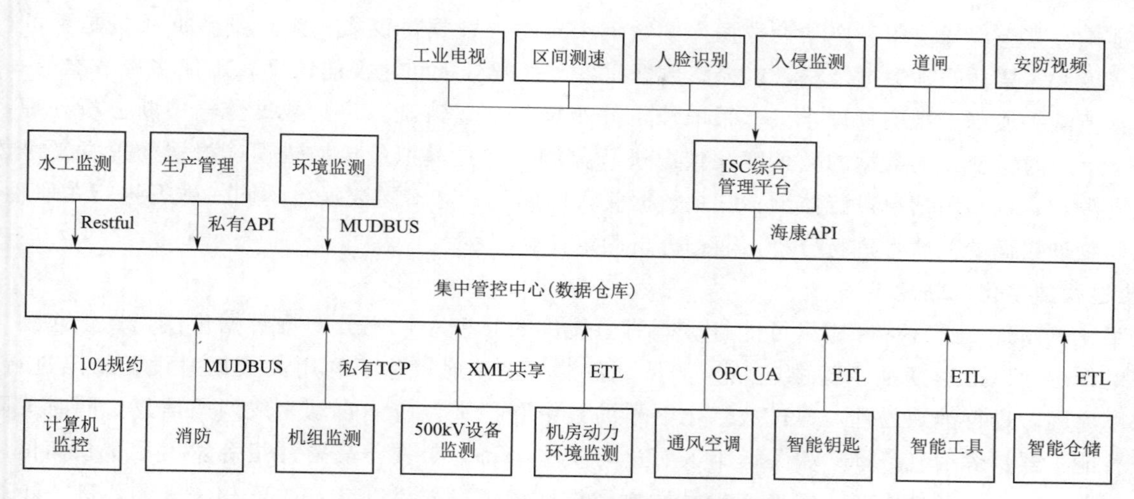

图 2　某在运抽水蓄能数字化电站数据集成

移至超融合服务器中，减少服务运维工作量。另外，超融合服务器可通过配置“云桌面”瘦终端及“云桌面”许可，实现办公云端化，解决抽水蓄能电站多地办公的问题。

6　应用层建设实践

某在运抽水蓄能电站在应用层方面，规划管理驾驶舱应用，分别是设备健康管理、生产管理、安全管理、物资管理、项目管理、综合计划管理、财务管理、人资管理、党建管理、行政管理。各大应用实现分层展示，由概览到细节，逐层展示相应内容。以十大驾驶舱需求为纲目，开展底层功能应用开发。

某在运抽水蓄能电站在设备健康管理应用方面，实践开展主机设备智能预测预警；对主机振摆温度未来 5min 运行情况预测，为值守人员争取 5min 提前处置时间；建立模型对主辅机设备劣化情况预警，提高设备异常发现能力；对发电电动机、水泵水轮机等设备健康状态进行状态评价，作为状态检修依据；根据调度负荷计划预测水库水位，实时掌握电站发电抽水能力；建设月度设备健康评价自动编辑系统，自动提取各设备系统数据，制表绘图，并给设备主人留有分析空间，减少相关人员机械重复劳动量。在安全管理应用方面，实践开展违章行为视频自动识别、厂内交通超速管制、陌生人接近报警等。在物资管理应用方面，实践开展工器具无人管理、安全工器具超期提醒、特种设备检测提醒等。人资管理应用方面，实践开展考试自动出题批阅等。行政管理应用方面，实践开展制度规范关键词查阅等。

后续将在生产管理应用方面，开展智慧两票建设实践以减少两票出错概率，开展电站全息建设以解决培训、水工项目策划、故障定位等需求；在项目管理应用方面，开展全过程管理建设，将管理流程数字化，实践部分自动编辑、审查审批功能，减少项目管理出错率及人员负担。在财务管理应用方面，开展预算自动管理功能。

7　抽水蓄能电站数字化建设的前景思考

7.1　开展数字化电站建设的系统性

目前，部分电站在开展数字化电站建设中，为了更快出成果，忽视了数字化电站建设的系统性问题，碎片化地开展个别场景应用，导致开发出的成果应用的延续性不足，场景较窄，数据的交互性较差，数据共享和分析的利用价值未能体现出来。所以，要想真正建设数字化电站一定要从技术架构、业务需求整体进行整体策划。多个电站组成的集团或区域电站群宜在区域层面开展建设，电站和集团层级调用，更大范围地汇集数据、算法建模、流程分析、业务应用，并通过建立区域级大数据中心，可使数字化电站建设的投资成本大大降低，数据共享更为全面，数字化的成果更为显著。这在某抽水蓄能电站集群管控的公司已经部署，效果显著。

7.2　数据清洗的必要性

电站各类智慧应用正确发挥作用的前提是大数据的正确性，不纯净、不准确的数据可能导致分析结果的不准确，甚至误导决策。电站大数据库中数万个点位的数据，仅靠人工识别数据质量是不可行也不可能的，因此需要适当地数据清洗，以提高数据质量、提升分析和建模的精度、确保多源数据的一致性。电站数据清洗一般基于现实物理含义，采取以下几个措施加以清洗：一是数据传输中断分析处理，对于物理意义上应时常变化的数据的数值变化情况进行监测；二是模拟量传输错误，根据物理意义对数据值进行范围限定，以超限情况进行监测；三是数据关联性偏差，对不同数据源的同一数据进行关联性分析，对数据间物理层面的关联性进行分析，通过分析确定其合理性。

7.3　全过程数字化电站建设

数字化电站建设过程中，应尽可能打破既有系统间数据壁垒，充分挖掘数据价值，真正起到“数字换人”的作用。以运营期抽水蓄能电站为例，设备发生消缺时，除了利用大数据对设备缺陷进行分析，查明故障原因，进行消缺处理。通过数字化电站的集中管控平台应能自动生成两票信息，同时关联备品备件、智能工器具等信息，推送相关运维人员进行工作准备。申领备品备件指令发出后，仓储信息应自动更新，若低于备品备件库存，则进一步触发物资供应链信息发生变化，关联相关采购，进一步触发计划、财务等相关信息发生变化，通过管理驾驶舱及时向管理人员发送信息，便于管理人员掌握生产经营信息的实时变化。管理流程应嵌入数字化电站的相关业务模块中完成，让数据替代人跑路，解决低效烦琐的跑签过程。全过程数字化就是将业务前端与经营后端链条全面打通，方便管理人员实现 PDCA 全过程、实时化在线管控。

7.4　全生命周期数字化电站建设

抽水蓄能数字化电站，是以抽水蓄能电站全寿命周期管理为理念，以自动化、网络化、信息化为基础，以数字孪生技术为载体，以 BIM 正向设计为手段，充分融合数字化技术、信息技术和现代工业技术，具备“全景监控、虚实融合、高度协同、自主管控、安全高效、绿色低碳”特征的少人干预、自主运行的电站。因此，电站在规划设计、设备制造、建设施工阶段不仅要完成对本阶段全过程数字化管控，还应考虑生产运维阶段的数据需求，把前几个阶段的数据以标准化形式导入数据仓库，真正实现数字化电站的全生命周期管理。

7.5　设备的数字孪生

电站在生产运维阶段重点以设备健康管理为主，以快速准确消除设备缺陷作为确保设备安全稳定运行的前提条件。以往查找设备缺陷，需要人工读取报警信息，分析设备运行趋势，查阅图纸，检查设备本体和自动化回路来查找缺陷点。如果对设备熟悉程度不足，耗费的时间就会大大增加，就会增加设备停运对电网安全运行的影响。目前，通过 GIS、BIM、点云扫描等手段可以实现水工建筑、大型设备外观的数字孪生，在此基础上应该重点研究设备的数字孪生。可以通过在设备制造阶段由厂家完成设备数字孪生模型，该模型应包括设备主体和自动化回路的全数字孪生，并将图纸和模型进行逻辑匹配。当出现设备报警时触发数字孪生模型，通过故障树诊断，在数字孪生模型中快速定位可能的故障点，便于运维人员快速精准处理故障，真正让“另一座电站”发挥实效。

8　结语

抽水蓄能电站的大规模高速建设，必然带来数字化智能化的快速发展。建设数字化电站的关键，是全方位系统性开展数字化抽水蓄能电站需求分析。数字化电站建设不仅要研究设备的智能化，还应在数据共享、建模分析上深入研究，并将生产数据与经营活动充分融合，挖掘数据价值，最终达到设备智能可控、数字赋能管理的电站数字化水平。

参考文献

［1］　韩冬，赵增海，严秉忠，等．2021 年中国抽水蓄能发展现状与展望［J］．水力发电，2022，48（5）：1-4，104．
［2］　国家能源局．抽水蓄能中长期发展规划（2021—2035 年）［R］．北京：国家能源局，2021．
［3］　叶宏，孙勇，韩宏韬，等．抽水蓄能数字化智能电站建设探索与实践［J］．水电与抽水蓄能，2021，7（6）：17-20．

[4] 叶宏，孙勇，阎峻，等．数字孪生智能抽水蓄能电站研究及其检修应用［J］．水电能源科学，2022，40（6）：201-206.

[5] 常玉红，吴月超，何铮，等．基于 MIC-TCN-Attention 的抽水蓄能机组发电机定子温度预警方法研究［J］．中国农村水利水电，2021（7）：125-131.

[6] 陆小康，郝国文，宋旭峰，等．抽水蓄能机组发电电动机风洞及水车室智能监测技术研究与实践［J］．水电与抽水蓄能，2022，8（1）：15-18.

[7] 何铮，张林．泛在电力物联网下的抽水蓄能电站智慧管理模式思考［J］．水电与抽水蓄能，2019，5（5）：27-30.

基于数字孪生的抽水蓄能电站仓库建模探索与实践

张 迪 马源良 张天翔 周新元 郭丙晨 杨炯君
（国网新源物资有限公司，北京市 100053）

【摘 要】本文基于数字孪生理念，提炼总结抽水蓄能电站仓库建设经验，形成抽水蓄能电站仓库建设数据库，以此为基础通过框架搭建、贴图制作和交互程序开发等，搭建抽水蓄能电站仓库模型，实现数字世界与物理世界联动互通。该模型精准还原抽水蓄能电站仓库典型设计内外景，模拟仓库建设与规划、仓库区域设计、仓库设备设施配置、仓储标识配置、消防设施配置、安保设施配置的过程，设置多种漫游交互功能，打造可视化、智能化的仓库建设学习工具，对已建成和新建抽水蓄能电站的仓库规划与建设具有重要指导意义。

【关键词】抽水蓄能电站 仓库建设 数字孪生

1 引言

国家能源局发布抽水蓄能中长期发展规划，国网新源集团持续处于抽水蓄能电站建设、投产、运营高峰，为了发挥集团化和专业化运作优势，国网新源集团大力开展标准化建设，仓储标准化建设是其中的重要组成部分，贯穿于整个抽水蓄能电站建设和运营。国网新源集团规定，在基建期完成仓库规划与建设，在基建期转生产期时对仓储标准化建设情况进行验收，对于已经通过仓储标准化验收的生产电站每隔5～7年就需要进行仓储标准化复评，以巩固仓储标准化建设成果。

抽水蓄能电站仓库设计建设不仅受电站现场地形、气候、装机容量、存储物资种类等多方面因素影响，还受抽蓄仓储作业管理要求和习惯影响，仓储标准化建设内容繁杂，包括库区规划、货架选取摆放、仓储标识设计与配置等诸多事宜。国网新源集团仓库建设项目往往纳入业主营地建设项目中，设计单位为水电工程设计单位而非专业仓库设计单位，仓库设计方案虽然符合工民建标准，但难以结合抽蓄仓储作业特点，再加上基建电站往往缺少抽蓄仓库建设与运营经验，难以发现设计中隐藏缺点，因此为仓库规划和建设带来很大困难。

近年来，数字孪生（Digital Twin）技术被提出并得到广泛应用，在众多领域实现了数字世界与物理世界之间的交互共融，但缺少在抽水蓄能电站仓库领域的应用和实践。本文探索应用数字孪生理念，发挥集团化运作优势，构建国网新源集团仓库建设经验数据库，搭建三维仓库模型，实现数字仓库与实体仓库的互联互通。

2 数字孪生的内涵

数字孪生尚无标准定义，其概念还在发展与演变中。工业4.0术语编写组认为数字孪生为利用建模构建覆盖产品全生命周期与全价值链的数字化数据流，实现访问、整合和转换的数字纽带作用。

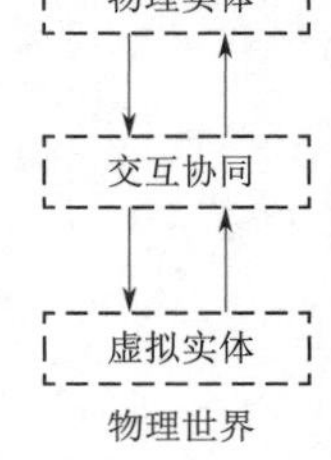

图1 数字孪生框架

数字孪生包括数字世界、物理实体、物理实体和虚拟模型之间的数据和信息交互通道共3个主要部分，如图1所示。相比于传统的三维建模，数字孪生对三维建模具有更高的要求。第一，数字孪生三维建模是对现有的设施场景进行建模，是一种由实到虚的建模方式；第二，在精度方面，要构造足够准确的数字孪生体，要求三维建模的精度和还原度足够高；第三，数字孪生模型并不是一直不变的，数字空间的模型会随着现实中实体的变化而更新，所以需要数字孪生模型具有较强的可变性；第四，数字孪生三维模型不仅仅需要反应设施表面的特性，也要反应设施的内部组成结构。

3 总体设计方案

本文中抽水蓄能电站仓库模型搭建分为数据采集、模型搭建、成果展示共3个部分，详细如图2所示。数据采集是指提炼总结国网新源集团近年仓库建设和管理经验，经过专家研讨和测算，形成模型搭建数据库，包括仓库设计方案、建设图纸、实拍照片等多维资源。模型搭建流程为框架搭建、贴图制作、氛围晕染等。成果展示是设计适合人机交互的交互功能和界面，完成程序编写，导出合适的文件格式。

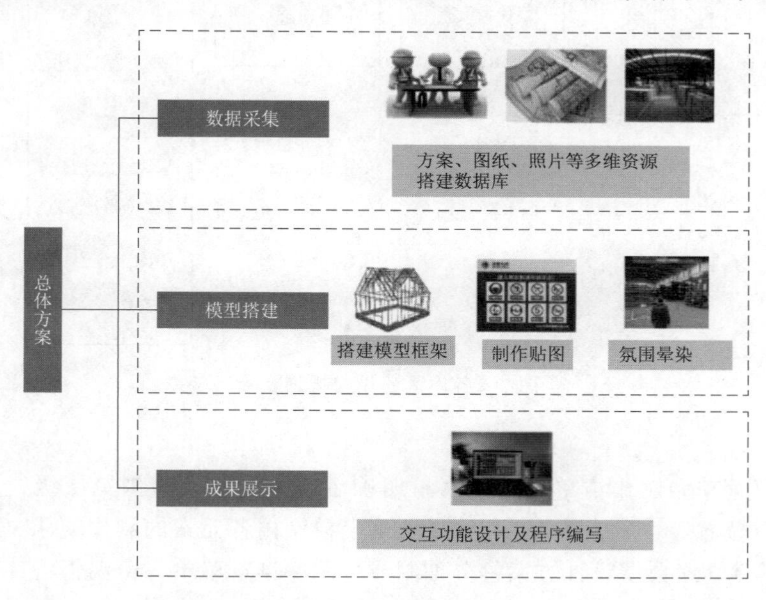

图2 总体设计方案

4 数据采集

数据采集范围包括仓储标准化建设相关标准规范、国网新源集团多家电站仓库设计方案、仓库竣工图等，结合抽水蓄能电站仓库建设设计案例，通过研讨，得到抽水蓄能电站仓库典型设计方案，涵盖仓库设计的所有要求和细节，作为建模数据库。

4.1 仓库典型设计方案

仓库典型设计方案中，库区用围墙围成独立区域，库区内设有值班房、室外车棚（含充电桩）、封闭库和恒温恒湿库，如图3所示。

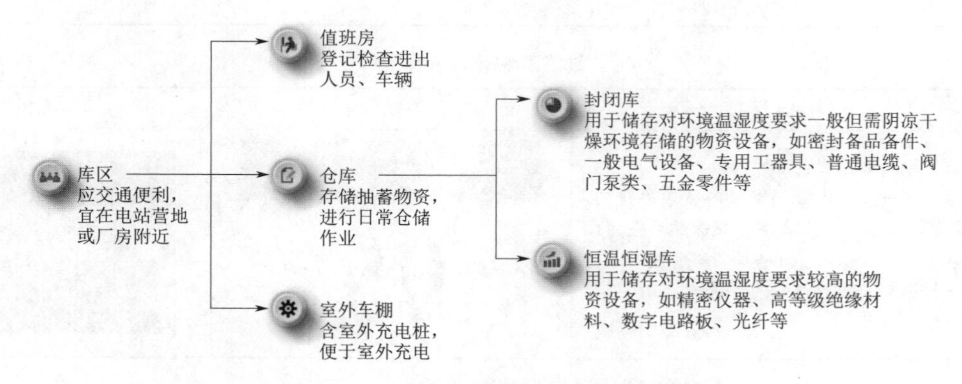

图3 仓库典型设计方案库区规划

封闭库与恒温恒湿库采用“一”字形布置。封闭库用于储存对环境温湿度要求一般但需阴凉干燥环境存储的物资设备，如密封备品备件、一般电气设备、专用工器具、普通电缆、阀门泵类、五金零件等。恒温恒湿库用于储存对环境温湿度要求较高的物资设备，如精密仪器、高等级绝缘材料、数字电路板、光纤等。每个仓储区域从仓库建设与规划、仓库区域设计、仓库设备设施、仓储标识、消防设施、安保设施等 6 个方面展示仓库建设与规划的要点，见图 4。

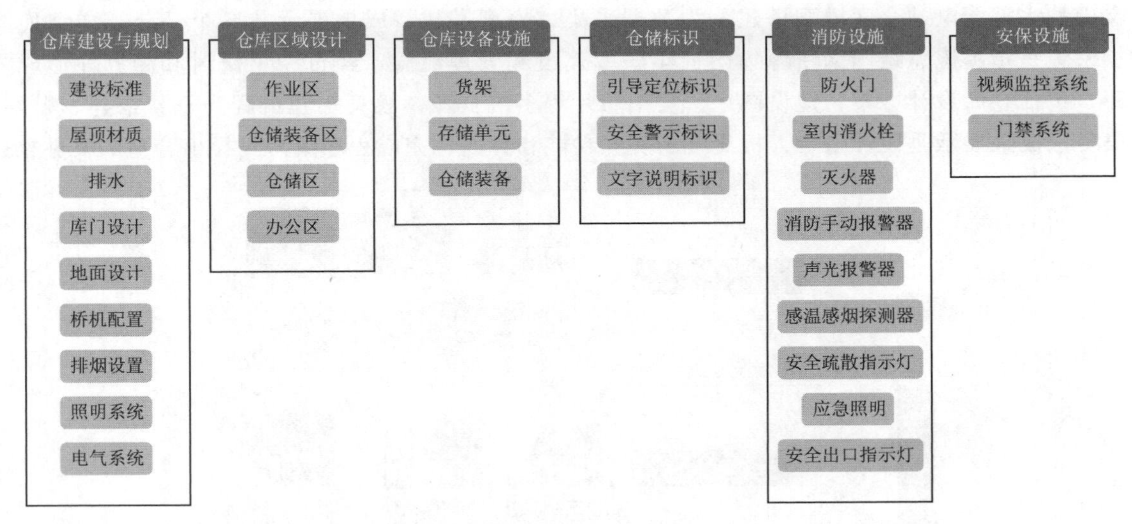

图 4　各库区建设与规划要点

4.2　建模开发清单

开发清单包括浏览菜单和制作清单。浏览菜单明确了模型内各元素浏览层级、互动点名称、互动点内容、制作数量及摆放位置等，见表 1；制作清单明确了模型内各元素的制作要求、参照图和实拍图，见表 2。本文为完成建模将仓库典型设计方案拆分编制成封闭库浏览菜单、恒温恒湿库浏览菜单、库区浏览菜单、封闭库制作清单、恒温恒湿库制作清单、库区制作清单共 6 个表单，包括 332 条开发行项目，明确了菜单浏览的各级子菜单拓扑关系、绘制参照图、制作要求、摆放位置、互动要求、说明文字等多种信息。

表 1　封闭库浏览菜单开发清单节选

二级目录	三级目录	四级目录	互动点内容	位置及数量
仓储标识	引导定位标识	仓库铭牌	仓库铭牌设置在仓库正门墙体醒目位置，采用不锈钢板（壁厚≥1.2mm）腐蚀浊刻上色，表面拉丝，氨基烤漆，侧面洗槽折边处理，尺寸 600mm×400mm×20mm，可根据实际情况按比例放大至 900mm×600mm×20mm	1 个：大门口
		库房编号牌	库房编号牌设置在库房、料棚、堆场的正立面醒目位置，采用不锈钢板（壁厚≥1.2mm）腐蚀浊刻上色，表面拉丝，氨基烤漆，侧面洗槽折边处理，尺寸根据建筑总高合理设计，采用直径一般不超过 1.2m	1 个：大门口

表 2　封闭库制作清单节选

名称	尺寸及要求	参照图	实拍图
货架编码牌	货架编码牌设置在每列货架靠近主通道处设置，同一库房内标识编号应按顺序排列。采用亚克力板或其他材料，货架编号使用两位数字序号表示，尺寸参照货架宽度合理制作。根据平面图标识的进行制作。封闭库共 35 个	国家电网 STATE GRID XX抽水蓄能有限公司 05	02 01

5　模型搭建

5.1　模型搭建流程

模型搭建在建模数据库的基础上，使用数字建模工具 3DMAX 搭建数字化模型，使用 Photoshop 制作各元素贴图，使用主流虚拟现实开发引擎 Unity3D 完成多角度光源渲染和 C♯ 脚本语言实现仓库环境场景及功能的开发，通过 Web GL 发布仓库模型。模型搭建流程如图 5 所示。

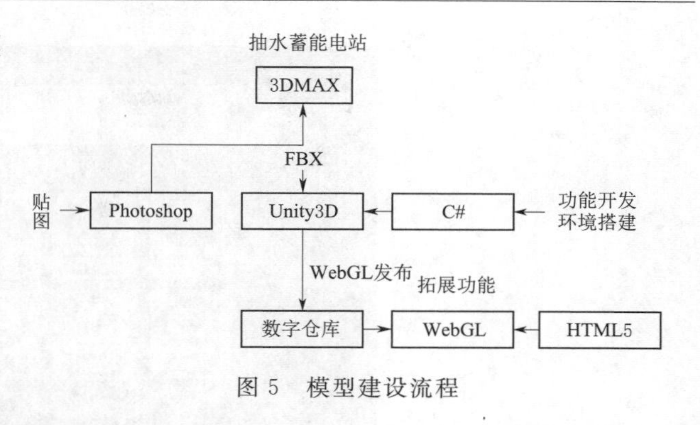

图 5　模型建设流程

5.2　使用 3DMAX 搭建模型框架

3DMAX 是三维物体建模软件，是当今世界上最流行的三维建模、动画制作及渲染软件，因高性价比、功能丰富、操作界面简洁被广泛用于角色动画、室内效果图、游戏开发、虚拟现实等领域。使用 3DMAX 将建模数据库中的仓库典型设计方案、图纸、照片在三维可视化环境等比例搭建模型基础框架。为了充分还原仓库细节，在基础模型上增加的网格数量，增加节点数量，提高模型精细程度，如图 6 所示。

（a）基础框架

（b）增加节点细化

图 6　3DMAX 搭建模型框架

5.3　使用 Photoshop 制作贴图

利用 Photoshop 对照开发清单逐一制作贴图，除了需要等比例绘制贴图外，为了保证贴图的真实度，还增加了材质、光源等的渲染，共完成 3670 张贴图。贴图制作过程如图 7 所示。

5.4　使用 Unity3D 再次渲染

将贴图按开发清单布置在模型框架上后，为了提升模型的真实度和还原度，使用 Unity3D 对模型再次进行多角度光源渲染，经过此步骤后，模型已接近实体仓库。

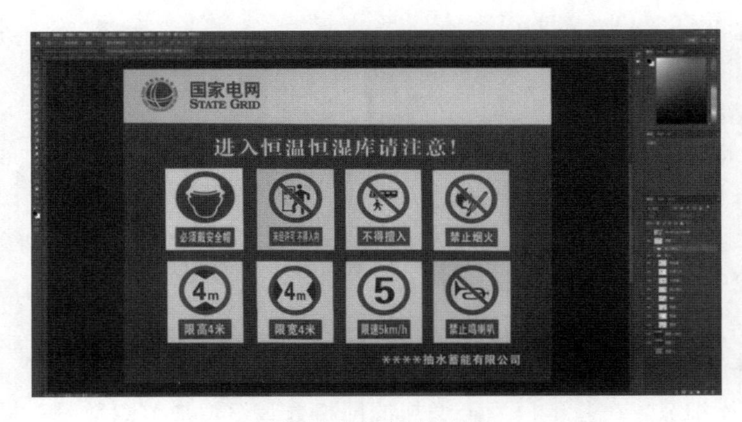

图 7　标识标牌制作

5.5　交互功能设计及开发

在深入调查基层仓储管理人员实际需求的基础上，本模型的交互方式设有浏览交互方式和互动点交互共两种，使用 C# 完成上述 UI 交互界面的开发。

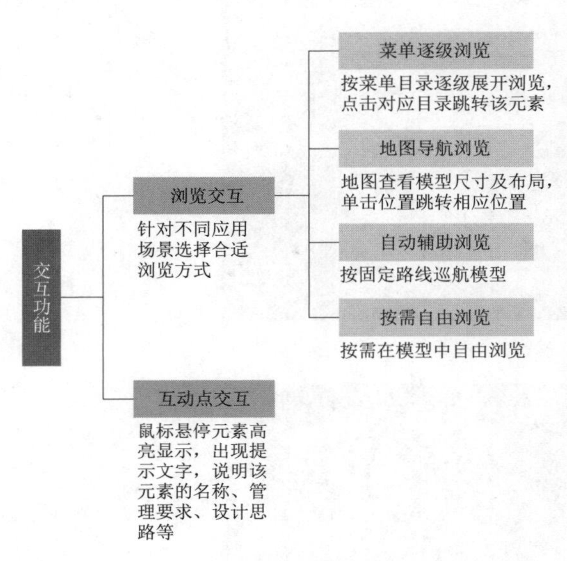

图 8　交互功能设计一览图

浏览交互方式采用菜单逐级浏览、地图导航浏览、自动辅助浏览和按需自由浏览。菜单逐级浏览是指使用者通过逐级打开菜单，在菜单目录引导下找到对应学习内容，双击该目录可以直接跳转到模型中该元素所在位置中并显示文字介绍；地图导航浏览是指在平面图上标记布局规划、尺寸标注、逃生通道等信息，点击地图上任一区域可以直接跳转到模型中该位置，本模型包括库区、封闭库、恒温恒湿库一层、恒温恒湿库二层共 4 张平面图；自动辅助浏览是指按照既定路线浏览介绍模型的浏览方式，本模型的浏览路径为库区大门——值班房——车棚——文化宣传栏——办公室——恒温恒湿库一层——恒温恒湿库二层——封闭库；按需自由浏览是指使用者通过操作按钮在模型内按自由路径自行浏览的方式，如图 8 所示。

互动点交互是指鼠标悬停在模型中各个元素上时，该元素高亮显示并出现提示文字，说明该元素的名称、管理要求、设计思路等内容。

6　应用效果及优势

抽水蓄能电站仓库模型以国网新源集团仓库建设和管理经验为基础，对仓库区域规划、货架选取与摆放、仓库标识标牌设计以及通道设置等进行研究，确定合理的仓库布置规划方案，同时对消防、照明、门禁、通风、办公等辅助仓库系统设施的布置也有所体现。模型整体呈现效果如图 9 所示。

仓库模型为各电站仓库建设与规划提供科学参考，解决基建单位仓库建设与规划的困难，帮助生产单位优化仓库硬件及库区规划，促进设计院设计仓库时更多地考虑抽蓄仓储作业特点，规避仓库整改风险，提升仓储作业效率，推动了抽蓄仓储管理水平的提升，实现抽蓄电站仓储标准化建设经验的积累、沉淀与传承，全面提高仓库建设与规划质效。

7　结语

本文针对国网新源集团仓库建设和管理现状，首次将数字孪生理念应用在抽水蓄能电站仓库建设与管理上，通过收集资料、总结经验、专家研讨等方式，明确仓库典型设计，将模型搭建所需材料整合形

（a）库区鸟瞰图

（b）仓库外观示意图

（c）仓库内部示意图

（d）仓库物资细节示意图

图 9　系统各部分示意图

成模型搭建数据库，并在此基础上完成模型框架搭建、贴图制作、渲染及交互功能设计与开发，最终形成了抽水蓄能电站仓库模型。该模型模拟了仓库建筑建设、仓库区域规划、货架选取与摆放、仓库标识标牌设计及库区漫游交互等功能实现了对物资仓储的可视化操作、精益化管理、智能化运作。为现有电站仓库的改善升级和新建电站仓库的建设规划提供了借鉴，让仓库规划建设更为合理，提高管理人员业务水平，增强电站物资保障质效。

参考文献

[1]　白浩，周长城，袁智勇，等．基于数字孪生的数字电网展望和思考［J］．南方电网技术，2020，14（8）：8.

[2]　胡辰熙，杨启亮，牟超，等．建筑数字孪生自演化模型本体建模研究［J］．科技创新与应用，2023，13（12）：53-57.

[3]　李元恒，李文辉，辛宇鹏，等．CIMS 环境下零件表面数字孪生模型构建方法［J］．机械设计与制造，2023（10）：1-9.

[4]　李公文．基于三轴机械手装配平台的数字孪生可视化分析［J］．数字技术与应用，2023，41（4）：169-171.

中小型抽水蓄能系统的数智化运营与控制策略探讨

潘俊杰　陈爱民
（中国葛洲坝集团股份有限公司勘测设计院，湖北省武汉市　430000）

【摘　要】随着全球对清洁能源的需求不断增长，可再生能源的利用也在迅速扩大。然而，可再生能源的不稳定性和不确定性对电力系统的稳定性和可靠性提出了挑战。中小型抽水蓄能系统具有枢纽布置灵活、建设难度低、环境影响因素小、接入系统便利、投资小、见效快等优势，在能量储存、电力调度和负荷管理方面具有巨大潜力。然而，其有效性和可持续性在很大程度上取决于运营和控制策略的优化，传统的运营方式往往难以适应复杂多变的电力市场环境和可再生能源的间歇性特点。因此，数智化运营与控制策略成为解决这些挑战的关键。

【关键词】中小型抽水蓄能　数智化运营与控制　新型电力系统　数字孪生

1　前言

在现代化新型电力系统中，随着风电、光伏等可再生能源的快速发展，以及电力系统规模的不断扩大，可再生能源的不稳定性和不确定性对电力系统的稳定性和可靠性提出了挑战。中小型抽水蓄能系统作为储能技术，能够发挥在电力系统中提供储备容量和调度灵活性关键作用，以更好地配合微电网使用，为微电网提供必要的电力调节和储备。本文旨在探讨中小型抽水蓄能系统的数智化策略，为实现更高效的能量调度和提高电力系统的稳定性提供经验。

2　背景

2.1　抽水蓄能发展背景

可再生能源正逐渐成为工业发展的主要支撑。中国水、风、光等可再生能源资源丰富，发展清洁能源，加快构建新型能源体系，是实现双碳目标、应对气候变化的重要途径。在新型能源体系中，常规水电的电量和容量支撑作用凸显，“水风光一体化”也为水电提供了新机遇。在诸多调节电源和储能品种之中，抽水蓄能技术因其环境友好性和显著的操作灵活性，已成为最受欢迎的储能来源之一。

中国在20世纪60年代开始发展抽水蓄能，随着政府相关扶持政策的出台，以及电力行业的快速发展；截至2022年年底，《抽水蓄能产业发展报告2022》显示，我国抽水蓄能已建、在建装机规模达到1.6亿kW，同时还有接近2亿kW的抽水蓄能电站正在开展前期勘察设计工作，装机容量居全球首位，可见抽水蓄能在电力保障及能源转型中占据重要地位。

2.2　中小型抽水蓄能的应用背景

目前，我国已建、在建以及规划建设的抽蓄电站主要为单站装机规模多为100万kW及以上的大型抽蓄电站，承担区域电网和省市电网负荷中心的调峰填谷、调频、调相、事故备用及黑启动，并发挥保安电源的作用，然而对于线路走廊开辟困难、中小城市、电网边缘的地区则无法照顾到。此外，随着我国抽水蓄能工程建设的不断深入，具有良好自然地质地貌条件的选址正逐渐减少。因此，在地形险峻及偏远地区布置装机容量小于30万kW中小型抽蓄电站成为必然趋势，也是保障电网系统全面运行，实现电力全覆盖的可行手段。

2.3　数字化引入抽水蓄能的背景

可再生能源的快速发展要求进一步改善能源市场的基础设施，加速电力系统的现代化，控制电力成本，增强电力系统的可靠性灵活性，以高效率和高质量提供可靠的电力供应。传统抽水蓄能电站源网协调、设备安全性及可靠性保障、信息感知及共享应用、专业应用分析决策和整体安全防护等能力不足的问题日益突出，难以满足新型电力系统安全稳定运行的需求，无法从发电侧有效支撑国家电网公司能源互联网的建设和运行。互联网及人工智能技术革新为抽水蓄能系统的优化提供了现实可行的有效路径。

与此同时，抽水蓄能建设规模短期大幅度增长，作业量、物料数量及成本等也将会加倍增长，人员的大量增加，使得质量、安全隐患进一步加大，建设、运营效率大幅下降，人效提升的紧迫性日益凸显。

而未来中小型抽水蓄能选址趋向于为部分中小城市、电网边缘等偏远地区，按照目前传统的模式运营，占运营成本比例最高的人工成本将越发影响电场效益，现场安全隐患和被动运营方式也会导致风险增加，运行、检修、决策分析、交易业务流程的碎片化会进一步影响运营效率。在新能源大规模增长的压力下，数智化运营与控制势在必行。

3 中小型抽水蓄能的优势及发展前景

3.1 优势

相对于大型传统抽水蓄能电站，中小型抽水蓄能主要具有以下优势：

(1) 枢纽布置灵活。中小型抽水蓄能电站由于装机规模较小，所以上下库调节库容较小，水头相对较低，站址水源和地形地质条件适应性好，站点资源丰富且布局灵活。

(2) 建设难度低。中小型抽水蓄能电站枢纽布置简单，建设过程中难点较少，建设工程量小，施工场地布置更加灵活，料源储量和质量较容易满足要求，机电和金属结构设备设计制造和运输等均相对简单。

(3) 环境影响因素小。中小型抽水蓄能电站建设征地和移民安置总量较少，容易避让环境敏感制约因素，整体环境影响小，一定程度上可以提高项目推进速度。

(4) 接入系统便利。中小型抽水蓄能电站更接近负荷中心布置，便于更好地发挥快响应能力，以配合城市分布式供能系统的发展，与大型抽水蓄能电站形成互补开发格局。可就近接入110kV或220kV电网，满足局部电网的储能调峰需求，缩短线路走廊布局，减少输电损失和建设。

(5) 投资小，见效快。由于中小型抽水蓄能电站水工建筑物等级较低，总投资小，风险可控度高，资金回收较快，建设工期较短，一般4年左右就可以投产运行，尤其适合在分布式能源和微电网系统等中小型能源项目中进行投资。

3.2 发展前景

截至2020年年底，我国已建中小型抽水蓄能电站装机容量85万kW，占据已建抽水蓄能电站的比例不足3%，仍处于较低水平。2021年国家能源局发布的《抽水蓄能中长期发展规划（2021—2035）》强调了中小型抽水蓄能系统的重要性，指出各地应结合当地电力发展和新能源发展需求，因地制宜规划建设中小型抽蓄电站。2022年国家发展改革委、国家能源局等9部门联合印发的《“十四五”可再生能源发展规划》也提出，在中东南部地区利用已建成的山谷水库和沿岸上顶地势，试点推进灵活分散的中小型抽蓄电站建设，提升区域新能源电力消纳能力。同时，在孤网、微网中可合理配置中小型抽水蓄能电站，有助于建设电网基础设施和联合供能体系，发挥支柱性电源作用。由此可见，中小型抽水蓄能的建设势在必行。

4 数字化应用于中小型抽水蓄能的优势

除了具备传统抽水蓄能电站的作用，数智化中小型抽水蓄能电站还包括以下优势：

(1) 提高运行稳定性。通过监控关键性能指标、分析历史数据以及实时传感器数据，实施预测性维护和异常检测。在系统识别潜在的故障迹象，并采取必要的纠正措施，以最大程度地减少系统的停机时间。

(2) 优化调度和运营。抽水蓄能电站的运行中具有复杂的调度和运营决策。基于电力需求、电力市场价格、电网稳定性、水位、气象、设备状态等多个变量动态调整运行策略，采用高级机器学习算法，对多源实时数据执行复杂的优化模型，提供抽水蓄能电站最佳调度计划。

（3）实现智能决策。深度学习神经网络等高级人工智能技术不断学习电力市场的动态和运行数据，能够自主地进行决策，在保证电站安全运行的前提下，满足电网调度需求并实现收益最大化。

（4）提高响应速度。人工智能系统具备快速响应电力需求变化的能力，通常在毫秒级别内做出决策。这种实时响应能力对于应对电力需求的快速变化以及最大限度地利用市场机会至关重要。

（5）降低运营成本。自动化能力能够自主执行日常运维任务，从数据采集和分析到设备监测和故障检测，减轻了人工操作的负担，提高了工作效率，并减少了运维成本。

（6）支持可再生能源集成：通过分析风能和太阳能等可再生能源的不稳定性，优化储能和释放电能的时机，可以更好地集成和管理可再生能源，从而进一步增强可再生能源保供能力和能源绿色低碳转型动力。

5 中小型抽水蓄能数字化实施方案

5.1 信息感知与集成

（1）传感器网络部署。在抽水蓄能电站内布置监测设备及通信网络传感器，实时监测设备运行状态、环境条件和水位变化等，形成了规模浩大、品类齐全的设备大数据状态感知体系。

（2）数据采集和传输。将传感器中获取数据通过使用通信协议如 MQTT 或 HTTP 来实现高频率传输到中央数据存储系统。

（3）数据处理和存储。对庞大冗杂的数据进行清洗、去噪和校准等处理，在确保数据的准确性和完整性前提下，形成统一标准的数据体系。将数据储存在可容纳大量实时和历史数据的大数据存储平台。信息感知与集成流程如图 1 所示。

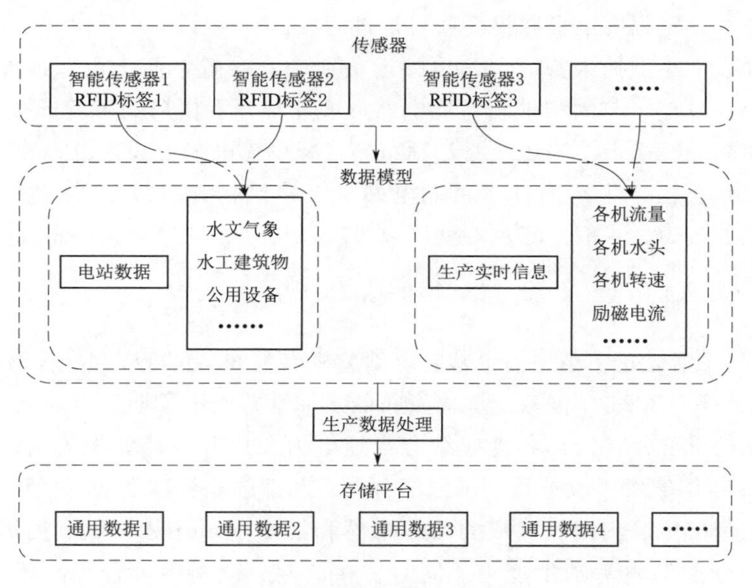

图 1 信息感知与集成流程图

5.2 人工智能算法平台

（1）机器学习和数据分析。利用机器学习和深度学习电厂运行维护人员经验数据、领域专家经验数据、国内外类似设备事故和故障处理案例，以建立预测模型和模式识别算法，分析实时数据，提前预判设备缺陷隐患，助力实现经验决策向数据决策的转变。

（2）智能决策支持系统。开发智能决策支持系统，结合数字孪生模型和实时数据分析，为电站运营人员提供实时设备维护建议、能源优化策略等建议。

（3）持续改进和优化。建立反馈循环，定期评估系统性能，采用新技术和最佳实践，不断改进和优化数字孪生电站智能信息处理系统，以适应电力需求和市场的不断变化，见图 2。

5.3 三维数字孪生模型平台

（1）安全和隐私保护。在确保符合相关法规和隐私政策前提下，实施强化的网络和数据安全措施，

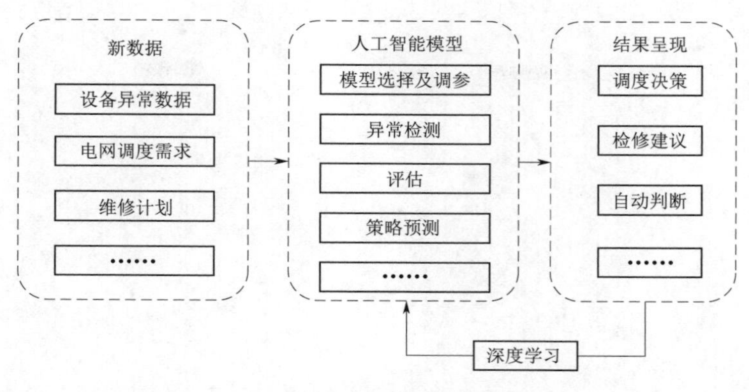

图 2　人工智能算法平台流程图

包括数据加密、访问控制和身份验证，保护数据的机密性和完整性。

（2）数字孪生建模。创建数字孪生模型，将外界条件、电站的物理特性和运行参数等映射到虚拟模型中，可预先在虚拟环境中进行“沙盘推演”，洞察/验证生产执行可能出现的问题，合理配置资源，提高资源利用率，在虚拟环境中验证执行方案提前发现问题并优化，如图 3 所示。

（3）可视化平台。创建友好的交互界面和直观的可视化工具，以易于理解的方式呈现复杂的数据，帮助用户快速发现问题，全面了解系统运行状态，使其能够更迅速地做出决策、优化运营，并减少了对技术支持的需求，提高了整体工作效率和质量。

实际电站实时动态
实时数据
更新
未来数据
交互
交互
数字孪生平台
可视化平台
人工智能
App工具

图 3　数字孪生模型平台流程图

6　结论

不同于既往文献仅对中小型抽水蓄能发展前景或抽水蓄能数智化建设的叙述，本文总结了数智化中小型抽水蓄能系统的优势，并详细阐述了其应用及实施方案，为提高中小型抽水蓄能在未来电力市场的竞争力，促进智慧电网的发展，推动清洁能源的采用，降低碳排放提供了参考。然而，目前中小型抽水蓄能系统数智化应用实例较少，实际运行条件及效果有待进一步考证。

数字化、智能化不仅是电力行业的未来，也是实现可持续能源供应的关键一环。通过不断发展和创新，我们将能够更好地满足新型电力的需求，实现能源效率的最大化，以及建设更加智能和可持续的电力系统。

参考文献

［1］ 人民日报．截至去年底抽水蓄能已建在建装机规模 1.6 亿千瓦［EB/OL］．［2023-09-26］．https：//www.gov.cn/yaowen/liebiao/202306/content_6888915.htm.

［2］ 韦惠肖，任伟楠．《中国可再生能源发展报告 2022》《抽水蓄能产业发展报告 2022》发布［J］．水力发电，2023，49（8）：128.

［3］ 苏南．中小型抽蓄项目建设箭在弦上［N］．中国能源报，2022-07-04.

［4］ 叶宏，孙勇，阎峻，等．数字孪生智能抽水蓄能电站研究及其检修应用［J］．水电能源科学，2022，40（6）：201-206.

［5］ 于倩倩，杨德权，徐玲君，等．中小型抽水蓄能电站合理发展探讨［J］．水力发电，2021，47（8）：94-98.

［6］ 华志刚，范佳卿，郭荣，等．人工智能技术在火电行业的应用探讨［J］．中国电力，2021，54（7）：198-207.

［7］ 吴振全，于利贤．工程咨询企业数字化转型意义与思路［J］．中国建设信息化，2022（6）：32-35.

［8］ 华应强，王启发．抽水蓄能机组数字双胞胎（运维检修）研究及实施［J］．黑龙江水利科技，2019，47（6）：136-138.